口腔医学精粹丛书

口腔生物材料学

主 编 薛 淼
副主编 孙 皎 赵信义 张修银

世界图书出版公司
上海·西安·北京·广州

图书在版编目(CIP)数据

口腔生物材料学/薛淼主编;孙皎等副主编.—上海:
上海世界图书出版公司,2006.9
(口腔医学精粹丛书)
ISBN 7-5062-7756-5

Ⅰ.口... Ⅱ.①薛...②孙... Ⅲ.口腔科材料:
生物材料 Ⅳ.R783.1

中国版本图书馆 CIP 数据核字(2006)第 090407 号

口腔生物材料学

薛 淼 主编　　孙 皎 赵信义 张修银 副主编

上海世界图书出版公司 出版发行

上海市尚文路 185 号 B 楼

邮政编码 200010

(公司电话:021-63783016 转发行科)

上海出版印刷有限公司印刷

如发现印装质量问题,请与印刷厂联系

(质检科电话:021-56723497)

各地新华书店经销

开本:889×1194　1/16　印张:28.5　字数:725 000
2006 年 9 月第 1 版　2006 年 9 月第 1 次印刷
ISBN 7-5062-7756-5/R·124
定价:180.00 元

http://www.wpcsh.com.cn

《口腔生物材料学》编写人员

主　编　薛 淼

副主编　孙　皎　赵信义　张修银

编　委　（按姓氏笔画为序）

　　　　孙　皎　华　楠　陈德敏　陆　华

　　　　张玉梅　张修银　张彩霞　赵信义

　　　　黄皙玮　薛　淼

口腔医学精粹丛书

《口腔生物材料学》

《保存牙科学》

《口腔内科学》

《临床牙周病治疗学》

《口腔药理学与药物治疗学》

《口腔颌面种植修复学》

《口腔疾病的生物学诊断与治疗》

《唇腭裂修复术与语音治疗》

《颌面颈部肿瘤影像诊断学》

《口腔颌面肿瘤病理学》

《口腔临床流行病学》

《头颈部血管瘤与脉管畸形》

《颅颌面部介入诊断治疗学》

《口腔工程技术学》

《可摘局部义齿》

"口腔医学精粹丛书"编写人员

主　　编　邱蔚六

副 主 编　刘　正　薛　淼　张志愿　周曾同　张富强

主编助理　吴正一

编　　委　（按姓氏笔画为序）

王平仲　王国民　王晓仪　王慧明

毛　青　毛尔加　石慧敏　田　臻

冯希平　台保军　刘　正　孙　皎

李　江　束　蓉　杨育生　肖忠革

吴士尧　吴正一　邱蔚六　余　强

张志勇　张志愿　张建中　张修银

张富强　陈万涛　林晓曦　范新东

周来生　周曾同　郑家伟　赵怡芳

赵信义　胡德瑜　秦中平　徐君逸

赖红昌　薛　淼

序

自20世纪90年代以来,有关口腔医学的专著、参考书籍犹如雨后春笋,数量剧增。书籍编撰的风格各有不同。有的堪称上乘之作,但重复雷同,涉嫌因袭者亦可见到。为此,世界图书出版公司要我们组织出版一些口腔医学参考书时,不由得有点心中犯难,就怕写出来的东西又成了重复的陈货。经过一番思考和讨论终于确定了本丛书编写的指导原则,即以专题为主;以临床口腔医学为主;以国内外医学的新成就、新经验为主;并力图打破原来的学科界限和体系来组织编写一批高级口腔医学参考书。

口腔医学是医学中的一级学科。按照多年来的习惯,在临床口腔医学中又可分为若干个亚科,诸如口腔颌面外科学、口腔内科学、口腔正畸学、口腔修复学,等等。其中有的与国外相同,如口腔颌面外科学;有的则不尽相同,例如口腔内科学。21世纪的生命科学出现了学科间交叉、整合、重组的趋势,因为当代最具创新或创造性的成果都是产生于各门学科相互交叉的切点上。科学研究如此,临床医学亦莫不如此。学科的整合在基础医学方面当为在分子水平上的整合,例如"分子医学"的掘起;在其他方面则表现为学科与学科之间,科学与技术之间,以及自然科学与人文科学之间,生命科学与非生命科学的整合重组,近年来出现的所谓"Bio-X"中心,即生命科学与非生命科学结合的体现。为此,口腔医学的各个学科之间也面临着这一命题,而且在国外业已有一定的经验可资借鉴。在这一原则的思想指导下,我们也试图适应潮流,向国外的先进经验学习,拟打破传统的学科系统来出版一些重新整合的专著,如《保存牙科学》、《小儿口腔颌面外科学》和与旧的"口腔内科学"概念完全不同的《口腔内科学》等,以适应新形势的需要。

本丛书的主要阅读对象定位为从事临床口腔医学的中高级医务人员及口腔医学研究生。参加本丛书编写的人员绝大多数为从事临床口腔医、教、研工作多年,且具有高级职称的医师、教师。在书中将融合进他(她)们多年的临床经验以及科研成果,相信对临床口腔医学的发展和质量的进一步提高将有所裨益。

本丛书定名为《口腔医学精粹》,是为了鞭策和督促编写者们能尽最大努力做到精心选材、精心构思、精心组织和精心撰写。但也应当看到,"精粹"的东西毕竟是少数,不可能字字精、段段新,为了书籍的完整性,也不可能只介绍新的理论和技术,而丝毫不涉及传统的、经典的理论和技术。读者阅读后如果能感觉到有一些(或不少)新鲜的东西,目的就应该达到了。

由于这是一种尝试,肯定还有不足甚至错误之处,还望读者不吝赐教,以便再版时更正。

任何书籍往往在出版之后感到尚遗留有不少遗憾,我想本书同样如此,只望遗憾愈少愈好。

在构思出版本丛书时,恰逢上海市口腔临床医学中心在上海第二医科大学附属第九人民医院成立(2001)。愿以本丛书的出版作为这一中心建设的考绩。也希望它能有益于临床口腔医务人员业务水平和质量的提高,以造福于广大口腔颌面疾病患者。

于上海交通大学医学院附属
第九人民医院口腔医学院

前 言

生命科学包罗了从微观的对生物大分子结构的研究到宏观的对人类和自然界的关系的研究。其中对人类自身研究的学科——生物医学，在生命科学中占据了重要的地位。生物医学材料学是医学科学中的最新分支学科，是一门与化学有密切关系，介于生物学、医学和材料学之间的交叉性边缘学科，具知识、技术密集的特点，它集中了生物学、材料学和化学等其他学科的知识和技术。而口腔材料学则是生物医学材料学中发展最早，由牙科材料学发展而来，标准化工作最具基础和系统性的一门比较成熟的学科。

借用国际标准化组织对生物材料的定义，口腔材料是指"以口腔医疗、修复、矫形为目的，用于和口腔颌面活组织接触，具有生物相容性的或生物降解性的，以形成功能的无生命材料；还包括那些在临床或技术室制作修复、矫治器件的辅助材料"。整个牙医-口腔医学的发展史是与牙科材料——口腔材料学的发展密切相关的。而口腔材料学的水平则又基于整个材料科学的发展。人类对材料的开发促进了社会进步。这就是为什么口腔材料发展的水平标志着一个社会现代化程度的原因之一。

根据目前我国口腔医学学科设置的具体情况，并不是口腔医学方面应用的所有可称之为"材料"者均包括于口腔材料学范围，例如药物、麻醉剂等就不属口腔材料学的内容。口腔生物材料学主要包括以下内容：就材料来说，直接应用于牙体缺损、缺失和颅颌面缺损修复的，如暂时或永久性牙充填修复；嵌体、冠、固定义齿、局部义齿、全口义齿、覆盖义齿等修复；颌面赝复；正畸矫治；颌关节和牙周病矫治；种植义齿修复及其他植入修复；不同性质用途的粘结剂；以及为制作上述修复、置换器件所涉及的辅助材料，如印模和模型，铸造包埋及焊接，加工研磨以及其他技工材料等。口腔生物材料学还应包括材料安全应用的前提，从"可接受"——"安全应用"的生物学评价及其标准化内容。

本书作为《口腔医学精粹》丛书的一个分册，编撰内容力求"精粹"。与国内外其他口腔材料学不同，本书在充分反映当今口腔生物材料学发展水平的基础上，把材料与人类发展的进程也编入口腔材料发展史，进一步阐明了口腔材料与口腔临床医学发展的关系；还结合我国口腔医学发展的实际情况，编写了我国口腔材料学从无到蓬勃发展的50年。根据现代生物材料学和口腔医学发展的情况，以安全性和有效性为理念，以口腔生物材料的应用及其必要的应用基础为内容进行编写，重点是材料的应用变化、应用性能和应用技术。为正确选择临床应用的材料，就要掌握所用材料的物理、化学性能，从而能够在不同病例个体千差万别的情况下，拟定方案，设计修复体，最后达到恢复功能和预期的形态目标。同一材料应用对象不同，部位不同，其效果各异；不同环境、条件，采用不同的操作方法也会产生各样的结果。这就要求对所用材料，不仅是知其然，更重要的是知其所以然，从而更好地提高医疗修复质量。参编的各位编委把自己的研究成果编入了各自编写的章节，如树脂基复合充填修复材料，粘结及粘结材料，口腔银汞合金，钛和钛合金，颌面修复材料和生物陶瓷材料等。关于我国领先发展的医用形状记忆合金的内容，也编写了一章以丰富本书的内容。有关口腔生物材料生物学评价及其标准化工作也择要选编入本书。由于网络信息的发展，本书还得以及时参考了些国外最新期刊的文献。此外，本书部分章节还吸收了 Anusavice KJ 和 Craig RG，Powers JM 主编的两本最新版本的口腔材料学中的有益内容。

薛 淼

目　　录

第一章　口腔材料学的发展 （1）
第一节　材料与社会发展 （1）
第二节　材料开发促进牙科医学的发展 （2）
第三节　现代口腔材料和生物医学材料 （4）
第四节　牙科及口腔材料的标准化 （4）
一、美国牙医学会规格 （4）
二、国际标准 （5）
三、澳大利亚和欧洲国家的标准 （5）
四、口腔材料的生物安全性标准 （5）
五、我国的标准 （6）

第二章　我国口腔生物材料学50年 （7）
第一节　20世纪50年代及60年代初期 （7）
第二节　20世纪70年代后期 （8）
第三节　近20多年来的发展 （8）
一、材料研究 （8）
二、学术活动与学科发展 （11）
三、口腔材料的监督管理 （12）

第三章　口腔材料的生物相容性 （14）
第一节　生物材料的生物学评价 （14）
一、生物（口腔）材料的生物学评价原则 （14）
二、生物（口腔）材料的生物学评价试验 （14）
第二节　口腔组织的解剖和病理 （16）
一、牙体 （16）
二、骨 （18）
三、牙周组织 （19）
四、牙龈和黏膜 （20）
第三节　生物材料的生物学评价 （20）
一、体外试验 （21）
二、动物试验 （25）
三、应用试验 （27）

四、体外、动物和应用试验 （29）
五、采用正确的生物学评价程序 （31）
第四节　口腔材料的生物相容性 （33）
一、牙髓反应 （33）
二、其他的口腔软组织对修复材料的反应 （38）
三、骨和软组织对于种植材料的反应 （39）
第五节　口腔材料的生物相容性试验和标准 （40）
一、国际上的主要标准体系 （41）
二、国内的情况 （43）

第四章　口腔材料的物理机械性能 （45）
第一节　应力和应变 （45）
第二节　弹性形变和塑性形变 （46）
第三节　伸拉应力-应变图 （47）
第四节　比例极限、弹性极限、屈服极限、强度极限 （48）
第五节　弹性模数 （49）
第六节　塑性指标 （51）
第七节　抗压强度（压缩强度） （52）
第八节　抗挠（弯）强度 （53）
第九节　冲击值（冲击韧性） （54）
第十节　延性、展性、韧性 （55）
第十一节　硬度 （56）
第十二节　蠕变 （59）
第十三节　热学 （61）

第五章　聚合物的基础知识 （64）
第一节　概述 （64）
一、基本概念 （64）
二、聚合物的分类 （65）
三、聚合物的分子结构 （65）
第二节　聚合物的合成及反应 （67）
一、加成聚合 （67）

二、缩合聚合 …………………………（69）
　　三、聚合物的化学反应 …………………（69）
　　四、聚合物的生产 ………………………（69）
　第三节　聚合物物理 ………………………（70）
　　一、聚合物的结构 ………………………（70）
　　二、聚合物溶液 …………………………（71）
　　三、高聚物力学性能 ……………………（71）

第六章　树脂基复合修复材料 …………（73）

　第一节　树脂基复合修复材料的组成 ……（73）
　　一、树脂基质 ……………………………（73）
　　二、无机填料 ……………………………（74）
　　三、固化引发体系 ………………………（75）
　　四、其他成分 ……………………………（76）
　第二节　分类 ………………………………（77）
　　一、国际标准的分类 ……………………（77）
　　二、按填料大小分类 ……………………（77）
　　三、根据操作特性分类 …………………（79）
　　四、间接修复用树基脂复合修复材料 …（80）
　　五、纤维增强复合树脂 …………………（80）
　　六、桩核复合树脂 ………………………（80）
　第三节　性能和应用 ………………………（81）
　　一、固化特性 ……………………………（81）
　　二、体积收缩 ……………………………（82）
　　三、热膨胀系数 …………………………（82）
　　四、边缘密合性 …………………………（83）
　　五、可塑性 ………………………………（85）
　　六、吸水性和溶解性 ……………………（85）
　　七、色泽和抛光性 ………………………（85）
　　八、力学性能 ……………………………（86）
　　九、耐磨损性 ……………………………（87）
　　十、释氟性能 ……………………………（87）
　　十一、射线阻射性 ………………………（87）
　　十二、化学稳定性 ………………………（87）
　　十三、生物学性能 ………………………（88）
　　十四、包装及用法 ………………………（88）
　　十五、应用 ………………………………（89）
　第四节　聚酸改性复合树脂材料 …………（89）
　　一、组成 …………………………………（89）
　　二、固化反应 ……………………………（90）
　　三、性能 …………………………………（90）
　　四、应用 …………………………………（92）
　第五节　纤维增强复合树脂 ………………（93）
　　一、组成 …………………………………（93）
　　二、性能 …………………………………（95）
　　三、应用 …………………………………（95）
　第六节　光固化光源 ………………………（96）
　　一、普通卤光灯 …………………………（96）
　　二、发光二极管光固化灯 ………………（97）
　　三、等离子弧光灯 ………………………（97）
　　四、氩激光灯 ……………………………（98）

第七章　黏结及黏结材料 ………………（100）

　第一节　黏结的基本知识 …………………（100）
　　一、黏结的基本原理 ……………………（100）
　　二、黏结剂应具备的条件 ………………（101）
　　三、被黏物的表面处理 …………………（102）
　第二节　口腔黏结的特殊性 ………………（103）
　　一、牙齿硬组织的组成及结构特点 ……（103）
　　二、口腔环境的复杂性 …………………（104）
　第三节　牙齿硬组织的黏结 ………………（105）
　　一、牙齿硬组织黏结剂的分类 …………（105）
　　二、釉质的黏结 …………………………（105）
　　三、牙本质的黏结 ………………………（107）
　第四节　修复材料的黏结 …………………（114）
　　一、金属的黏结 …………………………（114）
　　二、陶瓷的黏结 …………………………（116）
　第五节　软组织及骨组织的黏结 …………（118）
　　一、α-氰基丙烯酸酯类医用胶 …………（118）
　　二、纤维蛋白黏合剂 ……………………（119）
　　三、骨组织的黏结 ………………………（120）

第八章　口腔贵金属合金的过去和现状 ……（124）

　第一节　口腔贵金属在我国的应用 ………（124）
　第二节　有关金的知识 ……………………（125）
　第三节　金产量和金价 ……………………（125）
　　一、黄金产量 ……………………………（125）
　　二、近半个世纪金价变化 ………………（125）
　第四节　口腔医学用金 ……………………（126）
　　一、金价的变化对口腔医学应用的影响
　　　　………………………………………（126）
　　二、我国口腔用金的前景 ………………（127）
　第五节　口腔用合金的金属元素 …………（127）
　　一、贵金属 ………………………………（128）
　　二、非贵金属 ……………………………（130）

第六节 金属二元结合 …………………… (132)
　一、合金组成和温度 ………………… (132)
　二、贵金属合金的相结构 …………… (134)
　三、贵金属合金的硬化 ……………… (134)
　四、理想的口腔贵金属合金 ………… (136)
第七节 口腔用铸造贵金属合金 ………… (136)
　一、类型和组成 ……………………… (136)
　二、晶粒大小 ………………………… (138)
　三、性能 ……………………………… (138)
第八节 口腔用锻制贵金属合金 ………… (141)
　一、显微结构 ………………………… (141)
　二、组成 ……………………………… (141)
　三、性能 ……………………………… (142)
第九节 焊和焊接技术 …………………… (142)
　一、贵金属焊金的类型 ……………… (143)
　二、银焊金 …………………………… (146)
第十节 口腔铸造贵金属合金的标准 …… (146)

第九章　铸造和锻制非贵金属合金 …… (150)

第一节 金属材料的基础知识和口腔非贵金属合金的一般要求 ………………… (150)
　一、金属的理化和机械特性 ………… (150)
　二、合金 ……………………………… (151)
　三、口腔非贵金属合金的一般要求 … (152)
第二节 钴铬和镍铬铸造合金 …………… (152)
　一、美国牙科协会的规定 …………… (152)
　二、组成及某些元素在合金中的作用 … (152)
　三、铸造非贵金属合金的微结构 …… (153)
　四、非贵金属合金的热处理 ………… (154)
　五、非贵金属合金的物理和机械性能 … (154)
　六、腐蚀 ……………………………… (156)
　七、冠桥铸造合金 …………………… (156)
第三节 锻制不锈钢合金 ………………… (157)
　一、组成 ……………………………… (157)
　二、合金化元素和抗化学腐蚀作用 … (158)
　三、应力释放处理 …………………… (158)
　四、不锈钢正畸弓丝 ………………… (158)
　五、不锈钢根管治疗器械 …………… (160)
　六、镍钛根管治疗器械 ……………… (161)
　七、非贵金属预成冠 ………………… (161)
　八、其他口腔应用合金 ……………… (162)
第四节 锻制钴-铬-镍合金 ……………… (162)
第五节 其他正畸弓丝 …………………… (163)

第十章　口腔银汞合金 …………………… (165)

第一节 组成和形态 ……………………… (165)
　一、组成 ……………………………… (165)
　二、形态 ……………………………… (167)
第二节 汞合过程 ………………………… (168)
　一、低铜银汞合金 …………………… (168)
　二、高铜银汞合金 …………………… (169)
第三节 银汞合金的性能 ………………… (170)
　一、银汞合金的标准性能要求 ……… (170)
　二、银汞合金的性能 ………………… (170)
　三、汞的性质 ………………………… (175)
第四节 银汞合金的操作 ………………… (175)
　一、合金的选择 ……………………… (175)
　二、合金/汞比例 …………………… (175)
　三、调合 ……………………………… (176)
　四、凝聚 ……………………………… (176)
　五、完成银汞合金修复的有关因素 … (176)
第五节 汞的生物相容性 ………………… (177)
　一、汞源 ……………………………… (177)
　二、汞态 ……………………………… (177)
　三、汞浓度 …………………………… (177)
　四、尿汞 ……………………………… (178)
　五、血汞 ……………………………… (178)
　六、过敏反应与疾病 ………………… (178)
　七、口腔医生和工作人员的风险 …… (180)
第六节 镓合金充填材料 ………………… (180)
　一、组成 ……………………………… (181)
　二、性能 ……………………………… (181)
　三、临床应用 ………………………… (183)

第十一章　钛及钛合金 …………………… (185)

第一节 概述 ……………………………… (185)
第二节 纯钛 ……………………………… (185)
　一、钛的物理性能 …………………… (185)
　二、钛的腐蚀性能 …………………… (186)
　三、钛的生物相容性 ………………… (187)
第三节 钛合金 …………………………… (188)
　一、钛合金化原理 …………………… (188)
　二、医用钛合金 ……………………… (188)
第四节 钛及钛合金的应用 ……………… (189)
　一、钛及钛合金在口腔医学的应用 … (189)
　二、钛及钛合金在其他医学领域的应用 … (190)

第五节 口腔用新型钛合金 …………… (191)
　一、口腔用 Ti-Zr 合金 ………………… (191)
　二、TAMZ 合金 ………………………… (195)
第六节 钛及钛合金的铸造 ……………… (197)
　一、铸钛系统 …………………………… (197)
　二、包埋材料 …………………………… (197)
　三、表面反应层 ………………………… (198)
　四、铸造工艺参数的影响 ……………… (198)
　五、铸件常见问题分析 ………………… (200)
第七节 钛及钛合金的表面处理及加工工艺
　…………………………………………… (201)

第十二章 形状记忆合金 ……………… (205)
第一节 形状记忆效应 …………………… (205)
第二节 形状记忆合金 …………………… (206)
第三节 镍钛形状记忆合金 ……………… (207)
第四节 一般应用 ………………………… (209)
　一、工业方面 …………………………… (209)
　二、医学方面的实验和应用 …………… (209)
第五节 镍钛记忆合金口腔正畸应用 …… (212)
第六节 其他应用 ………………………… (216)
　一、加压骑缝钉在口腔颌面外科的应用
　…………………………………………… (216)
　二、镍钛记忆合金在口腔内科纵裂牙修复中的应用
　…………………………………………… (216)
　三、镍钛记忆合金牵张成骨增高下颌牙槽嵴器件
　…………………………………………… (217)

第十三章 印模材料 …………………… (219)
第一节 概述 ……………………………… (219)
　一、印模材料的用途 …………………… (219)
　二、印模材料的要求 …………………… (220)
第二节 藻酸盐水胶体印模材料 ………… (220)
　一、组成及化学性能 …………………… (221)
　二、混合比例 …………………………… (223)
　三、性能特点 …………………………… (223)
第三节 琼脂水胶体印模材料 …………… (226)
　一、化学组分 …………………………… (226)
　二、性能 ………………………………… (226)
　三、应用 ………………………………… (228)
　四、藻酸盐-琼脂联合印模 …………… (228)
　五、复制性印模 ………………………… (228)

第四节 弹性体印模材料 ………………… (229)
　一、类型 ………………………………… (229)
　二、材料调合 …………………………… (230)
　三、印模技术 …………………………… (230)
　四、组成和固化反应 …………………… (230)
　五、固化性能 …………………………… (233)
　六、机械性能 …………………………… (234)
　七、弹性体印模材料与水的浸润性 …… (237)
　八、弹性体印模材料的消毒 …………… (238)
　九、性能特点与临床应用 ……………… (238)
第五节 咬合记录材料 …………………… (239)
　一、弹性体印模材料 …………………… (239)
　二、印模膏 ……………………………… (239)
　三、其他记录材料 ……………………… (241)
第六节 代模和模型材料 ………………… (241)
　一、代模或铸模的理想性能要求 ……… (242)
　二、口腔科石膏及人造石 ……………… (242)
　三、金属电镀形成的代模 ……………… (242)
　四、环氧树脂代模材料 ………………… (245)
　五、印模和代模材料的比较 …………… (245)

第十四章 石膏模型材料 ……………… (247)
第一节 石膏制品 ………………………… (247)
　一、口腔科石膏、人造石、高强度人造石
　…………………………………………… (247)
　二、固化反应 …………………………… (248)
第二节 应用性能 ………………………… (250)
　一、固化时间 …………………………… (250)
　二、黏度 ………………………………… (252)
　三、压缩强度 …………………………… (252)
　四、表面硬度和抗磨性 ………………… (253)
　五、拉伸强度 …………………………… (254)
　六、细节复制 …………………………… (254)
　七、固化膨胀 …………………………… (254)
第三节 操作 ……………………………… (254)

第十五章 包埋材料 …………………… (257)
第一节 概述 ……………………………… (257)
第二节 石膏基包埋料 …………………… (257)
　一、石膏基包埋料的组成 ……………… (257)
　二、石膏基包埋料的性能 ……………… (258)
第三节 铸造高熔合金包埋料 …………… (261)

一、磷酸盐基包埋料 …………………… (261)
二、硅结合剂基包埋料 …………………… (263)
第四节 焊接包埋料 …………………………… (263)
第五节 全瓷修复包埋料 ……………………… (264)

第十六章 全瓷修复材料 …………………………… (265)

第一节 全瓷修复材料的性质特点与分类
　　　　　　　　　　　　　　　　　…… (265)
一、全瓷材料的特点 …………………… (265)
二、全瓷材料的分类 …………………… (265)
第二节 全瓷材料的性能 ……………………… (267)
一、全瓷材料的强度 …………………… (267)
二、边缘适合性 ………………………… (268)
三、全瓷材料的黏结性能 ……………… (268)
四、全瓷材料的美学性能 ……………… (269)
第三节 全瓷材料的临床应用 ………………… (269)
第四节 发展与前景 …………………………… (270)

第十七章 修复用聚合体 …………………………… (272)

第一节 义齿基托材料概述 …………………… (272)
一、发展简史 …………………………… (272)
二、性能 ………………………………… (272)
三、分类 ………………………………… (272)
第二节 义齿修复树脂的性能 ………………… (276)
一、物理、机械性能 …………………… (276)
二、化学性能 …………………………… (279)
三、生物学性能 ………………………… (279)
第三节 义齿基托塑料的操作和工艺技术
　　　　　　　　　　　　　　　　　…… (280)
一、热固化型义齿基托塑料 …………… (280)
二、化学固化型义齿基托塑料 ………… (283)
三、光固化型义齿基托塑料 …………… (284)
四、影响义齿固位的因素 ……………… (284)
五、辅助材料对义齿塑料的影响 ……… (285)
六、修补材料 …………………………… (285)
七、重衬和换托 ………………………… (286)
第四节 树脂人工牙材料 ……………………… (288)
一、修复用树脂人工牙 ………………… (288)
二、造牙材料 …………………………… (288)
第五节 纤维增强树脂 ………………………… (289)
一、概述 ………………………………… (289)
二、纤维增强树脂的优缺点 …………… (289)

三、产品应用 …………………………… (290)
四、临床应用 …………………………… (290)
五、发展与前景 ………………………… (291)
第六节 暂时冠桥修复 ………………………… (291)
一、暂时修复材料 ……………………… (292)
二、暂时修复材料的选择 ……………… (293)
三、暂时冠桥的制作 …………………… (293)
第七节 个别托盘 ……………………………… (293)

第十八章 颌面赝复材料 …………………………… (295)

第一节 概述 …………………………………… (295)
第二节 分类 …………………………………… (296)
第三节 性能要求 ……………………………… (297)
第四节 硅橡胶类赝复材料 …………………… (297)
一、高温固化硅橡胶 …………………… (297)
二、加成型中温固化硅橡胶 …………… (299)
三、缩合型双组分室温固化硅橡胶 …… (302)
四、缩合型单组分室温固化硅橡胶 …… (305)
第五节 其他颌面赝复材料 …………………… (307)
一、聚甲基丙烯酸甲酯塑料 …………… (307)
二、聚氨酯橡胶 ………………………… (307)
三、增塑的聚氯乙烯塑料 ……………… (308)
第六节 赝复体的着色系统 …………………… (309)
一、颜料 ………………………………… (309)
二、载体 ………………………………… (310)
第七节 赝复体的固位装置 …………………… (310)
第八节 赝复体的日常维护 …………………… (311)
一、戴赝复体区皮肤及赝复体的准备
　　　　　　　　　　　　　　　　　…… (311)
二、戴赝复体 …………………………… (311)
三、摘取赝复体 ………………………… (311)
四、赝复体的清洗 ……………………… (311)
五、清洗皮肤 …………………………… (311)
六、延缓赝复体变色措施 ……………… (311)
七、赝复体的贮放 ……………………… (311)

第十九章 水门汀 …………………………………… (313)

第一节 磷酸锌水门汀 ………………………… (313)
一、组成 ………………………………… (313)
二、凝固反应 …………………………… (314)
三、性能 ………………………………… (314)
四、用途及用法 ………………………… (315)

第二节 氧化锌丁香油水门汀 …………… (315)
　　一、组成 ………………………………… (315)
　　二、凝固反应 …………………………… (316)
　　三、性能 ………………………………… (316)
　　四、用途及用法 ………………………… (317)
第三节 氢氧化钙水门汀 …………………… (317)
　　一、组成 ………………………………… (317)
　　二、凝固反应 …………………………… (317)
　　三、性能 ………………………………… (318)
　　四、应用 ………………………………… (318)
第四节 聚羧酸锌水门汀 …………………… (319)
　　一、组成 ………………………………… (319)
　　二、凝固反应 …………………………… (319)
　　三、性能 ………………………………… (320)
　　四、用途及用法 ………………………… (320)
第五节 玻璃离子体水门汀 ………………… (321)
　　一、分类 ………………………………… (321)
　　二、组成 ………………………………… (322)
　　三、凝固反应 …………………………… (322)
　　四、性能 ………………………………… (324)
　　五、应用 ………………………………… (328)
第六节 树脂水门汀 ………………………… (328)
　　一、分类及组成 ………………………… (328)
　　二、固化反应 …………………………… (329)
　　三、性能 ………………………………… (329)
　　四、用途 ………………………………… (330)

第二十章　口腔预防用材料 …………… (332)

第一节 局部应用的防龋材料 ……………… (332)
　　一、局部涂擦的防龋材料 ……………… (332)
　　二、局部用防龋涂膜材料 ……………… (333)
　　三、氟化物凝胶及泡沫 ………………… (335)
第二节 窝沟点隙封闭剂 …………………… (336)
　　一、组成 ………………………………… (336)
　　二、性能 ………………………………… (337)
　　三、应用 ………………………………… (338)
　　四、其他窝沟封闭剂 …………………… (339)
第三节 口腔保护器 ………………………… (339)
　　一、材质 ………………………………… (340)
　　二、分类 ………………………………… (340)
　　三、定制型保护器的制作 ……………… (341)
　　四、使用中应注意的问题 ……………… (341)

第二十一章　根管充填材料 …………… (343)

第一节 固体类根管充填材料 ……………… (343)
　　一、牙胶尖 ……………………………… (343)
　　二、银尖 ………………………………… (344)
　　三、塑料尖 ……………………………… (344)
第二节 糊剂类根管充填材料 ……………… (344)
　　一、氧化锌丁香油水门汀 ……………… (344)
　　二、碘仿糊剂 …………………………… (345)
　　三、根管糊剂 …………………………… (345)
　　四、氢氧化钙类根管充填材料 ………… (345)
　　五、磷酸钙水门汀 ……………………… (346)
　　六、矿物三氧化物凝聚体 ……………… (346)
第三节 液体根管充填材料 ………………… (347)
　　一、组成 ………………………………… (347)
　　二、性能 ………………………………… (348)

第二十二章　颅颌面植入材料 ………… (349)

第一节 概述 ………………………………… (349)
第二节 骨组织植入材料 …………………… (350)
　　一、生物衍生骨植入材料 ……………… (351)
　　二、无机非金属骨植入材料 …………… (353)
　　三、金属或合金骨植入材料 …………… (361)
　　四、高分子骨植入材料 ………………… (364)
　　五、复合骨植入材料 …………………… (367)
第三节 软组织植入材料 …………………… (369)
　　一、膨体聚四氟乙烯和聚四氟乙烯 …… (369)
　　二、聚乙交酯丙交酯 …………………… (370)
　　三、脱细胞真皮 ………………………… (370)
第四节 牙种植体材料 ……………………… (371)
　　一、牙种植体材料的分类和性能 ……… (371)
　　二、牙种植体材料性能与生物学特性的关系
　　　　　………………………………………… (372)
　　三、钛和钛合金 ………………………… (375)
　　四、牙种植体表面的涂层 ……………… (375)
　　五、复合材料牙种植体的性能和临床应用
　　　　　………………………………………… (376)
　　六、展望 ………………………………… (376)

第二十三章　生物陶瓷材料 …………… (378)

第一节 概述 ………………………………… (378)
　　一、陶瓷材料的性能特征 ……………… (378)

二、生物陶瓷的分类 …………………… (379)
第二节 生物惰性类陶瓷 …………………… (380)
　一、氧化铝 …………………………… (380)
　二、碳素 ……………………………… (382)
　三、氧化锆 …………………………… (384)
第三节 生物活性类陶瓷 …………………… (386)
　一、羟磷灰石 ………………………… (386)
　二、生物玻璃 ………………………… (396)
　三、玻璃陶瓷 ………………………… (398)
第四节 生物可吸收性陶瓷 ………………… (399)
　一、磷酸三钙 ………………………… (399)
　二、羟磷灰石骨水泥 ………………… (400)
第五节 生物陶瓷的化学组成、结构与界面关系
　………………………………………… (413)
第六节 生物陶瓷材料展望 ………………… (415)

第二十四章　组织工程支架材料 …………… (420)

第一节　概述 ………………………………… (421)
　一、分类 ……………………………… (421)
　二、性能要求 ………………………… (421)
　三、材料的加工 ……………………… (422)
　四、材料性能的评价 ………………… (423)
第二节　聚合物支架材料 …………………… (425)
　一、合成聚合物支架材料 …………… (425)
　二、天然聚合物支架材料 …………… (428)
第三节　水凝胶支架材料 …………………… (430)
第四节　无机支架材料 ……………………… (432)
　一、生物活性陶瓷 …………………… (432)
　二、生物衍生骨支架材料 …………… (433)
　三、复合支架材料 …………………… (433)
第五节　支架材料的表面修饰 ……………… (434)
　一、细胞-支架材料表面的相互作用 …… (434)
　二、支架材料表面状况对细胞黏附的影响
　………………………………………… (435)
　三、聚合物支架材料表面修饰的途径
　………………………………………… (435)

第一章 口腔材料学的发展
(historical background of dental materials)

第一节 材料与社会发展

在人类原始社会初期,远在50万~40万年前的旧石器时代,人类完成了第一件石制工具。前10000年~前5000年进入新石器时代(人类原始社会中期),石制工具广泛流行,如石磨、石犁、石杵、石刀、石锄和石镰刀等,陶器也广泛制造。到新石器时代晚期,工具的制造向金属工具过渡,此时的人类已经知道利用陨石和天然铜。前4000年,我国仰韶文化时期,人类不但有石刀、石斧、石杵、石镯、石镞、石纺轮以及骨制缝针,而且还广泛制造钵、鼎等粗陶;此时还能从矿石炼铜,制作木柄铜锄、铜铲,开始了石铜并存的社会。此外,发现有金环和银环制品,但金多银少。在人类原始社会晚期开始的细石器文化时期,石器更精细出现了如斧、犁、铲、手磨盘、鱼镖和锥等工具。陶器已开始轮制,有灰、黑、褐、黄和红色彩陶。

原始社会结束进入奴隶社会之时,相当于我国夏、商时代。在夏朝(约前22世纪末~约前17世纪初),除仍有石斧、石刀外,陶器已进入黑陶文化阶段,而彩陶更是得到广泛应用,如制作陶盆、陶盘、陶碗、陶罐和陶鼎等。金属除金、银、铜器外,已出现锡、铅器具;铁器的开始使用,使人类的发展进了一大步,如铁剑、铁斧和铁犁等,这和锻、铸和焊接工艺技术的创造有很大关系。此时,玻璃开始出现(前2000年~前1780年,埃及的十二王朝期间),及至商朝(约前17世纪初~约前11世纪),玻璃能着色,陶器能施釉,且上釉牢固(前1584年~前1343年,埃及的十八王朝)。除一些非寻常的石器外,工具已经以金属工具为主,青铜被制成刀、钻、鱼钩、矛、削、爵觚和箭镞。原材料只有到了最便宜的时候才会用来制作箭镞,说明青铜在此时已经普遍使用了。进入封建社会,在周朝(约前11世纪~前771年),青铜代表周文化,被称之为"美金"。西周或西周前出现了熟铁,被称之为"恶金",当时农具虽然主要用铜,但已开始用铁制。到了东周,铁已较多用作农具,但尚未被用于制作兵器。春秋时期(前770年~前476年),出现生铁。中国丝成为享誉世界的特产。当时希腊称中国为丝国(Seres)。及至战国(前475年~前221年),金、铜币大行。铁的用途推广,冶金成为民间手工业最重要部门,除农具外,铁已用于制作斧、锯、钻和凿等木工工具;刀、锥、针之类的女工工具以及无锋刃的铁甲、铁杖之类的战争工具。不久,人类在无意中发现了钢。炼钢术的发明,使铁器可用于兵刃。吴、越时代的干将、莫邪剑是典型的兵器,当时还不可能从生铁炼成钢,实际上是熟铁加上碳(含碳0.25%~1.7%)经过淬火热处理而得。汉朝(前206年~公元220年)以后,特别汉武(前140年~前88年)炼钢术推广,成为普通技术,并代铜用于兵器,但禁止出口。当时通过西域,中亚各国纷纷来学炼钢术,印度把我国称为钢国(Cinaja)。人类用铁的发展过程,按炼铁术的限制,形成熟铁—生铁—钢三个阶段。首先得到熟铁,当时炼铁技术(主要靠风箱)还不能熔化铁矿石。熟铁少碳,质软,不能制造硬度高的工具,作用远不及钢,也不及石。通过铁矿石加木炭混合熔炼,解决了熔化铁矿石的技术,制得生铁。生铁含碳过多,质硬而脆,但耐磨性却提高了,具有一定的实用性,能用来制作农具,然而还不符合制作兵刃的要求。利用熟铁比生铁难熔的现象,采用炼生铁方法去炼熟铁。由于风箱风力不够强,熟铁不曾熔化却在高温下吸收了0.25%~1.7%的碳,形成渗碳钢,经过淬火、锻、挤出铁中熔渣(杂质)得到较纯的钢,有很高的硬度,且韧而不脆,才能取铜而代之。这是对人类极为重要的贡献。

人类史上另一大创造——瓷在汉和帝(公元89年~105年)前已出现。商已发明制釉,商周以来有陶转瓷的趋势。战国时有质胎近瓷的带釉陶瓷,又能制瓦。两汉已能制砖,说明烧窑术已相当进步,应用到陶器上就会有早期瓷器的创造。瓷器对古代残留的铜器和陶器进行改革,给当时手工业开辟出一条宽广的新道路。到了三国两晋时期,瓷脱离原始状态,初步成熟,有了青瓷,与茶、酒联系,成为日常生活工具。发展到唐朝(公元618年~公元907年),由陶转瓷的过程已完成,人类普遍使用瓷器。著名的唐三彩,就是在无色釉的白地胎上用铅黄、绿、青三色烧结花纹。

第二节 材料开发促进牙科医学的发展

在社会发展过程中,人类既要征服自然,又要与自身的疾病作斗争,包括牙齿和颌面缺损在内。根据当时的认识,人们选择已用于生活的物质试用于人体,以修复牙齿和器官组织缺损。尽管这方面有关材料学及其技术确切的记载并不多,但已发现的资料完全可以说明牙科材料及其应用技术的开发,渊源于日常已用的材料,并促进了牙科医学的发展。

在公元前2500年左右埃及第四王朝墓葬中发现蜡、黏土和木制的假鼻、眼眶、耳和牙齿;在我国墓葬中也有类似物质修复的面部修复体。公元前1000年在希腊有金或银制作的面具和石英、水晶义眼。在当时Thrace的保加利亚墓葬中发现有锤制的面部赝复。上述在墓葬中发现的修复体究竟是生前修复还是死后所作是难以考据的。公元200年间在我国发现有金属基底支持真漆面部赝复和义眼鼻;希腊有混合陶土塑制的眼耳鼻;古意大利西部Etruscans曾利用金属丝和带环(band)修复缺牙。公元7世纪唐高宗显庆四年颁行世界第一部国家制定药典——唐新本草载有"银膏"补牙。而在国外要到19世纪前期才开始研究汞合金[1816年法国的Taveau用银币和汞形成合金进行充填,1833年经Crawcour兄弟把这个成果(Taveau's amalgam)引入美国]。公元1000年鄂图Ⅲ皇帝用金制义鼻,赝复在战斗中受伤的鼻子;Abulcasis地方用象牙制假面;我国宋朝楼钥玫瑰集陈安上所述"陈生术妙天下凡齿之有疾者易之以新,才一举手使人终身保偏贝之美"。可惜未见采用什么材料以及如何修复的说明。1530年法国军医Ambroise Paré在假肢基础上,以金、银纸浆黏结麻、棉、皮制作假耳。1541年已有泡沫腭阻塞器,旋转扣腭穿孔阻塞器以及带胡子银制鼻。1565年Petronius以金板植入修补腭裂。1600年有金银丝固定象牙的人工齿。1606年银、纸浆、混合涂料制着色假鼻(Galen)。

多数学者认为近代牙科学开始于1728年,法国外科牙科医师Pierre Fauchard(1678~1761)曾用锡箔或铅条补牙,并发表了多种类型的牙齿修复,包括以象牙制作义齿方法的论文。1746年Claude Mouton著书述及锤造金牙冠,但到1873

年却被 Beer 申请获得了专利。Pfaff(1715~1767)曾用金箔盖髓,并在 1756 年发表了以蜡分段取印模,以煅石膏制模型的论文。1770 年,M D'Arcet 发明了低熔合金。1775 年,Etienne Bourdet 发明了金基底支持人造象牙,骨折后用金属做内固定。1788 年法国的 Nicholas Dubois de Chamant 发明了瓷全口及瓷牙修复,并在 1792 年获得专利。在此前后,Lorenz Heister(1638~1758)发明了应用瓷牙、全冠和卡环固位的局部义齿。1806~1808 年间,意大利的 Guiseppangelo Fonzi 发明了铂钩瓷牙固位钉。1809 年,Maggiolo 发明了金制种植牙根修复,但效果不明。1812 年,Bull 在美国康涅狄格州有锤制金(beaten gold)应用。1839 年,Charles Goodyear 发明了硫化橡胶(vulcanized rubber)基托材料。1848 年,Arculanus 推荐用金箔(gold-leaf)充填牙洞(另有报道说早在 1480 年已有在 Bologna 大学以金箔补牙的报道)。1853 年,英、美专家采用海绵状金(sponge gold)代替金箔充填。1855 年 Arther 开发了有黏着性金(cohesive gold)。1897 年,Philbrook 描述了采用直接法用蜡型制作金属牙充填物。

19 世纪中叶以后,多种牙科材料不断出现,例如牙胶(1842)、铜汞合金(1844)、木桩种牙(1850)、银锡汞合金(1855)、氯氧锌水门汀(1855)等。1868 年,美国的 John Wesley Hyatt 以硝酸纤维素制面颌赝复,以硫化橡胶代替象牙制作基托,这一材料一直应用到 20 世纪 40 年代才被有机玻璃(聚甲基丙烯酸甲酯)所取代。此后又出现了磷酸锌水门汀(1870)、硅水门汀(1879)。1880 年 Norman W. Kingsley 和 Claude Martin 分别以硫化橡胶制作义鼻和面、眼赝复。1885 年,Logan 以陶瓷烧附铂桩替代木制桩。1887 年,S. M. Harris 以瓷牙冠装于镀铂的铅种牙根。1889 年,Charles Land 制瓷甲冠(jacket crown)和高熔瓷嵌体;T. G. Lewis 以瓷牙冠装于铂种牙根。J. W. Edwards(1839)、C. T. German(1898)和 N. Znamensk(1891)分别进行瓷牙种植。自 1860 年到 1890 年,汞合金充填材料的操作技术和临床性能大大改善,1895 年,Black 为牙科汞合金制品提出标准洞型制备和工艺步骤。1889 年,Pretevce 用弹性材料作义鼻。1890 年,Andrew 制作金属基板软橡皮的面赝复。1891 年,Wright、Hilischer、Von Heydon、Behrend、Frank、C Payne(1900)分别用金铱制种牙根以支持假牙及牙托。1894 年,用硝酸纤维素制全鼻和鼻部分缺损修复。1901 年,Uptram 用硫化橡皮制腭鼻赝复。及至 1913 年,首次应用德国 Heening(1910)发明的明胶-甘油化合物(gelatin-glycerin)软性材料修复颌面创伤。在 1914~1918 年第一次世界大战期间,Zinsser 及 Salan 将上述材料命名为"Elastin",Arther Bulbulian 用预硫化乳胶 Latex 作颌面缺损修复。其间又有用铝上涂锌染料、上釉、酸刻蚀形成毛孔制作的颌面赝复(英 Brooks,1916)。1936 年,有以钽、316 及 317 不锈钢锻制种植牙。Eugene William Skinner 著名的《牙科材料学》第一版出版。1939 年以钴铬合金(Vitallium)制作牙托及颌骨骨折接骨板。1935~1940 年,聚甲基丙烯酸甲酯代替了硫化橡胶制作牙托,并一直沿用至今,为牙科修复创造了十分重要的条件。1935 年,Stanley Brasier 发明了 Corvic Su 型增塑软聚氯乙烯,又经 Clifford Wellington 改进配方及色彩标准。1934~1948 年间,钴铬合金铸造制作颌骨骨膜下种植体。1947 年,Cordo 用聚氯乙稀-醋酸乙烯共聚体制作托牙。在此前后,Nur Charad(1946)、Kelley(1948)和 Nengebauer(1949)分别以聚甲基丙烯酸甲脂作种植牙。自此之后广泛应用于其他人工置换修复。1950 年起聚甲基丙烯酸酯室温下聚合应用于牙修复。20 世纪 50 年代后期,室温硫化硅橡胶分别用作印模材料和颌面赝复。此时,为适应我国当时修复工作需要,邱立崇和薛森等成功地用铸造 18-8 铬镍不锈钢代替黄金应用于口腔修复。而美国和日本分别在 1968 年及 1979 年才有开始探索的报道。1950~1970 年间,美国、西德、英国和日本先后推出金属烤瓷牙。Smith(1968)和 Wilson(1972)分别研制羧酸酯及玻璃离子水门汀应用于补牙。

第三节 现代口腔材料和生物医学材料

自从20世纪70年代初出现了重组DNA技术以后,人类开始进入按照蓝图改造或创造生物的时代。人们对人体本身的研究越来越感兴趣。自然科学的带头学科已由生命科学逐渐向人体科学转移。生物学、医学与工程学结合的生物医学工程学等交叉学科的陆续出现,使科学深化,也扩大了使用面,为解决实际问题提供更为有效的手段。材料科学作为一门全新的科学,经历了几个世纪的研究,在近20多年来被提出并发展起来。这是一门探讨物质结构微观性质,及它的物性宏观性质如何依附物质内部结构的科学。材料科学已从观察阶段、解释阶段进入到预见阶段,逐步达到根据指定性能设计材料。生命科学-人体科学和材料科学的交叉,促使传统牙科及口腔材料学向口腔生物材料学(Dental Biomaterials)发展。物理、机械型的口腔材料学已经在向生物安全型的口腔生物材料学过渡。现在尚要冒可接受风险的口腔材料,将逐步达到安全使用的要求;对材料的要求已经从物理、机械性能进入到生物学性能;应用的范围已经从牙齿扩展到整个口腔颌面部,由体表进入到半体内和体内;某些在口腔应用成熟的材料及技术,已经扩展到人体其他部位应用,成为整个生物医学材料学的基础和分支,两者互为因果相互促进。为此,国外有相当一部分医学院校的牙科材料学专业已改名为生物材料学。但其业务范围基本还局限于牙科或口腔领域,是狭义的生物材料学,即牙科生物材料学。鉴于我国的国情,传统的牙科医学已向口腔医学发展,口腔生物材料学的名称似乎更为确切。

第四节 牙科及口腔材料的标准化

一、美国牙医学会规格(American Dental Association Specification)

牙科材料的现代化是与其标准化分不开的。美国在20世纪初就重视这方面工作,1919年,Wilmer Souder博士应美国陆军的要求,以及美国国家标准局(National Bureau of Standards,现称National Institute of Standards and Technology, NIST)的邀请,于1920年领导完成了牙科汞合金的选择和分级规格的研究,牙科材料标准化由此开始。此后由温斯顿研究所(Weinstein Research Laboratories)资助,R. L. Coleman、W. L. Swanger和W. A. Poppe在Souder博士指导下,作为研究副手继续对锻制金(wrought gold)、铸金以及其他铸造用材料进行研究并提出极有价值的报告。1928年改由美国牙医学会领导美国国家标准局继续这方面工作。Wilmer、Souder、Greorge C. Paffenbarger、William T. Sweeney等为此作出了卓越的贡献,并促进了当时牙医学中牙科材料学课程的编写。之后,美国牙医学会和美国国家标准局合作,先后制订一系列规格,即美国牙医学会规格(American Dental Association Specification)。1966年,美国牙医学会的牙科材料和器械理事会(Council on Dental Materials and Devices,现称Council on Scientific Affairs, CSA)成立,成为制定牙科材料规格及标准的主要机构。该理事会是美国国家标准协会(American National Standard

Institute, ANSI)所属标准委员会(如美国国家标准委员会 MO 156 American National Standards Committee MO156)的行政机构。委员会参照理事会的提议,在分委员会(Subcommitties)的协助下,制定并公布"规格"。当一个规格经委员会同意后,提呈美国国家标准协会,经批准后成为美国国家标准(American National Standards)。

二、国际标准(International Standards)

国际牙医联盟(Fédération Dentaire Internationale, FDI)较早开始研究并制定国际性牙科材料的规格。后经该联盟的要求,国际标准化组织(International Organization for Standardization, ISO)建立了一个专门制定牙医学方面标准的技术委员会,即ISO/TC 106 - Dentistry。1963年起,ISO/TC 106和FDI合作,将FDI原来已制定的9个规格转为ISO标准,之后又相继建立了包括生物学性能在内的标准。国际标准化组织是非政府性质的团体,但却是一个类官方的咨询机构。发达国家的国家标准局都是其成员,我国也经常参加。ISO标准的制定,均经各成员国投票通过后实施。我国的各种标准化工作,基本上采取与ISO接轨的方针。

三、澳大利亚和欧洲国家的标准

澳大利亚牙科材料的标准化工作早在1936年就开始了,由澳大利亚牙科标准研究所(Australian Dental Standards Laboratory)主持,1973年该研究所改名为联邦牙科标准局(Commonwealth Bureau of Dental Standards)。澳大利亚的牙科材料标准(Australian Specifications for Dental Materials)自成系统,甚至和ISO保持一定距离。其他如英国、加拿大、日本、法国、捷克、德国、匈牙利、以色列、波兰、南非、瑞典等也在不同程度上建立了一些标准。其中,英国标准研究所(British Standards Institution)早在1901年就已开展此方面工作;而瑞典、丹麦、芬兰和挪威共同建立的北欧牙科材料研究所(Scandinavian Institute of Dental Materials, SIDM),在北欧地区进行了牙科材料标准化以及联合管理的工作。现在欧洲已建立了统一的标准化机构——欧洲标准委员会(Comité Européan de Normalisation, CEN)来制定欧洲标准(EN),其成员国有澳大利亚、比利时、捷克共和国、丹麦、芬兰、法国、德国、希腊、匈牙利、冰岛、爱尔兰、意大利、卢森堡、马耳他、荷兰、挪威、葡萄牙、斯洛伐克共和国、西班牙、瑞士、瑞典和英国。欧洲标准就是上述国家的国家标准。国际标准化组织也经常和欧洲标准委员会合作共同制定EN ISO标准。

四、口腔材料的生物安全性标准

美国于1979年首次发布牙科材料生物学评价标准。国际标准化组织ISO/TC 106牙科技术委员会于1984年第一次发布了有关牙科材料生物性能评价的技术报告(ISO/TR 7405 1984 牙科材料生物性能评价)。近20年来,ISO/TC 106牙科技术委员会一直在努力进行牙科材料生物性能评价的国际标准的制定工作,并于1997年发布了第一份牙科材料生物性能评价国际标准,即ISO 7405 1997(E)《牙科学—用于牙科的医疗器械生物相容性临床前评价—牙科材料试验方法》。该标准在材料分类及生物试验项目选择上均与ISO/TR 7405 1984有较大区别。ISO 7405 1997(E)《牙科学—用于牙科的医疗器械生物相容性临床前评价—牙科材料试验方法》国际标准,是由ISO/TC 106牙科技术委员会与国际牙医联盟(FDI)共同起草的。它是从ISO/TR 7405 1984《牙科材料生物性能评价》技术报告及其附件发展而来,并取代了ISO/TR 7405:1984。它是关于牙科的医疗器械—牙科材料在用于临床前对其生物安全性评价的标准。在应用此标准时,应参考ISO/TC 194医疗器械生物学评价技术委员会起草的ISO 10993《医疗器械生物学评价》国际系列标准。

五、我国的标准

我国的这方面工作起步于20世纪60年代,80年代初国家医药局委托北京医科大学进行口腔医学包括口腔材料(我国采用"口腔材料")理化性能的标准化工作,1986年由北京医科大学、上海第二医科大学和华西医科大学共同制定了第一个口腔材料的生物学标准——口腔基托材料的生物学性能评价方法试行标准。1998年国家药品监督管理局(现称国家食品药品监督管理局)组建后,已开始逐步理顺包括口腔材料在内的整个医疗器械的标准化工作。1999年国家药品监督管理局建立了"全国医疗器械生物学评价标准化技术委员会"负责制定包括口腔材料在内的相关标准。国家药品监督管理局医疗器械司在2001年底,作为医疗器械行业标准发布了YY/T 0268-2001《用于口腔的医疗器械生物相容性临床前评价第1单元:评价与试验项目选择》标准(代替YY 0268-1995)。这个标准是等同采用ISO 7405 1997(E)《牙科学—用于牙科的医疗器械生物相容性临床前评价—牙科材料试验方法》国际标准的。同时发布的还有YY/T 0127.11-2001《用于口腔的医疗器械生物相容性临床前评价第2单元:口腔材料生物试验方法—盖髓试验》。这两个标准已在2002年3月1日起实施。

(薛 森)

参 考 文 献

1. 范文澜. 中国通史简编 修订本. 北京:人民出版社,1964,81-88. 39-241
2. 薛 森. 口腔应用材料学. 天津:天津科技翻译出版公司,1997,1-8
3. 郝和平. 医疗器械生物学评价标准指南. 北京:中国标准出版社,2000,1-41
4. 郝和平. 医疗器械监督管理和评价. 北京:中国医药科技出版社,2000,1-300
5. Phillips RW, et al. Skinner's Science of dental materials. Philadelphia: W. B. Saunders Company,1982,1-9
6. Anusavice KJ, et al. Phillips' Science of dental materials. Philadelphia: W. B. Saunders company,2003,6-19

第二章　我国口腔生物材料学50年
(fifty years of dental-biomaterials in China)

我国的口腔材料事业是从20世纪50年代初逐步发展起来的,近20多年来发展较迅速。

第一节　20世纪50年代及60年代初期

新中国成立初期,我国的口腔材料事业基本处于空白状态。那时临床应用的材料,不是美国的过期产品,就是自日本、英国和捷克等少量进口的制品。国内仅有几家小厂,只能生产印模胶、水门汀等材料。铸造合金在少数院校系按照10:1:1（金:银:铜）的比例自行配合熔铸,而广大基层医院多采用所谓"人造金"的铜基合金。当时,在县以下的医疗机构和一般个体牙医,大部分尚处在应用硫化橡胶制作义齿的水平。

自20世纪50年代中期起,随着我国工业的发展,国内已开始生产聚甲基丙烯酸甲酯基托塑料和相应的牙体塑料、印模胶、手工锉屑的银合金粉、磷酸锌黏固剂、瓷质假牙及供锤冠用的镍铬合金片等常用材料。

当时朱希涛教授译自 Skinner 的《Science of Dental Materials》的《牙科材料学》译著和王徵寿教授根据 Skinner 和 Paffenbarger 的"银汞合金的金相组成及其凝结膨胀率的光学测定原理"的论文,在当时缺少专业参考资料情况下,起到了对年轻一代的启蒙作用。在高等院校及省、市级的医疗机构,已开始进行为替代进口材料的研究工作。见诸报道的成果有琼脂水胶体印模材料、藻酸钠印模糊剂及可溶性印模石膏。甲基丙烯酸酯塑料除用于义齿基托外,在初步动物试验的基础上,已有多家在临床开展了即时及延期种植牙的观察,虽然其近期成功率并不高,却为尔后的进一步研究积累了有价值的经验。邱立崇教授等为替代黄金制作修复体的铸造镍铬不锈钢的应用研究,不仅带动了所涉及的各种材料(如高温包埋料等)的研制,推动了高温铸造工艺技术的发展。更有意义的是,在我国特定历史时期,贵金属限制应用的条件下,为发展口腔修复事业提供了材料和修复技术的物质基础,并在实践中培养了新一代口腔材料专业教学研究队伍。

20世纪50年代后期,全国口腔医务工作者较广泛地开展了各种口腔材料的技术革新,多数是自行研制、试用的实验性成果。其中,有从二甲基苯胺发展到二甲基对甲苯胺、对甲苯亚磺酸氧化还原体系的多种丙烯酸酯"自凝"塑料的研制,以及有关室温固化其他共聚树脂的研制,都是由口腔院校研制成功后,向市场转移形成生产力的范例。

进入20世纪60年代,口腔材料进入平稳发展的阶段。室温固化硅橡胶首先在口腔印模材料方面研制成功,及时跟上了国际先进步伐。从现时的情况来衡量,其质量仍不低于目前上市的国产制品。临床常用的材料,如甲基丙烯酸酯基托材料和牙体塑料(造牙粉)、瓷牙和塑料牙、锤制用系列镍铬合金片、银合金粉、藻酸盐印模材、铸造用镍铬不锈钢以及锻制用牙用不锈钢丝等,已形成稳定的生产力。

第二节　20世纪70年代后期

自20世纪60年代中期起的10多年期间，口腔材料的发展基本呈停滞状态。但追溯近20多年成就的渊源可以发现，由于科学发展进程的规律，构成这些成果的知识与技术，有些却是在这段时期中储备起来的。一旦条件成熟，若干已有基础的新成果，经过短期积极的实践，就会先涌现出来。例如，多种釉质黏合剂（环氧丙烯酯、α-氰基丙烯酸酯）等的研究及其在口腔正畸、口腔颌面外科的应用；以双酚A-甲基丙烯酸酯缩水甘油酯为基质的防龋涂料在国内两个地区协作实验研究和应用；钛支架植入下颌骨缺损等。作为我国制作修复体的特殊要求，制作卡环用锻制金属丝的改进，如高弹性2Cr19Ni9Mo牙科用不锈钢丝的研制与推广应用。非贵金属高熔铸造合金已普遍开展应用，促进了铸造技术设备与材料等新产品的形成，如高温非贵金属铸造用磷酸盐耐温包埋料以及铸造铬镍不锈钢及系列铸造钴铬合金的稳定生产。寻求中熔点铸造合金的研究虽然未见有突破性进展，但全国多家协作组仍在为此断续努力。值得称道的是，涉及材料正确发挥作用，关系到临床修复工作健康发展的"快速镶牙"问题，经过10多年来的客观检验，在中华医学会组织的1978年西安及1979年天津两次口腔修复学术会议上，发扬了实事求是的科学精神，经过广泛研讨，对正确认识自凝塑料的固有性能及其适应范围作出了确切的评价。

第三节　近20多年来的发展

进入20世纪80年代后，我国口腔材料事业得到了迅速的发展，主要表现在以下几个方面。

一、材料研究

（一）黏合剂与复合树脂

黏合剂与复合树脂是20世纪80年代发展的热点。从70年代应用国外制品，经过自行研制材料阶段，逐步深入到机制和应用工艺研究，目前在国内已初步形成生产力。

1. 材料研制

EB、TM化学固化复合树脂的研制、应用与进一步改善，SMC-1化学固化双糊剂及H-18超微填料化学固化复合树脂，后牙试用的高强度复合树脂均有实验报道。可见光聚合已取代了70年代的紫外光固化技术与材料。如VLC-1型可见光聚合复合树脂，SMV-1型可见光复合树脂。PM可见光聚合牙科黏合剂，VLC-OA正畸黏合剂。牙釉质黏合剂也推出了新品种，如含4-META以氯磺化聚乙烯为主的牙釉质黏合剂。对牙本质黏结的材料也有所发展，如GM、GP牙本质黏合剂以及含有磷酸酯的DPR牙本质-牙釉质黏合剂。

2. 黏结界面的研究

有关黏合材料对复合树脂、牙釉质、牙本质、牙骨质与遮色剂之间的黏结界面研究，均有报道。对于不同树脂体系与牙本质的黏结处理已在进行探索。有关聚甲基丙烯酸酯贴面与复合树脂、不同复合树脂之间、复合树脂与牙釉质以及光固化树脂与热压固化树脂之间的材料界面黏结状况，也有不同程度的离体研究。

3. 机制和应用技术研究

光固化黏结剂单体转化率的红外光谱分析，光敏复合树脂的光照时间和距离对其固化作用，牙本质有机物、无机物对黏结树脂固化时间的影响，牙本质成分对黏结剂固化时间影响，光固化复合树脂与陶瓷的黏结强度及析因试验等。

4. 模拟临床性能及其他方面的研究

对于不同测试方法，不同复合树脂，光固化树脂本身及与其他树脂间以及酸蚀与否的黏结强度比较，修复体不同部位（殆、轴、颈）的封闭性能（密合度）研究等，均有报道。其他方面还有，光固化复合树脂的聚合收缩实验；前牙复合树脂色泽及遮色效能的研究；复合树脂对牙髓的组织学影响；表面清洁剂及黏结桥方面的促进黏结力的研究等。

（二）种植材料

随着口腔种植学的发展，口腔种植材料，特别是生物陶瓷植入材料的研究日趋深入和成熟。而近10多年来，由于新材料与生物技术以及分子、细胞水平的临床基础研究的推动，牙种植体及其应用器件的研制和种植义齿的临床研究，获得了重大的进展。从而启发延伸向颌面赝复、种植体支抗正畸、关节、放射后种植、翼上颌种植、义耳固定等方面的试用。种植材料从原来以种植义齿为基础，迅速以牙种植技术扩展应用于颅颌面部，正在开始形成一个颅颌面种植的新生长医学工程。

1. 种植材料的材料研究

（1）生物玻璃陶瓷

除羟基磷灰石外，有磷酸钙生物活性材料，可吸收磷钙生物陶瓷 ZrO_2/HAP 梯度生物陶瓷材料，可切削生物活性玻璃陶瓷，磷灰石陶瓷的报道。

（2）纯钛

深受 Brånemark 影响多在采用钛含量在99.5％以上的 TA0、TA1 牌号的纯钛。

（3）复合材料

有纯钛表面生物陶瓷烧结，生物活性玻璃—钛蕊人工牙（BAG-Ti I），等离子喷镀 HAP—Ti 金属复合人工种植牙，表面生物活性陶瓷涂层、骨形成蛋白/陶瓷化异种骨/纤维蛋白结合剂/钛种植体，中间底釉过渡的尖晶石型 MnZr 铁氧体材料，金属种植体/磷酸三钙/骨形成蛋白，EAM 树脂/HAP 复合材料，珍珠—羟基磷灰石，羟基磷灰石—胶原复合人工骨材料，羟基磷灰石复合骨形成蛋白，磁性多孔性磷酸三钙和羟基磷灰石烧结涂层陶瓷人工骨等的实验报道。

2. 种植材料的应用基础研究

（1）界面研究

种植体-骨界面的三维结构分析，有关种植材料体内种植的界面组织学观察与骨组织结合机制的探讨，纯钛-骨结合机制及影响骨整合因素的研究，膜技术、骨引导再生术在口腔种植应用的细胞学研究，生物陶瓷对人胚成骨细胞体外生长及代谢影响，磷灰石类陶瓷对人成骨样细胞生长和DNA 合成影响的实验研究，锶磷灰石陶瓷体外溶解实验研究，可切削生物活性玻璃陶瓷生物降解作用等。

（2）生物学性能

可吸收钙磷生物陶瓷骨种植组织学观察，EH型复合人工骨材料的物性研究和动物体内植入研究，合浦珠母珍珠埋植在大白鼠肌肉内的组织学观察，珍珠-羟基磷灰石修复家犬下颌骨缺损的扫描电镜观察。

（3）力学性能

磷灰石烧结体在细胞培养液中的强度变化，磷灰石的力学、生物学性能与烧结温度的关系，复合生物陶瓷断裂韧性的测试研究。

3. 种植材料的应用

（1）增高下颌牙槽嵴方面

有羟基磷灰石复合骨形成蛋白牙槽嵴加高术，羟基磷灰石增高下颌牙槽嵴及其延展术，以及羟基磷灰石增高牙槽嵴对新骨生成影响等报道。

（2）盖髓应用方面

有羟基磷灰石治疗髓室底穿孔的组织学研究，磷酸三钙修复髓底穿通的实验和临床应用研究，磁性多孔性磷酸三钙盖髓剂的研制及生物学性能的报道。

此外，还有羟基磷灰石人工骨在牙周翻瓣术中的应用；磷酸三钙根管充填糊剂的临床研究等。

（三）其他口腔材料

1. 玻璃离子体水门汀

在引进国外新型玻璃离子体水门汀产品应用的同时，进行了旨在提高性能的实验研究，如硼酸铝晶须对玻璃离子体水门汀力学性能的研究；防龋材料磷酸四钙玻璃离子体水门汀的性能研究；光固化型和化学固化型玻璃离子体水门汀与牙釉质间的抗剪黏结强度。

2. 陶瓷材料

（1）铸造玻璃陶瓷材料

20世纪80年代中期自国外引进，目前国内正在实验研究的有以下几个体系：CERAPEARL、DICOR、LIKO和PLAT等体系。部分单位在研制有关配套材料，采用国产设备进行铸造玻璃陶瓷应用技术研究。还有报道：铸造玻璃陶瓷与着色剂界面的研究；不同方法制作的铸造陶瓷全冠适合性的比较；用国外设备和材料的临床应用。

（2）CAD/CAM陶瓷修复材料

运用光学印模方法及CAD/CAM技术将预成陶瓷块铣磨成修复体的临床研究，通过引进Siemens公司CEREC系统的全套设备及材料，正在几个院校开展CAD阶段的技术的研究。专用陶瓷材料正在研究。

此外，还有高强度铝瓷全冠材料及其冠内层核瓷材料的研制；粉浆涂塑铝瓷核冠材料及其代型材料研究。

3. 钛及钛合金材料

（1）钛及钛合金铸造

利用国外设备和材料对纯钛铸造，有关熔钛与包埋料的反应、铸流率、铸造精度和铸件表面装饰材料等的研究已有报道，并已探索应用于种植体上部结构的修复。国产小型铸钛机已研制成功，已研制出钛材专用瓷粉，对纯（TA2）、Ti-6Al-4V钛合金（TC4）的表面烧烤以及和钛和瓷结合的机制研究。

（2）镍钛合金

自20世纪70年代末开始进行系列医学基础与模拟实验，已用于颌骨骨折和移植骨固定的治疗，特别是在口腔正畸临床得到广泛应用。近年又有镍钛记忆合金纵裂牙修复初探，镍钛丝制作拉簧和推簧临床应用，又推出了一种在室温易弯曲，口温保持高超弹性的"RTF"中国镍钛弓丝。

4. 基托材料

由早期单聚的甲基丙烯酸甲酯塑料，经不断改进，开发出挠曲性能较好的共聚丙烯酸酯多种品种，如甲基丙烯酸甲酯-丁二烯-苯乙烯共聚基托材料，无机晶体纤维-碳化硅晶须增强挠曲强度的义齿基托等。光固化基托材料也有多种产品开发。新型义齿软衬材料的实验研究有：热固化硅橡胶基质，光固化甲基丙烯酸聚氨酯基质，热固化和室温固化羟基丙烯酸酯基质。

5. 珊瑚人工骨

海南珊瑚人工骨大鼠皮下和肌肉内植入的生物相容性研究，认为珊瑚人工骨具有良好的生物相容性。珊瑚及珊瑚-羟基磷灰石复合材料和羟基磷灰石的骨修复动物实验，认为珊瑚及珊瑚-羟基磷灰石复合材料在骨缺损修复中显示了良好的生物学性能。为提高其应用价值，还必须作进一步综合研究。

6. 磁性材料

永磁合金粉，古塔胶及其他复合材料组成的磁性固体根管充填材料（磁性牙胶尖），根充后2年观察，临床疗效显著。磁性多孔性磷酸三钙（MPTCP）经生物学评价，认为符合盖髓剂的要求。永磁体钕铁硼永磁体（1-1.2T）引导磁性胶体材料[锶铁氧化磁粉（简称SG）对离体牙根管充填。结果认为充填效率与常用材料相比并无明显优越性。

二、学术活动与学科发展

我国口腔材料的学术机构是在口腔医学三级学科中最早建立的。1984年在南京的全国口腔医学学术会议期间，中华医学会口腔学会决定在学会下建立相应的三级学组，1986年10月20至25日在上海召开《第一届全国口腔材料学术交流会暨中日友好口腔材料学术交流会》，成立了中华医学会口腔学会口腔材料学组。学组挂靠在上海第二医科大学。口腔医学会主任委员朱希涛教授任名誉主任，薛淼教授为主任。从此之后，出现了口腔材料的学术活动蓬勃发展的局面，呈现了与口腔医学乃至同其他学科互为因果、互相促进的态势。同时也促进了学科建设，上海第二医科大学和华西医科大学相继成立口腔材料学教研室。

1990年4月在中国生物医学工程学会生物材料学会也成立了口腔材料学组。1990年10月在上海召开了第二届全国口腔材料学术交流会。

在全国口腔材料学术发展的同时，口腔材料和制品的开发随着改革开放也有很大的发展。当时，国内从事口腔材料生产的单位已发展到45个以上。大小专业厂约26个，兼营厂10个，校院办企业7个，合资厂3个。

进入90年代，上海第二医科大学和北京医科大学同时建立了能招收口腔材料专业的博士点。北京市口腔医学研究所，第四军医大学口腔医学院，湖北医学院先后成立口腔材料研究室；浙江大学生物材料研究室和昆明医学院口腔医学研究室，也侧重在口腔材料的研究。

1992年中，国际上第四本口腔材料专业刊物《口腔材料器械杂志》在国内外公开发行。这是口腔医学专业学组发展趋向成熟的标志之一。

1992年12月在上海召开中日口腔材料学术交流会。

1994年10月14~16日在广州，由中国生物医学工程学会生物材料分会、人工器官分会和中华医学会口腔科学会共同组织，召开第三届全国口腔材料学术会议。经中华医学会口腔学会同意，口腔学会所属口腔材料学组与中国生物医学工程学会生物材料分会的口腔材料学组实行两块牌子、一套班子的体制。

自1986年口腔材料学组成立后，我国口腔材料学经过10多年的发展，有了明显的进步。到20世纪末，各口腔医学院校均已开设口腔材料学课程，多数学校都已建立了教研室，建立口腔材料研究室的单位就更多了。口腔材料学全国教材在第一次出版后已再版了几次。近年各院校自编的有第四军医大学的《口腔材料学》（大专教材），上海第二医科大学的《口腔材料学前沿教材》（七年制硕士），以及1997年12月出版的《口腔应用材料学》。几年来，上海第二医科大学、北京医科大学、第四军医大学已培养出一批口腔材料学/生物材料学博士，除分配在学校外，云南昆明、广州等已有口腔材料学/生物材料学博士在开拓工作，华西医科大学和上海第二医科大学已率先在口腔医学领域进入博士后流动分站。

我国口腔材料大小企业发展到现在已有上百余家。目前年总产值在亿元以上，但这与美国仅种植体及配套设备、器械和材料一项的年销售额已达数亿美元相比，确实是太少了（且不去以人均比来说）。但从另一方面来思考，则却是在我国，将成为大有发展前景的产业。国际市场上已有的产品，

95%在国内或多或少都能生产,但质量不太理想,大多属国际中下产品水平。少数产品出口第三世界,个别产品已获美国ADA接受。然而,近几年来由于种种因素影响,国有口腔材料企业情况有下降趋势。而口腔材料国有大企业在整个资产重组中,曾发生过不利于我国口腔医学发展的组合。但在采纳了口腔材料学组-口腔材料专业委员会的意见后,主管部门已明智地作出口腔材料企业独立发展的决策,已开始出现新的转机。

不能否认,在20世纪末的几年,由于在计划经济向市场经济过渡中,出现了口腔临床与基础间的暂时的不协调,也较大程度上影响了口腔材料学的发展。特别是只从表象上得到片面的印象,出现了悲观情绪,甚至产生"取消"主义。2002年中华口腔医学会口腔材料专业委员会在换届筹备会议期间组织了委员和到会代表对我国口腔材料学的现状和未来的发展进行了热烈的讨论。分析了我国口腔材料学等基础学科,特别是材料学在口腔医学院校的现状。认为所存在的"困境"是进入市场经济初始阶段,口腔医疗开始走向社会;单位要"自负盈亏"、部门经济承包,追求经济效益,出现重临床,轻基础、教学、科研和队伍建设;以及体现工作价值的杠杆失衡和不合理分配等局部"政策性"所致。而口腔材料学术会议出席人数的下降,除上述因素外,还由于口腔各专业的学术会议/口腔材料器械展销会在每一年内拥挤在一起;代表年度出差经费限制以及材料会议安排时间和地点欠妥的种种原因所致。实际上,据不完全估计,在各临床学科的学术会议上口腔材料的论文都占了1/4左右。全国实际口腔材料的论文数量是相当可观的。此外,如各口腔临床学科近年来的研究项目、研究生课题和论文中,材料学研究也占了相当大的比例;不少综合性大学,为了发挥学科交叉的优势,已经或正在建立口腔材料学科;口腔材料企业的研究力量有了很大发展,以上海齿科材料厂为例,该厂的研究人员已增至16人,其中新引进的研究生就有6名。通过集思广益的讨论,最后呼吁全国从事口腔材料学工作的同仁们,在认真总结目前严峻形势,认清我国口腔医学和材料学的方针政策,学习有关世贸的理念和我国对口腔医学和材料学方面的承诺情况,进一步提高认识,改变观念,充分发挥材料学科交叉、高科技性质的优势,因势利导,满怀信心,团结起来,为发展我国现代口腔医学事业,共同迎接新世纪的机遇和挑战而努力。

中华口腔医学会成立后,原三级学组根据条件陆续申请成立二级专业委员会。1998年1月8日经中华口腔医学会第一届理事会第四次常务理事会批准,口腔材料学组于1998年10月召开了中华口腔医学会第四届全国口腔材料学术会议,成立了中华口腔医学会口腔材料专业委员会。朱希涛教授任名誉主任委员,薛淼教授任主任委员。作为首届二级学会的口腔材料专业委员会在发展国内学术交流外,进一步开展了国际间专业学术活动。

2000年2月在汉城召开中日韩三国共同组织的中日韩口腔材料国际学术会。会议期间口腔材料专业委员会、韩国口腔材料研究学会和日本口腔材料学会,探讨了三国口腔材料学会学术交流合作问题。

同年5月17日在美国夏威夷,口腔材料专业委员会主任委员组织并主持了第六届世界生物材料大会的(生物材料生物学评价/"可接受"—"安全使用)研讨会。这个研讨会的主题是"安全是材料应用于人体的前提"。从健康发展生物材料出发,要求全球生物材料工作者,在21世纪把生物材料的安全性从"可接受"提高到"安全使用"的水平。这是我国首次在国外生物材料国际会议上单独组织并主持的研讨会。

2003年10月中华口腔医学会批准口腔材料专业委员会换届。新一届是完全年轻化朝气蓬勃的委员会,朱希涛教授和薛淼教授任名誉主任委员,上海第二医科大学口腔医学院孙皎教授任主任委员。

三、口腔材料的监督管理

1998年国务院组建立了国家药品监督管理

局,结束长期存在的多头分散、政出多门的旧体制。2000年4月1日实施了经国务院批准发布的《医疗器械监督管理条例》,这是我国医疗器械监督管理法制建设中的一件大事。根据GB/T 16886.1—ISO 10993.1:1992 标准,《条例》中的"医疗器械(medical device)"是一个全新概念。其定义是:"设计成为下列目的用于人体的,不论是单独使用还是组合使用的,包括使用所需软件在内的任何仪器、设备、器具、材料或者其他物品,包括口腔科材料和器械"。国家药品监督管理局于2000年3月对省级药品监督管理部门的医疗器械专职负责干部进行《条例》的专项培训。由各省药品监督管理部门组织安排。对省级以下药品监督管理部门专职干部和生产、经营、使用及其他方面人员进行培训。

2001年2月24日在广州成立了全国医疗器械生物学评价标准化技术委员会。口腔材料专业委员会的主任委员、委员分别担任了"标准化技术委员会"的副主任委员和委员,参加了专家组,对全国各省市药品监督管理局医疗器械管理部门专职干部和广州地区企业,进行包括"用于口腔的医疗器械生物相容性临床前评价 第一单元:评价与试验项目选择"在内的有关《医疗器械生物学评价系列标准》的宣讲贯彻。在2001年和2002年又先后在上海、济南、北京、云南、贵州、四川、西安、杭州、成都和东北地区,以及在全国学术会议上多次宣讲。

(薛 淼)

参 考 资 料

1 王征寿. 银汞合金的金相组成及其凝结膨胀率的光学测定原理. 中华口腔科杂志,1954,2:241
2 黄培喆. 自制水胶体印模材料在临床牙体取模上的应用. 中华口腔科杂志,1955,3:300
3 北京市口腔医院. 国产褐藻酸钠弹性变色印模材料的初步总结. 中华口腔科杂志,1956,4:316
4 杨升修. 可溶性印模石膏成分配制的初步报告. 中华口腔科杂志,1957,5:77
5 邱立崇,薛 淼. 铸造高熔合金包埋料的理化过程. 中华口腔科杂志,1958,6:1
6 邱立崇,薛 淼. 18-8不锈钢的铸造性能. 中华口腔科杂志,1958,6:101
7 周继林. 自制印模油膏初步结果介绍. 中华口腔科杂志,1958,6:193
8 周继林. 利用丙烯酸酯塑胶作耳修复初步经验介绍. 中华口腔科杂志,1958,6(6):413
9 邱立崇,薛 淼. 聚硅氧橡皮基(61-2)型印模材料. 中华口腔科杂志,1963,9(2):122
10 朱希涛. 中国口腔医学年鉴. 北京:人民卫生出版社,1984,1
11 薛 淼. 中国口腔医学年鉴. 北京:人民卫生出版社,1988,27
12 薛 淼. 中国口腔医学年鉴. 北京:人民卫生出版社,1990,38
13 薛 淼. 中国口腔医学年鉴. 北京医科大学、中国协和医科大学联合出版社,1992,31
14 薛 淼. 中华口腔医学杂志,1993,28(增):57
15 薛 淼. 中国口腔医学年鉴. 成都:四川科学技术出版社,1997,51
16 薛 淼. 中国口腔医学年鉴. 成都:四川科学技术出版社,1999,51
17 薛 淼. 口腔应用材料学. 天津:天津科技翻译出版公司,1997
18 薛 淼. 口腔生物材料研究的新进展. 口腔材料器械杂志,1999,8:3

第三章 口腔材料的生物相容性
（biocompatibility of dental materials）

第一节 生物材料的生物学评价
（biological evaluation of biomaterials）

生物材料是一类具有特殊性能、特种功能，可运用于制造人工器官、外科修复、理疗康复、诊断、检查、治疗疾患等医疗保健领域，而对人体组织不产生不良影响的材料。随着现代医学的发展，生物材料在临床医学领域中的应用已日趋广泛。本章将就生物材料的生物学评价的基本原则、国内外标准、试验方法的选择等作一个简要的介绍。

一、生物（口腔）材料的生物学评价原则

由于生物（口腔）材料的复杂性，在进行生物学评价试验时，其选择应遵循一些基本的原则。首先，所有需进行评价的材料，应该是在通过国家有关部门认证的专业实验室、由经过培训并具有实践经验的专业人员来进行试验，试验结果应具有可重复性。其次，一般首选进行体外试验，然后再进行动物试验，以尽量减少动物的使用数量并可节约大量的试验时间。第三，应考虑到灭菌过程对材料的潜在作用和随之可能产生的毒性物质，在制备试验样品或浸提液时应使用最后灭菌完成的材料。第四，由于材料的复杂性和使用的多样性，在生物学评价前，应明确生物（口腔）材料的使用形式和与人体的接触性质、程度、时间等影响因素。第五，当生物（口腔）材料进入市场后，如果材料的生产来源、生产技术发生改变；或材料的配方、工艺、初级包装或灭菌条件有所变化；或储存期内材料发生变化；或材料的用途发生变化；或有迹象表明材料用于人体会产生副作用时，都必须重新进行生物学评价。

二、生物（口腔）材料的生物学评价试验

生物相容性，是指材料在宿主体内的特定环境和部位，与宿主直接或间接接触时产生相互反应的能力；是材料在生物体内的动态变化过程中，能耐受宿主各系统作用而保持相对稳定，不被排斥和破坏的生物学性质。在实际情况中，各种具有不同功能的材料是用于不同部位的，所引起的组织反应会根据不同组织的微结构和生化反应的改变而变化。而对于材料的生物相容性好坏评价是通过生物学评价试验来进行的。目前的国际标准化组织（ISO）提出的10993系列文件中，生物学试验包括8个基本评价试验项目和4个补充评价试验项目。基本评价试验项目包括细胞毒性试验、致敏试验、刺激或皮内反应试验、全身毒性（急性）试验、亚慢性毒性试验、遗传毒性试验、植入试验和血液相容

性试验；补充评价试验项目包括有慢性毒性试验、致癌性试验、生殖与发育毒性试验、生物降解试验。由于材料具有多样性，因此任何一种材料，在确定生物学评价试验时应根据材料的具体情况，如材料与人体接触途径、时间等。我国在2001年发布的GB/T 16886.1-2001《医疗器械生物学评价 第1部分：评价与试验》、YY/T 0268-2001《用于口腔的医疗器械生物相容性临床前评价 第1单元：评价与试验项目选择》中提供了对于生物学评价试验的选择指南，见表3-1、表3-2和表3-3。

表3-1 基本评价试验项目指南

器械分类		接触时间 A:短期(≤24 h) B:长期(24 h~30 d) C:持久(>30 d)	生物学试验							
			细胞毒性	致敏	刺激或皮内反应	全身毒性（急性）	亚急性毒性	遗传毒性	植入	血液相容性
表面器械	皮肤	A	✓	✓	✓					
		B	✓	✓	✓					
		C	✓	✓	✓					
	黏膜	A	✓	✓	✓					
		B	✓	✓	✓					
		C	✓	✓	✓	✓	✓			
	损伤表面	A	✓	✓	✓					
		B	✓	✓	✓					
		C	✓	✓	✓			✓		
外部接入器械	血路、间接	A	✓	✓	✓	✓				✓
		B	✓	✓	✓	✓				✓
		C	✓	✓		✓	✓		✓	✓
	组织/骨/牙接入	A	✓	✓	✓					
		B	✓	✓	✓			✓	✓	
		C	✓	✓	✓			✓	✓	
	循环血液	A	✓	✓	✓	✓				✓
		B	✓	✓	✓	✓				✓
		C	✓	✓		✓				✓
植入器械	组织/骨	A	✓	✓	✓					
		B	✓	✓	✓			✓	✓	
		C	✓	✓		✓		✓	✓	
	血液	A	✓	✓	✓	✓				✓
		B	✓	✓	✓	✓		✓	✓	✓
		C	✓	✓	✓	✓		✓	✓	✓

注：本表是制定评价程度的框架，不是核对清单

表3-2 补充评价试验项目指南

器械分类		接触时间 A:短期(≤24 h) B:长期(24 h~30 d) C:持久(>30 d)	生物学试验			
			慢性毒性	致癌性	生殖与发育毒性	生物降解
表面器械	皮肤	A				
		B				
		C				
	黏膜	A				
		B				
		C				
	损伤表面	A				
		B				
		C				
外部接入器械	血路、间接	A				
		B				
		C	✓	✓		
	组织/骨/牙接入	A				
		B				
		C		✓		
	循环血液	A				
		B				
		C	✓	✓		
植入器械	组织/骨	A				
		B				
		C	✓	✓		
	血液	A				
		B				
		C	✓	✓		

注：本表是制定评价程度的框架，不是核对清单

表 3-3 口腔材料生物相容性临床前评价试验项目

接触部位	接触时间	第一组 细胞毒性	第二组 急性全身毒性——经口途径	急性全身毒性——吸入途径	亚急性全身毒性——经口途径	皮肤刺激及皮内反应	致敏	亚急性全身毒性——吸入途径	遗传毒性	植入后局部反应	第三组 牙髓及牙本质应用	盖髓	根管内应用
与表面接触的器械	≤24 h	√		√		√	√						
	24 h~30 d	√	√	√	√	√	√	√					
	>30 d	√	√	√	√	√	√	√	√				
外部接入器械	≤24 h	√	√	√		√	√				√		
	24 h~30 d	√	√	√	√	√	√	√		√	√		
	>30 d	√	√	√	√	√	√	√	√	√	√		
植入器械	≤24 h	√				√	√						√
	24 h~30 d	√				√	√		√	√			√
	>30 d					√	√		√	√		√	√

注：√表示应考虑选用的试验

口腔材料生物相容性临床前评价的所有试验，其选择和实施应遵循两个基本原则：第一，在进行体内试验（动物试验）前，应尽可能地先进行体外筛选试验；第二，对试验数据应予以保留，数据积累到一定程度就可得出独立的分析总结。对于口腔材料，第一组和第二组试验是作为对新材料的初级筛选试验。第一组试验中的细胞毒性试验和第二组试验中的皮肤刺激及皮内反应试验、致敏试验是所有材料在进行生物学评价时必需评价的项目，而第三组试验是临床应用前试验，则应根据材料的用途选择相应的试验。

第二节 口腔组织的解剖和病理
（anatomical and pathological aspects of oral tissues）

一、牙体

（一）牙釉质

成年人的牙釉质是高度矿化的，无机物占总重量的96%，仅1%为有机物，3%为水分。牙釉质的有机基质至少由两类糖蛋白组成，釉原蛋白和釉蛋白。在成釉细胞合成后，牙釉质钙化有机基质与其他钙化组织，如牙本质、骨和牙骨质，并不由任何细胞的合成机制来维持。釉柱具有一定的排列方向，这种排列提供了最大强度。由于含有高矿物质（羟磷灰石），牙釉质比起牙本质更容易碎裂，在某种程度更容易被酸溶液溶解。黏结剂的使用就利用了这种特性，酸侵蚀牙釉质后提供了树脂材料的机械性固位，在牙釉质表面，釉柱的不同排列方向就是不同侵蚀后的结果。对于大多的口腔组织分子，牙釉质的分子渗透性比较低，因此从某种意义上来说，牙釉质可阻止牙齿感受外来物的刺激。近期的研究表明，牙釉质有时也是可渗透的，漂白剂中的过氧化物仅需数秒就可渗透完整的牙釉质层。

（二）牙本质和牙髓

由于相邻的解剖关系，许多研究者认为牙本质和牙髓是一个独立的组织。牙本质基质（钙化和非钙化）形成牙体的主要部分。钙化的牙本质是由约20%的有机物、70%的无机物和10%的水组成。近85%牙本质有机物的主要成分为胶原蛋白，而羟磷灰石则是无机物的主要成分。牙本质基质中含有许多蛋白质，包括胶原蛋白（主要为Ⅰ型胶原蛋白和少数的Ⅴ型和Ⅰ型三聚体胶原蛋白）、非胶原性牙本质类蛋白［phosphophoryns、牙本质唾蛋白（dentin sialoprotein）和牙本质基质Ⅰ型蛋白］和许多非特异性蛋白矿化组织［如骨煅化（osteocalcin）和骨桥（osteopontin）］。

牙本质基质中的牙本质小管充满了成牙本质细胞突起。这些突起是由存在于牙髓中的成牙本质细胞形成的。牙本质小管分布于釉牙本质界（dentoenamel junction, DEJ）和牙髓区。一些成牙本质细胞突起自牙本质小管，可延伸至DEJ。在近DEJ端的横截面上，牙本质小管的密度约为20 000个/mm²，而在近牙髓端约为50 000个/mm²。小管直径在近DEJ端约为0.5 μm，到近牙髓端则约为2.5 μm。

牙本质小管中还充满了一种浆液性液体。这种液体与牙髓组织的细胞外液体相连。牙髓循环保持了细胞内的液压约在3.192 kPa（24 mmHg）。当牙釉质移动时，可使小管内液体直接由牙髓向外流向DEJ。外部流体静力压和渗透压也可使液体向牙髓方向流入或流出。开放的牙小管中的液体正方向或反方向的移位可使成牙本质细胞或牙髓的神经终止，这是引起痛觉过敏的流体动力学理论的基础（牙髓过敏症）。

在口腔医师制备窝洞期间，钙化的牙本质基质会因黏附物或手动器械的使用而形成一个污迹层。这层中的有机和无机颗粒会堵塞牙本质小管，特别是当牙釉质层断裂或不完整时，可以导致液压下降，但这并不影响其渗透压。牙釉质层可被酸侵蚀，从而使开放的小管发生脱矿质作用。牙本质小管通过牙髓液保持连续性，促进了分子的扩散。牙釉质层、牙本质小管和牙本质基质对于黏结剂的使用，以及黏结剂成分对牙髓组织的影响都有着非常重要的作用。

中等深度的窝洞制备会切断成牙本质细胞突起，从而损伤成牙本质细胞。窝洞太深会破坏大量的牙本质并杀死新生的成牙本质细胞。许多研究者认为牙本质和牙髓的细胞间质（ECM），对于由修复后的牙本质产生继发性成牙本质细胞分化有着较大的影响。继发性成牙本质细胞的来源尚不可知，但是牙髓受损伤以后，血管周围近牙髓中心的区域可发现有增生的肉芽组织。在猴体实验上，从牙髓受损到修复后的成牙本质细胞分化，这期间最短的时间为5 d。当从牙髓中心分叉生长出的神经和血管接近成牙本质细胞层时，可对现有的炎性反应产生影响，并且在牙本质修复期间生成大量新生的牙本质基质。

缺少牙釉质层，材料成分或细菌产物会向牙髓扩散以抵御生理梯度的压力（扩散性渗透可见以后的讨论部分）。有时可在受损伤龋病的牙本质小管，或者在修复或未修复的窝洞底部观察到细菌。当有毒细菌或化学物质到达牙本质时，成牙本质细胞和牙髓结缔组织通常首先出现坏死的病灶（0～12 h），随后是一个急性且分布更广的牙髓炎（12 h至数天）。如果排除损伤因素或封闭牙本质小管，炎症则可以自然消退。如果牙髓炎症没有消退，那么它可引起牙髓的液态坏死（特别是细菌性牙髓炎）或慢性炎症。急性牙髓炎和急性恶化的慢性牙髓炎均可引起继发症，如牙根尖周损伤和骨髓炎

(此可参阅口腔病理教科书)。

(三) 牙本质渗透性(dentin permeability)

通过近30年来的研究,对牙本质的渗透性已有所了解的。事实上,牙本质渗透的发生有2种类型。第一类是液体流动型,指牙本质小管内的液体流动。当牙冠或嵌体被固定时,向牙髓方向的液体流动将会引起反向的液压。如果开放牙本质小管,牙髓的A-纤维会因刺激而产生急剧疼痛。当浓缩液体如蔗糖或饱和的氯化钙溶液接触暴露的牙本质小管,牙髓会产生具有负压的液体流动。临床上,这种情况常在牙颈部损伤或龋病磨损中发生。牙本质渗透性与小管的直径有密切的关系,通常来说,牙冠表现出比牙根更大的流动渗透性。牙本质轴壁的渗透性比洞底更大,牙本质近牙髓尖(小管直径最大处)端的渗透性相比另一端大。釉层或洞衬剂、封闭剂、结晶体(如草酸钙),甚至牙本质小管中的碎片和细菌的出现都能引起液体流动。第二类牙本质渗透是扩散型。相对于正向的液压,扩张的牙本质小管,无论直径如何小都有一个渗透梯度可使离子和分子发生移动,而移动扩散的程度与牙本质小管的长度、窝洞与牙髓之间牙本质的厚度成比例。假如牙本质层是断裂的或缺损的,又或者洞衬剂、封闭剂,或洞基发生解体,那么就会发生向牙髓的分子扩散。

我们已经研究了自然和假想的牙本质的分子扩散。通常经过规定厚度的牙本质扩散是与其分子的大小成反比例的,所以像尿素(MW60)、苯酚(MW94)和葡萄糖(MW180)分子比右旋糖酐(MW 20 000)和白蛋白(如牛血清白蛋白,MW68 000)更易扩散。通过扩散,在牙髓侧0.3~0.4 mm的牙本质小的或球状分子,如清蛋白,γ球蛋白和Bis-GMA树脂(双酚A-二甲基丙烯酸缩水甘油酯,Bisphenol A diglycidyl methacrylate),被稀释2 000~10 000倍。在相同厚度的牙本质中,大的纤维分子,如纤维蛋白原被稀释了25 000~125 000倍。一些分子和原子或者离子很可能被牙本质的一些突起所吸收,如四环素、锌、H_2O_2和荧光素等;前面提及的生物分子和树脂分子则被更大突起所吸收。最后,在大多数健康的牙髓中,一旦毛细血管床和血管动力通过牙本质扩散,他们就有可能消除大量有毒的化学和细菌产物。无论如何,假如牙髓已经被破坏(由于龋或创伤而发炎),引起的水肿和惰性循环有可能促使材料的移动。我们应当更多了解通过牙本质自体和异体的扩散和吸附的动力学知识及其意义。

二、骨

骨组织主要由骨细胞的细胞外间质(extracellular matrix, ECM)组成的,这些细胞外间质中约77%是羟磷灰石组成的矿化组织,约23%是有机物。在骨组织中羟磷灰石的晶体比在牙本质中的更小、孔更少。在23%的有机物中大多是Ⅰ型胶原蛋白(约占86%),有机物的存在使骨具有弹性。在矿化期蓄积在骨组织内的钙和磷酸盐离子,可通过骨血管进入人体的新陈代谢过程,因此骨是人体内钙和磷酸盐离子的主要储藏场所。

骨组织中的细胞外间质(ECM)是由成骨细胞形成的,构成了骨膜和骨内膜的最里层。成骨细胞促使ECM的矿化。当骨形成时,成骨细胞陷入ECM并在骨腔隙中形成骨细胞,通过小管与其他细胞相连,保持骨的活性。如果外科手术破坏了血管供应,或骨加热至45℃以上数分钟,骨细胞就会死亡。另一类骨细胞是破骨细胞,它使ECM脱钙并吸收骨的有机部分。它同样也应答生理刺激和损伤。成骨细胞和破骨细胞的活性可直接重建并始终贯穿一生。

骨具有自身修复的能力。由于拔牙或骨折引起的骨缺损部位最初被血填满。血纤维蛋白联结形成凝血块填充该部位,并附着于牙槽骨壁上的骨窝中。随后,间质细胞和内皮细胞由牙槽骨的周围结缔组织生长到血凝块中,以建立新生的血管肉芽组织。数周或数月以后，新生的成骨细胞从肉芽组织中分化出来，形成一个 ECM 并逐渐矿化。虽然受到成骨细胞和破骨细胞影响，但新生骨随后仍然可围绕骨形成正常形状和结构。不管怎样，由于缺乏来自牙齿和功能牙周韧带的张力，牙槽骨质及其高度将逐渐丢失。

（一）骨整合（osseointegration）和生物整合（biointegration）

种植体材料与牙槽骨的物理学和生物学的相容性，是口腔医师，特别是从事牙齿种植的医师最关心的问题。理想中，骨不对异体材料形成纤维组织囊腔包裹，而是良好地与材料、物质或装置结合，以构成骨的结构。在适当的情况下，骨分化会直接发生在与材料的相接处（骨整合）。理想情况下，骨整合应该提供一个稳定的骨-种植体联合来支持义齿修复术。

骨整合的定义为骨和种植材料的密切接合。要完成骨整合，骨必须是有生命力的，在骨和种植体之间的空间必须低于 10 nm（100Å）且不含有纤维组织，而且在经过义齿修复术后，骨-种植体的界面是存活的。在目前的实际操作中，骨整合对于一个成功的修复术来说，是一个吸收的过程。首先，骨必须是经处理而不会引起坏死或发炎的。其次，种植体在愈合期间必须是无负荷的。最后，应种植适当的材料，因为并不是所有的材料都会促进骨整合。由于钛合金有助于骨整合成功，并且远远优于其他材料，因此被广泛用于牙种植（关于钛合金的物理特性将在以后的章节中讨论）。

近年来，有一个趋势是将钛合金涂上陶瓷层，许多陶瓷涂层中包含磷酸三钙、羟磷灰石和生物玻璃，这样便能更好地促进种植体与骨的连接。如果成功，陶瓷涂层能完全与周围骨组织相融合，此界面更应称为生物整合，并在骨与种植体之间没有可介入的空间。在体内应用中，陶瓷涂层的长期整合结果尚不可知，但有迹象表明这些外壁将随着时间的推移而可再吸收。

三、牙周组织

牙周组织是一个复合组织，包括牙周韧带（periodontal ligament，PDL）、牙骨质和牙槽骨。牙骨质和牙槽骨是由矿化的细胞间质和细胞组成。

牙周韧带主要由胶原纤维组成，这些胶原纤维一段固定在由成牙骨质细胞形成的牙骨质内，另一端固定在牙槽嵴上由成骨细胞形成的骨组织内。胶原纤维的排列方向可以使作用在牙齿上的咀嚼压力转化为对牙周韧带的拉伸张力。张力刺激低水平的牙骨质生成和骨生成，并维持固定不变的牙槽骨重量、牙骨质厚度和牙周韧带的宽度。这些过程中包含的机制至今还大多未知，并在牙周学、种植学和颌面矫形外科学的研究领域中引起了极大的关注。相反，直接压力（加压）作用于牙槽骨和牙骨质（如牙移动），导致在牙周韧带和牙槽骨中产生坏死，有效的生物学吸收自牙根处向牙槽骨、牙骨质和牙本质的位置移动。牙周韧带和牙槽骨的局部缺血可引起坏死。

牙周韧带及其附着于牙槽骨和牙体的部分是由细胞合成来维持的。在一些动物物种方面，显现出牙周韧带内分化细胞的某种相容性，牙齿中的成纤维细胞，一半的牙周韧带会不断地随着切牙的突出而轻易移动。但当维持牙周韧带的细胞被损害并且没有原代细胞（progenitor cells）时，在牙体和骨之间（如口腔种植中的移植术和置换术）会形成骨性粘连。

牙周韧带、上皮附着和患牙周疾病的牙体周围的牙槽骨的再生是非常重要的口腔医学问题。在再生实验中，虽然纤维比较容易再附着于牙槽骨上，但似乎很难完成牙体表面原定位纤维对牙齿表面定位，在牙槽骨和牙表面之间的牙周韧带空间会产生上皮线骨内袋（epithelium-lined subcrestal pockets），引发牙脱落。研究者目前正努力限制牙龈上皮的向下生长，通过化学的和外科手术的方法增强牙周韧带对牙和骨表面的再附着作用，使用能促使上皮细胞和结缔组织细胞附着并且能限制上皮细胞尖移动的材料。

四、牙龈和黏膜

口腔由牙龈和黏膜组成。牙龈是在牙齿之间覆盖牙槽嵴且包围牙颈部，填充牙齿邻近空间，具有上皮表面的结缔组织。牙龈可分为附着龈和游离龈。附着龈面向口腔前庭与牙槽骨黏膜紧密连接，面向牙冠与游离龈连接。在健康年轻的牙齿上，游离龈与包围牙颈的附着上皮连接。在年轻的个体中，一些牙龈上皮和所有附着上皮是由牙釉质上皮胚胎衍生而来。口腔黏膜是由疏松的多血管纤维弹性结缔组织、分布神经的薄层、黏膜下层所组成，并且主要被不完全角化的鳞状上皮层所覆盖。

口腔黏膜可被口腔材料造成化学性或物理性的损伤。假如损伤是短期(急性)的，并且导致组织缺失，但不包括因致病微生物引发感染的话，结缔组织的缺陷在3~4天内就能被肉芽组织填充，上皮也会在1周内再生长于表面，组织在2~3周后又形成近似正常的组织。组织愈合的能力是依靠患者的代谢状态和外部刺激因素的排除来决定的，由于微生物感染，或由于材料、药剂的免疫性致敏产生的急性或慢性炎性反应，愈合时间有可能会延长。

牙龈对于损伤的反应是复杂的，牙的结石沉积、错𬌗及修复后的缺陷可以加大微生物的危害性。牙龈上皮随即易被内毒素和各种不同的外生和内生化学药品损伤。牙龈结缔组织受损后引发的急性炎性反应，此称为急性牙龈炎。如果排除有害因素，且反应被限制仅发生于牙槽骨嵴以上的结缔组织中，这一种情况通常是可逆的。假如损害继续，炎性浸润成为混合性，随后就会出现大量的单核细胞，发炎的上皮线肉芽组织逐渐地由顶端向下至牙槽骨嵴分布。此情形往往被称为慢性牙周病，这是一种进展性疾病过程，只能被免疫机制所修复。牙周疾病和与牙龈密切接触的口腔材料之间的关系尚不可知，却也是一个很受关注的研究领域。

牙龈组织对口腔内种植体的反应也同样是一个重要的研究领域。穿过黏膜的种植体具有特殊问题，如上皮向内生长和种植体脱落等。理想中的种植体材料应在促使上皮细胞附着其表面的同时又要限制细胞生长和移动。发生在种植体周围的炎症称为种植体周围炎(peri-implantitis)，种植体周围炎的发生是由于细菌附着于种植体并存活在牙龈附近，其病原性和进展性与牙周病相似。

有抗原性的口腔材料可引起口腔牙龈和黏膜免疫性过敏反应。抗原部分黏附到白细胞膜(如淋巴细胞、巨噬细胞、嗜碱性细胞、巨细胞)或皮肤的郎格汉斯细胞和口腔黏膜上皮，起着促进这些不同反应的作用。虽然许多黏膜反应属于Ⅰ型变态反应(由于抗原与IgE的反应，作用于血管的物质可由肥大细胞释放)，但大多口腔材料引起的反应属于Ⅳ型(T-细胞-转达)变态反应，此类反应有时可称为接触性黏膜炎(contact mucositis)。皮肤试验可以用来帮助记录对于环境中抗原、合金中所含的金属元素和聚合物中的副产物的Ⅰ型和Ⅳ型变态反应。对于细胞介导的超敏反应的体外实验偶尔也可通过这些细胞对于抗原的刺激来完成，包括患者的淋巴细胞转化实验，移动抑制因子的产生。

第三节 生物材料的生物学评价
(biological evaluation of biomaterials)

评价一种材料的生物相容性并不简单，其评价方法可以通过材料与口腔组织黏膜之间的相互作用等技术来实现。以前一种新型材料往往是直接通过试用于人体来观察其生物相容性的。不过,这种检测方法并没有持续多久,目前新型材料在用于人体之前都要求必须通过全面的生物相容性检测。人们使用许多不同类型的检测手段来检测新型材料的生物安全性。这些检测方法可分为:体外试验、动物试验、应用试验,这三类试验均包含临床试用(指在人体上试用的特殊惯例试验)。以下内容将讨论一些试验方法的优缺点,如何运用这些方法,以及这些试验依据的标准。

一、体外试验(in vitro tests)

生物相容性的体外试验是通过使用各类实验器材和离体的活体组织来实现的。这些试验要求材料或材料的组成成分与细胞、酶或一些离体的生物系统接触。这种接触包括直接接触(指材料与细胞之间没有间隔物)和不直接接触(指材料与细胞之间有一定的间隔物)。直接接触试验可以被进一步划分为两种:材料本身与细胞接触和材料浸提液与细胞接触。体外试验又可大致分为细胞毒性试验或细胞增殖度试验、细胞的代谢或其他功能试验、细胞内遗传基因作用试验(突变检测),通常同类试验的方法会有一些重复。体外试验与其他类型的生物相容性试验相比具有许多显著的优点:快速、成本低、规范化,适用于大规模的筛选,并可严格控制以处理特殊科学问题。体外试验最大的缺点在于试验与材料在体内最终的使用不太相关。其他缺点包括没有炎症发生,在体外环境中缺少其他组织的保护机制。需着重说明的是单独的体外实验不能预示材料全部的生物相容性。

体外试验的标准是评价材料的最基本内容。体外试验运用两类细胞:原代细胞和细胞株。原代细胞是直接从动物身上取来培养的,这类细胞只能在培养液中存活一段时间,但它们保留了许多体内细胞的特性;细胞株是原代细胞经过转化、培养后能不确定地或多或少生长的细胞。由于转化,这些细胞可能只部分保留其在体内的特性,但它们能持续维持任何已具有的特性。原代细胞培养的细胞毒性试验似乎比以细胞株培养的试验更能反映体内的实际情况,但是原代细胞是由单独个体而来,可能会包含病毒或细菌,以至会改变它们的特性,并且一旦被置于细胞培养液中,它们通常会迅速失去其体内的功能;此外,细胞株的遗传和代谢稳定性有助于检测方法的标准化。因此,原代细胞和细胞株用在体外试验中各有优势,目前两者都可用于体外评价材料的生物相容性。

(一)细胞毒性试验(cytotoxicity tests)

细胞毒性试验是一类在离体状态下模拟生物体生长环境,检测生物材料接触机体组织后,生物学反应的体外试验。它是生物材料生物相容性评价体系中重要的检测指标之一,也是几乎各种用途的生物材料临床应用前的必选项目。运用体外细胞培养方法可评价生物材料及装置或其浸提液可滤出成分中急性细胞毒性的潜在性。它的特点是快速、灵敏、重复性好、操作简单,在较短时间内可获得大批材料的检测结果,同时可减少不必要的动物试验。

有关体外细胞毒性试验的研究基本围绕以下3个方面:①体外培养细胞的类别,一般分为两类,一是已建株细胞系,二是原代培养细胞。②细胞与材料的接触方式,可以是直接接触、间接接触或通过材料浸提液方式接触。③最终的检测指标,除了观察细胞形态学变化外,还可通过检测不同的生物学终点来评价细胞毒性的程度,如细胞膜损伤、细胞生物合成活性的改变等。

目前,在体外细胞毒性检测方面,可供选择的方法有:①琼脂覆盖法。②分子滤过法。③细胞增殖度法。④细胞生长抑制法(MTT法)。⑤直接接触法。⑥Cr51释放法。⑦中性红染色法。⑧荧光素染色法。⑨蛋白质含量测定。⑩流式细胞术,等。其中一部分已明确列为 ISO 10993-5 和国标

GB/1688 6.5-1997 的文件，在国内外广泛应用，在生物材料和医疗器械的生物安全性评价中起着重要的作用。随着现代细胞生物学技术的进步，评价细胞毒性的试验方法也正在不断发展和完善。

细胞毒性试验是通过细胞与材料接触后，测定细胞的生长数量或生长情况，评价材料的细胞毒性。细胞贴壁培养在细胞培养皿中，然后放入被测材料，如果所测材料没有细胞毒性，细胞将仍然贴壁生长并随时间的增加而增殖；如果材料有毒性，细胞将停止生长，并呈现细胞病变特征或者死亡。如果材料是一种固体，那么就可能要在不同的区域中评定细胞的密度（每个单位区域中的细胞数量），而且可能会出现一个抑制细胞生长的"区域"。细胞密度可以用非定量、半定量或定量来评估，如聚四氟乙烯类材料可以被用作阴性（无细胞毒性）对照，普通聚氯乙烯可以被用作阳性（具有细胞毒性）对照。对照材料应该被严格定义和商业化，这样有利于检测实验室之间的比较。

（二）细胞的新陈代谢或细胞功能的试验(tests for cell metabolism or cell function)

一些体外细胞相容性(cytocompatibility)试验是利用生物合成物质或酶的活性来评价细胞毒性程度的，最常见的有测定细胞的脱氧核糖核酸(DNA)或蛋白质合成试验。通常细胞的 DNA 或蛋白质合成物的分析是通过在培养基中加入放射性同位素标记（如 ^3H-胸苷或 ^3H-亮氨酸），并且定量与 DNA 或蛋白质结合。四唑盐(MTT)比色试验是常见的利用测定细胞的脱氢酶活性，来检测细胞毒性的试验方法。活细胞线粒体中的琥珀酸脱氢酶可以使外源性的 3-(4,5-二甲基噻唑-2)-2,5-二苯基四氮唑溴盐（简称 MTT）还原为难溶性的蓝紫色结晶(formazan)并沉积在细胞中，而死细胞无此功能，因此通过测定与 MTT 接触后细胞溶液的光密度值，可以间接反映活细胞数量。除了 MTT 以外，其他一些同样可以被脱氢酶转化为难溶性的蓝紫色结晶的化学物（例如 NBT、XTT、WST 等）也已经被应用于定量检测细胞活性的试验中。最近，已建议用体外试验来测定基因活性、基因表达、细胞的氧化还原和其他特殊的细胞功能。但是，这些试验类型还未能被应用于评价材料的生物相容性。

（三）屏障试验(tests that use barriers)

迄今为止，大部分细胞毒性试验是由材料直接与培养的细胞接触来完成的。研究者已经认识到，在体内环境中，材料和细胞之间直接接触的情况并不多，细胞和材料的分离在角化上皮、牙本质或细胞外基质中发生。这样，人们就模仿体内环境，设计了许多体外屏障试验（非直接试验），其中琼脂覆盖试验(agar overlay method)最早被美国标准化采用。该方法利用单层培养细胞并加入 1% 琼脂或活性染剂（低温熔化），如中性红的新鲜培养液，琼脂在细胞和材料之间形成一道屏障，营养物、气体和溶解的毒性物质可通过琼脂扩散。在试验中，固体或液体试样被吸收在滤纸上，放置 24 h 以上。但是琼脂并不能充分代表体内的屏障，甚至由于琼脂不同的扩散性，很难将材料周围颜色的强度或宽度区域与可沥滤毒性产物的浓度相关联。

第二种屏障检测法是微孔滤过试验(millipore filter assay)。此方法是在纤维素酯滤膜上培养单层细胞。然后放入含 1% 琼脂的培养液，凝结在细胞上。最后分离单层滤膜-凝胶，并且反向放置以便在滤膜上放置固体或可溶性试样 2 h 或更多时间。在试样接触以后，滤膜被用于检测试样的细胞代谢活性。前面介绍的琥珀酰胆碱脱氢酶法也可用于此检测方法中。正如琼脂覆盖试验和细胞接触试验，微孔滤过法也是由每个试样周围的细胞毒性区域范围来评价生物相容性的。该试验也受来自试验材料中可沥滤产物扩散的影响。琼脂扩散和微孔滤过试验能提供材料的细胞毒性级别。

牙本质屏障试验（dentin barrier tests）是在常规口腔材料采用细胞毒性筛选试验过程中逐渐发展起来的。许多研究表明，牙本质形成一个屏障使得材料的毒性必须通过这个屏障才可能扩散至牙髓组织。这样，如在牙窝洞内，氧化锌-丁香油制剂隔着牙本质屏障对牙髓的反应相当轻微，而直接与细胞接触的反应，或直接与组织接触的种植试验中的反应就比较严重。牙本质的厚度与保护牙髓功能有着直接的关系。于是，试验在试样和细胞之间加入牙本质片，牙本质片的作用就是为修复材料和培养基之间的定向扩散提供更多的有利条件。

（四）其他的细胞功能试验

测定免疫功能或其他组织反应的体外方法已广为应用，而此类方法在体内试验中的重要性尚未确定，但在评估材料的生物相容性时，许多试验已显示了其可靠性，可减少动物试验的次数。这些试验可测定淋巴细胞和巨噬细胞的细胞分裂产物，淋巴细胞的增殖、趋化性或羊红细胞的T-细胞玫瑰花形染色。其他测定材料性能的方法是改变细胞周期或激活补体。补体激活是研究人工血管和其他与血直接接触组织的特殊实验内容。诱导补体激活的材料可引起炎症或血栓，并可发展为慢性炎症反应。有关口腔材料引起的补体激活的报道比较多，这可能是因为由树脂或金属或它们的腐蚀产物而引起的补体激活可以延长牙龈或牙髓中的炎症反应。

（五）遗传毒性试验（tests for genotoxicity）

口腔生物材料遗传毒理学是现代遗传学和毒理学的一个分支，是研究材料或其浸提液等物理、化学和生物因素对机体遗传作用的一门科学。遗传毒性试验是通过直接检测原发性遗传终点或检测导致某一终点的DNA损伤过程伴随的现象，来确定材料或其浸提液等物理、化学和生物因素产生遗传物质损伤并导致遗传性改变的能力。从基本概念来说，遗传毒性试验是用哺乳动物或非哺乳动物的细胞、细菌、酵母或真菌测定试验材料或其浸提液是否引起基因突变、染色体结构畸变以及其他DNA或基因变化的试验。突变（mutations）指遗传物质在信息内容上发生的某种改变。主要改变可以通过细胞或个体的传代而下传。突变可源于自发，亦可被多种理化因素诱发，可发生于体细胞，也可发生于生殖细胞。基因突变（gene mutations）又称点突变，指遗传物质DNA分子水平的突变，主要包括碱基置换和移码突变。染色体畸变（change in chromosome）指在细胞水平上遗传毒物引起的染色体损伤，主要包括染色体结构及数目异常。

对材料进行遗传毒性试验的目的包括：

1）判断在每种试验系统中诱发了突变的材料对人可能造成的遗传损伤；

2）预测材料对哺乳动物的潜在致癌性；

3）评价材料的遗传毒性。

遗传毒性试验方法分类：GB/T 16886.3-1997标准根据试验对象的不同将遗传毒性试验分成体外和体内试验两类，推荐的体外遗传毒性试验方法包括：

(1) 鼠伤寒沙门菌回复突变试验［Ames试验］（OECD* 试验 471）

(the salmonella typhimurium reverse mutation assay)

(2) 大肠杆菌回复突变试验（OECD 472）

(the escherichia coli reverse mutation assay)

(3) 哺乳动物体外细胞遗传学试验（OECD 473）

(in vitro mammalian cytogenetic test)

注：* OECD：经济合作与发展组织（organization for economic co-operation and development）。OECD试验是指其推荐的试验方法

(4) 哺乳动物细胞体外基因突变试验（OECD 476）

（in vitro mammalian cell gene mutation tests）

(5) 哺乳动物细胞体外姊妹染色单体互换试验（OECD 479）

（in vitro sister chromatid exchange assay in mammmalian cells）

(6) 啤酒酵母基因突变试验（OECD 480）

（saccharomyces cerevistiae gene mutation assay）

(7) 啤酒酵母有丝分裂重组试验（OECD 481）

（saccharomyces cerevisiae mitotic recombination assay）

(8) 哺乳动物细胞体外 DNA 损伤和修复/程序外 DNA 合成试验（OECD 482）

（DNA damage and repair/unscheduled DNA synthesis in mammalian cells in vitro）

推荐的体内遗传毒性试验方法包括：

(1) 体内哺乳动物骨髓细胞微核试验（OECD 474）

（in vivo mammalian bone marrow cytogenetics test：micronucleus assay）

(2) 哺乳动物体内骨髓细胞遗传学试验——染色体分析（OECD 475）

（in vivo mammalian bone marrow cytoge-netics test — chromosomal analysis）

(3) 啮齿类动物显性致死试验（OECD 478）

（rodent dominant lethal test）

(4) 哺乳动物生殖细胞的细胞遗传学试验（OECD 483）

（mammalian germ cell cytogenetic assay）

(5) 小鼠斑点试验（OECD 484）

（mouse spot test）

(6) 小鼠可遗传易位试验（OECD 485）

（mouse heritable translocation assay）

任何一种单一的方法在预测受试样品的遗传毒性时都存在着一定的不肯定性，因此推荐以一组遗传毒性试验来进行筛选和预测，以减少可能出现的假阴性和假阳性结果。

检测基因突变的试验方法中，Ames 试验使用最广。染色体损伤的指标目前常用的有染色体畸变、微核和姊妹染色单体互换。小鼠显性致死试验、精子畸形试验和果蝇伴性隐性致死等遗传毒性试验也较常用。

Ames 试验是应用最广泛并且是惟一短期的、完全而有效的突变试验。它使用外源性组氨酸的鼠伤寒沙门突变菌株。自然菌株不要求外源性组氨酸。从培养基中分离出的组氨酸可由一种化学药品来检测其由突变型转变为自然型的能力。此类化学药品可明显增加逆转至自然状态的频率，据报道在哺乳动物中具有较高的致癌性，因为它们显著地改变了遗传物质。此项试验要求检测到沙门菌属的特殊菌株以得到有意义的结果。许多沙门菌系列被使用，每一系列可检查一个不同类型的突变转化。此外，在突变试验前，化学药品可被用来在体外产生代谢变化，并应用肝脏酶的匀浆物来模拟机体对该化学药品的反应。

第二种突变检测是 Styles 细胞转化试验（Styles cell transformation test）。这种检测是建立在哺乳动物细胞上用于替代细菌试验（Ames 试验），与哺乳动物系统无相关性。这种方法可定量分析潜在的致癌物转变标准细胞系的能力，所以试验在软琼脂上进行。非转化的成纤维细胞是不能在琼脂凝胶中正常生长的，反之遗传性转化的细胞可在凝胶下生长。转化的成纤维细胞的惟一特征是与体内细胞致癌物产生相关。至少有 4 种不同的细胞系（chang，BHK，Hela，WI-38）被运用。1978 年，Styles 在使用两种细胞系检测了 120 个复合物后，声明此试验方法具有 94%"致癌性或非致癌性检测的精确度"。不过，关于这些试验结果的重复性尚存在一些困难。

近期报道中比较了 4 种短期遗传毒性试验（STTs）（表 3-4）。Ames 试验最具有效性（86%

非致癌物产生一个阴性结果);Ames 试验同样也具有高阳性预见性(83% 阳性物是致癌物),并显示阴性预见性与其他 STTs 的结果(如 51% 的 Ames 试验的阴性结果是非致癌的)是相等的。无论如何,此类结果与侵蚀性致癌试验具有一致性,约 62% 为化学药品。同样,Ames 试验仅对 45% 的致癌物敏感,也就是说该试验未查出近一半的未知的致癌物。其余 3 种 STTs 是检测染色体畸变,CHO 细胞中的姐妹染色体交换和鼠淋巴瘤 L5178Y 细胞的突变。姐妹染色体交换试验和鼠淋巴瘤诱变试验以及 Ames 试验分别具有 73%、70% 和 45% 的灵敏度。由于 Ames 试验在文献中被广泛运用和描述,并较其他实验室试验技术更简便,因而此试验常用于材料的筛选。这些研究提出不是所有的致癌物都具有遗传毒性(突变性),并且不是所有的突变剂都具有致癌性。尽管 STTs 的突变检测对于一些致癌物的检出是有帮助的,但 STTs 并不能全面检出所有的致癌物。

表 3-4 体外突变试验的比较

试验参数	参数描述	试验结果(平均%)			
		Ames	SCE	MOLY	ABS
特殊性	已知的非致癌性材料得出阴性试验结果	86	45	45	69
敏感性	已知的致癌材料得出阳性试验结果	45	73	70	55
阳性预见性	阳性试验准确地预见致癌物	83	67	66	73
阴性预见性	阴性试验准确地预见非致癌物	51	52	50	50
一致性	STT 和龋病动物致癌试验之间的定性一致性的百分比	62	62	60	60

摘自 Tennant RW, Margolin BH, Shelby MD, et al. Science 236: 933, 1987. SCE,姐妹染色质交换试验;MOLY,鼠淋巴瘤试验;ABS,染色体畸变试验;STT,短期试验。

二、动物试验(animal tests)

很多动物都可用于进行生物相容性动物试验,但最常用的哺乳动物有鼠、兔、仓鼠,或者豚鼠。动物试验不同于之前所述的应用试验中仅涉及动物的部分,一个动物体可使材料和机体之间产生许多复杂的、完整的生物系统反应。例如,动物试验可以产生免疫反应或补体激活(complement activated),这在用培养细胞的试验中是很难模拟的。因此在动物试验中可见的生物学反应要比体外试验更复杂、全面,这也是动物试验的主要优点。动物试验的主要缺点在于难以解释和控制,费用高、费时。此外,试验与材料的体内用途的相关性并不明确,特别是在评估某动物物种替代人的适合程度。研究人员进行不同的动物试验来评价材料的生物相容性,以下将详细讨论其中一些试验。

(一) 黏膜刺激试验(mucous membrane irritation test)

黏膜刺激试验是用于检测材料是否会引起黏膜或损伤皮肤的炎性反应。该试验是将试验材料和阴、阳性对照材料分别接触仓鼠的颊囊或兔的口腔组织。接触数周后,检查对照材料和试验材料的接触部位,记录活体动物的组织反应并拍摄彩照。然后处死动物,取组织块用做病理切片来评价炎性反应。

(二) 豚鼠的皮肤致敏反应(skin sensitization testing in guinea pigs,豚鼠最大剂量试验)

通过注射,材料到达皮肤的真皮层来诱导皮肤的超敏反应(hypersensibility reaction)。弗氏佐剂(Freund's adjuvant)用于增强反应,随后将含试验材料的物质进行黏附接触。如果超敏由初次注射开始形成,接触将诱导出炎症反应。皮肤斑贴试验(skin-patch test)能产生一种对红斑和肿胀没有反应的光谱。在接触试验中的反应级别和动物的百分比都作为评价材料的变应原反应的基础。

(三) 动物遗传学试验

动物遗传学试验是在体外试验基础上进一步评价材料的致突变性和致癌性。这些试验遵循一个特有的秩序,当任何一个试验提示材料或化合物有潜在的致突变性,材料的检测随即终止。任何有效的检测可能被物种、组织、性别和其他的因素所影响。试验一般被分为体内限期试验和长期试验或生存期试验。当动物与材料接触相当一段时间后,通过体内限期试验来测定其肝功能的变化和肿瘤诱导的增加。长期体内试验是通过材料与动物接触相当于动物寿命的绝大部分时间来实施的。

1. 致癌性试验(OECD 451)(carcinogenicity studies)

致癌试验是在试验动物的寿命期内,经一次或多次接触试验材料、器械或其浸提液,测定潜在致肿瘤性的试验。该试验是一项长期试验,观察受试动物在其大部分生命期(一般为2/3生命期),以相应的途径,接触不同剂量的供试品后肿瘤的发生率、出现的数量、类型、部位和发生时间。与对照动物相比,以阐明供试品有无致癌性。

目前所使用的致癌性试验大致可分为三大类,即短期试验、动物诱癌试验和人类流行病学调查。它们在判别供试品致癌性方面各有优缺点,往往需要互为补充才能作出可靠的结论。

(1) 短期试验

可分为致突变试验(见上述)和细胞转化试验两类。目前采用的细胞转化试验方法主要有原代细胞转化试验,细胞系转化试验和病毒感染的细胞转化试验。

(2) 动物诱癌试验

动物诱癌试验可分为短期与长期两种。

短期动物诱癌试验主要有小鼠皮肤肿瘤诱发试验;小鼠肺肿瘤诱发试验;大鼠肝脏转化灶诱发试验;雌性大鼠乳腺癌诱发试验;促癌剂试验。

长期动物诱癌试验包括长期动物诱癌试验;慢性毒性与致癌性联合试验。

(3) 人类流行病学调查

传统的人类流行病学调查包括病例对照调查和队列调查。近年来在流行病学研究中引进了使用生物标记,其中包括一些早期、中期生物标记,特别是分子水平标记的方法,使分子流行病学在一定条件下应用于判别某些供试品对于人类的致癌性、致癌危险性评价以及肿瘤化学预防的干扰试验等方面。

(4) 致癌性试验方法的选择原则

首先进行基本评价试验,主要是遗传毒性短期试验。适时进行补充评价试验,主要指动物长期致癌性试验和慢性毒性与致癌性联合试验。必要时也可考虑进行动物短期诱癌试验。这类试验只有在从其他方面获取到有建议性的资料时(如遗传毒性试验结果可疑阳性时)才开始进行。遗传毒性试验阴性者可不做这类试验。在遗传毒性试验未发现异常还需要进行致癌试验的情况下,临床试验可与致癌试验同期进行。

2. 慢性毒性与致癌性联合试验(OECD 453)(combined chronic toxicity/carcinogenicity studies)

慢性毒性与致癌性联合试验的目的是观察哺乳动物长期和反复接触某一供试品后产生的各种毒效应和致癌效应,并获取相应的剂量-反应关系方面的资料。

每天经一定途径给各组动物一定剂量的供试品,染毒期包括动物预期寿命的大部分时期。染毒期间每天观察各种症状,间隔一定时间称量体重以及做必要的实验室检查。试验结束时处死动物,进行解剖及适当的组织病理学检查。

（四）种植试验

种植试验的目的是评价与皮下组织或骨接触材料的生物相容性。根据材料的用途来决定试验种植的部位（结缔组织、骨、或肌肉）。虽然汞合金等合金材料是修复材料，但其周边部分会接触到牙龈，所以也需接受检测。大多皮下试验适用于在种植、牙髓、牙周治疗期间直接与软组织直接接触的材料。短期种植试验是将无菌材料放入一个小的、开口聚乙烯管并植入组织。试样和对照分开种植，种植期可自1至11周。种植步骤如下：首先，可先植入一个空管，用以排除由于手术而引起的炎性反应。然后再次切开植入部位，在已愈合的部位种植试验材料或将材料装入先前放置的小管内。在适当的时间内再切割该部分组织，用以制备组织切片，利用显微镜观察并描述。组织反应可通过正常组织学的、组织化学的或免疫组织化学的方法来评价。较长期的种植试验无论慢性炎症或肿瘤形成的鉴别方法都同短期试验相似，只是材料的植入期至少1～2年。

（五）善待实验动物

根据GB/T 16886.2国家标准《医疗器械生物学评价 第二部分：动物保护要求》[ISO 10993-2：1992《Biological evaluation of medical devices-Part 2：Animal welfare requirements》]的精神，进行动物实验，"主要目的是保护人类，其次是保证善待动物，使实验动物的数量和使用降至最低限度"。

标准规定生物学试验中动物使用的最低要求，目的在于采用优选方式，减少动物试验的次数和用量，使动物的痛苦降低至最低限度（包括采用能使动物快速意识丧失，没有明显疼痛和痛苦的"动物安乐死"方法处死动物），以提高试验中所用动物的质量。标准只适合于在分化程度高的脊椎动物体内进行的试验，不包括低级分化的动物及离体组织或器官上所做的试验。

三、应用试验（usage tests）

应用试验可以在动物或人体志愿者上实施。这些试验与其他动物试验有所区别，因为这些试验要求材料在体内放置的位置接近其临床用途的位置。这一有关生物相容性的测试方法其好处在于，它真实模拟了临床上对材料的要求，包括时间、方位、环境和放置技术。由此，常规动物试验通常使用较大型的，有与人体口腔环境相似的动物，如狗或猴。如果使用人体，应用试验就等同于临床试验。应用试验的最大优点是它具有相关性。这些试验可以对材料的生物相容性得出最终结论。但这些试验所需费用非常昂贵，并且持续时间长，同时还包括许多道德伦理和法律内容，而且特别难以控制和正确地加以说明。这些试验的统计分析经常是个让人气馁的过程。在口腔医学中，牙髓、牙周组织和牙龈或黏膜组织通常是应用试验的试验部位。

在使用人体的应用试验（等同于临床试验）中，必须根据以下标准进行：YY/T 0297.1《用于人体的医疗器械的临床试验 第1部分：通用要求》和YY/T 0297.2《用于人体的医疗器械的临床试验 第2部分：临床试验方案》。

该标准等同采用了ISO 14155国际标准。该标准有两方面的意义，一是保证医疗器械（包括口腔材料）临床试验正确性（真实性）；二是保证参与试验的对象的权益不受侵害。其依据是世界医学协会赫尔辛基宣言：《医生进行人体生物医学研究指南》（World Medical Association Declaration of Helsinki：Recommendation guiding physicians in biomedical research involving human subjects）精神。主要是："医学进步依赖于与人体有关的实验研究；区分两种不同实验研究：对患者进行诊断和治疗以及纯粹出于科学要求的实验研究。人体实验基本原则：必须符合一般科学原理。应在实验室测试和动物试验的基础上进行,并以掌握科学文献知识为基础;患者的健康高于一切,尊重患者意愿;必须首先对受试对象负责,其次才对科学和社会负责;受试自愿:由不参加临床试验者的医师去获取证明;如医师认为无必要得到受试者自愿,其特殊理由应向有关部门呈交的方案中陈述。"

(一) 牙髓刺激试验(dental pulp irritation tests)

通常将用于牙髓试验的材料放置在完整的、无龋猴牙或其他合适动物牙的Ⅴ类窝洞中。小心制备窝洞并使尺寸均一。在牙被麻醉或进行完全的牙洁治后,无菌条件下制备窝洞,并用高效水喷雾冷却,以确保对牙髓最小程度的损伤。相同数量的复合物被置于上颌骨和下颌骨的前后牙上,以确保在各种类型的牙齿上均匀分布。材料一般放置1~8周。氧化锌-丁香酸和硅酸盐水门汀分别作为阴性或阳性对照材料。

试验结束后,拔除牙并制备显微镜观察用的组织切片。研究人员在评价组织切片时不需要有材料特性的知识,只需按反应的强度来对组织坏死和炎症分类。用显微照相测量仪测定并记录每一张组织切片上保留的牙本质和修复后牙本质的厚度。根据治疗后的牙髓来评价牙髓的反应。损伤的严重性是根据组织结构的破裂和炎性细胞(通常包含急性和慢性的)的表现数量来判定的。牙髓反应分为轻度(中轻度充血,少数炎性细胞,成牙质细胞区轻微出血)、中度(炎性细胞数量明显增长,充血,成牙质细胞区轻微破裂),或重度(明显的炎性渗入,充血,制备的窝洞中全部成牙质细胞层破裂,前期牙本质减少或缺失,甚至可能局部脓肿)。当龋病发生时,炎性反应中单核细胞经常是最显著的。假如中性白细胞出现,则必须检查细菌或细菌产物的产生。一些研究者现在使用氧化锌-丁香油水门汀进行"表面-封闭"(surface-seal)修复以排除牙髓的微漏效应。

至今,大多牙髓刺激试验需完整的无龋牙,且牙髓无炎症。有炎症的牙髓组织会对洞衬剂、水门汀和修复因子有不同的反应。且与正常牙髓相比反应也不同,并受到更多的关注。有关鉴定细菌对牙髓损害的技术通过努力已研发成功。借助牙髓炎的诱导以研究牙齿的应用试验,可对修复后牙本质形成的类型和数量予以评价,并将不断取得进展。

(二) 牙种植体的骨内植入

目前,以下3个试验可对种植体作出最好的评价:①牙周膜探针沿着种植体一边插入。②种植体的活动性。③X线片显示种植体周围的骨整合或射线可透性。如果种植体没有发生活动、种植体周围的射线透射性在放射照片上没有显示、垂直骨丢失发生最低、种植体周围没有发生软组织持续性并发症,种植体则被认为是成功的。以前,研究者争论围绕骨膜下的种植体或圆柱状根部的纤维结缔组织囊形成是人体对材料的自然反应。他们认为这实际上是类似牙周膜韧带的附着物,并被认为这是材料被组织相容的信号。可是,大多数病例中纤维结缔组织囊类似囊肿壁,试图离解种植材料,使材料缓慢降解并滤取其组分进入组织中。目前,对于骨植入的种植体,种植体在骨内完全被包裹,是组织差异最明显的状态。纤维囊腔形成是刺激和慢性炎症发生的一个信号。

(三) 黏膜和牙龈的应用试验

由于有不同的口腔材料接触牙龈和黏膜组织,所以必须检测组织对这些材料的反应。运用龈下牵伸术将材料放入制备的窝洞中。在7 d和30 d后,观察材料对牙龈组织发生的作用。反应分为:轻度、中度或重度。轻度反应是在上皮和相邻的结缔组织中存在许多单核炎性细胞(主要为淋巴细胞)。中度反应是在结缔组织中存在大量单核细胞,在上皮组织中存在许多中性粒细胞。重度反应是一个明显的单核细胞和中性粒细胞的渗入并且上皮变薄或缺失。

有关这一类型研究的困难在于,在牙龈组织中,频繁出现在某种程度上的前期炎症。菌斑是引起此类炎症最重要的因素。第二种因素是修复体材料表面的粗糙度,开放的或突出的边缘,超出轮廓或低于轮廓的修复。一种方法是在制备窝洞前进行牙周洁治以减小由菌斑引起的炎症干扰,然后放置材料。可是,洁治和窝洞制备本身就会导致软组织的炎症发生。这样,假如种植体边缘在龈下,在评价修复因子效果前应有一个愈合时期(一般为8~14 d)。

四、体外、动物和应用试验

(一)体外、动物和应用试验的关系

为了能预测材料对人体应用的安全性,人们对材料的体外试验-动物试验-应用试验-材料的临床使用情况进行观察,希望具有较好的相关性。可是,实际上在这些试验之间还是存在不同程度的差异(表3-5)。体外试验和动物试验通常在测定生物学反应方面,较之材料的临床使用更敏感。此外在应用试验和临床使用中,材料和组织之间可存在屏障,而在体外或动物试验中却不存在屏障。总之,体外试验和动物试验是在实验室控制偏因的条件下进行的;而人体临床使用却是在不受特定影响的综合环境下实践的。而且,特别是体外试验基本上是设计成尽可能控制所有偏因,去了解"单一"因素的实验结果的。即使是在实验动物上做实验,尽管也在一定程度上控制了相应的条件,但是生物体本身是个极复杂的复合体,存在可影响试验材料众多不可预测的偏因。因此,体外试验和动物试验之间的相关性也是有差异的。当然,同样是生物体的人和不同动物之间的试验结果也是存在差异的。所以必须牢记每一个类型的试验是被设计用来测定材料生物学反应的不同方面,并且不可能总能得到这些试验之间所期望的相关性。然而,事先充分掌握信息,周密而科学的设计,是能够最大限度地缩小这种不同程序试验之间的差异。

表 3-5 生物相容性试验的优点和缺点

试 验	优 点	缺 点
体外试验	快速实施 成本低 标准化 大规模筛选 良好的试验可控性 极好的相互作用机制	与体内试验不相应
体内试验	允许复杂的全身相互作用 比体外试验更反应更全面 比体外试验更具相关性	与材料的用途不相应 成本高 费时 涉及法律/伦理 不易解释及定量
应用试验	确保与材料用途相对应	非常昂贵 非常费时 主要的法律/伦理问题 控制困难 不易解释及定量

以下例子可以很好地说明体外试验和动物试验结果之间可能存在巨大的差异：运用①4种细胞培养试验，②种植试验，③利用在猴牙上制备的Ⅴ类窝洞的应用试验，这3种方法来评价ZOE水门汀，复合树脂和硅酸盐水门汀这3种窝洞充填材料的生物相容性。实验表明（表3-6）4种细胞培养试验的结果相对一致，硅酸盐水门汀仅具有轻度毒性，复合树脂具有中度毒性，ZOE具有重度毒性；这3种材料装入聚乙烯管植入皮下结缔组织（第二期试验），并在7、30和90 d时观察，由于手术处理而导致炎症，7 d时的反应并不能确定，30 d时ZOE材料引起的反应比硅酸盐水门汀更严重，90 d时ZOE和硅酸盐水门汀引起的反应都是轻度，复合树脂的反应为中度；但3种材料置于指定大小和深度的Ⅴ类窝洞中时（应用试验）发现硅酸盐水门汀具有重度炎症反应，复合树脂有轻度至中度反应，ZOE水门汀仅有少许或没有反应。造成这一现象的原因是当充填材料放入窝洞中，牙本质一般会介入材料和牙髓之间形成屏障，这一牙本质屏障尽管可能仅仅是一个1 mm厚的部分，但却能极大地影响材料对牙髓的刺激作用，而正是由于牙本质对上述3种材料屏障作用的不同，造成了应用试验和筛选试验结果的截然不同。

表3-6 3种材料在筛选试验和应用试验中反应的比较

材料名称	细胞培养试验	结缔组织植入试验	牙髓反应
硅酸盐	+	+	++
复合树脂	++	++	++
ZOE	+++	+	0

摘自 Mjör IA, Hensten-Pettersen A, Skogedal O. Int Dent J 27: 127, 1977.

+++＝重度；++＝中度；+＝轻度；0＝无反应；ZOE，氧化锌-丁香酸。

另一个缺乏相关性的例子是种植实验中牙龈的炎症反应，在牙龈和间隙区的修复部位，往往会有噬菌斑和结石，由于菌斑和结石不能够累积在种植材料上，所以植入试验不能重复出应用试验的结果。当然，结缔组织植入试验对于显示材料的细胞毒效应，以及评估与牙槽骨和牙周结缔组织顶端相接触的材料，仍具有重要的价值。在这些情况中，种植部位和应用部位相当得近似，植入试验的结果具有较高的可信度。

（二）体外、动物和应用试验的结合

近20年来，科学家们、产业界和政府已经认识到结合体外试验、动物试验和应用试验，能最准确而有效的评估新材料的生物相容性。没有一个单一的试验能够完全地反应出材料的生物相容性。无论如何，尽管一直存在争议，伴随着知识更新和新技术的发展，联合使用这些试验的方式在不断地取得进展。随着我们要求材料长期具备多项复杂的功能，这种评价方式将持续发展。

早期的组合流程图为一个金字塔形的试验方案，在金字塔底部的所有材料都被检测，材料被筛选并向着金字塔的顶端持续检测。金字塔底部的试验为"非特异毒性（unspecific toxicity）"试验，包括（体外和动物）的任何类型试验并与所用材料的条件更具相关性。以后，又出现一种方案，它将试验分为初期，第二期和应用试验。其基本原理与第一方案类似，只是将试验类型加以拓宽，包含除了细胞毒性以外的生物反应试验，如免疫原性和诱变性。动物应用试验的概念已被加入（相对于人的临床试验）。这些早期的方案具备一些重要的特征。首先，只有通过第一等级的材料，继而通过第二等级的材料才可被应用到临床试验，而任何材料在通过所有三个等级试验后才被认为适合于临床使用。这个流程图可以使材料进入临床试验前排除很大一部分不安全的材料，这种方法受到欢迎是因为临床实验费用相当昂贵，而筛选的流程避免了在生物相容性试验上耗费过多的时间和精力。

随着评价检测技术的发展和人们对材料生物相容性认识的深入，这种金字塔式流程的弊端日渐显露。为此有两种新的检测流程在近5年中发展起来，其中包含着许多重要的观念：①新流程认为目前的检测方法无法精确并绝对地筛选材料；②在此基础上,新流程的基本原理认为评价材料生物相容性是一个整体和持续的过程;③所有材料生物相容性试验(体外、动物和应用)都不是孤立的,其结果需要被综合的分析与长久的注意,例如:在动物试验中发现的材料引起轻微炎症反应的现象可能对材料上市后一段时期内发现的其他问题提供线索。毫无疑问,随着材料作用的变化和试验技术的改进,人们会不断地改进生物相容性试验方法的组合方案。

五、采用正确的生物学评价程序

过去在ISO 10993-1 1992的实施过程中,很多人对标准有一些错误的理解,他们错误地认为,标准中所规定的项目都是必须做的试验,忽视了利用已有信息进行评价。如果对任何器械/材料都硬套标准中试验项目"指南"进行生物学试验,不仅会无谓增加器械/材料的制造成本,还会耗费实验动物资源,这与ISO/TC 194制定该标准考虑不相一致。因此,ISO/TC 194对ISO 10993-1进行了修订,并于1997年重新发布。由于原标准的题目"试验选择指南"对人们理解这份标准有误导作用,因而将其名称改为"评价与试验(evaluation and testing)",目的是告诫人们"评价"与"试验"是两个不能混淆的词语。有鉴于此,ISO 10993.1:1997版的标准附录B中给出了以下评价程序(图3-2)。

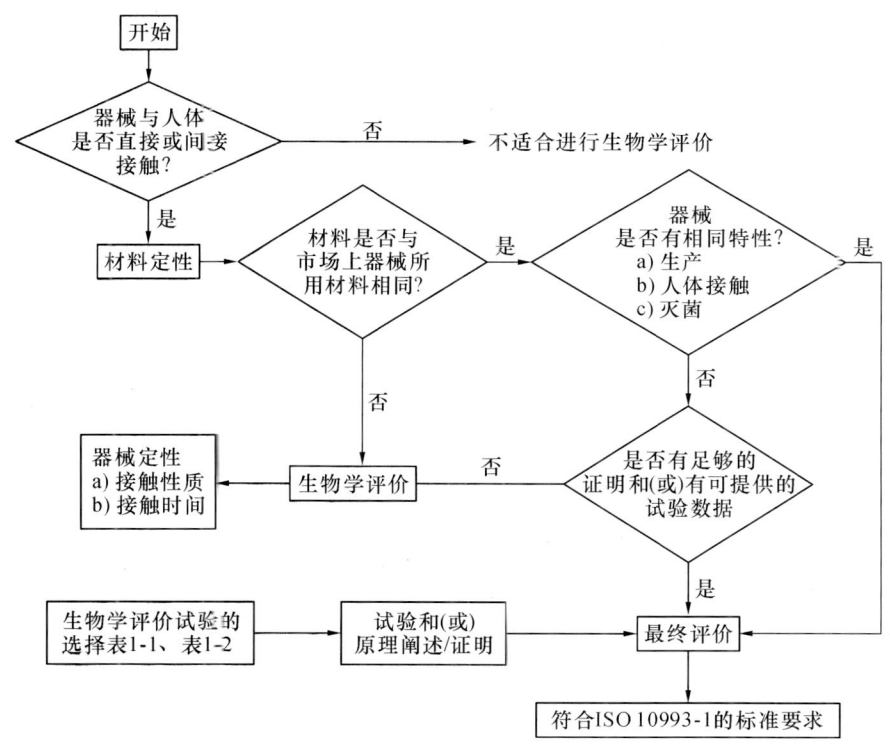

图3-1 医疗器械生物学评价方法选择流程图

从图3-1可以看出,进行生物学评价时,应充分利用材料的有关性质及其变动性、其他非临床试验、临床研究及有关信息和市场情况信息。采取这样的评价,结果可能不必再进行生物学试验。对医疗器械/材料新产品的生物学评价是如此,对上市后医疗器械/材料重新进行生物学评价时更是如此。按照这一评价程序,有些医疗器械/材料新产品上市前的生物学评价或老产品重新评价时,可能不必进行生物学试验。标准中所列项目,不应理解为应试验的项目,而应理解为应评价的项目。

在本书定稿时,在全国医疗器械生物学评价标准化技术委员会2004年年会上,讨论了正在等同转化为我国国家标准的第3版 ISO 10993-1:2003《医疗器械生物学评价 第1部分：评价与试验》国际标准。第3版较被置换的1997年第2版要求更严格，增加了较多原先未曾推荐的试验项目，见表3-7、表3-8。

表3-7 要考虑的基本评价试验

器械分类		接触时间(见4.3) A-短期(<24 h) B-长期(24 h~30 d) C-持久(>30 d)	生物学作用							
人体接触性质(见4.2)分类	接触		细胞毒性	致敏	刺激或皮内反应	全身毒性(急性)	亚急性和亚慢性毒性	遗传毒性	植入	血液相容性
表面器械	皮肤	A	×	×	×					
		B	×	×	×					
		C	×	×	×					
	黏膜	A	×	×	×					
		B	×	×	×	⊗	⊗			
		C	×	×	×	⊗	×	⊗		
	损伤表面	A	×	×	×	⊗				
		B	×	×	×	⊗	⊗			
		C	×	×	⊗	×	⊗			
外部接入器械	血路，间接	A	×	×	×	×				×
		B	×	×	⊗	×	⊗			×
		C	×	⊗	⊗	×	×	○		⊗
	组织/骨/牙接入	A	×	×	×	⊗				
		B	×	⊗	⊗	⊗	⊗	⊗	⊗	
		C	×	⊗	⊗	⊗	⊗	⊗	⊗	
	循环血液	A	×	×	×	×	⊗			×
		B	×	×	⊗	×	×	×	⊗	×
		C	×	×	×	×	×	×	×	×
植入器械	组织/骨	A	×	×	×	⊗			⊗	
		B	×	⊗	⊗	⊗	⊗	⊗	×	
		C	×	⊗	⊗	⊗	⊗	⊗	×	
	血液	A	×	×	×	×	⊗		×	×
		B	×	×	⊗	×	×	×	×	×
		C	×	×	⊗	⊗	×	×	×	⊗

注：本表是制定评价程序的框架，不是核对清单。× 表示新旧标准中都要求做的(需做)，⊗ 表示这个项目原先不要求做，但在最新的标准中要求做了(新增)，○ 表示这个项目原先要求做，但最新标准中取消了(原有现取消)

表3-8 要考虑的补充评价试验指南

器械分类		接触时间(见4.3) A-短期(<24 h) B-长期(24 h~30 d) C-持久(>30 d)	生物学作用			
人体接触性质(见4.2)分类	接触		慢性毒性	致癌性	生殖、发育	生物降解
表面器械	皮肤	A				
		B				
		C				
	黏膜	A				
		B				
		C				
	损伤表面	A				
		B				
		C				
外部接入器械	血路，间接	A				
		B				
		C	×	×		
	组织/骨/牙接入	A				
		B				
		C	⊗	×		
	循环血液	A				
		B				
		C	×	×		
植入器械	组织/骨	A				
		B				
		C	×	×		
	血液	A				
		B				
		C	×	×		

注：本表是制定评价程序的框架，不是核对清单。⊗ 新增，× 表示(需做)新旧标准中都要求做的

第四节 口腔材料的生物相容性
(biocomptibility of dental materials)

Wataba JC 在《Restorative Dental Materials》2002 版中综合了最新研究文献，较详细讨论了有关口腔材料的生物相容性。他认为：口腔材料的生物相容性是依据其成分、应用部位和与组织的相互作用来决定的。金属、陶瓷和聚合物材料因其不同的成分而引起不同的生物学反应。此外，材料形形色色的生物学反应是根据其是否释放组分和其组分在释放浓度上是否具有毒性、致免疫性或诱变性。材料在窝洞中的应用部位对其生物相容性起部分决定作用。例如当材料与口腔黏膜表面接触时显示具有良好的生物相容性，但该材料被植入黏膜下则可能引起不同的反应。当材料直接与牙髓接触显示有毒性，但与牙本质或牙釉质接触时则可能显示是基本无毒的。最后，材料和人体的相互作用影响材料的生物相容性。材料的 pH 变化，力的应用，或生物液体的降解作用都能改变其生物相容性。材料的表面特征有助于或不利于细菌、宿主细胞或生物分子的附着，这决定了材料是否将促使菌斑的固定，与骨的整合或与牙本质的黏附。

一、牙髓反应

（一）微漏（microleakage）

虽然对修复材料的研究有持续的进展，但有证据显示，修复材料不可能有对牙釉质或牙本质足够的黏结强度来抵御因聚合、磨损，或热循环方面的收缩力。如果黏结剂发生不成形或无黏结性，细菌、食物碎片或唾液可能会通过毛细吸引作用而掉入修复体和牙体之间，此过程称为微漏。微漏在牙髓刺激中的重要性已被广泛的研究。在早期研究中，报道了以不同口腔修复材料刺激牙髓组织的动物试验为主，而其后的研究都是假设微量泄漏后的产物会导致的牙髓刺激，而并不是修复材料对牙髓产生的直接刺激。随后许多研究都表明出现在修复体下和牙本质小管中的细菌是引起牙髓刺激的主要因素，也有研究显示细菌或细菌产物如脂多糖（lipopolysaccharides）可能会引起牙髓刺激。

典型的动物实验清晰地显示了修复材料和微漏在牙髓刺激时所处的角色。在猴牙上，汞合金、复合树脂、磷酸锌水门汀和硅酸盐水门汀被当作修复材料用于 V 类窝洞的制备。材料被直接置于牙髓组织上。一半的修复使用 ZOE 水门汀表面封闭。虽然在修复后的 7 天中存在有牙髓刺激，但 21d 后，封闭的修复体的牙髓刺激性就低于未封闭的，推测是因为消除了微漏。只有磷酸锌水门汀引起了一个长期炎症反应。此外封闭的牙体在修复材料下形成的牙本质桥的概率较高。只有汞合金似乎阻止桥的生成。此研究提示微漏在牙髓刺激中起了很明显的作用，同时材料也能改变正常牙髓和牙本质的修复。

最近，微漏的新概念被提出。如毫微漏（nanoleakage），它是指唾液、细菌或材料组分通过材料和牙结构之间的界面而泄漏。毫微级泄漏和牙本质的黏结特别有关，它可发生在非矿化胶原基质极小空间中的矿化牙本质和黏合材料之间，而黏合材料却无法渗透进入此非矿化胶原基质。材料和牙本质之间黏结完好时也同样可能发生。目前还不知道毫微级泄漏对材料的生物反应有多重要，但起码它发挥了一些效应，同时有人认为它在牙本质材料黏合的水解中起作用，并最终导致较严重的微漏。

修复材料在牙髓上的生物学反应至今仍不是

很清楚。修复材料可以直接影响牙髓组织,或起辅助作用导致牙髓细胞次致死量变化(sublethal changes),使其对细菌或中性粒细胞敏感。无论如何,测定材料对牙髓的刺激性实验设计必须包含需预先消除细菌,细菌产物和其他微漏。此外,牙本质仍然显示有减少微漏方面的作用。近期研究集中于合成树脂对成牙本质细胞形成继发性牙本质中所起的作用。其他研究也已明确了这些合成物通过牙本质的速率。

(二)牙本质的黏结(dentin bonding)

牙釉质的黏结剂强度从来是高于牙本质的。虽然近年来牙本质黏结剂已明显改进,但用于牙本质的黏结剂由于其组成成分(有机的和无机的)、润湿剂和矿物质而存在有许多缺陷。矿化的牙本质胶原蛋白基质的亲水性也同样是个问题。由于牙本质小管和其中的成牙本质细胞与牙髓相连,所以用于牙本质的黏结剂也应具备组织的生物相容性。

当牙本质表面被切割时,例如当制备窝洞时,表面仍覆盖有一层 1~2 μm 的有机物和无机物组成的碎片层,称为玷污层(smear layer)。另外覆盖牙本质表面的玷污层碎片也可沉积于小管中形成牙本质栓(dentinal plug)。在电子显微镜下可观察到玷污层和牙本质栓是非渗透性的,从而明显减弱液体流动。总之,研究表明当大到如清蛋白(分子量为 66 000)的分子扩散时,将会通过玷污层。玷污层的出现对用于修复材料的黏结剂的强度和黏结材料的生物相容性有非常重要的影响。

众多研究显示去除玷污层会改进牙本质和修复材料之间的黏结剂强度,多种试剂被用于去除玷污层,包括酸、螯合剂如乙二胺四乙酸(ethylenediaminetetraaceticacid,EDTA)、次氯酸钠和蛋白分解酶。去除玷污层会增大牙本质的湿度并要求黏结剂能湿润牙本质,取代牙本质的液体。黏合的产生机制目前还不清楚,但最好的黏结剂在酸蚀后,能透进胶原蛋白层,在牙本质和牙本质小管中建立树脂和胶原蛋白的"混合层(hybrid layer)",胶原蛋白的自身强度对于黏结剂强度也非常重要。

从生物相容性观点来看,玷污层的去除可对牙髓组织构成威胁,理由有3个:第一,树脂材料也会一并被去除而使牙本质失去屏障,因此增大了材料渗出和牙髓刺激的危险。第二,玷污层的去除会使细菌或细菌产物向牙髓扩散的屏障也被去除,从而造成更明显的微漏。第三,用于去除玷污层的酸是造成刺激的潜在因素。然而,由于使用黏结剂能获得更佳的强度,玷污层的去除现在已成常规。一些近期技术使用浸蚀并直接黏结暴露的牙髓,由于材料和牙髓之间的牙本质屏障完全缺失,从而使黏结剂的生物相容性更显得关键。

许多酸被用于去除玷污层,包括磷酸、盐酸、枸橼酸和乳酸,这些酸的生物相容性已被广泛的研究。酸对牙髓组织的作用依据许多因素,包括修复体与牙髓之间的牙本质厚度,酸的强度,浸蚀的程度。研究显示牙本质是非常有效的缓冲结构,如果有足够厚的牙本质(0.5 mm)存在,大多的酸可能永远都接触不到牙髓。枸橼酸和乳酸是低缓冲剂,可能因为这些弱酸不能有效的分解,应用试验在研究酸效应后显示磷酸、丙酮酸和枸橼酸在溶解 8 周后产生中等牙髓炎性反应。近期研究显示大多情况下,酸可渗透进低于 100 μm 的牙本质。无论如何,这些酸的不利性是不能被排除的,因为尽管酸不会接触牙髓,但会影响牙本质小管中的成牙质细胞突起。

(三)牙本质黏结剂(dentin bonding agents)

随着多种牙本质黏结剂的出现,已经有大量对牙本质黏结剂生物相容性的研究。许多试剂如果单独检测,都具有体外细胞毒性。但当黏结剂置于牙本质并用自来水清洗后,细胞毒性通常会减小。长期体外研究表明,许多黏结剂中有充足的成分可渗透厚达 0.5 mm 的牙本质,并在其使用后引起显著且长达 4 周的细胞代谢抑制。这一现象提示未黏结的残余成分可引起不良反应。

许多研究测定了以树脂为基质的牙本质黏结剂的生物学性能。甲基丙烯酸羟乙酯（hydroxyethyl methacrylate，HEMA），是许多黏结剂都含有的一种亲水性树脂，在组织培养中显示至少比bis-GMA低100倍的细胞毒性。运用长期体外方法研究显示，无论如何，当树脂接触时间增加到4~6周时，其不利因素已极少。许多树脂成分的细胞毒性因牙本质屏障而明显减小。但是，假如制备的窝洞底部牙本质较薄（<0.1 mm），HEMA可能会在体内产生细胞毒性。另外评价了在牙本质黏结剂中含有的大量普通树脂成分的体外细胞毒性，如bis-GMA、二甲基丙烯酸二缩三乙二醇酯（triethylene glycol dimethacrylate，TEGDMA）、二甲基丙烯酸二异氰酸酯（二甲基丙烯酸氨基甲酸乙酯，urethane dimethacrylate，UDMA）等。有研究证实在牙本质黏结剂中HEMA和其他树脂结合可促使引起体外细胞毒性。对于亲水性树脂和疏水性树脂通过牙本质中的扩散只有非常少的临床研究，结果表明至少在体内同样存在这些成分的扩散。值得关注是，有文献报道了一些树脂成分能促进口腔内细菌的生长，如果有确切的证据证明，那么该结果将会引起人们对树脂基质材料是否会增加菌斑形成能力的关注。

（四）树脂-基质材料（resin-based materials）

对于牙体修复，树脂-基质材料已经如同水门汀修复材料被常规使用。由于树脂-基质材料是有机物和无机物的复合物，因此也称为树脂复合物（resin composites）。在体外，通过化学固化和光固化的树脂在与培养细胞接触24~72 h后通常会引起中度细胞毒性，尽管许多最新系列树脂显示似乎具有很小的细胞毒性。在放置后的24~48 h，由于牙本质屏障的出现，细胞毒性明显减小。许多研究已经表明一些材料的体外细胞毒性可持续直至4周，而另一些材料是逐步改善，少数新系列材料显示无细胞毒性产生。在一般情况下，细胞毒性被认为是由材料中的树脂成分释放引起的。有证据证明光固化树脂的细胞毒性比化学固化树脂的细胞毒性要低，但这结论取决于光的固化效率和树脂的类型。在体内，已经利用应用试验来评价树脂复合物的生物学反应。当化学固化和光固化树脂复合物放入留有近0.5 mm厚牙本质的窝洞中时，其牙髓炎性反应在3 d后是由轻度向中度发展的。当手术后5~8周时，任何反应都会减轻并伴随再修复牙本质的增加。使用保护垫或黏结剂，牙髓对于树脂复合材料的反应将会最小。树脂长期直接与牙髓组织接触的后果并不可知，但可猜想结果将是不容乐观的。

（五）汞合金和铸造合金（amalgams and casting alloys）

汞合金被广泛应用于口腔修复。汞合金的生物相容性被认为主要由在其应用时腐蚀的产物来决定的。腐蚀是根据汞合金的类型决定的，即是否含有γ_2相及汞合金的构成。在细胞培养筛选试验中，来自汞合金中游离的或未反应的汞是有毒性的，但低铜含量的汞合金放置24 h并不抑制细胞的生长。伴随铜成分的增加，汞合金开始对培养的细胞产生毒性作用。植入试验显示低铜含量的汞合金具有良好的耐受性，但高铜含量的汞合金直接与组织接触时会引起重度反应。在应用试验中，牙髓对浅的窝洞或深的但有衬垫的窝洞中的汞合金的反应是最小的。在深的无衬垫的窝洞（留有0.5 mm或0.5 mm以下的牙本质）中使用汞合金会导致疼痛。3 d后和5周后都能观察到炎性反应。在留有0.5~1.0 mm牙本质的窝洞中，窝洞内制备衬垫有两个原因。第一，汞合金的热传导性显著，在临床上使用成问题；第二，新放置的汞合金修复体边缘具有明显的微量泄漏。在牙窝洞中，每天自身的热循环可能会促使修复体边缘泄漏的腐蚀和微生物的产生，当窝洞内有衬垫，短期牙髓反应明显减小。

在临床上大量使用了高铜含量的汞合金。应用试验显示了由这些材料而激发的3 d时的牙髓反应与在深且无衬垫的窝洞中低铜含量的汞合金激发的牙髓反应相似。到5周时仅为轻微的牙髓反应，8周炎性反应减小。对于高铜含量的汞合金细菌试验显示，其对血清性链球菌变异体没有抑制作用，这就说明其中成分并没有被大量释放去杀死这些微生物。虽然高铜含量的汞合金似乎在应用试验中具有优良的生物相容性，但是对所有的深窝洞，我们都建议使用洞衬剂。

虽然镓基汞合金已被成功研制并可提供无汞直接修复，但它们的应用还不甚广泛。在细胞培养中，这些合金并没有显示出比传统高铜含量汞合金更大的细胞毒性。这些修复体在体外释放了大量的镓，但这种释放行为的影响并不可知。在植入试验中，镓合金引起了一个明显异体反应。在临床上，这些材料显示具有比标准汞合金略高的腐蚀率，导致粗糙性和不显色性，而关于这些材料的牙髓反应很少有报道。

铸造合金已经被用作单个修复体、桥、金属烧附陶瓷牙冠和局部义齿。这些合金可含有0%~85%（重量百分比）的金。这些合金也含有许多其他贵金属和非贵金属，假如它们从合金中释放出来，会对细胞产生不利的作用。然而，释放的金属最可能与牙龈和黏膜组织接触，而用于修复体黏结的水门汀有可能影响牙髓。

（六）玻璃离子体（glass ionomers）

玻璃离子体是作为水门汀（封闭剂）和修复材料的另一类材料。光固化离子体是其中重要的一类；此系列材料主要使用Bis-GMA或另外的低聚体（olinomer）作为聚丙烯酸酯主链中的支链。在筛选试验中，新配制的玻璃离子体具有中度细胞毒性，但这毒性随着制备时间的增加而减小。这种材料会释放出可能具有一些治疗作用的氟化物，这会导致在体外试验中产生细胞毒性。由于具有弱酸性的聚丙烯酸酯的分子量较高，使其不能透过牙本质扩散，所以它决定了全部牙髓的生物相容性反应。在应用试验中，牙髓对玻璃离子水门汀的反应是轻微的。应用试验中组织学研究显示，1个月后，玻璃离子水门汀引起的炎性反应最低或没有。有许多报道是关于在窝洞颈部处放置玻璃离子水门汀数天后，引起牙髓痛觉过敏的报道。这很可能是有酸附着以后，牙本质渗透性增加的结果。

（七）衬垫（liners）、洞衬剂（varnishes）和无树脂水门汀（nonresin cements）

氢氧化钙窝洞衬垫有许多形式，可以由高碱性（pH≥12）的盐悬液形成，也可以是由温和的氧化锌、二氧化钛和树脂形成。含树脂的衬垫可以被化学性聚合，但光激活性系列也同样被运用。在筛选试验中，悬浮液中的高pH氢氧化钙具有极强的细胞毒性。氢氧化钙水门汀无论是新制备的还是已制备了很长时间的，其中含有的树脂在组织培养中均可引起轻微至中度的细胞毒性。由于高含量的血清蛋白，其蛋白的约束或缓和作用在发炎的牙髓组织中起了一个重要的中和作用，细胞代谢的抑制性在组织培养中成为可逆。暴露的牙髓组织与高碱性水性盖髓剂接触的最初反应是引起1 mm或更深的组织坏死，凝固任何牙髓表面的出血。在发生坏死以后，嗜中性粒细胞立即渗入坏死组织下区域。最后，5~8周后，仅存在一个轻微炎性反应。在数周至数月间，坏死区域经过无滋养的钙化，出现牙本质桥的形成。当加入树脂，这些氢氧化钙成分的刺激性开始变小，并能比$Ca_2(OH)_2$悬浮液更快的刺激修复牙本质桥的形成。并且不产生坏死区域。因此，修复的牙本质出现在靠近洞衬剂的附近，表明在与洞衬剂接触时置换的成牙质细胞可形成牙本质桥。可是，也有一些材料不久就明显毁坏并且在修复体和窝洞壁之间产生间隙。含树脂的氢氧化钙盖髓剂是有效治疗牙髓暴露的衬垫。牙髓暴露后，未受污染的牙髓会经历一个相应的，不太复杂的伤口愈合过程。

众多研究者已经分析了在修复体下加入薄的洞衬剂、珂珀树脂洞衬剂（copal varnishes）和聚苯乙烯。这些材料通常不在以树脂为基质的材料下使用，因为树脂成分会溶解洞衬剂的薄膜。由于洞衬剂是薄薄的一层，因此它不能隔绝热，但在窝洞制备中，初步隔离了牙本质小管中内容物的流出。洞衬剂也同样减小细菌或化学物质在一段时间内的进入。因为膜的薄度和微小洞的形成，这些材料的牢固性就不同于其他洞衬剂。

磷酸锌曾被当作牙科黏固剂广泛用于铸件正畸带环的黏固和洞基制作。因为磷酸锌水门汀的热传导性近似于牙釉质，并低于金属，所以磷酸锌也曾用于牙体缺损的修复。体外筛选试验显示，磷酸锌水门汀会引发重度至中度的细胞毒性反应，并随制备后时间的增加而减小。锌离子的滤去和低pH可以解释这些作用。经牙本质滤除的水门汀产物沥滤稀释液显示可保护牙髓并不产生细胞毒性。在将磷酸锌水门汀注入鼠牙髓的植入试验中可观察到病灶坏死，证实了这类水门汀接触组织部位所产生的细胞毒性。在应用试验中，在深窝洞中前3 d里，产生中度至重度的局部牙髓损害，这可能是由于材料制备最初时的低pH（3 min时pH为4.2）造成的。水门汀的pH在制备48 h后接近中性，因此在应用5~8周后仅产生轻微的慢性炎性反应，并且通常已形成修复后牙本质。当该水门汀被置于深窝洞中，由于其对牙髓产生最初的疼痛和损伤作用，所以我们建议在磷酸锌水门汀下涂一层牙本质黏结剂、ZOE、洞衬剂或氢氧化钙的保护层。另外一种方案利用氢氧化钙粉剂、低浓度磷酸液或使用含氟化物（发挥抗微生物的作用）的材料。

聚丙烯酸锌水门汀（zinc polyacrylate cements），又称聚羧酸盐水门汀（polycarboxylate cements）是结合了磷酸锌水门汀的强度和氧化锌丁香酚（ZOE）的黏附性及生物相容性发展而来的。在短期组织培养试验中，材料新制备时和制备完全时的细胞毒性，与锌以及氟化物的释放、以及pH的降低相关。有一些研究者提出此细胞毒性是组织培养的人工效应产物，这是由于培养液中的磷酸缓冲液促使水门汀中的锌离子的滤出，假如将EDTA（锌螯合物）加入培养液中，材料造成的细胞生长抑制就可以抵消，并且唾液的缓冲和蛋白凝结作用可使制备初期时的材料所具有的毒性作用随时间而减弱，皮下植入和骨植入试验在材料植入1年以上显示，这些水门汀不具有长期的细胞毒性。聚丙烯酸水门汀引起的牙髓反应与ZOE引起的牙髓反应相似，3 d后为轻微至中度反应，5周以后仅存在轻微慢性炎性反应。但用这些水门汀修复的牙本质形成最少，所以建议该材料仅可用于底部有完整牙本质的窝洞中。

许多年来，氧化锌丁香油水门汀（ZOE）广泛地用于口腔医学。在体外，由ZOE而来的丁香油具有修复细胞、降低细胞呼吸的作用，通过直接接触来限制神经传导。但令人惊奇的是，在V类窝洞的应用试验里，它是相对无毒的。有诸多的理论可以解释这种相互对立，丁香油的作用是剂量依赖性的，在通过牙本质扩散的过程中丁香油的浓度可被数量级得以稀释。尽管在制备的窝洞中的丁香油浓度可达到10^{-2}（杀菌性的），但在近牙髓侧的牙本质中的丁香油浓度可能是10^{-4}或更低，较低的浓度抑制神经传导并抑制前列腺素和白三烯（抗炎的）的合成。另外如前面所描述的，ZOE可形成一暂时的封闭以阻止细菌的侵害。在灵长类牙的窝洞制备中（应用试验），ZOE在第一周中仅引起轻微至中度炎性反应，当窝洞制备深时，在5~8周中引起了轻微的慢性炎性反应并有一些修复的牙本质形成。因此，ZOE已被当作阴性对照物在应用试验中来比较修复过程。

（八）漂白剂（bleaching agents）

多年来漂白剂已经被运用于非活体牙和活体牙的漂白，但近年来在活体牙上使用成几何倍的增长。这些漂白剂通常是含有一些过氧化物（一般为过氧化脲，carbamide peroxide）的胶体，可供医生和患者使用。根据漂白剂的配方，可与牙接触数分钟至数小时。家用漂白剂在一般情况下可维持数周甚至数月。体外研究表明过氧化物可快速(在数分钟内)地穿过牙本质并且具有细胞毒性。其细胞毒性很大程度依据漂白剂中过氧化物的浓度。另外较深入的研究表明,过氧化物能迅速地在几分钟内透过完整的牙釉质到达牙髓。体内研究已证明漂白对牙髓具有不利影响,大多报道同意长期在活体牙上使用这些产品存在一个合法性问题。在临床研究中,使用过漂白剂的牙体,过敏的发生非常普遍,而这些反应的起因还是未知的。假如漂白剂在漂白盘(bleaching tray)中没有充分地隔离,它同样也会化学性烧伤牙龈,而这对合适的漂白盘不是个问题。低剂量的过氧化物长期对于牙龈和牙周组织的影响目前尚不得知。

二、其他的口腔软组织对修复材料的反应

修复材料可在口腔软组织如牙龈中引起反应。目前,不清楚有多少在牙体和修复体上被发现的体内细胞毒性是由修复材料引起的,又有多少是由细菌斑产物引起。总的来讲,菌斑增多的条件是:材料粗糙的表面或边缘的开放,增大了这些材料周围牙龈组织的炎性反应。可是,修复材料的产物释放也同样直接和非直接的作用于炎性反应,特别是在唾液清洗较少的地方,深牙龈袋,或可移动的装置下。许多记录在案的研究显示,炎症反应的增加或者靠近修复部位的牙龈退化,这些发生部位的菌斑指数(plaque indexes)是低的。在这些研究中,材料的释放物可引起在无菌斑或抑制菌斑生成的情况下引起炎症,并使牙龈发炎。一些体外的基础研究显示,大体上是口腔材料的组成和菌斑可以协同增强炎性的反应。

复合材料最初在体外直接与成纤维细胞接触的试验中具有细胞毒性。毒性最大可能主要来自材料中未聚合的成分。在另外的体外试验研究中,以前制备的复合物在人工唾液中6周以上,一些材料的毒性减小而另一些仍然很高。一些无Bis-GMA、UDMA的复合物具有明显较低的体外细胞毒性,这主要是因为材料组分的低量沥出。抛光的复合物清楚地显示其具有较轻微的体外细胞毒性,尽管一些材料甚至在抛光期间持续具有毒性。最近,有关于双酚A和双酚A二甲基丙烯酸酯(bisphenol A dimethacrylate)可引起类似雌激素(estrogen-like)的体外反应的争论。这些成分是许多商业化复合物的基本组成。可是,没有迹象显示商业化树脂具有引起体内的异体雌激素作用。相对而言,有关复合物在软组织中释放成分的其他体内反应几乎是未知的,这方面同义齿基托树脂和软洞衬剂相近似(见本章节前面的讨论)。有迹象表明以甲基丙烯酸酯为基质的复合物成分可引起明显的过敏性,但只在少数临床试验中存在。

由于腐蚀和菌斑,进入龈沟的汞合金修复体可导致牙龈发炎。放置汞合金后的7 d,在牙龈的结缔组织中出现了许多炎性细胞,并可见到一些上皮细胞水肿变性。30 d时发生一些增生的上皮细胞进入结缔组织,结缔组织的慢性单核细胞浸润明显。血管增多,伴随更多的上皮细胞进入结缔组织。其中一些变化可能是在汞合金的边缘的慢性牙龈反应。然而,由于植入的汞合金在动物的结缔组织内产生相类似的反应,所以不能排除因汞合金腐蚀产物而引发反应的可能性。另外,虽然铜增进了汞合金的物理性能,并且具有杀菌性,但它同样对于宿主细胞也是有毒性的,并且在植入试验中导致重度组织反应。动物植入试验研究也表明,用镓合金替代汞合金也可产生重度的反应。

有一篇文献报道了将汞合金和树脂复合物修复体放入猴的中切牙窝洞中,不到1 h。窝洞深约2 mm,位于牙骨质釉质连接和根尖端之间的中间部位。修复后牙被立即再次植入,6个月处死动物。牙周韧带(periodontal ligament,PDL)的修复正常发生,除了PDL连接汞合金处在2周内出现剧烈的炎性反应,而PDL连接树脂复合物处在3~6个月内出现剧烈炎性反应。这个结果表明树脂复合物和汞合金释放了导致组织反应的毒性物质,至少是在植入部位。材料放置在唾液可轻洗的部位,那么其细胞毒性因素可能在它们损伤牙龈之

前就被清洗掉。这些类型的修复体表面的粗糙程度与其在体内的炎性反应也有关系。在应用试验中，修复体伸入牙龈缝中，结果表明未磨光材料比磨光材料更能引起炎性反应，这可能是由于粗糙的修复体表面有助于表面菌斑的形成。同时合金修复体的粗糙表面也同样会在体外试验（菌斑缺失）中引起细胞毒性作用的增强。这可能是粗糙表面造成表面积增大而加大合金元素的释放，细胞毒性反应可能与合金的释放元素量有关。

铸造合金用于体内的历史悠久，在生物相容性方面通常有好的记录，但目前在临床上遇到的一些问题值得引起人们的关注，其中镍过敏是个相对普通的问题，10%～20%的女性会发生，钯过敏在一些国家也同样发生，尽管真正的钯过敏症发生率只有镍过敏症的1/3。临床证明患钯过敏的患者事实上对镍通常也有过敏性。造成这些过敏现象的原因可能是这些合金中金属离子的释放，体外试验中，许多关于金属离子在牙龈组织中对细胞作用的文章已发表，如上皮细胞、成纤维细胞和巨噬细胞。虽然大多数情况下，体外试验中与这些细胞发生问题的金属离子浓度要大于多数铸造合金释放的金属离子浓度，但目前也有研究表明低量的金属离子可同样具有生物不稳定性，这些新的研究数据值得关注，因为低剂量浓度已接近那些已知合金的释放量，目前该研究的临床意义尚不可知。

义齿基托材料，特别是甲基丙烯酸酯，比其他口腔材料更易与牙龈和黏膜产生免疫超敏反应。那些与各类未经处理的组分可反复接触的口腔和实验操作人员最可能产生过敏。已证明了丙烯酸和二丙烯酸单体、某些固化剂、抗氧化剂、胺和甲醛具有过敏性。对于患者，由于大多材料已发生聚合反应，这样过敏的发生率比较低。潜在的过敏性筛选试验包含未反应的成分检测，反应后聚合物质的检测，和前面已描述过的聚合物的油、盐或水浸提液的体外试验和在动物皮肤上的试验。除过敏性外，可见光-固化的义齿基托树脂和义齿基托树脂封闭剂显示对于培养的上皮细胞具有细胞毒性。

由于义齿软衬和假牙黏结剂与牙龈之间的密切接触，这些材料的软组织反应是相当重要的。加入使其柔软和易弯曲的增塑剂，在体外和体内都具有释放性。细胞培养试验显示其中一些材料具有很高的细胞毒性并且影响细胞的代谢反应。在动物试验中，这些材料大多引起明显的上皮组织变化，推测起来是与释放出的增塑剂有关。在应用试验中，当材料置于组织表面后，材料释放出的增塑剂对该组织的影响通常可能被最先出现的炎症反应所掩饰。假牙黏结剂经体外试验评价，显示其具有重度细胞毒性反应。许多还具有实质性的甲醛成分。黏结剂还明显有助于细菌的生长。较新制定的配方中加入了杀真菌剂或抗菌剂，但尚未经过临床效验。

三、骨和软组织对于种植材料的反应

有4种基本材料应用于种植体的制作：陶瓷，碳，金属和聚合物（和上述材料的复合物）。在过去的10年中，对于种植体的生物相容性的重视如同种植体在临床上的使用一样，在显著地增长。大多成功的口腔种植材料或能引起骨整合（骨与种植材料间距约为10 nm以内），或能引起一个连续的骨与种植体的融合的生物整合（biointegration）。

（一）陶瓷种植材料的反应

大多陶瓷种植材料对于组织具有非常轻微的毒性作用，尽管他们是氧化状态的，并且还具有抗腐蚀作用。这一类材料具有低毒性，并且无致突变性和致癌性。可是其易碎并缺少抗撞击性，这类材料常作为金属或其他材料的多孔或高密度的涂层。假如根部表面的孔度直径大于150 μm，特别在材料经过一段时间的咬合后种植体通常与骨结合牢固（通过骨骼胶合和生物整合）。如果孔度变小，组织通常仅形成纤维向内生长。致密陶瓷也同样被用作牙根置换或骨螺钉，由单晶体（蓝宝石）或聚晶质氧化铝制成，如果处于一段时间的无负荷状态，他们能形成生物整合并提供极好的稳定性。在一项研究中,60%的修复体6年后仍在其适当的位置上。

羟磷灰石,是一种磷酸钙的相对非吸收形式,它被成功地用作钛种植体的涂层材料和牙槽嵴增高(ridge augmentation)材料。研究揭示羟磷灰石增加了向种植体的骨生长率。可是,这些涂层的长期腐蚀和形成骨的稳定性仍然是个有争议的问题,通过回收材料可显示甚至这些"非吸收"涂层在长时间后也是可被吸收的。β-磷酸三钙是另一种磷酸钙的形式,它的优点在于材料的可吸收性。碳已经被用作为种植体的涂层和大部分的组成,尽管对于碳涂层的生物学反应是良好的,但它们已经被钛、氧化铝材料、羟磷灰石涂层所替代。最后,生物玻璃形成表面凝胶层与结缔组织反应良好,可促进其邻近的骨形成。

(二)对于纯金属和合金的反应

纯金属和合金是最古老的口腔种植材料。随着时间的流逝,多种金属种植材料被使用,其中包含不锈钢、铬、钴、钼、钛以及其合金。这些材料可被制成各种形状,包括牙根,骨膜下和穿过骨的种植体,在口腔医学中,现今普遍使用的金属种植体仅为钛合金。

在初次铸造时,钛是一种纯金属,第二次铸造时其表面形成一氧化钛薄层,可抗腐蚀并有助于骨形成骨整合。钛的主要缺点是难以铸造,除非在制作过程中予以特别关注,否则其被锻造成各种形状的过程,可造成表面金属的不纯而引起骨反应等副作用。钛种植体作为牙根替代物已被成功地应用,在修复术之前,置于黏膜下,在无负荷的情况下可维持数月。通过种植修复后不断回访和建立良好的口腔卫生,种植体在健康的组织中可维持20年以上。钛-铝-钒合金(Ti_6Al_4V)成功应用于该领域,临床研究结果也是令人满意的。但是仍存在有关于铝和钒释放倾向的问题,虽然钛和钛合金种植体腐蚀率明显低于其他金属种植体,但它们会释放钛进入人体,即使没有迹象表明释放的元素会对局部或系统产生不良影响,该问题仍值得引起人们的关注。

在软组织中,结合上皮与钛的形成在形态学上与牙的形成相类似,但此界面特征并不明显。结缔组织清楚地显示没有和钛结合,但形成一紧密地封闭层似乎可以限制细菌和细菌产物的进入。不断发展的技术限制了种植体周围的上皮向下生长,骨量的丢失这些最终导致种植失败的因素。种植体周围炎症是当前种植体失败的主要原因,目前认为主要还是细菌的感染,对于种植体材料的释放成分在种植体周围炎症进展中的作用尚不可知。

第五节 口腔材料的生物相容性试验和标准
(standards and testing for biocompatibility of dental materials)

牙科材料的标准化是医疗器械(medical divices)中发展最早的体系。随着现代医学的发展,新的材料和器械不断问世,材料和器械在人体应用的要求,已经从"可接受"向"安全应用"发展。ISO 10993-1是1987起在欧美日等一些国家的标准的基础上,国际标准化组织建立了ISO 194《医疗器械生物学评价(biological evaluation of medical devices)》技术委员会,开始制订ISO 10993一系列医疗器械生物学评价和试验标准。体现了医疗器械评价领域中的新思维和新观念,代表了当今世界医疗器械生物学评价的最新潮流。它的制定使得医疗器械生物学评价在全球范围内的协调和统一成为现实。

由于口腔材料具有其应用领域的特殊性，国际上通常将口腔材料的生物学评价与其他医疗器械（含生物材料）的生物学评价分成两个系列。但口腔材料和其他医疗器械/生物材料的生物学评价具有许多不可分割的共性，口腔材料的生物学评价是一项严谨的、科学的、客观的工作，它对口腔材料和器械的发展都起着重要的作用。近年来，人们愈加关注口腔材料和器械的安全性和有效性评价的问题。

要做到对新材料科学的、客观的、准确的评价，就必须有一系列生物学评价的标准，以便达到评价实验结果的可重现性，使各实验室之间可进行数据比较，以避免结果评判的主观随意性。以下就对国内外材料生物学评价的标准作一简要的介绍。

一、国际上的主要标准体系

美国是较早进行口腔材料生物学评价标准工作的国家。早在1926年，美国牙科协会（American Dental Association，ADA）就建立了有关银汞合金的口腔材料的准则。但是，这些并没有加快口腔材料技术发展的步伐。原因有：①细胞和分子生物学的快速发展。②评价材料生物相容性试验的多样性。③缺少这些试验的统一标准。试验方法标准化是一个困难且长期的过程，尤其是特殊试验在适合性和重要性方面会产生许多的不符合性。Dixon和Rickert在1933年就试图对所有材料制定一致的试验方法。当时，大多数口腔材料的毒性是通过将材料植入皮下组织中来发现的。他们使用小规格的金、汞合金、胶木胶、硅酸盐，铜汞合金经灭菌后放入相同大小的容器中并植入骨骼肌组织中。6个月后在显微镜下观察其病理切片。另外，Mitchell（1959）、Massler（1958）也试图在结缔组织、牙髓上进行试验技术的标准化。

（一）ANSI/ADA文件41号

1976年，美国国会通过了医疗器材法案后，才对所有医疗设备（包括口腔材料）的生物学检测予以高度重视。1972年，ADA牙科材料与器械理事会发表了《牙科材料生物学评价推荐标准》。1979年，美国牙科材料协会（ADA）与美国国家标准局（ANSI）共同发布了ADA/ANSI 41号推荐标准文件。发展该文件的委员会已认识到对检测方法标准化的需求，以及对材料的连续检测而可减少临床检测的数量。1982年，该文件制订了一个附录，包含一个新的对于遗传活性检测的Ames试验。

初期试验包括体外细胞毒性试验、血红细胞膜溶解（溶血）试验、细胞水平的致突变和致癌试验、在全部器官水平上的体内急性生理性窘迫（distress）和死亡试验。根据这些初期试验的结果，材料可选择一个或多个使用小动物的第二期试验（体内），检测其引起炎症和致免疫的可能性（如：皮肤刺激试验，皮下和骨植入试验，超敏试验）。最后，通过了第二期试验的材料乃需选择一个或多个体内的应用试验（材料的放置，首先是放置于大型动物体内，通常是灵长类动物。最后经过食品药品管理局批准后，放置于人体内）。ANSI/ADA文件41号的1982附录包含了两种致突变的方法：Ames试验和细胞变异试验。

（二）ISO 10993文件

在过去的10年中，许多标准化组织创建了关于生物医学材料和器械的国际标准。一些多国组成的工作小组，包括ANSI科学家和国际标准化组织（ISO）形成并发展了这些标准。最终的文件（ISO 10993）出版于1992年。在美国和欧共体的推动下，ISO 10993标准已成为全球评价医疗器械安全性的纲领性文件，被各国研究单位和生产企业采纳并实施。目前的ISO 10993包含18部分，每个部分论述一个不同的生物学检测方面，见表3-9。

标准将试验分成基本试验和补充试验,以评价材料的生物学反应。基本试验包括细胞毒性试验、致敏试验和全身毒性试验。一些试验是在体外实施的,另一些是在动物体上实施的,但并非材料的应用部位。补充试验是类似慢性毒性试验、致癌试验和生物降解试验。许多补充试验是在动物体上完成的,大多在材料的应用部位。对于一种特殊材料,试验的选择是遵循生产商,选择的试验能表现并明确试验的结果。第一部分给出了指导试验选择的标准,根据材料接触人体的时间,是否仅接触人体皮肤表面,血液或骨,器械是否由外部接入人体来选择相应试验。

表 3-9 ISO 10993 系列标准

国际标准号	中国国家标准号	标准内容
ISO 10993-1:2003 (ISO10993-1:1997)	GB/T 16886.1-xxxx (GB/T 16886.1-2001)	评价与试验
ISO 10993-2:1992	GB/T 16886.2-2000	动物保护要求
ISO 10993-3:1992	GB/T 16886.3-1997	遗传毒性、致癌性和生殖毒性试验
ISO 10993-3:2003	GB/T 16886.3-xxxx	遗传毒性、致癌性和生殖毒性试验
ISO 10993-4:2002	GB/T 16886.4-2003	与血液相互作用试验选择
ISO 10993-5:1999	GB/T 16886.5-2003	细胞毒性试验:体外法
ISO 10993-6:1994	GB/T 16886.6-1997	植入后局部反应试验
ISO 10993-7:1995	GB/T 16886.7-2001	环氧乙烷灭菌残留量
ISO 10993-8:2000	GB/T 16886.7-xxxx	生物学试验参照样品的选择和定性
ISO 10993-9:1999	GB/T 16886.9-2001	潜在降解产物定性与定量框架
ISO 10993-10:2002	GB/T 16886.10-2005	刺激与迟发性超敏反应试验
ISO 10993-11:1993	GB/T 16886.11-1997	全身毒性试验
ISO 10993-12:2002	GB/T 16886.12-2005	样品制备与参照样品
ISO 10993-13:1998	GB/T 16886.13-2001	聚合物医疗器械的降解产物定性与定量
ISO 10993-14:2001	GB/T 16886.14-2003	陶瓷降解产物的定性与定量
ISO 10993-15:2000	GB/T 16886.15-2003	金属与合金降解产物的定性与定量
ISO 10993-16:1997	GB/T 16886.16-2003	降解产物与可沥滤物毒性动力学研究设计
ISO 10993-17:2002	GB/T 16886.17	可溶出物质允许限量的确立

ANSI/ADA 文件 41 号也同样符合 ISO 10993 标准修订的,但此文件并不完整。ISO 标准覆盖了所有的生物医学器械,而 ANSI/ADA 文件仅限于齿科器械,新的标准中还有可能包含口腔应用中的特殊重点,而这是 ISO 标准中所缺乏的,如牙本质扩散试验。可是,两个标准之间的基本原理和应用方面有着许多相似之处。1982 年又增加了 ANSI/ADA 文件 41a 号,在美国起着指导口腔材料的生物相容性检测标准的作用。国际标准化组织第 106 技术委员会(ISO/TC 106)是国际标准化组织分管口腔材料、器械和设备的分技术委员会。1984 年 1 月首次发布了 ISO/TR 7405:1984《口腔材料生物学性能评价》技术报告。这份技术报告在当时为人们提供了口腔材料的生物相容性评价依据。1995 年发布为 ISO/DIS 7405 国际标准草案。1996 年成为 ISO/FDIS 7505 国际标准最终草案。最终在 1997 年正式出版了 ISO 7405:1997《牙科学——用于牙科的医疗器械生物相容性临床前评价——牙科材料试验方法》。《牙科学——用于牙科的医疗器械生物相容性临床前评价》ISO 7405:

1997,作为国际标准是由 ISO/TC 106 牙科技术委员会与国际牙医联盟（Fédération Dentaire Internationale，FDI）共同起草的。

二、国内的情况

除美国外，英国、德国、瑞士等也分别制定了其本国的口腔材料生物学评价标准。我国的口腔材料、器械、设备标准化技术委员会（CSBTS/TC 99）成立于1987年12月，它承担了与 ISO/TC 106 相对应的业务工作。

我国的口腔材料生物学评价标准的制定主要是依据了 ISO/TR 7405:1984《口腔材料生物学性能评价》技术报告，但是并不是完全等效采用，而是在试验验证的基础上，参考美国、英国现行标准，制定出一系列口腔材料生物试验方法的行业标准，见表3-10。

表3-10　口腔材料、器械生物学试验行业标准

行业标准号	标准内容
YY/T 0279-1995	口腔材料生物试验方法　口腔黏膜刺激试验
YY/T 0244-1996	口腔材料生物试验方法　短期全身毒性试验：经口途径
YY/T 0127.1-1993	口腔材料生物试验方法　溶血试验
YY/T 0127.2-1993	口腔材料生物试验方法　静脉注射急性全身毒性试验
YY/T 0127.3-1998	口腔材料生物学评价　第2单元　口腔材料生物试验方法　根管内应用试验
YY/T 0127.4-1998	口腔材料生物学评价　第2单元　口腔材料生物试验方法　骨埋植试验
YY/T 0127.5-1999	口腔材料生物学评价　第2单元　口腔材料生物试验方法　吸入毒性试验
YY/T 0127.6-1999	口腔材料生物学评价　第2单元　口腔材料生物试验方法　显性致死试验
YY/T 0127.7-2001	口腔材料生物学评价　第2单元　口腔材料生物试验方法　牙髓牙本质试验
YY/T 0127.8-2001	口腔材料生物学评价　第2单元　口腔材料生物试验方法　皮下植入试验
YY/T 0127.9-2001	口腔材料生物学评价　第2单元　口腔材料生物试验方法　细胞毒性试验：琼脂覆盖法及分子滤过法
YY/T 0127.10-2001	口腔材料生物学评价　第2单元　口腔材料生物试验方法　鼠伤寒沙门杆菌回复突变试验（Ames试验）
YY/T 0127.11-2001	用于口腔的医疗器械生物相容性临床前评价第2单元　口腔材料-生物试验方法——盖髓试验
YY/T 0244-1996	口腔材料生物试验方法　短期全身毒性试验　经口途径
YY/T 0268-2001	牙科学　用于口腔的医疗器械生物相容性临床前评价　第1单元　评价与实验项目选择

其中 YY/T 0268-2001《牙科学　用于口腔的医疗器械生物相容性临床前评价　第1单元：评价与实验项目选择》是关于口腔材料生物学评价的指导性文件。该标准详细规定了口腔材料的分类和生物学评价试验项目的选择，并将生物学评价分为3个阶段，即初级筛选试验、第二阶段筛选试验、应用试验。

随着全世界口腔材料学的飞速发展，人们对材料的生物安全性也愈来愈重视，今后我们可将现代生物化学、免疫学、分子生物学等学科的先进技术引入到生物（口腔）材料的生物学评价试验领域，从细胞和分子生物学水平上来研究并评价生物（口腔）材料或器械的生物相容性，相信今后的的生物相容性评价方法将愈来愈完善，选择性也将愈来愈合理。

（黄哲玮　薛　淼）

参 考 文 献

1. 顾汉卿,徐国风. 生物医学材料学. 天津:天津科技翻译出版公司,1993
2. YY/T 0127.1-1993 口腔材料生物试验方法 溶血试验
3. YY/T 0127.2-1993 口腔材料生物试验方法 静脉注射急性全身毒性试验
4. YY/T 0279-1995 口腔材料生物试验方法 口腔黏膜刺激试验
5. YY/T 0244-1996 口腔材料生物试验方法 短期全身毒性试验:经口途径
6. 薛 森. 临床前生物学评价. 口腔应用材料学. 天津:天津科技翻译出版公司,1997;79;91
7. GB/T 16886.6-1997 医疗器械生物学评价 第6部分:植入后局部反应试验
8. GB/T 16886.3-1997 医疗器械生物学评价 第3部分:遗传毒性、致癌性和生殖毒性试验
9. GB/T 16886.11-1997 医疗器械生物学评价 第11部分:全身毒性试验
10. YY/T 0127.3-1998 口腔材料生物学评价 第2单元:口腔材料生物试验方法 根管内应用试验
11. YY/T 0127.4-1998 口腔材料生物学评价 第2单元:口腔材料生物试验方法 骨埋植试验
12. YY/T 0127.5-1999 口腔材料生物学评价 第2单元:口腔材料生物试验方法 吸入毒性试验
13. YY/T 0127.6-1999 口腔材料生物学评价 第2单元:口腔材料生物试验方法 显性致死试验
14. 郝和平. 医疗器械生物学评价标准实施指南. 北京:中国标准出版社,2000
15. GB/T 16886.10-2000 医疗器械生物学评价 第10部分:刺激与致敏试验
16. GB/T 16886.13-2001 医疗器械生物学评价 第13部分:聚合物医疗器械的降解产物的定性与定量
17. GB/T 16886.1-2001 医疗器械生物学评价 第1部分:评价与试验
18. GB/T 16886.9-2001 医疗器械生物学评价 第9部分:潜在降解产物的定性和定量框架
19. Y/T 0268-2001 牙科学 用于口腔的医疗器械生物相容性临床前评价 第1单元:评价与试验项目选择
20. YY/T 0127.7-2001 口腔材料生物学评价 第2单元:口腔材料生物试验方法 牙髓牙本质试验
21. YY/T 0127.8-2001 口腔材料生物学评价 第2单元:口腔材料生物试验方法 皮下植入试验
22. YY/T 0127.9-2001 口腔材料生物学评价 第2单元:口腔材料生物试验方法 细胞毒性试验:琼脂覆盖法及分子滤过法
23. YY/T 0127.10-2001 口腔材料生物学评价 第2单元:口腔材料生物试验方法 鼠伤寒沙门氏杆菌回复突变试验(Ames试验)
24. YY/T 0127.11-2001 用于口腔的医疗器械生物相容性临床前评价 第2单元:口腔材料生物试验方法—盖髓试验
25. 中国标准出版社第一编辑室.《医疗器械生物学评价标准汇编》. 中国标准出版社,2003
26. GB/T 16886.5-2003 医疗器械生物学评价 第5部分:细胞毒性试验:体外法
27. ISO 10993.1-1997. Biological evaluation of medical devices-Part 1: Evaluation and testing
28. ISO 10993-16:1997. Biological evaluation of medical devices-Part 16: Toxicokinetic study design for degradation products and leachables
29. ISO 10993-15:2000 Biological evaluation of medical devices-Part 15: Identification and quantification of degradation products from metals and alloys
30. ISO 10993-14:2001 Biological evaluation of medical devices-Part 14: Identification and quantification of degradation products from ceramics
31. ISO 10993.4-2002 Biological evaluation of medical devices-Part 4: Selection of tests for Interactions with blood
32. ISO 10993.1-2003 Biological evaluation of medical devices-Part 1: Evaluation and testing
33. Wataba JC. Biocompatibility of dental materials. In: Craig RG, Power JM, eds. Restorative dental materials. 11th ed. St. Louis: Mosby, 2002, 125-158

第四章 口腔材料的物理机械性能
(physical and mechanical properties of dental materials)

广义的口腔材料在习惯上已被理解为，包括直接接触口腔组织的材料及其最终形成的物件；为制作修复体、矫治器等物件的一系列直接接触组织或体外应用的辅助材料。口腔材料几乎涉及材料科学中金属、无机非金属和有机高分子材料等各方面。而且为了满足临床的应用要求，这些材料中的绝大多数在具体使用前，口腔临床和技术室工作者会对其施行各种加工和操作步骤，这就要求使用者不仅要掌握口腔材料的应用性能还要了解其性能的变化情况。由于口腔材料品类繁多，应用部位、方法各异，对不同材料、不同应用目的，有不同的性能要求。从学术观点来概括，大致可分为安全性和有效性两方面的要求。

安全性的要求，主要是指和口腔组织接触时的生物相容性(biocompatibility)；无材料本身或与组织相互作用的物理、化学变化所致的损害以及无超过人体耐受的毒害性。此外，包括辅助材料在内，对应用者在常规工作条件下，不产生积累的毒性危害。

有效性的要求，简言之是要达到应用的目的。作为口腔医学的特殊条件，主要是指有效的恢复功能和形态的要求。例如修复体在口腔各种条件下(咀嚼负荷、温度变化、尺寸变化、唾液和饮食作用、呼吸习惯等)能达到上述预期目的。此外，在物件制作过程中，和辅助材料应用变化和完成后，能符合不同目的的机械性能、尺寸改变限度、操作方便程度、适当的变化时间、表面质量等要求。例如，铸造金属合金的包埋材料，就要求调拌后凝固时间适当；在铸造温度条件下既有所需温度膨胀，又有液态合金铸入时的耐冲击强度；铸腔内表面光洁，在高温下不因与液态合金作用影响铸件光洁度等等。

综上所述，这两个主要方面的要求，以及其他方面，涉及物理的、化学的和生物学的性能。这些性能相互交叉，有时也难以严格分类，兹就各类材料性能要求具有共性者，或关系较大者，提供如下基本概念。

第一节 应力和应变
(stresses and strains)

当材料受到外力作用时，从材料内部诱发一种力量与之抗衡，此种力量谓之应力(stress)。外力与应力的大小虽然相同，其方向却相反。有应力，一定有应变(strain)或形变(deformation)。材料内部原子间距离的变化谓之应变。应力与应变的计算方法如下：

$$应力(N/m^2)* = \frac{作用力(N)}{材料截面积(m^2)}$$

$$应变 = \frac{变形}{原始距离} = \frac{形变后距离 - 原始距离}{原始距离}$$

例如，以 100 N 外力，伸拉一根截面积 0.005 cm² 的 21 号不锈钢丝时，其单位面积上之力，即：

$$应力 = \frac{100}{0.005} = 20\,000 \text{ N/cm}^2$$

如此不锈钢丝长 10 cm，在外力伸拉后延伸了 0.2 cm 时，其单位长度所发生的长度变化，即：

$$应变 = \frac{0.2}{10} = 2\%$$

应力一般可分为三类：

(1) 拉应力

当外力伸拉材料时，材料内部诱发与之抗衡的力谓之拉应力。

(2) 压应力

当外力压缩材料时，材料内部诱发与之抗衡的力谓之压应力。

(3) 切应力

当外力相对地切错作用于材料时，材料内部诱发与之抗衡的力谓之切应力。

在口腔实际情况下，这 3 种应力往往作为复合应力同时存在。例如，咀嚼作用在固定修复体时，当作三点受力的简单固定梁形变来说，桥体近殆部分诱发压应力，桥体龈端部分诱发拉应力，而两侧基牙处诱发切应力（图 4-1）。

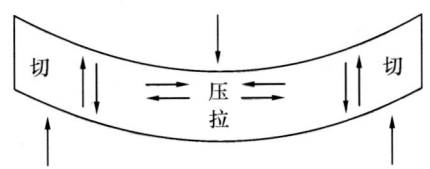

图 4-1 咀嚼力作用于固定修复时，在桥体的受力部诱发压应力（压）、拉应力（拉），而在两侧基牙上诱发切应力（切）

第二节 弹性形变和塑性形变
(elastic deformation and plastic deformation)

（一）弹性形变

弹性形变或称弹性变形。当材料受到外力作用时，如伸拉金属材料，材料就产生应力。在应力小时，材料产生与原来外形不一致现象。当去除外力，材料就恢复原形。这种外形的暂时性改变，称为弹性形变（elastic deformation）。例如，具有立方晶格的金属，受拉力时晶格沿受力方向被拉长变形。外力破坏了原子间相互作用的吸力与斥力间的平衡。原子移动一定的距离后，建立起原子间的吸力、斥力与外力之间新的平衡。外力去除后，这种新的平衡又遭到破坏，原子间作用力将迫使原子回到原来的平衡位置，所以在宏观表现上，是加上外力发生形变，去除外力恢复原来的形状。

---

* 1960 年，国际计量大会在继承和发展米制的基础上，通过了国际单位制(SI)，使计量单位的精确化和统一达到了一个新的高度。1981 年，国务院公布命令，统一实行以国际单位为基础的法定计量单位，并要求 1986 年起出版的书刊按此执行。压力，压强，应力的 SI 导出单位是帕斯卡[Pa(pascal)]，1 Pa = 1 N/m² ，= 0.145×10⁻³ psi，= 1.02×10⁻⁷ kg/mm²。1 兆帕(MPa) = 1 兆牛顿/米²(MN/m²) = 10.1968 kg/cm²；1 kg/cm² = 0.09807 MPa。

(二)塑性形变

塑性形变或称塑性变形。上述外力作用到某一限度,即使去除外力,材料也不能完全恢复原形,开始发生永久变形(残余变形)时,这种外形的永久性改变称为塑性形变(plastic deformation)。

第三节 伸拉应力-应变图
(tensile stress-strain plot)

静拉伸试验是最广泛使用的机械性能试验方法之一。是缓慢地在试样两端施加负荷,使试样受轴向拉力,引起试样沿轴向伸长。试验一般进行到拉断为止。可测得一系列材料的强度和塑性指标。把作用在试样上的力和所引起的伸长记录下来(或自动记录装置),绘出负荷-伸长曲线,这种曲线为拉伸图,或拉伸曲线。

图4-2是退火低碳钢的拉伸图,图的纵坐标表示负荷 P,单位是牛顿(N),横坐标表示绝对伸长 Δl,单位是毫米(mm)。

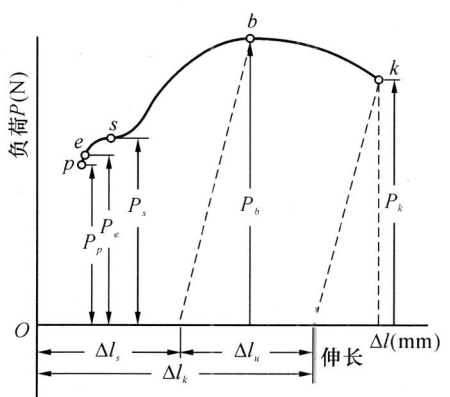

图4-2 低碳钢的拉伸图

负荷比较小时,试验时伸长跟负荷成正比地增加,保持直线关系。负荷超过 P_p 后,拉伸曲线开始偏离直线,保持直线关系的最大负荷,是比例极限的负荷 P_p。

变形开始阶段,去负荷后试样立刻恢复原状,这种变形是弹性变形。当负荷大于 P_e 再去荷时,试样的伸长只能部分地恢复,而保留一部分残余变形。去荷后的残余变形是塑性变形。开始产生微量塑性变形的负荷,是弹性极限的负荷 P_e。一般说来,P_p 和 P_e 是很接近的。

负荷增加到一定值时,负荷指示器(测力计刻度盘)的指针停止转动或开始往回转,拉伸图上出现了平台,在此负荷不增加或减少的情况下,试样还继续伸长,这种现象叫做屈服。屈服阶段的最小负荷,是屈服点的负荷 P_s。屈服后,金属开始明显的塑性变形,试样表面出现滑移带。

在屈服阶段以后,再继续变形,负荷重新增加。随着塑性变形的增大,变形抗力不断增加的现象,叫做加工硬化。负荷达到一个最大值 P_b 后,试样的某一部位截面开始急剧缩小,出现了"缩颈",以后的变形主要集中在缩颈附近。由于缩颈处试样截面的急剧缩小,致使负荷下降。拉伸图上的最大负荷,是强度极限的负荷 P_b。负荷达 P_k 时,试样断裂。这个负荷称为断裂负荷。

多数应用材料是没有屈服现象的。如塑性材料,而低塑性材料不仅没有屈服现象,而且也不产生缩颈,最大负荷就是断裂负荷。

综上所述,材料在外力作用下,变形过程一般分为弹性变形、弹塑性变形和断裂3个阶段。

用试样原始截面积 F_o 除拉力得到 σ 即 $\sigma = \frac{P}{F_o}$(N/m²)。以试样的计算长度 l_o 除绝对伸长 Δl,得到相对伸长(应变)θ,即 $\theta = \frac{\Delta l}{l_o}$。应力与应变的关系曲线,叫应力-应变图(图4-3)。应力-应变图的

形状,与拉伸图(负荷-伸长图)相似,只是坐标不同。应力-应变图的纵坐标表示应力,单位是 N/m²,横坐标表示相对伸长,单位是百分数(%)。应力-应变图不受式样尺寸的影响,可以直接读出材料的一些机械性能指标,如材料屈服时的最小应力 σ_s;相当于最大负荷时的应力-强度极限(抗拉强度)σ_b;以及断裂后的相对伸长率(延长率)σk 等。

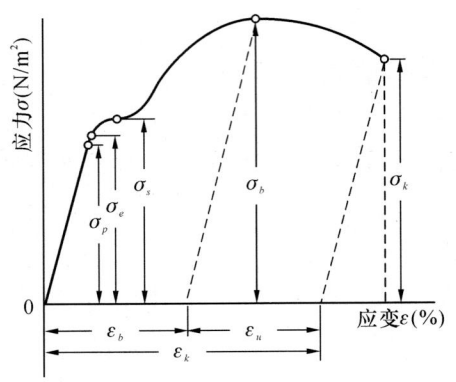

图 4-3 低碳钢的应力-应变曲线图

第四节 比例极限、弹性极限、屈服极限、强度极限
(proportional limit, elastic limit, yield point, ultimate strength)

(一)比例极限(σ_p)

材料受外力作用时,应力和应变能保持比例关系(符合虎克定律)时的最大应力,即在拉伸图上开始偏离直线时的应力,称为比例极限(proportional limit)。单位和应力相同。

$$\sigma_p = \frac{P_p}{F_o}(\text{N/m}^2)$$

式中 P_p——比例极限的负荷,牛顿(N);
F_o——试样的原始截断面积,平方米(m²)。

(二)弹性极限(σ_e)

材料受外力作用,由弹性变形过渡到弹性变形的应力,应力超过弹性极限(elastic limit)以后,便开始发生塑性变形。和比例极限一样,测出弹性极限受测量精度的影响。一般,是以产生 0.005%~0.05% 的残余伸长应力作用作为规定弹性极限。在国家标准中规定以残余伸长为 0.01% 的应力作为"规定弹性极限",并以 $\sigma_{0.01}$ 表示弹性极限代表微量塑性变形的抗力。

$$\sigma_e = \frac{P_e}{F_o}(\text{N/m}^2)$$

式中 P_e 为弹性极限的负荷,牛顿。理论上材料的弹性极限较比例极限稍大一点,但规定弹性极限和规定比例极限有时很接近。因此,许多国家已取消了规定比例极限。

(三)屈服极限(σ_s)

屈服点 s:超过比例极限后,外力再增大,应变较应力有显著的增加,达到一定点后,外力虽不增大,甚至有所降低,试样还继续发生明显变形的最小应力,比例为屈服点(yield point),又称物理屈服极限。

$$\sigma_s = \frac{P_s}{F_o}(\text{N/m}^2)$$

式中 P_s 是外力不增加,甚至有所降低,试样还继续伸长的最小负荷,牛顿(N)。

屈服强度 0.2:大多数材料没有屈服点,因此,规定发生 0.2% 残余伸长的应力,作为屈服强度(yield strength)。

$$\sigma_{0.2} = \frac{P_{0.2}}{F_o}(\text{N/m}^2)$$

式中 $P_{0.2}$ 为产生 0.2% 残余伸长的负荷,牛顿(N)。

屈服强度和屈服点一样,表征材料发生明显塑性变形的抗力。屈服点值愈大,材料反抗开始塑性变形的阻力就愈大;反之,屈服点值愈小,塑性变形开始愈早,材料的塑性和韧性就愈大。

(四) 强度极限(抗拉强度,σ_b)

外力继续加大,达到一定限度,材料终于破坏。在破坏前材料发生最大的应力,为该材料的强度极限(ultimate strength)。即试样所能承受的最大负荷除以原始截面积以 σ_b 表示。

$$\sigma_b = \frac{P_b}{F_o} (N/m^2)$$

式中 P_b 为破坏前试样所能承受的最大负荷,牛顿(N)。

拉伸试验时的强度极限称为抗拉强度(极限)(tensile strength);压缩试验时的强度极限称为抗压强度(极限)(compressive strength)。强度极限的物理意义是表征材料最大均匀变形的抗力,表征材料在拉伸或压缩条件下所能担负的最大负荷的应力值。

断裂强度 S_k (breaking strength)是拉断试样时真实应力,它等于拉断时负荷 P_k 除以断裂后缩颈处截面积 F_k。

$$S_k = \frac{P_k}{F_k} (N/m^2)$$

断裂强度表征材料对断裂的抗力。但是,对塑性材料来说,意义不大,因为产生缩颈后,试样所负荷的外力不但不增加,反而减少。塑性差的脆性材料,一般不产生缩颈,拉断前的最大负荷 P_b 就是断裂时的负荷 P_k,且由于塑性变形小,试样截断面积变化不大,$F_k = F_o$,因此抗拉强度就是断裂强度 S_k。

第五节 弹 性 模 数
(modulus of elasticity)

(一) 弹性模数(modulus of elasticity)

大多数材料,在弹性变形阶段遵守虎克定律,应力与应变成正比关系。

在拉伸时:

$$\sigma = E\varepsilon \text{ 或 } \frac{P}{F_o} = E \frac{\Delta l}{l_o}$$

式中 σ——正应力,其值等于 P/F_o,单位 N/m^2;
ε——相对伸长,其值等于 $\Delta l/l_o$,用%表示;
E——正弹性模数,单位是 N/m^2。

在剪切时:

$$\tau = Gr$$

式中 τ——切应力,单位 N/m^2;
r——切应变,单位是弧度;
G——切变弹性模数(shear modulas),单位 N/m^2。

弹性模数的物理意义,可认为是产生 100% 的弹性变形时的应力大小。但是对金属说来,这是没有意义的,因为金属在开始发生塑性变形以前,弹性变形一般不超过 0.5%,与塑性变形同时发生的弹性变形,一般也只能达到 1%,少数情况下可达到 2%。因此弹性模数可看作是衡量材料产生弹性变形难易程度的指标。

既然弹性模数是应力与应变的比例值,材料的弹性模数愈大,使其发生一定量弹性变形的应力值也愈大;对某一应力的应变愈小。弹性模数在技术上叫做"材料的刚性或坚硬性"(stiffness, rigidity)。弹性模数愈大,材料的刚性愈大,在一定应力下产生的弹性变形就愈小。例如,一根难以弯曲合金丝或类似物件,欲造成其明显的应变或形变时,必须施以相当的应力,则这材料的弹性模数必定较大。

弹性模数是表征材料原子间作用力的性能,主要取于材料原子本性和结构类型,与原子间距离有密切关系。对金属说来,作为改变金属机械性能(如强度、硬度、塑性等)的主要方法,如热处理、合金化及形变强化等,对影响弹性模数效果极小。弹性模数与其他机械性能指标只有间接关系,如比例极限相同的两材料,其弹性模数可能并不接近。

（二）弹性(ε_e)

临床正畸矫治器用的弹簧或活动义齿上的卡环,都要求在不发生塑性变形的情况下,能产生大的弹性变形,和能吸收大的弹性变形功。对于这些矫治、修复体的附件,我们都希望在应力消失以后,能恢复其原来性状和结构。为此就要求所用材料具有较高的弹性极限。此外,有的修复物件,如冠桥修复体,则希望能在相当的应力下,只有微小的应变,因而必须具有较大的弹性模数。然而,有时特别是正畸弓丝之类器件,希望只施以中度或轻度的应力,能有较大的应变或变形。在这种情况下,这类结构称之谓可弯的、可伸缩的或弹性的(flexible),而具有易弯性、挠性或弹性(flexibility)。

弹性是金属发生弹性变形的能力,以开始塑性变形时最大的弹性变形来表示。在拉伸时,是以弹形极限时的相对伸长 ε_e 来表示。弹性(最大弹性)与弹性极限、弹性模数间的关系,可以下式表示:

$$\varepsilon_e = \frac{\sigma_e}{E}$$

（三）弹力

弹力,称弹能、回弹或回能(resilience)。按照前述弹性变形时材料内部原子间距离可逆变化的理论,所谓弹性极限,以拉应变为例,就是原子 A 与 B 之间,在外力于 0 时,由于相互间引力的作用,能回复原有位置的最大距离。随着原子间间隙的增大,原子间的能量也增大。只要应力不超过弹性极限,这能量称之为弹力或回能。

弹力与"有弹力"(springiness)有关,但意义有所差别。

（四）弹性比功(a_e)

功(work)是作用力的产物,距离则为力的转移;某一物体作功时,必有能量传至其上。因此,当咀嚼力作用于修复体时,修复体在弹性变形的同时吸收了能量。但是,为避免修复体发生塑性变形,咀嚼所致的应力不能超过弹性极限。因此,修复体的材料必须具有一种应力虽然相当大,而应变却极小的弹力的性质。换言之,此材料必须具有较高的弹性模数。

通常以弹性比功 a_e,或弹力模数(modulus of resilience)计算材料的弹力。弹性比功 e 是金属吸收弹性变形功的能力,以开始塑性变形前单位体积所吸收的最大弹性变形功表示,相当于应力-应变曲线上弹性直线段下所包围的面积(图 4-4)其大小为:

$$a_e = \frac{1}{2}\sigma_e \cdot \varepsilon_e = \frac{\sigma_e^2}{2E}$$

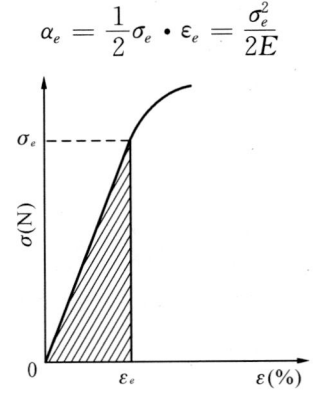

图 4-4 弹性比功

如图 4-4 所示，前述最大弹性（maximal flexibility）等于以弹性极限 σ_e 为高的直角三角形的底边。弹性比功的单位以单位体积的能量表示，即 J/m^3。

上述公式对选择口腔内的应用材料方面极为重要。一般要求其有较大的弹性模数和较高的弹性比功。要获得较高的弹性比功时，材料必须具有较大的弹性极限（或比例极限）。当弹性极限一定时，弹性比功与弹性模数成反比；而弹性模数一定时，与弹性极限的平方成正比。

材料用作弹性物件，要求具有高的弹性 ε_e 和弹性比功 a_e。由上述公式可见，可以从两方面着手，即提高材料的弹性极限和降低材料的弹性模数 E。由于弹性极限是对成分、组织敏感的性能，可以采用合金化、热处理和冷热加工的办法来改变。弹性模数则是对成分、组织不敏感的性能、因此类似弹簧之类用材料的化学成分，物件的热处理及加工工艺，都是从提高其弹性极限着眼，通过提高弹性极限，来达到提高弹性和弹性比功的目的。

类似正畸弓丝、弹簧之类器件往往受力不太大，但要求弹性比功 a_e 和弹性 ε_e 大，因此常采用弹性极限高、弹性模数较小的金属制造。

（五）弹性与刚性（或刚度）

弹性与刚性的概念是不同的。弹性表征材料弹性变形的大小，刚性表征材料弹性变形抗力的大小。例如，矫正器的双曲弹簧可能出现两种情况：一种是采用直径较大的不锈钢丝制作，矫正器戴入后，弹簧的变形并不很大，取下矫正器后，弹簧完全恢复到原来的状态，但是被作用牙受力很大，将会被损害，这是弹簧刚性过大的关系。由于弹性模数是对成分、组织不敏感的性能，解决问题的办法是采用直径较细的丝或改变弹簧结构。用减小金属丝直径制作弹簧的矫正器戴入后弹簧变形虽然很大，但对牙的力却变小，取下矫正器后，弹簧完全恢复到原来的状态，这是刚性小的另一种情况。口腔医学对材料刚性的要求与工程上并不完全相同，刚性过高的材料往往与人体组织不相适应。又例如修复体的卡环使用一段时间后，发现卡环越来越"松"，即产生了塑性变形，这是卡环的弹性不足，是由于材料弹性极限低的关系。可以采用其他合金材料，热处理等以提高其弹性极限的办法来解决。

第六节 塑性指标
（plastic index）

断裂前材料发生塑性变形的能力，叫做塑性。塑性以断裂后的塑性变形大小来表示。拉伸时可用伸长率 σ 和断面收缩率 Ψ 表示。

（一）伸长率（elongation）

$$\sigma = \frac{\Delta l_k}{l_o} \times 100\% = \frac{l_k - l_o}{l_o} \times 100\%$$

式中，l_k——试样断裂后的标距长度（mm）；
l_o——试样的原始标距长度（mm）；
Δl_k——断裂后试样的绝对伸长（mm）。

伸长率为材料拉断后所增加的长度与原计算长度之比，用百分数表示。伸长率受试样尺寸不同而影响，随着 $\frac{\sqrt{F_o}}{l_o}$ 的减小而减小。为使不同尺寸的试样得到一样的伸长率，试样必须按比例地增大或减少其长度和截面积。我国和大多数国家按 $\frac{\sqrt{F_o}}{l_o}$ 常数，选定 $\frac{l_o}{\sqrt{F_o}} = 5.65$ 或 11.3，对圆形试样来说相应于 $\frac{l_o}{d_o} = 5$ 或 10，短试样，后者称为长试样。

用 $l_o=5d_o$ 试样测定出的伸长率,以 σ_5 表示,用 $l_o=10d_o$ 者,以 σ_{10} 表示。同一塑性材料的 σ_5 与 σ_{10} 的数值是不相等的,不能直接比较。短试样 $\frac{\sqrt{F_o}}{l_o}$ 数值比长试样者大一倍,故 $\sigma_5 > \sigma_{10}$。一般优选选取短试样进行测试。

(二) 断面收缩率(reduction area)

断面收缩率 Ψ 为材料断裂后试样截面积的相对收缩值,即其拉断处横截面积与原截面积之比,用百分数表示。它等于截面的绝对收缩量 $\Delta F = F_o - F_k$ 除以试样的原始截面积 F_o。

$$\Psi = \frac{F_o - F_k}{F_o} \times 100\%$$

式中,F_k——断裂后试样的最小截面积。

用圆形试样测定 Ψ 比较简单,将断的试样对接起来,测出其最小直径 d_k(从相互垂直方向测两次,再取平均值)后,即可求出 Ψ 值。

第七节 抗压强度(压缩强度)
(compressive strength)

强度并非测量各个原子的吸引力或排斥力,而是测量整个丝状、柱状或任何其他形状的结构受应力时,原子内力的总和。尤其是如前所述,强度不一定等于断裂时的应力。在金属丝拉伸时,在应力下变长、截面积减小,真正的应力-应变曲线所示的断裂强度将高于定义所定的抗拉强度。然而,当我们希望了解某材料的抗拉强度时,所要求的是它能承受的最大的应力,而不计较截面积上所能发生的微小变化。因此,抗拉强度可定义为:材料在断裂前所能承受的最大应力。不少脆性材料,其抗拉强度显然远低于抗压强度。例如银汞合金,其所形成的充填物是在承受压缩负荷下行使功能的,这就需要对它进行压缩试验作为指标之一加以评定。

(一) 单向压缩试验(unilateral compressive test)

适于脆性材料的机械性能试验。对于塑性材料,只能压扁不能压破,试验时只是测得弹性模量、比例极限和弹性极限等指标,而不能测得抗压强度极限。单向压缩可以看作是反向拉伸,因此拉伸对所决定的机械性能其定义和公式都还适用。

试样采用圆柱形,短圆柱形试样($d_o = 10 \sim 25$ mm, $h_o = 1 \sim 3d_o$),做破坏试验用;长圆柱形试样($d_o = 25$ mm),测弹性性能和微量塑性变形抗力用。试样端面加工要求很高,两端平行并和轴线垂直,表面光洁度 $\triangle 7 \sim 9$。脆性材料一般只求抗压强度极限 σ_{bc} 和压缩塑性。

(1) 条件抗压强度极限

$$\sigma_{bc} = \frac{P_{bc}}{F_o} (N/m^2)$$

(2) 相对压缩率

$$\varepsilon_c = \frac{h_o - h_k}{h_o} \times 100\%$$

(3) 相对断面扩展率

$$\Psi_c = \frac{F_k - F_o}{F_o} \times 100\%$$

式中,P_{bc}——压缩破坏负荷;F_o,F_k——试样原始和破坏时的断面面积;h_o,h_k——试样原始和破坏时所在的高度。

条件抗压强度极限是按原始断面积 F_o 求出的。如考虑断面变化的影响,可用真实抗压强度极限 S_{bc} 表示:

$$S_{bc} = \frac{P_{bc}}{F_k} (N/m^2)$$

显然,$\sigma_{bc} \geqslant S_{bc}$,这两者的关系可以下列公式表示:

$$\sigma_{bc} = (1+\Psi_o)S_{bc}$$

或

$$S_{bc} = (1-\varepsilon_c)\sigma_{bc}$$

(二)直径压缩试验(diametral compressive test)

又称间接拉伸试验(indirect tensile test)或直径抗拉试验(diametral tensile test)。这种方法是以压缩性负荷作用于短圆柱形试样的直径上,如图4-5示,而借压缩应力在作用力面上产生一种拉应力。这种情况下,拉应力与所用的压缩负荷成正比。计算公式如下:

$$拉应力 = \frac{2P}{\pi \times D \times T}$$

式中,P——负荷;D——试样直径;T——试样厚度。

目前,许多脆性口腔材料,其抗拉强度均按此法测试,精确性较高。

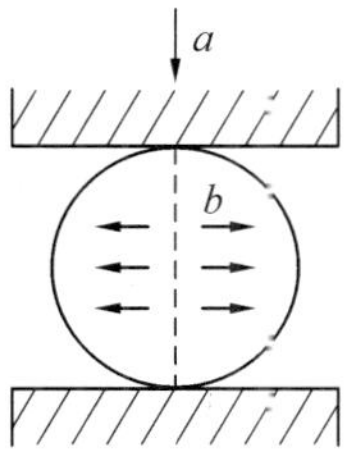

a. 施加在圆柱形试样上的压缩应力
b. 拉应力的方向

图 4-5 直径压缩试验

第八节 抗挠(弯)强度
(flexure strength)

抗挠强度又称横断强度(transverse strength)或挠曲模数(modulus of rupture)。挠曲或弯曲试验可测试脆性和低塑性材料的抗挠强度,同时用挠度表示塑性。挠曲试验不能使塑性很好的材料破坏,不能测定其断裂抗挠强度。但是可以比较一定弯曲条件下不同材料的塑性。

对口腔脆性材料测试时,一般以矩形试样采三点加荷方法测试,如图4-6示。

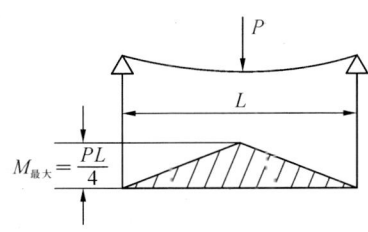

图 4-6 挠曲加荷方式及挠矩图

三点法的最大挠矩(弯矩)$M_{最大} = \frac{PL}{4}$,根据挠矩 M 值,应用材料力学公式求抗挠强度。脆性材料只求抗断裂的抗挠强度极限。

$$\Delta bb = \frac{M_b}{W}(\text{N/m}^2)$$

式中,M_b——试样断裂挠矩,根据断裂时挠曲负荷 P_b 按图 计算:

$$M_b = \frac{P_b L}{4}(\text{N}\cdot\text{m})$$

W——试样截面系数,矩形试样的截断面系数:

$$= \frac{b_h^2}{6}\text{ m}^3$$

---

* 按法定单位和词头的使用规则,选用 SI 单位的倍数单位或分数单位,一般应使量的数值处于 0.1～1 000 范围内;某些场合习惯使用的单位可以不受上述限制,例如大部分长度、面积单位可以用 mm(毫米)和 mm²(平方毫米)。

$$\Delta bb = \frac{P_b L/4}{b_h^2/6} = \frac{3P_b L}{2b_h^2}$$

式中，P_b——断裂前最大负荷；

L——两支柱间距离；

b——试样宽度；

h——试样厚度。

弯曲挠度用 f 表示，可用百分表或挠度计直接读出。将弯曲负荷 P（或挠矩 M）与试样弯曲挠度 f 的关系在直角坐标上用曲线表示出来，称为挠曲曲线图，如图 4-7。

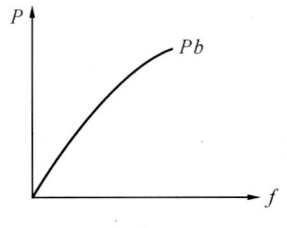

图 4-7 挠曲曲线图

第九节 冲击值（冲击韧性）（impact force）

动力冲击物体所产生的反作用力，称为冲击力（impact force）。在咀嚼食物时，牙齿或修复体冲击食物，也是一种冲击现象。制作修复体的材料，根据不同的情况，必须具有不同程度承受冲击负荷的能力。一般说来，材料的塑性、韧性低，脆性大；强度高而塑性韧性较差的材料，往往在变形速度大的情况下，容易发生突然性的破断。

测试时常用一次摆锤冲击弯曲试验来测定材料受冲击负荷的能力，其试验方法和原理如图 4-8、图 4-9 所示。

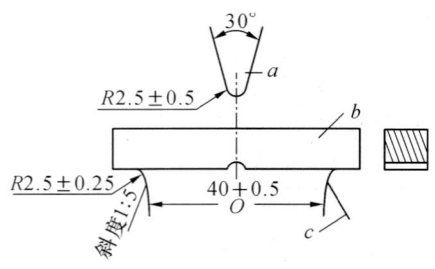

a. 摆锤　b. 试样　c. 试验机支座

图 4-8 冲击试验原理

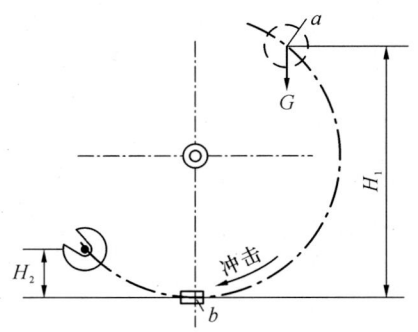

a. 摆锤　b. 试样

图 4-9 冲击式样的安放

待试材料先加工成标准试样，然后放在试验机的支座上，又将具有一定量 G 的摆锤举至一定的高度 H_1，使其获得一定的位能（GH_1），再将其释放，冲断试样。摆锤的剩余能量为 GH_2。摆锤冲断试样所失去的能量（位能），即冲击负荷使试样破断所作的功，即冲击功，单位牛顿·米（N·m），以 A_k 表示。则有 $A_k = GH_1 - GH_2 = G(H_1 - H_2)$。用试样缺口处截面积 F 去除 A_k，即得冲击值（冲击韧性）a_k：

$$a_k = \frac{A_k}{F}(\text{N·m/cm}^2)$$

由此结合口腔实际，咀嚼时或其他动力撞击时的能量相当重要。例如全口义齿修复体放在桌上，其重量并不能使桌面发生任何可见的改变，对修复体本身也是如此。然而，一旦义齿失手落地，处于运动状态下冲击地面时，冲击的作用力必远远大于义齿重量的静力。当然我们关心的是义齿而并不是地面，虽然无法测得冲击力的大小，或义齿所受的应力，然而，能测出义齿自冲击所获得的能量。至于义齿是否损坏，则视其是否能不发生永久性变形地吸收该能量。即是否有弹性地抗拒冲击的能力,与其弹性比功成比例。义齿修复体或充填物在口腔内咀嚼食物时,其性质也类似。即单位体积的材料,抗拒冲击而不致发生永久性变形的能力,与该材料的弹性比功成正比。

设 a_e——弹性比功(弹力模数);V——体积;k——比例常数。

则抵抗冲击的能力 $KVa_e = \dfrac{KV\sigma_e^2}{2E}$

比例常数 K 的实际意义,是代表修复物件设计时可见的结构因素(structure factor)。就抗冲击能力来说,结构因素的重要性,相当于材料的比例极限或弹性极限的机械性能指标。根据二式,材料体积上的增加,会同时增加其抗冲击而不至产生永久变形的能力;此二量互相成正比;抗冲击性能随弹性模数的增加而减小。因此,就大多数口腔修复材料来说,对其弹性模数的指标应是适当的,并不是愈高愈好。

改善材料冲击强度的途径是改善物件的韧性、提高伸长率指标。

第十节 延性、展性、韧性 (ductility，malleability，toughness)

(一) 延性(ductility)和展性(malleability)

延性是指材料在拉伸负荷下能承受塑性变形而不断裂的性质。容易抽成丝状的金属,称之具有延性的(ductile)材料。延性取决于抗拉强度和(可)塑性(plasticity)。

展性是指材料在压缩负荷下能承受塑性变形而不破裂的性质。如能锤打或滚轧成薄片的金属,称之具有展性的(malleable)材料。展性也取决于塑性,但与强度指标的关系并不像延性那么密切。通常延性随温度上升而降低,而展性却随温度上升而增大。在口腔医生感兴趣的铂、金、银和铜金属之间,铂的延性最好,依次是银、铜和金。金的展性最佳,银次之,再依次是铜和铂。有的学者则认为金是最具延性和展性的金属。

材料在室温条件下弯曲或成形加工时,延性相当于可塑的程度。其大小可由应力-应变曲线所示永久变形量来评估,如图 4-3 中 σ_k 所示的应变,就是该材料的概略值。延性较难计量,一般以拉伸时的塑性指标伸长率或断面收缩率作参考。

(二) 韧性(toughness)

韧性是材料断裂时单位体积的塑性变形功,即断裂材料所需的能量。简言之是指不容易断裂的性质。如前所述,弹性比功是材料达到弹性极限所需的能量,相当于应力-应变曲线弹性直线段下所包围的面积(图 4-10);那么,韧性就等于应力-应变曲线下方,自零应力至断裂应力的总面积,也可以下式表示:

$$a = \dfrac{S_k + \sigma_{0.2}}{2} \cdot e_k = \dfrac{S_k + \sigma_{0.2}}{2} \times \dfrac{S_k - \sigma_{0.2}}{D} = \dfrac{S_k^2 - \sigma_{0.2}^2}{2D}$$

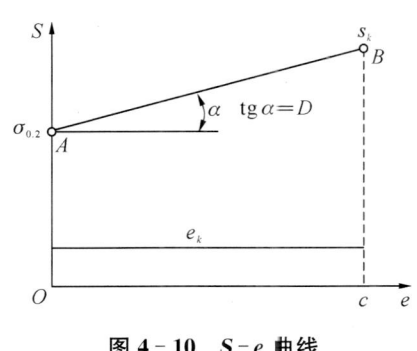

图 4-10 S-e 曲线

图 4-10 是没有缩颈现象的金属近似的真实

应力-应变曲线，这个曲线的方程可写为：

$$S = \sigma_{0.2} + e \,\mathrm{tg}\alpha = \sigma_{0.2} + D \times e$$

式中，D——形变强化模数

材料的塑性 e_k 与强度 $\sigma_{0.2}$、S_k 及 D 之间有如下关系：当 $S=S_k$，$e=e_k$ 时

$$D = \tan\alpha = \frac{S_k - \sigma_{0.2}}{e_k} \text{ 或 } e_k = \frac{S_k - \sigma_{0.2}}{D}$$

由上式可知，材料的塑性 e_k 随着 S_k 增大而增大，随着 $\sigma_{0.2}$ 和 D 的增大而减小。上式表明：韧性与 S_k 和 $\sigma_{0.2}$ 的平方差成正比。因此，当 S_k 与 $\sigma_{0.2}$ 变化时，塑性的变化要比韧性变化小。

第十一节 硬度（hardness）

硬度是衡量材料软硬的一个指标。但对不同的应用材料有不同的含义。硬度值的物理意义随着试验方法的不同而各异。例如，压入法的硬度值是材料表面抵抗另一物体压入时所引起的塑性变形能力；刻划法硬度值表示材料抵抗表面局部破裂的能力；回跳法硬度值是代表材料弹性变形功的大小。因此，硬度值实际上不是一个单纯的物理量，它是表征着材料的弹性、塑性、强度和韧性等一系列不同物理量组合的一种综合性能指标。一般可以认为，硬度是指材料表面上不大体积内抵抗变形或破裂的能力。

静负荷压入法测硬度试验是最为广泛应用的方法。

将一长度与直径之比约等于2的圆柱试件夹在两平行平面之间并施加一定负荷（图4-11），当试件变成完全塑性状态时的平均应力称为单向流变应力（Y）。如果将一球体压入一无限大的平面内直到产生一塑性压痕为止（图4-12），则压痕上的平均应力约等于 $3Y$，此平均应力称为硬度。

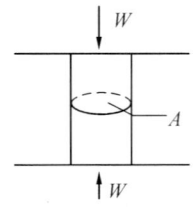

图 4-11 单轴压缩试验

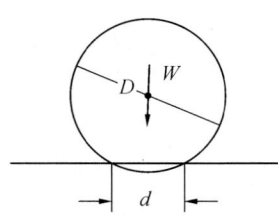

图 4-12 布氏硬度试验的对比

（一）布氏（Brinell）硬度

在布氏硬度试验中，用来计算平均应力的面积为接触面积（F），而不是表面上的平面面积。测定时，用一定大小的负荷 P，把直径为 D 的淬火钢球压入被测材料的表面（图4-13），保持一定时间后卸除负荷，根据材料表面压痕的接触面积，即表面积 F 除负荷所得的商值，作为硬度的计算指标。其符号用 HB 或 BHN（Brinell hardness number）表示。

$$\mathrm{HB} = \frac{P}{F} = \frac{P}{\pi D h} \ (\mathrm{N/mm^2})$$

布氏硬度值的大小就是压痕单位面积上所承受的压力。一般不算出单位。硬度值越高，表示材料越硬。

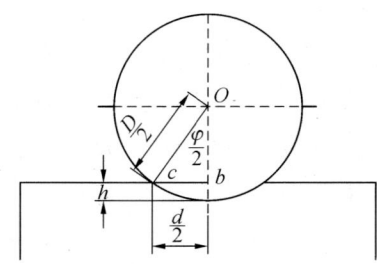

图 4-13 布氏硬度试验原理示意图

在实际试验时，测量压痕直径 d 比压痕深度 h 方便。从图 4-14 O_{ab} 的关系中可求出：

$$h = \frac{D}{2} - \frac{1}{2}\sqrt{D^2 - d^2}$$

因此　$HB = \dfrac{2P}{\pi D(D - \sqrt{D^2 - d^2})}$

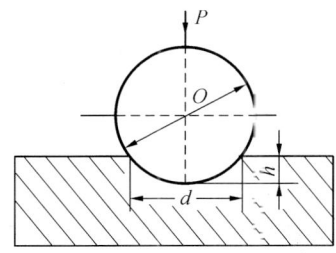

图 4-14　h 和 d 的关系

式中只有 d 是变数,试验时只要测量出压痕直径 d(mm),可通过计算或查布氏硬度表即可得出 HB 值。

为了得到代表硬度的正确数值,必须保持以下条件:①将负荷调整得使 d/D 值处在 0.3~0.5 之间。②至少应将负荷保持 30 s 的时间。③压头硬度至少应为试样硬度的 2.5 倍。④压痕至试样边缘和至其底面的距离应为压痕直径的数倍。

因此,在进行布氏硬度试验时,要求能使用不同大小的负荷 P 和钢球直径 D。只要能满足 P/D^2 为常数,则对同一材料来说布氏硬度是相同的,而对不同材料所得的布氏硬度值是可进行比较的。

布氏硬度试验的优点是其硬度值代表性全面,因压痕面积较大,能反映较大范围内材料各组成相综合影响的平均性能,而不受个别组成相及微小不均匀度的影响。其试验数据稳定、重复性强。此外,布氏硬度值和抗拉强度间存在一定的换算关系。其缺点是压头为淬火钢球,由于钢球本身的变形问题,不能用此试验测定 HB 450 以上材料的硬度。

(二)洛氏(Rockwell)硬度

洛氏硬度试验也是一种压入硬度试验法。但它不是测定压痕的面积,而是测量压痕的深度,以深度的大小表示材料的硬度值。

洛氏硬度试验的压头采用锥角 120°的金钢石圆锥或直径为 1.588 mm 的钢球,负荷先后两次施加,先加初负荷 P_1,然后加主负荷 P_2,其总负荷为 $P(P = P_1 + P_2)$。

图 4-15 中 0—0 为金刚石压头没有和试样接触时的位置;1—1 为压头和试样接触并受到初负荷 P_1 后压入试样深度为 h_0 的位置;2—2 为压头受到主负荷 P_2 后压入试样深度为 h_1 的位置;3—3 为压头卸除主负荷 P_2 后但仍保留初负荷 P_1 下的位置;由于试样弹性变形的恢复,压头位置提高了 h_2。此时压头受主负荷作用实际压入的深度为 h,h 值的大小可用来衡量材料的软硬程度。材料越硬,压痕深度越小;材料越软,压痕深度越大。

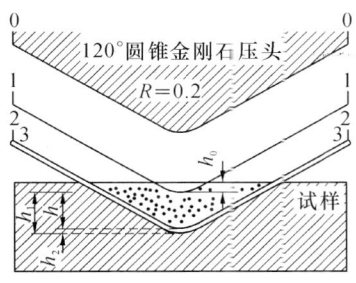

图 4-15　洛氏硬度试验原理图

为适应人们习惯上数值越大硬度越高的概念,规定一常数 K 减去压痕深度 h 的值作为洛氏硬度值的指标,并规定每 0.002 mm 为一个洛氏硬度单位,用符号 HR 表示,则洛氏硬度值为:

$$HR = \dfrac{K - h}{0.002}$$

HR 值为一无名数。使用金刚石压头时,常数 K 为 0.2 mm;使用钢球压头时,常数 K 为 0.26 mm。为了可以用一种试验机可测定不同层次硬度的材料,采用了不同的压头和总负荷,组成几种不同的洛氏硬度标度,例如 HRA、HRB、HRC 3 种。其试验规范如下:

表 4-1　不同的洛氏硬度标度

标度	压头类型	初负荷（千克力）	总负荷（千克力）	表盘刻度
HRA	120°金刚石圆锥	10	60	黑色
HRB	1.588 mm 直径钢球	10	100	红色
HRC	120°金刚石圆锥	10	150	黑色

各种洛氏硬度不能直接进行比较,但可用经实

验测定的换算表比较。

(三) 维氏(Vickers)硬度

维氏硬度的测定原理也是根据压痕单位面积上的负荷来计量硬度值。所用的压头是金刚石的正四棱锥体,其顶角为136°(图4-16)。试验时,在负荷 P 的作用下,试样表面上压出一个四方锥形的压痕,测量压痕对角线长度 d(mm),借以计算压痕的表面积 F(mm^2),以 P/F 的数值表示试样的硬度值,用符号 HV 表示。

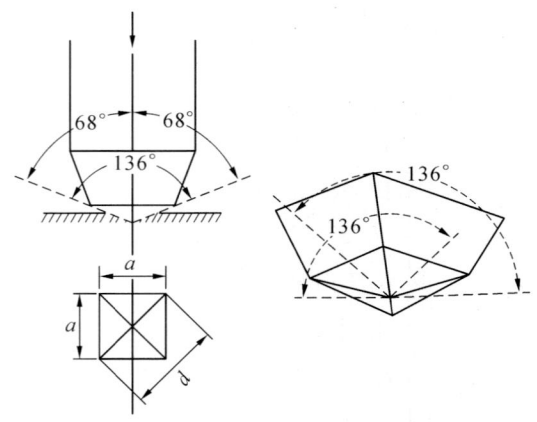

图4-16 维氏硬度试验原理示意图

用正四棱锥金刚石压头所得的压痕面积 F 可按下式计算：

$$F = d^2/2\sin 68° = d^2/1.854\,4 \text{(mm}^2\text{)}$$

则维氏硬度值

$$HV = \frac{P}{F} = \frac{1.854\,4P}{d^2}\text{(N/mm}^2\text{)}$$

负荷可从1~120千克力范围内根据试样大小、厚薄和其他条件进行选择。

压痕对角线长度是用附在试验机上的测微计测量的。测量时测出压痕两根对角线长度,求其算术平均值作为压痕对角线长度 d(mm)。测出 d 后,就可以用计算或从不同负荷下计算好的对照表中查得试样的维氏硬度值。

维氏硬度试验优点很多,不存在布氏试验压头变形问题;角锥压痕轮廓清晰,采用对角线长度计量,精确可靠。

显微硬度实质上就是小负荷的维氏硬度试验,其原理和维氏硬度试验一样,所不同的是负荷以克力计算,压痕对角线长度以微米(μm)计量。主要用来测定各种组成相的硬度。显微硬度符号用 HM 表示。

$$HM = 1\,854.4\frac{P}{d^2}\text{(N/mm}^2\text{)}$$

显微硬度试验一般使用的负荷为2、5、10、50、100及200克力。由于压痕微小,试样必须按照金相要求制作,在磨制与抛光试样时应注意,不能产生较厚的金属扰乱层和表面形变硬化层,以免影响试验结果。在可能范围内,选用较大的负荷,以减少因磨制试样所产生的表面硬化层的影响,并可提高测量的精确度。

(四) 努氏(Knoop)硬度

努氏硬度试验和显微硬度类似,所不同的是金刚石压头形状不一样,其压痕形状是菱形的。压头纵面所夹的角为172.5°,而横面所夹之角为130°。它可使压痕长对角线的长度等于短对角线的7倍。此种压头比维氏压头钝一些,因而所产生的压痕深度比较小,而压痕面积大,这在测量脆性材料或薄件的显微硬度是一种重要特性(图4-17)。

努氏硬度符号用 HK 表示。

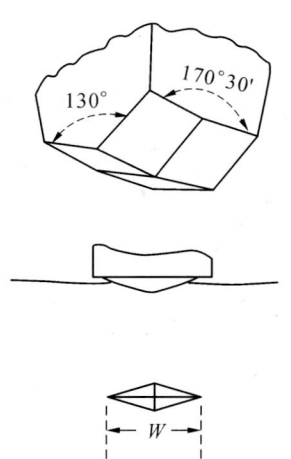

图4-17 努氏硬度试验原理示意图

努氏硬度与布氏硬度和维氏硬度不同,是以压痕的投影面积表示,不是用接触面积。

$$HK = \frac{P}{A} = \frac{2P}{d^2 \cot\frac{172.5}{2} \times \tan\frac{130}{2}}$$

式中,A——投影面积(mm^2)

d——长对角线的长度

(五) 肖氏(Shore)硬度

肖氏硬度试验是一种动负荷试验法。其基本原理是用一定重量的带有金刚石圆头或钢球的锤,使之从一定高度落于试样表面,根据球回跳的高度来衡量材料硬度值大小,因而也称回跳硬度,肖氏硬度的符号用 HS 表示。

钢球从一定高度落于试样表面,而钢球以一定的能量冲击试样表面,产生弹性变形和塑性变形。钢球的冲击能量一部分转变成塑性变形功被试样所吸收,另一部分转变成弹性变形功而被试样储存起来,当弹性变形恢复时,能量被释放出来,使钢球回跳到一定的高度。若材料的弹性极限越高,则储存的能量越多,钢球回跳高度便越高,表明材料试样越硬。因此,肖氏硬度值只能在弹性模数相同的材料之间才能进行比较,否则就会得到橡胶的 HS 值比钢高的错误结果。

以上是常用以测定各类不同口腔材料硬度的试验方法。

布氏硬度广泛应用在测定口腔金属材料的硬度上。口腔科金合金的 BHN 与其比例极限和抗拉强度(强度极限)成正比。布氏硬度试验不适于测定脆性、或具有弹性恢复性材料的硬度。因为钢球容易压碎脆性材料,致使压痕不清楚;而具有弹性恢复性(即具弹力)材料,则由于钢球移除后复原所得压痕偏差较大的缘故。例如不适用于测定牙体组织、模型石膏等。维氏硬度既用于对金属合金硬度的测定,又适用于测定相当脆弱材料的硬度,但用于在具弹力材料时,如同布氏法仍有同样的缺点。努氏硬度试验所产生压痕浅而面积大,其硬度值是根据与受试材料延性无关的长对角线计算的,因此适用的范围就很广泛。负荷大小的幅度极广,小起 1g,大至 1kg 以上,无论极硬、很脆或极软材料的硬度值,都能以努氏法测得。例如能对性质各异的牙釉质、合金、瓷、树脂和其他牙修复材料之间硬度的比较。

第十二节 蠕变(creep)

在材料上加载一定的负荷,在应力不变的情况下,随着时间的推移,应变发生的现象称为蠕变。

在承受一定应力时已完全硬固成的固体内所发生的随时间而变的变形称为静蠕变(static creep)。而在所承受应力有波动的这种现象,如在咀嚼应力下汞合金充填物的变形,为之动蠕变(dynamic creep)。

根据蠕变曲线形状(图 4-18),蠕变可分为 3 个阶段(图中的一次、二次、三次蠕变与 b 曲线对应)。

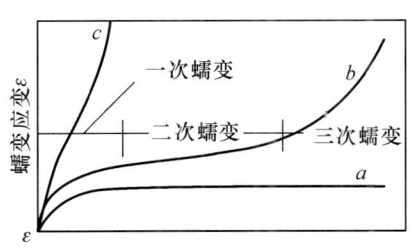

图 4-18 在一定蠕变应变与经过时间的关系及蠕变的 3 个阶段

(1) 一次蠕变

蠕变曲线向上凸时,蠕变速度随时间的推移而变小,这个阶段称为一次蠕变(初期蠕变)。此时相当于低应力或低温状态的蠕变阶段。在这个阶段，材料不会发生断裂。

（2）二次蠕变

蠕变曲线向上为直线时，蠕变速度具有一定值。这个阶段称为二次蠕变（中期蠕变）。材料在进入到二次蠕变阶段时，时间虽有长短，在理论上必然导致断裂。

（3）三次蠕变

蠕变曲线变为向下凸发生急剧变形的阶段，称为三次蠕变。材料在此时已处于即将断裂的危险状态。

（一）流动、塑变（flow）

在口腔材料学方面类似蠕变的常用术语是流动或塑变。流动是无定形材料的一种特性。例如天然树脂，击之易碎，然而将其放置在有间隙的容器内，由于其本身重量的作用，久而久之会流入容器的间隙内。口腔用蜡也具有这种性质。

流动一般用于无定形材料在一定负荷下发生的塑性变形，但也用于类似银汞合金材料在完全硬固前这方面的现象。而银汞合金材料在完全硬固后的这种塑性变形，则应以蠕变来描述为妥。

在实际测试蠕变或流动时，为简单可行起见，往往将材料制成一定规格试样，在一定时间和温度下（常模拟应用时温度环境），承受一特定的应力（拉伸或压缩，以后者常用于口腔材料方面）。所测得的蠕变或流动是以所产生伸长或缩短的百分比为计量指标。

（二）松弛（relaxation）

前已述及，材料的蠕变是在应力不变的条件下，不断产生塑性变形的过程，而材料的松弛则是在总变形不变的条件下，弹性变形不断转变为塑性变形，从而使应力不断减少的过程。因此，可以将松弛现象为应力不断减小条件下的一种蠕变过程。由此可见，材料的蠕变与应力松弛两者的本质是一致的，只是由于外界条件不同而有不同的表现而已。

（三）流变学（rheology）

所谓流变学是研究物体流动（flow）和变形（deformation）的学问。流变学在口腔材料，特别是高分子材料加工、试验的应用上具有重要意义。某些物质如刚调合好而尚未固化的水门汀或复合树脂，不仅表现有黏性和弹性，而且还表现有黏弹性（viscoelasticity）。此外，如前所述，塑料基托、硬固后的水门汀和银汞合金充填等，除弹性变形外，也可见有蠕变现象，这些，从广义上说都可以看成是流动现象。因此，也可以说，研究物质流动性的学科领域称为流变学。

（1）口腔材料的变形特性（deformation behavior）

涉及其最终形成修复体的精确性，而修复体本身的这方面性质更与修复效果直接有关。

黏性流体与弹性固体：最简单的流体（理想流体）为牛顿型流体（Newtonian fluid），其黏度不受切变速率（shear rate）的影响，最简单的弹性固体（理想弹性固体）为虎克固体（Hoke solid），其弹性模数为一常数。

（2）黏弹性体

某些材料如聚合体的熔化物兼具黏性和弹性，一般聚合体溶液为非牛顿型流体。其黏度受切变速率的影响。结构用聚合体材料显示与一般固体材料不同的性质。聚合体的应力-应变性质显著地受切变速率的影响。一般聚合体材料在应力作用下所显示的应变，兼具黏性流动（viscous flow）与弹性变形的特征，即聚合体具有黏弹性。

（3）理想弹塑性体

在屈服应力以下表现为虎克固体的性质（外力去除后应变回复到零），在达到屈服应力之后，外力与材料的内力取得均衡。保持着屈服应力发生变形的物质，称为理想弹塑性体或圣维南（St. Venant）固体。

（4）宾汉（Bingham）体

在未达到屈服应力之前不流动，但超过屈服应力便发生流动,随后同牛顿流体表现为同样流动性的物质,称为宾汉体。其模型可将牛顿流体与圣维南固体和虎克固体串联得出。

（5）麦克斯威尔（Maxwell）液体

兼具有虎克固体和牛顿液体性质的物质称为麦克斯威尔液体。其模型由虎克固体与牛顿流体串联起来得出。

（6）开尔芬（Kelvin）固体

具有将虎克固体与牛顿流体并联起来性质的物质,称为开尔芬固体。

（7）纯黏性流动（pure viscous flow）

如在一变形过程中所加的机械能完全不可逆地被消耗而变成热,则此种变形过程称为纯黏性流动。稀聚合体溶液的流动很近似纯黏性流动,如所加的应力变化速率不大,聚合体的浓溶液及熔化物的流动也常可以纯黏性流动来描述。

黏度*（viscosity）是表示物质在机械应力的作用下抵抗流动的程度。黏度涉及两个基本参数：切应力(shear stress)τ 及切变速率(shear rate)r。

遵从牛顿定律的流体称为牛顿型流体,一般低分子量流体如气体及水为牛顿型流体。尚有许多流体不符合牛顿定律,称为非牛顿型流体。

非牛顿型流体包括宾汉塑料（Bingham plastic）,膨胀性流体（dilatant fluid）[或称切变稠化性(shear-thickening)流体,即随切变速率增加而稠化]及假塑性流体（pscuedoplastic fluid）[或称切变稀化(shear-thinning)流体,即随切变速率增加而变稀]。切应力小时,宾汉塑料并不流动,如一固体。当切应力高于某一临界值时,宾汉塑料开始流动,且其流动情形类似牛顿型流体。在对数坐标中,膨胀性流动曲线的斜率大于1,而假塑性流动曲线的斜率小于1。某些泥浆状流体（slurry）显示膨胀性流体的行为,其抵抗流动的阻力随切变速率增加而增加。聚合体的熔化物及溶液为假塑性流体,即其抵抗流动的阻力随切变速率的增加而减小。

第十三节 热学（thermology）

热是能量的一种,将两块不同温度的物体互相接触时,有高温物体向低温物体移动的能量称为热能。热能是构成物质的分子由移动、旋转和振动等形式的运动存在于物质内的能量。加到物体的热虽可以成为构成物质内能增加的部分,但内能向外部逸散时,对外部要作功。还有,由于物质的进出也可引起热能的变化,所以热的概念,只是对能量移动过程所下的定义。

（一）热能单位**

同功的单位一样,法定计量单位用焦(耳)J 表示。热量是指一定的物体温度在发生一定的变形时所需的热量。或者是一定的物质在发生一定的状态变化时所需要的热量。

（二）热容量

表示升高物质温度所需要能量时使用热容或热容量（heat capacity）。即加热1千克物质,使温度升高1℃所必需的热量。热容量一般是用比热(容)(specific heat)"焦耳每千克开尔文"J/(kg·K)表示。某一物体的总热容是以比热×质量×温度来表示。

---

* 黏度单位:我国法定计量单位为帕[斯卡]秒(Pa·S)泊(poise)或 dyne-s/cm²。

** 1热化学卡(1 cal)=4.184 0焦(J)=4.184 0·10⁷尔格(erg)。卡和尔格均为非许用单位。

（三）热导率或热导系数（coefficient of thermal conductivity）

热能的传递能力依物质的种类而不同。热传导的程度同分子密度有关，一般表现为如下的顺序：固体＞液体＞气体。单位时间内在物体内单位截面上通过的热量 q 一般同热流方向的温度梯度 $d\theta/dx$（度/米）成正比。

$$q = -\lambda \frac{d\theta}{dx}$$

式中的比例常数 λ 称为热导率或热导系数，在数值上等于：当表面的温度差为 1 K 时，1 s 内通过厚度 1 m、表面积 1 m^2 物体的热量。热导率是物质所固有的值，λ 值愈大愈是热的良好导体。热导率一般随温度而变化。温度升高时，结晶体的热导率下降；非晶体的热导率则是增高的。

（四）温度传导率（temperature conductivity）、热扩散率（thermal diffusivity）

热经由物质传递时，实际上会因温度调节而减低，呈不稳定状态。因此，在不稳定的热传导情况下，温度传导率则是表征这方面物性的重要数据。

$$K = \frac{\lambda}{C \cdot P}$$

K——表示温度传递程度的度量，称为温度传导率；C——热容量；P——密度。温度传导率值小，表示温度变化迟钝。温度传导率是物质所固有的值。图 4-19 表示了各种物质的热导率 λ 与温度传导率 K 之间关系。固体与液体大致是在一条直线上，气体在另一条直线上。K 值愈小，一侧的温度发生变化，另一侧的反应是比较迟钝的。

由此可见，以一已知体积的材料而言，提升一定温度所需的热量，取决于该材料的热容量与密度。某一制品的热容量和密度高时，尽管其热导率可能相当高，然其温度传导率则必低。换言之，要改变其温度时，必须对材料增加或减小 1 其热量。

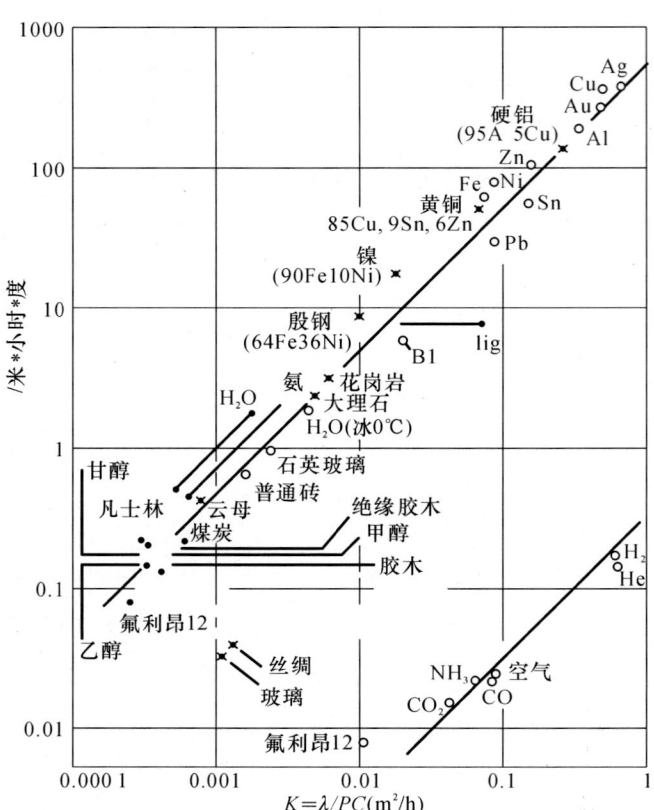

图 4-19　各种物质的热传导率 λ 与温度传导率 K 的关系（20℃·1 大气压）

在口腔环境中，由于摄取冷、热食物或饮料过程中，热传递不稳定，因此，口腔材料的温度传导率（或热扩散率）作为热的参数，远比热导率重要。

由表 4-2 可见牙釉质和牙本质都是很好的绝缘体，其热导率和温度传导率的性质相近，与金属相差很大。

然而，如同任何绝缘体一样，牙体组织必须具有相当的厚度，才能发挥绝缘作用。在牙体窝洞制备后，洞底与牙髓之间的牙本质太薄，必须垫上一层基底材料。基底材料防止热传递的效率与线性厚度成正比，而与温度传导的平方根成反比。所以，留存牙本质和基衬的厚度要求的重要性，并不亚于材料本身的热性质。

口腔组织的热导率低，这与需要冷热饮食的要求相适应。通常，如有对冷热过敏的感觉，则可认为组织异常甚至是病损的征兆。此外，当修复体在口腔内修复后，都有改变口腔状况的倾向。例如，

表4-2 牙釉质和牙本质的密度和热性质与已知导体和绝缘体性质的比较

	密度 (g·cm^{-3})	比热 (Cal·g^{-1}·K^{-1})	热导率 (W·m^{-1}·K^{-1})	温度传导率 (cm^2·s^{-1})
水	1.00	1.00	0.44	0.0014
牙本质	2.14	0.30	0.57	0.0018～0.0026
玻璃离子体水门汀	2.13	0.27	0.51～0.72	0.0022
磷酸锌水门汀	2.59	0.12	1.05	0.0030
复合树脂	1.6～2.4	0.20	1.09～1.37	0.0019～0.0073
牙釉质	2.97	0.18	0.93	0.0047
银汞合金	11.6	0.005	22.6	0.96
纯金	19.3	0.03	297	1.18

自 Anusavice KJ: Phillips'Science of Dental Materials, 11th ed p54, 2003

金属充填物置换了部分牙釉质和牙本质,如不作衬垫处理,会使牙髓受到温度变化的不良影响。一般义齿基托所采用的合成树脂是热的不良导体,特别对于面积较大的上颌总义齿,覆盖了很大的口腔组织,低热导率阻碍了基托下组织与口腔环境的热交换,这种情形同样对口腔生理是不利的。

(五) 热膨胀(thermal expansion)

当固体或液体加热时,它们的体积几乎总是增大,温度下降后则收缩。线膨胀 L 由下式计算:

$$L = L_0(1 + \alpha \Delta t)$$

式中 L_0——初始温度时的长度;

α——线膨胀系数(linear coefficient of thermal expansion)。

对于固体,体膨胀系数 $\beta = 3\alpha$。

口腔材料的热膨胀性质关系到修复体制作过程及其本身的精确性,修复体与口腔组织的适应性以及形成修复体各种材料间的匹配性。由表4-3可知,在温度改变时,某些修复体所用材料的膨胀或收缩如果比牙齿大,则修复体会产生松弛或与组织间产生缝隙。热膨胀系数(α)的单位: μm/(m°K)或[mm/(mm°K)]·10^{-6}。

表4-3 牙釉质和牙本质有关的口腔材料的热膨胀系数(α)

材 料	热膨胀系数 α(ppm K^{-1})	α材料/ α牙釉质
铝瓷	6.6	0.58
牙本质	8.3	0.75
商业纯钛	8.5	0.77
Ⅱ型玻璃离子体水门汀	11.0	0.96
牙釉质	11.4	1.00
金-钯合金	13.5	1.18
纯金	14.0	1.23
钯-银合金	14.8	1.30
银汞合金	25.0	2.19
复合树脂	14～50	1.2～4.4
基托树脂	81.0	7.11
点隙封闭剂	85.0	7.46
嵌体蜡	400.0	35.1

自 Anusavice KJ: Phillips'Science of Dental Materials, 11th ed p55, 2003

(薛 淼)

参 考 文 献

1 薛 淼. 口腔应用材料学. 天津:天津科技翻译出版公司, 1997, 41, 78
2 Phillips RW. Skinners Science of Dental Materials, 8th ed, New York: Saunders, 1982, 28-48
3 Craig RG, Powers JM. Restorative Dental Materials 11th ed, Mosby, Inc. 2002
4 Anusavice KJ. Phillips'Science of Dental Materials, 11th ed, New York: Saunders, 2003, 54-55, 73-101

第五章 聚合物的基础知识
（basic knowledge on polymer）

第一节 概述（introduction）

一、基本概念（concepts）

聚合物（polymer）又称高分子，是指分子内含有非常多的原子，以化学键相连接，因而分子量都很大。低分子和高分子之间并无严格的明显界线。一般把分子量低于1 000或1 500的化合物称作低分子化合物，分子量在1 500以上的称作高分子化合物。

聚合物化学是研究高分子化合物合成和反应的一门科学，一般是指有机高分子化学，主要涉及塑料、橡胶、纤维等非生物有机高分子。

常用的聚合物，分子量虽然高达 $10^4 \sim 10^6$，构成的原子数也多达 $10^3 \sim 10^5$，但其分子往往由许多相同的简单的结构单元通过共价键重复连接而成。例如，聚甲基丙烯酸甲酯是由许多甲基丙烯酸甲酯结构单元重复连接而成。

$$-CH_2-\underset{COOCH_3}{\overset{CH_3}{C}}-CH_2-\underset{COOCH_3}{\overset{CH_3}{C}}-CH_2-\underset{COOCH_3}{\overset{CH_3}{C}}-CH_2-\underset{COOCH_3}{\overset{CH_3}{C}}-$$

$$-\underset{COOCH_3}{\overset{CH_3}{C}}-$$

为了方便起见，上式可缩写成：

$$-[CH_2-\underset{COOCH_3}{\overset{CH_3}{C}}]_n-$$

其中 $-CH_2-\underset{COOCH_3}{\overset{CH_3}{C}}-$ 是结构单元（units），也是重复结构单元。由能够形成结构单元的分子所组成的化合物称作单体（monomer），也是合成聚合物的原料，上式中 n 代表重复单元数，又称聚合度（the degree of polymerization），它是衡量高分子大小的一个指标。如果组成聚合物分子的重复单元数很多，增减几个单元，并不显著影响其物理性质，一般情况下，称此种聚合物为高聚物。如果聚合物分子的重复单元数较少，增减几个单元对物性有显著影响的聚合物，称作低聚物（oligomer）。

由一种单体聚合而成的聚合物称为均聚物（homopolymer），如上述的聚甲基丙烯酸甲酯。由两种以上单体共聚而成的称作共聚物（copolymer），如氯乙烯-醋酸乙烯共聚物。

聚合物名称有时很长，往往用英文缩写符号表示，如聚甲基丙烯酸甲酯的符号是PMMA。

二、聚合物的分类
(classification of polymer)

根据材料的性能和用途可将聚合物分成橡胶、纤维和塑料三大类。

1. 橡胶(rubber)

在室温下弹性高,即在很小的外力作用下,能产生很大的形变(可达1 000%);外力去除后,能迅速恢复原状。弯曲弹性模量小($10^5 \sim 10^6 \text{N/m}^2$)。常用的橡胶有天然橡胶、丁苯橡胶、硅橡胶等。

2. 纤维(fiber)

弯曲弹性模量大($10^9 \sim 10^{10} \text{N/m}^2$);受力时形变较小,一般只有百分之几到二十,纤维大分子沿轴向作一定规则排列,长径比大。在较广的温度范围内(-50~150℃)机械性能变化不大。

3. 塑料(plastic)

弯曲弹性模量介于橡胶和纤维之间,$10^7 \sim 10^8$ N/m^2。温度稍高时,受力形变可达百分之几十到几百。部分形变是可逆的,部分则是永久形变。黏度、延展性和弯曲弹性模量都与温度有直接关系,具有塑性行为。

根据受热时行为的不同,又可将塑料分为热塑性和热固性塑料两类。热塑性塑料(thermoplastic)受热时能塑化和软化,冷却时则凝固成型,温度改变时可以反复变形。聚乙烯、聚甲基丙烯酸甲酯、聚苯乙烯等都属于这一类。热固性塑料(thermosetting)受热时塑化和软化,发生化学变化并固化定型,冷却后如再次受热时不再发生塑性变形。酚醛塑料、脲醛塑料、口腔用硬质塑料等都属于这一类。

合成塑料中未成型加工前的原始聚合物,在工程技术上有时称作合成树脂(resin)。在合成树脂和塑料的基础上,又衍生出黏结剂、涂料等,用途虽然有别,但聚合物本身可能相似。

三、聚合物的分子结构
(structure of polymer)

单个聚合物分子从它的几何结构来看,可大致分为线型、支链和交联高分子3种类型。若大分子是由许多相同的结构单元重复连接而成的,最简单的连接方式呈线型,PMMA就是线型结构,这类称作线型高分子(linear)。形成线型高分子的单体要求带有两个官能团,在加聚反应中,烯类的π键就相当于两个官能团。

含有两个以上官能团的单体,就有可能形成支链(branch)或交联(network)的高分子。例如,二元醇(如乙二醇)和二元酸(如邻苯二甲酸)反应,只能形成线型聚脂;加有少量三元醇(如甘油)而且反应程度不深时,则形成支链型聚脂;三元醇较多,反应较深时,就形成交联结构的聚脂,支链或交联聚酯分子结构示意图如下。

$$\cdots + \text{HO}—\text{R}—\text{OH} + \text{HOOC}—\text{R}'—\text{COOH} + \text{HO}—\text{R}—\text{OH} + \text{HOOC}—\text{R}'—\text{COOH} + \text{HO}—\text{R}—\text{HC} + \cdots$$
$$\begin{array}{c} | \\ \text{OH} \\ \text{COOH} \\ + \text{R}' \\ | \\ \text{COOH} \end{array}$$

$$\cdots + \text{HO—R—OH} + \text{HOOC—R'—COOH} + \text{HO—}\overset{\text{OH}}{\underset{|}{\text{R}}}\text{—OH} + \text{HOOC—R'—COOH} + \text{HO—R—OH} + \text{HOOC—R'—COOH}$$

$$\downarrow$$

$$\cdots\text{—O—R—OOC—R'—COO—}\underset{\underset{\underset{\underset{\cdots\text{—O—R—OOC—R'—COO—}\underset{\underset{\underset{\text{COO—}\cdots}{|}}{\underset{|}{\text{R'}}}}{\text{OOC}}\text{—OOC—R'—COO—R—O}\cdots}{|}}{\underset{|}{\text{R'}}}}{\text{OOC}}\text{R—OOC—R'—COO—R—O}\cdots$$

有时在大分子链上接有另一结构单元的直链形成接枝共聚物，则赋予两种结构单元的双重性能。

线型、支链和交联高分子的结构形态示意见图5-1。线型或支链型高分子彼此以分子间作用力吸引，相互聚集在一起，形成聚合物。因此加热可使其熔融软化，用适当溶剂可使其溶解，聚甲基丙烯酸甲酯就是这类结构。

交联聚合物可以看作是许多线型或支链大分子由化学键连接而成的网状结构或体型结构。许多分子结合成一整体，也无单个大分子可言。交联程度浅的，受热时可以软化，但不能熔融，加适当溶剂可以溶胀，但不能溶解；交联程度深的，则不能软化，也难溶胀。口腔科使用的硬质树脂、复合树脂、硅橡胶等，在其固化前，其分子结构处于线型或少量支链的低分子阶段，在固化过程中，残留的活性官能团继续反应成交联结构而使高分子成为体型聚合物。

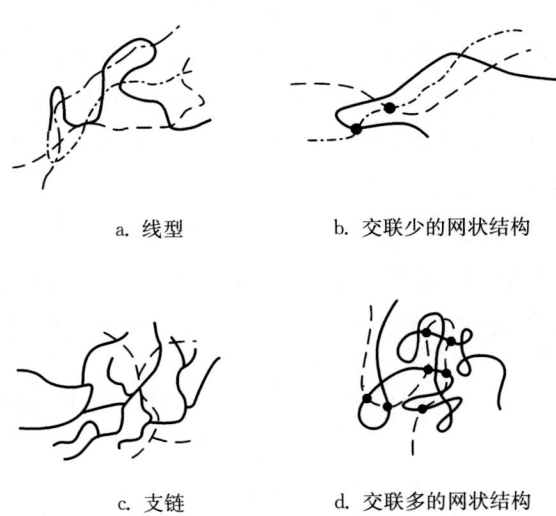

a. 线型　　　　b. 交联少的网状结构

c. 支链　　　　d. 交联多的网状结构

图5-1　线型、支链和交联高分子结构示意

第二节 聚合物的合成及反应
（synthesis and reaction of polymer）

聚合物由低分子单体经聚合反应（polymerization）而制成。聚合反应可分为加成聚合和缩合聚合两大类。

一、加成聚合
（addition polymerization）

以烯类化合物为单体，用自由基引发后，进行链式反应而形成高分子的反应。甲基丙烯酸甲酯合成聚甲基丙烯酸甲酯就是个例子。

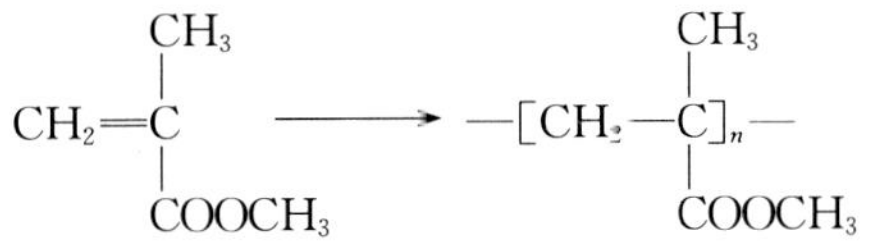

$$CH_2=\underset{COOCH_3}{\overset{CH_3}{C}} \longrightarrow -[CH_2-\underset{COOCH_3}{\overset{CH_3}{C}}]_n-$$

加成聚合的产物称作加聚物。加聚物的元素组成与原料单体相同，仅仅是电子结构有所变化。加成聚合一般是链式反应。烯类聚合物大多是烯类单体通过加成聚合合成的。

（一）加成聚合的分类（types of addition polymerization）

加成聚合可分为均聚合和共聚合。由一种单体进行的聚合反应叫做均聚合，两种或两种以上的单体进行的聚合反应叫做共聚合，利用共聚合的方法可以大大提高聚合物的性能。

（二）加成聚合反应历程（process of addition polymerization）

参加加成聚合的单体绝大多数为包含C=C双键的烯类化合物。按双键中π键的断裂方式，有游离基反应历程和离子型反应历程，后者又可分为阳离子聚合反应和阴离子聚合反应，其中游离基聚合反应应用最广。

在游离基聚合反应中，单体分子借助于引发剂、热能、光能或辐射能活化成单体游离基，然后按游离基历程进行聚合。在口腔科中应用较广的是使用引发剂来引发的聚合。引发剂（initiator）是在一定条件下（如加热）能产生自由基的化学试剂，其分子结构上具有弱键，在热能和辐射能等的作用下，弱键均裂成两个自由基。常用的引发剂有无机或有机过氧化物、偶氮化合物等。其名称、结构式及分解方式如下：

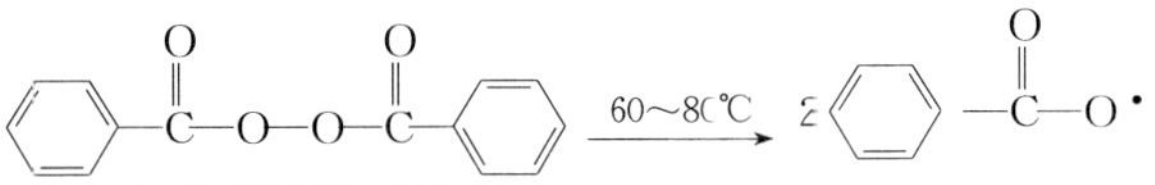

过氧化苯甲酰（BPO）

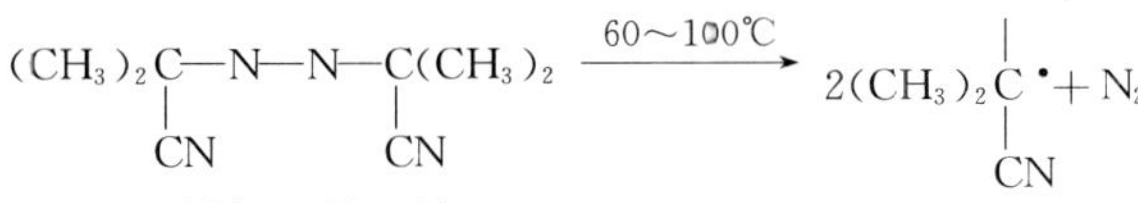

偶氮二异丁腈

引发剂分解是吸热反应。

上述过氧化物还能与还原剂（如有机叔胺类物质）组成氧化还原体系（redox system），这样可以降低引发剂的分解温度，使其在常温下引发聚合。常用的还原剂有二甲基对甲苯胺（DMT）、甲基丙烯酸二甲氨基乙酯（DMAEMA）：

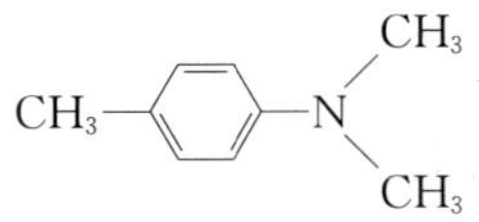

DMT

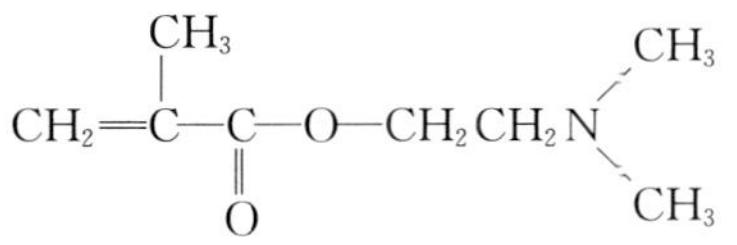

DMAEMA

一些化合物在一定波长的光照射下能分解成自由基，引发单体聚合，这种化合物称为光敏引发剂，如安息香、联苯酰、樟脑醌等。

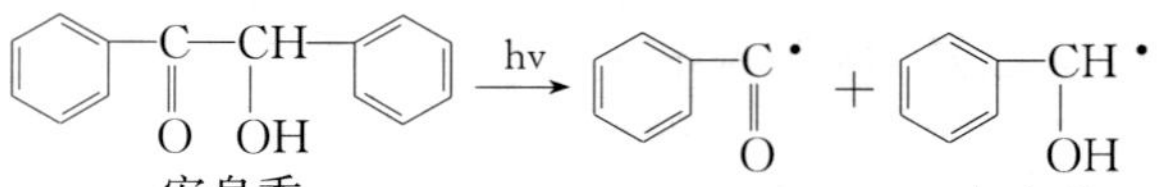

安息香　　　　　　自由基

联苯酰　　　　　　自由基

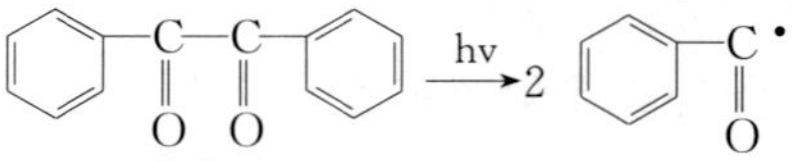

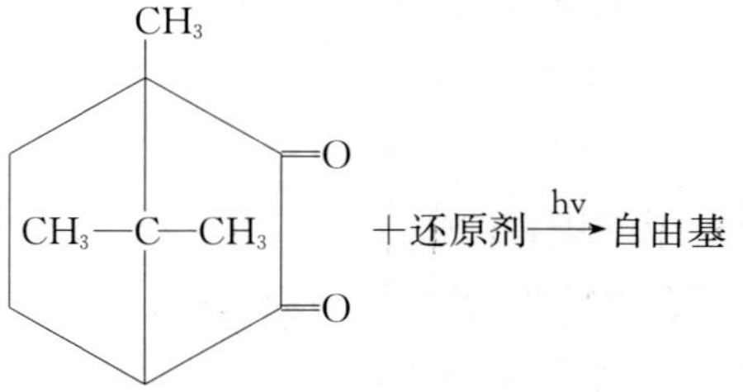

樟脑醌

现用 R˙ 代表引发剂分解产生的自由基，简述自由基聚合反应历程如下：

1. 链引发(initiation)

由引发剂(I)产生的自由基 R˙ 成为活性中心，与单体作用引发反应：

$$I \longrightarrow 2R\cdot \text{(初级自由基)}$$

$$R\cdot + CH_2{=}\underset{X}{\underset{|}{CH}} \longrightarrow R-CH_2-\underset{X}{\underset{|}{CH}}\cdot \text{(单体自由基)}$$

有些单体可以不用引发剂，而利用光、热、辐射等能源来直接产生单体自由基，使引发聚合。如在工业上进行的苯乙烯热聚合。

2. 链增长(propagation)

在链引发阶段形成的单体自由基有很高的活性，如无阻聚物质与之作用，就能打开第二个烯类分子的 π 键，形成新的自由基。新自由基活性并不衰减，继续和其他单体分子结合成单元更多的链自由基，这个过程称作链增长反应。

$$RCH_2-\overset{X}{\overset{|}{CH}}\cdot \xrightarrow{CH_2=\overset{X}{\overset{|}{CH}}} RCH_2-\overset{X}{\overset{|}{CH}}-CH_2-\overset{X}{\overset{|}{CH}}\cdot \xrightarrow{(n-1)CH_2=\overset{X}{\overset{|}{CH}}}$$

$$R\{CH_2\overset{X}{\overset{|}{CH}}\}_nCH_2-\overset{X}{\overset{|}{CH}}\cdot$$

链增长反应有两个特征：一是放热反应，聚合热约 8.4×10 kJ/mol；二是增长速率极高，在 0.01 至几秒钟内就可以使聚合度达到数千，甚至上万，这样高的速度是难以控制的。单体自由基一经形成后，立刻与其他单体分子加成，增长成活性链，而后终止成大分子。

3. 链终止(termination)

自由基有相互作用的强烈倾向，两自由基相遇时，两个自由基形成一个化学键，反应就停止进行，生成一个稳定的高分子化合物，这叫做偶合终止。n 聚体自由基也可将“自由基”转移到另一分子上去，其本身终止聚合，这叫做歧化终止。

$$\cdots-CH_2\underset{X}{\underset{|}{CH}}\cdot + \cdot\underset{X}{\underset{|}{CH}}CH_2-\cdots \longrightarrow \cdots-CH_2\underset{X}{\underset{|}{CH}}-\underset{X}{\underset{|}{CH}}CH_2-\cdots$$

偶合终止

$$\cdots-CH_2\underset{X}{\underset{|}{CH}}\cdot + \cdot\underset{X}{\underset{|}{CH}}CH_2-\cdots \longrightarrow \cdots-CH_2\underset{X}{\underset{|}{CH_2}} + \underset{X}{\underset{|}{CHS}}{=}CH_2-\cdots$$

歧化终止

由上述可知，当需要进行聚合时，可加入适量的引发剂促进聚合反应进行。另一方面，在储存易于聚合的单体时，又可以加入阻聚剂(inhibitor)以阻止或延缓聚合反应的进行。阻聚剂的作用是它本身特别易于与自由基相结合，生成稳定的游离基或使游离基消失转变成化合物，使反应终止。常用的阻聚剂大多为酚类，如：

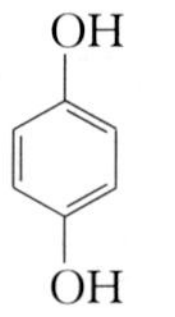

对苯二酚

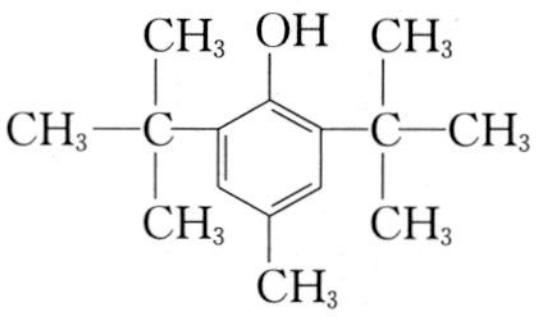

2,6-二叔丁基对甲酚

此外，氧有明显的阻聚作用。聚合体系中空气须用惰性气体置换排净才能正常聚合。

二、缩合聚合
(condensated polymerization)

聚合反应过程中，除形成聚合物外，同时还有低分子副产物产生的反应，称作缩合聚合。已二胺和已二酸反应生成尼龙-66是缩合聚合的典型例子。缩合聚合的产物称作缩聚物。根据单体中官能团的不同，低分子副产物可能是水、醇、氯化氢等。由于低分子副产物的析出，缩聚物结构单元要比单体少若干原子。

$$nHOOC(CH_2)_4COOH + nH_2N(CH_2)_6NH_2 \longrightarrow$$
$$HO \left[\overset{O}{\underset{\|}{C}}-(CH_2)_4-\overset{O}{\underset{\|}{C}}-NH(CH_2)_6-NH \right]_n H + (2n-1)H_2O$$

缩合聚合一般是官能团的反应。反应结果是缩聚物中留有官能团的结构特征，如酰胺键-NHCO-、酯键-OCO-、醚键-O-等。因此，大部分缩聚物是杂链聚合物。

绝大多数缩合聚合反应属于逐步聚合反应，即反应过程是逐步进行的。

在口腔科应用的材料中，聚硫橡胶印模材料和缩合型硅橡胶印模材料的固化过程就伴随着缩合反应。如端羟基二甲基硅橡胶的固化过程就是在催化剂(辛酸亚锡)的作用下，与硅酸乙酯起交联反应，由线型聚合物交联成网状缩聚物，同时生成乙醇。其反应式如下：

$$4HO\left[\underset{\underset{CH_3}{|}}{\overset{\overset{CH_3}{|}}{Si}}-O\right]_n H + C_2H_5O-\underset{\underset{OC_2H_5}{|}}{\overset{\overset{OC_2H_5}{|}}{Si}}-OC_2H_5 \xrightarrow{辛酸亚锡}$$

端羟基二甲基硅橡胶　　硅酸乙酯

（硅橡胶弹性体结构式）+ 4C_2H_5OH 乙醇

三、聚合物的化学反应
(chemical reaction of polymer)

聚合物虽然分子量很高，但是它们所具有的官能团，仍然与一般小分子有机化合物有一样的反应性能。但其反应性能受两种特有因素的影响：①聚合物分子是长链结构，这个长链是曲曲折折的蜷曲形。有规则的蜷曲（折叠）形成晶态；无规则的蜷曲形成非晶态。②聚合物的分子与分子堆砌在一起。有规则的堆砌形成规整的晶态排列；无规则的堆砌形成非晶态。规整结构中分子排列紧密，试剂不易侵入，官能团不易起反应；不规整结构中分子排列疏松，试剂容易侵入，官能团容易起反应。

聚合物的化学反应，有些是破坏性的。例如，聚合物的光降解、热降解及氧化等。它们使聚合物老化，性能变坏，以致最终不能使用。但不少反应是有用的，甚至是重要的聚合物合成方法，例如，橡胶硫化成为具有弹性的橡皮；聚乙酸乙烯酯先水解成聚乙烯醇，再与甲醛缩合，纺成的纤维即维纶；聚合物先转化成自由基，再与另一单体形成接枝共聚物；两种聚合物链段用化学方法连接起来，成为嵌段共聚物。

四、聚合物的生产
(production of polymer)

天然聚合物多从自然界植物中通过物理或化学方法制取。合成聚合物是低分子单体经聚合反应过程制得的。聚合物的生产方法有本体聚合、溶液聚合、悬浮聚合、乳液聚合等。

（一）本体聚合(bulk polymerization)

它是将单体、引发剂及少量必要的添加剂(如增塑剂等)混合在一起，通过加热聚合成块状聚合物。此法简单，不用溶剂或分散介质，产物纯度高、性能好。但由于体系黏度大,聚合反应热难于扩散,容易发生爆聚现象。由甲基丙烯酸甲酯合成制备有机玻璃就是典型的例子。

(二)溶液聚合(solution polymerization)

将单体溶解在溶剂中进行的聚合反应称溶液聚合。溶液聚合有大量溶剂存在,体系黏度小,容易散热,反应过程及产物分子量易于控制。但因使用大量溶剂,聚合物分子量一般不高。

(三)悬浮聚合(suspension polymerization)

它是在机械搅拌下,将单体以小液滴分散在水中进行的聚合反应,聚合反应在小液滴中进行,每个小液滴就相当于一个小的本体聚合体系。为了保证悬浮体系的稳定,通常要加入一些悬浮剂,如明胶、聚乙烯醇等。此法反应热易散发,聚合反应较易于控制,产物的分子量比本体聚合时高,但纯度不如本体聚合。甲基丙烯酸甲酯制造牙托粉就是采用悬浮聚合进行。

第三节 聚合物物理(polymer physics)

一、聚合物的结构(structure of polymer)

聚合物分子链结构是一级结构;孤立高分子链,即稀溶液中高分子的形态,如无规线团、螺旋、双螺旋、刚性棒或椭球等是二级结构;三级结构指高聚物分子聚集态结构(structure of molecular aggregation of polymers),即分子链与分子链之间的排列和堆砌方式,可粗略地分为晶态(crystal)和无定形结构(amorphism)。结构规整或链间范德华力较强的聚合物容易结晶,例如,高密度聚乙烯等。结晶聚合物中往往存在一定的无定形区,熔融温度是结晶聚合物使用的上限温度。结构不规整或链间次价力较弱的聚合物,如聚氯乙烯、聚甲基丙烯酸甲酯等难以结晶,一般为无定形态。无定形聚合物在一定负荷和受力速度下,于不同温度可呈现玻璃态、高弹态和黏流态3种力学状态(图5-2)。玻璃态到高弹态的转变温度称作玻璃化温度(Tg),是无定形塑料使用的上限温度,橡胶使用的下限温度。从高弹态到黏流态的转变温度称黏流温度(Tf),是聚合物加工成型的重要参数。

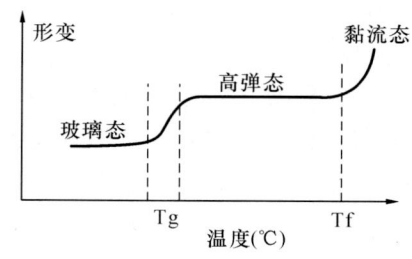

图5-2 无定形聚合物的3种力学状态

当聚合物处于玻璃态时,整个大分子链和链段的运动均被冻结,宏观性质为硬、脆,形变量很小,只呈现一般硬性固体的普弹形变。聚合物处于高弹态时,链段运动高度活跃,表现出高形变能力的高弹性。当线型聚合物在黏流温度以上时,聚合物变为熔融、黏滞的流体,受力可以流动,并兼有弹性和黏流行为,称黏弹性。

聚合物的特点是分子链内各原子间的共价键结合力远远大于分子链间的范德华力。对于柔性链聚合物分子来说,由于分子链可沿着单键内旋转而有无数构象，即可存在无数可能的状态，因此这种分子的聚集状态显示出一系列不同于其他材料（如金属和许多无机非金属材料）的特点。由分子链无序排列组成的聚集体为各向同性的非晶态，当非晶态高聚物中的分子链段有择优取向时，非晶态高聚物可具有明显的各向异性。聚合物分子可彼此整齐地排列成一系列有序程度不同的晶态，分子链段可排列成三维有序结构。高聚物晶区（晶粒）的尺寸只有几十纳米，同一个高分子中的链段可能分别处于若干个微小晶粒之中，而其余的分子链段仍处于非晶态，即部分结晶性高聚物具有多相结构。通常可用结晶度来笼统地表征高聚物有序区域的数量和有序程度的高低。

二、聚合物溶液（polymer solution）

多数线型聚合物可以在相应的溶剂中溶解，形成真溶液。聚合物分子是长链结构，在流动时能相互阻滞，因此聚合物溶液是黏稠的。一般情况下，分子链愈长，黏度愈大。当光束通过聚合物溶液时，由于聚合物分子比较大，可以发生光的散射。分子愈大，散射愈强。聚合物远比溶剂分子重。在超高速离心下，聚合物分子的移动比溶剂分子快，扩散比溶剂分子慢。分子量愈大，这些区别愈明显。利用这些聚合物分子溶液性能，可以测定聚合物分子的分子量。

三、高聚物力学性能（mechanical properties of polymers）

高聚物力学性能包括弹性、塑性、强度、蠕变、松弛和硬度等。高聚物力学性能的两大特点是具有高弹性和黏弹性。所谓高弹性是区别于普通弹性而言的，一般金属的普通弹形变只有千分之几，但高聚物的高弹形变可达 30%～1 000%。由于高聚物同时具有黏性液体和弹性固体的特征，研究高聚物的力学性能时必须考虑应力、应变、作用时间（或频率）和温度 4 个参数，而时-温是等效的，温度越高表示力的作用时间越长；反之亦然。

对于同一种高聚物，如果拉伸时的温度远低于玻璃化温度，就会出现脆性破坏（形变量约 10%）；如果略低于玻璃化温度，能出现韧性形变；如果高于玻璃化温度，则出现橡胶状高弹形变；如果远高于玻璃化温度，就会出现流动。

根据在拉伸过程中屈服点的是否出现、伸长率的大小以及断裂情况，高聚物的应力-应变曲线大致可分为 5 种类型：①软而弱（图 5-3a 应力-应变曲线类型）；②硬而脆（图 5-3b 应力-应变曲线类型）；③硬而强（图 5-3c 应力-应变曲线类型）；④软而韧（图 5-3d 应力-应变曲线类型）；⑤硬而韧（图 5-3e 应力-应变曲线类型）。应力-应变试验是最常用的力学方法。

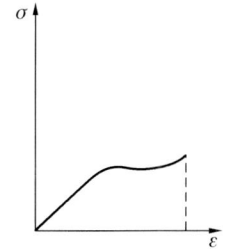

a. 软而弱材料的应力-应变曲线

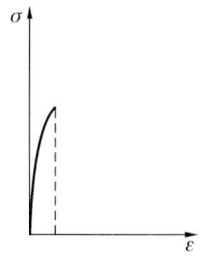

b. 硬而脆材料的应力-应变曲线

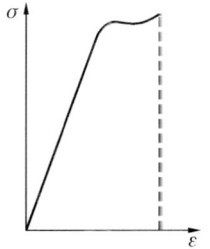

c. 硬而强材料的应力-应变曲线

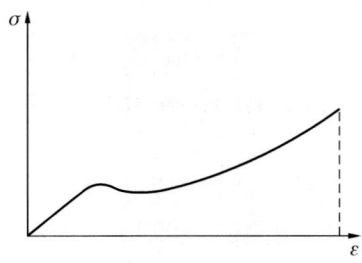
d. 软而韧材料的应力-应变曲线

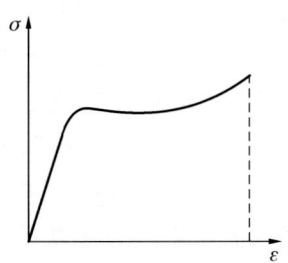
e. 硬而韧材料的应力-应变曲线

图 5-3 应力-应变曲线类型 σ应力 ε应变

(赵信义)

参考文献

1 中国科技大学高分子物理教研室. 高聚物的结构与性能. 北京:科学出版社,1981

2 金日光,华幼卿. 高分子物理. 北京:化学工业出版社,1999

3 潘祖仁. 高分子化学. 北京:化学工业出版社. 2000

第六章 树脂基复合修复材料
(resin-based restorative materials)

树脂基复合修复材料是一类以可聚合的树脂为基质，添加了无机填料所形成的复合材料，这类材料主要用于牙体缺损或牙齿缺失的直接或间接的修复，也可用于黏固和固定各种修复体。这类材料主要有用于牙齿缺损直接充填修复的复合树脂、复合体、桩核材料以及牙齿缺损间接修复的复合树脂材料。

第一节 树脂基复合修复材料的组成(composition)

树脂基复合修复材料主要由树脂基质、稀释剂、无机填料、固化引发体系等组成。

一、树脂基质(resin matrix)

自从1962年Bowen合成了Bis-GMA树脂（双酚A-二甲基丙烯酸缩水甘油酯，Bisphenol A diglycidyl methacrylate）以来，Bis-GMA便以其优异的性能成为牙科复合材料广泛应用的树脂基质。Bis-GMA分子两端的甲基丙烯酸酯基能在活性自由基作用下快速聚合，分子中的羟基赋予材料良好的黏结性能，分子中的双苯环则赋予材料良好的刚性。

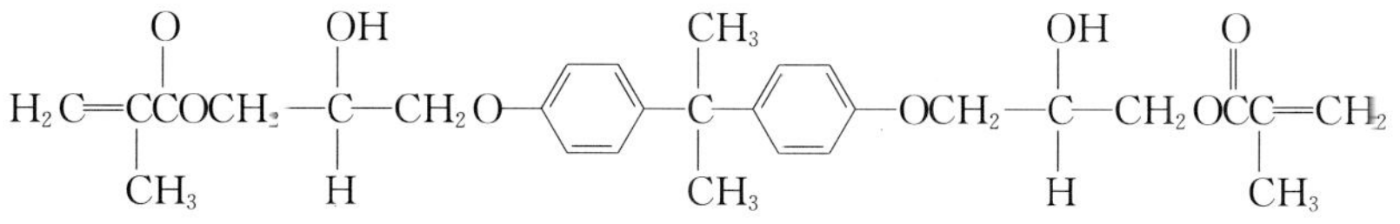

$$H_2C=CCOCH_2-CH-CH_2O-C_6H_4-C(CH_3)_2-C_6H_4-OCH_2-CH-CH_2OCC=CH_2$$

Bis-GMA

二甲基丙烯酸二异氰酸酯（urethane dimethacrylate，UDMA）是另一种目前常用的树脂。由于这种树脂中有氨基甲酸酯基，能形成较强的分子间作用力，因而以此树脂为基质的树脂基复合修复材料具有更高的硬度、韧性、强度和较低的吸水性、黏度。

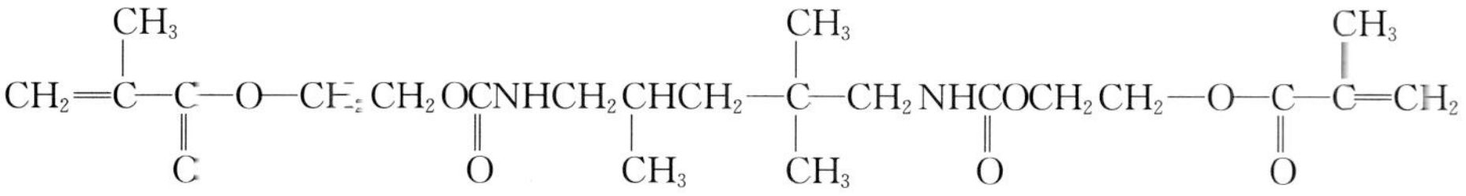

UDMA

由于含有羟基，Bis-GMA 在室温下黏度太大，呈半固体状，为了降低黏度，以便加入无机填料，需要加入低黏度的甲基丙烯酸酯类单体，来稀释基质树脂的黏度，并可提高树脂反应活性，增加交联聚合度。常用稀释性单体主要是低黏度的二甲基丙烯酸酯，如二甲基丙烯酸三甘醇酯（TEGDMA）：

$$H_2C=C(CH_3)-C(=O)-O-CH_2-CH_2-O-CH_2-CH_2-O-CH_2-CH_2-O-C(=O)-C(CH_3)=CH_2$$

典型的树脂基质配方是 Bis-GMA 75%（wt），TEGDMA 25%（wt）。由于 TEGDMA 是小分子，在聚合过程中体积收缩较大，为了减少聚合收缩，可减少其用量。TEGDMA 用量减少，又会影响树脂黏度。为解决这一矛盾，目前一些复合树脂采用黏度较低的树脂，如 Bis-EMA（双酚 A-乙氧基二甲基丙烯酸酯，ethoxylated bisphenol A dimethacrylate），这样稀释性单体的加入量就可以减少，进而聚合收缩也减小了。

$$\text{Bis-EMA}$$

二、无机填料（inorganic filler）

树脂基复合修复材料中含有 35%～85% 无机填料，它对改善性能起很大作用。例如，可减少体积收缩和热膨胀系数，提高物理机械性能，增加耐磨性能等。一些后牙复合树脂的无机填料含量可达 87%。

无机填料品种较多，如石英粉、玻璃微球、玻璃纤维粉、硅酸铝锂、瓷粉、钡玻璃粉、锶玻璃粉等。除了适应前牙美观条件、增加机械性能外，有些无机填料尚有其特殊性能，如选择二氧化硅玻璃粉可显著降低材料的热膨胀系数，硅酸铝锂系负膨胀系数有利于减少树脂基复合修复材料热膨胀系数，钡、锶玻璃粉阻射 X 线，便于观察充填物情况。

为了使树脂基复合修复材料具有较好的透明性，要求无机填料的折射率应尽量接近树脂基质的折射率，甲基丙烯酸树脂的折射率约为 1.5，钡玻璃粉的折射率为 1.552，锶玻璃离的折射率为 1.506。

增加无机填料含量不但能提高树脂基复合修复材料的压缩强度和刚性，还可以提高耐磨性能。无机填料的粒度分布、颗粒间的堆积方式等对材料的力学性能也有重要的影响。

超微填料颗粒极细，平均直径为 0.04 μm，表面积很大，加入树脂基质中增稠作用明显，难以大量加入，采用预聚方式制得的有机填料，最终无机填料含量可达 50%（66v%）

无机填料形状是多种多样的，一般大颗粒填料及超细填料为不规则形状，超微填料为圆形，有些填料为纤维状。无机填料形状对树脂基复合修复材料耐磨性及操作性能有很大的影响，而其粒度大小对色泽、抛光、固化深度也有重要影响。圆形填料的固化不如不规则填料好。

为了使无机填料的补强作用充分发挥，需要提高无机填料与树脂基质间的结合，如果两者在界面结合不好，界面就成为材料中潜在的缺陷，材料在受力时，界面处极可能成为微裂缝源，导致材料强度下降。无机填料与树脂间的结合不但影响复合树脂的力学性能,而且也影响耐磨性能。为了提高无机填料与树脂间的结合,无机填料表面需经过有机硅烷(organic silane)处理,常用的有机硅烷是γ-甲基丙烯酰氧丙基三甲氧基硅烷(γ-MPTS)。γ-MPTS的一端为甲基丙烯酸酯基,另一端为-Si(OCH$_3$)$_3$,经水解后-Si(OCH$_3$)$_3$变为-Si(OH)$_3$。甲基丙烯酸酯基能与复合树脂的树脂聚合,形成化学键;-Si(OH)$_3$可与无机填料表面的OH基缩合成-SiO-键而互相连结。这样,经有机硅烷处理的无机填料,就能与树脂间形成化学结合。

$$R-Si(OCH_3)_3 \xrightarrow{水解} R-Si(OH)_3 + 3CH_3OH$$
γ-MPTS

但是,无机填料表面的-Si-O-键受水长期作用容易断裂,使填料与树脂的结合下降,影响树脂基复合修复材料长期性能。

近年来,一些具有固位力外形的无机填料应用于树脂基复合修复材料,使它们的长期性能(如耐磨性)得到明显改善,这些无机填料表面有许多凹陷或凸起,能与树脂形成牢固的机械固位作用,提高了树脂与填料间的结合力(图6-1)。含有这种填料的复合树脂不但具有较高的力学性能,而且还有优良的耐磨性能,同时赋予复合树脂一定的可压实特性。

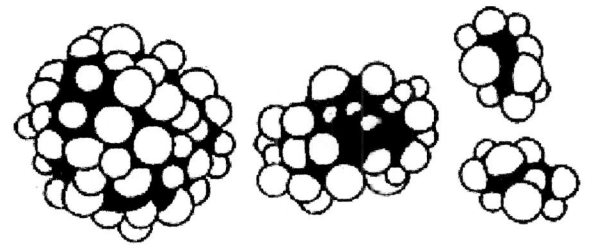

图6-1 具有固位力外形的无机填料,由许多微小填料熔结在较大填料表面而成

三、固化引发体系 (initiator of polymerization)

(一)氧化还原引发体系(redox initiation)

化学固化树脂基复合修复材料一般由氧化还原引发体系引发固化,常用的氧化剂(引发剂)为过氧化苯甲酰(benzoyl peroxide,BPO),常用的还原剂(促进剂)为叔胺类化合物,如N,N-二羟乙基对甲苯胺(DHET)。有些复合树脂采用对甲苯亚磺酸钠作为还原剂。一般叔胺类化合物用量为0.4%~0.8%,过氧化苯甲酰用量为1%~1.5%。

化学固化树脂基复合修复材料为双组分,其中一个组分中含有氧化剂,另一个组分中含有还原剂。当两个组分混合时,氧化剂与还原剂发生氧化还原反应,产生活性自由基,引发树脂基质和稀释剂交联固化。

（二）光固化引发体系（light-curing initiation）

光固化树脂基复合修复材料的引发体系一般由光敏剂和还原剂组成，目前常用的光敏剂是樟脑醌，还原剂有甲基丙烯酸二甲氨基乙酯、固体醛等。樟脑醌在还原剂存在下，当受到波长为 440～500 nm 的光线照射时，分解产生活性自由基，引发树脂基质和稀释剂交联固化。

$$\text{CQ} + \text{CH}_2=\overset{\text{CH}_3}{\underset{\text{C}}{|}}-\overset{\text{O}}{\underset{\|}{\text{C}}}-\text{O}-\text{CH}_2\text{CH}_2\text{N}\overset{\text{CH}_3}{\underset{\text{CH}_3}{<}} \xrightarrow{h\nu} \text{活性自由基}$$

甲基丙烯酸二甲氨基乙酯

（三）热引发体系（heat-curing initiation）

树脂基复合修复材料的热引剂为过氧化苯甲酰。加热过氧化苯甲酰至 60～80℃时，它就会分解出自由基，引发单体及树脂交联固化。参见第五章聚合物的基础知识。

（四）树基脂复合修复材料的固化反应（setting reaction）

复合树脂的固化过程包括两个阶段，在聚合初期，单体之间先结合成较长的链段，在这一阶段，链段间还可以相互滑移，宏观上表现为材料具有一定的流动、变形能力，材料可通过变形（从自由面向洞壁流动变形）来补偿体积收缩。在聚合后期，链段间相互结合成网状结构，材料发生凝胶化（gel point），失去流动、变形能力，材料的体积收缩会在材料与牙齿界面产生剥离力，这种剥离力正是导致边缘密合差的主要原因。

四、其他成分（other ingredients）

（一）阻聚剂（inhibitor）

基质树脂和稀释剂均含有不饱和双键，可自身聚合，为了使复合树脂在运输、贮存过程中不发生过早聚合，需要加入微量阻聚剂。常用阻聚剂是一些酚类化合物，如对苯二酚、2,6-二叔丁基对甲酚。阻聚剂的作用是能消除活性自由基，从而防止聚合。由于阻聚剂加入量极少，一旦引发剂产生的活性自由基把阻聚剂耗尽，就可以引发树脂聚合。

（二）紫外线吸收剂（ultraviolet absorber）

紫外线吸收剂能消除或减轻固化后的复合树脂在较长时间光照射下的老化、变色现象，常用的有 2-羟基-3,5-二叔丁基-5-氧代-1,2,2-苯肼三唑（UV-327）。紫外线吸收剂能吸收光的能量，并将光能转变为热能而散发出去。

（三）颜料（pigment）

树脂基复合修复材料加有微量无机颜料以使材料的色泽与牙齿相同或相似，颜料的种类对复合树脂修复体颜色稳定性有明显影响。

第二节 分类(classification)

一、国际标准的分类(ISO classification)

树脂基复合修复材料有多种分类方式。国际标准(ISO)和我国医药行业标准(YY)将树脂基复合修复材料分为2型，Ⅰ型材料是用于涉及到牙齿𬌗面修复的材料，Ⅱ型材料是用于除𬌗面修复以外牙齿其他部位修复的材料。每型又分为3类，Ⅰ类为化学固化(chemical curing)材料(即自凝固化材料)，Ⅱ类为通过外部能源(如蓝光、热)使其固化的材料，Ⅲ类为双重固化(dual curing)材料，即既可以自凝固化，又可通过外部能源固化。Ⅱ类材料又分为直接修复树基脂复合修复材料和间接修复树基脂复合修复材料，前者是在口腔内完成固化，包括复合树脂和聚酸改性复合树脂两种材料，主要用于牙齿缺损的直接充填修复；后者则是在口腔外完成固化，最后黏固到牙齿上，主要用于制作嵌体、冠、桥等修复体。

Ⅰ型树脂基复合修复材料又称为后牙复合树脂(posterior composite resin)，该材料具有较高的压缩强度、耐磨性能，能承受牙齿咀嚼力，不易断裂、磨损，能保持修复体正常形态。目前用于后牙的复合树脂大多为混合填料型复合树脂，常见的产品有：Solitatre(Kulzer)、Bisfill Ⅱ(Bisco)、Marathon(Den-Mat)、Filtek P60(3M)、Heliomolar RO(Vivadent)、Adaptic Ⅱ(Johnson & Johnson)、Clearfil(Kurary)、Occlusin(GC)。

Ⅱ型树脂基复合修复材料包括用于前牙的前牙复合树脂和前、后牙通用型(all-purpose or universal)复合树脂，前者着重于美观，能高度抛光，表面光滑，菌斑和污物不易聚积，但强度较低，不能承受较大的𬌗合力，常见的产品有Durafill(Kulzer)、Filtek A110(3M)、Silux Plus(3M)；后者性能上兼顾前牙及后牙的需要，既具有良好的打磨抛光性能，又有良好的力学性能和耐磨性能，常见的产品有Tetric Ceram(Vivadent)、Charisma(Kulzer)、Z100(3M)、Herculite(Kerr)、Prodigy(Kerr)、Filtek Supreme(3M/ESPE)。

化学固化树脂基复合修复材料一般为粉液型或双糊剂型，由氧化还原引发体系引发固化，使用方便，无需特殊设备。用蓝光固化的Ⅱ类材料又称为光固化(light-curing)复合树脂，剂型一般为单糊剂型，通过波长400～500nm的光线照射固化，使用时不要调和，几乎没有气泡，有充分的工作时间，可很好修整形态，但需要专用的光固化灯设备。

多年来，复合树脂树的发展主要集中在无机填料上，而且无机填料的种类对复合树脂的性能有很大影响，因此，在临床上常以无机填料的种类对复合树脂进行分类。

二、按填料大小分类(classification based on filler)

(一)传统大颗粒填料复合树脂(macrofiller)

填料粒度3～75μm，含量可达80%(重量比)。早期商品都属这一类，如EB复合树脂。这类材料压缩强度大，聚合过程中体积收缩小，但无法抛光，表面粗糙，容易附着菌斑、色素等，易磨损。EB复合树脂是这类材料的典型代表(图6-2)。

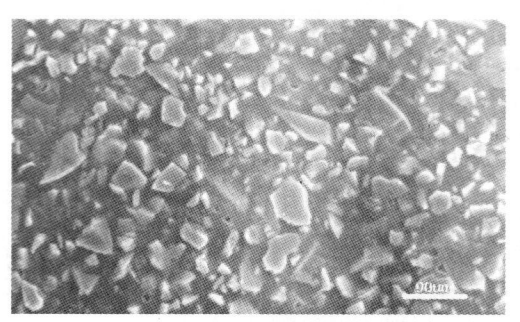

图6-2 大颗粒填复合树脂磨耗面扫描电子显微镜照片

(二) 超细填料复合树脂(ultrafine)

填料粒度 0.1～3.0 μm，含量 70%～80%（重量）。由于填料粒度减小，耐磨损性能及可抛光性能明显改善，力学性能仍保持较高水平。常见的产品有 Z100(3M)（图6-3）。

为了提高超微填料加入量，可采用超微填料的凝聚体(aggregated)或附聚体(agglomerated)作为填料，可增加填料的加入量。超微填料的表面能较大，颗粒间吸引力增大，微小颗粒极易凝聚成团，如果微小颗粒间以面相接所形成的二级粒子称为凝聚体，如果微小颗粒间以点、角相接所形成的二级粒子称为附聚体，凝聚体间也可形成附聚体。凝聚体的颗粒间结合力较强，附聚体的颗粒间结合力较松散。

采用超微填料凝聚体的复合树脂，其强度、聚合收缩、吸水率等性能均有明显改善。但含量较低，在 35%～50%（重量）范围。这种材料能高度抛光，美观性能较好，但聚合收缩、热膨胀系数、吸水率均较大，适合于牙齿应力非承受部位的缺损修复，例如 Ⅲ类洞、Ⅴ类洞、贴面修复以及一些Ⅳ类洞修复。常见的产品有：Durafill(Kulzer)、Heliomolar RO (Vivadent)、Silux Plus(3M)等（图6-4）。

图6-3 超细填料扫描电子显微镜照片

图6-4 超微填料扫描电子显微镜照片

(三) 超微填料复合树脂(microfiller)

超微填料属纳米级填料，粒度极细，平均 0.04 μm，比表面积达 100～150 m²/g。将这种超微填料均匀分散在树脂基质中，增稠作用极大，因此，填料的加入量受到限制，最高加入量不超过 50%，这样的复合树脂称为均匀分散的超微填料复合树脂。这种复合树脂强度不高，聚合收缩较大，吸水率也较大。

(四) 混合填料型复合树脂(hybrid filler)

较早期的混合填料型复合树脂的填料由平均粒度 50～70 μm 的大颗粒填料和平均粒度 0.04 μm 超微填料组成，由于有较大颗粒填料，这种复合树脂的抛光性略差，抛光后表面粗糙度较大。以后又发展出了细混合填料复合树脂(midifil hybrid)、超细混合填料复合树脂(minifil hybrid

及微混合填料复合树脂(microhybrid)。目前,大多数的混合填料型复合树脂为微混合填料或超细混合填料(表6-1)。

表6-1 混合填料复合树脂的种类及其填料粒度

类　型	平均粒度(μm)	大颗粒(μm)	体积分数(%)	常见复合树脂
大颗粒混合填料	5.0~15	50~70	60~65	Bis-Fil P、Clearfil Posterior、Occlusin
细混合填料	1.5~5.0	5~15	70~77	Z100、Cleafil APX、Filtek P-60
超细混合填料	0.6~1.0	1~5	56~66	Tetric Ceram、Z250、Unifil F、Prisma TPH
微混合填料	0.6~0.8	~1.0	50~62	Esthet-X、Point 4、Filtek Supreme、Renew

微混合填料由粒度0.6~0.8μm的超细填料和平均粒度0.04μm超微填料组成,具有较宽粒度分布,因而可以有较大的填料堆集密度,所以,此类复合树脂填料含量较高,可达85%(wt)。微填料混合型复合树脂是目前应用较广的一种,这类材料既具有良好的力学性能,又具有临床可接受的抛光性能,而且聚合收缩、热膨胀系数、吸水率均较小。(图6-5)。

图6-5 微混合填料型复合树脂扫描电子显微镜照片

三、根据操作特性分类 (classification based on handling)

(一)流动性复合树脂(flowable composite resins)

这种材料与一般复合树脂相比含无机填料较少,黏度小,材料在受到外力时呈现较好的流动性,外力去除后则能保持一定外形。可流动复合树脂容易充填入小窝洞,特别是窝洞的倒凹处。这种材料有良好的柔韧性,适合于非磨损部位缺损的充填修复,也可用作不宜接近部位的垫底材料。可流动复合树脂固化后弯曲弹性模量较低,在聚合收缩应力作用下有一定的变形,可以降低黏结界面的应力集中,减小边缘缝隙。常见的产品有:Tetric Flow(Vivadent)、Esthet-X Flow(Dentsply)、Flowline(Kulzer)、Aeliteflo(Bisco),Helomolar Flow(Vivadent)。

(二)可压实复合树脂(packable composites resin)

这种复合树脂含有较多的无机填料,有些产品的无机填料具有凹凸不平的外形(图6-1),或为短纤维状(图6-6)。充填时具有一定的可压实性,容易塑形,塑形后不易塌陷变形,容易形成邻面

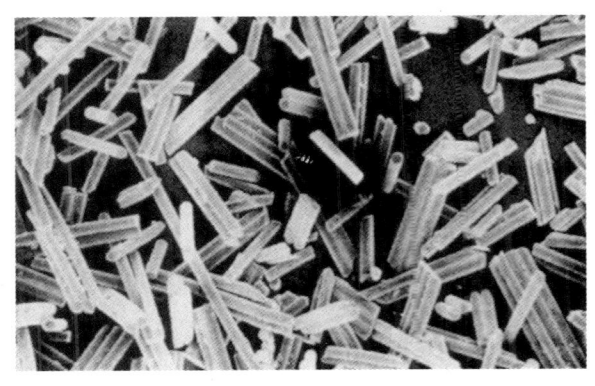

图6-6 短纤维状填料

接触点,操作性能较好。可压实复合树脂大多用于后牙修复,目前常见的品牌有:Solitatre(Kulzer)、SureFil(Dentsply)、Alert(Jeneric Pentron)、Tetric Ceram(Ivoclar)、Prodigy(Kerr)、Pyramid(Bisco)、Glacier(Southern Dental Industries)。

四、间接修复用树基脂复合修复材料（indirect resin-based composite）

由于口腔各项条件的限制,树基脂复合修复材料不可能在口腔内进行高温、高压固化,因而材料的固化程度不高,影响材料的力学性能。对于一些比较大的牙齿缺损,采用口腔内直接修复,很难获得高强度的修复体,而且由于聚合收缩,还容易造成边缘密合性差等问题。采用技工室间接制作修复体,然后将修复体黏固到牙齿缺损处,虽然过程复杂,成本较高,但可以采用高温、高压等手段来固化材料,可使树脂固化程度增加,提高修复体的力学性能。

间接修复用树基脂复合修复材料的组成与直接修复用树基脂复合修复材料基本上相同。但是,间接修复用树基脂复合修复材料的固化方式更多,除了化学固化、光固化方式外,还有热压固化方式。即使是光固化,它所采用的光源不是一般的枪式光固化灯,而是箱式光固化机,光强更大,固化时间更长,可长达120 s,可以使材料更充分的固化。

套装的间接修复用树基脂复合修复材料有多种颜色,色泽的配套仿照烤瓷材料,不但有遮色剂,还有牙齿龈端色、体色、切端色等,有的套装材料颜色多达二三十种。龈端色材料要求聚合收缩小,体色材料要求强度高、韧性大,切端色材料要求透明度大、耐磨性好。

事实上一般的光固化复合树脂也可以采用间接修复的方法制作修复体。

间接修复用树基脂复合修复材料主要用于制作复合树脂贴面、嵌体、高嵌体、单个冠及前牙简单桥体。

常见的间接修复用树基脂复合修复材料有：Dentacolor(Kulzer)(图 6-7)、Belleglass HP(Kerr)、Sculpture(Jeneric/Pentron)、Sinfony(3M/ESPE)、Solidex(Shofu)、Targis(Ivoclar)、Tescera(Bisco)。

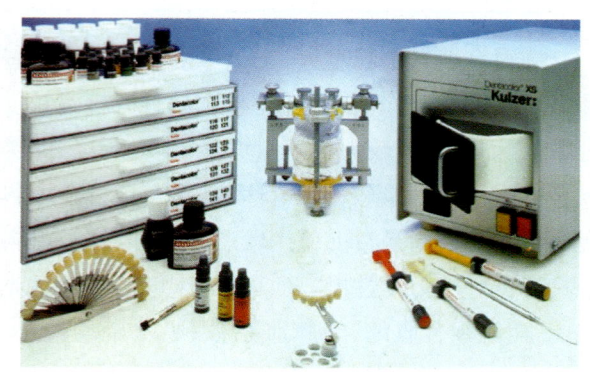

图 6-7　间接修复用树基脂复合修复材料 Dentacolor(Kulzer)

五、纤维增强复合树脂（fiber-reinforced composite，FRC）

颗粒填料增强的树脂基复合材料缺乏足够的韧性,因而不适合于制作承受较大咬合力的冠、桥修复体。纤维增强复合树脂具有坚韧的强度,同时重量也很轻,制作较为方便。

六、桩核复合树脂（core build-up composite）

主要用于制作桩核,一般为高填料含量、高黏度的化学固化复合树脂,有的材料为光固化和化学固化双重固化。

第三节　性能和应用(properties and application)

一、固化特性(characters of setting)

(一)化学固化树脂基复合修复材料的固化时间(setting time)

我国国家医药行业标准规定,在室温下,化学固化树脂基复合修复材料的固化时间不大于5 min,不小于90 s。但是,化学固化树脂基复合修复材料的固化时间受气温和调和比例影响很大。一般地,气温高则固化快,气温低则固化慢,因此,夏天和冬天的固化时间可以相差很多。对于粉液型树脂基复合修复材料,液多粉少固化慢,液少粉多固化快;对于双糊剂型树脂基复合修复材料,促进糊剂(catalyst paste)比例大则固化快,基质糊剂(base paste)比例大则固化慢。

临床应用时,若气温高,用前可将材料或调和用的玻璃板放于阴凉处,也可适当减少粉剂或促进剂组份的加入量;若气温低,可将材料或调和用的玻璃板放于温暖处,也可适当增加粉剂或促进剂组份的加入量。应当注意的是,双组份的调和比例不能相差太大,否则会影响固化程度和材料的力学性能。

(二)光固化复合树脂的固化深度(curing depth)

由于光线在材料透射中存在光线衰减,光固化树脂基复合修复材料具有一定的固化深度,接近照射光源的浅层材料固化程度较高。随着材料深度的增加,光线的强度逐渐减弱,当超过固化深度时,材料的固化程度明显减小。我国国家医药行业标准规定,光固化复合树脂的固化深度不应小于1.5 mm,大多数复合树脂的固化深度为2.0~3.0 mm。

由于空气中的氧对树脂基复合修复材料有阻聚作用,因此,暴露在大气的复合树脂固化后表面有一层极薄的未固化层,称之为厌氧层。光照固化时,若用透明塑料薄膜或型片覆盖树脂,则表面无厌氧层。

影响固化深度的因素包括树脂基复合修复材料的透明程度、固化光源和操作条件等。不同的树脂基复合修复材料,其透明程度也不同,有些差别还较大(表6-2)。一般地说,透明性越差,固化深度越小。流动性复合树脂因透明程度较低而需要较长的光照固化时间。

表6-2　一些复合树脂的光透射率(550 nm)

复合树脂	透射率%
Herculite XRV light incisal	75.27
Z100 Incisal	70.49
Enamel	70.16
Durafill VS	69.00
Tetric ceram U210	68.47
Herculite XRV enamel	67.70
Charisma A2	66.20
Silux Plus U	64.07
Z100 A2	62.13
Prisma TPH A2	59.58
Silux plus UO	57.95
Herculite XRV dentin	56.95
牙本质	52.60

影响光固化树脂基复合修复材料固化深度的临床操作因素如下:

(1)照射时间

适当延长光照时间可以非比例地增加固化深度。光照时间从20 s延长至60 s,固化深度可增加

5%～82%。

(2) 有效波长光线的强度

光固化树脂基复合修复材料的固化深度与固化灯的有效波长光线的强度密切相关,强度大者,固化深度较大。有效波长光线的强度与光源的种类、灯泡功率、滤光片的质量、导光棒(索)的导光性能和长度以及电源电压有关。目前临床上应用的光固化灯有卤光灯、速效卤光灯、发光二极管灯、等离子弧光灯及氩激光灯。各种光固化灯的性能特点参见"光固化光源"一节。

(3) 光照距离

导光头与树脂越近越好,导光头离树脂越远,树脂固化深度越浅。但是,若导光头与树脂接触,可造成光导头与树脂粘连。采用聚酯薄膜成形冠套(片)或瓷薄面、塑料薄面等,导光头可直接与其接触照射。采用口内直接复合树脂成形者,照射开始时不能接触树脂,待复合树脂表面初步固化后方可接触。导光头与树脂距离一般以不超过 3 mm 为宜。

(三)聚合程度(degree of polymerization)

树脂基复合修复材料的聚合程度一般以固化后材料中双键转化率来表示,一般双键转化率为55%～75%。未转化的双键可以是未聚合的残余单体上的,也可能是只一端聚合了的双甲基丙烯酸酯单体侧链上的双键。

光固化树脂基复合修复材料在光照聚合后的最初 10 min 的固化程度占总固化程度的 70%,而且在停止光照后,固化仍可持续达 24 h,发生进一步的固化,双键转化率也得到提高。

树脂基复合修复材料的固化程度受多种因素影响,一般地,光固化树脂基复合修复材料的固化程度在 60% 以上,高于化学固化树脂基复合修复材料。除材料配方和催化方式的影响外,另一个重要因素是后者在使用时一般都需调拌混合,这一操作过程会使树脂中混入大量空气,而空气中的氧对自由基聚合有强烈的抑制作用。

对光固化树脂基复合修复材料来说,凡是影响固化深度的因素均影响固化程度。

二、体积收缩(volumetric shrinkage)

由于树脂基复合修复材料中的树脂基质和稀释剂在固化过程中密度增加,导致树脂基复合修复材料发生体积收缩,体积收缩率一般为 1.7%～3.7%。树脂基复合修复材料的体积收缩率取决于单位体积材料中所含可聚合的双键含量,双键含量越多,体积收缩率则越大。减少单位体积材料中所含可聚合双键含量的方法,包括使用大分子量的树脂基质和稀释剂、增加无机填料的含量等。无机填料含量多的树脂基复合修复材料体积收缩较小。

树脂基复合修复材料的聚合收缩会在树脂与牙齿界面间产生 7～13 MPa 的收缩应力,这种应力是造成修复体边缘缝隙的重要原因,也是复合树脂的一个主要缺陷。

过去认为,化学固化复合树脂在窝洞内固化过程中聚合收缩的方向朝向材料中心,光固化复合树脂的聚合收缩方向朝向固化光源,并以此为根据提出了许多照射方式来提高修复体边缘的密合性。例如,前牙唇面复合树脂充填修复时,先从牙齿舌侧光照,部分光线可穿过牙齿使深部材料固化,收缩方向朝向洞底,有利于材料与洞壁的密合。但是,1998 年 Versluts 等人的研究表明情况并非如此,他们的研究结果认为,不论是化学固化复合树脂还是光固化复合树脂,固化过程中体积收缩均趋向修复体中心。但是,应用酸蚀技术和良好的黏结剂之后,收缩方向则趋向洞壁,因此认为酸蚀技术和良好的黏结剂是提高修复体边缘密合性的关键。

三、热膨胀系数(thermal expansion coefficient)

树脂基复合修复材料的热膨胀系数主要与所

含的无机填料的种类和含量有关。传统大颗粒填料型和混合填料型复合树脂聚合体的热膨胀系数为$(15\sim40)\times10^{-6}\cdot K^{-1}$,超微填料型复合树脂聚合体的热膨胀系数为$(45\sim70)\times10^{-6}\cdot K^{-1}$,它们均明显大于牙齿硬组织的热膨胀系数$[(8\sim11)\times10^{-6}\cdot K^{-1}]$。当口腔遇到冰冷食物时,复合树脂修复体的收缩程度明显大于牙齿硬组织,在黏结界面会产生一种收缩破坏力,即使这种破坏力不大,但在口腔这种温度多变的环境中反复出现也会使黏结破坏,可造成洞缘缝隙。

四、边缘密合性(marginal sealing)

复合树脂的边缘密合性较差,这是复合树脂的一项主要缺陷。导致复合树脂边缘密合性不好的主要原因有两个方面,一个是复合树脂的聚合收缩,一个是复合树脂的热膨胀系数远大于牙齿硬组织。复合树脂聚合收缩会在黏结界面上产生破坏黏结的收缩应力,当收缩应力小于黏结力时,界面仍维持密合状态;当收缩应力大于黏结力时,界面就可能被破坏,出现微小裂缝。修复体边缘出现微缝隙会使口腔内的食物残渣、细菌、色素等渗入其中,形成微渗漏(microleakage),轻者导致修复体边缘变色、术后敏感(postoperative sensitivity),重者导致继发龋。

大多数的修复体在初期并未出现边缘缝隙,而是在修复一段时间后出现,其原因有二,一方面,复合树脂的热膨胀系数显著大于牙齿硬组织,当口腔遇到冰冷食物时,复合树脂修复体的收缩程度明显大于牙齿硬组织,在黏结界面会产生一种收缩破坏力,即使这种破坏力不大,但在口腔这种温度多变的环境中反复出现,并与聚合收缩应力协同作用,就会使黏结破坏,出现边缘缝隙;另一方面,黏结剂在口腔环境下存在老化问题,会使黏结强度下降。

复合树脂聚合收缩在黏结界面产生收缩应力的大小与复合树脂修复体的黏结面的面积与自由面(暴露在外的面)的面积的比例有关,此比例又称为外形因子值(configuration factor values)(图6-8)。一般地,外形因子值越小,黏结界面收缩应力也越小,界面密合性就越好(图6-9)。当复合树脂收缩只限定在一个方向时,如复合树脂与1个牙齿硬组织平面接触,复合树脂与牙本质能达到良好黏结,材料与牙体组织之间不产生微渗漏,而同样体积复合树脂与牙齿硬组织5个壁接触时,复合树脂聚合产生的收缩力使其与牙齿硬组织分离,形成微渗漏。例如,Ⅳ类洞的边缘密合性就好于Ⅰ类洞、Ⅴ类洞。因此,在临床制洞时,可适当考虑增加自由面的面积,当然这是以保证足够黏结强度为前提的。

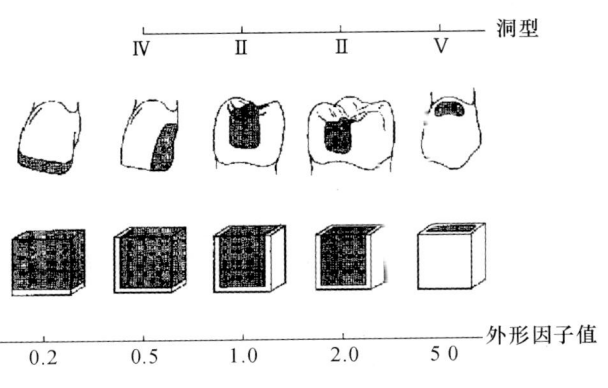

图6-8 洞型与外形因子值

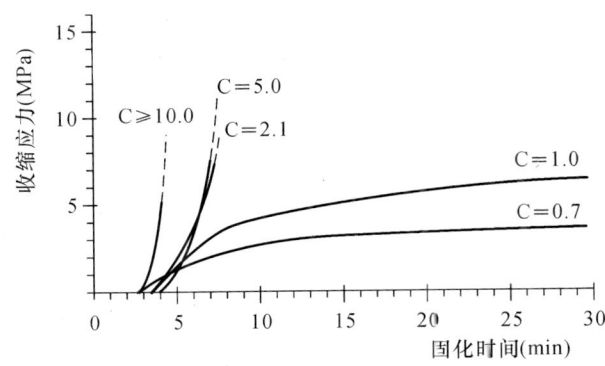

图6-9 Silar复合树脂在不同外形因子值的洞型中界面收缩应力

Dauvillier BS, Aarnts MP, Feilzer AJ. Developments in Shrinkage Control of Adhesive Restoratives. J Esthet Dent, 2000; 12:291-299

复合树脂修复体的边缘密合性还与复合树脂的吸水率大小有关。复合树脂有吸水后膨胀的特性，可以部分补偿体积收缩，但是，复合树脂的吸水率很小，因此，依靠吸水率提高充填体边缘密合度的作用极为有限。

从理论上讲，复合树脂中的无机填料含量越多，聚合收缩就越小，边缘密合性就越好。但是，一些实验结果表明情况并不如此简单。Chimello等比较了流动性复合树脂与混合填料型复合树脂在离体牙V类洞的边缘微渗漏情况，结果表明，无机填料较少的流动性复合树脂的边缘微渗漏情况与无机填料较多的混合填料型复合树脂的边缘微渗漏情况没有显著性差异，并认为复合树脂的边缘密合性与复合树脂的弯曲弹性模量有关，低弹性模量的材料边缘密合性较好。

虽然目前尚不能消除复合树脂的聚合收缩，但可以通过选择材料、黏结剂、洞型及充填技术可以减小因聚合收缩造成的边缘不密合问题。

为了提高复合树脂修复体的边缘密合度，除了应用黏结技术外，还可应用以下技术来提高修复体的边缘密合度：

（1）分层（incremental）固化技术

尽管还有一些争论，但大多数学者认为分层固化技术可提高复合树脂修复体的边缘密合度。这种技术也是基于增加自由面所占比例的原理的，适用深洞或大面积缺损修复。对于较深的洞，可分若干层进行充填固化，每充填一层，随后进行固化，固化后的自由面不得进行任何处理，直接充填第二层，再进行固化，以此类推。实验研究表明，在应用分层固化技术时，只要保证各层间不受任何污染，层与层之间的结合就会是牢固的。分层固化技术不但可以提高复合树脂修复体的边缘密合度，还可以解决深洞或大面积缺损复合树脂固化深度不足的问题。

（2）软起动（soft-start）光固化技术

即光照固化时，先用低强度光照射一段时间（10～20 s），然后用高强度光照射。此技术基于如下原理：复合树脂的固化过程包括两个阶段，在聚合初期，单体之间先结合成较长的链段，在这一阶段，链段间还可以相互滑移，宏观上表现为材料具有一定的流动、变形能力，材料可通过变形（从自由面向洞壁流动变形）来补偿体积收缩。在聚合后期，链段间相互结合成网状结构，材料发生凝胶化（gel point），失去流动、变形能力，材料的体积收缩会在材料与牙齿界面产生剥离力，这种剥离力正是导致边缘密合差的主要原因。软起动光固化技术则是通过低强度光照射来延长材料固化的第一阶段，使材料通过流动变形最大限度地减少第二阶段的体积收缩，进而减少界面的剥离力，提高边缘的密合性。软起动光固化技术并不影响材料的力学性能。目前，市场上已出现多种具有软起动功能的光固化机。

如果没有软起动光固化灯，可以用一般的光固化灯，只是在光照初期将光固化灯的光头离开修复体一定距离，随后尽量使光头接近修复体，并适当延长光照时间。

（3）玻璃离子体水门汀垫底的"夹层技术（sandwich technique）"

由于玻璃离子体水门汀对牙齿硬组织有良好的黏结性能，边缘封闭性好，并具有释氟功能，因此，对于中等深度以上窝洞用复合树脂充填修复时，用玻璃离子体水门汀进行垫底，可以有效改善洞底材料边缘的密合性，减少边缘微渗漏，增强相邻牙齿硬组织的抗龋性能，减少或消除对牙髓组织的刺激。

（4）使用低弯曲弹性模量的复合树脂

流动性复合树脂或黏结性树脂在各个洞壁垫一层，低弯曲弹性模量复合树脂能在黏结界面均匀分散聚合收缩产生的应力，避免局部出现应力集中。

（5）复合树脂嵌体技术

就是用直接或间接的方法将复合树脂制备成窝洞嵌体，然后再将嵌体黏结于窝洞中。采用直接法初步将复合树脂制备成窝洞嵌体后，一般要对嵌体进行体外二次固化，二次固化应在半小时内进行，因为，随着时间的延长，二次热固化的效果越来越差。采用复合树脂嵌体技术，不但可以消除复合树脂固化过程中体积收缩对边缘密合性的影响，而且还能使复合树脂固化更加完全、均匀，提高修复体的力学性能。

五、可塑性（plasticity）

化学固化复合树脂需在 1 min 内完成调和，调和后具有可塑性，须即时使用，随后很快呈凝胶状，失去可塑性，在室温和口温下 3～5 min 结固。须待材料结固后，才能修整外形和抛光。

光固化灯照射前，光固化复合树脂有较长的可塑期，可充分修整形态，最后用光固化灯照射使其结固。尽管如此，光固化复合树脂在环境光线照射一段时间后，材料的表面流动性会下降，有些材料甚至会发生固化而失去可塑性。

六、吸水性和溶解性（absorption and solubility）

吸水性和溶解性是反应复合树脂耐水解的重要指标，我国国家医药行业标准规定，复合树脂的 7 天吸水值应小于或等于 40 $\mu g/mm^3$，7 天溶解值应小于或等于 7.5 $\mu g/mm^3$。复合树脂吸水后容易使无机填料和有机树脂中可溶性成分析出，并可使有机树脂与无机填料间的化学键破坏，降低材料的强度和耐磨性能。影响复合树脂吸水率和溶解率的因素较多，其中有机树脂的含量是重要因素之一，有机树脂含量多，无机填料含量少，则吸水率大。例如，超微填料复合树脂的吸水率较其他复合树脂大。

复合树脂吸水后导致修复体膨胀，可抵消一部分聚合收缩，提高边缘密合性，但材料机械性能有所下降。一般复合树脂入水后 7 天即可达到吸水平衡。

复合树脂溶解性与填料种类和单体转化率有关。复合树脂的无机填料水解后可溶出离子，含有重金属氧化物的玻璃粉（如钡、锶玻璃粉）较石英粉更易水解。复合树脂中的残余单体也会在水中缓慢析出，已聚合的树脂在水环境中长期存在，也可能发生水解，生成小分子而析出。因此，填料和树脂基质的化学降解可以部分解释目前复合树脂有限的耐用期。

七、色泽和抛光性（shade and polishing）

复合树脂固化后的色泽与牙齿接近，可达到牙齿美容修复。化学固化复合树脂可供选择的颜色较少，而且在调和过程中，材料中容易混入气泡，因此在打磨抛光后表面往往有许多微小凹陷，容易黏附色素等，使修复体变色。光固化复合树脂在使用时不必调和，打磨抛光后表面无凹陷，不易黏附色素，而且光固化复合树脂可提供多种色泽的材料供临床选用。

复合树脂的抛光性能与其所含无机填料的大小密切相关。由于传统大颗粒填料型复合树脂的填料颗粒粗，不能抛光，或抛光后无机填料暴露，表面粗糙，易沾污染色。超细填料复合树脂和混合填料复合树脂具有良好的抛光性能，可达到接近釉质的状态。超微填料复合树脂的填料颗粒极细，因此该材料可高度抛光，达到釉质样光泽，表面光洁，不易沾污染色。复合树脂光滑的表面不但可以提高美观性，而且还可以提高材料表面的耐磨性能。

复合树脂修复体长期使用后会发生色泽改变现象，产生的原因主要有两方面，即内源性变色和外源性变色。内源性变色是由于材料内某些物质随时间增加而变色，最终导致材料变色。例如，化学固化复合树脂固化后，材料中仍残留微量还原剂叔胺，长期氧化后叔胺颜色变深，导致材料变黄。由于光固化复合树脂中不含易变色的叔胺，因此具有良好的色泽稳定性。外源性变色是指由于色素附着于修复体上所导致的变色，例如，由于修复物边缘不密合，导致色素渗入，使修复体边缘变色；由于修复物表面粗糙，不够光洁而导致有色物附着，引起表面变色。外源性变色较内源性变色更易发生。

八、力学性能(mechanical properties)

材料力学观点认为，修复材料的弹性模量非常重要，它应当与牙齿硬组织相同或相近。其次，修复材料的压缩强度、弯曲强度及断裂韧性等都应与牙齿硬组织相匹配。牙本质的弹性模量为12～18 Gpa，牙釉质为46～120 GPa，因此，传统大颗粒填料型、超细填料型及混合填料型具有与牙本质相近的弹性模量，修复牙本质效果最好。修复牙釉质时，现有的复合树脂材料的弹性模量都远小于牙釉质，受力时比牙釉质容易变形，两者界面部位易发生应力集中，导致结合破坏。

复合树脂具有较好的力学性能，质地坚韧而不易脆裂折断，是力学性能最好的牙色充填修复材料。不同复合树脂的力学性能差异较大，目前有些牌号复合树脂力学性能已有明显提高，压缩强度可达415 MPa，弯曲强度达132 MPa，努氏硬度达66 kg/mm^2。但作为树脂类充填料机械强度究竟要达到多少？以往总以银汞合金的数据来对比要求，而二者毕竟有质的差别。复合树脂作为后牙充填料，主要是耐磨损性能差，充填物形态低凹，远期密合度随着磨损而出现缝隙，但折断很少，而强度和硬度与磨损性相互关系尚不清楚。

材料的压缩强度和弯曲强度是表征材料抵抗咀嚼压力的重要指标，具有较高压缩强度和弯曲强度的材料，在口腔中能有更长的使用寿命。当修复材料比较薄时，弯曲强度尤为重要，材料弯曲强度高，就不易因局部受压而折断。

复合树脂的力学性能受到无机填料的含量、填料与树脂基质的结合强度、填料颗粒粒度及其分布的影响。填料的含量对复合树脂的强度和弯曲弹性模量有密切的关系。一般说来，填料量越高，机械强度越好。通过增加填料含量、降低填料粒度可以改善复合树脂的强度，提高耐磨性能。

几种复合树脂的力学性能见表6-3。

表6-3 不同填料类型复合树脂的力学性能

性能	传统大颗粒填料型	超细填料型	混合填料型	超微填料型	牙釉质
压缩强度(MPa)	205～300	300～400	300～350	250～350	384
直径抗拉强度(MPa)	50～60	75～90	70～90	30～0	10～40
弯曲强度(MPa)	60～100	70～140	80～160	60～120	-
弯曲弹性模量(GPa)	9～17	15～20	8～7	3～6	46～120
努氏硬度(kg/mm^2)	50～55	50～60	50～0	25～30	408

复合树脂的弯曲弹性模量较低，受到较大咬合力时变形较大，容易破坏洞壁部位的结合，产生边缘裂隙，并使洞缘牙釉质容易折裂。

复合树脂的硬度因不同填料种类及含量差异较大。一般地，无机填料含量小，硬度则低，例如超微填料复合树脂的硬度就明显低于其他复合树脂。

复合树脂的压缩强度差异相对不大（表6-4），弯曲强度差异也不大。

表6-4 复合树脂的力学性能

性能	可压实复合树脂	流动性复合树脂	冠桥复合树脂	桩核复合树脂
压缩强度(MPa)	220～300	210～300	210～280	210～250
直径抗拉强度(MPa)	-	33～48	-	40～50
弯曲强度(MPa)	85～110	70～120	90～150	-
弯曲弹性模量(GPa)	9～12	2.6～5.6	7.5～15	-

九、耐磨损性(wear resistance)

复合树脂的耐磨性能是复合树脂充填材料的重要性能,也是复合树脂各种力学性能的综合表现。目前,复合树脂种类较多,各自的应用部位也不尽相同,它们的耐磨性能差异也较大,总体来说,目前的复合树脂耐磨性已基本能满足前牙缺损的修复,但在后牙修复时耐磨性还不足。据研究,复合树脂1年磨耗深度在50～100 μm范围,后牙复合树脂的耐磨性能优于其他树脂,后牙复合树脂3年磨耗深度在150～190 μm范围内。

复合树脂的磨耗机制至今还不十分清楚,但普遍认为与树脂基质的磨损、老化降解、无机填料的水解、脱落等关系密切。由于树脂基质和无机填料弯曲弹性模量相差较大,复合树脂承受的应力主要在树脂基质中传递,低强度树脂基质首先被磨损,磨损到一定程度,暴露的无机填料由于缺乏树脂基质强有力的固位作用而逐渐脱落。无机填料脱落后,下层的树脂基质暴露,又开始了树脂基质的磨损,如此循环下去,造成复合树脂的磨损(图6-10)。

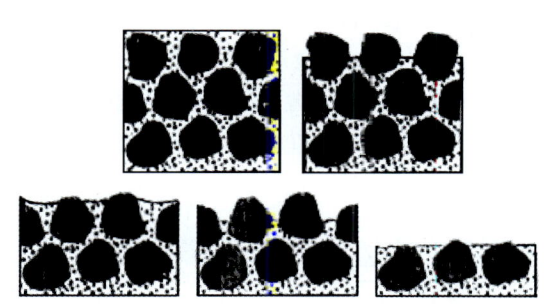

图6-10 复合树脂的磨耗机制示意图

复合树脂长期磨损与下列因素有关:填料与树脂基质间的结合,填料粒度、分布、形状及其含量,充填部位,受力大小,聚合程度,后面几项与临床应用技术密切相关。

复合树脂的耐磨性与无机填料的耐磨损性、粒度、形状、添加量和偶联剂表面处理的效果密切相关,石英粉、氮化硅、锶玻璃、钡玻璃等是耐磨性较好填料。无机填料粒度越细,复合树脂的耐磨性越好,以超微二氧化硅为填料的复合树脂(例如Durafill、Heliomolar)具有良好的耐磨性。但是,这类材料因无机填料含量少,其他力学性能较差,聚合收缩也较大。为了提高无机填料与树脂基质的结合力,一些复合树脂采用具有固位力外形的无机填料。例如,颗粒表面有许多突起或凹陷的无机填料,这些填料能与树脂基质形成良好的机械嵌合力,在磨耗过程中不易脱落,因而显著地改善了复合树脂的耐磨性。此类复合树脂的典型产品有:Solitatre、Bisfill Ⅱ。

复合树脂修复体表面光滑程度也是影响耐磨性能的重要因素。在复合树脂表面应用表面封闭剂(surface sealant)能提高表面光滑程度,明显降低磨损。

十、释氟性能(fluoride release)

有些复合树脂含有氟化物,固化后在水中能释放微量的氟离子。由于复合树脂是一种质地致密、吸水率小的材料,包裹在其中的氟化物很难像玻璃离子体水门汀那样能长期大量释放氟离子,因此,复合树脂的释氟性远低于玻璃离子体水门汀。

十一、射线阻射性(radiopacity)

现在的复合树脂大多具有射线阻射性,以利于X线检查。含有钡、锶、锆元素的无机填料可赋予复合树脂射线阻射性,而只含有二氧化硅填料的复合树脂则无射线阻射性。

十二、化学稳定性(chemical stability)

这类材料不溶于唾液,在弱酸和弱碱的溶剂中也不溶解,但溶于丙酮、氯仿中,酚类制剂对其有阻聚作用,因此不能用酚类制剂的消毒药物和含酚的水门汀作基底料。若与酚类制剂直接接触,则可影响其聚合,接触酚的表层材料不聚合,形成充填物和洞缘间缝隙。

十三、生物学性能
(biological properties)

未固化的复合树脂含有多种化学物质,其中的有机物质,如 Bis-GMA、TEGDMA,有一定的细胞毒性,对某些人有致敏性。复合树脂固化后,上述有机物质大多已聚合,成为无毒、无刺激的聚合物,具有良好的生物相容性,可以安全地用于牙齿修复。但是,固化后的复合树脂仍有少量的残余单体,这些残余单体可以缓慢析出,在某些情况下对相邻的牙髓组织或牙龈产生轻微刺激作用,而且这种刺激作用与残余单体量密切相关。因此,提高复合树脂的固化程度,可以改善其生物相容性。

临床应用发现,用复合树脂充填修复后牙齿容易出现术后敏感症状,有的甚至出现术后牙髓炎性反应。对于出现这些症状的原因,目前尚未有确切的定论,但多数学者认为并非是材料本身刺激牙髓的结果,而是复合树脂修复体边缘微渗漏所致。渗入洞壁内的细菌及其代谢产物对牙髓有刺激性,可使牙髓充血、水肿、细胞浸润,出现术后敏感等牙髓刺激症状。

用复合树脂充填窝洞时,如果窝洞很深,洞底接近牙髓,应当先行垫底,然后充填复合树脂。推荐使用玻璃离子体水门汀或聚羧酸锌水门汀垫底,不可用氧化锌丁香油水门汀直接在复合树脂下垫底,因为该水门汀含有影响复合树脂固化的丁子香酚。

由于口腔科医护人员长期接触未固化的复合树脂,容易出现接触性皮肤过敏等。因此,医护人员的安全防护很重要,医护人员应尽量不要用裸手接触未固化的材料。

十四、包装及用法
(packing and manipulation)

化学固化复合树脂一般有粉、液包装和双糊剂型包装两种(图 6-11),使用时调和粉、液或两糊剂,在一定范围内调整粉液比或两糊剂的比例,可

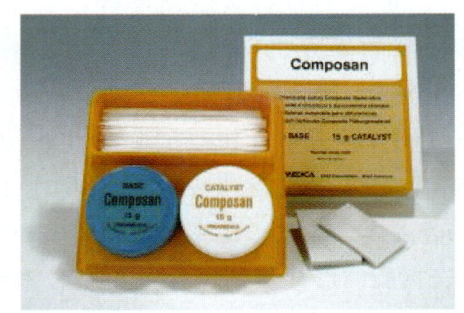

图 6-11 双糊剂型复合树脂

以调整固化时间。光固化复合树脂为单糊剂型,一般用不透光的塑料管(syringes)包装(图 6-12),一端装有螺旋顶杆,使用时旋进顶杆,挤出适量材

图 6-12 管状包装及子弹头包装的光固化复合树脂

料。有些光固化复合树脂还包装在很小的塑料小管内,称为子弹头(capsules)包装(图 6-13)。将子弹头安装在专用的注射枪上,可以将材料直接注入牙齿窝洞中,使用极为方便。目前,套装的复合树脂材料一般都配有酸蚀剂、黏合剂和涂黏结剂用的小毛刷。

在调和、充填过程中应当使用塑料调拌刀及器具,金属器具可使复合树脂染成金属灰色。用后应即时清洗器具,以免材料固化后难以去除。

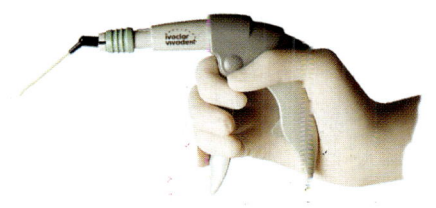

图 6-13　子弹头包装的复合树脂可以用专用枪将材料直接注入窝洞

十五、应用（application）

传统大颗粒填料复合树脂目前在临床已很少应用。双糊剂型复合树脂在一些后牙复合树脂中有应用，也可用于桩核的制作。

前牙用复合树脂主要用于Ⅲ、V类洞的修复以及对美观要求高的Ⅳ类洞修复，还可用于前牙贴面修复。

前、后牙通用复合树脂虽然声称可用于后牙修复，但是，其中许多产品用于后牙修复时只能修复体积较小的缺损，后牙较大面积的缺损修复效果并不理想。

可流动复合树脂适合于咬合力较小部位缺损的充填修复，如Ⅲ、Ⅳ及浅Ⅴ类洞的修复及微小Ⅰ类洞修复、𬌗面窝沟点隙的扩大性封闭等，也可用作不宜接近部位的垫底材料。

复合树脂修复体形态修整可采用细金刚石牙钻，然后用磨光牙钻磨平，也可采用砂片、砂条湿磨法，原则上是从粗到细。在临床上如果修复体形态良好，无明显不平，可采用较细的砂片湿磨法，如600～800号湿磨砂片、防水砂片，然后，用绒轮、抛光膏抛光。如果没有专用抛光膏，可选用优质白色牙膏进行抛光。

第四节　聚酸改性复合树脂材料
（polyacid-modified composite resins）

聚酸改性复合树脂又称复合体（compomer），是一种复合树脂和玻璃离子体水门汀的杂化材料，既具有接近复合树脂的强度和单糊剂剂型特点，又具有玻璃离子体水门汀的氟释放特性和对牙齿的良好黏结性。名称"复合体（compomer）"是由名称"复合树脂（composite）"的词头"复合（comp-）"和名称"离子体（ionomer）"的词尾"体（-omer）"组合而成。

复合体材料是在玻璃离子体水门汀和复合树脂的基础上发展起来的，玻璃离子体水门汀具与牙齿黏结强度好及较好的释氟性能优点，但是存在着脆性大、强度低、完全固化时间长、固化过程中对水敏感等问题，限制了该材料的应用。复合树脂虽然具有较好的力学性能和美观性能，并且能快速固化，但是，复合树脂本身也存在着与牙齿黏结强度低、体积收缩明显、释氟性能差等问题。1993年美国Dentsply公司推出一种兼顾玻璃离子体水门汀和复合树脂特点的新型材料——复合体材料Dyract，随后其他一些公司相继推出了复合体材料，如：Compoglass F（Vivadent）、F2000（3M公司）等（图6-14）。

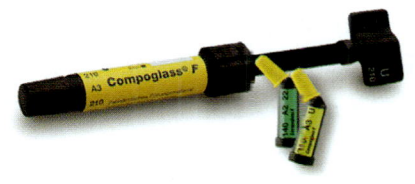

图 6-14　复合体材料

一、组成（composition）

复合体在组成上与复合树脂相似，也主要由树脂基质、无机填料、引发体系组成，但成分有较大差异。典型复合体的基本组成见表6-5。

表6-5 典型复合体的基本组成

成分	作用
二甲基丙烯酸聚氨酯树脂（如UDMA）	树脂基质
分子链上带有羧基的二甲基丙烯酸酯	赋予光固化和离子交联双重固化
二甲基丙烯酸甘油酯	稀释剂，赋予亲水性能
氟铝硅酸钙玻璃粉	增强、降低聚合收缩、长期释氟
樟脑醌	光敏引发剂
甲基丙烯酸二甲氨基乙酯	促进剂

复合体的树脂基质主要由二甲基丙烯酸聚氨酯树脂（如UDMA）、分子链上带有羧基的二甲基丙烯酸酯、二甲基丙烯酸甘油酯等组成。二甲基丙烯酸聚氨酯树脂黏度较大，赋予材料黏性、流变性和良好的操作性能。分子链上带有羧基的二甲基丙烯酸酯是一种酸性亲水性功能性单体，其羧基具有玻璃离子体水门汀中聚丙烯酸上的羧基功能，可被多价金属阳离子所交联。二甲基丙烯酸甘油酯是一种稀释交联剂，交联后分子结构上有亲水性的羟基，赋予固化后的复合体亲水性，以利于水分在材料内部吸收与扩散，便于氟离子的释放。氟铝硅酸钙玻璃粉是一种可长期释放氟离子的无机填料，具有碱性，除了具有类似一般复合树脂中无机填料的增强作用外，该玻璃粉还能与羧基反应。玻璃粉的重量分数一般为73%～85%，体积分数47%～67%。

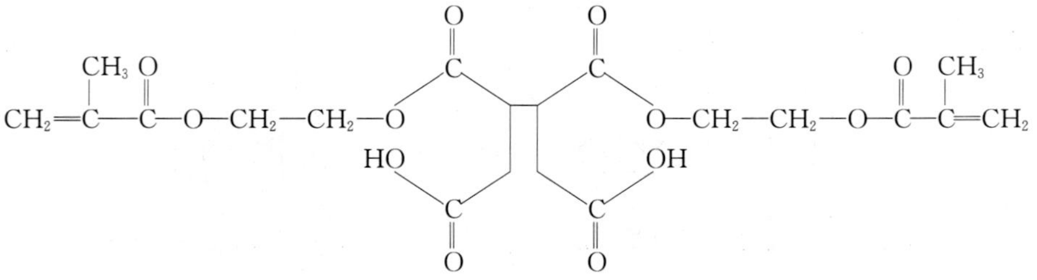

分子链上带有羧基的二甲基丙烯酸酯

二、固化反应（setting reaction）

复合体的固化过程分两个阶段，当材料充填入窝洞后，首先进行光照固化，以便材料快速获得良好的性能。光照固化的机制与复合树脂相同，主要是光敏引发剂产生的自由基引发二甲基丙烯酸酯上的双键聚合、交联（图6-15）。当材料固化后，在口腔多水环境中不断缓慢吸收水分，吸收的水分使交联分子上的羧基解离羧酸根，玻璃粉也在水分中释放出钙、铝、氟等离子，多价的钙、铝离子能与羧酸根形成离子键、配位键等，使交联分子进一步交联固化，而氟离子是一价阴离子，不具备交联功能，但会缓慢释放出来。由于光固化的材料的吸水过程缓慢，所以这种离子交联固化会持续很长时间。

三、性能（properties）

（一）释氟性能（fluoride release）

复合体具有长期释氟性能，但其释氟量较玻璃离子体水门汀低，而且不同品牌的产品差异也较大。一般说，复合体在充填牙齿后最初几周氟离子释氟量较大，随后，随着时间的延长，氟离子释放量逐渐减少，但比较持续。不过复合体没有玻璃离子体水门汀那样的初期（第一天）暴发性释氟现象。

复合体在不同的介质中释放氟离子的情况也不同，在酸性介质中比在中性介质中释放更多的氟离子（图6-16）。目前尚不清楚经过几年的释放后，氟离子释放量是否还足以预防龋病的发生。体

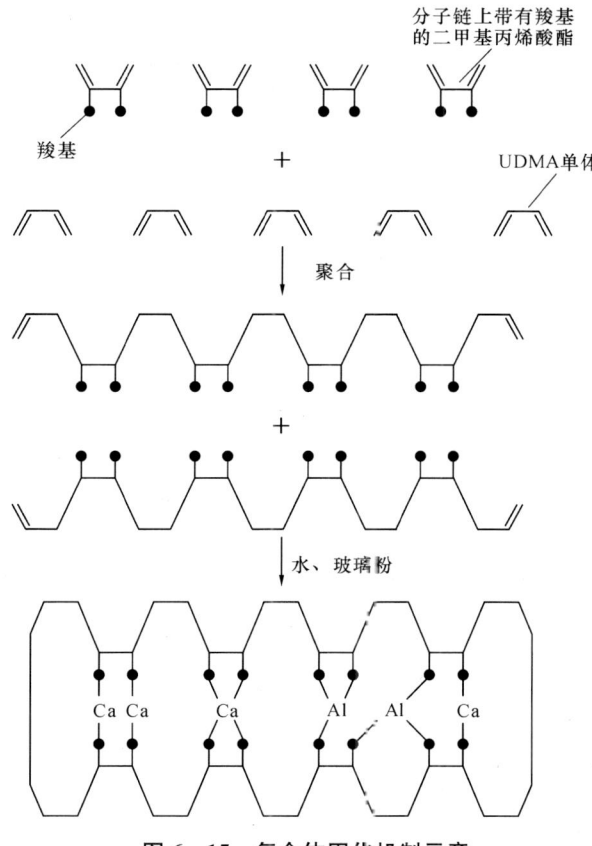

图 6-15 复合体固化机制示意

外模拟试验表明,由于复合体释放氟离子能力明显低于玻璃离子体水门汀,在抑制人工龋能力方面略低于玻璃离子体水门汀。

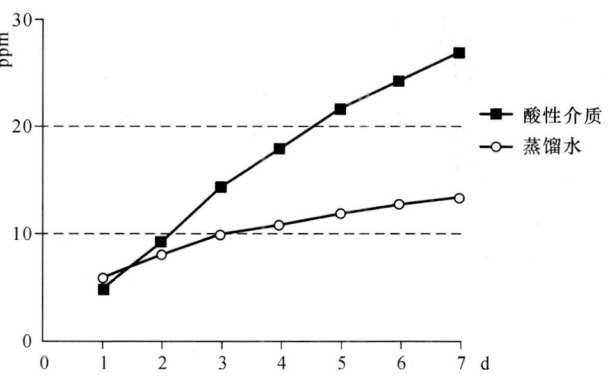

图 6-16 复合体 F2000 在酸性介质及蒸馏水中氟离子的累积释放量

在用复合体充填修复牙齿缺损时,如果使用黏结剂,黏结剂可以封闭与牙齿接触的复合体表面,影响氟离子的释放,特别影响短期内氟离子的释放。

另外,目前也没有研究证实复合体具有从口腔环境中吸收氟离子,然后再缓慢释放的能力,而玻璃离子体水门汀则具有这种功能,这种功能可赋予材料长期防龋能力。

(二) 力学性能 (mechanical peroperties)

复合体的力学性能较玻璃离子体水门汀好,但低于复合树脂(表 6-6)。

表 6-6 复合体与玻璃离子体水门汀、复合树脂力学性能比较

性 能	GIC	复合体	复合树脂	
			超微填料型	混合型
弯曲强度 (MPa)	10～15	65～120	40～70	100～140
压缩强度 (MPa)		280～350	400～500	350～450
直径抗拉强度 (MPa)	4.5～6.5	25～40	25～40	36～55
弯曲弹性模量 (GPa)		5～12	2.4～3.5	8～20
固化收缩 (%)		2.0～2.5	2.5～3.5	1.5～3.0
X 线阻射性	无	很好	无	很好
抛光性	较差	可以	很好	好
耐磨性能	较差	尚可	较好	较好

复合体的力学强度在最初光照固化之后,随着在口腔环境中时间的延长(7～30 d),还会逐渐增高,并趋向于某一极值,这是由于复合体长期存在于多水环境中,会缓慢吸收微量水分,启动材料内的酸碱反应。

复合体的耐磨性能比玻璃离子体水门汀好,但比复合树脂差。与复合树脂相比,复合体的无机填料(玻璃粉)颗粒较粗,这可能是复合体耐磨性比复合树脂差的主要原因之一。

(三) 黏结性能 (adhesion)

复合体本身对牙齿硬组织的黏附性低于玻璃离子体水门汀，因此，复合体常需要与专用黏结剂联合应用。套装复合体产品一般均配有黏结剂系统，大多数的黏结剂系统由酸蚀剂、底涂剂(primer)和黏结剂(adhesive)组成。使用配套的黏结剂系统，复合体对牙釉质的黏结强度可达18 MPa，对牙本质的黏结强度可达14 MPa。不过不同品牌的产品黏结强度差异较大。

在某些情况下（非咬合力承受区域）应用复合体时，可以不必对牙釉质和牙本质进行酸蚀，这样可以减少操作步骤，方便应用，但也会在一定程度上影响黏结强度。有些产品声称应用时可不必酸蚀，但研究表明，在涂黏结剂前酸蚀牙本质或牙釉质，能显著提高黏结强度（图6-17）。

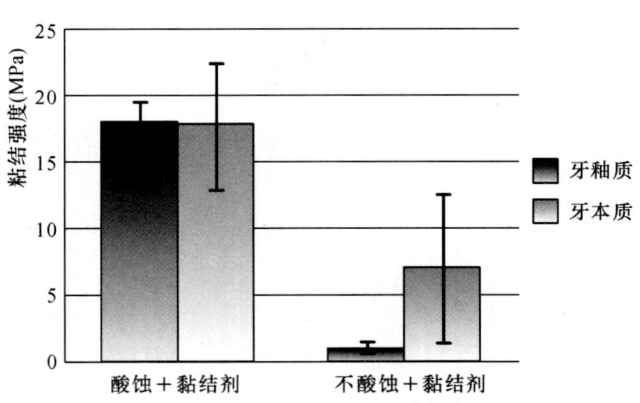

图6-17 酸蚀牙本质或牙釉质能显著提高黏结强度

(四) 吸水性 (absorption)

由于复合体基质树脂上有较多的亲水性基团，而且其进一步的阳离子交联反应也需要水分，所以复合体的吸水率较高，在口腔内6个月后能吸收大约自身体积3%的水分，而复合树脂则大约为1.3%，玻璃离子体水门汀为5%～9%。复合体吸水后体积有轻微膨胀，最高可达2%，可以部分抵消材料聚合引起的体积收缩，有助于提高修复体的边缘密合性。

(五) 热膨胀系数 (coefficient of thermal expansion)

复合体的热膨胀系数为$(15\sim40)\times10^{-6}\cdot K^{-1}$，明显大于牙齿硬组织的热膨胀系数$[(8\sim11)\times10^{-6}\cdot K^{-1}]$。

(六) 边缘密合性 (marginal sealing)

复合体固化过程中的聚合收缩略大于混合填料型复合树脂，其体积收缩率一般为3%，这种体积收缩可被材料随后缓慢、长期的吸水膨胀所部分抵消，因此，复合体的边缘密合性比较好。

(七) 操作性能 (handling properties)

复合体具有优良的操作性能，这也是复合体的优点之一。由于复合体树脂基质单体的分子结构上含有许多极性基团，分子间作用力较强，使材料既具有合适的黏度，又具有一定的触变性，使材料具有合适的流变性，容易充填、成形，成形后不易变形，而且不黏器具。

四、应用 (application)

复合体用于恒牙Ⅲ类洞、Ⅴ类洞、牙颈部缺损及根面龋修复，乳牙Ⅰ类洞及Ⅱ类洞修复，也可用作Ⅱ类洞的夹层材料，折裂牙的暂时修复，尚残留有一半牙冠的桩核修复。

复合体的应用过程与复合树脂基本相同，一般需要与黏结剂联合应用。

第五节 纤维增强复合树脂
(fiber-reinforced composite，FRC)

纤维增强复合树脂是一种由可聚合的树脂和纤维增强物组成的一种高分子复合材料，这类材料在工业上称为玻璃钢，早已广泛应用。近年来，纤维增强复合树脂修复材料在牙科修复方面有越来越多的应用，各种牌号的产品也越来越多，常见的这类材料有 Targis/-vectris（Vivadent/Ivoclar）、everStick（Stick Tech Ltd）（图6-18）、Fibrespan（NSI Dental Pty Ltd）、Sculpture/FibreKor（Jeneric Pentron）、Estenia/BR-100（Kuraray）、belleGlass/Connect（Kerr）。

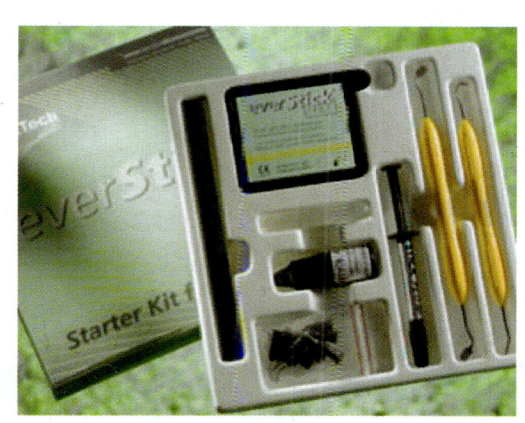

图6-18 纤维增强复合树脂材料 everStick

一、组成（composition）

纤维增强复合树脂材料一般由可聚合的树脂和纤维增强物两大部分组成，其中可聚合的树脂在组成上与前述的复合树脂基本相同，都是甲基丙烯酸酯类树脂，通常为光固化或自凝化学固化。

常见的纤维增强物有玻璃纤维、超高分子量聚乙烯纤维（ultra high molecular weight PE）、芳纶纤维及碳纤维等，其中广泛使用的是玻璃纤维和超高分子量聚乙烯纤维（表6-7）。

表6-7 常见的纤维增强物

品牌	纤维种类	编织方式	生产厂家
Connect	超高分子量聚乙烯纤维	斜向交叉	Kerr
DVA	超高分子量聚乙烯纤维	单向	Dental Ventures
Fiber-Splint	玻璃纤维	经纬交叉	Polydentia
Glasspan	玻璃纤维	斜向交叉	Glasspan
Fiberflex	芳纶	单向	Biocomp
Ribbond	超高分子量聚乙烯纤维	经纬交叉	Ribbond
Vectris	玻璃纤维		Ivoclar
Fibre-Kor	玻璃纤维		Jeneric Pentron
everStick	玻璃纤维	单向	Stick Tech Ltd
Fibrespan	超高分子量聚乙烯纤维	斜向交叉	NSI Dental Pty Ltd

不同的纤维增强物，其力学性能不同。碳纤维的拉伸模量最大，其次是玻璃纤维和超高分子量聚乙烯纤维。聚丙烯纤维强度小，模量低、伸长率大，现在已不用于口腔修复（表6-8）。

表6-8 几种纤维增强物的力学性能

纤维种类	密度（g/m³）	拉伸强度（GPa）	拉伸模量（GPa）	伸长率（%）
超高分子量聚乙烯纤维	0.97	3.0	95	4.5
芳纶	1.44	2.9	60	3.6
碳纤维	1.78~1.85	2.3~3.4	240~390	0.5~1.4
玻璃纤维	2.5~2.6	3.5~4.6	72~86	4.8~5.2
聚丙烯纤维	0.90	0.6	6	20

增强纤维与树脂间的结合对复合材料的性能影响很大,如果增强纤维与树脂间结合不好,则不但没有一个良好的粘结合界面来传递应力,反而会产生应力集中,使复合材料力学性能变差。因此,为了提高增强纤维与树脂间的结合,通常要对增强纤维进行表面处理。

一般用硅烷偶联剂处理玻璃纤维表面。常用的硅烷偶联剂是γ-甲基丙烯酰氧丙基三甲氧基硅烷(γ-MPTS),其偶联机制与复合树脂无机填料表面偶联机制相同。超高分子量聚乙烯纤维与树脂间结合强度较低,其表面必须经过特殊处理,一般采用低温等离子体(cold gas plasma)处理。低温等离子体处理能很容易在超高分子量聚乙烯纤维表面引入极性基团或活性点,它们或者与树脂形成化学键,或者增加了与树脂之间的范德华作用力,改善了树脂对纤维的润湿性,提高了树脂与纤维间的结合。

增强纤维的编织方式对复合材料的力学性能有重要影响。增强纤维有无纬(单向)纤维束或带(unidirectional fibers bundle)、斜向交叉编织带(braided)、经纬交叉编织纤维带、片(woven fibers bundle or sheet)。单向纤维束和斜向交叉编织带的纤维并行或有小角度的编织,纤维长轴方向基本一致,在长轴方向上拉伸强度极高,模量也较大,伸长率低,可赋予复合材料较高的刚性和坚韧性,适用于前、后牙的桥体主梁,牙周夹板,表面固位体,嵌体、高嵌体或混合型桥体,但单向纤维束不易贴合牙冠轮廓和外形。这一类的代表性产品有 Kerr 公司的 CONNECT 纤维(图6-19a)。交叉编织纤维由经向纤维和纬向纤维编织而成,交叉编织纤维带的经向纤维(即带的长轴方向的纤维)通常远较纬向纤维粗,纬向纤维的作用主要是将经向纤维牢固地捆绑在一起,因此,交叉编织纤维带也适用于前、后牙的桥体主梁、牙周夹板等,经纬交叉编织的网特别适合牙冠修复。具有代表性的经纬交叉编织纤维带产品有 Ribbond 公司 Ribbond 纤维(图6-19b)。

a. CONNECT 纤维的编织结构

b. Ribbon 纤维的编织结构

图6-19 纤维的编织结构

无纬(单向)纤维带的剪断口的纤维容易散开,特别是未用树脂预浸的更明显,而交叉编织纤维带则断口纤维不易散开(图6-20)。交叉编织纤维片为经向纤维和纬向纤维交叉编织的薄片纤维制品,虽然在单一方向上增强效果不如单向纤维,但在各个方向上均增强材料强度,可同时承受不同方向的应力,适合于制作冠类修复体,使用时至少需要两层。

图6-20 交叉编织纤维带则断口纤维不易散开

一般厂家提供的增强纤维表面均已处理过,有些产品已经用树脂预浸过(preimpregnated)。所谓预浸就是在纤维表面包裹上一层可聚合的树脂,以方便使用。有些产品需要在使用时用厂家提供的树脂或黏结剂预浸纤维。纤维的增强效果和应用时的易操作性是通过纤维的预浸树脂来保证的。因此，增强纤维的良好预浸是保证纤维增强效果的关键（表6-9）。常见的这类产品有：FibreKor（Jeneric/Pentron）、Vectris（Ivoclar）、Splint-It（Jeneric/Pentron）。

表6-9 预浸与未预浸纤维优缺点比较

	预浸纤维		未预浸纤维
优点	较高的机械性能	缺点	难以充分浸透树脂
	树脂包覆纤维好		弯曲性能较低
	临床操作步骤少		操作麻烦、费时
	操作性能好		容易污染纤维表面
缺点	不能自我选择预浸树脂	优点	能自我选择预浸树脂

二、性能（properties）

纤维增强复合树脂存在结构不均匀性或结构组织质地的不连续性，而且其性能与树脂基质及纤维增强物的种类、含量等密切相关。纤维增强复合树脂的整体性能并不是其各组分材料性能的简单叠加或者平均，这其中涉及到一个复合效应问题。复合效应实质上是原相材料及其所形成的界面相互作用、相互依存、相互补充的结果。它表现为纤维增强复合树脂的性能在其组分材料基础上的线性和非线性的综合。

纤维增强复合树脂具有比强度高、比模量大、抗疲劳性能好等优点，但是，纤维束或带增强的复合树脂材料存在着力学性能各向异性，顺纤维长轴方向有较大的强度，而与纤维长轴垂直方向的强度较低。经纬交叉的纤维网或片增强的复合树脂材料具有力学性能各向同性。

纤维增强复合树脂材料的弯曲强度在192～386 MPa范围内，断裂韧性为20 kJ/m²，显著大于复合树脂材料，甚至大于金属烤瓷材料的弯曲强度。但其弯曲模量较低，在8.9～15.5 GPa范围内，远低于金属烤瓷材料，因此，用纤维增强复合树脂材料制作较长的桥修复体，可能会对基牙产生扭力，导致基牙倾斜。

在纤维增强复合树脂材料中，增强纤维的高强度、高模量特性，使其成为主要的承载体，它们依靠具有一定黏结性的基体材料牢固地黏结起来，形成一个整体而具有共同承载的能力。纤维的种类、用量、编织方式、在修复体中所处位置及纤维与树脂间结合效果均对材料的弯曲强度产生影响。研究表明，在一定的范围内，随着增强纤维体积分数的增加，复合材料弯曲弹性模量和弯曲强度也随之增加，但这并不意味着纤维含量越大越好，当纤维含量超过一定量时，其强度反而大幅度降低。

由于没有金属基底，用纤维增强复合树脂材料制作冠、桥修复体具有优良美观的性能，可呈现自然的半透明性。

三、应用（applicaton）

纤维增强复合树脂可用于后牙残冠的直接充填修复、临时冠桥修复、半永久性冠桥修复、制作𬌗导板、制作桩核、树脂黏结桥等。半永久性冠桥最好在技工室模型上制作，在某些情况下也可以在口腔内直接制作。半永久性冠桥的使用寿命从1～2个月到1至1年半，而更长期的有效性还缺乏保证。

纤维增强复合树脂还可用于修补义齿基托、松动牙齿的固定（牙周夹板）。此外，纤维增强复合树脂还可以取代金属用于桩核系统，因为它能克服根折、金属腐蚀等不利因素，而且弯曲弹性模量为21 GPa，与牙本质相似，受到侧向力时不易对牙齿造成损害，有利于应力沿桩的长轴分布，具有良好的前景。

用纤维增强复合树脂制作修复体，既可在口腔内直接制作，也可在体外间接制作，最后黏结到牙齿上。直接制作法一般用于简单的修复体，复杂修复体多在体外间接制作。

如果使用的是未经树脂预浸的纤维增强物，则要求临床应用前进行树脂预浸。预浸时要充分，因为树脂预浸的好坏对纤维增强复合树脂的性能有很大影响。

纤维增强物的用量应适当,不能过多或过少。纤维增强物用量过多,会造成起黏合作用的树脂减少,修复体的强度会下降;纤维增强物用量过少,修复体的弯曲强度及弯曲模量未能充分提高,修复体也容易折断。

应用时,应当用干净的镊子拿取纤维增强物,而不要用手拿取(戴乳胶手套也不行),特别是未预浸树脂的纤维增强物,以免污染其表面,影响纤维与树脂的结合。剪裁纤维增强物时,最好用陶瓷剪刀,在使纤维增强物就位及成形时,应使用专用的塑料棒或玻璃棒进行。

第六节 光固化光源(light-curing unit)

光固化灯是牙科光固化复合树脂及黏结剂固化用的光源,其性能对复合树脂及黏结剂的固化有重要的影响。早在1970年代中期,美国Dentsply公司推出第一代牙科光固化灯Nuva Light,这是一种能射出紫外光的硕大装置,该灯不但固化深度浅,而且射出的紫外光对人眼、皮肤黏膜有危害。随后人们转而使用波长接近紫外光的蓝色可见光固化灯作为复合树脂固化光源。经过多年的发展,光固化灯的种类及性能有了很大提高,目前临床上应用的光固化灯有卤光灯、速效卤光灯、发光二极管灯、等离子弧光灯及氩激光灯。

用以评价光固化灯的重要指标有光强、光波长、光发热量、光源寿命、便携性等。光强又称亮度、功率密度,是光固化灯光出口单位面积每秒发射光子的数量,单位是 mW/cm^2。根据输出光强度将光固化灯分为高亮度(high intensity)、中等亮度(medium intensity)及低亮度(low intensity)3个级别。高亮度光固化灯光强大于 $1\,000\ mW/cm^2$,中等亮度光固化灯的光强在 $400\sim1\,000\ mW/cm^2$ 范围内,低亮度光固化灯的光强小于 $400\ mW/cm^2$。光波长是光源发射波长的有效带宽,光波长应与复合树脂中光敏剂的吸收波长相近或一致。

一、普通卤光灯(halogens)

普通卤光灯是目前临床上应用最广、历史最长的光源(图6-21)。普通卤光灯因品牌不同而

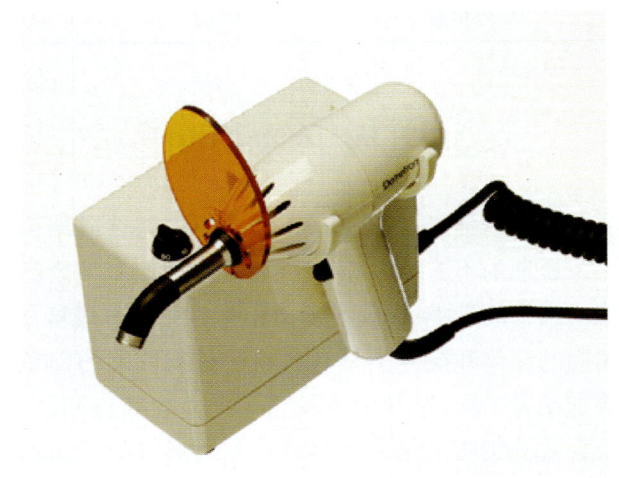

图6-21 普通卤光灯

有较大差异,其输出光波长在 $400\sim510\ nm$ 范围,光强为 $400\sim650\ mW/cm^2$。卤光灯的灯泡为卤-钨灯泡,这种光源发射出白光,经滤光片滤过后只能透过适合牙科材料的蓝色光。因此,滤光片的质量对输出光的波长有很大影响。卤光灯的光产热相对较低,对口腔软硬组织刺激不大,对各种复合树脂及黏结剂均能固化,但固化速度较低,需要长时间照射(20~40 s)。普通卤光灯价格较低,但灯泡容易老化或烧坏,反光膜及滤光片也容易老化,老化后光强下降,固化效果变差。目前常见的普通卤光灯品牌有:Ultra-Lume(Bisco)、Spectrum 800(Dentsply)、CU-80(Rolence

Enterprice)、Astralis 7(Ivoclar Vivadent)、VIP(Bisco)、Ortholux XT(3M)。

速效卤光灯(fast halogen)又称为高亮度(high intensity)卤光灯,它是一种通过采用较高输出功率的灯泡和(或)能将光线进行聚焦的导光棒(turbo tip)来实现高输出光强的卤光灯,具有较高的输出光强(>850 mW/cm^2)。目前常见的速效卤光灯品牌有:Optilux 501(Kerr)、Lunar TA(First Medica)、Hilux 250 TA(New Wave Dental)、Ortho 1 000(Dentronix)、Jetlite 4 000 Plus(Morita)、Ultra-Lite 5(Rolence Enterprice)、Coe Lunar TA(GC)。

二、发光二极管光固化灯 (light emitting diode,LED)

发光二极管光固化灯是以大功率发光二极管阵列芯片为光源,具有如下特点:①光波波长分布窄(435~485 nm,峰值波长 467 nm),与复合树脂常用光敏剂樟脑醌的吸收波长吻合性高。②虽然光强度不是很高,但有效波长范围的光强度较高,因而引发效率高。③固化深度与一般卤光灯及速效卤光灯相似。④光线发热小,对口腔软硬组织的热刺激小,特别是对牙髓组织的热刺激小。⑤体积小,无电源线,携带方便。⑥风扇功率小,因此产生的噪音小。⑦寿命长,LED 寿命可达上万小时,在正常的临床使用条件下,LED 光固化机不需要更换任何零件。⑧不需外接电源,充电一次可照射 43 min。⑨目前常见的发光二极管光固化灯品牌有:L. E. Demetron 1(Kerr)、CoolBlu(Dental Systems International)、DentLED(Dent LED)、Elipar(3M ESPE)、Flash-lite(Discus Dental)、E-Light(GC)、Rembrandt Allegro(Den-Mat)、SmartLite iQ(Dentsply)、Translux Energy(Heraeus Kulzer)、VersaLux(CENTRIX Inc)、Falmlight(Cao Group)(图 6-22)。

图 6-22 发光二极管光固化灯 L. E. Demetron 1(Kerr)

三、等离子弧光灯(plasma arc)

等离子弧光灯技术利用电弧,在充满氙气的灯泡中,在两极之间激发强烈的白光。其光线比卤光灯的光线更强。由于具有高电压并且产生高热,等离子弧光灯泡需要安装在有基座的设备中,其光线通过较长且能弯曲的光导纤维束传出,而不是采用卤光灯那样的"枪"型设计。等离子弧光灯和卤光灯一样都需要滤光片,其输出光强大,有效波长范围集中在引发剂吸收范围,因而固化速度快,照射时间短,可在 3~5 s 内固化复合树脂。但是,等离子弧光灯价格较高,体积大,光线产热大,患者耐受性较差,操作不方便。目前常见的等离子弧光灯品牌有:PowerPAC(American Dental Tech)、Apollo Elite(DMD)、Ultra-Lite 180A(Rolence Enterprice)、Q-Lux Plasma 100(Rolence Enterprice)、Kurelight(Kreativ)、ARC Light(Air Techniques)(图 6-23)。

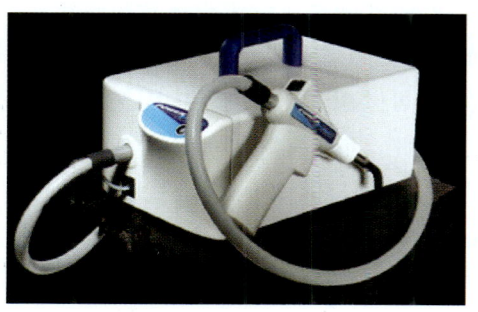

图 6-23 等离子弧光灯 Power PAC (American Dental Tech)

四、氩激光灯(argon laser)

氩激光灯由氩原子激活发出蓝绿色的光,形成一些不连续的波长,与大多数的光敏引发剂的吸引波长相匹配。氩激光管需要高能量供应和充分冷却,所以其光源及控制部分安装在体积较大的基座上,其光线通过较长的可弯曲光导纤维束输送到手机上。氩激光灯输出光强较大,光强随距离增大几乎不衰减,而且波长与常用光敏剂(樟脑醌)吻合性好,因而固化速度快,照射时间短。但是,由于其辐射波长范围窄且不连续,可能与个别复合树脂或黏结剂所用光敏剂的吸收波长吻合性差,反而固化速度更慢。低亮度氩激光灯产热较低,与卤光灯相似。氩激光灯体积较大,便携性差,操作复杂,而且价格高。目前常见的氩激光灯品牌有:Accucure 3 000(LaserMed)、Arago(Premier)、Spectrum(HGM)、Laser Unit(Kondortech)、Brite Smile(ILT)(图6-24)。

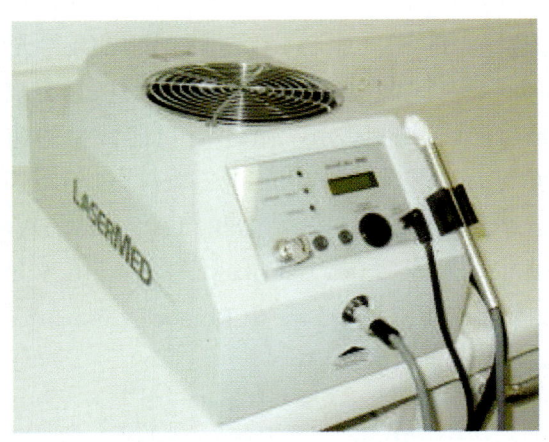

图6-24 氩激光灯Accucure 3000(LaserMed)

五种光固化灯性能比较见表6-10。

表6-10 光固化灯性能比较

	光强(mW/cm²)	输出波长(nm)	固化时间*(s)	产热	材料通用性	操作方便性	便携性	灯泡寿命	价格
一般卤光灯	400～850	390～520	25	一般	好	简单	一般	短	低
速效卤光灯	850～1 700	400～510	15～20	一般	好	简单	一般	短	一般
氩激光灯	800～1 100	470～495	20	一般	一般	复杂	差	长	高
等离子弧光灯	1 850～2 750	430～490	7～15	大	较好	复杂	差	长	高
发光二极管灯	200～400	435～485	15	小	较好	简单	好	长	一般

*复合树脂为Heliomolar,色泽为A4。

普通光固化灯的输出光强是固定不变的。一些研究表明,光固化复合树脂在光照固化初期如能用低光强的光照射一段时间,然后再用大光强的光照射固化,可以减少复合树脂中因聚合收缩而产生的应力,因此,目前一些光固化灯具有输出光强可变化功能,变化模式分为台阶式(step)和连续式(ramping)变化。台阶式输出光光强变化不连续,先以低光强光照射一段时间(如150 mW/cm²,10 s),然以高光强光照射。连续式的输出光的强度连续逐渐增加。不同输出模式光强变化示意见图6-25。

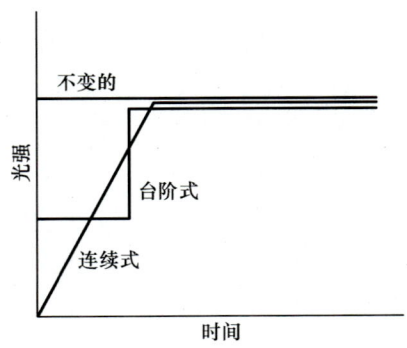

图6-25 不同输出模式光强变化示意

一些研究表明,长时间用高光强照射复合树脂,会引起较大收缩,在修复体边缘产生张力,使边缘产生"白线",甚至会使紧邻的牙釉质边缘出现微裂纹,因此,用等离子弧光灯照射复合树脂应控制光照时间。

长时间用高光强照射还会产生较大热量,刺激口腔软硬组织,甚至牙髓组织。研究表明,在接近牙髓的部位衬垫光固化垫底材料或流动性复合树脂,然后用大光强光固化灯照射固化,如果照射时间过长,有可能对牙髓产生热刺激。控制产热简单、有效的方法是用气枪吹拂牙齿的颊侧或舌侧,能有效降温。

一些卤光灯,在使用一段时间后光强下降,因而需要延长光照时间才能达到最初的固化深度。

(赵信义)

参 考 文 献

1. 赵信义,蒋继英. 可见光固化复合树脂聚合收缩的研究. 中华口腔医学杂志,1991,26:167-169
2. 李潇,赵信义,施长溪. 丹特可见光固化复合树脂的机械性能测试. 实用口腔医学杂志,1996,12:291-292
3. 李潇,施长溪,赵信义等. 分层堆塑技术对烤塑树脂机械性能的影响. 实用口腔医学杂志,1999,15:283-285
4. Brostrom M, Vojinic O. Response of the dental pulp to invasion of bacteria around the filling materials. J Dent for Children, 1976,43:15-21
5. Cook WD. Spectral distribution of dental photopolymerization sources. J Dent Res, 1982,61:1436-1439
6. Malquarti G, Berruet RG, Bois D. Prosthetic use of carbon fiber-reinforced epoxy resin for esthetic crowns and fixed partial dentures. J Prosthet Dent, 1990,63:251-257
7. Rueggeberg FA, Caughman WF, Curtis JW. Effect of light intensity and exposure duration on cure of resin composite. Operative Dentistry, 1994, 19:26-30
8. Miller TE, Hakimzadeh F, Rudo DN. Immediate and indirect woven polyethylene ribbon-reinforced periodontal-prosthetic splint: a case report. Quintessence Int, 1995,26:267-271
9. Abate PF, Bertacchini SM, Polack MA, et al. Adhesion of a compomer to dental structures. Quintessence Int, 1997,28:509-512
10. Nomoto R. Effect of light wavelength on polymerization of light-cured resins. Dent Mater J, 1997,16:60-65
11. Culy G, Tyas MJ. Direct resin-bonded, fibre-reinforced anterior bridges: a clinical report. Austr Dent J, 1998,43:1-4
12. Loza-Herrero MA, Rueggeberg EA, Caughman WE, et al. Effect of heating delay on conversion and strength of a post-cured resin composite. J Dent Res, 1998,77:426-431
13. Fujibabashi K, Ishimar K, Takahashi N, et al. Newly developed curing unit using blue light-emitting diodes. Dent Mater J, 1998,34:49-54
14. Irie M, Nakai H. Flexural properties and swelling after storage in water of polyacid-modified composite resin(compomer). Dent Mater J, 1998, 17:77-82
15. Millar BJ, Abiden F, Nicholson JW. In vitro caries inhibition by polyacid-modified composite resins ('compomers'). J Dent, 1998,26:133-136
16. Martin FE. A survey of the efficiency of visible light curing units. J Dent, 1998,26:239-243
17. Shaw AJ, Carrick T, McCabe JF. Fluoride release from glass-ionomer and compomer restorative materials: 6-month data. J Dent, 1998,26:355-359
18. Small IC, Watson TF, Chadwick AV, et al. Water sorption in resin-modified glass-ionomer cements: an in vitro comparison with other materials. Biomaterials, 1998,19:545-550
19. Ruse ND. What Is a "Compomer"? J Can Dent Assoc, 1999,65:500-504
20. Watts DC, Hindi A. Intrinsic "soft-start" polymerization shrinkage-kinetics in an acrylate-based resin-composite. Dent Mater, 1999,15:39-45
21. Pilo R, Oelgiesser D, Cardash HS. A survey of output and potential for depth of cure among light-curing units in clinical use. J Dent, 1999,27:235-239
22. Bouschlicher MR, Rueggeberg FA. Effect of ramped light intensity on polymerization force and conversion in a photoactivated composite. J Esthet Dent, 2000,12:328-339
23. Brackett WW, Haisch LD, Covey DA. Effect of plasma arc curing on the microleakage of Class V resin-based composite restorations. Am J Dent, 2000,13:121-126
24. Ernst CP, Kurschner R, Rippin G, et al. Stress reduction in resin-based composites cured with a two-step light-curing unit. Am J Dent, 2000,13:69-72
25. Jandt KD, Mills RW, Blackwell GB, et al. Depth of cure and compressive strength of dental composites cured with blue light emitting diodes (LEDs). Dent Mater, 2000,16:41-48
26. Piwowarczyk A, Ottl P, Lauer HC, et al. Laboratory strength of glass ionomer cement, compomers, and resin composites. J Prosthodont, 2002,11:86-91
27. Sabbagh J, Vreven J, Leloup G. Dynamic and static moduli of elasticity of resin-based materials. Dent Mater, 2002,18:64-71

第七章 黏结及黏结材料
（adhesion and adhesives）

20世纪50年代Buonocore开创酸蚀黏结技术以来，特别是近20多年来，黏结材料及其技术的迅猛发展，已使牙体修复进入一个全新时代，传统的以窝洞固位型提高修复体固位力的方法，在许多情况下，已被较少磨切牙齿的黏结技术所取代，修复的内涵及适应证也不断扩大。目前，黏结技术在临床已成为广泛使用的、可靠的技术之一。

第一节 黏结的基本知识
（basic knowledge on adhesion）

一、黏结的基本原理（mechanisms of adhesion）

关于黏结形成的机制，目前主要有下面几种理论。

（一）机械结合理论（mechanical adhesion theory）

这种理论认为，任何物质的表面即使用肉眼看来十分光滑，但放大起来看还是十分粗糙、遍布沟壑的，有些表面还是多孔性的。黏结剂渗透到这些凹凸或孔隙中，固化之后就像许多小钩子似地把黏结剂和被黏物连结在一起。

（二）吸附理论（adsorption theory）

原子-分子之间存在着相互作用力，这些作用力可分为强的作用力，即主价力或化学键，和弱的作用力，即次价力或范德华力。主价力的能量高，而次价力的能量很低。固体表面由于范德华力的作用能够吸附液体和气体，这种作用称为物理吸附。根据计算，当两个理想平面距离为1 nm时，由于范德华力的作用，它们之间的吸引力可达10～100 MPa，距离为0.3～0.4 nm时，可达100～1 000 MPa。因此，吸附理论认为，只要两个物体接触很好，仅靠吸附力就能产生很高的黏附强度。

（三）扩散理论（diffusion theory）

扩散理论认为，黏结剂与被黏物之间仅仅互相接触是不够的，必须互相扩散才能形成牢固的黏结。互相扩散实质上就是在界面上发生互溶，这样黏结剂和被黏物之间的界面消失了，变成了一个过渡区域，最终形成良好的黏结强度。

（四）化学结合理论（chemical adhesion theory）

该理论认为，有些黏结剂与被黏结物之间所形成的强大的黏结强度的原因，是黏结剂与被黏物之

(1) 清洁度的影响

要获得良好的黏结强度,必要的条件是黏结剂完全润湿被黏物表面。牙齿表面的釉护膜为有机物,影响黏结剂在牙面上润湿,降低了对牙齿的黏结强度。经过适当处理的牙面,表面能得到提高,而黏结剂大都是具有低表面能的高聚物,根据热力学原理,它们之间能很好地润湿。因此,必须用物理和化学的方法对被黏物进行适当的处理使之干净。

一般来说,物体表面处理后其干净程度会随时间而变化,例如,新处理的牙面,若不即时黏结,很快就会受到患者呼出的湿气所污染,从而影响黏结效果。

(2) 粗糙度的影响

我们知道,在黏结两个物体时,用机械方法打磨黏结面能增加黏结强度,亦即,适当地将黏结面粗糙化能提高黏结强度。其原因有如下几点:首先,表面粗糙化的过程无疑地使表面得到净化,并改变了表面的物理化学状态,提高了表面能,有利于黏结剂的润湿;其次,粗糙化能够提高实际黏结面积;再次,粗糙化会影响界面上的应力分布,以及在应力作用下裂缝的扩展;最后一点是,粗糙化能使黏结剂与被黏物之间形成机械嵌合作用,从而提高黏结强度。

(3) 表面化学结构的影响

很多被黏物经不同的方法进行表面处理后,虽然都得到清洁的表面,能被黏结剂完全润湿,但是,黏结强度却相差很大。这是由于除了清洁度外,表面的化学结构也有很大的影响。

在黏结牙釉质时,采用磷酸溶液酸蚀法能够显著提高黏结强度,然而此法对牙本质却效果不甚明显,尽管牙本质的表面粗糙度及清洁度都得到了提高。这是因为牙釉质和牙本质的化学组成及组织结构不同,牙釉质含有大量的羟基磷灰石,酸蚀后表层脱钙呈蜂窝状,易与黏结剂形成强大的机械嵌合力;而牙本质含有机质较多,并且结构上也不同于牙釉质,所以采用酸蚀法的效果远不如牙釉质。由此可见,清洁的表面是获得良好黏结的必要条件,但不是决定因素,更重要的还要有合适的表面化学结构。

第二节 口腔黏结的特殊性
(adhesion particularity in dentistry)

在口腔环境中,对牙齿、修复体等实现黏结要比在体外困难得多,这是因为黏结的主体——牙齿以及口腔环境有着一定的特殊性。

一、牙齿硬组织的组成及结构特点 (composition and structure of tooth hard tissue)

牙釉质、牙本质及牙骨质构成了牙齿硬组织,并包绕着牙髓组织。牙釉质是一种半透明的钙化组织,其中无机物占总重量的96%~97%,其余为有机物和水。无机物主要成分是羟基磷灰石,约占90%,其他有碳酸钙、磷酸镁和氟化钙等,这些矿物盐存在的形式主要是羟基磷灰石[$Ca_{10}(PO_4)_6(OH)_2$]晶体。在结构方面,牙釉质是由釉柱和柱间质所组成,釉柱是细长的柱状物,平均直径约为4 um,它起自釉牙本质界,呈放射状贯通釉柱全层,达到牙齿表面,柱间质是釉柱之间一种钙化的黏结区,含有较多的有机质。在正常牙釉质表面,通常还覆盖有一层获得性薄膜,此膜是唾液蛋白的沉淀物,可用机械打磨方法去除,但在去除后几小时又可重新形成。

牙本质所含无机物约占其重量的70%,有机物占20%,水占11%。无机物中主要成分仍然是羟基磷灰石,有机物主要是胶原组织。在结构上,牙本质主要是由造牙本质细胞突起、小管、管周及管间牙本质构成。牙本质小管贯通整个牙本质,从髓腔向釉牙本质界面呈放射状排列。牙本质小管近牙髓一端较粗,单位横截面上小管数目也多;越近表面,小管越细,数目也越少。牙本质小管内有造牙本质细胞突起,在暴露的牙本质表面,用各种刺激可引起牙本质小管内液向内或向外的流动。例如,用空气吹拂牙本质表面或用高渗溶液涂于牙本质小管表面,均可引起小管内造牙本质细胞突起向外分泌液体,并对造牙本质细胞产生一定的刺激作用。

牙本质胶原纤维呈交织网状存在于管间牙本质及管周牙本质中,管周牙本质钙化程度较高,胶原纤维含量很少,而管间牙本质钙化程度相对低一些,胶原纤维含量多,呈致密束状交叉排列。

临床上用牙钻制备窝洞过程中,由于磨擦产热,使切割下的胶原纤维碎屑凝固,并包裹磷灰石碎屑,在牙本质表面形成一层玷污层(smear layer)(图 7-3、图 7-4)。玷污层结构松散,强度也很低,妨碍了黏结剂与牙本质的接触,临床上常需要用酸蚀剂将其去除。

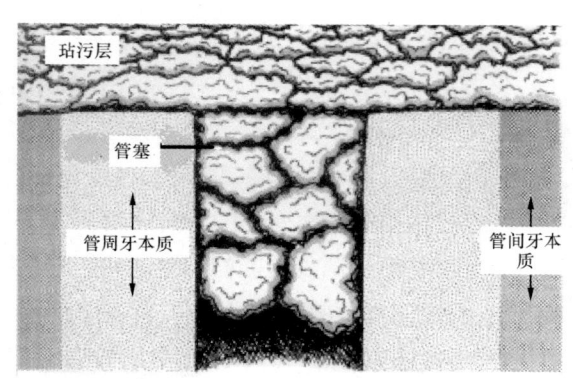

图 7-4 玷污层结构示意图

二、口腔环境的复杂性 (complexity of oral cavity)

对牙齿硬组织的黏结,是在口腔潮湿环境下进行的,黏结后还要在此环境下长期受力,这不利于黏结形成及维持。

作为主要的被黏物,牙齿的硬组织本身含有一定的水分,特别是牙本质内含有较多的水分,而且牙本质小管内还可以不断流出液体。这样,在黏结时形成干燥的黏结面就显得十分困难,而一般来说干燥的黏结面有利于黏结剂的润湿。

口腔是一个多水潮湿环境,在黏结时,即使对黏结的牙面进行干燥、除湿,但由于唾液的不断分泌以及人呼出的潮湿气体都会使已干燥的黏结面再次湿化。因此,在进行黏结时,如有条件的话,最好使用橡皮障。已经形成的黏结处于口腔多水环境中,极性水分子容易浸入黏结界面,导致界面解吸附,引起黏结破坏。

正常牙釉质表面有一层釉护膜,有的地方有菌斑或牙垢存在,其表面具有疏水性,不利于有机黏结剂的润湿。因此,在黏结时,应当用适当的方法去除牙齿表面的黏附物。

口腔内温度随食物的温度波动而易于发生骤变,一般变化范围为 5～60℃,绝大多数的口腔黏结材料及修复材料的热膨胀系数高于牙齿硬组织,温度变化时,不平衡的热胀冷缩会在黏结界面产生破坏性应力。

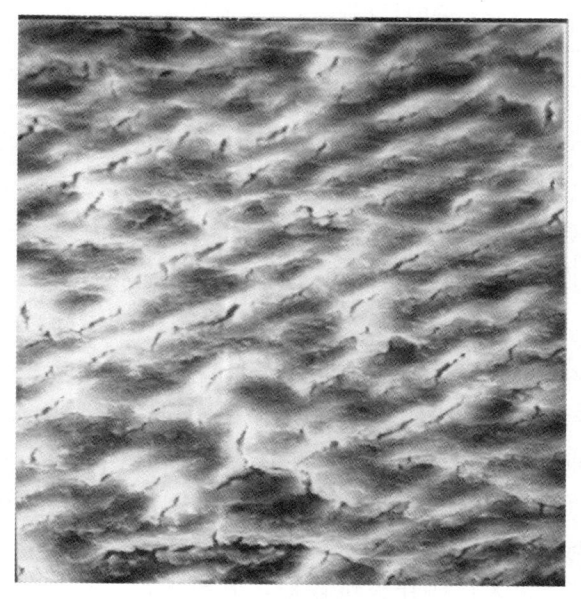

图 7-3 牙本质表面的玷污层 SEM 照片

牙齿在咀嚼过程中承受的机械应力很大,最高可达25 MPa,而且是一种复杂的综合力,另外,通常黏结的面积有限,小面积内产生的黏结力难以长期承受如此大而复杂的应力。

综上所述,在口腔内如此苛刻的条件下,形成牢固的黏结并长期保持之是相当困难的。

第三节 牙齿硬组织的黏结
(adhesion to tooth hard tissue)

一、牙齿硬组织黏结剂的分类 (classification of dental bonding agent)

早期牙齿硬组织黏结剂分为牙釉质用的牙釉质黏结剂和牙本质用的牙本质黏结剂。之所以要区分是因为早期的黏结剂对牙釉质的黏结强度较高,对牙本质的黏结强度很低,而且牙本质专用黏结剂应用时的操作步骤较多,对牙釉质黏结效果也并不理想,价格也较高。

目前的牙齿黏结剂大都是牙釉质、牙本质通用黏结剂,其设计着重点是针对牙本质的,但对牙釉质却也能取得很好的黏结效果。

按固化方式,黏结剂又可分为光固化黏结剂和自凝黏结剂,前者为单组分液体或双组分液体,后者一般为双组分,有粉、液型及液、液型。

二、釉质的黏结(adhesion to enamel)

为了提高黏结剂与牙釉质的黏结,牙釉质表面必须进行预处理,预处理包括机械打磨、酸蚀等,前者主要用来去除牙釉质表面可能附着的牙石、牙垢、釉护膜等附着物,后者主要使牙釉质表面脱矿,形成粗糙的表面。

(一)表面预处理(surface pretreatment)

1955年Buonocore首次使用85%磷酸水溶液处理牙釉质表面,使树脂对牙釉质的黏结强度得到了极大的提高,此后,酸蚀法已成为牙釉质黏结的常规表面处理方法。

牙釉质表面经酸蚀后,釉质中的无机物羟基磷灰石在磷酸作用下部分溶解,黏附于表面的各种牙垢、菌斑以及其他有机物也随之除去,暴露出新鲜的牙釉质。新鲜的牙釉质富含极性基团-OH,有利于黏结剂在牙釉质上润湿,也有利于形成化学键、氢键或较强的范德华力,从而提高黏结强度。同时,由于组成釉质的釉柱和柱间质的矿化程度不同,在酸的作用下表面溶解不一,酸蚀后牙釉质表面呈蜂窝状结构(microporosities)(图7-5)。当黏结剂润湿、渗入到这种表面结构中并固化后,形成无数个树脂突(tag)(图7-6),有些树脂突像钩子一样,产生较强的机械嵌合力(mechanical retention)。

图7-5 酸蚀后牙釉质表面呈蜂窝状结构

目前,大多数的牙釉质酸蚀剂为20%~37%磷酸水溶液。也有一些酸蚀剂是柠檬酸、酒石酸、聚丙烯酸等水溶液。

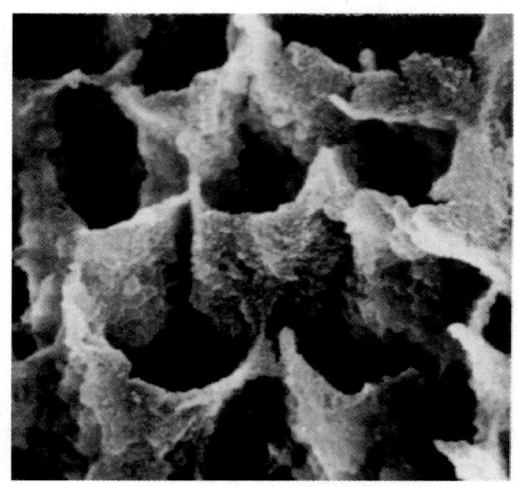

图 7-6 黏结剂渗入酸蚀后釉质表面，
固化后形成许多树脂突（tag）

酸蚀剂的酸蚀时间对黏结强度有一定的影响。一般地，用 20%～37% 磷酸水溶液酸蚀牙釉质，随着酸蚀时间的延长，牙釉质表面脱矿深度愈大。为形成良好的黏结，要求釉面的脱矿深度适当，酸蚀时间太短，釉面脱矿浅，粗糙度太小，不利于形成强大的机械嵌合；酸蚀时间过长，釉面脱钙过度，表面粗糙度反而减小。一般酸蚀时间为 30～60 s，绝大多数为 60 s。对于儿童正畸治疗中黏结托槽时，牙面的酸蚀时间应尽量减少，有人推荐以 15 s 为宜。氟斑牙的酸蚀时间一般为 2～3 min，最长可达 5 min，这是因为氟斑牙有较强的抗酸蚀能力。

牙釉质酸蚀后，其表面脱钙深度 10～40 μm，仅为牙釉质厚度的 1/50～1/200，一般不会对釉质的强度产生影响，况且酸蚀面在 1 个月内又能再矿化，恢复到原有状态。另一方面，酸蚀牙釉质不会对牙髓组织产生损害，所以，酸蚀牙釉质是可以接受的，也是安全的。

（二）釉质黏结剂的组成（composition）

牙釉质黏结剂的典型组成见表 7-1 及表 7-2，前者为光固化型，后者为化学固化型。

表 7-1 光固化黏结剂的一般组成

成　分	含　量(%)
树脂基质（如 Bis-GMA）	40～60
稀释剂（如 TEGDMA）	40～60
黏结性单体（如 4-META）	1～5
光敏剂（如樟脑醌）	0.3～0.5
光敏促进剂（如 DMAMA）	0.1～0.3
阻聚剂	微　量

Bis-GMA：双酚 A 甲基丙烯酸缩水甘油酯
TEGDMA：二甲基丙烯酸二缩三乙二醇酯
DMAMA：甲基丙烯酸二甲氨基乙酯
4-META：甲基丙烯酰氧乙基偏苯三酸酐酯

表 7-2 EM 釉质黏结剂的组成

胶液		粉剂	
成分	含量(%)	成分	含量(%)
Bis-GMA	40	二氧化硅	99
TEGDMA	15	BPO（引发剂）	1.2
MMA	39	颜料	微量
4-META	5		
BHET（促进剂）	1.0		
BHT（阻聚剂）	0.03		

光固化釉质黏结剂在组成上与光固复合树脂相似，区别在于光固化黏结剂不含无机填料或含极少量的填料，而且黏结剂含有黏结性单体，黏度也较小，有利于在釉质表面充分润湿。化学固化釉质黏结剂在组成上与粉液型化学固化复合树脂相似，只是前者含有黏结性单体。当粉、液混合后，在口腔温度下，即可快速聚合固化。

黏结性单体又称功能性单体，是一种能提高黏结剂与牙釉质黏结强度的丙烯酸酯类单体，其分子结构上往往含有强极性基团，能与牙釉质中的钙离子、羟基形成较强的分子间作用力、氢键、配位键。

（三）性能（properties）

1. 固化时间（setting time）

化学固化釉质黏结剂的固化时间不大于 5 min，不小于 90 s，但是，固化时间受气温和调和比例影响很大。一般地，气温高则固化快，气温低则固化慢；夏天和冬天的固化时间可以相差很多；液多粉少固化慢，液少粉多固化快。

若气温高，用前可将材料或调和用的玻璃板放于阴凉处，也可适当减少粉剂的加入量；若气温低，可将材料或调和用的玻璃板放于温暖处，也可适当增加粉剂的加入量。

2. 黏结强度（bonding strength）

采用酸蚀技术，目前对牙釉质的黏结已取得较为满意的效果，黏结强度可达到 16～26 MPa，而且，黏结的耐久性也较好。

3. 表面厌氧层（anaerobic surface layer）

不论是光固化还化学固化，黏结剂在空气中固化后表面都有一薄层发黏的未固化层（即厌氧层），这是因为空气中的氧对黏结剂来说是一种阻聚剂，氧分子扩散入黏结剂表层，影响黏结剂固化。如果需要在黏结剂表面充填、覆盖树脂基材料（如复合树脂），不要擦去黏结剂表面的厌氧层，直接充填、覆盖树脂基材料，厌氧层会随其上的树脂基材料固化而固化，并将树脂基材料与已固化的黏结剂牢固黏结在一起。

4. 释氟性能（fluoride release）

有些釉质黏结剂含有氟化物，在口腔环境中可缓慢释放氟离子，预防继发龋的发生。

（四）应用（application）

釉质黏结剂主要用于仅涉及釉质的黏结修复。例如，将正畸托槽黏结到牙齿唇颊面，将瓷贴面黏结到牙齿的唇面等。

应用时，先清除釉质表面黏附的牙结石或食物残渣，冲洗、吹干后涂酸蚀剂酸蚀 30～60 s，然后冲洗、吹干、涂黏结剂、放置被黏物。如果是光固化黏结剂，则需要光照固化，若是化学固化黏结剂，固定被黏物直至黏结剂固化。

三、牙本质的黏结（bonding to dentin）

如前所述，牙本质在组成及结构方面与牙釉质有很大差异，存在许多不利于形成良好黏结的因素，所以，对牙本质的黏结不像对牙釉质黏结那样发展较为成熟。

早期用于牙本质的黏结剂与牙釉质黏结剂在组成、机制方面很相似，其黏结机制是黏结剂涂于经酸蚀的牙本质表面，渗入牙本质小管内形成具有机械结合作用的树脂突。尽管在离体牙上黏结剂能在牙本质小管内形成较长的树脂突，但黏结强度却很低。为了提高对牙本质的黏结，1965 年以来，多种黏结性单体被用于牙本质黏结剂中，这些黏结性单体可与牙本质中 Ca 离子形成较强的范德华力、配位键甚至化学键，或者与牙本质胶原上的 -NH_2、-NH-、-OH 基团形成配位键或化学键，可提高黏结强度。加入黏结性单体后，黏结剂对牙本质的黏结强度虽有提高，但仍不能达到临床应用要求的水平，与黏结牙釉质相比，黏结强度还是很低。1980 年以后，人们对牙本质黏结面预处理剂及方法进行了多方面的研究，希望能从这方面找出提高黏结强度的突破口，相继研究出了数种表面处理剂及方法，使黏结牙本质的水平有所提高。1990 年以后，人们通过黏结界面的透射电镜观察，对黏结牙本质的机制进行了深入的研究，并认为在黏结界面形成混合层（hybrid layer）是形成良好黏结的基础。1992 年，Kanca 发现，采用亲水性黏结剂黏结表面润湿的牙本质，黏结强度明显高于表面经吹干的牙本质。在此基础上，经过深入研究，形成了目前的牙本质湿黏结（wet-bonding）技术。

目前用于黏结牙本质的黏结剂也同样可用于黏结牙釉质，因此，牙本质黏结剂也被称为釉质-本质黏结剂。

（一）表面处理（surface pretreatment）

我们知道，牙钻切削过的牙本质表面有一层玷污层,不利于黏结,常需用酸蚀法去除之。牙本质用酸蚀剂较多,目前广泛使用的有 10%～40% 的磷酸溶液、10% 柠檬酸和 3% 三氯化铁的混合溶液,后者是一种较温和的酸蚀剂,其中的三氯化铁可防止柠檬酸引起牙本质胶原的变性。采用磷酸溶液酸蚀牙本质,酸蚀时间因磷酸浓度不同而有所差异,大多在 15～40 s 之间,柠檬酸溶液的酸蚀时间在 20～30 s 之间。

酸蚀后,牙本质表面的玷污层被去除,其下的牙本质表层脱钙,脱钙层的胶原纤维网被保留下来。因纤维网中水的表面张力的支撑作用,胶原纤维网呈原有的膨松状态。若吹干酸蚀面,胶原纤维网因失去水的支撑作用而塌陷,最终在牙本质表面形成一层较致密的胶原纤维层,这不利于黏结剂的渗入(图 7-7)。管周牙本质钙化程度高,胶原纤维含量少,管口周牙本质因酸蚀而大部分脱钙,暴露其下的胶原纤维网,小管口呈喇叭状,增大了黏结的表面积,有利于机械嵌合固位,也提高了此处树脂突的抗折能力。

过去,人们对酸蚀牙本质普遍持反对意见,认为酸蚀会增加牙本质的通透性,增加牙髓反应的机会,同时酸本身及酸作用于牙本质细胞突所产生的

降解产物会引起牙髓的炎症反应。近十年来,经过广泛研究及大量的应用表明,只有极少量的酸能穿透牙本质,刺激牙髓,由于酸作用时间很短,故不会对牙髓造成直接损害。

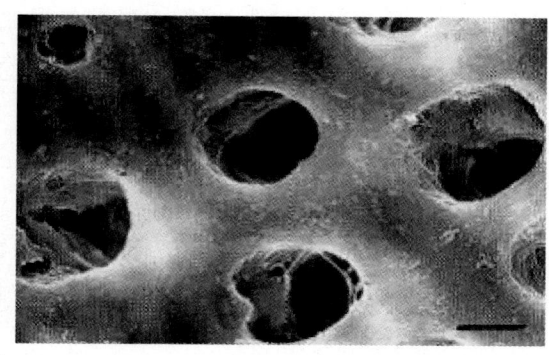

图 7-7 酸蚀、冲洗、吹干后的牙本质表面 SEM 照片
可见管间牙本质表面的胶原纤维层表面致密光滑

(二) 分类(classification)

目前釉质-本质黏结剂可分为两大类和四型(表 7-3),它们大多数是光固化的。全酸蚀、湿黏结类的特点是有单独的酸蚀剂,能去除玷污层,自酸蚀类的特点是没有单独的酸蚀剂,依靠酸性单体溶解玷污层。

表 7-3 釉质-本质黏结剂的分类

	全酸蚀、湿黏结类		自 酸 蚀 类	
	Ⅰ型	Ⅱ型	Ⅲ型	Ⅳ型
组 份	-酸蚀剂	-酸蚀剂	-自酸蚀底涂剂	-自酸蚀底涂剂/黏结胶液
	-底涂剂 -黏结胶液	-底涂/黏结胶液	-黏结胶液	
玷污层	去除	去除	溶解	溶解
常见产品	Scotchbond multi-purpose (3M)	One-step(Bisco)	Clearfil SE Bond(Kuraray)	Prompt L-Pop(3M)
		Single bond(3M)	Scotch bond 2 (3M)	One-up Bond F (Tokuyama)
	Clearfil Bond F(Kuraray)	Prime & Bond NT (Dentsply)	Contax(DMG)	iBond (kulzer)
	All-Bond 2(Bisco)	Excite(Ivoclar)	FL-Bond (Shofu)	AQ Bond(Sun Medical)
	Optibond FL (Kerr)	Solo bond (Kerr) Gluma Comfort(Kulzer)		Xeno Ⅲ (Dentsply)

（三）组成（composition）

Ⅰ型黏结剂由酸蚀剂、底涂剂和黏结胶液组成，有些产品（如All Bond 2）将底涂剂分成2瓶，使用时等量混合。底涂剂一般由黏结性单体（如HEMA、NTG-GMA、BPDM等）、挥发性溶剂（丙酮、乙醇）、水等组成，具有亲水性。黏结胶液在组成上与前述的光固化牙釉质黏结剂基本相同。表7-4是Scotchbond Multi-Purpose（3M）的组成。

表7-4 Scotchbond Multi-Purpose 的组成

酸蚀剂	底涂剂	引发剂	黏结胶液
35%磷酸溶液	47% HEMA＋水 端甲基丙烯酸聚羧酸酯	亚磺酸盐引发剂 光引发剂＋乙醇	Bis-GMA、HEMA、光引发剂

Scotchbond Multi-Purpose底涂剂中所含的端甲基丙烯酸聚羧酸酯分子结构上含有多个羧基，能与牙釉质和牙本质形成较强的黏结力。

端甲基丙烯酸聚羧酸酯

Scotchbond Multi-Purpose是一种化学固化和光固化双重固化黏结剂，在黏结一些不透光的修复体（如银汞合金）时，可以自凝固化，不必光照固化。

临床使用时，酸蚀冲洗后不要吹干牙面，保持牙面有一薄层水，然后涂底涂剂，之后充分吹干，再涂黏结胶液，最后光照固化。底涂剂内含有黏结性单体，对润湿牙面的胶原纤维网有亲合性，能与其中的水分混溶，渗入胶原纤维网深处，随着底涂剂中挥发性溶剂的挥发，胶原网中的水分也随之挥发，最终胶原纤维网中只有黏结性单体，使随后应用的疏水性黏结胶液能顺利地在胶原纤维网中渗入、润湿，充满其中，固化后形成混合层。黏结胶液在敞开的牙本质小管处形成与管壁紧密结合的树脂突，封闭牙本质小管。

Ⅱ型黏结剂是Ⅰ型黏结剂的改进，它是将Ⅰ型黏结剂中的底涂剂与黏结胶液通过特殊技术合并成一瓶黏结剂，减少了临床应用步骤。以3M的Single Bond为例，它由一支注射器包装的酸蚀剂和一瓶黏结剂组成。酸蚀剂是增稠的35%磷酸水溶液。黏结剂由甲基丙烯酸羟乙酯（HEMA）、Bis-GMA、二甲基丙烯酸酯、带有端甲基丙烯酸酯基的聚羧酸酯、水及乙醇组成。Dentsply公司的Prime & Bond NT由一瓶酸蚀剂和一瓶黏结剂组成。酸蚀剂是增稠的34%磷酸水溶液。黏结剂由二及三甲基丙烯酸酯、二甲基丙烯酸聚氨酯、二季戊四醇戊丙烯酸单磷酸酯（PENTA）、纳米二氧化硅填料、光引发剂等组成，以丙酮、水为溶剂。

Ⅲ型和Ⅳ型属于自酸蚀类黏结剂（self-etching bonding agent）。自酸蚀类黏结剂无单独的酸蚀剂，它是依靠底涂剂或黏结剂中的酸性单体溶解玷污层。Ⅲ型由一瓶自酸蚀底涂剂（self-etching primer）和一瓶黏结胶液（adhesive）组成。底涂剂一般由酸性可聚合单体（如甲基丙烯酸磷酸酯）、甲基丙烯酸β-羟乙酯和水组成，它能溶解玷污层。使用时将底涂剂直接涂于牙本质玷污层表面，底涂剂会渗入玷污层内，逐步溶解玷污层，直至其下的牙本质，同时，黏结性单体也渗入其中，最终酸性物质与Ca^{2+}结合物被包埋其中。经吹干后，底涂剂脱去水分，酸性物质也不再显示酸性，然后再涂黏结胶液，完成黏结。该型黏结剂对牙本质的黏结强度及边缘封闭性能是比较好的。属于这类型的黏结剂有Scotch Bond 2（3M）、Prisma Universal Bond 2（Dentsply）、Clearfil Liner Bond 2（Kuraray）、Optibond Solo Plus、Clearfil SE Bond（图7-8）。

Ⅳ型黏结剂将底涂剂和黏结剂有机地合并成一瓶，进一步减少了操作步骤，应用更加方便。属于这类的黏结剂有：Prompt L-Pop（3M）、One-up Bond F

图7-8 Clearfil SE Bond（Kuraray）

（Tokuyama）、AQ Bond（Sun Medical Co）（图7-9）。

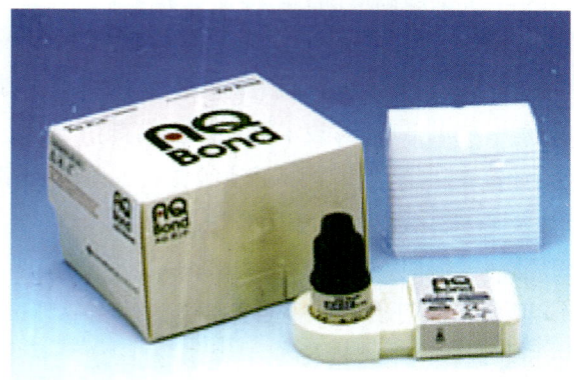

图7-9 AQ Bond（Sun Medical Co）黏结剂

（四）常用黏结性单体介绍（introduction to adhesive monomer）

1. 4-甲基丙烯酰氧乙基偏苯三酸酐（4-methacryloxyethyltrimellitic anhydride，4-META）

4-META的结构如下：

4-META

4-甲基丙烯酰氧乙基偏苯三酸酐结构式

4-META分子结构中含有强极性酸酐基团，具有亲水性，能提高黏结剂对牙面的润湿性，有利于黏结剂在牙面细微结构中渗透，而且酸酐基团可与牙体硬组织中Ca离子形成配位键，因而可形成较牢固的黏结。4-META分子的另一端含有双键，可与烯类齐聚物或复合树脂共聚合。

2. 甲基丙烯酸磷酸酯类（methacryloyloxyethyl phosphate）

典型的甲基丙烯酸磷酸酯黏结性单体Phenyl-P的结构如下：

甲基丙烯酸磷酸酯单体分子式

甲基丙烯酸磷酸酯单体分子结构中的磷酸酯基团可与牙釉质或牙本质的Ca离子形成配位键，同时还可与牙齿中的有机成分（如胶原）的$-NH_2$或$-NH-$形成氢键，从而产生较强的结合力。甲基丙烯酸磷酸酯单体在有水的情况下呈现较强的酸性，对牙釉质及牙本质具有酸蚀作用，因此，它是自酸蚀黏结剂常用的酸性单体。

3. 氨基酸类黏结性单体（glycine glycidyl methacrylate）

常用的氨基酸类黏结性单体有N-苯基甘氨酸甲基丙烯酸缩水甘油酯（N-phenylglycine glycidyl methacrylate，NPG-GMA）和N-对甲苯基甘氨酸甲基丙烯酸缩水甘油酯[N(p-tolyl)glycine glycidyl methacrylate，NTG-GMA]，它们的分子结构如下：

NPG-GMA

NTG-GMA

一般认为,此类黏结性单体的一端具有亲水性,能与牙齿硬组织的 Ca 离子形成配位键,提高牙齿表面的润湿性能,另一端可与复合树脂交联固化。

4. 其他(miscellaneous)

如甲基丙烯酸 β-羟乙酯(2-hydroxyethyl methacrylate,HEMA)、均苯四酸酐与 HEMA 的加成反应产物 PMDM。这 2 种黏结性单体的结构特点是,分子的一端含有-OH 基或-COOH 基,具有亲水性,另一端为乙烯基,能与树脂共聚合:

(五)牙本质黏结机制(mechanisms of adhesion to dentin)

1. 全酸蚀、湿黏结类黏结剂的黏结机制(adhesion mechanism of conventional adhesives)

现在人们普遍认为,牙本质表面经切屑打磨之后有一层玷污层(smear layer),它阻挡了黏结剂与牙本质的直接紧密接触,影响牢固黏结的形成,应当采用酸蚀技术将其去除。牙本质表面酸蚀后,玷污层被去除,其下的牙本质表面脱钙,胶原纤维网暴露。未吹干水分时,因水的表面张力作用使胶原纤维网呈直立膨松状态,若吹干牙面,胶原纤维网因脱水而塌陷,最终在牙本质表面形成一层致密的纤维层,一般疏水性的黏结胶液是很难渗入其中,至多只是与纤维层表面黏结。这样,在黏结剂与牙本质间有纤维层隔离,而纤维层强度很低。纤维层内仍然有互通的孔隙,一旦水分进入其中,会慢慢引起胶原纤维降解,使黏结剂与牙本质间出现缝隙,产生微渗透,导致修复体边缘变色、术后牙齿出现敏感症状。

牙本质表面酸蚀、冲洗之后,轻吹 2~3 s,此时牙面仍保留一薄层水膜,胶原纤维网维持膨松状态,然后将含有水分、黏结性单体、挥发性溶剂(如丙酮)的底涂剂涂于其上,底涂剂很快与胶原纤维网中的水分混溶(图 7-10)。之后,充分吹干,挥发性溶剂带着水分挥发,最终胶原纤维网中充满接性单体并保持膨松状态,接性单体也得以与牙本质

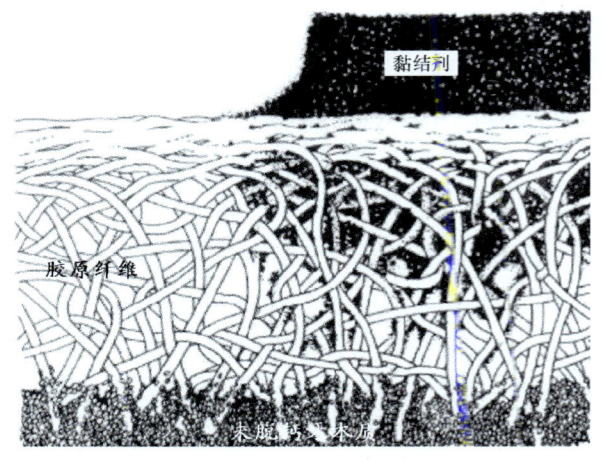

图 7-10 亲水性底涂剂渗入膨松的胶原纤维网示意图

直接黏结。然后涂黏结胶液,黏结胶液能进一步渗入胶原纤维网中,光照固化后,黏结胶液和接性单体共聚,并在牙本质表面形成一层既有胶原纤维网,又有黏结剂的混合层(hybrid layer)(图 7-11),从而消除了黏结剂与牙本质之间的界面,大大地提高黏结强度。

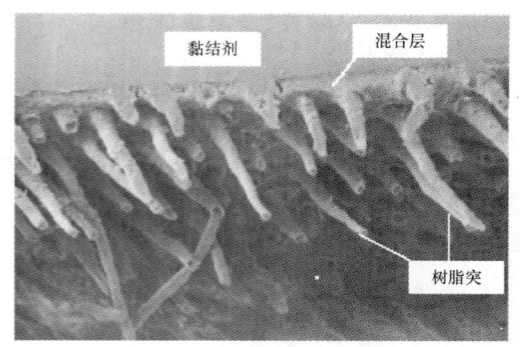

图7-11 牙本质黏结所形成的混合层
（hybrid layer）SEM 照片

牙本质部分已被溶解掉了，可见明显的混合层和伸入牙本质小管所形成的树脂突（tag）

在牙本质小管口处，亲水性黏结剂能充分渗入小管口管壁的胶原纤维网中，与其下的管周牙本质紧密接触而形成黏结。尽管在小管处形成的树脂不长，但是，粗大的、与管壁结合紧密的树脂具有较高的黏结强度，而且黏结剂能很好地封闭牙本质小管，这对防止术后牙齿过敏、疼痛是极其重要的。另外，粗大的树脂突在管口的抗断裂能力也得到明显提高，这也进一步提高了黏结强度。

2. 自酸蚀类黏结剂的黏结机制（adhesion mechanism of self-etching bonding agent）

Ⅲ型自酸蚀类黏结剂的底涂剂含有酸性较强的丙烯酸酯单体及水分，当底涂剂涂于牙本质表面后，底涂剂中的酸性丙烯酸酯单体渗入玷污层中，将玷污层溶解，并使玷污层下面的牙本质表层脱钙。之后，用气枪充分吹去挥发性溶剂及水分，此时，牙本质表面有溶解的玷污层碎屑、脱钙物碎屑、胶原纤维网层及充满其中的丙烯酸酯单体。然后，涂黏结胶液，黏结胶液能进一步渗入胶原纤维网中，光照固化后，黏结胶液和丙烯酸酯单体共聚，并在牙本质表面形成一层既有胶原纤维、玷污层碎屑、脱钙物碎屑，又有黏结剂的混合层。

Ⅳ型自酸蚀类黏结剂将底涂剂和黏结剂有机地合并成一瓶，其黏结牙本质机制与Ⅲ型相同。当Ⅳ型黏结剂涂于牙本质表面后，黏结剂中的酸性丙烯酸酯单体渗入玷污层中，将玷污层溶解，并使玷污层下面的牙本质表层脱钙。之后，用气枪充分吹去挥发性溶剂及水分，此时，牙本质表面有溶解的玷污层碎屑、脱钙物碎屑、胶原纤维网层及充满其中的丙烯酸酯单体和树脂，光照固化后，丙烯酸酯单体和树脂共聚，并在牙本质表面形成一层既有胶原纤维、玷污层碎屑、脱钙物碎屑，又有黏结剂的混合层。

（六）性能（properties）

1. 黏结强度（bonding strength）

自酸蚀黏结剂剪切黏结强度一般在15～23 MPa，拉伸黏结强度在17～35 MPa。黏结剂与被黏材料之间存在相容性，例如，用不同品牌的黏结剂将复合树脂黏结到牙釉质或牙本质，其黏结强度有一定的差异，有些差异还是较大的。见表7-5。

表7-5 4种黏结剂黏结2种复合树脂到牙釉质及牙本质上的黏结强度（MPa）

	Single Bond		OptiBond FL		All-Bond 2		Clearfil SE Bond	
	牙釉质	牙本质	牙釉质	牙本质	牙釉质	牙本质	牙釉质	牙本质
Z100	30.8	12.2	40.3	21.5	23.6	12.8	31.0	19.8
Herculite	17.8	16.3	34.1	20.3	12.3	14.2	24.0	21.3

影响黏结强度的因素：①酸蚀时间。酸蚀时间对Ⅰ型和Ⅱ型黏结剂的黏结强度有明显影响。酸

蚀时间过长会导致胶原纤维变性，脱矿层过厚，胶原纤维网易出现黏结剂充填不全问题，而且过长时间的酸蚀可能对牙髓造成危害。一般牙本质酸蚀时间为15～30 s，酸蚀时间不应超过60 s，否则黏结强度会下降。用自酸蚀黏结剂黏结牙釉质时，事先打磨牙釉质表面或用EDTA处理，能使黏结强度明显提高。②黏结面的润湿程度。应用Ⅰ型和Ⅱ型黏结剂时，牙本质表面酸蚀、冲洗后，表面应保持一定的润湿程度，吹干会使胶原纤维塌陷，牙本质表面形成致密纤维膜，不利于黏结。若黏结面水分过多，涂底涂剂后，水分不易吹除，固化后在胶原纤维网内及黏结剂内会有微小水珠存在，使黏结强度下降。③黏结面离髓腔的远近。离髓腔越近，黏结强度越低。④洞型因子。洞型因子值越大，黏结强度越低。⑤唾液污染。唾液污染会使黏结强度显著下降，合理充分的隔湿是十分必要的。⑥涂底涂剂的次数。有的材料涂两遍的黏结强度高于涂一遍的，而有的则涂一遍与涂两遍的效果一样，因此，应严格按照说明书进行，对于Ⅳ型黏结剂，涂多遍的效果优于涂一遍。另外，自酸蚀底涂剂涂擦时间对黏结牙釉质有明显影响，有研究表明，涂擦30 s效果优于涂擦20 s。⑦黏结剂的固化程度。黏结剂固化不良不但影响黏结后的即刻黏结强度，而且也影响黏结的耐久性，因此应当确保黏结剂充分固化。⑧规范操作。牙本质的黏结强度受操作者资历、性别及工作环境等多种因素的影响，因而要求操作者严格按照产品说明书进行操作。

2. 牙髓反应（pulp reaction）

大量资料证明，酸蚀牙本质很少会引起牙髓不可逆损害，但如果酸把牙本质表面的涂层清除掉，使小管暴露，液体流动增强，则有可能导致过敏。临床上大多数过敏的原因，是酸蚀后空气吹干时间过长，把小管内的液体吸出，停止吹干后液体回缩，小管内形成空气栓子，在咀嚼时引起过敏。所以，酸蚀的时间应该控制在酸蚀剂生产厂家建议的时间，冲洗时间应该与酸蚀时间相同。

自酸蚀底涂剂凝固前呈现较强的酸性，有些底涂剂的pH低至1.6。一旦吹掉水分并固化后，对牙本质的刺激就很小了，一般很少会引起牙髓不可逆损害。如果未露髓，应用牙本质黏结剂在短期及长期，一般不会对牙髓组织造成显著的组织学改变。有些牙本质黏结剂应用于露髓的牙面，也能获得良好的牙髓反应，但有些却会造成牙髓组织的严重反应，因此，将牙本质黏结剂应用于露髓处应慎重。

牙髓组织对牙本质黏结剂的反应受多种因素影响，除了材料的组成外，保留牙本质厚度（remaining dentin thickness）对牙髓反应也有影响，若保留牙本质很薄，可能引起牙髓暂时炎性改变，长时间后会出现继发性牙本质。

（七）应用（application）

自酸蚀类黏结剂涂布及保持中，可不断用小毛刷涂擦，也可不反复涂擦，结果对黏结牙本质差异不显著，但黏结牙釉质则反复涂擦的黏结强度明显大于未反复涂擦的。

全酸蚀、湿黏结技术在应用中可同时用于牙釉质及牙本质的黏结，用于牙本质黏结时，要特别注意保持牙本质黏结面润湿。保持牙面润湿的方法有二，一是酸蚀冲洗后，表面不吹干，二是牙本质表面已干，可在其上加水再润湿。润湿的程度以表面有一层光亮的水膜为佳，水分过多也不利于形成高强度的黏结。为了形成最佳水膜，可采用控制吹干时间的方法，如吹干2～3 s，或用小滤纸片轻轻吸一下牙面，或用小棉球轻轻吸一下牙面，使牙面保持一薄层水膜。

第四节 修复材料的黏结
(bonding to restorative materials)

一、金属的黏结(bonding to metal)

随着金属铸造支架和金属烤塑冠桥的广泛应用,金属与树脂之间的结合问题越来越受到重视。在被黏的金属修复体中,贵金属(如金、铂、钯及其合金)化学性能稳定,难于黏结,而贱金属(如钴、铬、镍、钛、铁、铜及其合金)则相对容易黏结。塑料或树脂与金属的分离可能导致边缘微渗漏、变色,甚至脱落。

金属的黏结过程一般包括金属修复体的表面处理、清洁、涂底涂剂及黏结剂等过程。

金属与树脂间的热膨胀系数差异是影响黏结的主要因素之一。

(一)表面处理(surface treatment)

金属修复体表面处理主要有两个方面,即表面粗糙化和表面改性。表面粗糙化是牙科临床最基本和最常用的表面处理方法,主要有打磨、喷砂、电解蚀刻、化学蚀刻等方法。表面粗糙化可以提高金属表面的黏结面积,有利于形成表面机械嵌合固位型,提高黏结强度。

打磨、喷砂是临床金属黏结前表面处理的常规方法,金属表面经打磨、喷砂后,形成凹凸不平的粗糙面,有利于黏结剂形成机械固位型。喷砂时要用干净、干燥的压缩空气,喷砂后也要用干净、干燥的压缩空气将表面残留的颗粒吹走。

电解蚀刻是采用电化学方法对金属表面选择性腐蚀,使金属表面形成蜂窝状结构(图7-12),增加了表面积,有利于形成机械固位。但是,电解蚀刻方法复杂,蚀刻效果受电解液配方、蚀刻时间、电流强度等因素影响,不同的金属或合金,最佳蚀刻条件不同。

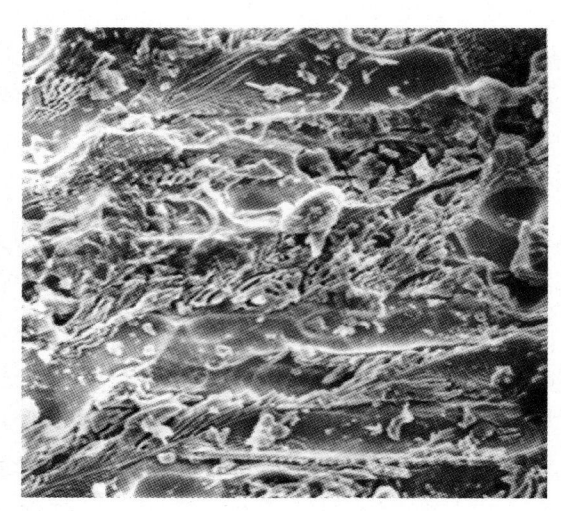

图 7-12 Ni-Cr 合金电解蚀刻后表面结构 SEM 照片

表面改性方法主要有表面镀锡、表面氧化、表面喷涂二氧化硅涂层等。给贵金属表面镀一薄层锡可显著地增加黏结强度,镀锡后金属表面产生微小结晶体或针状物,增加了黏结表面积,提高了界面机械固位力,而且表面氧化锡层和树脂之间还可能产生某种化学性结合,形成耐水的黏结,镀锡层越薄,黏结强度越高。

许多金属在空气中自然形成的氧化膜结构疏松,与金属基体结合力弱,不利于黏结,而且金、银、钯等贵金属表面较难形成氧化膜,而致密的氧化层对于金属的湿润和黏结是很重要的。采用氧化液化学氧化法或电化学阳极氧化法,可使金属表面快速形成致密的氧化膜,氧化膜与基体金属结合紧密,强度高,含有一定量的水化氧化物,能与黏结剂中的氢形成氢键及较强的范德华力。常用的氧化方法有酸性强氧化液氧化法、电化学氧化法等方法（表7-6）。

表7-6　Ni-Cr合金表面经不同处理后的黏结强度

表面处理方法	抗拉黏结强度（MPa）
未处理	3.9±1.1
80目氧化铝喷砂	9.1±3.4
喷砂＋氧化液处理	10.2±3.0
喷砂＋酸处理	10.1±3.6
电解蚀刻	30.1±0.8

注：黏结材料为EB复合树脂

1984年，Musil和Tiller介绍了一种金属表面硅涂层技术（silica-coating technique），该方法通过火焰热解喷涂方法在金属修复体表面喷涂上一薄层SiO_2-C层，然后在其表面涂硅烷偶联剂，通过硅烷偶联剂使黏结剂与金属修复体形成化学性黏结。德国Kulzer公司依此推出硅喷涂机（Silicoater），其过程如下：先对金属修复体表面进行喷砂处理，然后在丙烷气火焰约氧化部分将有机硅分子进行火焰热分解并喷涂于金属表面，使金属表面附着一层厚0.5μm的SiO_x-C层，该技术成功应用于黏结金合金、银钯合金、钴铬合金及钛合金，但是，这种方法需要复杂的设备，技术敏感性强。之后，Kulzer公司改进了硅喷涂技术，推出了Silicoater MD硅喷涂系统，该系统通过溶胶-凝胶溶液在金属表面形成极薄的硅酸盐-氧化铬层（silicate-chromium oxide layer），然后置于特制的加热箱中加热至320℃并保持2~8 min，使该层牢固附着在金属表面，最后，涂含硅烷偶联剂的底涂剂进行黏结。Silicoater MD系统操作上较为简单，设备成本也得到降低，形成的黏结牢固并有一定的弹性，有利于界面应力均匀分布。Kevloc系统是Kulzer公司最新金属黏结系统，该系统进一步简化了操作，金属表面喷砂处理后，在其上涂含硅烷偶联剂的底涂剂和黏结剂，然后用特制的火焰热气枪吹拂加热以活化底涂剂和黏结剂，使硅烷偶联剂发生火焰水解，结果在金属表面形成一薄层附着牢固的二氧化硅涂层，然后再涂硅烷偶联剂，使硅烷偶联剂与硅酸盐表面的羟基发生反应。研究表明，Kevloc系统的黏结强度明显高于Silicoater MD系统。

1989年ESPE公司推出另一种在金属表面形成硅涂层技术—Rocatec黏结系统。该系统通过硅酸盐-石英介质喷砂，以摩擦化学（triochemical）方式在金属表面形成黏附牢固的硅酸盐层，然后再涂硅烷偶联剂。摩擦化学硅涂层法产生的硅涂层与火焰热解喷涂法产生的硅涂层相比，耐湿、热稳定性较差。

（二）金属黏结底涂剂（primer for metal）

黏结金属的黏结剂与黏结牙齿硬组织的黏结剂基本相同，不同之处在于黏结金属的黏结剂有一瓶金属黏结底涂剂，这种底涂剂一般由对金属具有优良黏结性能的黏结性单体（adhesive monomer）及挥发性溶剂组成。常见的黏结性单体有4-META、有机磷酸酯（organophosphate ester）、含硫甲基丙烯酸酯，但是，这些黏结性单体对金属的黏结有一定的选择性。这些黏结性单体一般都与金属表面的氧化层有亲和性。

4-META是较早应用于临床的黏结单体，它可能与金属表面氧化膜中的氧原子形成配位键及氢键。含有4-META和有机磷酸酯的底涂剂黏结不锈钢、钴铬合金、镍铬合金等贱金属效果较好，但黏结贵金属效果较差，而且黏结接头易受湿、热破坏（表7-5）。日本Sun Medical公司的Metal Fast Bonding Liner就是一种含4-META的底涂剂。

表7-7　用Metal Fast Bonding Liner黏结金属与丙烯酸树脂效果（经300次冷热循环后）

金属	Co-Cr合金	不锈钢	Ni-Cr合金	Au-Ag-Pd合金	Ag合金	纯钛
黏结强度（MPa）	15	16	12	8	15	17

一些含有硫原子的丙烯酸酯对各种金属,特别是贵金属,具有良好的黏结性,而且黏结接头耐受湿、热破坏。常用的含硫丙烯酸酯有甲基丙烯酸硫代磷酸酯(thiophosphoric methacrylate)、甲基丙烯酸硫代氯磷酸酯(thiophosphoric acid chloride methacrylate)、甲基丙烯酸对巯甲基甲酯、6-(4-乙烯苄基-n-丙基)氨基-1,3,5-三氮六环-2,4-三巯基(VBATDT):

甲基丙烯酸硫代氯磷酸酯

甲基丙烯酸对巯甲基甲酯

VBATDT

VBATDT 有两种异构体,一个含有巯基,另一个含有硫酮基,两个异构体可以互相转变。VBATDT 分子结构上的巯基能与贵金属发生反应,而乙烯基能与黏结剂共聚合。

日本 Sun Medical 公司的 V-PRIMER 金属黏结底涂剂是一种含 2.5% VBATDT 的底涂剂,以丙酮为溶剂,它不但对常用牙科贱金属黏结效果好,而且对贵金属(如 Au/Ag/Pd 合金)也有优良的效果(表7-8)。

日本 GC 公司的金属黏结底涂剂 Metal Primer 是一种以甲基丙烯酸甲酯为溶剂,含有 0.4% 的甲基丙烯酸硫代氯磷酸酯的底涂剂。日本可乐丽公司(Kuraray)的金属黏结底涂剂 Alloy Primer 含有黏结性单体 VBATDT 和有机磷酸酯,对金属,特别是对贵金属黏结强度较高。

表 7-8 使用 V-Primer 及 Super-Bond C&B 对金属的黏结强度

金属	黏结强度(MPa)	
	喷砂后镀锡	喷砂后涂 V-Primer
IV型金合金	23	28
金-银-钯合金	22	28
镍铬合金	-	30
钴铬合金	-	31

二、陶瓷的黏结(bonding to ceramic)

(一)表面处理(surface pretreatment)

口腔用的陶瓷修复体在黏结前一般都需要进行表面处理,目的是去除表面污染物并使表面粗糙化。常用的处理方法有打磨、喷砂、氢氟酸蚀刻。打磨、喷砂对所有的陶瓷都有效,其中,喷砂的效果明显优于打磨。氢氟酸蚀刻对硅酸盐类陶瓷(如牙科最常用的长石质烤瓷)效果特别好,而对非硅酸盐类陶瓷(如氧化铝陶瓷 Hi-Ceram、In-Ceram)效果不很好,这是因为氢氟酸主要破坏硅酸盐的硅氧键(-Si-O-),选择性地溶解陶瓷的玻璃相,使表面形成微观沟纹和小孔(图7-13),为黏

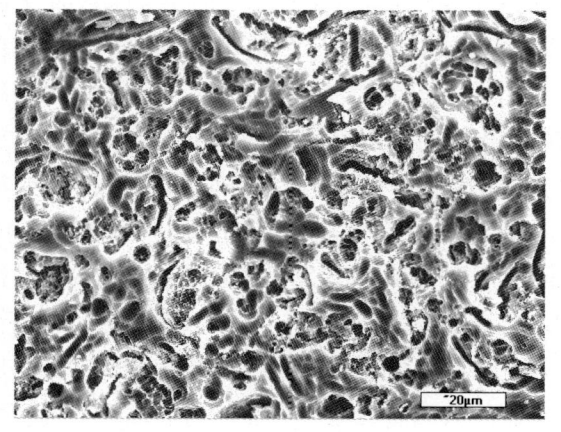

图 7-13 长石质烤瓷表面经氢氟酸酸蚀后形成的多孔状结构

结剂的进入提供了机械锁结的条件并扩大了黏结面积,而非硅酸盐类陶瓷中硅氧键含量很少,因而效果不佳。

对于硅酸盐类陶瓷来说,单独使用打磨或喷砂,提高黏结强度的效果不如单独用氢氟酸酸蚀;对于非硅酸盐类陶瓷,单独使用喷砂的效果比单独使用氢氟酸酸蚀要好。实际上,临床上常常将两者结合起来应用,先对瓷表面进行打磨或喷砂,然后再用氢氟酸酸蚀,两者结合的好处在于既可减小喷砂时间,最大限度地减少瓷的损失,保证瓷修复体的厚度,又可缩短酸蚀剂的蚀刻时间,同时保证了良好的黏结性能。

喷砂所用砂粉一般为 50 μm 的氧化铝粉,喷气压力为 0.4 MPa 左右,如果使用较小颗粒的氧化铝,则提高黏结强度的效果将变差。氢氟酸酸蚀剂一般为 3%~10% 的氢氟酸水溶液,蚀刻时间大多为 2~7 min。对长石质瓷如果仅用酸蚀处理,那么 5% 的氢氟酸处理 2 min 左右获得的剪切黏结强度是最高的。

陶瓷表面经打磨或喷砂后,如果没有氢氟酸酸蚀剂,也可以用 37% 磷酸酸蚀剂处理,处理时间应延长至 1 min,然后冲洗吹干。磷酸溶液处理陶瓷表面,虽然不能蚀刻,但可进一步清洁黏结面,增加陶瓷表面的羟基数量,提高陶瓷表面的反应性。用磷酸处理陶瓷表面的效果明显不如氢氟酸。

玻璃渗透氧化铝陶瓷材料表面有一定的玻璃相成分,酸蚀会导致玻璃相的丧失,从而使其表面结构松散,黏结性能下降。同时,SiO_2 的大量丧失会直接影响硅烷偶联剂与 SiO_2 之间的共价键的形成,同样会导致黏结强度的下降。因此,表面处理应以喷砂为主。

氢氟酸酸蚀剂对眼睛及皮肤、黏膜组织有强烈的刺激性,当在口内使用氢氟酸酸蚀剂时,应注意保护患者的口腔软硬组织及医生的手、眼等,最好使用橡皮障,医生应当戴眼镜及手套。必要时在酸蚀区域周围涂覆凡士林以保护周围组织。在用氢氟酸酸蚀前,最好对黏结面进行喷砂处理,并冲洗、吹干,然后涂氢氟酸酸蚀剂并保持 3~4 min。酸蚀后用大量水冲洗。酸蚀面吹干后呈白垩色,然后涂硅烷偶联剂,30 s 后气枪吹干。陶瓷表面经酸蚀后,不但使表面呈蜂窝状,增加黏结面积,有利于形成牢固的机械嵌合结构,而且还可增加陶瓷表面的羟基数量,提高陶瓷表面的反应性。

(二)陶瓷黏结底涂剂(primer for ceramic)

陶瓷用黏结底涂剂一般由硅烷偶联剂和有机溶剂组成。常用的硅烷偶联剂是 γ-甲基丙烯酰氧丙基三甲氧基硅烷(γ-MPTS,KH-570)。γ-MPTS 的作用有两方面,一方面它可以改善黏结剂在陶瓷表面的湿润性;另一方面,γ-MPTS 的一端为甲基丙烯酸酯基,可以和黏结剂交联聚合,另一端为 $-Si(OCH_3)_3$,水解后变为 $-Si(OH)_3$,$-Si(OH)_3$ 可以和陶瓷表面的 -Si-OH 发生反应,形成化学键。

陶瓷用黏结底涂剂中常用的有机溶剂有甲基丙烯酸甲酯、丙酮、乙醇等。底涂剂一般有 3 种组合方式,一是单纯的偶联剂;二是偶联剂与酸(如冰醋酸)在一个瓶内混合,使其成为预水解化合物;再就是双组分的形式,一组分是偶联剂,另一组分是酸性单体,两者在使用时混合,从而防止了预水解化合物的失效。与偶联剂结合使用的酸性单体包括:MDP,4-MET 及 MAC-10 等。由于偶联剂的种类较多,加之与不同的酸性单体配合,因此目前可用于瓷修复的偶联剂商品种类十分繁多。

影响瓷黏结的首要因素是瓷表面的粗化,单独使用偶联剂并不能形成长期稳定的黏结强度。因此,偶联剂的应用必须与瓷表面粗化相结合。

第五节　软组织及骨组织的黏结
(bonding to soft tissue and bone)

口腔医学的软组织黏结剂有两大类，一类是人工合成的黏结剂，代表产品是α-氰基丙烯酸酯类医用胶，另一类是天然高分子材料类黏结剂，代表产品是纤维蛋白黏合剂。其中α-氰基丙烯酸酯类医用胶是目前临床上应用最为广泛的软组织黏结剂。

一、α-氰基丙烯酸酯类医用胶（cyanoacrylate adhesive）

（一）组成（composition）

α-氰基丙烯酸酯类医用胶是一种单液型黏结剂，其主要成分是α-氰基丙烯酸高级酯，如α-氰基丙烯酸正辛酯、正丁酯。α-氰基丙烯酸酯容易发生阴离子聚合，为防止贮存、运输过程中发生过早聚合，需要加入某些酸性物质作为稳定剂，常用的稳定剂是二氧化硫，用量约为 60×10^{-6}。α-氰基丙烯酸酯也可能发生自由基聚合，所以还须加入微量的酚类阻聚剂，如对苯二酚。

纯α-氰基丙烯酸酯是低黏度液体，流动性太大，使用不方便，所以往往加入高分子聚合物作为增稠剂，例如，加入5%~10%的聚甲基丙烯酸甲酯能使黏度显著提高，而黏结强度没有明显下降。

为了提高α-氰基丙烯酸酯类黏结剂的韧性，还可以加入适量的增塑剂，如磷酸三甲酚酯、邻苯二甲酸二丁酯等。

（二）聚合及黏结机制（polymerization and adhesion mechanism）

α-氰基丙烯酸酯单体是透明液体，它是通过阴离子聚合反应进行凝固的，α-氰基丙烯酸酯分子结构上的α碳原子上连接有吸电子基团-CN、-COOR，使得β位上的碳原子具有极强的吸电子性，在微量阴离（A^-）存在下，就能瞬间发生聚合反应：

$$CH_2 \!=\! \underset{\delta^-}{\overset{\overset{\displaystyle CN}{|}}{\underset{|}{C}}} \!-\! COOR \xrightarrow{A^-} A \!-\! CH_2 \!-\! \overset{\overset{\displaystyle CN}{|}}{\underset{|}{C}} \!-\! COOR \xrightarrow{CH_2 = \overset{\overset{\displaystyle CN}{|}}{\underset{|}{C}} - COOR} A \!-\! CH_2 \!-\! \overset{\overset{\displaystyle CN}{|}}{\underset{\underset{\displaystyle COOR}{|}}{C}} \!-\! CH_2 \!-\! \overset{\overset{\displaystyle CN}{|}}{\underset{|}{C}} \!-\! COOR \xrightarrow{\text{继续反应}} \text{聚合物}$$

人体软组织中的水分、组织液、氨基酸所含的-OH、-NH$_2$等能在常温下引发α-氰基丙烯酸酯发生阴离子聚合，使液态的α-氰基丙烯酸酯瞬间变成固态的胶粘媒介物，使破裂损伤的软组织黏结起来。

（三）性能（properties）

1. 凝固时间（setting time）

将α-氰基丙烯酸酯黏结剂涂在组织表面，仅借助于其表面上的微量水分或血液、组织液，2~10s即会固化成薄膜。一般地，随着α-氰基丙烯酸酯基碳原子数增加，在组织表面上凝固时间缩短；涂布法涂胶与喷雾法涂胶相比，喷雾法的凝固时间最短，这是因为凝固时间与接触的物质表面的阴离子有关，阴离子量愈大，则凝固愈快。因此，临床应用时，单位组织表面涂胶量愈薄愈少，则凝固愈快；反之凝固愈慢，容易造成胶液流淌，且固化膜厚，易脱落。

2. 降解性能（degradation）

α-氰基丙烯酸酯在体内可缓慢降解，降解产物为氰乙酸酯、甲醛和乙醇，最后以硫代氰酸酯的形式随尿排出体外。研究表明，随着α-氰基丙烯酸酯酯基碳原子数的增长，分解速率逐渐减小。另外，降解速度与α-氰基丙烯酸酯用量有关，用量愈大分解愈慢。

3. 生物相容性（biocompatibility）

α-氰基丙烯酸酯类组织黏结剂具有良好的生物相容性，用于人体组织已有40余年的历史。结果表明，以α-氰基丙烯酸高级酯为主要成分的组织黏结剂对人体无毒、无刺激，不会致癌、致畸。但是，对机体它有一定的异物反应，有时会影响组织愈合。进一步的研究表明，α-氰基丙烯酸酯类组织黏结剂的生物相容性随α-氰基丙烯酸酯酯基的增长而提高。

α-氰基丙烯酸酯类组织黏结剂在凝固过程中释放出热量，其释放热量大小随α-氰基丙烯酸酯酯基增长而变减小。在皮肤上试验，放热量最高的可使局部有发烫感觉，甚至会产生轻度烫伤。因此，在人体敏感部位（如眼、肝、肺等）使用黏结剂时，应选择放热量小的胶。

α-氰基丙烯酸酯类组织黏结剂具有促进血液凝固作用，它可与血液中所含的蛋白质形成网络样结构而使血液凝固。利用此特性，可用α-氰基丙烯酸酯类组织黏结剂作为止血剂应用，例如，用于口腔黏膜、鼻黏膜出血的止血。

（四）临床应用（application）

α-氰基丙烯酸酯类组织黏结剂在口腔医学主要用于颌面部伤口的黏合、口内瘘管的黏合、拔牙创及口腔黏膜的黏合及止血等。

二、纤维蛋白黏合剂（fibrin adhesive）

纤维蛋白黏合剂又称纤维蛋白胶，是由数种人血浆蛋白成分组成的一种复合制剂，它模拟血凝的最后阶段反应，以凝血酶激活纤维蛋白原形成半刚性纤维蛋白凝块。该凝块黏合创口，起防水剂作用，使组织或材料保持所需构形，并起止血及愈合作用。

（一）组成（composition）

纤维蛋白黏合剂是由含有人源纤维蛋白原（Fg）、血液凝固第ⅩⅢ因子、纤维结合蛋白（Fn）和凝血酶两部分组成的冻干复合物。临用前分别溶于含抑肽酶和$CaCl_2$的溶剂，配成双液剂型。溶液A含高浓度的纤维蛋白原、ⅩⅢ因子、纤维结合蛋白、抑肽酶和稳定剂等，溶液B主要含凝血酶和$CaCl_2$，使用时将两种溶液在所需部位混合即可。

纤维蛋白原是血液凝固中的主要结构蛋白，可以转化为纤维蛋白单体，最后形成不溶性凝块。凝血因子ⅩⅢ可转化为ⅩⅢa，后者催化纤维蛋白单体交联，并保护凝块不被纤维蛋白溶解酶过早地降解，促进成纤维细胞增生。纤维结合蛋白可促进纤维蛋白单体交联，促进细胞黏着。凝血酶可促进纤维蛋白原转化为纤维蛋白单体，调控纤维蛋白的聚合速度，促进成纤维细胞和其他内皮细胞的分裂，有助于切口的愈合。抑肽酶可抑制或减缓纤维蛋白溶解酶对凝块的降解。$CaCl_2$可催化纤维蛋白原转化为纤维蛋白单体，催化纤维蛋白单体交联，并催化ⅩⅢ因子转化为ⅩⅢa。

（二）凝固机制（setting reaction）

纤维蛋白原在凝血酶、Ca^{2+}的作用下变成可溶性的纤维蛋白单体，再在Ca^{2+}和凝血因子ⅩⅢ的作用下变成不溶性的纤维蛋白多聚体及纤维蛋白凝块，黏结、封闭组织。另外，为了防止纤维蛋白多聚体及纤维蛋白凝块的过早溶解，维持黏结效果，添加抑肽酶，作为纤维蛋白溶解酶的抑制物（图7-14）。

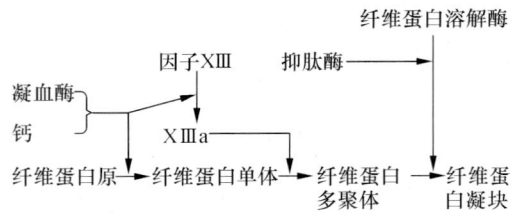

图 7-14 纤维蛋白黏结剂中有关成分的关系图解

在这种稳定的人造纤维蛋白凝块内,成纤维细胞能很快增殖,产生胶原蛋白和肉芽成分,促进组织修复,直至愈合。

(三)性能(properties)

纤维蛋白黏合剂的两液体混合后 5 s 内可成胶,10 min 后强度逐渐加强,胶状体也开始收缩,0.5~1 h 后强度到达高峰,抗拉黏结强度为 1~3 g/mm^2。

纤维蛋白黏合剂反应的快慢可由凝血酶来调节,需快时增加酶活力单位,需慢时降低酶活力单位。所产生纤维蛋白多聚体的强度与纤维蛋白原浓度成正相关,浓度越高,强度越大。由于机体纤溶系统的降解作用,纤维蛋白凝块最终被完全吸收,但吸收的速度可在一定范围内通过加入抑肽酶来调节。抑肽酶能够抵抗纤维蛋白溶解酶的作用,延长多聚体存在的时间。

纤维蛋白黏合剂混合液的 pH 为 7.3~7.5,对皮肤、黏膜、软组织无刺激性,不产生免疫反应和异物反应。大部分纤维蛋白黏合剂在体内 3~4 周后降解、吸收,不影响伤口愈合;相反,通过对成纤维细胞的刺激,还可促进伤口愈合,促进血管生长和形成以及局部组织的生长和修复。

(四)应用(application)

纤维蛋白黏合剂具有三大功能:组织黏结、止血和促进伤口愈合。在口腔医学中的应用主要集中在口腔颌面外科,包括面部神经吻合、微血管的吻合、软组织损伤的止血、皮肤游离移植的固定、拔牙后牙槽窝的止血等。

应用时,首先,把纤维蛋白原和抑肽酶放置于容器中,在 37℃下加热 1 min,再震荡 7~10 min 完全溶解,用专用注射器抽出备用,然后将氯化钙加入凝血酶中使其溶解,抽出备用,最后,将上述两液滴于干燥创面上,立即混合,并用手加压 3 min,1 h 后可达最大强度。

三、骨组织的黏结(bonding to bone)

(一)聚甲基丙烯酸甲酯骨水泥(PMMA bone cement)

聚甲基丙烯酸甲酯骨水泥是临床应用最早的骨黏结、固定材料。在组成形式上与自凝义齿基托树脂相同,分为粉、液剂型,粉剂主要由高纯粉末状聚甲基丙烯酸甲酯(PMMA)、少量的硫酸钡和微量聚合引发剂(过氧化苯甲酰)组成,液剂由高纯甲基丙烯酸甲酯单体(MMA)和聚合促进剂组成。使用时,粉剂和液剂在室温下混合,经过一段时间(5~15 min)后,单体发生聚合,最后固化成具有一定抗压强度的固体。为了避免术后炎症或达到某种治疗的目的,可在骨水泥中加入抗生素、抗肿瘤药物或其他药物,制成具有药物释放功能的骨水泥。有些骨水泥中加入了磷酸钙陶瓷粉末,这样可以提高骨水泥的生物相容性。

早期的聚甲基丙烯酸甲酯骨水泥采用手工调和、填塞方法,粉、液调和后,待调和物进入面团期,用手将材料填塞入骨腔中,由于面团期材料黏度大、流动性差,填塞过程容易在材料中混入大量气泡,使材料强度下降,易断裂、松动,黏固的假体使用 10~15 年就会松动,影响了患者的活动功能。现代骨水泥为流动性好、渗透性高的低黏度骨水泥,采用机械真空调和,水泥枪填塞方法,减少了气泡的混入,材料的强度也明显提高,材料能更好地渗透到骨组织或植入物的孔隙中,充满整个固定空间,减少了术后松动、脱落的可能性。

聚甲基丙烯酸甲酯骨水泥在凝固过程中会放出聚合热，体外测定最高温度可达124℃，体内测定温度也可达70℃，会对周围组织造成损伤，温度高低取决于骨水泥团块大小等因素。

聚甲基丙烯酸甲酯骨水泥主要用作人工髋关节和膝关节的置换术中内固定材料，是目前人工关节固定最常用的材料之一。

聚甲基丙烯酸甲酯骨水泥不能与骨组织牢固结合，易造成人工关节移植体的后期松动。

（二）磷酸钙骨水泥（calcium phosphate cement，CPC）

磷酸钙骨水泥也称羟基磷灰石骨水泥（hydroxyapatite cement），是一种由几种磷酸钙盐组成的混合物，用固化液调和后呈糊状，能根据缺损部位准确填充塑型，凝固后转化为羟基磷灰石，具有优良的生物相容性、骨传导性、可降解性，正引起人们的广泛重视，并逐步应用于临床。

1. 组成（composition）

磷酸钙骨水泥一般由磷酸钙盐粉末和凝固液两部分组成。磷酸钙盐粉末一般包含两种或两种以上的磷酸钙粉末，其中一种偏酸性，如二水磷酸氢钙（DCPD）、磷酸二氢钙（DCPA）；另一种偏碱性，如磷酸四钙（TTCP）、α-磷酸三钙（α-TCP）。凝固液多为低浓度的磷酸或磷酸盐溶液，也可以是蒸馏水或其他液体，如血浆、胶原溶液、甘油等。粉、液调和物在室温或体内生理条件下能够很快自行固化结晶，其水化结晶反应的最终产物是羟基磷灰石晶体。配方及工艺条件对骨水泥的凝结时间、产物种类及骨水泥强度有很大影响。

2. 固化反应（setting reaction）

磷酸钙骨水泥固化过程是溶解—再沉淀过程。以α-TCP/TTCP为例，将其加入含磷酸根离子的固化液后，溶出的Ca^{2+}与磷酸根形成络合物及羟基磷灰石形成，并逐渐将α-TCP/TTCP颗粒表面覆盖。初期形成的羟基磷灰石晶体太小，只在某些点接触构成比较疏松的网状结构，使浆体失去流动性和可塑性。随后由于生成物薄膜的破裂，致使α-TCP/TTCP颗粒重新暴露出来与溶液迅速而广泛地接触，固化反应进入较快的阶段，生成许多针状羟基磷灰石并相互接触连接。反应进行到一定程度后，浆体完全失去可塑性，针状羟基磷灰石产物形成充满全部间隙的网状结构，其内部不断充实固化产物，使α-TCP/TTCP浆体具有抵抗外力的一定强度。随着固化的进行，羟基磷灰石数量不断增加，晶体不断长大，而孔隙不断减小，羟基磷灰石晶体亦主要生长为短纤维状、棒状或柱状，填充在孔隙之间，相互交错，形成具有一定强度的多微孔状结构。

3. 性能（properties）

（1）凝固时间（setting time）

大多数磷酸钙骨水泥在37℃、90%～100%的相对湿度下凝固时间是10～30 min，完全固化需要6～20 h。在磷酸钙骨水泥粉剂中添加羟基磷灰石微晶可显著提高凝固速度，缩短固化时间。

（2）强度（strength）

由于磷酸钙骨水泥在凝固过程中形成许多微小孔隙，因此它是一种多孔材料，其力学强度与孔隙率及微孔的尺寸密切相关。高孔隙率虽有利于新骨长入，但材料强度较低。目前该材料的孔隙率可降低到26%～28%。

磷酸钙骨水泥强度较低，抗压强度一般为30～50 MPa（依CPC材料和制备过程而异），抗折强度6～10 MPa，脆性较大，目前只能用于非负载骨的修复。

影响磷酸钙骨水泥力学性能的因素：①所选磷酸钙盐的种类，选择DCPA在力学强度上要优于DCPD。②随着粉剂中α-TCP含量增加，骨水泥的抗压强度也随之增加。③磷酸钙盐粉末颗粒越小，其总表面积越大，晶体的形成越多、越快，固化后的强度就越高。④加入氟化钠或氟化钙后能促进固化反应的进行。⑤加入半水硫酸钙或在材料固化过程中加压也能提高骨水泥的强度。⑥采用不同液剂，凝固后的材料强度也有一定差异。⑦粉、液调和比对材料的强度有明显影响，不同产品的最佳粉、液比不同，应当按照厂家使用说明书推荐的粉液比调和。⑧凝固环境对材料的强度有明显影响，在100%相对湿度的空气中凝固后抗压强度最大，在低湿度的空气或在水中凝固，强度都会明显下降。

（3）生物相容性（biocompatibility）

磷酸钙骨水泥具有良好的生物安全性和生物相容性。其固化物主要是羟基磷酸钙晶体，与天然骨的无机成分极为相似，对骨组织有良好的亲合性，具有良好的诱导骨形成能力，并可生物降解，其吸收速度与新骨形成基本一致，因而可被新生骨以爬行替代的方式代替。磷酸钙骨水泥的蜂窝结构允许骨组织直接长入，中间无过渡层，有利于与骨组织的稳固结合。

磷酸钙骨水泥对骨重塑或骨折愈合过程无影响，植入动物骨内的材料能与周围骨组织形成骨性结合，无炎性反应，不引起组织变性、坏死，不致溶血和凝血，无致癌、致畸、致突变作用。

4. 临床应用（application）

磷酸钙骨水泥可作为口腔科的根管充填材料、盖髓垫底材料以及口腔颌面部骨缺损的修复材料。作为口根管充填材料，磷酸钙骨水泥可促进根尖孔早期封闭，具有良好的封闭性能；作为盖髓垫底材料，磷酸钙骨水泥具有良好的生物相容性。

由于骨水泥固化时有较高的聚合热和术后松动、脱落等不足之处，对骨水泥的改进研究和系列化产品的开发研究势在必行。

（赵信义）

参 考 文 献

1 赵信义. 口腔材料黏结的表面处理. 口腔材料器械杂志，1993，2(2)：42-44

2 陈思娅，畑好昭. OCC铸造陶瓷表面处理对光固化树脂黏结强度的影响. 华西口腔医学杂志，1994，12(1)：15-18

3 赵信义. 牙本质的湿黏结. 牙体牙髓牙周病学杂志，2001，11(1)：48-50

4 张方明，赵云风，陈新民. 铸造陶瓷与牙釉质黏结强度的研究. 现代口腔医学杂志，2002，16(3)：222-223

5 李飞，何惠明，王忠义，郭宁山. 不同表面处理方法对玻璃渗透陶瓷与牙本质黏结强度的影响. 解放军医学杂志，2003，28(3)：264-265

6 Bowen RL. Adhesive bonding of various materials to hard tooth tissues. I. Method of determining bond strength. J Dent Res, 1965, 44: 690-695

7 Musil R, Tiller H J The adhesion of dental resin to metal surfaces. The Kulzer Silicoater technique. 1st ed. Wehrbeim: Kulzer and Co. Gmbh, 1984, 9-53

8 Dumsha TC, Beckerman T. Pulp response to a dentin bonding system in miniature swine. Dent Mater, 1986, 2: 156-158

9 Caeg C, Leinfelder KF. Effectiveness of a method used in bonding resins to metals. J Prosthet Dent, 1990, 64: 37-41

10 Hofstede T, McConnell RJ. Bond strength of Panavia-treated surfaces. J Dent Res, 1990, 69: 172-175

11 Garcia-Godoy F, Kaiser DA. Shear bond strength of two resin adhesives for acid-etched metal prostheses. J Prosthet Dent, 1991, 65: 787-789

12 Johnson LN, McConnell RJ. Determination of thickness of tin electroplating on a dental alloy. J Dent Res, 1991, 61: 683-688

13 Trushkowsky R. Restoration of a cracked tooth with a bonded amalgam. Quintessence Int, 1991, 22: 397-400

14 Kanca J. Resin bonding to wet substrates. I. Bonding to dentin. Quintessence Int, 1992, 23: 39-41

15 Chang J, Scherer W. Shear bond strength of a 4-META adhesive system. J Prosthet Dent, 1992, 67: 42-45

16 McConnell RJ, How-Chun-Lun V. Tin-plating time and resin/noble metal bond strength. J Dent Res, 1992, 72: 542 (Abs. #212)

17 Reilly B, Davis E. Shear strength of resin developed by four bonding agent used with cast metal restoration. J Prosthet Dent, 1992, 68: 53-55

18 Temple-Smithson PE, Causton BE, Marshall KF. The adhesive amalgam—fact or fiction? Br Dent J, 1992, 172: 316-319

19 White SM, Yu Z. Film thickness of new adhesive luting agents. J Prosthet Dent, 1992, 67: 782-785

20 Al-Dawood A, Wennberg A. Biocompatibility of dentin bonding agents. Endodonticsontics Dental Traumatology, 1993, 9: 1-7

21 Burgess JD, Alvarz AN, Summitt JB. Fracture resistance of complex amalgams. J Dent Res, 1993, 72: 132 (Abs. #228)

22 Gates WD, Diaz-Arnold AM. Comparison of the adhesive strength of a Bis-GMA cement to tin-plated and non-tin-plated alloys. J Prosthet Dent, 1993, 69: 12-16

23 Hadavi F, Hey JH, Ambrose ER. Bonding amalgam to dentin. J Dent Res, 1993, 72: 132 (Abs. #226)

24 Tani C, Itoh K, Hisamitsu H, et al. Efficacy of dentin bonding agents

25 Imbery TA, David RD. Evaluation of tin-plating systems for a high-noble alloy. Int J Prosthodont, 1993,6:55-59

26 Suzuki S, Suzuki SH, Subay R, et al. Histological evaluation of clearfil liner bond 2 and AP-X restorative systems. J Dent Res, 1994, 74:203-211

27 White KC, Cox CF, Kanka J, et al. Pulpal response to adhesive resin systems applied to acid etched vital dentin. Damp versus dry primer application. Quintessence Int, 1994,25:259-269

28 Sano H, Takatsu T, Ciucchi B, et al. Nanoleakage: leakage within the hybrid layer. Oper Dent, 1995,20:18-25

29 Burrow MF, Satoh M, Tagami J. Dentin bond durability after three years using a dentin bonding agent with and without priming. Dent Mater, 1996,12:302-307

30 Cox C. Biocompatibility of clearfil liner bond 2 and clearfil AP-X systems. Quintessence Int, 1998,29(3):41-44

31 Van Meerbeek B, Yoshida Y, Lambrechts P, et al. A TEM study of two water-based adhesive systems bonded to dry and wet dentin. J Dent Res, 1998,77:50-59

32 Sano H, Yoshikawa T, Pereira PN, et al. Long-term durability of dentin bonds made with a self-etching primer, in vivo. J Dent Res, 1999, 78:906-911

33 Hashimoto M, Ohno H, Kaga M, et al. In vivo degradation of resin-dentin bonds in humans over 1 to 3 years. J Dent Res, 2000, 79: 1385-1391

34 Frankenberger R, Kramer N, Petschelt A. Technique sensitivity of dentin bonding: effect of application mistakes on bond strength and marginal adaptation. Oper Dent, 2000,25(1):324-330

35. Kaneshima T, Yatani H, Kasai T, Watanabe EK, Yamashita A. The influence of blood contamination on bond strengths between dentin and an adhesive resin cement. Oper Dent, 2000,25(3):195-201

36 Armstrong SR, Keller JC, Boyer DB. The influence of water storage and C-factor on the dentin-resin composite microtensile bond strength and debond pathway utilizing a filled and unfilled adhesive resin. Dent Mater, 2001,17:268-276

37 Tay FR, King NM, Suh BI, et al. Effect of delayed activation of light-cured resin composite on bonding of all-in-one adhesive. [J] J adhesive Dent, 2001,3(3):207-225

38 Besnault C, Attal JP. Influence of a simulated oral environment on microleakage of two adhesive systems in Class II composite restorations. [J] J Dent, 2002,30(1):1-6

39 Chen RS, Liu CC, Tseng WY, et al. Cytotoxicity of three dentin bonding agents on human dental pulp cells. J Dent 2003,31:223-229

第八章 口腔贵金属合金的过去和现状
(noble dental alloys: past and present)

第一节 口腔贵金属在我国的应用
(noble dental alloys used in China)

口腔贵金属合金是以金(Au)为主的合金,在口腔医学主要是通过精密铸造应用,是我国过去以及目前国外广泛应用于口腔修复的主要金属材料。贵金属合金具有一定的优点:如抗腐蚀性能强,熔点适中便于操作,可接受受相热处理以控制所需机械性能等。我国在解放以后,由于众所周知的原因,根据当时的历史条件,研究采用了非贵金属材料代替贵金属铸造应用于口腔修复,几十年来对口腔修复的发展起了很大的作用。

现在,由于改革开放的深入,生活水平不断提高,医疗逐步社会化,经济全球化以及进入世贸的影响,需要有能适应我国现代口腔修复医疗工作的金属修复材料的供应。由于非贵金属材料不仅在物理机械性能和铸造工艺技术上有较大的局限性,更主要的是非贵金属合金的生物安全性不令人满意。目前,对非贵金属合金中的镍和铬的致敏性和致癌性已有较趋于一致的认识。文献报道人体皮肤接触试验结果表明,20%的女性和27%的男性对镍过敏。4%的女性和1.5%的男性对铬过敏。动物试验已证实非贵金属合金中的镍、铬有致癌性,已有发生于种植修复的原发性癌的临床报道。

世界黄金署(World Gold Council)统计报道,2002年全球口腔医学对黄金需求为68.7吨。对照1986年的54吨/年和1994年的60.1吨/年,分别增加了14.8吨/年和8.6吨/年。其实在1997年全球口腔医学对黄金需求已经到达过70.1吨/年。这一年,据统计分析,德国需求口腔贵金属每年在30~40吨,美国单用于合成树脂、烤瓷结合的口腔贵金属也在15吨/年左右。鉴于我国的经济在飞速发展,人民生活水平的提高,国外统计当年我国在金首饰方面对金的需求已经达到485.8吨(内地339.0吨,香港58.3吨,台湾88.5吨)。1997年国内全年黄金产量突破150吨,从而跻身世界第5大产金国。这样的大好形势,我们口腔医学工作者在当时不一定完全意识到,但国外却已看到中国在口腔医学应用黄金的前景。美国的牙科卫生研究所(Dental Health Institute)和在英国的世界黄金署当时已预测中国贵金属应用于口腔医学的市场。加之,铸造贵金属合金是口腔医学最早采用的铸造金属材料,一系列铸造工艺均系围绕它发展起来。它熔点适中,在中等度熔点铸造合金中具有代表性。如果掌握铸造贵金属合金的理论与基本操作,有利于适应现代口腔修复的发展。这也是对我国目前口腔修复医技人员继续教育以及培养新一代口腔医务人员的必要课程。

第二节 有关金的知识(gold knowledge)

金是稀有金属元素。其熔点是1 064℃,沸点2 808℃。化学符号Au。Au是拉丁文'aurum'的缩写。照字面意思是'生气勃勃的黎明(glowing dawn)'。它有十分好的传导性能,与水和氧不发生反应。

金的度量:Carat(美国和德国Karat,K)。远古后期在地中海/中东,以Carat用作金的度量。Carat原先是基于中东商人用长豆角种子或豆(bean)作衡量单位。长豆角种子是从Carbo或Locust bean树得来的。Carat同样也作为宝石的衡量单位(1 Carat约为200 mg)。对金也用作为衡量其纯度的单位,24K为纯金。以后的演变就不太清楚了。罗马把这种豆称之为Silqua Graeca,希腊名之为Keration。罗马也对当时的一个小银币(相当于1/24 Constantine金币)也用Silqua来衡量。所以Silqua约等于1 Keration或Silqua Graeca的金,也就是1/24金币(Solidus)的Keration,即1 Carat(K)。

现在对金则以纯度(或千分,fineness)来衡量,如18K的纯度=18/24×1 000=750纯度(表8-1)。

表8-1 金的K(Carat)和纯度(fineness)的关系

K(Carat)	纯度(fineness)	含金量(%)
24	1 000	100
22	916.7	91.67
18	750	75
14	583.3	58.33
10	416.7	41.67
9	375	37.5

注:金衡1盎司(troy ounce)是31.103 5 g。而常衡1盎司为28.35 g。口腔医学用金的"盎司"也是金衡。金的密度19.32 g/cm^3。1盎司的体积是1.64 cm^3。

第三节 金产量和金价(mine production and price of gold)

一、黄金产量

2001年底全球黄金矿量估计约145 000吨。按国家计,2003年2月的统计,黄金的官方拥有量以美国为最多(8 149.0吨),其次是德国(3 445.8吨)和国际货币基金组织[International Monetary Fund,IMF](3 217.0吨)。我国包括台湾(600.0吨+台湾422.1吨)为第七位。如包括嵌有宝石的金饰物的黄金拥有者,以国家来说印度是最大的拥有国。就私人拥有来说,不十分清楚谁拥有最多,但可能是东方某个居统治地位的王室成员。

全球金的年产量:2001年矿产为2 604吨,相当于该年全球需求量的67%。1997年年底,我国冶金部黄金局披露:我国全年黄金产量突破150吨,从而跻身世界第5大产金国。2002年中国内地黄金市场年销售量已达200多吨之巨。

二、近半个世纪金价变化

第二次世界大战后,黄金官价仅每盎司30美元,1971年后,由于美国发生经济危机,美国政府不再对金价的支持等原因，国际黄金官价被取消，按市场供需浮动金价。两次中东战争，石油不断暴涨，石油国以石油大量收购黄金，引起黄金不断上涨。从1979年的130美元/盎司，到1980年1月，每盎司剧增到850美元。随着美国经济稳定以及黄金生产增加（如1997年比1996年增2%～3%达2 402吨），金价不断下降。1983年下降到450美元/盎司，以后一直在440美元/盎司至280美元/盎司之间浮动。2002年的金价在280～300美元/盎司。之所以要较详细地讲述金价的变化，是因为黄金价格的变化和口腔修复的发展有密切的关系（图8-1）。

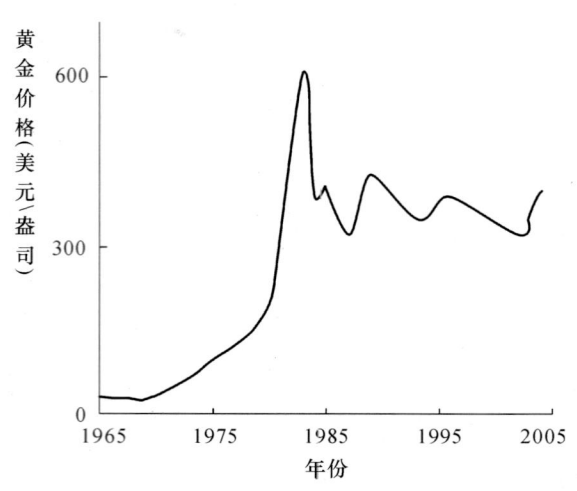

图 8-1　近 40 年金价变化 *

第四节　口腔医学用金 (gold in dentistry)

早在公元前700年就有黄金应用于口腔的报道，当时有伊特鲁里亚（Etruscans，意大利中西部古国）人以金丝固定用以置换母牛或小牛牙。1530年，在莱比锡城（Leipzig）出版的第一本牙医书里提出用金箔充填窝洞。20世纪初，精密铸造技术被引入口腔修复工艺，推动了贵金属在口腔医学中的应用，黄金的消费量逐年增加。口腔医学应用的金制品，主要有以下4类：纯金（呈箔状、粉或网）晶体样薄片；呈丝或板状的锻制合金（wrought alloys）；铸造合金（casting alloys）以及金合金焊金（solders）。

一、金价的变化对口腔医学应用的影响

John C Wataba 在 Robert G. CRAIG 主编的《Restorative Dental Materials》一书中说："由于1969年美国政府取消了对金价的支持，口腔贵金属发生了重大的变化。在此以前，95%以上的口腔修复采用含量在75%（wt）.以上的金合金，由于金价从35美元/盎司上升到800美元/盎司（1980年早些时候）。为降低铸造牙修复体的价格，替代合金的应用明显增加。这种替代合金包括低含金量的，也有不含金的和无其他贵金属的合金。现在，在美国和其他国家的大部分是替代合金。1999年，钯的价格明显上涨，从100美元/盎司上升到350美元/盎司，更促进了新型铸造合金的发展。"

世界黄金协会则在2003年对牙科用金的分析中认为："在1970和1980年黄金的高价导致在口腔含低金合金的低等级应用的增加，有的含金低到12%。有的国家增加钯的应用以及紧缩对金工作的社会保障支出（特别在德国和日本）。在这个阶段口腔用金量降低。然而，以后有所增长。这涉及到，特别在美国，关于合金中高贵金属含量不足所产生的负面影响；某些亚洲国家的繁荣，在那里广泛应用进口高品质口腔用贵金属合金；以及替代材

---

* 中东局势持续恶化，石油价上涨，美元贬值，伊朗核危机促成了2006年初黄金价又一次上涨。

料如钯的价格增高等。在近年来已经看到黄金在口腔的应用已逐渐地增长到 70 吨/年。"

二、我国口腔用金的前景

前面美国 Craig 虽然是在 2002 年出版的书中概述了以美国为主的口腔用金近 30 多年来的情况,但他只提了 1969 年由于以美国经济为主的原因,黄金暴涨到 800 多美元/盎司,为降低铸造口腔修复体的价格,出现了替代合金包括低含金量的和不含贵金属的合金的大规模开发和应用。但没有反映出进入 20 世纪 80 年代金价开始不断下降并基本保持在 300 美元/盎司左右的情况;以及替代合金不断出现对人体不安全的因素(见后述)。倒是世界黄金署如实反映了上述情况,并提到了"某些亚洲国家的繁荣"(他们在 20 世纪 90 年代后期已进行了对我国口腔用金的预测)的因素。

现在暂时撇开合金具体含金多少的专业问题不谈,先回顾我国前 50 年的情况,当时我们并全不是因金价高低而以非贵金属来替代贵金属应用于口腔修复的。而现在,特别是近 10 多年来,我国的情况发生了巨大的变化,已在建设小康社会。正如世界黄金署上面所说的是国家进入了繁荣时代。1997 年底据国家冶金部黄金局消息:我国已跻身世界第 5 大产金国。2002 年中,国内黄金市场年销售量达 200 多吨之巨,这主要是用于金饰方面。这充分说明了我国广大人民的生活水平已经有了极大的提高。

从贵金属修复体成本估算:国外通用口腔贵金属合金如 Salaro 4、Argenco 52HN(含金在 50% 左右)其报价在 ￥48～64/g 之间。国内制品约在 ￥48/g 左右(中国人民银行公布金价,成色为 99.99% 的 1 号金锭配售价为每克 80 元上下)。如以每单个修复体约 4g 计,每单个修复体的合金成本在 ￥200 左右。从目前金饰价格看来,是多数需要口腔修复的患者能承受的。而况,我国的现状不同于美国,我们这么多的人口,刚开始采用贵金属进行口腔修复,可想其在口腔修复时对贵金属合金的需求将是如何的局面。这就需要口腔医疗和教学机构对学生和从事这方面工作的人员提供必要的知识和有关信息。

现在回过头来,再看国外自当年金价暴涨后口腔用贵金属合金应用的变化情况。替代合金的出现,基本上分为两类:一类是降低金含量代之以钯和银的低金合金,含微量金的钯基合金(主要用于烤瓷修复),以及银合金;另一类是非贵金属合金,如用于铸造修复的钴铬和钴铬镍合金,用于烤瓷修复的镍铬合金等。原来的Ⅰ—Ⅳ类分类的 4 类贵金属合金,被称之为"高贵金属合金"。据说这新三类合金:"高贵金属(high-noble)"合金、"贵金属(noble)"合金和"非贵金属为主(predominately base metals)"合金在世界上各占一定消费份额,以满足不同消费层次的需求。目前,由于替代合金,包括钯合金在内,由于连续出现诸如腐蚀、过敏以及其他对人体不安全因素,在发达国家,尤其是如德国之类的欧洲国家主要还是在使用高贵金属合金。预计,在我国,口腔用贵金属合金,特别在铸造修复方面将越来越会采用含金较高的贵金属合金。

第五节 口腔用合金的金属元素
(metallic elements used in dental alloys)

由于纯金属元素本身没有适合在口腔环境中进行假牙修复的性能要求,需要不同元素结合以制出符合口腔应用要求的合金,这些合金可用作铸造合金,或制成丝或其他锻制品(表 8-2)。金属

表 8-2 口腔用铸造合金的金属元素的性质

元素	符号	原子序	原子量	密度(g/cm³)	熔点(℃)	颜色	注解
贵金属							
钌	Ru	44	101.07	12.48	2 310.0	白	晶粒细化剂,硬
铑	Rh	45	102.91	12.41	1 966.0	银白	晶粒细化剂,软,延性
钯	Pd	46	106.42	12.02	1 554.0	白	硬,展性,延性
锇	Os	76	190.20	22.61	3 045.0	蓝白	不用于口腔科
铱	Ir	77	192.22	22.65	2 410.0	银白	晶粒细化剂,很硬
铂	Pt	78	195.08	21.45	1 772.0	蓝白	强硬,延性,展性
金	Au	79	196.97	19.32	1 064.4	黄	延性,展性,软,传导性
非贵金属							
镍	Ni	28	58.69	8.91	1 453.0	白	硬
铜	Cu	29	63.55	8.92	1 083.4	浅红	展性,延性,传导性
锌	Zn	30	65.39	7.14	419.6	蓝白	软,脆,氧化剂
镓	Ga	31	69.72	5.91	29.8	浅灰白	低熔
银	Ag	47	107.87	10.49	961.9		软,展性,延性,传导性
锡	Sn	50	118.71	7.29	232.0	白	软
铟	In	49	114.82	7.91	156.6	灰白	软

自 Wataba JC: Craig's Restorative Dental Materials 2002,451

元素制成的口腔用合金可分为两大类,贵金属和非贵金属。合金的一般性能和非贵金属在其他章节介绍。

一、贵金属(noble metals)

贵金属表面在干燥空气下会保持很好的金属光泽。与硫容易反应成硫化物,但它在加热、铸造焊接和应用于口腔时具有抗氧化、抗玷污和抗腐蚀的良好性能。贵金属有:金(gold, Au),铂(platinum, Pt),铱(irdium, Ir),锇(osmium, Os),钯(palladium, Pd),铑(rhodium, Rh),钌(rhuthenium, Ru)。贵金属可分成两类。第一类有钯、铑、钌。其原子量约 100,密度在 12~13 g/cm²。第二类有金,铂,铱,锇。原子量约 190,密度在 19~23 g/cm²。按分类各自排列,其熔点随着原子量增大而递减。如第一类:钌的熔点 2 310℃,铑的熔点 1 966℃,钯的熔点 1 554℃;第二类的熔点排列自锇 3 045℃,铱 2 410℃,铂 1 772℃,金 1 064℃。

这里需要说明:"贵金属"这个术语在英语中因专业各异而有不同的用语。在金属专业和商业市场把上述贵金属加上银合称为 precious metals。但是在牙科却并不认为银是贵金属,因为银在口腔环境中易腐蚀。为此,在口腔医学只把金、铂、铱、铑、钯、锇和钌称为"noble"metals,以与包括银在内的"precious" metals 区别,所以在英语中 noble metals 和 precious metals 不是同义词。

(一) 金(gold, Au)

金是口腔贵金属合金的主要组成。是一种很

软的金属。延展性很好,而强度则很低。少量杂质可使金及其合金的机械性能产生显著的影响。少量如0.2%的铅能导致金变得十分脆。少量汞也会产生有害作用。其他口腔用合金如非贵金属合金,技术室某些工艺合金以及汞合金的废料残屑切勿混入金修复体内。金为黄金色,具抗晦暗性和延展性。具有可靠抗晦暗性的牙科金合金的金含量至少应在67%(16K)。

金在任何温度的水或大气中不产生反应或受玷污。金不溶于硫酸、硝酸或盐酸,但容易溶解在硝酸和盐酸混合溶液中(18%硝酸和82%盐酸容积比)形成金的三氯化物($AuCl_3$)也可溶解在其他少数化学物中,如,氰化钾和溴化物或氯化物溶液。

由于金十分软,必需和铜、银、铂等其他金属形成合金,才能得到口腔内应用需要的强度、硬度、韧性和弹性(表8-3)。高纯度金(99.99%)可加工成金箔。

表8-3 铸造纯金,金合金和压缩金箔的物理机械性能☆

材料	密度(g/cm³)	硬度(VHN/BHN)(kg/mm²)	抗拉强度(MPa)	延伸率(%)
铸造24K金	19.3	28(VHN)	105	30
铸造22K金	-	60(VHN)	240	22
金锭(含10%铜)	-	85(BHN)	395	30
典型金基铸造合金(70%金)*	15.6	135/195(VHN)	425/525	30/12
压缩金箔#	19.2	60(VHN)	250	12.8

☆自Wataba JC: Craig's Restorative Dental Materials 2002, 452
* 系软化/硬化的数值
# 自Rule RW: J Am Dent Assoc 1937, 24:583

由金锭先进行反复辊压-退火,形成0.0025mm厚度像绵纸样的薄带。再切成差不多大小的薄片,每薄片之间隔一张薄纸,一般叠成200~250片堆,然后用锤敲打直至所需要的厚度。通常得到的是0.00064mm的金箔。整个操作过程要避免杂质混入以保持金箔的纯度。金箔的纯度关系到在应用时所需的黏着性能。

如果不受污染,金箔是有黏着性能的,它们彼此可在室温下"焊接(welded)"。这种黏着性能已经开发作为牙修复材料。把一小块一小块金箔填入制备好的窝洞,并加以压缩(condensed)。这种充填物的使用寿命相当长。从表8-3可见经压缩到窝洞内的金箔充填物的抗拉强度和硬度是纯铸造金(24K)的两倍。而其延伸率则较纯铸造金明显降低,这是因为这样的充填过程也是属于金属冷加工硬化的过程。这种金箔直接进行牙体的修复现在已较少进行了。

(二) 铂(platinum, Pt)

铂是一种带浅蓝的白色金属。性坚韧且具延展性。可展成箔或拉成细丝。铂的硬度和铜相似。纯铂由于它的高熔点和在口腔环境的稳定性,在口腔医学有不少用处。例如,它在高温时不氧化,故铂箔可在烤瓷修复制作时作型片(matrix)。铂箔的熔点高于陶瓷并和陶瓷的膨胀系数十分接近,在修复体制作时当温度变化时可以避免金属翘曲或陶瓷断裂。铂已用于冠桥修复的钉和桩,合金可以铸造或焊接到桩上不会产生问题。

铂的熔点为1755℃,高出金很多。铂加入金中会大大提高合金的硬度和弹性,特别在硬化热处理后其强度弹性、硬度增高更为显著。在一些铸造合金和锻丝中,结合其他金属含铂量可至8%。铂是联合冠桥修复的精密附着体合金中的主要组成。

因为这类合金具有极好的抗磨损性能和高熔限。因为金合金一定要铸造到这些附着体上而不能使附着体变形，所以高熔限是必需的，同时铂能使金基合金的黄色减浅。

（三）铱（irdium，Ir）

铱的熔点高达 2 410℃，是在金合金中含量很小的作为晶粒细化剂的金属。小尺寸晶粒对改善机械性能和合金性能的均匀是很重要的。小到 0.005%（50×10^{-6}）的铱可有效地减小晶粒尺寸。Fischer J. 2001 年报道："加少量铱到二元 Au-Ti 合金中，0.3% 浓度铱的这种合金可得到最小的晶粒尺寸的晶粒精细化效果。而含 0.1% 铱的合金温度形变最小。认为铱对硬度的影响不大。如果作为烧烤合金，在这种合金中加 0.1% 铱为合适，虽然 0.1% 铱不是合金精细化令人满意的（组成）。"

（四）锇（Osmium，Os）

由于锇的熔点太高并且价格十分高，锇未能在口腔铸造合金中应用。

（五）钯（palladium，Pd）

钯是白色金属，较铂稍暗些。它的密度为铂和金的一半多些。钯在加热时吸收大量氢气，在熔化含钯合金时，如果调节燃气-空气吹管不当时会影响铸出铸件的质量。在口腔医学不采用纯钯，都成合金状态应用。钯可和金、银、铜、钴、锡、铟和镓结合成合金。钯和铂相似，可提高 Au-Ag-Cu 系合金的强度和化学稳定性。小量少到 5% 钯加到金合金中，可起到使黄色金基合金变白的作用。在金-钯合金中钯含量≥10% 的合金是白色的。但钯-铟-银合金则是黄色的。过去，钯的价格比铂的一半还不到，而且它具有和铂在口腔合金中许多要求接近的性能，因此经常被用来代铂应用。然而在 2000 年，由于市场的短缺，钯价上涨超过金，钯在金合金和其他贵金属中合金化的应用骤然减少。此外，作为替代金合金的 Pd-Cu 铸造合金，早已因腐蚀和生物相容性的问题而在德国被否定。Gottfried Schmalz（2002）报道：1995 年有来自德国一个机构的报告，说有 2 200 名患者抱怨因口腔铸造合金修复而引发局部和系统症状。由于社会公众对口腔含钯铸造合金安全性的强烈舆论，德国卫生署（German Health Administration）发布了不要采用 Pd-Cu 铸造合金的建议，但并没有进一步说明对这些合金的临床情况。

（六）铑（rhodium，Rh）

铑也是一种高熔点金属（1 966℃），常和铂一起组成合金形成丝状应用于热电耦。这种热电耦装在制作烤瓷炉中以测量烧烤温度。

（七）钌（ruthenium，Ru）

钌的熔点也很高（2 310℃）。它和铱一样在铸造时不熔化作为晶核中心在熔融合金中直到冷却，结果得到细化晶粒的合金。

二、非贵金属（base metals）

贵金属和不少非贵金属共同组成了符合口腔修复要求的口腔贵金属合金，这些非贵金属是，银、铜、铟、锡、锌、镓和镍（表 8-2）。

（一）银（silver，Ag）

银是白色金属。是金基合金的重要组成之一。在合金中银可使铜带来的铜红色减退而趋向淡黄色。银在任何温度的清洁、干燥空气中不受影响。但不宜和硫、氯和磷以及含这些元素的蒸汽或它们的复合物接触。含硫复合物的食品都会对银产生严重的玷污。这就是在口腔医学不把银归属到贵金属之列的原因。银对热和电的传导性能都很好。熔点较金稍低(961.9℃),但在金基合金中对合金熔点的降低影响较小。纯银在熔融阶段会获取一定量的氧,这对铸造操作是一个不利的因素,使铸件会呈现小庇点、气泡和粗糙表面。如果在纯银中加入5%～10%的铜后,上述倾向能降低。这两种元素的结合也用于口腔银基焊金以防止焊金在焊接时的缺陷产生。

纯银由于在口腔中会产生黑色硫化物,故在口腔医学不采用纯银。加少量钯到含银的合金中可阻止某些合金在口腔环境中快速腐蚀。高纯银容易完成电铸,是制作金属代模的常用方法。

银提高合金硬度和强度,但降低抗晦暗性。银能增加合金的延性,在有钯存在时尤为显著。商品化银基合金有银-钯-金-铜四元合金和银-钯二元合金。钯在合金中相当有效地防止银硫化变黑,钯含量53%以上可完全防止银的硫化。银-钯二元合金中钯最低含量是25%。加金可改善铸造流动性和抗晦暗性。加铜可降低熔点,改善铸造性以及时效硬化效果。铸造银钯金合金曾是日本医疗保险承担费用的材料。含12%金,40%～60%银,20%钯,10%～20%铜。熔化范围850～1000℃,软态的维氏硬度HV 150左右,硬态的维氏硬度HV 250左右,主要用于冠和桥的修复等。

其他银铸造合金主要有银-铟、银-锡-锌、银-铜-锌等合金。这类合金主要作为Ⅱ型金合金的替代合金使用,欧美国家几乎不用,为日本所独用。在过去的约10年中,日本曾大量生产并使用这种合金,估计最高年产量曾达到约10吨。这类合金抗晦暗性不良,大部分合金不是时效硬化型,焊接性能也不理想。但这类合金价格比金合金低很多,熔点也低,铸造性能好,操作方便,可用于嵌体、冠、桥等。在银中添加铟、锡、锌等有防止银硫化变黑,降低合金熔点的作用。银-铟为共晶型合金,铟在银中的固溶度为20%。浅色硫化铟的形成可防止银硫化变黑。商品化银-铟合金含70%银,22%铟,熔点680℃,硬度HV 135,延伸率3%,抗拉强度367 MPa。抗拉性能良好。

(二) 铜(copper,Cu)

铜是一般铸造金合金中重要组分之一。铜的熔点为1083℃,但也能降低合金熔点(金-铜合金内含铜8.4%时合金熔点为937℃,含铜16%时为887℃)。铜柔软有延展性。在不含铂族元素的金合金中,通过与金形成固体溶液(solid solution)或有序溶液(ordered solution)提高合金强度与硬度。在金基合金中铜的含量在40%～88%之间可形成有序相。铜也加入钯基合金中,降低合金的熔点。当铜在钯基合金中占15%～55%时可形成有序相增强合金铜呈红色。要注意铜和银在金基或钯基合金中的平衡,因为银和铜是不容易混合的。铜是活泼的染色金属,使金合金变为铜红色。含铜较多的主要缺点是降低抗玷污及抗腐蚀性能,并且容易加工老化。铜也是不少口腔用硬焊金的组成之一。

(三) 锌(zinc,Zn)

锌是蓝白色金属,在潮湿的空气中会玷污。纯锌是软而脆的低强度金属。锌在空气中加热容易形成一种低密度的白色氧化物。锌在合金中仅1%～2%,能显著降低合金的熔点。锌有脱氧作用,合金凝固过程中氧释放出来。因此在铸造时起到清除氧化物提高铸造性能的作用。过多的锌会明显增加合金脆性。

(四) 锡(tin,Sn)

锡是有光泽的、软的白色金属。在正常大气下不会被玷污。某些金基合金中含有限量的锡,通常小于5%。锡也是金基合金焊的组成之一。它和铂及钯结合使合金产生硬化效果,但也增加脆性。

（五）铟（indium，In）

铟是软、灰白色金属。熔点很低（156.6℃）。铟不受空气和水的玷污。它在某些金基合金中作为锌的替代物，是口腔贵金属金瓷合金中的一般组成。银中添加铟，有防止银硫化变黑，降低合金熔点的作用。银铟为共晶型合金，铟在银中的固溶度为20%。浅色硫化铟的形成可防止银硫化变黑。最近有用更大量的铟（30%）使钯-银合金成黄色。

（六）镓（gallium，Ga）

镓是灰色金属，在干燥空气中稳定，但在潮湿空气中会被玷污。熔点极低（29.8℃），密度只有5.91 g/cm³。在口腔医学不采用纯镓，但应用于某些金基或钯基合金，特别是金瓷合金方面，镓的氧化物对陶瓷和金属的结合十分重要。

（七）镍（nickel，Ni）

镍可增加金合金强度，但不够显著。对镍的生物相容性从上世纪七八十年代以来国外做过许多研究，并一直持续到90年代，目前对镍和铬的致敏性和致癌性已有比较趋于一致的认识。镍和铬为已知的变应原。人体皮肤接触试验结果表明，20%受试女性和27%受试男性对镍过敏。医学文献指出镍已被证明对动物有致癌性。对人类，已经报告了发生于种植修复体的原发性癌。口腔技工室技师和口腔医师暴露在铸造和研磨这些金属所产生的微粒中，实验研究表明，将豚鼠和老鼠暴露在镍微粒中，一些动物出现腺瘤样损害，1例出现肺癌。流行病学研究表明，肺癌在口腔技工中的发生率常4倍于其他人员。美国牙科协会要求非贵金属合金制造商在包装上标明："已知对镍过敏者应避免使用这类合金"。ISO有关标准规定：合金的有害元素镍含量不应大于0.1%。

第六节　金属二元结合
（binary combinations of metals）

虽然多数铸造贵金属合金是由3种或更多元素组成，但重要的还是要了解二元合金的性质，因为这些二元合金组成了很多贵金属合金的主要成分，掌握这些二元合金的物理和操作性能的知识有助于了解更复杂合金的性能。在贵金属中，AuCu，PdCu，AuAg，PdAg，AuPd，AuPt等6种二元元素结合是重要的。

一、合金组成和温度
（alloys compsition and temperature）

每个相图的横坐标为二元合金的组成，以图8-2a为例，横坐标为一系列金和铜二元合金从金0（或铜100%）至100%。组成系原子%（at%）或重量%（wt%）。重量%组成是二元合金中每一元素的相对质量，原子%组成是在合金中的相对原子数。例如金铜合金中金的重量50 wt%只有25 at%的金。对其他系列如金铂合金 wt%和 at%之间的差距就很小。这种差距是和元素的原子量有关，两者原子量差距大则二元合金相图中合金 wt%和 at%之间的差距就大。因此，合金制造者更多采用 wt%。大多数报道合金组成时也采用 wt%。然而物理和生物学性能则与 at%关系更大。所以要提出对这个差别注意的重要性，在选择和应用牙科铸造合金时，要记住高重量%的金并不等于是有高的金原子含量。

另外是相图的液相线和固相线。图8-2中L线是液相线、S线是固相线。当温度高于液相线L时合金完全熔化,低于固相线S时合金变成固体,而当温度介于两线之间时则合金部分熔化,L和S两线间的间距视合金不同二元体系而各异。金-银合金者小,金-铂者大。从操作考虑,在铸造时尽可能使合金的液体阶段的时间短,因为在合金的液体状态易被氧化和污染。两线间距宽,则合金在铸造后保持部分熔化较长时间。液相线也重要,如金-银系在965～1 064℃,而金-钯系在1 064～1 554℃。低温度的液相线容易加热、收缩小,一般问题较少。

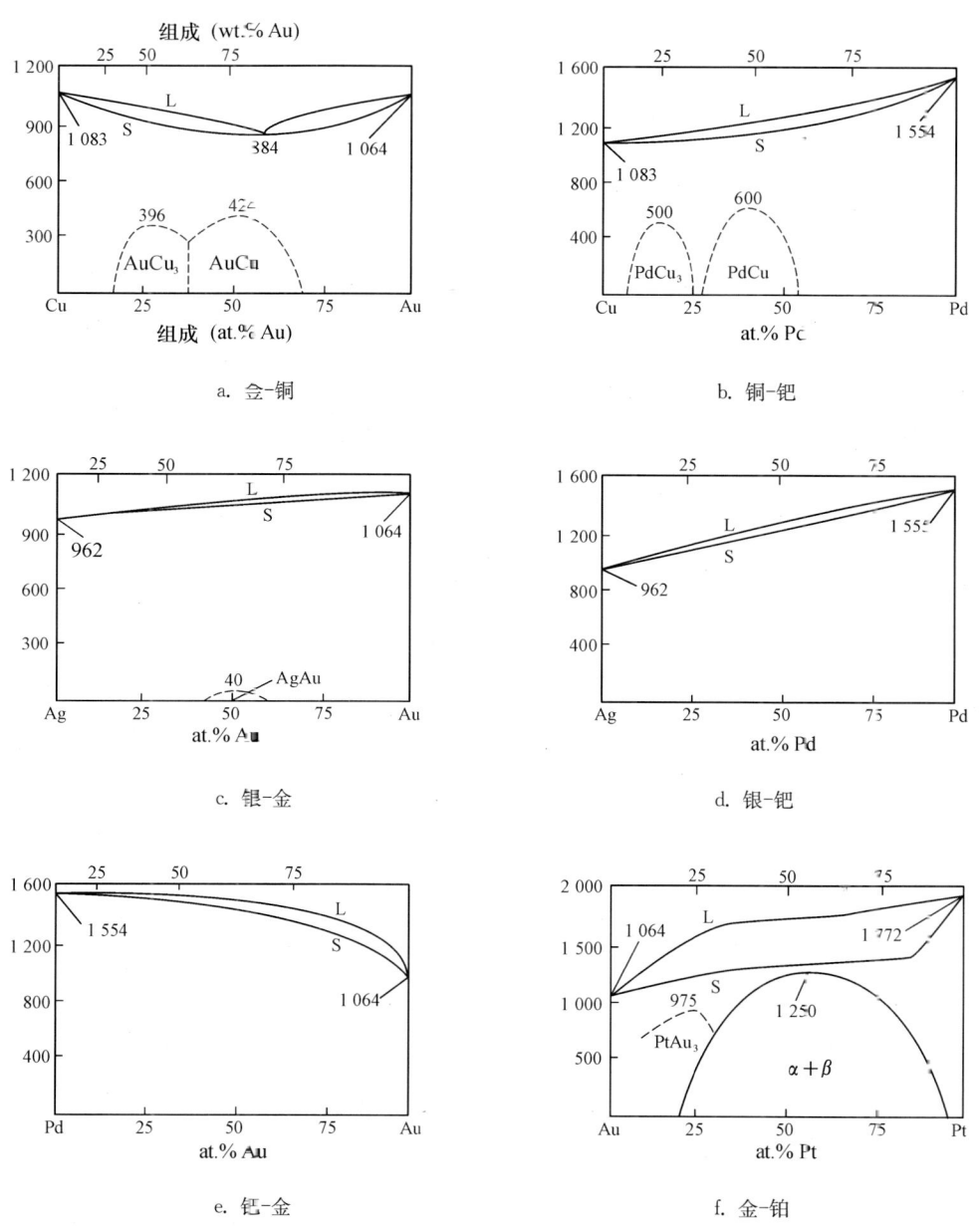

a. 金-铜 b. 铜-钯 c. 银-金 d. 银-钯 e. 钯-金 f. 金-铂

图8-2 二元合金相图

纵坐标:温度℃,上横坐标:组成(wt%),下横坐标:组成(at%),L:液相,S:固相

自 Hansen M: Constitution of binary alloys, New York, 1958, McGraw Hill

二、贵金属合金的相结构（phase structure of noble alloys）

对合金的性能，固相线以下的区域是重要的。如果这个区域无超级晶格范围，则这个二元系列是一个固溶体（solid solution）系列，说明两元素完全熔化成一体（在所有温度和组成）。Ag-Pd系和Pd-Au系是固溶体系的例子。如果低于固相线下含虚线区，合金两元素形成特殊、有规则位置的晶格，称为有序溶液（ordered solution）。这种溶液不同于元素在晶格中随机位置的固溶体。例如Au-Cu，Pa-Cu系以及Au-Ag系是含有有序溶液的系列。

第二相（second phase）：在Au-Pt系（图8-2f），在含铂20%～90%间形成第二相。如果此合金系在此组成范围内，温度低于这相界线，出现了两个相。第二相是重要的，对一种合金的抗腐蚀性能的变化很有意义。电镜图示意：单相多相由于不同相可产生电化学反应，多相合金的腐蚀高于单相者。

三、贵金属合金的硬化（hardening of noble alloys）

由于纯金铸造后缺乏足够强度和硬度，因此在口腔临床采用的是合金化的贵金属。固体溶液和有序溶液是用于口腔的合金中可强化的两个共通的途径。两个元素在晶格内随机混合形成固体溶液后，则要扭曲晶格所需要的力量就显著增加。例如，加10 wt%铜到金中，其抗拉强度从105 MPa增加到395 MPa。布氏硬度从28增至85（表8-3）。

（一）硬化热处理（hardening heat treatment）

如果两元素的位置变成有序，形成一种有序溶液，合金的性能就大大改善。一种典型的金基铸造合金，有序溶液的形成可增加降服强度50%，抗拉强度25%，硬度至少增加10%。但有序溶液的形成会降低延伸率（某些典型金合金其延伸率从30%降至12%）。形成有序溶液通常用于增强口腔铸造合金，特别是金基合金。例如含50 at%金的Au-Cu合金加热到熔化状态然后慢冷，合金慢冷却至424℃，有序溶液形成并将其保持到室温。如果合金初凝后快冷至室温，由于在短时间内不能使合金重组而不能形成有序溶液，这样合金将成为一种不平衡状态的固体溶液。合金将是软的和有很大的延性。在合金的固态中，有序溶液和固体溶液之间是可逆的。在上述两种情况，加热合金至固相线下，高于424℃，如快冷淬火（picking）则使合金呈软化状态的固体溶液，而慢冷将形成硬化状态的有序溶液。

在金铜和其他元素的合金中，在铜加到金中的比例大于30：70时更可形成Au-Cu有序溶液。图8-2示意其他贵金属系可形成有序溶液，如Pd-Cu和Au-Pt。Ag-Au系也有有序溶液，但在实际情况下是不可能形成的。因为它的转化温度太低（接近于体温）。

口腔铸造金合金和某些组成如ADA Ⅲ类和Ⅳ类金基合金具有热处理改变它们的物理机械性能的能力。金基合金热处理一般分为两类，固体溶液处理[简称溶液处理（solution treatment），或称软化热处理（softening heat treatment）]和时效硬化处理[（age-hardening treatment），或称硬化热处理（hardening heat treatment）]。金合金的时效硬化处理是由于某些机制，如Au-Cu合金系的有序（相转化），Au-Ag-Cu合金系的析出（precipitation）和旋节线（纺锤样晶粒）分解（Spinodal decomposition）。金合金有代表性的时效硬化（age-hardening）是由于金铜合金系在有序（order）—无序（disorder）转换。在转换时晶体结构变化引起的应变明显增加了硬度和强度，并降低了延性。热处理的温度有赖于每个Au-Cu合金的相转换范围。当这些合金加热到高于有序-无序相转换温度范围（高于650℃），所有合金的主要组成金和铜原子随机排列它们的位置——无序固体溶液（disorder solid solution），在这阶段快速淬火（quenching），阻止金和铜元素有序形成而保持铸件软化，这就是Au-Cu合金所谓"溶液处理（solution treatment）"。

（二）室温硬化处理（room temperature hardening treatment）

在溶液处理后的硬化热处理是使无序结构扩散转换到一种平衡的有序结构。但是这需要在一定高的温度热处理，很不方便。而我国目前实际在应用贵金属铸造合金时，几乎都不进行热硬化处理，没有发挥材料应有的性能，从而降低了修复体的质量。近来，不少学者在进行能室温硬化处理的口控贵金属合金的研制。Shirashi and Ohta（1989）创立了AuCu平衡二元合金在室温时效，使Au-Cu合金有序化。Ohta et al（1993）发展了一种经降低合金有序化的临界温度而使合金能在口腔内时效硬化的口腔金合金。随后M. Ohta，R. Ouchida等加少量镓，以使Au-Cu二元等原子合金在口腔内温度增加时效硬化。Watanabe M.指出在溶液处理几分钟后，在口腔温度保持几天这些金合金的硬度会增加2倍。这样，修复体在软化状态粘固，而在口腔环境中在日常惯咬合时硬化。这种合金由于是单相结构而有较高的抗腐蚀性能。

最近Watanabe M等（2001）进一步对形成商品的这种合金进行了研究。这类代表性的合金的组成是：金74.0 wt%，铜22.0 wt%，镓3.0 wt%（金和铜等at%，镓6 at%）。

表8-4 合金在不同热处理后试件的最终抗拉强度、降服强度、伸长率和硬度

处理	维氏硬度（VHN）			最终抗拉强度（MPa）			降服强度（MPa）			延伸率（%）		
	实验合金	高金合金	低金银基	实验合金	高金合金	低金银基	实验合金	高金金	低金银基	实验合金	高金合金	低金银基
铸态	224	270	216	719	825	639	578	749	511	5.5	5.1	12.0
溶液处理700℃	148	182	185	479	535	38	245	361	354	39.3	32.6	20.8
高温时效	279	306	306	748	869	829	633	686	674	2.7	7.3	1.5
室温处理	248	209	204	763	552	548	605	455	366	4.7	24.8	18.3

这类合金在37℃口腔温度时效7 d，明显改善了该合金的机械性能。Watanabe M等的研究报道指出，实验合金组在溶液处理后，在口腔温度时效增加了合金的硬度值，其所升的值与合金在高温时效后的硬度值相似。合金的最终抗拉强度和降服强度在"室温处理"后也增加。其"室温处理"和"高温处理"间的这些数值无统计差别（$P>0.05$）。作者认为这种物理和机械性能的改变是由于相的转换（phase transformation）（表8-4）。例如，Au-Cu合金的有序化。加少量镓（6 at%）到等原子比Au-Cu合金中，成功地降低了有序化的临界温度。虽然在溶液处理后实验合金组和高温合金组都显示等轴陷窝样断裂面——韧性样断裂（ductile fracture），但只有实验合金组在口腔温度时效后显示小的劈裂状硬性断裂（stiff fracture）。此外，高金合金组口腔内温度时效只有很小陷窝状韧性断裂，较之溶液处理后的大的陷窝断裂、陷窝尺寸的减小，提示高金合金组口腔内温度时效的可能性。事实上，在溶液处理后，再在口腔温度时效高金合金组和低金合金组试件的硬度、最终抗拉强度、降服强度稍有增加，而延伸率降低。重要的是，实验合金组在高温时效后断裂在晶界。这个观察指示，在高温时效其Au-Cu原子在晶粒中充分有序化，结果使在晶界断裂。合金的最终抗拉强度和降服强度值增加，降低了延展性和弹性以及延伸率。实验合金组溶液处理的最大的延伸率（40%），实验合

金组37℃时效7d后的延伸率突然下降(4.7%)与其在高温时效的延伸率(2.7%)无显著差异,这些延伸率值和钴铬合金者(1%~5%)接近。实验合金组的这些机械性能(最终抗拉强度和降服强度值)的增加(约两倍)和弹性的降低(延伸率从40%到4.7%),提示修复体可在这种合金软态的时候黏固,再在口腔环境的习惯咬合数天后硬化,稍后它就可抵挡咀嚼压力。在实践时,研究者建议在铸造后把铸模在水中淬火,当白炽的熔化金属失去它的红色后来完成热处理(溶液处理)。

由于这类合金的铸件氧化不十分大,磨光和抛光会很顺利完成。但磨光和抛光必须在冷水中进行以免时效硬化。如果铸件在铸件表面抛光后在700℃炉中进行数分钟的溶液处理,则合金会更有效硬化。这磨光好的铸件可很容易在溶液处理后由于它有限的氧化而得到修整(finished)。但必须注意,修复体应在溶液处理后保持在冰箱中直到进入口腔。

四、理想的口腔贵金属合金（perfect dental noble alloys）

理想的口腔贵金属合金和组成合金元素的选择和组合有关。有作者认为:理想的贵金属合金应是:①低熔限和狭窄的固-液温度范围。②适合口腔修复体要求的强度,硬度和延伸率。③在口腔条件下的低腐蚀倾向。④价格合理。

在传统的口腔修复学和口腔材料学中,金和钯常和其他元素组成口腔贵金属铸造合金。由于金和钯具有相对低的熔点和低腐蚀性能,最容易与其他元素,如铜或银形成固体溶液(图8-2)。固体溶液系统对组成合金是理想的,因为它们一般都容易制造和操作,具有比多相系为低的腐蚀倾向,以及通过固体溶液或有序溶液硬化处理可增加硬度。此外,固体溶液系统(图8-2),一般具狭窄的液-固限。这样,就不奇怪为什么这些元素广泛用于组成贵金属铸造合金。

在对贵金属合金的优化组合设计方面,以下的事例是值得思考的。例如,由于害怕钯的生物学危害,后又由于钯的价格突然剧增,最近普遍推广了无钯合金(金-铂及其他系列)。而通常无钯合金又有价格高和对元素灵活组成的限制的不足。如图8-2f,增加超过20 at%铂在金合金中形成了多相合金,而这些合金中铂的含量一般低于20 at%(at%代表合金中某一元素原子数占合金总原子数的比例),由于这金-铂系在口腔中应用时硬度还不够,就又加上锌作为一种硬化的离散相,但这样它的腐蚀却又高于被置换的金-钯组成。因此,所谓"理想"的口腔贵金属铸造合金只不过是一个在临床/实验室实践中不断完善的追求。

第七节 口腔用铸造贵金属合金（noble dental casting alloys）

一、类型和组成

以前美国的ADA No5规格的贵金属合金系统,把金和铂族金属按组成把合金分为从Ⅰ到Ⅳ4类。这个分类长期在口腔修复学和口腔材料学应用。贵金属含量(从Ⅰ到Ⅳ类)从83 wt%到75 wt%。分类中所有的合金均系金基。现在,为适应牙科低贵金属合金和非贵金属合金的广泛开发,ADA提出了新的规格,也按组成分类,但把合金分成以下3类。

(1) 高贵金属(high-noble)

含贵金属≥60 wt%(wt%代表合金中某一元素质量占合金总质量的比例),其中金≥40 wt%。

(2) 贵金属(noble)

贵金属≥25 wt%。

(3) 非贵金属为主(predominately base metals)

主要为非贵金属:贵金属≤25 wt%。

新规格包括无金类贵金属,但有高铂含量。在新规格中,所有老的合金类型都归在"高贵金属"中。不少专家认为,在新规格的这个%的"分界线"是武断的,并不符合应用的要求。而且实践说明,原来因金价暴涨的因素和由此开发的诸如钯-铜合金和有关非贵金属合金的不安全问题,新的三分类规格还是有待商榷的。

现在的 ADA No5 规格(ISO1562)同样采用 I-IV 的分类系统,而合金的规格中合金类型(I-IV)由降服强度和延伸率来确定。这样"高贵金属合金"可以由它的机械性能来确定 I-IV 类。这种情况容易混淆,因为老的规格是和它的组成紧密结合,并且实质上所有合金都是金基的。在现在的系统中,所有合金的类型是基于在口腔内可能承受的应力作用于修复体而被推荐的。第 I 类合金系具有高延伸率和容易被"摩擦抛光(或摩擦贴合)"(burnish),但只能适用于低应力情况如在无咬合力的嵌体修复。而第 IV 类合金在临床上适用于高应力情况,诸如长跨度固定义齿和局部义齿。

"高贵金属合金"有3个分类(表8-5):Au-Ag-Pt 合金;含金>70 wt%(Au-Cu-Ag-Pd I)的 Au-Cu-Ag-Pd 合金;以及含金50%~65 wt%(Au-Cu-Ag-Pd II)的 Au-Cu-Ag-Pd 合金。具有代表性的 Au-Ag-Pt 合金含金 78 wt% 和约等量的银和铂。这些合金已用做铸造合金和金-瓷合金。典型的 Au-Cu-Ag-Pd-I 合金含金<75 wt%和各约 10 wt%的银和铜,以及 2%~3 wt%钯。这些合金相当于老的 ADA 规格的 III 类。典型的 Au-Cu-Ag-Pd-II 合金含金<60 wt%,增加了银的含量以适应金的减少。有时这些合金稍稍提高钯和降低银的含量。

"贵金属合金"有4个分类(表8-5):Au-Cu-Ag-Pd(Au-Cu-Ag-Pd-III)合金;Au-Ag-Pd-In 合金;Pd-Cu-Ga 合金和 Ag-Pd 合金。代表性的 Au-Cu-Ag-Pd-III 合金含金 40 wt%。主要用银来补偿金的减少,铜和钯的含量和在 Au-Cu-Ag-Pd-II 合金中差不多。Au-Ag-Pd-In 合金含金仅 20 wt%,有 40 wt%银,20 wt%钯和 15 wt%铟。Pd-Cu-Ga 合金含少量或不含金,而有 75 wt%钯以及差不多等量的 10 wt%的铜和 7 wt%的镓。最后 Ag-Pd 合金中不含金,但有 70 wt%银和 25 wt%钯。根据 ADA 规格,这些合金因为有 Pd 而把它列为"贵金属"。

表8-5可见,口腔铸造合金的 wt%和 at%之间差别很大,例如,按重量,Au-Cu-Ag-Pd-I 合金有 76 wt%金,而在合金中只有 57%的金原子。其他小质量的元素在合金中却比它们的百分比(wt%)有更多的原子数。一些相似的合金,铜的 10 wt%含量,但却含 24 at%(at%代表合金中某一元素原子数目占合金总原子数的比例)。其他合金的那些小质量的元素,在 wt%和 at%间则很少有显著差别。如在 Ag-Pd 合金中,重量和原子百分比(%)是差不多的。质量百分比(%)往往用在合金制造和销售,而物理化学和生物学性能则更需要知道其 at%。

铸造合金的组成决定其颜色。一般,含钯>10 wt%,合金呈白色。这样,Pd-Cu-Ga 和 Ag-Pd 合金(表8-5)是白色的,而其他是黄色的。Au-Ag-Pd-In 合金除外,它含钯>20%呈淡黄色,这是由于铟和钯在合金中的交互作用。在黄色合金中,颜色随组成而变化。一般,铜增加呈微红色,银使合金的红色或黄色变浅。

表 8-5 典型口腔贵金属铸造合金的组成(wt%/at%)

合金类型	银	金	铜	钯	铂	锌	其他
高贵金属							
Au-Ag-Pt	11.5/19.3	78.1/71.4	-	-	9.9/9.2	-	铱(痕量)
Au-Cu-Ag-Pd-Ⅰ	10.0/13.6	76.0/56.5	10.5/24.2	2.4/3.4	0.1/0.1	1.0/2.0	钌(痕量)
Au-Cu-Ag-Pd-Ⅱ	25.0/30.0	56.0/36.6	11.8/23.9	5.0/6.1	0.3/0.4	1.7/3.4	铱(痕量)
贵金属							
Au-Cu-Ag-Pd-Ⅲ	47.0/53.3	40.0/24.8	7.5/14.4	4.0/4.7		1.5/2.8	铱(痕量)
Au-Ag-Pd-In	38.7/36.1	20.0/10.3	-	21.0/33.3		3.8/5.8	铟 16.5
Pd-Cu-Ga	-	2.0/1.0	10.0/15.8	77.0/73.1		-	镓 7.0/10.1
Ag-Pd	70.0/69.0			25.0/25.0		2.0/3.3	铟 3/2.3

二、晶粒大小(grain size)

很多合金具有相应粗大的晶粒结构。一般认为不同种类粗大晶粒的显微结构含有较大偏析(segregations)和较均匀的沉淀(precipitates),但精细晶粒却有腐蚀倾向。此外,也有认为,精细晶粒的显微结构在机械性能如抗拉强度和延伸率方面优于粗糙晶粒者。由于精细晶粒有较高的延展性和表面质量,铸件在表面精加工时就比较容易。

有两种技术可得到精细化晶粒:接种小量的高熔点温度元素成分,这种成分在合金中只占极小比例,并采用冷铸造(cold casting)。而冷铸造技术对口腔应用是不切实际。因此,不采用由高熔点温度元素成分作为结晶核心的这种接种方法。铟或钌则成为对金基合金十分有效的晶粒精练剂。以铟为例,由于它的熔点是 2 447℃,加在金中往往 <0.1%。只需 80×10⁻⁶ 的铟就可把纯金的晶粒尺寸从 1 100 μm 减小到 440 μm。现在差不多所有牙科应用以及饰物的金基合金的含铟作为晶粒细化剂的浓度在 0.1%~0.2% 之间。这类元素的加入也可使一种合金在高温由于改变蠕变行为(creep behavior),在一定程度上影响了强度。在细晶粒组织结构的铸件中,机械性能(抗拉强度和延伸率)显著改善(30%),其他性能如硬度和降服强度在晶粒细化后则变化较小。

三、性 能

(一)熔限(melting range)

口腔铸造合金无熔点(melting points),而称熔限。因为合金不是纯元素而是元素的结合。就操作来说,液-固限的宽度很重要(图 8-2)。液-固限线应是很接近的,以免在铸造时合金在熔融状态历时太长。如果在铸造时合金长时间保持部分熔融状态,会增加氧化和玷污形成的机会。很多合金(表 8-5)的液-固线之间的宽度在 70℃ 或更小一些。Au-Ag-Pt,Pd-Cu-Ga 及 Ag-Pd 合金有较宽的液-固线范围,毫无问题,宽的液-固线范围的合金在铸造时困难较多。

合金的液化温度与烤圈的温度、包埋料的类型以及在铸造时采用的加热工具等有关。一般烤圈温度应低于液化温度约 500℃。对 Au-Cu-Ag-Pd-Ⅰ合金,应采用烤圈温度为 450~475℃。如烤圈温度在 700℃ 左右,则不能采用石膏基包埋料,因为硫酸钙在高温时将会分解并使合金变脆。烤圈温度接近或高于 700℃,要采用磷酸盐基包埋料。从表 8-6 有关合金的液化温度来看,石膏基包埋料可用于 Au-Cu-Ag-Pd-Ⅰ、Ⅱ和Ⅲ以及 Au-Ag-Pd-In 合金,而磷酸盐基包埋料则对其他合金合适。空气-煤气吹管适用于液化温度低于

1 100℃。高于这个温度则应表中采用煤气-氧或高频熔化合金的方法。从表8-6可见,煤气-空气吹管只适用于Au-Cu-Ag-Pd-Ⅰ、Ⅱ、Ⅲ以及Au-Ag-Pd-In合金。

合金的组成决定其液化温度。合金含大量高熔点温度元素,则合金的液化温度高。如含大量钯或铂这两种高熔点元素则会使合金具有高液化温度。表8-6中如Pd-Cu-Ga、Ag-Pd及Au-Ag-Pt合金。

表8-6 典型口腔贵金属铸造合金的物理机械性能

合 金	固限(℃)	液限(℃)	颜色	密度(g/cm³)	0.2%降服强度(MPa) 软/硬	延伸率(%) 软/硬	维氏硬度(kg/mm²) 软/硬
高贵金属							
Au-Ag-Pt	1 045	1 140	黄	18.4	420/470	15/9	175/195
Au-Cu-Ag-Pd-Ⅰ	910	965	黄	15.6	270/400	30/12	135/195
Au-Cu-Ag-Pd-Ⅱ	870	920	黄	13.8	350/600	30/10	175/260
贵金属							
Au-Cu-Ag-Pd-Ⅲ	865	925	黄	12.4	325/520	27.5/10	125/215
Au-Ag-Pd-In	875	1 035	浅黄	11.4	300/370	12/8	135/190
Pd-Cu-Ga	1 100	1 190	白	10.6	1 145	8	425
Ag-Pd	1 020	1 100	白	10.6	260/320	10/8	140/155

固化温度对焊接或有序相的形成是重要的。因为按这两者情况,在操作时要保持合金的形状。在焊接和合金硬化-软化处理时,合金只能加热到熔化发生前的固态。实际操作时,理想的限度是加热到低于焊金50℃以免铸件形变。

(二)密度(density)

密度对熔融的合金在铸造时加速进入模腔是重要的。高密度合金一般能快速进入模腔并容易使铸件完整。从表8-6可见,所有合金的密度都适于铸造。在"非贵金属为主"的合金密度(7~8 g/cm³)低,在铸造时就需要加以关注。表8-6中高密度合金一般含大量高密度元素,如金或铂。所以,Au-Ag-Pt以及AuCu-Ag-Pt是属于高密度铸造合金。

(三)强度(strength)

口腔贵金属铸造合金的强度可用降服强度或抗拉强度来测定。虽然抗拉强度反映的是合金永久形变的最大强度,但降服强度则是更常用于口腔医学的强度指标。因为口腔修复铸件的永久形变一般不合乎实际需要,而降服强度是一种对口腔内应用实施功能情况下较合理的最大强度。不同类型合金的降服强度见表8-6。从表上可见,合金在形成有序溶液所得到的硬化或软化后的结果。若干合金,如Au-Cu-Ag-Pd-Ⅰ、Ⅱ、Ⅲ形成有序溶液后明显增加降服强度。例如,Au-Cu-Ag-Pd-Ⅱ合金的降服强度在形成有序溶液后从350 MPa增加到600 MPa,对其他合金如Au-Ag-Pt及Ag-Pd合金其降服强度在硬化后稍有增加,Pd-Cu-Ga合金由于钯和铜的比例不在形成有序溶液的范围,故不能形成有序溶液(表8-5,图8-2b)。

这些合金的降服强度在硬化后在320~1 145 MPa之间。最强的合金是Pd-Cu-Ga,降服强度为1 145 MPa。其他合金从320 MPa到600 MPa。后面一些合金的降服强度适用于口腔应用,一般是和"非贵金属合金"同一行列的,其降服强度在495~600 MPa。加铜及银到金基或钯基合金中,其固体溶液硬化效应明显。铸造纯金(24 K金)的抗拉强度为 105 MPa(表 8-3),纯金加 10%铜(相当于美国金锭)的固体溶液硬化后抗拉强度增加到 395 MPa,如再增加 10%银和 3%钯(Au-Cu-Ag-Pd-Ⅰ)其抗拉强度可增至约 450 MPa 和 550 MPa(硬化条件下)。

(四)硬度(hardness)

硬度是合金在咀嚼压力下抵抗永久形变能力的好指标,但其关系是复杂的。硬度与降服强度有关,并且是合金在抛光时衡量困难程度的指标。高硬度的合金通常具有高降服强度,并对抛光更困难。从表 8-6 可见,硬度值一般和降服强度平行。在硬化条件下,这些合金的硬度从 155 kg/mm²(Ag-Pd 合金)到 425 kg/mm²(Pd-Cu-Ga 合金)。更具代表性的贵金属铸造合金的硬度差不多在 200 kg/mm²。Ag-Pd 合金由于含高含量软金属银而特别软。Pa-Cu-Ga 合金因含大量硬金属钯,故特别硬。很多贵金属铸造合金的硬度低于牙釉质(343 kg/mm²),并小于典型的非贵金属合金。如合金的硬度高于牙釉质,则会损坏修复体对𬌗的牙釉质。

(五)延伸率(elongation)

延伸率是合金延性的量度。对冠桥修复,低延伸率值的合金一般无大用处,因为这种合金的永久形变一般不理想。延伸率能指示合金能否被"摩擦抛光"。合金的高延伸率可在不破裂的情况下得到摩擦抛光,这使固定修复体边缘对牙体密合的操作是很有利的。有序相的有无对延伸率很敏感。表 8-6,在硬化条件下,延伸率显著下降,例如,Au-Cu-Ag-Pd-Ⅱ合金,软化时延伸率为 30%,而硬化后仅 10%。在软化条件下,贵金属铸造合金的延伸率从 8% 到 30%。这些合金实质上比非贵金属(从 1%~2%)更有延性。

(六)生物相容性(biocompatibility)

口腔贵金属合金的生物相容性和物理或化学性能同样重要。生物相容性的原则见生物相容性章节。有些和贵金属特别要求的内容在此重点论述。口腔贵金属的生物相容性首先是和从这些合金中释放的元素有关(如腐蚀所致)。任何毒性、致敏或其他有害生物反应,首先由从这些合金的元素释放进入口腔。生物学反应受合金中元素的释放,所释放的浓度,以及在口腔中暴露的时间等因素产生显著影响。例如,短期(1~2 d)锌的释放无生物学意义,但长时间(2~3 年)可有明显反应。同样,等量(克分子)的锌、铜或银具有完全不同的生物学反应,因为每一元素和组织的相互作用独特。

目前对于任何其他材料来讲,尚没有完整的对贵金属合金生物相容性的评价,因为元素对组织释放的影响还不完全清楚。然而,一般的原则还是可用于评估合金的生物相容性。贵金属合金的元素并不按组成成比例释放,而宁可说是受在合金显微结构中相的数量和类型以及相的组成的影响。一般多相合金比单相合金释放更多物质,某些元素如铜、锌、银、镉和镍在口腔用合金中,比其他合金如金、铂、钯和铟更容易、更多地释放。高贵金属含量一般释放小于含量小或不含贵金属元素者,然而只有直接测量才是评价元素释放的可靠途径。但是,即使知道从合金释放元素,也难以预言合金将引起怎样的生物学反应。这样,只有采用体外、动物试验和在人体的临床研究,才能初步评判其是否"可接受应用"于人体。此外,合金在应用于口腔前,ISO 规定的腐蚀试验和生物相容性测试是必需进行的。

在临床用贵金属合金制作修复体时,不仅是医师和工艺技术室的技师应该清楚所用合金的情况,而且患者也有知情权。医、技、患都要了解所用贵金属合金的组成、合金类别和制造商名称。制造商在提供合金商品时必需附上证书,证书应写明:合金类别,合金商品名称,制造商名称,合金中所含金属元素的含量。并且附注:这张证书要附在病历记录上！这就要求工艺技术室交出修复体时,必须同时附上这张证书。因此,所有接触这个修复体的技师,医师和患者自己都知道所用材料确切的组成。如果修复体有问题,这个不可改变的信息就显得重要了。例如,患者发现过敏,这个信息就有用了。此外,患者以后需要附加的修复而需接触已存在的这个修复体,或因需要对原修复体进行某些修改（调验）时,就变得需要了。这是在国外已经成为常规的。我国近年来也开始在进行这方面的管理或法规建设。特别是现在人们的法律意识日益增强,患者越来越注意保护自己的合法权益,患者有权知道在自己口腔内所修复的假牙的质量。但是,当前我们医、技人员包括医院诊所的管理者还没有觉察到正在隐藏着以后会产生的许多法律方面的麻烦。

第八节 口腔用锻制贵金属合金
（dental wrought noble alloys）

锻制金属材料是最早应用于口腔的金属材料。其应用特点是在常温下,用已加工锻制好的成品金属材料（如丝状、片状等）进行机械加工（锤压、弯曲等）,以制成修复体或修复体（包括矫正器）的附件。

贵金属合金的锻制状态可以包括精密附着体,人工牙底座（backing）和不同直径的丝。首先,它可以焊接在已铸造好的修复体上,如一根锻制丝焊接在一个局部义齿的支架上。其次,它可由"铸造嵌入（casting to）"嵌入到一个铸造支架工作上,如一个精密附着体被"铸造嵌入"到一个冠桥或局部义齿的固位体。锻制合金所需物理性能有赖于所应用的技术和所在修复体合金的组成。

一、显微结构

锻制合金的显微结构是纤维条状（fibrous）。纤维条状结构是由合金在室温条件下的塑性形变,应变硬化的形状冷加工到最后形状的结果。丝或其他锻制形状在正常情况下,相对于其铸造结构,一定程度上增加了抗拉强度和硬度。由于冷加工所致扩大了纤维条状的内部结构,使其物理性能增高。

在热处理后除非存在特别提示,锻制状态的合金将再结晶,从再结晶纤维条状结构回复到与铸造结构相似晶粒结构。一般,热处理时间和温度增加会使再结晶量变得过度。例如,许多口腔用贵金属丝在焊接时,短时间的加温,即使其温度接近熔化温度也不会导致合金丝的再结晶。然而,如加温30~60 min或更长的长时间则会再结晶。再结晶的结果与再结晶的量成比例地降低机械性能。某些再结晶可导致锻制状态合金在再结晶区变脆。所以在热处理时,锻制状态合金的加热操作的温度应尽可能低。

二、组　成

按现在的ADA定义,表8-7中所有锻制状态合金除一个是"贵金属"外,其余都是"高贵金属"。表8-7的组成没有把所有合适的锻制合金都列入,但可代表一些典型合金。这些组成是为锻制合金适用的熔点或机械性能而设计的。Pt-Pd合金主要含铂和等量（27 wt%）的钯和金。这些"PGP"（钯-金-铂）合金已普遍用于局部义齿的卡环。Au-Pt-Pd主要含金以及铂和钯。Au-Pt-Cu-Ag、Au-Pt-Ag-Cu和Au-Ag-Cu-Pd合金约含60 wt%金,采用不同设计来调节其余40%的含量。表8-7中Au-Pt-Cu-Ag和Au-Pt-Ag-Cu这两种合金含约15 wt%铂和相平衡的银、铜或钯。而Au-Ag-Cu-Pd这类合金不含铂和高量银。Pd-Ag-Cu类合金从表8-7可见不含明显的金或铂,但含组成等量的钯和银以及16 wt%铜,和Au-Cu-Ag-Pd-Ⅱ铸造合金相似（表8-5）。这些合金仅在金/银比例上稍稍不同。其他锻制合金与铸造合金的不同主要在于它们的高铂含量和没有铟或钌等的晶粒细化元素。铂的加入增高了合金的熔化温度。因为这些合金是冷加工过程中应用的,故不需要晶粒细化元素。

表 8-7 典型口腔用锻制贵金属合金的组成(wt%)

合金	银	金	铜	钯	铂	其他
Pt-Au-Pd*	-	27	-	27	45	
Au-Pt-Pd	-	60	-	15	24	铱 1.0
Au-Pt-Cu-Ag	8.5	60	10	5.5	16	
Au-Pt-Ag-Cu	14	63	9	-	14	
Au-Ag-Cu-Pd	18.5	63	12	5	-	锌 1.5
Pd-Ag-Cu*	39	-	16	43	1	

* 自:Lyman T:Metals Handbooks, vol. 1, Properties and selection of metlas, ed 8, Metals Park, Ohio, 1961, American Society for Metals

三、性　　能

合金应用于锻制器件的性能见表 8-8,这些合金的固限从 875℃(Au-Ag-Cu-Pd)到 1 500℃(Pt-Au-Pd)。如果锻制状态被"铸造嵌入"或"被焊接到(Sodered to)",则应该有高固相线,这样,这个锻制件在铸造或烧除(Burnout)操作时不会熔化或失掉纤维条状结构。固相线将取决于被焊接的金属,所采用的焊金、烧除和铸造的温度。一般合金都具有较高的固相温度和再结晶温度。这些合金往往是白色的,因其含高量的铂和钯。除 Au-Pt-Ag-Cu 和 Au-Ag-Cu-Pd 合金外,它们分别是淡黄色和黄色的。与锻制合金有关的降服强度,延伸率和硬度见表 8-8。锻制构件一般应有足够低的降服强度以允许能弯制卡环或附着体。但操作不能大到产生不良的永久形变。而且应有足够的延伸率使调节(加工)时不折断。表 8-8 可见这些锻制合金可形成有序溶液而硬化。Au-Pt-Ag-Cu 或 Au-Ag-Cu-Pd 合金是一种金-铜有序相,而 Pd-Ag-Cu 合金是由钯-铜有序相硬化的。正如铸造合金一样,有序相明显给予合金更大强度和硬度并降低延伸率。

表 8-8 典型口腔锻制贵金属合金的性能

合金	固限(℃)	颜色	0.2%降服强度 MPa(软/硬)	延伸率%(软/硬)	维氏硬度 kg/mm²(软/硬)
Pt-Au-Pd*	1 500	白	750	14	270
Au-Pt-Pd	1 400	白	450	20	180
Au-Pt-Cu-Ag	1 045	白	400	35	190
Au-Pt-Ag-Cu	935	浅黄	450/700	30/10	190/285
Au-Ag-Cu-Pd	875	黄	400/750	35/8	170/260
Pd-Ag-Cu*	1 000	白	515/810	20/12	210/300

* 自:Lyman T:Metals Handbooks, vol. 1, Properties and selection of metals, ed 8, Metals Park, Ohio, 1961, American Society for Metals

第九节　焊和焊接技术
(solders and soldering operations)

常需要把两个或更多组件通过焊接或电焊连接组成一个修复体。术语"焊接(soldering)","电焊或熔焊(welding)"和"铜焊或硬焊(brazing)"在工业有专门意义。"电焊或熔焊"一般用于两片金属互相直接接触，但通常不加第三块金属，而是金属片在足够高温度下被互相熔接。"焊接"和"铜焊或硬焊"用于两块金属由第三种金属加入而接合。按照冶金学术语，如果在操作时的温度低于425℃，这种操作称为"焊接"。而焊金温度高于425℃熔化，此操作谓之"铜焊或硬焊"。在口腔医学中，操作温度是高于425℃，按冶金学术语，此操作应称为"铜焊或硬焊"。然而在牙科，大多数已习惯称之为"焊接"。现在，在口腔医学术语中"焊接(soldering)"则覆盖了所有这样的操作。

一、贵金属焊金的类型 (types of noble solders)

一般焊金可分为两大类，软焊和硬焊。软焊包括低熔点铅-锡共晶合金，有时称为"铅焊(plumbers)"。软焊金具有重要性能，包括260℃或更低熔化限的温度。它可用简单工具如热焊铁来熔化焊金。在工业上受欢迎，然而这种焊金抗腐蚀性差，不适于口腔修复体应用。硬焊较软焊有很高的熔化温度，并有很高的硬度和强度。因其熔化温度高故不能采用焊铁熔化。在工业上采用特殊熔化方法，如用一种煤气吹管、在加热炉中、或其他加热设备中熔化。在口腔医学有两种硬焊金，金基焊金具高抗玷污和抗腐蚀，广泛用于冠桥修复；银基焊通常用于矫正器。对口腔应用金基或银基焊金，常采用专门为口腔设计的煤气吹管(gas blowtorch)来熔化，在极少数的例外的情况时，偶然也用电炉或其他加热设备。有两种焊接技术用于口腔修复体的集成。一种叫做"徒手焊(free-hand soldering)"，通常用于集成正畸和其他构件；另外，一种是"包埋焊(investment soldering)"，通常用于集成桥和类似修复体。在徒手焊时，构件的集成用加热焊金使之结合。间断加热，尽可能使焊金流向位置，然后器件冷却。在包埋焊接中，用类似铸造包埋料的焊接包埋料把各组件包埋就位(如铸造包埋)。这些技术可参见相应的正畸、冠桥修复、和牙体修复的教科书或手册。

（一）贵金属焊金的选择

在焊接操作时往往会忽略对选择焊金应该注意的原则。焊金的理想性质如下：①熔化时有较好的流动性。②焊接后有与结构件相容的强度。③在焊接部位不显眼，色泽可接受。④抗玷污和抗腐蚀。⑤在加热和应用时不起麻点。然而还没有一种单一的口腔用金基焊金具有所有这些性能。所以厂商提供的焊金往往是包括一系列应用技巧的具有专门性质的焊金。厂商也会提供该焊金用于每一个特定被焊合金的焊接细节说明。焊接操作时所用方法明显影响焊金的性质。因此，所建议的方法必须可靠，以便使每一个制品得到应有最好的性质。

（二）组成

口腔用金基焊金主要是金、银和铜的合金，有少量锌和锡，有时加磷以改善熔化温度和流动性质。表8-9列出一些典型焊金的组成及其熔化温度。不同焊金的组成变化相当大，例如，金合金可从45 wt%到81 wt%，银从8 wt%到30 wt%，而铜7 wt%到20 wt%，锌和锡的变化小量。很多焊金具有支持Au-Cu有序溶液形成的金/铜比例。降低合金中金的含量，也降低了熔化温度，但熔化温度的降低并不是人们所想像的那么大。例如，焊金"1"和"4"的熔化温度的差别仅69℃，其金含量减少了约16 wt%。

过去，焊金一般是参照"K"制的。这个"K"值并不说明焊金的实际K值，而是指该焊金将应用于被焊金合金的K值。这是一种对焊金应用于被焊合金的组成(或实际K值)，允许有一个宽的界限的焊金专用的K值。因为焊金要用在一个确定K值的合金上。例如，从58.5 wt%到65 wt%金含量变化的焊金都可说成是18 K，因为他们都将被用于一种18 K金合金的铸件。18 K金合金应含金 75 wt%，而这组焊金却是从含 58.5 wt%到 65 wt%的金。如不注意,这个系统会造成应用上的混乱。近年来,千分值已用于说明不同焊金,见表 8-9 及 8-10。

表 8-9 口腔用金焊金的典型组成和熔化温度

焊金	纯度	组成(wt%)					熔化温度(℃)
		金	银	铜	锡	锌	
1*	0.809	80.9	8.1	6.8	2.0	2.1	868
2§	0.800	80.0	3～8	8～12	2～3	2～4	746～871
3*	0.729	72.9	12.1	10.0	2.0	2.3	835
4*	0.650	65.0	16.3	13.1	1.7	3.9	799
5§	0.600	60.0	12～32	12～22	2～3	2～4	724～835
6§	0.450	45.0	30～35	15～20	2～3	2～4	691～816

* 自 Coleman RL：Res Paper No 32, J Res Nat Bur Stand, 1928

§ 自 Lyman T：Metals Handbooks, vol. 1, Properties and selection of metals, ed 8, Metals Park, Ohio, 1961, American Society for Metals

表 8-10 口腔用金焊金的典型机械性能

焊金	纯度	抗拉强度(MPa) 软/硬	比例极限(MPa) 软/硬	延伸率(%) 软/硬	BHN(kg/mm²) 软/硬
1*	0.809	259	142	18	78
3*	0.729	248/483	166/424	7/<1	103/180
4*	0.650	303/634	207/532	9/<1	111/199
	0.730#	221/483	166/405	3/1	112/154
	0.650#	219/436	176/376	3/1	143/192

* 自 Coleman RL：Res Paper No 32, J Res Nat Bur Stand, 1928

自 Gabel AB, editor, American textbook of operative dentistry, ed 9, philadelphia, 1954, Lea & Febiger, P546

(三) 容易流动(eesy-flowing)和自由流动品质(free flowing qualities)

口腔用金基焊金常用"容易流动"和"自由流动品质"两个术语。虽然这两个术语有时可互换。但它们却反映了焊金不同的性质。

一种"容易流动"的焊金有相对低的熔化温度,较低的熔化温度容易熔化并形成焊接。然而,高和低的千分金含量的熔化温度的差别约56℃。因此流动性的不同原因在于稍稍降低焊金的熔化温度(表 8-9)。焊金的熔化温度应低于被焊接的合金。焊金将在操作时熔化于被焊合金块上。前面在论述铸造合金时指出铸造合金最低固相线值如 Au-Cu-Ag-Pd-Ⅱ 和 Ⅲ 合金以及 Au-AG-Pd-In 合金的范围从 850℃到 875℃(表 8-6)。对锻制合金,其最低固相线值从 875℃到 935℃。虽然很多锻制合金具显著的固相温度(表 8-8),从表 8-9 所示很多焊金的熔化温度低于铸造或锻制合金的固相线温度。这样,焊金是对即使很低熔化温度的合金都适合的。一般,焊金的熔化温度至少应低于被焊件 56℃以免变形。

"自由流动品质"系指专门对焊金完全散布和流动到被焊面开始焊合。这个性质紧密关系到熔融焊金的表面张力,表面张力(和自由流动品质)的控制,是由于熔融焊金进入到被集成部件的细缝(开口)的毛细管作用。一般低千分含量焊金比高千分含量焊金在熔融状态更具流动性,因为这些低金含量和小量如锌和锡元素的存在。根据这个道理,低千分含量焊金是最好的选择,因为焊金迅速并自由流动到位。焊金散布慢常被说成是黏着和抵抗散布,即使是在正常的加热。假如由于过热焊金被迫散布,使进入或焊遍被焊金部分,显然,同时存在"容易流动"和"自由流动品质",因为较低千分金焊金具有最低熔化温度和最大流动自由度。

(四)机械性能(mechanical properties)

表 8-10 列出口腔用焊金典型的机械性能。这些是一个宽广范围合适的强度和硬度。前面已经提到焊金的强度应和被焊的部件相似。在表 8-10 所有焊金,除"焊金1"外,都是由有序相形成的硬化的焊金。"焊金1"因为其金/铜比不能形成有序相(表 8-9),通过慢冷和使有序相形成,可得到相当大的强度和硬度。

贵金属焊金的延伸率小于许多贵金属铸造合金(表 8-10 和表 8-6)。除"焊金1"外,所有焊金即使在软化条件下其延伸率也只有从 3% 到 9%,在硬化条件下延伸率多数常在 1%,很脆。在一般情况下,与损失了少量增加延伸率相比较,很多器件在有序相的形成情况下,取得了硬度和比例极限的改善。

(五)颜色和抗玷污

对口腔贵金属焊金的颜色和铸造合金一样是从深黄色到淡黄色和白色。尽管对器件颜色匹配的能力是焊金的一种重要的性质,但在实际操作时要取得不显眼的焊接却并不困难。焊金焊接合在修复体的部位和焊金用量是影响颜色匹配明显的因素。

假定焊金的高千分金含量对在口腔中玷污、退色和腐蚀,比低千分含量焊金具更大抗力,然而很少有证明或资料支持这些主张,因为没有符合要求的方法适合于这些结构的玷污和退色的测试。高千分焊金常推荐来阻止在工作中的玷污形成。虽然较低千分含量焊金(0.650 或更少些)能增加流动性和机械性能,但在操作时焊金的玷污可能有更重的趋势。实际上较低千分含金量的焊金已广泛用于口腔器件的集成而无严重的退色现象。

(六)生物相容性(biocompatibility)

虽然口腔用焊金的生物相容性的原则与合金的一样,但还有一些有关贵金属焊金生物相容性的小问题需要说明。体外试验明确指出,焊金本身的生物学性能与当焊金焊于被焊合金的结合体者可完全不同。很多焊金在和用于合适的被焊合金时,显示有少量释放和体外很好的生物相容性,但有少数在被焊体有很多的细胞毒性,被焊合金的性质也起了作用,如对焊金的表面积、任何裂隙的存在以及其他等等。一般焊金的生物学责任应该是对焊金-被焊体集合体测试的结果,而不是对焊金本身。

(七)焊接接口的麻点(pitted solder joints)

在硬焊焊接操作后,焊接处有时会出现"麻点(pitted)"。一般,焊金不妥当的加热结果会产生麻点,而有些焊金的组成对麻点更敏感。当采用典型千分含量焊金时,焊金形成麻点是因为焊金加热时过度,或加热时采用不良的焊剂所致。

如以太高的温度加热焊金或延长操作,焊金中低熔点的锡和锌会沸化或氧化并在焊金硬固后形成麻点或气孔,这些麻点经常在磨光和抛光操作时呈现出来。假如焊金加热过低和加过多的焊剂,或不当的熔融,它可在熔化焊金中埋伏下来形成麻点而在抛光时不被发现。从这些原因中要避免麻点形成,焊金应迅速进入到熔化温度,并在焊金流动进入位置时必须尽快停止加热。

二、银焊金（silver solders）

银基合金硬焊广泛应用于某些工业，但在口腔医学应用是有限的。这些焊金通常也称"银焊"。对不锈钢或其他非贵金属的口腔修复体或矫形器如正畸器件的焊接时，需要一种熔点较低焊金，通常采用银基焊金。一般，银基合金的抗腐蚀性能不如金基焊金，两种焊金的强度则是差不多的。

银基合金的组成：银（10%～80%）、铜（15%～30%）和锌（4～35 wt%）。有些焊金含少量镉、锡或磷以改善熔化温度。Ag-Cu 共晶合金的形成取决于低熔限和高组成比制造的银基合金。这些焊金的液化温度为 620～700℃，稍低于金基焊金，这差别对焊接不锈钢是重要的。

第十节 口腔铸造贵金属合金的标准

（一）国际标准 ISO 8891《含贵金属 25%～75% 的口腔铸造合金（不包括 75%）》

1. ISO 8891《含贵金属 25%～75% 的口腔铸造合金（不包括 75%）》标准

由 ISO 106 口腔医学技术委员会，口腔修复材料分技术委员会（Technical Committee ISO/TC 106, Dentistry, Subcommittee SC 2, Prosthodontic materials.）提出，在 1990 年发布了第一版，后经修订在 1993 年 12 月发布了第二版。

含贵金属 ≥75% 的牙科铸造合金见 ISO 1562 标准。

2. 声明

该标准在前言中声明：有关生物学/毒性问题，需参照国际标准 7405-1984《口腔材料生物学评价》(ISO/TR 7405：1984，Biological evaluation of dental materials)或其更新的最新版执行［注：现已更新为：ISO 7405 1997 (E)《口腔医学——用于口腔医学的医疗器械生物相容性临床前评价——口腔材料试验方法》国际标准］。并指明该标准不适用于金-瓷修复。

3. 分类

（1）Ⅰ型 低强度（low-strength）
适用于很小应力的铸造件，如嵌体。

（2）Ⅱ型 中强度（medium-strength）
适用于中等应力的铸造件，如嵌体和高嵌体。

（3）Ⅲ型 高强度（high-strengt）
适用于高应力的铸造件，如高嵌体、薄舌面板、桥体、全冠和鞍基。

（4）Ⅳ型 超高强度（extra-high-strength）
适用于很高应力和薄截面积的铸造件，如基托、杆、卡环、冠、套桶、复合铸件、局部义齿支架。

4. 要求

（1）化学组成
该标准的口腔铸造合金含贵金属 25%～75%，不包括 75%。贵金属包括金和铂族（铂，钯，铱，铑，钌，锇）。

（2）生物相容性
参照 ISO 7405-1984《口腔材料生物学评价》或其最新版本。

（3）抗腐蚀
按 7(2) 要求测试，两试样重量减少 ＜0.1 mg/cm^2。

(4) 抗玷污(tarnish resistance)

按 7(3) 要求测试,两试样未见任何变暗或变色。

(5) 机械性能

按 7(4) 和 7(5) 要求测试,不同类型的合金的机械性能见表 8-11。

表 8-11 不同类型铸造贵金属合金的机械性能

类别	无比例伸长弹性极限应力, $R_{p0.2}$ N/mm² 1)		断裂后伸长率 %	
	软化 min.	硬化 max.	软化 min.	硬化 min.
Ⅰ	80	180	18	—
Ⅱ	180	240	12	—
Ⅲ	240	—	12	—
Ⅳ	300	—	10	3

数据栏"软化 min."在硬化列为450对应Ⅳ类

1) 1 N/mm² = 1 MPa

(6) 熔点

固、液温度±10℃。

(7) 比重

0.5 g/cm³。

5. 试样

抗腐蚀和抗玷污试验:4 个试样。伸拉试验:Ⅰ、Ⅱ 和Ⅲ类合金,各 6 个试样。Ⅳ类合金,12 个试样。

6. 试样制备

(1) 按产品说明

一般采用口腔技术室"失蜡"包埋铸造置备试样。

(2) 抗腐蚀和抗玷污试验试样

A. 4 个 1 mm 厚,10 mm×10 mm 正方形试样。根据厂商推荐进行试样的热处理。

B. 抗腐蚀试验:在普通实验室修整 2 个试样表面,抛光试样,在乙醇和蒸馏水内清洗试样的油脂,并干燥之。

C. 抗玷污试验:按金相要求打磨和抛光制备 2 个试样。

(3) 伸拉试验

6 或 12 个试样。制作蜡型、上铸道,铸造后去铸道、整修铸件,根据厂商说明书软化淬火,和(或)硬化处理。

7. 测试

(1) 机械性能

见表 8-11。

(2) 腐蚀试验

A. 试剂:乳酸,氯化钠,氨水,乙醇。

B. 步骤:两试样称重精度为±0.1 mg,并测定表面积。悬吊试样于暴露在 37±1℃空气中的 0.1 mol/L 分析纯乳酸溶液和 0.1 mol/L 分析纯氯化钠溶液 7 天。称重试样,除以表面积 4.8 cm²,计算其变化。

(3) 抗玷污试验

A. 试剂:硫化钠,乙醇。

B. 步骤:在温度 23±1℃ 条件下浸试样于 0.1 mol/L 分析纯硫化钠新鲜水溶液,每分钟 10 s 至 15 s 一个周期。72 h 后,乙醇和蒸馏水清洗试样并干燥之。用放大镜检查比较处理前后试样表面情况。

8. 产品说明

至少提供 8.1~8.3 中的信息和说明。

(1) 信息

以下信息应包括在包装或附带的文字资料中:①机械性能。②推荐铸造温度。③推荐软化热处理温度。④推荐硬化热处理温度(Ⅵ型)。⑤有关焊接的建议。

(2) 操作说明书

(3) 有害组分

如合金含有高于 0.02 ％ 镍、镉或铍之一者,应在包装上声明,并在包装或附带的文字资料中详细说明有关注意事项。

9. 标记

合金块应清楚地标明厂商或供应合金者。

包装的商标或插入物至少应标明下列信息:①厂商名/商标。②合金名/商品名。③合金所有组分重量％(大于 1％)。④合金类型。⑤合金熔点-固、液温度(摄氏)。⑥合金比重(g/cm³)。⑦批号。

⑧含量(克)。⑨含镍、铍、镉大于0.02%的警示。

(二)国际标准 ISO 1562《口腔铸造合金》(至少含75%金和铂族金属)

国际标准 ISO 1562《口腔铸造合金》由 ISO106口腔医学技术委员会,口腔修复材料分技术委员会(Technical Committee ISO/TC 106, Dentistry, Subcommittee SC 2, Prosthodontic materials.)提出。这个第三版置换了 ISO 1562:1984)的第二版本。

该标准在前言中声明:有关生物学/毒性问题,需参照国际标准 7405-1984《口腔材料生物学评价》(ISO/TR 7405:1984, Biological evaluation of dental materials)或其更新的最新版执行［注:现已更新为:ISO7405 1997(E)《口腔医学——用于口腔医学的医疗器械生物相容性临床前评价——口腔材料试验方法》国际标准］。

1. 范围

该标准适用于至少含75%(m/m)金和铂族金属的牙科铸造贵金属合金。

并指明该标准不适用于金-瓷修复;不包括含贵金属25%~75%(不包括75%)的口腔铸造合金。

2. (略)

3. 分类

(1) Ⅰ型　低强度(low-strength)
适用于很小应力的铸造件,如嵌体。

(2) Ⅱ型　中强度(medium-strength)
适用于中等应力的铸造件,如嵌体和高嵌体。

(3) Ⅲ型　高强度(high-strengt)
适用于高应力的铸造件,如高嵌体、薄舌面板、桥体、全冠和鞍基。

(4) Ⅳ型　超高强度(extra-high-strength)
适用于很高应力和薄截面积的铸造件,如基托、杆、卡环、冠、套桶、复合铸件、局部义齿支架。

4. 要求

(1) 化学组成

该标准的口腔铸造合金至少含65%(m/m)的金,至少含75%(m/m)金和铂族金属。铂族金属是铂,钯,铱,铑,钌,(锇)。在合金中这些金属的含量各不大于0.5%(m/m),并在包装或插入件中注明(见9.2)。

(2) 生物相容性

见引言。

(3) 机械性能

见表 8-11。测试见7(2)和7(3)。

(4) 比重

0.5 g/cm^3,应在包装或插入件中注明。

5. 试样

见 6(2)和附录 A

6. 试样制备

(1) 要求

按产品说明,一般采用口腔技术室"失蜡"包埋铸造置备试样。铸后分离铸道、修整掉可见的铸件瑕疵。

(2) 伸拉试样

根据7(2)制备6试样。根据6(1)进行铸造并完成。根据厂商说明书软化。如合金是可硬化的,制备另外的6个试样,按厂商说明书硬化处理。

7. 测试

(1) 视觉观察

(2) 机械性能见表 8-11。

8. 信息和说明

(1) 信息

以下信息应包括在包装或附带的文字资料中:①有关机械性能:表 8-11中0.2%弹性极限应力和断裂后伸长率以及维氏硬度HV5/30。②推荐铸造温度。③推荐软化热处理温度。④推荐硬化热处理温度(如合金是可硬化的)。⑤有关焊接的建议。

(2) 操作说明书

(3) 有害组分

如合金含有高于0.01%镍,或大于0.02%镉或铍或其他有害元素者,应在包装上清楚声明,并在包装或附带的文字资料中详细说明有关注意事项。

9. 标记

(1) 合金块

应清楚地标明厂商或供应合金者。

(2) 包装

商标或插入物至少应标明下列信息:①厂商名/商标。②合金名/商品名。③合金所有组分重量%〔大于1‰(m/m)〕。④合金的颜色。⑤合金类型。⑥合金熔点-固、液温度(摄氏)。⑦合金比重(g/cm³)。⑧批号。⑨含量(克)。⑩有害组分在包装上显著的警示该元素的名称和用量。

附件A

腐蚀试验——静态浸渍试验(Corrosion test—Static immersion test)

〔略〕

（薛　森）

参 考 文 献

1　薛　森. 口腔应用材料学. 天津:天津科技翻译出版社,1997,361-387

2　丁弘仁. 牙科低贵合金腐蚀后表面成分分析. 临床口腔医学杂志,2003,19:148-150

3　INTERNATIONAL STANDARD ISO 1562, Third edition, 1993-12-01:《Dental casting gold alloys》

4　INTERNATIONAL STANDARD ISO 8891, 1993-12-01: Dental casting alloys with noble metal content of 25% up to but not including 75%

5　Cai Z. In vitro corrosion resistance of high-palladium dental casting alloys. Dental Materials, 1999,15: 202-210

6　World Gold Council. Gold Bulletin.: Study on central banks' gold reserves, vol. 1999, 32

7　Wataha JC. Elemental release from dental casting alloys into biological media with and without protein, Dental Materials, 2000,16:109-113

8　KIM HI. Age-hardening in a (AgCu)0.43-Au0.57 alloy. 口腔材料器械杂志,2000,9:3-7

9　Xue M. Review: Chinese Dental Materials. The Chinese Journal of Dental Research, 2001,4:17-21

10　Watanabe I. Effects of heat treatments on mechanical strength of laser-welded equi-atomic AuCu-6 at % Ga alloy. Journal of Dental Research. 2001,80:1813-1817

11　Goto SI. Development of Ag-Pd-Au-Cu Alloys for Multiple Dental Applications Part 2 Mecanical Properties of Experimental Ag-Pd-Au-Cu Alloys Containing Sn or Ga For Ceramic-metal Restorations. Dental Materials Journal, 2001,20: 135-147

12　World Gold Council: Gold Bulletin Annual. average price of gold 1900-2001, vol. 2002,35

13　Syverud M. Corrosion and biocompatibility testing of palladium alloy castings, Dental Materials, 2001,17:7-13

14　Watanabe I. Effect of heat treatment on mechanical properties of age-hardenable gold alloy at intraoral temperature, Dental Materials, 2001, 17:388-393

15　Craig RG, Powers JM. Restorative Dental Materials 11th ed, Mosby Inc, 2002,449-475

16　Schmalz G. Biological interactions of dental cast alloys with oral tissues, Dental Materials, 2002,18:396-406

17　Fische J. Effect of small additions of Ir on properties of a binary Au-Ti alloy, Dental Materials, 2002,18: 331-335

18　Sun DS. Potentiodynamic polarization study of the in vitro corrosion behavior of 3 high-palladium alloys and a gold-palladium alloy in 5 media, Journal of Prosthetic Dentistry, 2002,87:36-93

第九章 铸造和锻制非贵金属合金
（cast and wrought base-metal alloys）

第一节 金属材料的基础知识和口腔非贵金属合金的一般要求
（knowledge of metal materials and general requirements of dental base-metal alloys）

金属和合金在口腔医学领域中占有很重要的位置，他们几乎覆盖了所有的口腔临床领域，如用于制作直接或间接修复体、用于技工实验室的设备、用于口腔医疗操作的各种器械等。在应用于口腔医学的三大类材料（金属、高分子、陶瓷）中，金属和合金在光学、热学、理化和电学性能方面都具有独到之优势。

一、金属的理化和机械特性

在元素周期表中金属元素约占 2/3，所谓金属就是可以在溶液中被电离的元素，在电离过程中金属释放离子，这种能自由而稳定地释放离子的能力是金属的基本特性之一。金属的所有性能都由其晶格结构（crystal structure）和金属键（metallic bonds）所决定。一般情况下由于晶格结构较为紧密，故金属的密度较高；晶格结构中电子可以自由移动，使金属具有良好的导电和导热性；金属可以通过原子价的变化来吸收和再放射光使其具有光泽和反射光的性能；金属的熔点温度取决于能破坏其金属键所需能量的温度，有时还取决于其单个原子价变化量的大小。当原子价增加，金属共价键的强度也随之增加，熔点就上升；金属在能量交换过程中向外界释放离子决定了金属的腐蚀性，腐蚀所需的能量是由金属键的强度（决定于共价电子的自由度）和溶入溶液时获得的能量所决定，金属的腐蚀包括氧化和还原反应，金属因离子的释放失去电子而被氧化，溶液中的某些分子由此而获得电子（还原的过程）。

与物理性能一样，金属的机械性能也取决于其金属键和晶格结构，相比陶瓷和高分子材料，金属有更好的延展性。金属的这种特性在很大程度上是因为金属键的连接是无方向性的，原子核可以在同一晶格内相互滑动，当金属中的原子核不能自由的相互滑移时，裂隙就会出现。例如，当材料中存在杂质阻碍了这种滑移时，材料即发生局部的裂隙，一旦这些小的裂缝出现，即使受到很小的力作用也会引起裂隙的扩大。这里举一个实例，想像一下有一块 15 cm 宽、6 mm 厚的钢板，其一边有一条 5 cm 的缝隙，此时只需要 180 kg 的力就可使缝隙再扩大 10 cm，以致使钢板一分为二；但如果没有这条 5 cm 的缝隙，那么将这样一块完好的钢板撕裂则需要使用 230 000 kg 的力才能使钢板一分为二。另外，如果这块钢板是完好的单晶格结构，那么将需要 4 500 吨的力才能把它撕裂。由此可见，金属抗折强度的大小很大程度上取决于材料原子的位移以及晶体结构中是否存在局部的小裂缝。

二、合 金

金属元素之间就如液体一样可以相互混合，金属的混合物称为合金（alloy）。合金可以由两种或多种金属元素或金属与非金属元素混合而成。然而并不是所有的金属都可以自由地溶解于另一种金属之中，有些金属是不能完全溶解于其他金属中，因此，合金就存在不同于纯金属的一些特性。

（一）合金的性能

在一般情况下，合金的性能与其组成成分密切相关，临床上应根据不同需求来选择合金，以更好地适合使用目的。例如，牙用手机转头要求合金非常坚硬以利于切割牙体组织，但对它在口腔内的腐蚀性问题可以相应的忽略；对一个全冠修复体来讲，必须考虑具有优良的抗腐蚀性和不发生永久变形这两个关键性能；而对于根管治疗所用的扩根针则要求合金具有一定的抗扭曲弹性模量。

通常用于口腔的非贵金属合金都需要达到较高的强度和硬度，目前已有多种方法或途径可以用来提高合金的强度，但几乎这些方法都是通过位移（dislocation）机制来达到阻止合金变形的目的。这里介绍2种方法：①由于固溶体（solid solution）比纯金属的强度和硬度都大，所以根据固溶机制，通过调节合金中原子大小的细微变化以增强合金，同时如果固溶体内能形成有序溶液，则会更进一步强化合金，这一点是口腔铸造合金常用的提高合金强度的方法。②沉淀硬化是强化口腔合金的另一种有效方法，通过加热铸造合金使基体内形成第二相，该新相可增加合金的强度和硬度。

抗腐蚀性能是口腔合金应用的又一个主要的性能要求，一般认为上述具有固溶有序（solid and ordered-solution）结构的合金比多相合金具有更优良的抗腐蚀性，而易溶混合物伴有其他多相微结构的合金其抗腐蚀性较差。

（二）非贵金属合金在口腔临床中的应用

铸造和锻制非贵金属合金已广泛用于口腔临床。铸造钴铬合金和镍铬合金用于局部义齿的支架已有很长的历史，在此领域几乎完全取代Ⅳ型金合金。铸造镍铬合金可制作冠和桥，并试图用于取代Ⅲ型金合金，在某些情况下有的甚至用于口腔陶瓷的替代物，钴铬合金和镍铬合金可用作金属烤瓷修复体。铸造和锻制的钛及钛合金用来制作冠、桥、种植体、正畸弓丝和根管锉。不锈钢合金主要用来制作正畸弓丝和根管内使用的器械等。

铸造和锻制非贵金属合金的口腔应用总结如下：

1. 铸造钴铬合金

用于活动义齿和烤瓷冠桥的支架、铸造冠桥等修复。

2. 铸造镍铬合金

用于烤瓷冠桥、铸造冠桥等修复。

3. 铸造钛及钛合金

用于烤瓷冠桥、活动义齿支架和种植体等修复。

4. 锻制不锈钢合金

用于正畸弓丝和支架和成品冠修复。

5. 锻制钴铬镍合金

用于正畸弓丝和根管锉。

6. 锻制镍钛合金

用于正畸弓丝和根管锉。

7. 锻制β-钛合金

用于正畸弓丝。

三、口腔非贵金属合金的一般要求

口腔非贵金属合金必须具备以下几方面的基本要求：①合金本身的化学性能稳定，对患者和操作者都不产生有害作用或引起致敏反应。②合金在口腔内不会因唾液或环境的影响而破坏合金的抗腐蚀性能，或引起合金物理性能的改变。③物理和机械性能良好，如导热性、熔化温度、热膨胀系数和强度等性能都应达到相应的最小值，且能适合于不同的应用。④对普通的医师和技工来讲，操作工艺简便易行。⑤金属或合金来源丰富、价格相对便宜。

为了满足上述这一系列理想合金的要求，必须对每一种合金的化学性能、物理性能、机械性能和生物学性能进行综合分析与评价，合金的这些性能有赖于材料本身的结构特性、组成成分和加工过程等因素。

第二节 钴铬和镍铬铸造合金
(cobalt-chromium and nickel-chromium casting alloy)

自铸造钴铬合金有效应用于铸造可摘局部义齿修复以来，临床应用的范围正在不断地扩大。据报道，早在1949年，所有铸造局部义齿中大约有80%以上的修复体是采用钴铬合金；到1969年，约87%以上的铸造局部义齿是选用非贵金属类的合金；目前，几乎所有的局部义齿的金属支架都由钴铬合金或铬镍合金制成。

一、美国牙科协会的规定

根据美国牙科协会（America Dental Association，ADA）的规定（ANSI/ADA NO.14，等同于ISO 6871），合金中铬元素所占的重量不得少于20%，铬、钴和镍元素的总重量不得低于85%。假如合金能满足毒性、致敏性和抗腐蚀性的要求，ADA认为可以加入一些其他元素，若这些元素成分达到或接近0.5%时，必须在包装袋上注明元素的名称，同时还需要标明有害元素的存在与否及其百分比。另外ADA还规定了对这类合金在性能方面要求达到的最低值，如延长率为1.5%、屈服强度为500 MPa以及弹性模量为170 GPa。ADA推出的这些规定其重要意义在于能直接对不同研究者或实验室得出的结果进行比较。

二、组成及某些元素在合金中的作用

应用于局部义齿铸造合金的主要元素有铬、钴和镍等3种元素，它们约占合金总重量的82%~92%。表9-1列出了4种具有代表性组成的口腔非贵金属铸造合金，其中两种是用于金属烤瓷修复体的合金。在这些合金中，铬、钴和镍元素的成分占总重的85%，它们对合金物理性能的影响不明显，合金的物理性能主要是受合金中存在的其他微量元素，如碳、钼、钡、锡和铝等元素的影响。

铬元素能为合金提供光泽，并具有抗腐蚀性能，当铬元素超过30%时，合金就难以铸造。铬元素在此范围内，合金还能形成一个脆相（brittle phase），称为σ相，一般铸造非贵金属合金中铬含量不能超过28%或29%，而钴和镍元素在合金中所占的百分比可以根据需要互相调整，钴元素相比镍元素更能提高合金的弹性模量、强度和硬度。

其他加入合金中的一些元素对合金性能的影

响更明显。比如提高钴基合金硬度最有效的方法之一是增加其中的碳元素含量,但碳含量超过0.2%时,合金将变得太硬和太脆,从而不适合用于口腔;相反,如果碳含量比理想值降低0.2%,合金的弹性模量和极限抗拉强度会变小,同样也不能应用于口腔。另外,值得注意的是合金中的所有元素如铬、硅、钼、钴和镍等都能与碳元素发生反应,形成碳化物而改变合金的性能。如表9-1所示,用于金属烤瓷修复的镍铬合金,其碳元素含量显著低于用于局部义齿修复的镍铬合金。3%~6%的钼的存在可以提高合金的强度。铝元素在含镍合金中可形成Ni_3Al复合物,该复合物能提高合金的极限抗拉强度和屈服强度。合金中加入少于1%~2%的铍可使合金的熔限降低100℃左右,但最近的研究表明,铍的浓度反过来会影响合金的延展性,假如合金中铍的释放量比正常合金(1%~2%)中所含量多,那就会在Ni-Be共晶相内发生腐蚀,从而影响合金的抗腐蚀性。合金中加入硅和锰元素可以提高合金的流动性和铸造性。如果合金中含有氮元素,铸造必须在一种可控制的气相条件下进行,如真空和有氩气存在的状态,因为氮会影响铸造合金的脆性,当合金中氮含量超过0.1%时,铸造过程将会降低合金的延展性。目前有多种通过改变合金组成成分的途径来改善合金的延展性和强度。不同的合金尽管在组成上存在很大不同,但是它们在性能上有明显的相似点,然而,合金中加入的某些微量元素如碳、氮和氢元素,它们能影响铸造过程及最终铸件的性能。

表9-1 钴铬和镍铬铸造合金的主要组成(质量百分比)

组成元素	Vitallium+	Ticonium+	含铍镍铬合金*	含硼镍铬合金*
铬	30.0	17.0	11	20
钴	平衡	—	0.5	0.01
镍	—	平衡	平衡	平衡
钼	5.0	5.0	2	6
铝	—	5.0	2	—
铁	1.0	0.5	2	0.12
碳	0.5	0.1	0.02	0.02
铍	—	1.0	1.6	—
硅	0.5	0.5	0.5	4
镁	0.5	5.0	0.02	—
镓	—	—	—	—
硼	—	—	—	3

*:用做烤瓷熔附金属固位体
+:数据摘自 Asgar K:An overall study of partial dentures, USPHS Research Grant DE-02017, NH; and Baran G: The metallurgy of Ni-Cr alloys for fixed prosthodontics. J prostbet Dent 1983.50;539

三、铸造非贵金属合金的微结构

任何材料的微结构是决定其材料性能的基本因素,换言之,一种材料在物理性能方面有了改变将明显地提示它的微结构一定也发生了某种变化,有时,微结构的这种变化不能通过常规方法检测得到。无论是钴铬合金还是镍铬合金,其本身的微结构并不简单,随着操作环境的细微变化,它们的微结构就会发生改变,而且钴铬合金在铸造条件下的微结构是不均匀的。存在于铸造非贵金属合金中的许多元素(如铬、钴和钼)是形成碳化物的元素,根据铸造非贵金属合金的组成成分和操作条件的不同,可以形成很多类型的碳化物,且这些碳化物的排列也是因操作条件的不同而异。

以市售的钴铬合金为例,铸造时,一旦金属达到完全熔化状态,合金所形成的碳化物结构是沿晶界呈连续性排列(图9-1),这种微结构可使铸造合金表现为延伸率低,表面光洁度良好。而如果铸造合金的加热温度超过正常金属熔化温度100℃,此时所形成的碳化物则呈球形、不连续和似岛状(图9-2),在这种条件下所得到的铸件虽然具有良好的延伸率,但由于金属与包埋材料之间的反应增加,造成表面光洁度差,这样的表面状态不能用于口腔临床。

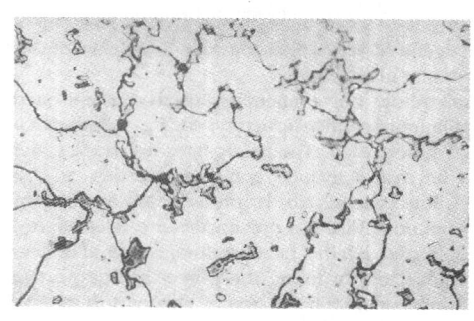

图9-1 铸造钴铬合金的微结构碳化物沿晶界呈连续性排列

自 Asgar K, Peyton FA: J Dout Res 1961, 40:68

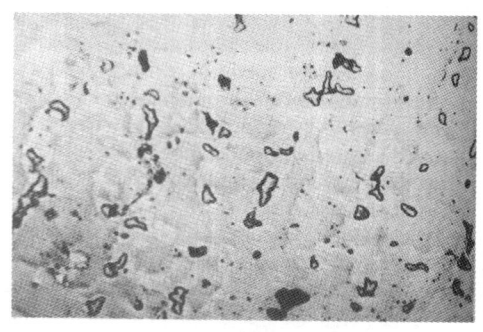

图9-2 铸造钴铬合金的微结构碳化物则呈球形、不连续和似岛状

自 Asgar K, Peyton FA: J Dout Res 1961, 40:68

四、非贵金属合金的热处理

早期用于局部义齿修复的非贵金属合金主要是钴铬合金,它相对比较简单,这类合金如果进行1 000℃热处理1h,对其机械性能不会产生明显的影响。目前应用于局部义齿修复的非贵金属合金已比以往要复杂,如多元素组成的钴铬合金、镍铬合金和铁铬合金等。

已有研究表明:许多钴基合金的热处理可以同时降低合金的屈服强度和延伸率。由此提示,不管为了什么目的,如果局部义齿需要焊接,就应该尽可能采取在最低的温度加热、最短时间内升温。

存在于铸造Co-Cr-Mo合金中的粗晶和枝晶状碳化物和σ相结构能降低铸造合金的强度和延展性,由于枝晶相(interdendritic phases)与合金的延展性和抗腐蚀性降低有关,所以典型的铸造Co-Cr-Mo合金的溶液退火温度大约为1 225℃,如果热处理控制得当,合金的化学组成合理,那么该热处理的结果可导致σ相向$M_{23}C_6$相的转化,且部分溶解于$M_{23}C_6$相之中,最终使合金的屈服强度和延展性增加。一般认为,铸造Co-Cr-Mo合金的屈服强度和疲劳强度是受溶质原子C、Cr和Mo抑制晶格位移能力的影响。有两种方法可以提高合金的延展性,一是采用慢冷至低于初溶温度,二是减少碳元素的含量。但是,在增加合金延展性的同时合金的屈服强度会下降。总之,过度的晶界碳化物可降低合金的延展性,而无碳化物的晶界结构也会显著降低合金的屈服强度和抗张强度。

五、非贵金属合金的物理和机械性能

(一)熔化温度

非贵金属合金的熔化温度不同于口腔铸造金合金,大多数非贵金属合金的熔化温度在1 400~1 500℃之间,而铸造金合金从Ⅰ型到Ⅳ型,其熔化温度为800~1 050℃。只有一种常用的Ni-Cr合金(Ticonium)的熔化温度低于1 300℃,即为1 275℃。加入1%~2%的铍可使Ni-Cr合金的熔化温度降低100℃。熔化温度对如何选择铸造设备和控制铸造技术起到重要的作用。

（二）密度

铸造非贵金属合金的平均密度一般在 7～8 g/cm³ 之间，约是大多数牙科金合金密度的一半。密度对于体积庞大的上颌修复体来说很重要，因为修复体的自重会对起支撑作用的基牙产生额外的负担，因此，在设计一种非贵金属合金制作的上颌修复体时，应考虑选择密度较低的合金，以减轻其自重，这一点在临床上具有一定的意义。

（三）机械性能

用于局部义齿修复的非贵金属合金以及经硬化热处理的Ⅳ型铸造金合金的机械性能表 9-2。

表 9-2 应用于局部义齿修复合金的机械性能

合　金	屈服强度永久变形 0.2%（MPa）	抗张强度（MPa）	延伸率（%）	弹性模量（GPa）	维氏硬度（kg/mm²）
铸造非贵金属合金*					
Vitallium	644	870	1.5	218	380
Ticonium	710	807	2.4	186	340
硬化处理的局部义齿					
金合金+	480～510	700～760	5～7	90～100	220～250

* 数据摘自：Asgar K, Techow BO, Jacobson JM: J Prostbet Dert 23:36, 1970; Morris HF, Asgar K: J Prostbet Dent 1975,33:36; Moffa JP, Lugassy AA, Guckes AD, Gettleman L: J Prostbet Dent 30: 424, 1973.

+ 数据摘自：Oilo G, Gjerdet NR: Acta Odontal scand 1983., 41:111

1. 屈服强度

屈服强度值表示一台设备或一件修复体的部分或全部发生永久形变时的情况。比如卡环弯制的过程就是发生了永久变形，屈服强度是用作可摘局部义齿修复体合金的一个重要性能。一般认为，用于制作局部义齿卡环的合金，其屈服强度至少应在 415 MPa 以上，以承受合金的永久形变。由表 9-2 可见：非贵金属合金的屈服强度都已超过 600 MPa。

2. 抗张强度

铸造非贵金属合金的最大抗张强度比其他相关性能（如延伸率）受试样制备和测试条件的影响要小。由表 9-2 所示：铸造非贵金属合金的最大抗张强度大于 800 MPa，而经硬化热处理的金合金其最大抗张强度接近铸造非贵金属合金的最大抗张强度。

3. 延伸率

延伸率是判断合金脆性和延展性的一个重要指标。在很多情况下，延伸率是用来比较可摘局部义齿合金优劣的一个主要性能，延伸率和最大抗张强度的综合作用是体现材料韧性的一个指标。由于合金的这种韧性，使铸造可摘局部义齿在应用过程中，使那些具有高延伸率和抗张强度的卡环比延伸率低的卡环更不容易断裂。

通常延伸率测试对试样的要求不同于其他性能测试，它需要在试样制备和测试整个过程中满足一些必要的要求，若条件控制不当，就会影响延伸率的测试结果，例如试样中有少量微孔存在会显著降低材料的延伸率，而这种微孔对合金的屈服强度、弹性模量和抗张强度的影响却不那么明显。因此，可以设想，处于使用状态的不同铸件之间可能表现类似的延伸率变化，但在一定程度上彼此在脆性方面可以存在差异，这种现象表明，如果要想获得一个重复性好的测试结果,严格控制合金的熔化和铸造条件是极其重要的。尽管Co-Ni-Cr合金中Ni和Co含量的比例是可互换的,但一般来说增加Ni含量、同时降低Co含量可提高合金的延展性和延伸率。通过将铸造温度控制在正常熔化温度范围内且不超过正常熔化温度100℃,就可以得到高延伸率的合金。要想得到高延伸率同时又不破坏合金的强度,必须有一个精确而适合的C和Mo的含量。

4. 弹性模量

在两个铸件尺寸相同的情况下,合金的弹性模量越高,材料的刚性就越强。因此,一些口腔专家建议:设计良好的具有刚性的修复体,它能在使用过程中将所受到的外力均匀地分布到周围的支撑组织上。若合金的弹性模量大,可以设计尺寸适当小一些的修复体。由表9-2可见,非贵金属合金的弹性模量几乎是Ⅳ型铸造金合金弹性模量的一倍。

5. 硬度

如表9-2所示,非贵金属合金的组成不同,其合金的硬度也不相同。一般来说,铸造非贵金属合金的硬度比同应用类型金合金的硬度要高1/3左右。

硬度是表征铸件抛光性能的难易程度以及抗划痕能力大小的一个指标。与金合金相比,铸造非贵金属合金的硬度较高,因此需要使用特殊的抛光设备,这也许是个相对不足之处,但是对有经验的操作者来讲,抛光完全不成问题。经常使用电解(electrolytic)抛光设备对铸件进行抛光,要比单纯机械性抛光更省时和省力。电解抛光铸造非贵金属基合金,一般只能除去表面很薄的一层(约几个Å,1Å=0.1nm),电解抛光与电镀(electroplate)抛光相反,它具有氧化还原的作用,由于粗糙区域较光滑区域更易抛光,所以通过抛光可呈现一个新的表面,该表面比原铸件表面更光滑,铸造非贵金属合金在应用过程中将保持这种光滑状态。另外,如果在修复体的组织面除去很少量的合金,可形成一个清洁而光亮的表面,但必须注意不能改变合金与组织之间的密合度,局部义齿的非组织面可进一步采用高速布轮进行抛光。

6. 疲劳强度

应用于局部义齿合金的抗疲劳性能很重要,因为义齿每天都需要摘下戴上,此时伴随着卡环围绕固位牙的滑行,卡环会产生应变,而合金变得疲劳。通过记录造成卡环折断所需的弯曲次数,来比较Co-Cr合金、Ti合金和金合金3种用于局部义齿合金的抗疲劳性能,结果显示Co-Cr合金的弯曲次数最多,抗疲劳性能最佳。任何使合金孔隙率或碳化物含量增加的操作因素都会降低合金的抗疲劳能力。此外,合金的焊接部位,常常含有杂质或气孔,也是一个修复体或器械的抗疲劳性能最薄弱之处。

六、腐　　蚀

近年来已有不少关于口腔铸造合金的腐蚀和金属离子释放的生物学作用方面的研究报道。体外腐蚀性试验可评价许多重要的与腐蚀有关的一些因素,这些因素包括电解液、人工唾液、合金组成、合金微结构和金属的表面状态等,金属的表面状态是影响腐蚀的极其重要的因素,因为合金表面的组成往往不同于合金本体的组成。另一个值得关注的现象是腐蚀常常伴有磨损,例如,Ni-Cr合金全冠在腐蚀过程中往往出现龅面的磨损,此时所释放的金属离子量(如Ni和Be)比单纯腐蚀所释放的离子量要高3倍。

七、冠桥铸造合金

Ni-Cr合金可分为含铍和不含铍两类,大多数合金含Ni 60%～80%、Cr 10%～27%和Mo 2%～14%。Co-Cr合金中含Co 53%～67%、Cr 25%～32%和Mo 2%～6%。含铍元素的合金通常含铍量为1.6%～2.0%,除此之外,这类冠桥铸造合金还可以含有少量的Al、C、Co、Cu、Ce、

Ca、Fe、Mg、Nb、Si、Sn、Ti 和 Zr 等元素。铍的原子量为 9，相对于镍原子量为 59 和铬原子量为 52 而言显得很低，这就造成铍在合金中的原子百分率要达到 11%。

上述这些合金的性能类似于表 9-2 中所示的 Co-Cr 合金，通常冠桥铸造合金的硬度和弹性模量比贵金属合金要高，因此造成铸造和焊接的难度也相对较大，同时，由于它们的固化收缩较大，要达到一个理想的修复体相对也较困难，因此，这类合金对加工技术或工艺的要求就比较高。

特别值得引起关注的是要防止合金暴露于金属蒸气、灰尘或含铍和镍的磨削环境中。有报道，每天按 8 h 计算，铍尘的安全标准是：空气中含量为 2 μg/m³，30 min 内的接触时间上限不能超过 25 μg/m³。如果达不到此标准，就会出现轻者如接触性皮炎，重者为严重的化学性肺炎等不良的生理反应。所以，在进行含铍合金的铸造、研磨和抛光等加工时，工作区域内必须使用有效的局部排气过滤装置。

镍作为一种已知的致敏源，它的存在以及含量多少已经引起人们的高度重视。镍过敏的发生率，女性较男性要高 5 到 10 倍，约有 5%～8% 的女性对镍会发生过敏反应。虽然目前尚未发现口腔内的镍基修复体与过敏症状发生两者间存在统计学意义上的相关性，然而，临床上确实存在使用镍基修复体后出现全身性过敏反应的病例。因此，对于有镍过敏史的患者，建议使用不含镍的 Co-Cr 合金或其他不含镍的合金。镍的安全标准为：每周 40 h 空气中镍含量为 15 μg/m³。为了减少患者接触含铍或镍金属粉尘的时间，在口腔内的研磨操作必须使用带有高速排气装置的操作系统。

第三节 锻制不锈钢合金
(wrought stainless steel alloy)

钢是一种铁碳合金，所谓不锈钢就是指含 Cr、Ni、Mg 和其他一些金属元素、具有不生锈特性的铁碳合金。这类合金与非贵金属铸造合金相比有两个主要的不同点，第一是组成不同，第二是不适合铸造。口腔科一般只采取锻制的形式，这两点差异使不锈钢的应用类型有其独特之处。目前不锈钢在口腔中的应用主要是用于正畸所用的器械或附件以及制作根管内器械，如根管锉和扩根器具。不锈钢的其他特殊应用还可以作为暂时性间隙保持器、预成冠或者其他口腔科用的器械、各种临床和实验室用的设备。

一、组　成

目前基本上已明确不锈钢可分为 3 大类，即铁素体不锈钢（Ferritic stainless steel）、马氏体不锈钢（Martensitic stainless steel）和奥氏体不锈钢（Austenitic stainless steel），它们分别具有不同的组成、特性以及应用范围。

铁素体不锈钢是含铬不锈钢，它主要用于制作一些器具和设备，在某种程度上具有抗玷污的特性。这类不锈钢的组成范围比较广，含有一定量的、能使合金具有不生锈特性的铬元素（15%～25%），其他还含有少量的碳、硅和钼等元素。

马氏体不锈钢也是含铬的不锈钢，但铬含量较低（12%～18%），这种钢通过热处理可以在一定程度上使合金硬化，具有中等程度的抗玷污能力。它们主要用于制造一些设备和部分正畸器械。

奥氏体不锈钢广泛应用于口腔器械中。口腔中最广泛应用的奥氏体不锈钢是 18-8 不锈钢，它主要是指合金中大约含铬 18%、含镍 8%，碳含量在 0.08%～0.20% 之间，另外还加入其他微量元素如钛、镁、硅、钼、铌和钽等,以改善合金的某些重要性能。

二、合金化元素和抗化学腐蚀作用

不锈钢的抗腐蚀性能主要是由于合金中存在铬元素,合金中若加入其他元素都不如铬元素所产生的抗腐蚀作用大。不含铬元素的铁是无法使用的,因为氧化铁(Fe_2O_3)或铁锈是不能与金属整体相融合的,通常至少需要11%左右的铬加入到纯铁中才能产生抗腐蚀作用,随着碳元素的加入,铬的比例也会相应增加从而形成了钢。铬所具有的良好的抗腐蚀性能是因为在其表面可形成一层致密而稳定的氧化保护膜,这层膜可以阻止表层以下的金属元素与外界发生反应,所形成的这种氧化层称为"钝化"(passivation)。该保护膜即使在高倍放大镜下也是看不见的,但是这层膜却给金属表面增加了一层金属特有的光泽。一般钝化的程度受许多因素的影响,如合金的组成成分、热处理、表面条件、器械所承受的应力以及器械所处的环境,在口腔应用中,如果加工或调磨过程中的加热过度、使用研磨剂或活性清洁剂使器械的表面条件发生变化,甚至长时间处于较差的口腔卫生环境等,这些因素都可以改变或破坏不锈钢的不生锈特性。

在所有的不锈钢中,奥氏体类型的18-8不锈钢其抗腐蚀性最强,这主要是合金中铬、镍与铁形成了固溶体,而最优异的抗腐蚀性必须是铬含量达到13%~28%之间,若铬含量低于13%,铬氧化层就不能形成;若铬含量超过28%,晶界会出现碳化铬的析出,使钢变脆。另外,碳含量也必须严格控制,否则,碳会与铬发生反应,在晶界形成碳化铬,使晶体内的铬含量降低,合金的抗腐蚀性减弱。此外,合金中的钼元素也能提高合金的抗孔蚀能力。

合金中加入少量的其他元素可以防止碳与铁或碳与铬之间碳化物的形成,这些元素可称为稳定性元素。一些含钛、铌或钽的钢,称为稳定性的不锈钢,它们所形成的碳化物是碳化钛而不是碳化铬。如果合金的表面清洁、光滑和光亮,将会提高不锈钢的抗化学腐蚀的能力;如果合金表面凹凸不平,将会提高表面的电化学反应活性。对不锈钢进行金和银焊接,将降低其不生锈的特性,因为两种不同金属之间存在流电作用。

三、应力释放处理

18-8不锈钢不能通过热处理来增强合金的性能,但是在冷加工形成器械的过程中合金内部存在应变硬化。当热处理温度超过650℃时,合金内部的微结构会发生再结晶,组成成分改变,碳化铬结晶形成,这3个方面都可以降低不锈钢的机械性能和抗腐蚀性能。然而,这些由冷加工形成的器械往往伴有应力的潜伏,因此需要经过热处理来消除内应力以增加合金的延展性,通常根据器械的不同类型,热处理的温度应选择在400~500℃之间,时间为5~120 s,然后必须快速冷却,以保持奥氏体结构,防止晶间腐蚀。如果不锈钢热处理后缓慢冷却,则有可能出现碳化铬析出,降低晶体内铬元素的含量,从而导致不锈钢晶间腐蚀。对于正畸器械来讲,平均热处理温度是450℃、1 min。值得注意的是,如果热处理的温度超过650℃,合金反而会发生软化或退火,而且即使再进一步处理也不会恢复合金的性能。低温热处理的主要优点在于器械在以后的改建和制造过程中能保持结构均一的特性,这样可以减少器械在使用过程中的断裂倾向。影响合金热处理和应力释放的因素包括合金的组成、加工工艺(如制作过程)、持续时间、热处理温度和空气环境等。

四、不锈钢正畸弓丝

(一)操作

不锈钢弓丝通常是通过轧、压和拉等方式锻制成型。锻制的含意是材料在固态条件下形成与原材料形状接近的一种加工。不锈钢弓丝很容易通过专用的正畸钳和其他器具制得。一旦制作成形，必须在450℃条件下热处理1 min，以消除在制作过程中所潜伏的应力。

不锈钢器具的焊接需要一定的技能和适当的材料。单纯的硼砂熔剂一般不适合使用，而含氟的焊接剂可以获得比较理想的焊接点，金焊金和银焊金都可以用于焊接，但银焊金比多数金焊金更容易使用，它的焊接接口有一定的强度，熔化温度较低（仅400~650℃），由此减少了不锈钢在焊接操作过程中因加热温度过高引起合金性能降低的可能性。

用金焊金焊接的接口附近其不锈钢弓丝的强度要比银焊金低，因此许多使用者喜欢用银焊金去焊接不锈钢或点焊技术来组装各部分的器具。有报道，采用标准的正畸焊灯（blowtorch）作为加热源，使用低纯度的金焊金和含氟的焊接剂，当达到最低加热温度时记录焊接接口中央的温度为700℃，而达到最大热量时接口中央的温度为800℃，此时离接口1 mm处的温度是650℃，3 mm处的温度是635℃，5 mm处只有440℃。这些结果表明焊接过程中实际达到的温度较理论值要高，因此，毫无疑问邻近不锈钢焊接口的强度会降低。不锈钢器械经焊接、热处理和口腔内使用后必须要进行清洁和抛光处理，通常该操作相对比较困难，器械需要放在温硝酸溶液中酸洗，留下灰色无光表面，最后要进行抛光或用细磨料作机械打磨以恢复材料原有的光泽。另外电解抛光，如阳极抛光也可以有效恢复不锈钢器械的表面光泽。

（二）性能

按ANSI/ADA No.32规定，不含贵金属的正畸弓丝有Ⅰ型（低弹性）和Ⅱ型（高弹性）两种，有关弓丝的抗弯屈服强度和弯曲环数的要求表9-3。

表9-3 不含贵金属的正畸弓丝的要求（ANSI/ADA No.32规定）

	Ⅰ型—低弹性	Ⅱ型—高弹性
2.9度差值时抗弯屈服强度（MPa）	最小1 700 最大2 400	最小2 500
90度弯曲环数（最小）	0.30 mm直径 15	0.30~0.34 mm直径 20	0.64 mm直径 5

表9-4 正畸弓丝拉伸、弯曲和扭曲方面的性能

特性	18-8不锈钢	镍钛合金	β-钛合金
拉伸			
0.1%屈服强度，MPa	1 200	343	960
弹性模量，GPa	134	28.4	68.6
回弹性(YS/E*)，10⁻²	0.39	1.40	1.22
弯曲			
2.9度剩余变形时屈服强度，MPa	1 590	490	1 080
弹性模量，GPa	122	32.3	59.8
弹性速率，mm‑N/degree	0.30	0.17	0.37
扭曲			
弹性速率，mm‑N/degree	0.078	0.020	0.035

摘自Drake SR, Wayne DM, Powers JM, Asgar K: Am J Orthod, 1982. 82: 206 Values are for a 0.43 mm × 0.64 mm rectangular wire.
* 屈服强度/弹性模量

不锈钢弓丝与镍钛合金弓丝和β-钛合金弓丝的抗张、抗弯和抗扭曲性能比较见表9-4，在这3种弓丝中，不锈钢弓丝的亢屈服强度、弹性模量及弹性率最高，而回弹性最低（屈服强度/弹性模量）。

市售的（As received）和已消除应力的（Stress-relieved）两种规格不锈钢正畸弓丝的机械性能见表9-5。由表可见：直径为0.36 mm弓丝的比例极限和屈服强度高于直径为0.56 mm弓丝，这反映前者比后者能经历冷加工制作（如弯制）的次数更多，除了抗张强度以外，这些弓丝通过消除应力的热处理后，其机械性能均得以改善。

表 9-5 18-8 不锈钢弓丝的机械性能

性 能	直径 0.36 mm		直径 0.56 mm	
	市售	应力消除后*	市售	应力消除后*
比例限制+,MPa	1 200	1 380	1 060	912
屈服强度(0.1%误差)+,MPa	1 680	1 950	1 490	1 640
抗张强度,MPa	2 240	2 180	2 040	2 160
硬度(努氏),kg/mm³	525	572	536	553
冷弯曲,90度弯曲次数	37	45	13	21

摘自 Craig RG, editor: Dental materials: a problem oriented approach. St Louis, 1978, Mosby.

*热处理条件 482℃、3 min,+在张力存在下所测得的性能。

弓丝的弯矩(bending moment)与弯曲角度(angular deflection)曲线受三方面因素的影响:①弓丝的几何形状。②与弓丝的负载方向。③弓丝热处理情况。不锈钢弓丝的横切面有正方形和矩形两种,其弯矩与弯曲角度曲线见图 9-3。矩形弓丝的弯曲方向对弯矩具有很重要的作用,因为大规格弓丝相对比较难弯曲。方丝弓的曲线几乎与正方形或对角线方向的弯曲度接近。如果焊接和点焊的热处理温度过高或过低都可以引起弓丝性能降低,点焊的处理温度过低可造成连接不充分,处理温度过高可引起过度熔化和锻制弓丝结构的再结晶。

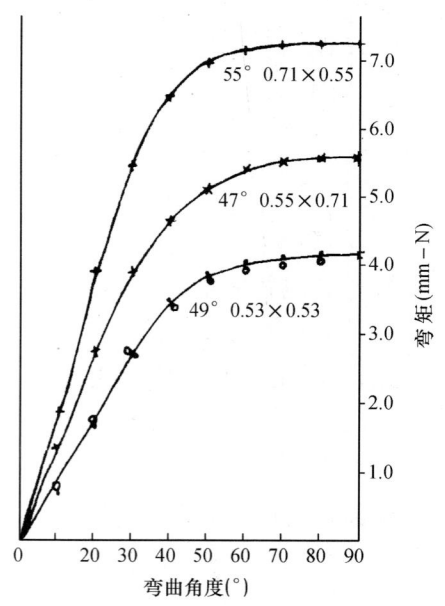

图 9-3 正方形和矩形 18-8 不锈钢弓丝的弯矩与弯曲角度曲线(弓丝尺寸 mm)

自 Craig RG. editer: Dental materials: a problem-oriented approach, st Louis, 1978, Mosby

五、不锈钢根管治疗器械

根管治疗器械可分为手动和机动两种,大多数常用的器械是 K 型根管锉和根管扩大针,这些是先由不锈钢丝经机械加工成横切面为正方形或三角形的角锥形半成品,然后再加工成具有螺旋形切割嵴的根管扩大针和横切面为菱形的根管锉。菱形根管锉、K 型根管锉和 K 型根管扩大针的图示见图 9-4。

图 9-4 a. 菱形根管锉 b. K 型根管锉 c. K 型根管扩大针

自 Courtesy Corcoran JF, Ann Arbor, 1983, Unversity of Michigan School of Dentistry

牙根管很少是笔直的,而根管锉又必须能自如地随弯曲的根管探至根尖,因此,这就使根管锉的弯曲和挠曲性能显得特别重要。与正畸弓丝一样,根管锉的机械性能有赖于根管锉的几何形状、负荷的方向以及材料组成成分。菱形根管锉在弯曲和挠曲状态下,其刚性都较 K 形根管锉差,当逆时针方向作旋转测试时,即使旋转角度小,两种类型的根管锉都会出现折断,这主要是因为逆时针方向旋转会增加旋转的紧张度,从而产生脆性折断;而顺时针方向旋转根管锉则不会发生扭曲,由此提示,当根管锉在根管内工作时,操作者应当特别注意每次向逆时针方向旋转时，转动不能超过1/4。

ANSI/ADA No.28(ISO 3630-1)规定了各种尺寸大小的根管锉和扩大针的几何形态、扭矩和旋转角度的最小值、弯曲刚性的最大值，该规定要求进行抗腐蚀性能的检测，对于机械性能的测试只要求在顺时针条件下进行，而不需要在逆时针状态下测试。另外还有一个在 ANSI/ADA 规定中尚未涉及的、但又是临床操作中非常重要的性能，即切削性，切削能力的检测要求有一台能模拟器械切削运动的特制机器。采用牙本质进行试验，往往因牙齿的硬度存在生物学差异，使数据难以得到一致的结果，为了解决这个问题，有些研究者用丙烯酸酯制成样本，尽管各种根管锉的切削能力不同，但是对同一种根管锉来讲，不同钻号可以重复使用，根管锉经磨耗、干热或食盐消毒后都不会影响不锈钢根管锉的切削能力，但高压蒸气消毒则会降低它的切削能力，一些刺激性物质如次氯酸钠、过氧化氢和 EDTA-尿素也都会引起切削能力的减弱（只有盐类刺激物不会造成切削能力下降），并且室温下还会引起不锈钢腐蚀，所以器械一旦使用了上述刺激性物质后应尽快清洗。

六、镍钛根管治疗器械

一般用于根管治疗器械的镍钛合金含镍56 wt%和钛44 wt%，用原子%组成计算大约各占50 at%，在某些情况下加入小于2%的钴元素可用来替代镍含量，这样可以在根管制备过程中，利用应力的作用使合金的结构从奥氏体转向马氏体，当器械在根管内使用时，即使因结构转变成马氏体而使合金的应变增加，但随着器械本身发生进行性的变形，其最终的应力值仍然会下降。另一方面，必须注意的是：镍钛奥氏体的弹性模量是120 GPa，而变成马氏体的弹性模量只有50 GPa，这一现象造成了所谓的"超弹性"，当应力降低，回弹性就会出现，此时并不发生永久形变，也不会回到奥氏体相结构。

镍钛合金的这种超弹性可以使根管锉在发生8%应变的情况下仍然能完全恢复其原形，这一性能可能是不锈钢器械所无法达到的，不锈钢器械能恢复的形变只能小于1%。另外，镍钛合金相比不锈钢具有更高的强度和更低的弹性模量，这使根管锉在对弯曲根管的制备过程中具有明显的优势。两种材料制成的根管治疗器械在抗腐蚀性方面没有明显的差异。综上所述，由于镍钛根管治疗器械具有上述这些优良的性能，所以一般可将其制成机动的器械用于临床。然而，镍钛合金器械有时还是会发生折断。循环疲劳试验研究表明，根管锉的曲率半径是影响抗疲劳性能的最重要因素，随着曲率半径（增加直径）降低，器械折断的时间会缩短，这种折断往往属于塑性破坏，循环疲劳是折断的主要因素。

镍钛根管治疗器械也有它不足的地方，由于它的超弹性，使器械的制作必须由机器来完成，器械的设计也必须基于镍钛锥形半成品，因而相对增加了器械的成本。

七、非贵金属预成冠

早在1950年不锈钢冠就已用作自然牙的永久修复，特别是儿童患有急性龋或牙冠部缺损。不锈钢冠的基本组成和机械性能见表9-6，表中列出了用于永久性预成冠的钛稳定型不锈钢(17%～19%Cr, 9%～13%Ni, 0.08%～0.12%C, 0.4%～0.6%Ti)、用于永久性预成冠的镍基合金(76%Ni, 15.5%Cr, 8%Fe, 0.04%C, 0.35%Mn, 0.2%Si)、用于暂时性预成冠的锡基合金(96%Sn, 4%Ag)以及暂时性预成冠铝基合金(87%Al, 1.2%Mn, 10%Mg, 0.7%Fe, 0.3%Si, 0.25%Cu)，其中不锈钢和镍基合金的机械性能相似，高延展性对于冠的临床应用来说是很重要的。此外，它们还具有合适的硬度和强度，所以可以分类作为永久性的修复材料。暂时性预成冠的锡基合金和铝基合金，虽然其延展性比较高，但总体上较软，屈服和抗张强度也较低，因此临床上不如不锈钢和镍基合金那样能耐磨损。

表 9-6 预制非贵金属冠的机械性能

类　型	0.2%屈服强度(MPa)	抗张强度(MPa)	延伸率(%)	布氏硬度(kg/mm²)
永久性预成冠不锈钢	248	593	55	154
永久性预成冠镍基合金	207	519	42	210
暂时性预成冠锡基合金	24.8	31.7	49	19
暂时性预成冠铝基合金	41.4	110	40	28

八、其他口腔应用合金

某些合金因其特殊的性能可以考虑应用于口腔器械和设备。例如,蒙乃尔高强度耐蚀镍铜合金(Monel metal),它是一种常用于设备的铜镍合金,该合金具有良好的物理性能和抗腐蚀性能,但它因为难以加工生产,所以并不广泛用于口腔器械,这类合金的组成成分大致为铜28%、镍68%、铁2%、锰1.5%和硅0.2%。

其他应用于口腔的不锈钢,如含3%铝的钢,该材料能作为锻制合金使用,热处理900℃1h可提高合金的性能,热处理后会形成 Ni_3Al 沉淀,使晶格发生应变硬化。

有报道一种加入4%～6%钛的钴铬合金已开始研究,该合金较单纯的钴铬合金的抗疲劳性能更优良。

近年来开发的另一种合金是具有金属间化合物结构的 Zr-Pd-Ru 合金。这种合金具有良好的断裂韧性,应力诱导下的微结构改变可以增加抗磨损的能力。30Ni-30Cu-40Mn 合金是一种实验用的非贵金属铸造合金,理论上这种合金的优点主要是它的熔点低于1 000℃,其次是其中的合金化元素 Al、In 和 Sn 能进一步降低熔点,净化和减少枝晶微结构,增加硬度和铸造准确性。同时这些合金化元素还能分割金属间区域,增加抗腐蚀性能。

在口腔应用中开发良好的金替代物是完全有可能的。目前已经开发的许多用于工程方面的合金,有一部分或许可以很好的满足口腔需求。许多金属元素如钽、钼、钶、钒和镓等被应用的数量可能会逐渐地增加。这些金属和合金与铬、镍、钴、钛、不锈钢和各种铜、铝或镁合金一起有望改善合金的理化性能,成为满足不同口腔器械要求的新材料。

第四节　锻制钴-铬-镍合金
(wrought cobalt-chromium-nickel alloy)

(一)组成

Elgiloy 钴-铬-镍合金是以丝和板状形式应用于口腔。Elgiloy 的典型组成为40%钴、20%铬、15%镍、7%钼、2%镁、0.4%铍、0.15%碳、15.4%铁和0.05%其他成分。实际上铍是用来降低合金的熔点,使合金易于加工,在化学组成方面,它比不锈钢更接近于铸造非贵金属合金。

(二)加工与制作

一般正畸弓丝可以因冷加工次数的不同而表现出不同的性质:软性、可塑性、半弹性和弹性4种特性。弓丝常在可塑状态下制成各种所需的形状，然后经热处理达到最大强度。标准的热处理条件是482℃持续7 min，就如不锈钢为了消除应力而进行的热处理一样，低温热处理会使合金的相发生变化，并使应力释放，而过度热处理则会使合金的脆性增加。

Elgiloy的制作和焊接工艺都类似于不锈钢弓丝，Elgiloy弓丝应该选用银焊接，或者采用点焊连接。

（三）性能

Elgiloy的性能与不锈钢弓丝类似，热处理（482℃、7 min）可以轻微改善它的性能。弹性Elgiloy的机械性能显示：比例极限1 610 MPa，0.2%屈服强度1 930 MPa，抗张强度2 540 MPa，维氏硬度700 kg/mm^2。然而，弓丝本身的柔软度、热处理温度和时间，以及尺寸大小等因素都会影响合金的机械性能。通常各种类型弓丝的弯曲刚性基本相似，但是弓丝发生永久变形的角度会随着由软性到弹性不同类型而增加，90°弯曲后发生永久变形的能力则会随着从软性到弹性的不同类型而逐渐降低。热处理482℃下维持7 min，可以使发生永久变形的角度增加，即降低永久变形。

第五节 其他正畸弓丝
(other orthodontic wires)

近年来，在正畸弓丝方面正在不断地研究和开发新产品，如钛基合金（Ti-15V-3Cr-3Sn），据报道这类合金的屈服强度/弹性模量的比值略高于β-钛合金；纤维增强型的热塑性弓丝，其纤维采用纤维玻璃，树脂选用聚碳酸酯和聚乙烯对苯二甲酸乙二醇，对每一种树脂/纤维系统，都需要有一个热处理的范围以使最终形成的材料不发生性能的降解，该温度范围主要与树脂基质的玻璃化温度（Tg）有关，一般有必要在高于Tg的温度时让材料能充分的软化，然而较高的温度却会导致结构变化和挠曲模量降低。

（孙 皎）

参 考 文 献

1　Asgar K, Peyton FA. Effect of casting conditions on some mechanical properties of cobalt-base alloys. J Dent Res, 1961, 40: 73-83

2　Asgar K, Allan FC. Microstructure and physical properties of alloy for partial Denture castings. J Dent Res, 1968, 47: 189-203

3　Baran GR. The metallurgy of Ni-Cr alloys for partial denture. J prostbet den, 1970, 23: 36-47

4　Andreasen GF, Barrett RD. An evaluation of cobalt-substituted Nitinol wire in orthodontics. Am J Ortbod, 1973, 63: 462-472

5　Morris HF, Asgar K, Rowe AP, et al. The influence of heat treatments on several types of base-metal removable partial denture alloys. J Prosbet Dent, 1979, 41: 341-388

6　Drake SR, Wayne DM, Powers JM, et al. Mechanical properties of orthodontic wires in tension, bending, and torsion. Am J Ortbod, 1982, 82: 206-214

7　Neal RG, Craig RG, Powers JM. Effect of sterilization and irrigants on the cutting ability of stainless steel files. J Encodont, 1983, 9: 93-105

8　Frank RP, Brudvik JS, Nicholls JI. A comparison of the flexibility of wrought wire and cast circumferential clasp. J Prosbet Dent, 1983, 49: 471-477

9　Council on Dental Materials, Instruments, and Equipment: Classification system for cast alloys. J Am Dent Assoc, 1984, 109: 766-771

10　Wakasa K, Yamaki M. Corrosive properties in experimental Ni-Cu-Mn based alloy system for dental purposes. J Mater Sci. Mater Med, 1990, 1: 171-183

11　Wendt SL. Nonprecious cast-metal alloys in dentistry. Current Opinion Dent, 1991, 1: 222 - 234

12　Gettleman L. Noble alloys in dentistry. Current Opinion Den, 1991, 2: 218 - 225

13　Morris HF, Manz M, Stoffer W, et al. Casting alloys: the materials and the "Clinical effects". Adv Dent Res, 1992, 6: 28 - 33

14　Wataha JC, Graig RG, Hanks CT. The effects of cleaning on the kinetics of in vitro metal release from dental casting alloys. J Den Res, 1992, 71: 1417 - 1431

15　Patel AP, Goldberg AJ, Burstone CJ. The effect of thermoforming on the properties of fiberreinfoced composite wires. J Appl Biomat, 1992, 3: 177 - 186

16　Yoneyma T, Doi H. Superelasticity and thermal behaviour of NiTi orthodontic archwires. Dent Mater, 1992, 11: 1 - 11

17　Chen R, Zhi YF, Arvy Stas MG. Advanced Chinese NiTi alloy wire and clinical observations. Angle Ortbod, 1992, 62: 15 - 22

18　Vallittu PK, Kokkonen M. Deflection fatigue of cobalt-chromium, titanium, and gold alloy cast denture clasps. J Prosbet Dent, 1995, 74: 412 - 419

19　Anusavice KJ. Pbillips' science of dental materials. 10th ed. Philadelphia: WB Saunders, 1996, 25 - 67

20　Leinfelder KF. An evaluation of casting alloys used for restorative procedures. J Am Dent Assoc, 1997, 128: 37 - 49

21　Haikel S, Sachdeva R, Bateman G, et al. Dynamic and cyclic fatigue of engine-driven rotary nickel-titanium endodontic instruments. J endodont, 1999, 25: 434 - 443

22　Stokes OW, Fiore PM, Barss JT, et al. Corrosion in stainless-steel and nickel-titanium alloy. J Endodont, 1999, 25: 17 - 32

23　Thompson SA. An overview of nickl-titanium alloys used in dentistry. Internat Endodont J, 2000, 33: 239 - 297

第十章 口腔银汞合金
(dental amalgam alloys)

银汞合金(amalgam)是一种历史悠久的口腔充填材料(dental filling material)，也是一种特殊的合金。其主要成分中的汞在室温时为液体状态，它能与固体状态的金属粉末成分经调合后形成合金，这种合金化的过程称为汞合(amalgamation)。

我国在11世纪就有用银膏补牙的记载，这种银膏的成分与现在应用的银汞合金基本相似。1850年，Travear等把银粉混在汞中制成银汞合金。10年后，Tomes注意到它的膨胀。19世纪末，Black GV对银汞合金作了很多研究。1929年美国制订了银汞合金的规格，ADA No.1规定至少含有重量为65%的银和29%的锡，所有合金都含有铜，但要少于6%。自20世纪60年代以后，许多银汞合金含有重量为6%～30%的铜，其中不少产品为高铜银汞合金，于是在1977年将ADA No.1的组成范围改变成含有更多的铜。我国的国家标准GB 9935-88也对银汞合金的组成及性能作出了明确的规定。现在应用的银汞合金的银合金粉在组成、颗粒的形态及包装等方面都有了较大的改变，从而提高了性能并减少了污染。

银汞合金由于性能优良、使用方便及价格低廉，目前仍广泛地用于后牙永久性的充填，但是由于色泽欠佳、与牙体组织缺乏黏结性及汞污染等问题其使用也受到一定的限制。近年来，由于其他新材料的开发应用，近似银汞合金的无汞镓合金的产品问世，及汞污染可能对口腔科工作人员、环境及患者带来危害等问题，银汞合金的应用有减少的趋势。另外，对银汞合金的安全性问题一直有所争议，但大多数的文献资料表明，使用操作不当是造成银汞合金对口腔科工作人员健康产生影响的主要因素；而尚无证据确定从患者口腔中修复体所释放的微汞会对人体造成危害，因此银汞合金仍可被认为是安全和有效的口腔充填材料。

第一节 组成和形态
(Composition and morphology)

一、组 成

(一) 银合金粉

可分为传统的低铜银合金粉和现代发展的高铜银合金粉两类。

1. 低铜银合金粉

主要是银锡系合金。ADA No.1规定至少含重量为65%的银和最大为29%锡，所有合金均含有铜，但要少于6%。见表10-1。

表 10-1 低铜银锡系合金组成

金属元素	规格(wt%)	范围	实例
银	65(最少)	67~74	69
锡	29(最大)	25~28	25.5
铜	6(最大)	0~6	4.5
锌	2(最大)	0~2	1.0
汞	3(最大)		

当银汞合金中锌超过 0.01 时,称为含锌银汞合金;若合金中含锌量等于或少于 0.01%,则称为无锌银汞合金。

2. 高铜银合金粉

在 20 世纪 60 年代以后,许多银汞合金含有重量为 6%~30% 的铜,其中不少产品为高铜银汞合金。于是在 1977 年将 ADA No.1 的组成范围改变成允许含有更多的铜。

我国的国家标准 GB 9935-88 规定银合金粉金属元素含量为:银 $\geq$ 40%、锡 $\leq$ 32%、铜 $\leq$ 30%、锌 $\leq$ 2%、汞 $\leq$ 3% 和其他非贵金属总含量不超过 0.1%。ISO 1559:1995 的银合金粉的化学组成见表 10-2。

表 10-2 银合金粉的化学组成(ISO 1559:1995)

金属元素	含量(容积 % m/m)
银	40(最少)
锡	32(最大)
铜	30(最大)
铟	5(最大)
钯	1(最大)
铂	1(最大)
锌	2(最大)
汞	3(最大)

高铜银合金粉可分成两类:即混合型银合金粉和单组分银合金粉,两者铜的含量均大于 6%。

(1) 混合型银合金粉

Innes 和 Yondelis(1963)将银-铜共晶合金(重量比为 71.9% 银和 28.1% 铜)加入到车床切削的低铜合金粉中,明显改善了银合金粉的组成,并发现这类合金的强度比普通低铜银汞合金的强度为大。研究者称其为银-铜颗粒分散强化的银汞合金。分散强化是一种增强,当大面积超微颗粒(典型的小于 1 μm)分散在整个金属中时,可以观察到这种情况。10 年后典型的混合型合金粉得到了发展,在临床上发现它有更高的边缘抗碎力。

混合型银合金粉通常含有 30%~55% 重量比的球形高铜银合金粉。铜的含量接近 9%~20% 重量比。银铜合金由两相组成,即银相和铜相,纯银和纯铜各自有结晶的结构。少量铜分散在银相中,雾化粉(快冷)共晶两相混合形成非常细的薄片。

(2) 单组成分银合金粉

即这些合金粉的每个合金颗粒有同样的化学组成,因此称为单组成分合金。大多数颗粒的组成是银、锡和铜,例如有重量比为 60% 银、27% 锡和 13% 铜。在这些合金中铜含量的范围为 13%~30%。在某些单组成分合金中,也发现少量的铟、钯、铂和硒等元素。

几种典型的低铜和高铜银合金粉的组成见表 10-3。

表 10-3 几种典型的低铜和高铜的银合金粉组成

合金	颗粒形态	元素(wt%)						
		Ag^+	Sn^{2+}	Cu^{2+}	Zn^{2+}	In^{3+}	Pd^{2+}	Hg^+
低铜	球 形	72.0	26.0	1.5	0.5	—	—	—
低铜	切削形	70.9	25.8	2.4	1.0	—	—	—
高铜混合	切削形	40~70	26~30	2~30	0~2	—	—	—
	球 形	40~65	0~30	20~40	0~1	—	0~1	—
高铜单组成分	切削形	43.0	29.0	25.0	0.3	—	—	2.7
	球 形	40~60	22~30	13~30	0	0~5	0~1	—

银合金粉中少量的钯和铟可改善银汞合金的抗腐蚀性能。大量的铜可提高它的机械性能。少量锌的加入可以使生产中铸锭的清洁完好。但通过改进操作过程也可不用加锌。然而最近研究表明：在高铜合金中加入少量锌可减少银汞合金的脆性。

（二）汞

汞是制成银汞合金的主要成分之一。要求纯度高，如混入不纯物或储藏期间表面氧化等均不应使用。

二、形 态

银合金粉颗粒根据生产工艺不同可分成不规则形（切削形）和球形两种，也可两者混合。

（一）不规则形颗粒（irregular particles）

传统的银合金粉制品是按比例配料后，在无氧高温条件下熔化，浇注成锭，再用机械切削粉碎成微细粉末，因此在显微镜下呈片状不规则形。

主要形成 $Ag_3Sn(\gamma)$ 相和一些 $Cu_3Sn(\varepsilon)$、$Cu_6Sn_5(\eta)$ 和 $Ag_4Sn(\beta)$ 相。颗粒的大小一般为长 $60\sim120~\mu m$，宽 $10\sim70~\mu m$，厚 $10\sim35~\mu m$ 的不规则形颗粒（图 10-1）。

图 10-1　传统切削型低铜银合金粉颗粒×100
(Phillip's Science of Dental Materials 9th ed)

（二）球形颗粒（spherical particles）

将银合金粉配料在真空条件下熔化并在压力下喷雾成形。则在显微镜下呈圆球形颗粒。其圆球的直径为 $2\sim43~\mu m$。

单组成分合金中的相包括 $Ag_4Sn(\beta)$ 相、$Ag_3Sn(\gamma)$ 相和 $Cu_3Sn(\varepsilon)$ 相，某些合金含有 $Cu_6Sn_5(\eta)$ 相。球形颗粒见图 10-2。

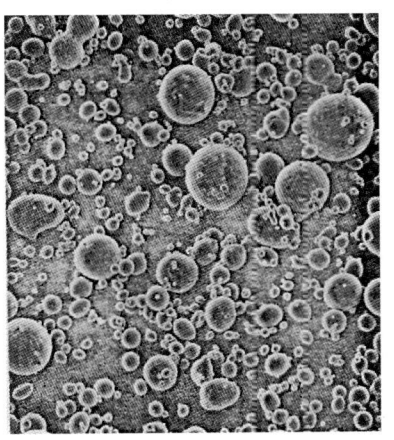

图 10-2　球形合金颗粒×100
(Phillip's Science of Dental Materials 9th)

（三）不规则形与球形颗粒混合型

见图 10-3。

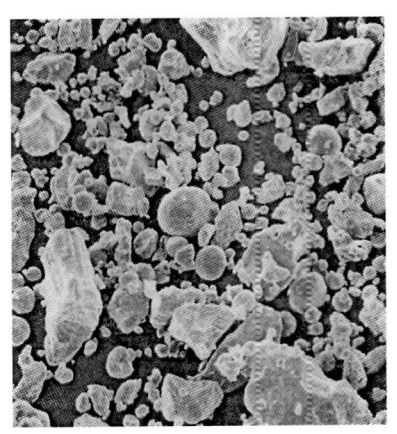

图 10-3　典型混合型高铜合金粉（切削型银-锡颗粒和球形银-铜颗粒）
(Phillip's Science of Dental Materials 9th ed)

很多经加工的银合金粉与汞调和时,能极为迅速地合金化。但当制造完成后,经过较长时间储存则合金化延迟,这种现象称为陈化(aging)。陈化是由于粉末粒子的挠曲现象所致,加工后的应力在结晶内的凝集力大于挠曲,结晶排列整齐,汞易渗透,但热处理后因配列再次紊乱妨碍了汞的渗透而延迟。由于临床上要求能尽快合金化,为了避免保存中的这种变化,可进行人工陈化,通常在70~100℃经1h至5d加热,以消除某种程度的挠曲,可改善性能。

第二节 汞合过程
(amalgamation processes)

汞与银合金粉调合称为汞合。过去以专用的研钵和研棒进行研磨调合,近年来已用银汞调合器进行。粉汞的调合比例可按厂商制品的说明调配。通常大粒度的粉汞比为5:8,小粒度的粉汞比为1:1。球形粉末比不规则形粉末的表面积小,故调合时所需汞的量也少,因此提高了银汞合金的强度。现多用胶囊包装,可按需选择合适的胶囊,由于胶囊中的银合金粉与汞的量已配好备用,所以使用方便。使用前在银汞调合机内高速振荡5~10 s,这一过程称为汞合金的调合。通过调合使其成为均匀一致的材料。最短调合时间称为凝聚时间。使用时将调合好的但尚未固化的银汞合金从胶囊中取出,然后逐份输送至牙齿窝洞内,每份汞合金都要压紧,压力一般应在4~9 MPa(Lussi 和 Buergin,1987),也有人建议使用15 MPa的压力(JÖrgenson,1977),甚至还有人使用高达28 MPa的压力(Holland等,1985)。而且还应以较快速度对汞合金加压。

一、低铜银汞合金(low-copper alloys)

银合金粉末主要是Ag_3Sn(γ相),固化主要是它与汞的反应。粉末与汞接触时,Ag_3Sn吸收汞形成Ag_2Hg_3称为γ_1相。

$$Ag_3Sn + Hg \longrightarrow Ag_2Hg_3 + Sn$$

这种反应能很快使Sn与Hg形成六方格子化合物$Sn_{7\sim8}Hg$,称为γ_2相。

$$Sn + Hg \longrightarrow Sn_{7\sim8}Hg$$

$Sn_{7\sim8}Hg$在Ag_2Hg_3之后生成,生长速度更快,因此$Sn_{7\sim8}Hg$的生长量与使用汞的量有关。调和后Ag_3Sn粒的表面生成Ag_2Hg_3及$Sn_{7\sim8}Hg$,摩擦后再次与汞反应进行上述变化。如此反复进行,直至汞用完而告终。因此低铜银汞合金的反应为:

$$Ag_3Sn(\gamma\ 相) + Hg \longrightarrow Ag_2Hg_3(\gamma_1\ 相) + Sn_{7\sim8}Hg(\gamma_2\ 相) + Ag_3Sn(未反应的\ \gamma\ 相)$$

进一步分析表明,在γ_1相中含有锡,γ_1相不仅是Ag_2Hg_3,而且有Ag_2SnHg_{27}。γ_2相中除了$Sn_{7\sim8}Hg$外,Cu_3Sn的Cu-Sn相也存在,还有铜原子在γ_2相中以Cu_8Sn_5析出,成为γ_2相的核。

Ag_2Hg_3(γ_1相)约占体积比54%~56%,$Sn_{7\sim8}Hg$(γ_2相)占11%~13%,及Ag_3Sn占27%~35%。

银汞合金的固化过程见图10-4。

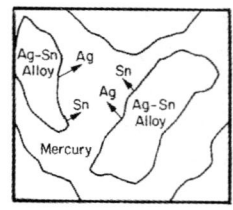
a. 银和锡溶入汞中

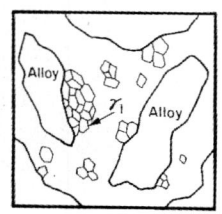
b. 汞中γ_1相结晶析出

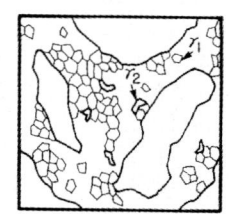
c. 余留汞被γ_1和γ_2相晶粒生长而消耗

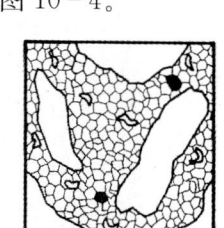
d. 最终固化的银汞合金

图10-4 银汞合金的固化过程
(T. Okabe, R. Mifchell, C. W. Fairhurst)

在大部分传统型银汞合金中,γ_1 和 γ_2 两相均形成一种连续的网络结构(Jörgensen 和 Saito,1970;Sarker 等,1975)。但是关于 γ_2 相的连续性还存在着争议(Young 等 1973,B-yant,1984)。由于 γ_2 相容易发生腐蚀,被认为是传统型银汞合金的薄弱环节,因此形成这种相互连接的网络结构非常重要。原来银合金中的 Cu 离子在调合过程中与 Sn 离子反应,生成铜锡系(Cu_5Sn_5)的 η 相。铜的加入可改善机械性能提高银汞合金的抗蠕变性。在高铜银汞合金中,这种作用更加明显。而加入锌可以延长操作时间,从而提高传统型银汞合金的可塑性。

低铜银汞合金的显微结构见图 10-5。

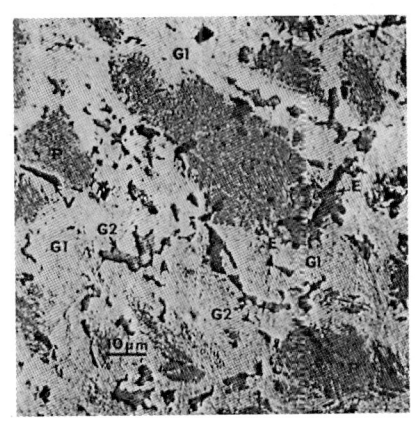

图 10-5 低铜银锡银汞合金的扫描电镜图 ×1 000
(T. Okabe 和 M. B. Butts)

典型的切削型低铜银锡银汞合金,包括 β 和 $\gamma Ag-Sn$ 相标识为 P,$\in Cu-Sn$ 颗粒标识为 E,$\gamma_1 Ag-Hg$ 区为 G_1,$\gamma_2 Sn-Hg$ 颗粒为 G_2,和空缺区为 V。

二、高铜银汞合金 (high-copper amalgam alloy)

所有高铜银汞合金的一个特点就是其中的 γ_2 相被完全消除或显著减少。这是由于 Sn 离子优先与 Cu 离子反应而不是与汞反应。

(一) 混合型合金 (admixed alloys)

当汞与混合型粉反应,银从银-铜合金颗粒进入汞中,银和锡从银-锡合金颗粒进入汞。在溶液中锡扩散到银铜合金颗粒的表面与铜离子相反应形成 η 结晶 $Cu_6-Sn_5(Cu-Sn)$,η 结晶围绕未消耗的 Ag-Cu 合金颗粒形成 η 层,在 η 层中除了 $Cu-Sn$ 结晶外还含有一些 $\gamma_1 Ag-Hg$ 结晶,即 γ_1 相与 η 相共同组成了包绕在银-铜合金颗粒和银-锡合金颗粒外的 η 层基质相,而在低铜银汞合金,γ_1 相是基质相。

混合型合金粉与汞反应可以下式表示:

$Ag_3Sn + Ag-Cu$ 共晶体 $+ Hg \longrightarrow Ag_2Hg_3 + Cu_6Sn_5 +$ 未反应的 Ag-Sn 和 Ag-Cu 合金颗粒

混合型银汞合金的显微结构:

包括 $Ag-Sn\gamma$ 相、$Ag-Cu$ 颗粒、$\epsilon Cu-Sn$ 相、γ_1 相基质区和 η 反应层。在某些混合型银汞合金中,少数 $\eta Cu-Sn$ 结晶也发生在 γ_1 基质中,见图 10-6。

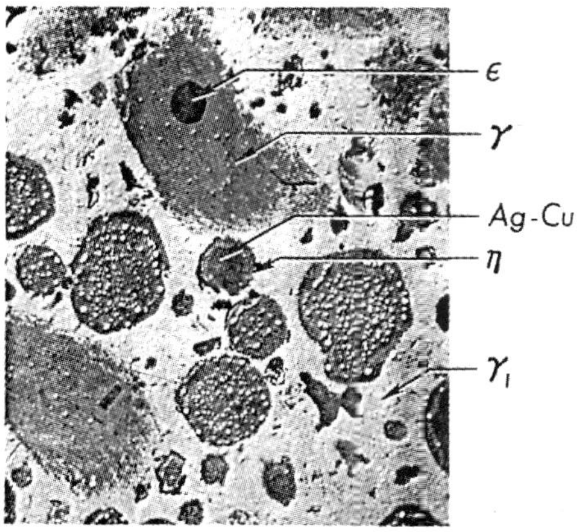

图 10-6 混合型高铜银汞合金扫描电镜图 ×1 000
(Phillips' Science of Dental Materials 8th ed)

(二) 单组成分合金 (single composition alloys)

每个单组成分高铜合金颗粒可以含有 $\beta Ag-Sn$,

γAg-Sn,和εCu-Sn(Cu_3Sn)。某些合金也含有η相Cu-Sn(Cu_6Sn_5)。

当与汞调合时,银和锡从Ag-Sn相溶于汞中,但在汞很少或无铜溶解,Ag-Hgγ_1相结晶生长,形成基质,与部分溶解的颗粒结合在一起。η相Cu-Sn结晶在合金颗粒表面呈棒状结晶网。该结晶大于在混合型高铜银汞合金中见到的Ag-Cu颗粒周围反应层的η结晶。见图10-7示意图。

单组成分银合金粉与汞的反应如下：

Ag-Sn-Cu合金颗粒+Hg ⟶ Ag_2Hg_3+Cu_6Sn_5+未反应的Ag-Sn-Cu合金颗粒。

单组成分高铜银汞合金的显微结构：见图10-8。

典型的单组成分银汞合金的结构包括未反应的合金颗粒标识为P,γ_1颗粒标识为G_1和ηCu-Sn系结晶标识为H。

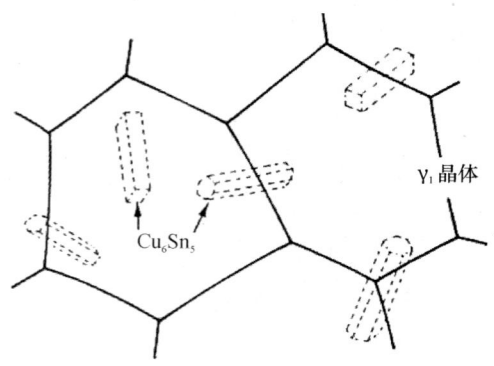

图10-7　η相Cu-Sn棒嵌入γ_1晶粒中的联锁γ_1晶粒示意图
(Phillips' Science of Dental Materials 8th ed)

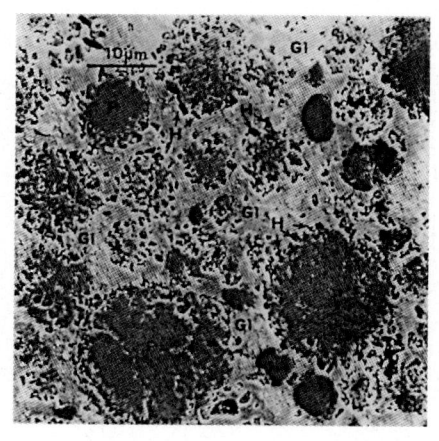

图10-8　高铜单组成分扫描电镜图×560
(M. B. Bvtls, T. Okabe, C. W. Fairhurst)

第三节　银汞合金的性能

一、银汞合金的标准性能要求

(一) ANSI/ADA No.1

标准可有效地控制口腔银汞合金的质量。物理机械性能的规定主要是3项。即蠕变、压缩强度和尺寸变化。当一个凝固后经过7d的圆柱形试样在37℃环境下给予36 MPa压力,在1 h和4 h之间进行测量,允许的蠕变最大值为3%。当一个圆柱形试样凝固后1 h,速率为0.25 mm/min条件进行压缩,允许的最小压缩力为80 MPa。尺寸变化在固化后5 min和24 h之间为±20 μm/cm。

(二) GB 9935-88

标准规定蠕变值不超过3%。固化后1 h抗压强度大于50 MPa,24 h的抗压强度不小于300 MPa。固化后24 h的尺寸变化范围为-0.10%~+0.20%。

二、银汞合金的性能

(一) 蠕变(creep)

金属和合金在长时间承受小负荷而产生缓慢

的塑性形变现象称为蠕变。标准值要求不大于3%。蠕变的大小对银汞合金充填的成功与否有关。如蠕变值大,强度差则边缘抗碎力低,修复体容易变形脱落。蠕变值与下述因素有关。

1. 银汞合金的显微结构

在低铜银汞合金中,γ_1相在早期对蠕变值有影响。γ_1相的百分率高、结晶较大者蠕变值增加。然而,蠕变与相的体积百分比并不呈直线比例。现已明确γ_2相的存在与否,对蠕变值有很大影响。高铜合金中很少或无γ_2相,且γ_1相网络中Cu_6Sn_5的存在及Sn离子含量的减少,η相晶粒可稳定较大晶粒的γ_1相的晶界,防止晶粒的晶界发生滑移。高铜银汞合金的蠕变值低可保持修复体的边缘完整,有报道高铜银汞合金的最低蠕变值可达到0.05%~0.09%。而球形低铜银汞合金也较不规则形要低。

2. 粉汞比

如最终银汞合金的汞含量大则蠕变值增加。另外,蠕变值也受充填和调合方法的影响,充填压力大,器械调合者蠕变值小。

(二)压缩强度(compressive strength)

ANSI/ADA No.1 规定:银汞合金固化后 1 h 的最小压缩力为 80 MPa。我国 GB 9935-88 标准规定,固化后 1 h 大于 50 MPa 24 h 后的压缩强度不小 300 MPa。

一般固化的银汞合金脆而缺乏延展性,抗压强度约为 400 MPa,布氏硬度 60~70。抗拉强度(tensile strength)48~70 MPa。这些性质分别与银汞合金的组成、陈化、粒度、粉汞比、调合条件与充填压力等有关。

1. 银汞合金的组成对压缩强度的影响

高铜合金比低铜合金有更大的压缩强度。低铜银-锡银汞合金和高铜银汞合金的压缩强度、蠕变、拉伸强度见表 10-4。

表 10-4 低铜和高铜银汞合金压缩强度、蠕变、拉伸强度比较

银汞合金	压缩强度(MPa) 1 h	压缩强度(MPa) 7 d	蠕变(%)	24 h 拉伸强度(MPa)
低铜合金*	145	343	2.0	60
混合型高铜合金+	137	431	0.4	48
单组分高铜合金⁎	262	510	0.13	64

* Fine Cut, L D. Caulk Company.
+ Dispersalloy, Johnson & Johnson Dental Products.
⁎ Tytin SS. White Dental Manufacturing Company.
(Phillip's Science of Dental Materials 9th ed)

2. 粉汞比与强度的关系

汞含量对强度有重要的影响。合金的每个粒子必须被汞所润湿,否则,粗糙而干的调合物会使强度下降且导致腐蚀。低铜合金或高铜混合型合金如汞含量增加到54%~55%则强度迅速下降,而高铜球形合金汞含量增加到50%强度就迅速下降。

低铜(low Cu)、高铜混合型(high Cu Ad-mix)和单组成分球形合金(high Cu spherical)粉汞比对压缩强度的影响见图 10-9。

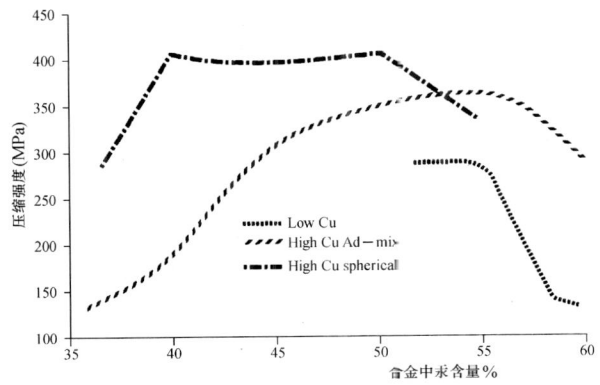

图 10-9 低铜、高铜混合型和单组成分合金粉汞比对银汞合金压缩强度的影响
(Phillip's Science of Dental Materials 9th ed)

3. 银合金粉粒度与强度的关系

银合金粉一般为 200 目，但近年来向微细化发展。合金粉粒度并非同样大小，而是较粗和较细的适当混合。在固化的银汞合金组织结构中，存在着较多未反应粒子，粒子细者强度应高，但由于粒子细粉末表面积增大，汞需求量也增加，反而降低了抗压强度。而球形银汞合金则完全相反，这是因为球形时表面积最小，需汞量少。又由于大小球形颗粒同时存在，粒子间空隙最小。球形银汞合金充填示意图见图 10-10。

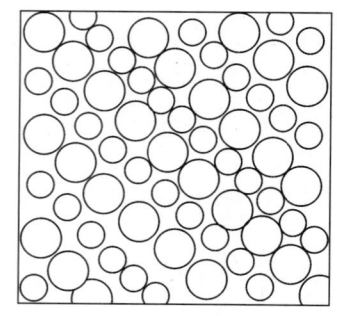

图 10-10 球形银汞合金充填示意图

4. 调合条件与强度的关系

在其他条件相同的情况下，粉汞比为 1∶1 重量比调合时，由于操作方法不同，强度也不一样，见表 10-5。

表 10-5 不同操作方法对银汞合金抗压强度的影响

操作方法	抗压强度（MPa）
调合器-充填器法	334.4
乳钵乳棒-手压充填	276.6
调合器-手压充填	320.0

5. 充填压力大小与抗压强度的关系

一般来说，充填压力大，则抗压强度高。主要是因为压力可使多余的汞挤出，并使银汞合金结构更为紧密，因此提高了强度（图 10-11）。

银汞合金固化后，虽然它的抗压强度经时而变化，约 5 d 后才基本达到平衡，但 24 h 后已接近最

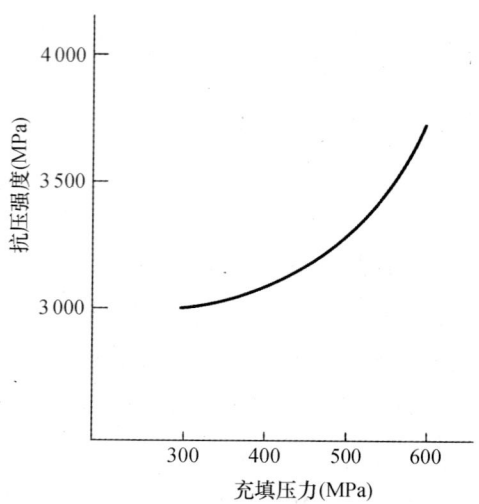

图 10-11 充填压力与抗压强度的关系

高值，所以一般嘱患者在充填 24 h 后才能开始咀嚼。银汞合金抗压强度的经时变化见图 10-12。

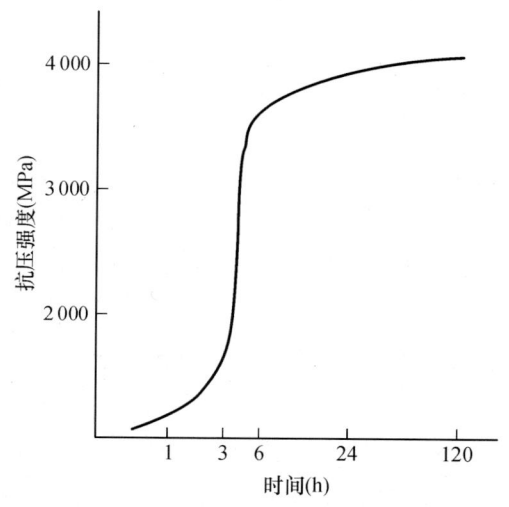

图 10-12 抗压强度的经时变化

（三）尺寸变化（dimensional change）

ANSI/ADA No.1 规定在固化后 5 min 和 24 h 之间尺寸变化为 ±20 μm/cm。我国 GB 9935-88 规定固化后 24 h 的尺寸变化为 -0.10%～+0.20%。

银汞合金的膨胀与收缩，有赖于它的组成与操作工艺。理想的尺寸变化应该很小，如果收缩大则可导致微漏和继发性龋；而过度膨胀又可对牙髓产

生压力,发生修复体的突起。银汞合金固化时,希望有少量膨胀。球形银汞合金系显示收缩,而片状的显示膨胀,其尺寸变化受到各种条件的影响。一般来说在调合后 30 min 显示收缩,24 h 后产生 0.05%～0.1% 的膨胀。银汞合金的尺寸变化与调合时间、充填压力、粒度大小、合金组分及污染等因素有关。

1. 调合时间

调合时间长可减少膨胀。

2. 充填压力

充填压力大则膨胀小,如压力小则膨胀明显增大(图 10-13)。

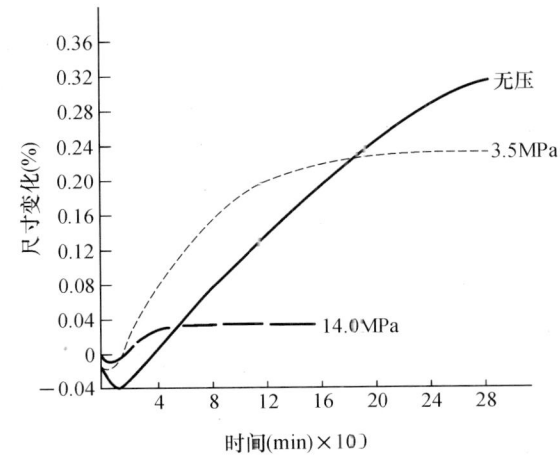

图 10-13 充填压力与银汞合金膨胀的关系

3. 粒度大小

粒度细则膨胀小,有时收缩,由于微细银汞合金粉末的表面积大,与汞反应快,因此 Ag_3Sn 与汞溶解,快速产生初期收缩,故调合的时间应短。

4. 合金组成

锌含量对膨胀有很大影响,当锌含量在 0.5% 时没有变化,但超过 1% 则膨胀明显增加。铜含量在 2% 时,膨胀较少,而在 3% 以上到 7% 时则膨胀变大。汞量的多少对膨胀的影响为汞多则迟缓膨胀大。因汞多时,表面有多量结晶析出物,这种析出物以锡为主要成分。

高铜混合型、单组成分及低铜切削型 3 种银汞合金的尺寸变化曲线见图 10-14。

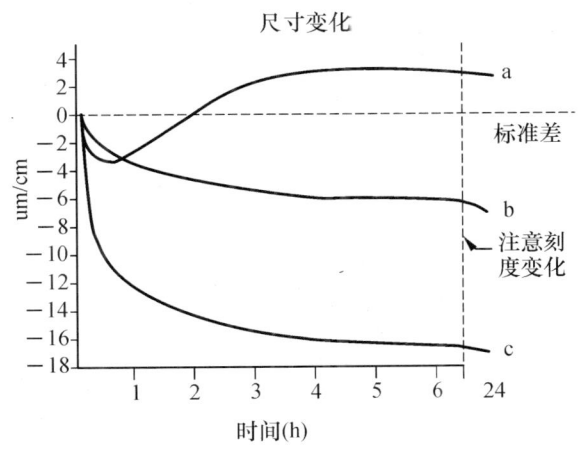

a. 高铜混合型银汞合金　b. 高铜单成分银汞合金
c. 低铜切削型银汞合金

图 10-14 三种银汞合金的尺寸变化曲线

5. 污染与迟缓膨胀

固化时银汞合金有微小的膨胀,但数天后有时可产生大到 8% 的膨胀,这种现象称为迟缓膨胀。其原因是调合或充填时混入的水分如唾液、手汗等成为电解质或锌与银汞合金中阳极元素之间产生电解,生成氢气所致。因此在临床上银汞合金充填时必须有防水措施。

(四) 耐热性

一般认为银汞合金在充填后的耐热性较差。把固化的银汞合金加热到 60～30℃,则汞游离,冷却时汞消失。因此在食用温度高的食物和饮料时,可导致汞在口腔内从银汞合金中释出。Tsutsumi 等(1988)对汞合金进行了广泛的热力学分析,但当银汞合金在空气中加热到 130℃ 时,并没有发现质量的减少。在 60℃ 以上加热 3 个月时,可观察到 Ag-Hg-Sn 三元 $β_1$ 相在 $γ/γ_1$ 扩散复合体的界面上形成,这明显是由于热活化扩散过程所致。

（五）失泽和腐蚀（tarnish and corrosion）

银汞合金修复体在口腔内的失泽和腐蚀与合金组成、操作工艺、是否有其他金属材料同时存在及个体的口腔环境等因素有关。口腔内变色的银汞合金经分析为 Cu_3Sn 的硫化物，不仅使银汞合金表面变色，而且可氧化为硫酸盐而易于溶解，造成合金的腐蚀。如果在合金固化后，将其表面抛光，则可减少失泽和腐蚀的发生。

固化后的银汞合金由 γ_1、γ_2、γ 等相组成，而多相合金的腐蚀性比单相合金大。因各相各自有电位，产生局部电流而促进腐蚀。γ 相和 γ_1 相不易腐蚀，而 γ_2 相系的银汞合金，在口腔内抗腐蚀性差，受腐蚀的 γ_2 相极脆，成为修复体边缘折断的原因之一，也是产生继发性龋的诱因。低铜汞合金在氯化物作用于 γ_2 相时容易发生腐蚀。γ_2 相的腐蚀按下式进行：

$$Sn_{7\sim 8}Hg + 1/2\ O_2 + H_2O + Cl^- \longrightarrow Sn_4(OH)_6Cl_2 + Hg$$

这一过程可导致两种不良后果：①互联的 γ_2 相的腐蚀进一步减弱了银汞合金的强度，尤其是拉伸强度。②腐蚀过程中释放出的汞可与银汞合金中未反应的 γ 相反应，生成额外的产物（$\gamma_1 + \gamma_2$），新反应产物的形成可引起尺寸变化（膨胀），在边缘处形成无支持的银汞合金，在张力下很容易发生断裂而致边缘破坏（Jörgensen，1965；Mitchell，1989）。

Sarkar 等（1982）利用电位动态循环极化技术研究了某些商品银汞合金在体内的边缘断裂与腐蚀之间的关系，发现阳极总电流与材料的减少成比例。Sutow 等（1989）采用同样技术研究缝隙腐蚀条件下口腔银汞合金的腐蚀情况，发现所有银汞合金都容易发生缝隙腐蚀。Lemaitre 等（1989）建立了腐蚀银汞合金的电化学阻抗模型。

易腐蚀性和可腐蚀相的性质和体积含量有关，而并不完全取决于 γ_2 相的存在与否。高铜银汞合金虽然由 Cu_6Sn_5（η）取代了 γ_2 相，减少了腐蚀，但有研究表明，η 相在口腔中还是发生腐蚀，可能为如下反应：

$$Cu_6Sn_5 + 1/2\ O_2 + H_2O + Cl^- \longrightarrow CuCl_2 \cdot 3Cu(OH)_2 + SnO$$

这样铜化合物释放出来，而氧化锌则扩散入孔隙及晶界（Lin 等，1983）。由于 $CuSn_6$ 不是一种互联相，因此这一反应明显影响高铜银汞合金的边缘强度。而且 Cu_6Sn_5 的腐蚀还引起一些其他问题，如高铜银汞合金含铜腐蚀产物的生物相容性。

（六）可塑性

银汞合金在调合好以后为一膏状物，表面为银白色，通常在 15～20 min 内可塑性较大，可塑造成任何形状。20 min 后可塑性逐渐减少，不易填满窝洞各部。此时若再加汞，虽改善其可塑性，但银汞合金的成球性明显增加，合金难以贴合洞壁。

（七）传导性

固化后的银汞合金具有金属的特性，为热和电的良导体，其导热系数远大于牙体组织。它能将冷、热和微电流传导至牙髓，刺激牙髓组织而产生疼痛。因此在对深窝洞作银汞合金充填修复时，应作洞衬基。

几种银汞合金的性能见表 10-6。

表 10-6 几种银汞合金的性能

银汞合金类型	银合金粉形态	银合金粉含铜量(wt%)	银合金粉与汞比	尺寸变化(%)	抗压强度(MPa) 1h/37℃	抗压强度(MPa) 7d/37℃	硬度 HV100 1h/37℃	硬度 HV100 7d/37℃	蠕变(%)
低铜银汞合金	车屑不规则形	3	1:1.5	-0.06~+0.11	40.16	432.67	21	131	0.79
低铜银汞合金	球形	3	1:1	-0.1	74.49	451.19	30	134	1.28
高铜银汞合金	球形	13	1:1	-0.02	194.58	613.68	110	183	0.08
高铜银汞合金	球形	25	1:1	-0.04	158.78	556.25	100	204	0.04
国家标准 GB 9935-88				-0.1%~+0.20%	≥50/1h	≥300/24h			<3.0

三、汞的性质（properties of mercury）

ANSI/ADA 标准 No.6 对牙科汞的要求：汞有一个清洁的反射面，这是在空气中摇动时自由形成的表面膜。无表面污染可见迹象和少于 0.02% 不挥发的残留物。汞的凝固点是 -38.87℃，是惟一在室温呈液态的金属。它能与一些金属形成汞合金，例如：金、银、铜、锡和锌等，但不能与某些金属如镍、铬、钼、钴和铁合金化。

汞的沸点为 356.9℃，如果是纯的，在室温有显著的蒸气压，能引起吸入性汞中毒。它有表面成珠性，这是因为它有很高的表面张力，在 20℃ 是 43.5 Pa，而水则是 7.28 Pa。

第四节 银汞合金的操作
(manipulation of amalgam)

一、合金的选择

合金的选择包括凝固时间、颗粒的大小和形态、组成特别是限制 γ_2 相的存在及是否含锌等。现在应用的银汞合金，估计 90% 以上是高铜银汞合金。因为高铜合金的修复体无 γ_2 相，有高的早期强度、低蠕变、有良好的抗腐蚀性和边缘抗碎力。

良好的颗粒大小对低铜不规则合金是重要的，因为它可改善材料的性能和提高临床适合性，在雕刻和磨光时形成平滑的表面。颗粒的形态也影响修复体的质量，切削型合金具有粗糙不规则的表面，需要 50% 或更多的汞才能获得研磨时足够的塑性；而由不同大小的球形颗粒（2~43 μm）组成的球形合金表面较光滑，用汞量少，约 42%。

为了改善操作性能某些合金中添加了锌，但含锌合金会通过湿气污染而产生过大的尺寸变化，因此如合金的含锌量大于 0.01%，在包装的说明中就必须指明，提示在调合及凝聚时如有湿气污染会导致材料的腐蚀和膨胀。

二、合金/汞比例

粉末比例按制品及操作方式不同而有区别，一般为 43%~54%。手工调拌或切削型合金的需汞量多，而器械调拌或球形合金则需汞量少。现在多数制品已用胶囊包装,内有 400 mg、600 mg、800 mg 的合金粉及相应的汞,用不同颜色表示,在使用时按窝洞大小选择应用,由于粉汞比已经事先配好则使用方便并可减少汞污染。

三、调 合

过去用研钵手工调拌,现大多数已用银汞调合器。银汞调合器可以控制调合时的速度和持续的时间。有的调合器采用特殊的卡,对每种大小的调合物插入卡后能自动调节调合的时间和速度。每个调合器都有一个小室以限制调合时汞从胶囊中流失。

有效的调和有赖于速度和持续时间的协调,球形或不规则形低铜合金需低速,而高铜合金需高速调和,低速、中速、高速调合器的转速分别约为 3 200~3 400 r/min,3 700~3 800 r/min,4 000~4 400 r/min。

四、凝 聚

银汞合金凝聚时合金团块适合于填入窝洞壁和操作者控制水银的量。因为水银量的多少影响到尺寸变化、蠕变和抗压强度。一般来说,凝聚后团块中留有较多的汞则合金较弱。不规则形合金在初期需汞量较多,操作者应通过充填器用较大的力在合金凝集过程中去除多余的汞。而球形合金因胶囊中需汞量少不需要去除多余的汞,然而如增加 3~7 MPa 充填压力则能显著增加合金的压缩强度。

五、完成银汞合金修复的有关因素

(一)充填和加压

混合后应立即把银汞合金置入窝洞中,在适当的压力下用尺寸适合的充填器进行分层充填,仔细去除多余的汞。不应用超声充填器进行充填。

(二)避免潮湿的污染

充填时窝洞必须保持干燥,银汞合金必须避免唾液污染,特别是含锌的银汞合金。

(三)雕刻

一般调合后几分钟内银汞合金能硬化而允许雕刻,但如果修复体不能很好凝聚则应延迟雕刻。通常 6~8 min 银汞合金能充分的固化和变硬,随即可用尖锐金属雕刻器雕刻成形。

(四)调𬌗

银汞合金修复体充填后,必须进行咬𬌗关系调整,否则会导致修复体失败。由于新充填的修复体较为脆弱,不能用力,应嘱患者 2 h 后进食,并在 24 h 内不用充填侧咀嚼。

(五)磨光

一般最终磨光建议在充填 24 h 后进行,但需要患者再次来诊,但也有报道称经临床 3 年观察结果认为调𬌗后 8 min 进行磨光与 24 h 后没有明显差异。高铜球形合金在早期有较高的强度,是高铜混合型银汞合金的两倍,比得上低铜合金调𬌗后 6~7 h 的强度。因此在凝聚后可以同期磨光、边缘雕刻和去除多余的合金。磨光时可用橡皮杯蘸硅藻土和水的糊剂,以低速手机、轻压每个表面不超过 30 s,磨光应遵循从中央到边缘的顺序,同时保持潮湿避免过热。

(六)银汞合金黏结剂

黏结剂可增加牙齿与银汞合金的固位,减少修复体的边缘微漏。常用的黏结剂有 4 - META

(4-methacryloxyethy1 trimellitic anhydride),有报道银汞合金与牙本质的剪切黏结强度为 10 MPa,而微填料复合树脂与牙本质的剪切黏结强度为20～22 MPa。

第五节 汞的生物相容性

近150年来,银汞合金已成为非常普及和有效的牙科修复材料。据报道,1970年之前银汞合金的应用比例占所有修复体的75%以上。近20年来银汞合金的应用有所下降,约为所有修复体的50%。长期以来银汞合金的安全性问题一直备受关注且有所争议,目前已有至少13 000篇的研究文献阐述了汞的生物影响,现将汞的生物相容性的问题简述如下。

一、汞源

汞存在于我们周围,包括食物、水和空气,见表10-7。

表10-7 每天汞摄入量的估计

来源	蒸气汞(μg)	无机汞(μg)	金属汞(μg)
大气	0.12	0.038	0.034
饮用水	-	0.05	-
食物、鱼	0.94	-	3.76
食物、非鱼	-	20.00	-

经世界卫生组织(WHO)估算,每周吃1次海鲜,尿汞水平升高5～20 μg/L,这是银汞合金释放水平的2～8倍(1 μg/L = mg/m^3 = 1part per billion[PPb]),也就是说因口腔银汞修复体中汞释放而摄入人体的汞量,要远远小于因进食鱼虾等海鲜而摄入的汞。经估算带有9个银汞合金修复面的患者每天的汞吸入量是职业安全和健康管理组织(Occupational Safety and Health Administration,OSHA)所允许的在工作场所汞吸入量的1%。虽然根据流行病学的研究,血液和血清汞水平与职业和食物有较高相关性,而尿汞与银汞合金的重量有关,但由于血汞和尿汞水平易受到各种因素影响,因此不能简单的将尿汞变化归结于银汞合金的使用。

二、汞态

汞有无机汞、有机汞和汞蒸气3种形式。

无机汞也有3种形式即 Hg^0 为金属汞(metallic)、Hg_2^{2+} 为一价汞或亚汞(mercurous)、Hg^{2+} 为二价汞或正汞(mercuric)。银汞合金产生的是无机汞或汞元素。

有机汞如甲基汞、乙基汞等。食物鱼是有机汞的来源。

汞蒸气为 Hg^0。

这些汞的形式在理化性能、代谢和毒性方面有共性也有差异。

有机汞的毒性最大,有报道人类和动物吃了含高有机汞的食物而受毒害,其次是汞蒸气的形式。而无机汞的毒性最小。液态汞与银合金反应形成的是无机的银汞复合物。

汞蒸气的释放是通过银汞合金所有过程瞬间定量,包括调合、固化、磨光和去除。也有报道汞蒸气可在咀嚼和喝饮料时释放。

三、汞浓度

OSHA规定允许在工作场所汞蒸气最大量的汞阈值为0.05 mg/m^3。最近世界范围内牙科诊所按要求也用这个标准。

作为这个界限安全因素的例子,孕鼠的胎儿暴露在 2 mg/m³ 的汞大气中显示无致病影响，胎儿暴露在汞浓度 5 mg/m³ 或允许浓度的 40 倍仍能出生。违禁汞最低剂量所致毒性反应是体重 3~7 μg/kg；感觉异常的发生为体重 500 μg/kg；共济失调为 1 000 μg/kg；关节痛为 2 000 μg/kg；而在 4 000 μg/kg 是失听和死亡，与从银汞合金中释放或从正常食物中摄取的汞量相比，这些数值是非常巨大的。

四、尿 汞

身体不能保留金属汞而从尿中排出。在银汞合金中用放射性汞可以监视仅从汞合金而致的尿汞水平。有研究指出：尿水平峰值在充填 4 d 为 2.54 μg/L，而 7 d 后恢复为 0。从银汞合金去除时，尿汞水平最大值是 4 μg/L，7 d 后恢复为 0。通过上述比较，汞除去时比充填时尿汞为高。其他一些研究，用更敏感的技术，如原子吸收光谱却发现了不同的结果，有报告证明尿汞水平没有增加和显示更高汞水平，或尿汞水平提高而浓度仍少于 1 μg/L。作为比较，WHO 估计每周吃一次海鲜尿汞会升到 5~20 μg/L，是上述研究所得银汞合金充填后尿汞水平的 2~8 倍。直到尿汞水平超过 500 μg/L，接近充填银汞合金后尿汞顶峰值的 170 倍，神经病学改变仍不能确定。

五、血 汞

在血液中最大允许汞水平为 3 μg/L。一些研究指出，在新充填银汞合金患者血液中汞水平为 1~2 μg/L，去除银汞合金时血汞水平减少，1~2 个月汞排除为一半。但也有研究监视血汞水平 1 年显示：带有银汞合金充填的患者血汞水平是 0.6 μg/L，低于无银汞合金充填者 0.8 μg/L。据推测血汞水平易受其他因素影响，因此不能明确地归结为银汞合金。

另一些研究指出，患者是否有银汞合金充填，淋巴细胞的中位数或百分数没有差异。一些研究指出牙科医生的血汞水平是正常的，而另一些报告是增加的。结果不一致，考虑与汞浓度和银汞合金充填数目有关。评价血汞水平可能与诊所中汞的泄漏有关，但这个因素应能控制。血汞和血清汞水平似乎与职业病关系最大而不是充填银汞合金的数目或时间的长短。

腐蚀产物的释放：汞释放到不同的介质，包括水、盐缓冲枸橼酸和磷酸、人工唾液等。通过如原子放射光谱和原子吸收光谱测量技术，在研磨后 1~24 h 中离子释放最大。银汞合金充分固化后，离子释放很低，这种离子排出经时减少，可能与化学反应进程继续和钝性表面膜的形成联合作用有关。通常低铜合金比高铜合金释放更多的离子，因为高铜合金的下层有较好的抗腐蚀性。未磨光的试样比磨光的试样有较大量汞和银释出。

六、过敏反应与疾病

虽然在银汞合金修复病例中有如接触性皮炎、牙龈炎、口腔炎和顽固性皮炎反应等过敏反应的报道，并且有报道某些反应在去除银汞合金后消失。但至今还没有科学研究结论证实口腔银汞合金对局部或全身有确实的影响和任何致病的作用。

局部反应：在口腔接近银汞合金充填部位，阳性斑点试验已有报道，然而特有的斑点试验尚不能确定，并且不同材料对斑点试验存在不同的汞浓度。牙本质和牙髓引起炎症反应也有报道，与其他修复材料相似，已发现汞会对一些患者的巨噬细胞和成纤维的溶酶体造成损害，但对组织来说外来颗粒总是异物刺激，巨噬细胞反应并不能完全否定材料的生物相容性。许多细胞培养研究对银汞合金的毒性进行了评价，认为未反应的汞和铜从高铜汞合金中释出，可能导致了不良反应。

全身反应：种植研究显示：银汞合金有相当好的软硬组织相容性。在兔子的肌肉埋植模型，银汞合金生物反应发现与种植时间有关。种植 1 h 后，银汞合金有强烈的毒性反应。7 d 后仅高铜银汞合金显示一些反应。

另一些全身反应研究,将银汞合金的低铜和高铜粉及不同的相种植在几内亚猪的皮下组织。结果反应是中等的。早期炎症反应中颗粒被巨噬细胞和巨细胞吞噬。从 1.5~3 个月后发展成慢性肉芽肿。低铜银汞合金早期变化发生在细胞内材料和 γ_2 相迅速降解。以后细胞内颗粒进一步降解,产生次级颗粒包括银和锡。

汞的评价水平在血液、胆汁、肾、肝、脾和肺中确定。发现肾皮质浓度最高。汞在尿和粪中被排泄。高铜银汞合金汞水平在血液、肝、肾皮质和粪中是较低的。

在肾的细胞质和细胞核中发现直径 1~3 μm 的黑色可折射沉积颗粒,在这些沉积物中含有汞和硒,由于在动物摄入的食物中也含有一定量的硒,还需进一步探讨沉积物中汞和硒的来源。另一些研究指出在任何实质性器官的生物化学功能没有测量到任何变化。

当皮下组织埋植 γ_2 相粉时,γ_2 相颗粒会被细胞吞噬,随后在细胞内会发生材料汞的有限最初释放,然后围绕种植体发展成慢性肉芽肿,而颗粒在巨噬细胞和巨细胞内会继续缓慢降解,在形成细的次级颗粒中含有锡。γ_1 相粉末皮下埋植未导致组织反应,大部分材料从有效的途径排出。

另一些具有咬𬌗的银汞合金充填体或银汞合金种植体在上颌骨内种植一年的研究表明,银汞充填体引起汞在脊髓的神经节、前部垂体、肾上腺、骨髓、肝、肾、肺和肠内淋巴结沉积。上颌骨银汞合金种植体释放到同样器官,除了肝、肺和肠内淋巴结。而从对照组的器官没有发现这些变化。

必须注意,关于粉的研究有可能过高评估了粉碎产品的量和由此产生的生物反应,因为粉的表面区域比固体组成的表面大 5~10 倍。还必须强调,银汞合金的任何反应,不管是细胞培养、局部组织反应、或全身反应并不是必需包含汞的反应。某些反应能在银汞合金的其他组成或腐蚀产物发生。

例如 Kaga M 等进行体外细胞培养试验,通过银汞合金不同的元素和相对成纤维细胞进行测定显示:纯铜和锌显示了比纯银和汞更大的细胞毒性。纯锡未见细胞毒性。见图 10-15。

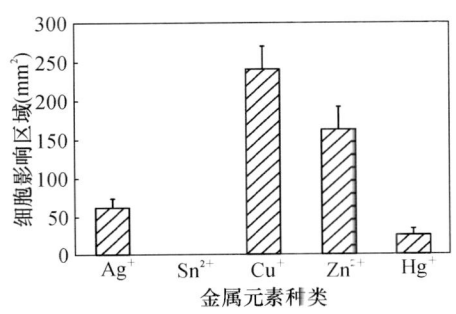

图 10-15 成纤维细胞影响区域定量表示,显示银汞合金元素的细胞毒性大小。垂直线表示标准差

γ_1 相有中等细胞毒性。通过加入 1.5% 和 5% 的锡细胞毒性减少。然而加入 1.5% 锌到会有 1.5% 锡的 γ_1 相中增加了细胞毒性,达到纯锌毒性的同样水平。当锌存在时,显示较高的细胞毒性。见图 10-16。

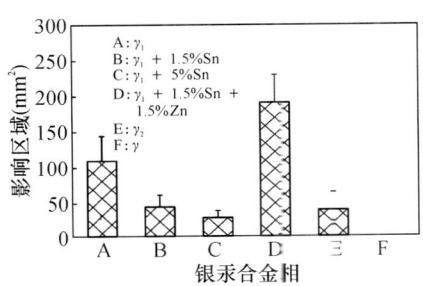

图 10-16 成纤维细胞影响区域定量表示,显示银汞合金相的细胞毒性大小。垂直线表示标准差

硒的加入没有减少银汞合金的细胞毒性,如量过多则增加细胞毒性,银汞合金的细胞毒性在 24 h 后减少,可能与表面氧化和进一步汞合有关。

张彩霞等采用人工唾液为浸提液,模拟口腔环境,在动态条件下将低铜银汞合金(含铜量为 2.4%)和高铜银汞合金(含铜量为 24.6%)溶出,测定成纤维细胞的细胞毒性和细胞回复能力。结果低铜银汞合金的细胞毒性为 1 级,作用后细胞回复能力为 89.39%。高铜银汞合金的细胞毒性为 2级，作用后细胞回复能力为 60.89%。证实高铜银汞合金的细胞毒性比低铜银汞合金为大，作用后细胞的回复能力较低铜银汞合金为小，这可能与组成中铜元素的含量增高有关，而铜元素对细胞的增殖有抑制作用。

七、口腔医生和工作人员的风险

患者和牙科诊所的工作人员存在着从银汞合金释放汞的潜在危险。现有的科学资料表明，应用新技术已可测出银汞合金修复体在口腔内释放的微量汞，至今尚未有任何证据能确定这些来自银汞合金修复体的微量汞会对人体健康造成伤害。但是口腔诊所的工作人员由于频繁地接触新调合的银汞合金材料，如使用不当是银汞合金对口腔专业人员健康的主要危险因素。因此必须加强安全措施，在应用银汞合金过程中，需按照正确的操作程序以避免汞与人接触，也应防范与汞蒸气的接触。用过的汞合金应有规律地收集好再处理掉，这样既保护了处理废物的人员又无害于环境。建议如下：①小心操作汞和银汞合金。要有"汞意识"。②汞操作和银汞合金的调合应在工作台的隔离区域内进行（远离热源），操作区域四周架起隔离档板，这样可以避免汞溅出并且便于收集。手术操作室的地板应光滑，没有裂缝，不能铺地毯。手术室和储存的地方应有良好的通风。③理想的是使用装有防护罩的大功率调合器。④应用紧密封闭的胶囊进行汞合，淘汰使用液态汞。⑤应用非接触技术操作银汞合金。⑥避免汞或银汞合金加热。⑦小滴溅出的汞可借助"汞收集镊"聚集起来，或少量刚调合好的银汞合金可以很容易地吸收液态汞，决不能使用吸尘器。⑧磨除充填的银汞合金时必须在冷却水中进行，而且要用有效的抽真空装置。建议使用眼保护装置和口罩。⑨废水沟应装有独立的银汞分离器。也要考虑根据当地规定选择分离器的型号，考虑处理/循环使用银汞合金废水。⑩充填时用传统的口腔银汞合金加压凝聚程序和器械，不要使用超声波。⑪剩余的混合好的银汞合金应保存在特制装置中，置于含有硫代硫酸钠的液体下方或至少在装有照相定影液的密封装置中。⑫每年定期对口腔诊所的全部员工进行汞的测定。⑬定期对口腔诊疗室进行汞蒸气测定。⑭加强对口腔科工作人员的培训，充分认识汞和汞蒸气的潜在危险，规范银汞合金的操作规程。

第六节 镓合金充填材料
（gallium alloy filling material）

银汞合金作为口腔充填材料已历史悠久，由于它性能优良、使用方便和价格低廉，在近 160 多年来已成为最常用的充填材料。特别是近期因高铜银汞合金的开发和应用，消除了引起边缘破损的 γ_2 相，加入了低共熔银-铜晶体和更高比例的铜，进一步改善了其耐腐蚀性及机械性能。但因其含汞量接近 50%，操作过程中汞蒸气污染以及多余银汞合金如何适当处置已成难题。近年来复合树脂在后牙修复中的临床应用逐年增加，但亦存在机械性能较差，如抗磨耗性和抗边缘折裂性欠佳；操作步骤较为复杂，如需酸蚀及使用黏合剂等缺点而未能取代银汞合金。

为此，国内外有关学者对开发既具有性能优良又无汞害的充填材料引起了关注，目前国内外均有镓合金充填材料的研究报道和产品问世。

镓是青白色的金属，熔点为 29.78℃，沸点很高，文献报道从 1 980～2 400℃，因此它不会引起体内蒸发。镓在合金化后的熔点可能降低，如镓-

铟-铝合金可降至 15℃ 左右。适合于临床应用,仅此于汞(-38.8℃)。密度为 5.9 g/cm³ 与铝相似。镓合金的机械性能符合银汞合金的规格要求,在固化速度、与釉质的黏结性、边缘封闭和耐热性方面显示优势。但也有操作困难,需特殊的充填器、固化膨胀等问题。

关于镓合金的毒性,多数的研究报道提示:未见明显毒性,优于银汞合金。

鉴于镓合金充填材料的理化和机械性能与银汞合金相似,而无汞害困扰,其不足之处还可进一步通过改进合金组分,改善操作工艺等手段而进一步完善,是一种具有应用前景的口腔充填材料。

一、组　　成

(一) 合金粉末的组成

银、铝、铜、钯及其他。

(二) 液剂合金的组成

镓、铟、铝及其他。
呈胶囊包装。

二、性　　能

(一) 尺寸变化

张彩霞、曹征旺等研制产品为 -0.1% ~ +0.2%。日本产品 TOKURIKI HONTEN CO., LTD 生产的 Gallium Alloy GF 报道为从调拌开始膨胀,到 24 h 时膨胀为 16 μm/cm(即 +0.16%)。Takashi Horibe 等(1986),报道在调合后 1 h 内体积已趋稳定。不含锌的镓合金调拌后 24 h 的尺寸变化符合 ADA 标准,含锌者显示略大的膨胀而仅与日本工业标准(JIS)相符。

(二) 固化特性

调合后 1 h 的维氏硬度约为 24 h 的 70%,2 h 的维氏硬度为 24 h 的 100%,可当天磨光。Takashi Horibe(1986) 和 Okabe J,(1991) 报道镓合金在调合后固化较快,1~3 h 内几乎达到最大强度,随后其硬度、抗压强度、经向抗拉强度持续有缓慢小量的增加,具有与高铜银汞合金相近的强度及抗蠕变性。

(三) 抗压强度

调合后 1 h 有 7 d 时的 90% 以上的抗压强度。1 h 为 343 MPa,7 d 为 383 MPa。我们研制产品 24 h 为 360 MPa。

(四) 蠕变

蠕度为 0.15%。

(五) 抗拉强度

调合后 1 h 可得到 7 d 时的 70% 以上的强度。1 h 为 39 MPa,7 d 为 57 MPa。

镓合金与银汞合金的几种理化机械性能比较见表 10-8。

表 10-8　镓合金与银汞合金的几种理化机械性能比较

	抗压强度(MPa)调合后 1 h	抗拉强度(MPa)调合后 1 h	尺寸变化(μm/cm)	蠕变(%)	固化时间(min)
镓合金	343	39	+16	0.15	8
银汞合金	275	7	+20~-10	0.11	8
ADA 规格银汞合金	>80	-	+20~-10	-	-

俞未一等(1995)报道了镓合金的性能测试值

与 ISO 1559 银汞合金的标准值作比较,结果均已超过标准(表 10-9)。

表 10-9　镓合金对各种测试值与 ISO 1559 银汞合金标准值比较

	早期抗压强度(MPa)	压缩蠕变值(%)	固化后 24 h 的抗压强度(MPa)	固化尺寸变化率(%)
镓银合金值	246	0.03	327	0.14
ISO 1559 银汞合金标准	≥50	≤3	≥300	-0.1~0.2

J. W. Osbornet 等(1995)报道与高铜银汞合金相比,镓合金具有更低的磨耗($P<0.01$)和更高的抗拉强度,但两者的硬度无显著差异。Zhao H(1995)报道镓合金作为一种充填材料具备优良的耐疲劳性质,其疲劳极限高于高铜银汞合金,受温度、水等实验环境的影响,疲劳断裂多发生于边缘及边缘与核心的交界面。

(六) 腐蚀与失泽

镓合金的腐蚀与失泽已有许多报道,它与浸提液的组成或浓度不同,及实验条件等影响,其结果存在差异。徐钢梅、张彩霞等(1999)研究报道,镓合金在人工唾液中的电化学腐蚀试验的结果与银汞合金相似。

镓合金与高铜银汞合金的离子释放率相近,见表 10-10。

表 10-10　两种合金电化学腐蚀液中的主要元素

材料	金属元素				
	Ag^+	Cu^{2+}	Sn^{2+}	Ga^{3+}	Hg^+
镓合金	0.021	0.071	0.042	0.051	
高铜银汞合金	0.023	0.093	0.034	-	0.011

Yada I(1989)报道:在 0.05% HCl 和 1% 乳酸溶液中镓合金的腐蚀失重略高于高铜银汞合金,但在 1% NaCl 溶液和人工唾液中,两者相等;在 0.1% Na_2S 溶液中镓合金的失泽(ΔE, NBS)高于高铜银汞合金,但在人工唾液中两者表现相同程度的失泽。这两项研究显示:人工唾液中磷酸或碳酸离子的存在可能减缓镓合金的腐蚀。

(七) 微漏 (microleakge)

陆华、张彩霞等(2000)对镓合金的边缘微漏进行了实验研究,结果镓合金与银汞合金的边缘微漏未见显著性差异。

(八) 生物学评价

镓合金具有良好的生物学性能。张彩霞、闻学雷等(1998)对镓合金进行了系统的生物学性能试验,包括细胞毒性试验、溶血试验、皮肤致敏试验、口腔黏膜刺激试验、皮下埋植试验、鼠伤寒沙门菌回复突变试验——Ames 试验和经口急性全身毒性试验。结果全部合格,显示了良好的生物学性能。张彩霞等(1992)对镓合金进行了细胞毒性及细胞回复度试验,结果回复后的细胞毒性级为 1 级,回复能力为 133.6%,优于银汞合金。增原泰三等(1987)报道镓合金经口急性毒性试验对大白鼠和小鼠进行 2 周观察,用 Probit 法求得 LD_{50} 值,雄性大白鼠为 580 mg/kg,雌性为 493 mg/kg;雄性小白鼠为 377 mg/kg,雌性为 430 mg/kg。符合日本药事法分类中"普通物"的要求。通过对大白鼠的经口亚急性毒性试验,未发现毒性,认为是安全的。

Chandler 等(1994)认为镓比汞毒性小。Psarras 等(1992)认为牙科镓合金与传统的汞合金细胞毒性未见明显差异。然而 Watara 等(1994)和 Bumgardner 和 Tohansson(1996)报道则有更多的细胞毒性。徐钢梅、张彩霞等(2001)用 MTT 法评价了镓合金和高铜银汞合金的细胞毒性,结果镓合金未见明显的细胞毒性而高铜银汞合金显示了中度的细胞毒性。

三、临床应用

A. 镓合金的固化较银汞合金快,调合时应掌握速度,调合时间短,固化慢;反之则快。调合后需快速充填。

B. 液剂在室温下为液状,但寒冷时可成固体。需注意使用温度。

C. 充填时需用特殊器械。如在金属的充填器工作部分套上相匹配的聚四氟乙烯装置,以免合金与金属器械沾黏。

对镓合金充填材料的临床效果的评价有不同的报道。Navarro 等(1996)对 30 例镓合金修复体的临床试验,8 个月后有高的术后敏感率及失泽和腐蚀等。潘翠霞等(1997)对 58 例 62 个牙齿进行了镓合金充填修复,经 3 个月、6 个月、9 个月及 1 年以上的随访复查,结果仅有 1 例 II 类洞于 6 个月时脱落,1 例在 9 个月时变色,其他 60 个牙充填后材料与牙体边缘密合、未见磨耗、未见失泽和变色及继发龋的发生。总之长期的临床效果有待进一步观察。

(张彩霞)

参 考 文 献

1 张彩霞,孟爱英,陈之军. 镓合金和银汞合金的细胞回复能力. 生物医学工程通报,1992,4(1):202-205

2 张彩霞,孟爱英,陈之军. 低铜和高铜银汞合金的细胞毒性和细胞回复能力. 口腔材料器械杂志,1992,1(1):9-10.

3 俞未一,朱庆萍,沈家平. 镓银合金的物理性能及急性毒性试验的研究. 口腔医学,1995,15(4):171-172

4 陈治清. 口腔材料学. 北京:人民卫生出版社,1995,160-171

5 徐钢梅,张彩霞. 镓合金的性能及其临床应用前景. 口腔材料器械杂志,1996,5(4):184-186

6 闻学雷,张彩霞,顾国珍. 镓合金的口腔黏膜刺激实验研究. 口腔材料器械杂志,1997,6(3):108-109

7 潘翠霞,张彩霞,闻学雷. 新型牙体修复用合金-镓合金的临床应用研究. 口腔材料器械杂志,1997,6(1):190-191

8 黄哲玮,张彩霞,闻学雷. 新型牙体修复用合金-镓合金的 Ames 试验. 口腔材料器械杂志,1997,6(4):181-183

9 薛 森. 口腔应用材料学. 天津 天津科技翻译出版公司,第一版 1997,139-161

10 张彩霞,闻学雷,顾国珍. 新型牙体修复用合金-镓合金的生物学性能评价. 口腔材料器械杂志,1998,7(1):3-5

11 徐钢梅,张彩霞,宁 丽. 新型牙体充填材料-镓合金的抗腐蚀性能的研究. 口腔材料器械杂志,1999,8(1):17-19

12 D. F. 威廉姆斯主编.《医用与口腔材料》. 材料科学与技术丛书. 14 卷. 朱鹤孙等译. 北京:科学出版社,1999,210-215

13 陆 华,张彩霞,叶莉明. 新型牙科充填材料-镓合金的边缘微漏实验研究. 口腔材料器械杂志,2000,9(2):78-79

14 徐钢梅,张彩霞,宁 丽. MTT 法评价镓合金的细胞毒性. 中华口腔医学杂志,2001,36(3):189-192

15 增原泰三,中村康则,桑岛治博. 新しい齿科用充填材料 Ga 合金の毒性について経口投与ラットおよびマウスの急性毒性试験. 口腔卫生学杂志,1987,37:361-365

16 增原泰三,中材康则,桑岛治博. 新しい齿科用充填材料 G 合金の毒性について経口投与ラットの亜急性毒性试験 口腔卫生学杂志,1987,37:372-376

17 Takashi Horibe, Gallium alloys for dental restorations part I physical properties of gallium alloys. J Pukuoka Dent Coll, 1986,12(4):198-203

18 Mitchell, R. J. In: Trans. Int. Congr. Dental Materials, Acad. Dent. Mater. &Jap. Soc. Dent. Mater. Dev., 1989, 1-21

19 Yada I. A basic study on gallium alloy for dental restorations improvement of liquid gallium alloy. Fukuokashika Daigaku Gakkai Zasshi, 1989,16(2):97-104

20 Ralph W. PHILLIPS. Science of Dental Materials 9th ed. W. B. SAUNDERS COMPANY. 1991,303-347

21 Kaga M, Seale NS, Hanawa T, et al. Cytotoxicity of amalgams, alloys, and their elements and phases. Dent. Mater, 1991,7:68-72

22 Okabe J, Woldn MK, Nakajima H. Characterization of a gallium alloy for dental restoration. J Dent Res, 1991,70:343-348

23 Psarras V, Wennberg A, Derand T. Cytotoxicity of corroded gallium and dental amalgam alloys. An in vitro study. Acta Odontol Scand, 1992,50:31-36

24 Chandler JE, Messer HH, Ellender G. Cytotoxicity gallium and indium ions compared with mercuric ion. J Dent Res, 1994,73:1554-1559

25 Wataha JC, Nakajima H, Hanks CT, et al. Correlation of cytotoxicity with element release from mercury and gallium based dental alloys in vitro. Dent Mater, 1994,10:298-303

26 Zhaos H. Fatigue properties of gallium alloy. Kokmbyo-Gakan-Zasshi, 1995,62(1):106-110

27 Navarro MFL, Franco EB, Bastos PAM, Teixeira LC and Carvalho RM. Clinical evaluation of gallium alloy as a posterior restorative material.

Quintessence International, 1996, 27(5): 315 - 320

28 Bumgardner JD, Johansson BI. Galvanic corrosion and cytotoxic effects of amalgam and gallium alloys coupled to titanium. Eur J Oral Sci, 1996, 104: 300 - 308

29 Dental Amalgam. A Report with Reference to the Medical Devices Directive 93/42/EEC from an Ad HOC working Group Mandated by DGIII of the European Commission. 1998, 7 - 137

30 Yiming Li. Dental Amalgam: Update on Safety Concerns. 口腔材料器械杂志, 2001, 10(1): 3 - 11

31 Glen H. Tohnson Amalgam. Edited by Robert G. Craig & John M. Powers. Restorative Dental Materials. 11th Edition, 2002, 287 - 327

第十一章 钛及钛合金
(titanium and titanium alloy)

第一节 概 述

钛在200年前首次被分离成功并命名,但钛在口腔医学的应用还不到40年。钛是一种活泼金属,把钛从其氧化物中提纯是困难的。Wilhelm Kroll发明了一种冶炼方法并用于钛的商业化生产,并因此称为"钛工业之父"。他成功地把钛变为四氯化钛,而后用镁或钠将其置换,生成海绵钛。海绵钛可在真空电弧炉中熔解,其合金化、延伸、锻造均可在此期进行。钛的开发应用是从20世纪40年代末开始的,经过50多年的发展,在航空、化工、建筑、电力、医疗等方面已广泛应用,有"神奇金属"之称,对人类社会贡献之大仅次于铁和铝,被誉为"第三金属"。钛也是十分理想的生物材料,早在20世纪40年代初Bothe等率先把钛介绍到医学领域。随着口腔种植学、钛的精密铸造、焊接、黏结和烤瓷等技术的发展,钛已广泛地运用到口腔医学领域的各个分支学科中,成为一种格外引人注目的生物金属材料,展示出十分广阔的应用前景。

钛在地球表面藏量丰富,是金含量的几百万倍;我国钛的蕴藏量居世界前列,在已探明的近百亿吨矿石储量中,TiO_2含量约8亿吨,其价格相当于钴铬合金。

第二节 纯钛(titanium)

一、钛的物理性能

钛是元素周期表中第一长周期ⅣB族的元素,它和大多数过渡金属一样,在固态温度范围内存在着同素异构转变。钛在低于883℃的温度范围内具有密排六方结构,称为α-Ti,而在高于883℃至其熔点的温度范围内则具有体心立方结构,称为β-Ti。

钛的一些物理性能列于表11-1中。

钛的机械性能(表11-2)在很大程度上与其杂质含量有关,少量杂质元素也会使强度激增,塑性陡降。纯钛中常含的杂质元素是氧、氮、氢、碳、铁、硅等,他们与钛有很大的亲和力。根据纯钛中的杂质含量,工业纯钛分为3种类型(表11-3)。

表 11-1 钛的物理性能

原子量	47.90
密度（20℃）	4.507 g/cm³
熔点	1 672℃
沸点	3 267℃
比热（20℃）	0.124 cal/g·℃
熔化潜热	104 cal/g
导热系数（0~100℃）	0.036 cal/cm·s·℃
线胀系数（0~100℃）	8.41×10^{-6}/℃
电阻率（20℃）	42.0×10^{-6} Ω·cm
电阻温度系数（20℃）	3.97×10^{3}/℃
磁化率（20℃）	3.17×10^{-6} 电磁单位/g
导磁率（在 20 奥斯特时）	1.000 04
弹性模量（20℃）	10 877 kg/mm²

表 11-2 纯钛的典型力学性能

力学性能	高纯	工业纯钛
抗拉强度 σ_b(MPa)	250	300~600
屈服强度 $\sigma_{0.2}$(MPa)	100	250~500
延伸率 δ(%)	72	20~30
断面收缩率 ψ(%)	86	40~60
体弹性模量 K(MPa)	126×10^3	104×10^3
正弹性模量 E(MPa)	108×10^3	112×10^3
切变模量 G(MPa)	40×10^3	41×10^3
泊桑比 μ	0.34	0.32
冲击韧性 a_k(MJ·m⁻²)	≥2.5	0.5~1.5
硬度 HB	<100	100~190

表 11-3 工业纯钛的牌号及化学成分（GB 3620-83）

牌号	化学成分不大于（%）					
	O	N	C	H	Fe	Si
TA1	0.10	0.03	0.05	0.015	0.15	0.10
TA2	0.15	0.05	0.10	0.015	0.30	0.15
TA3	0.15	0.05	0.10	0.015	0.30	0.15

二、钛的腐蚀性能

钛的钝化能力很强，在常温下钛的表面极易形成一层致密、与基体金属紧密结合的钝化膜，这层薄膜在大气及腐蚀介质中非常稳定，所以钛具有良好的抗腐蚀性能。钛在含有氧化剂介质中能够钝化，钛的阳极极化曲线如图 11-1 所示。从图中可看出钛的钝性有以下特点：①致钝电位（即钝化临界电位）低，容易钝化。②稳定钝态电位区较长，这表明钝态极为稳定，不易过钝化。钛有这样高的钝态稳定性是由于表面上生成 TiO_2 钝化膜，而这种钝化膜有较高的氧过电位的缘故。③当氯离子存在时钝态也不会破坏，这说明钛具有抗氯化物腐蚀的电化学特性。

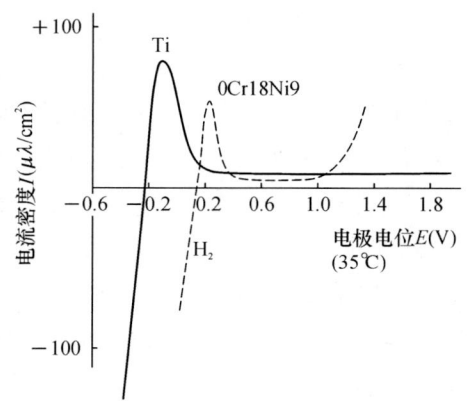

图 11-1 钛的阳极极化曲线

由于钛的上述电化学特性，钛在土壤、大气、淡水及海水中具有优良的抗腐蚀性。钛不会被硝酸、盐酸和硫酸的稀溶液、大多数的有机酸、多数的盐等所腐蚀。钛对王水、硫化氢、二氧化硫等也具有高的耐腐蚀性。另一方面，钛却会被氢氟酸、盐酸、正磷酸和几种浓热的有机酸所腐蚀，其中氢氟酸不论浓度和温度高低，对钛都有强烈的腐蚀作用，因此成为钛及钛合金金相腐蚀剂的主要成分。

表 11-4 为几种常用金属材料在模拟人体生理液环境中的分解电位及氧化膜破坏后再生成的时间。

表11-4 常用金属生物材料在Hank's液中的分解电位及在0.9%氯化钠溶解中再氧化时间

	分解电位(V)(甘汞电极)	氧化膜再形成时间(ms)			
		开始形成		完全形成	
		-0.5 V	+0.5 V	-0.5 V	+0.5 V
FecnNiMo(316L)	+0.2,-0.3	>72 000	35	≫72 000	>6 000
CoCr合金(铸造)	+0.42	44.4	36	≫6 000	>600
Ti6Al4V合金	2.0	37	41	43.3	45.8
纯钛	2.4	43	44.4	47.4	49

从表11-4中可以看出钛及钛合金在Hank's液中的分解电位明显高于CoCr合金及316不锈钢。而且在这样高的电位下,发生点蚀是不可能的。

由于钛及钛合金表面的钝化膜对其耐腐蚀性非常重要,表面氧化膜一旦破损后,其再形成氧化膜的时间也就显得非常重要。钛及钛合金在生理盐水中,其表面氧化膜从开始形成到完成形成其时间仅为5 ms左右,明显快于其他金属材料。因此钛及钛合金是一种优良的抗腐蚀材料。

三、钛的生物相容性

钛及钛合金优良的耐腐蚀性,保证了钛及钛合金在人体内的稳定性。细胞毒性试验结果:Cr>Co>Ni>Ti>Ta,表明钛的细胞毒性明显小于Cr、Co、Ni。在生理环境下,由于钛和钛合金氧化膜的化学稳定性好,故不会发生氧化膜破裂而导致颗粒腐蚀产物进入生物体组织,但可以离子形式释放钛并在组织中引起相邻组织变色,通常呈现出蓝灰色到黑色。通常含钛量越高,组织变色越明显。研究表明,变色组织的钛浓度是正常值的2～40倍。经多年临床观察分析,这种组织变色反应并没有多少危害性,这与钛元素在生理学上的中性属性相一致。

钛及钛合金之所以能被广泛地用作骨组织替代物(种植体),是因为钛及钛合金能与骨组织之间形成骨性结合(osserous integration),即骨组织与种植体表面直接接触,两者之间无种植体周围膜的存在,种植体在功能性负荷时,力直接传到骨组织,种植体与周围骨组织无相对运动,只要力量适度,就不会对种植体和骨组织的复合体造成损伤。实验证明,将纯钛(TA1)及钛合金(TC4)种植体植入半年后,用扫描电镜观察,结果发现种植体周围有附着紧密的纤维组织,并互相交互成网状,表面有钙化物沉积。经锐利器械刮除表面附着物后进扫描电镜观察,仍可见在钛及钛合金表面存在垂直方向结合得非常紧密的纤维组织及钙化晶体,认为纯钛及钛合金(TC4)的组织相容性良好。而许多材料如氧化铝,316L不锈钢、Co-Cr合金等制作的种植体与机体组织之间常有一层纤维组织存在,种植体的功能负荷可造成该层纤维增厚,引起种植体的松动而导致治疗失败。

钛及钛合金具有如此良好的组织相容性与其表面的氧化膜密切相关。有学者提出,钛及钛合金表面允许体液蛋白质、硬软组织等直接接触并沉积,与TiO_2具有很高的介电常数(dielectric constant)有关。与其他金属表面的氧化物相比,TiO_2表面具有更高的范德华黏结力,使其成为一些有机与无机物相互产生化学作用的催化剂,使Ca、P离子等在种植体介面沉积,因此有学者提出,钛可看成一种复合材料,是金属的机械优势与表面氧化特性的结合。从生化角度看,钛种植体可看作"氧化陶瓷"。

第三节 钛合金(titanium alloy)

一、钛合金化原理

钛中加入合金化元素可提高钛的性能,得到不同类型的钛合金,以满足不同材料的性能要求。加入钛中的合金化元素,根据它们对钛的同素异构转变影响的不同,可分为三大类:即 α 稳定化元素,如 Al；β 稳定化元素,如 Mo、V、Nb、Fe、Ni 等；中性元素,如 Zr、Sn 等。添加合金化元素将使钛的显微组织发生变化,根据合金空冷的组织特征,将钛合金分为 α、α+β、β 三大类。α 型钛合金具有较高的强度和良好的韧性,在高温下对氧的污染有较强的抵抗力,具有优良的焊接性能,但这类钛合金的压力加工成形性较低。β 型钛合金具有较好的成形性,高温下易受污染,焊接性能良好。α+β 型钛合金具有良好的成形性和高温强度,焊接性能较差。

二、医用钛合金

虽然钛及其合金是进入医用金属材料领域较晚的一类生物医用材料,但以其优异的性能,已成为最有发展前景的医用材料。有学者提出钛及钛合金作为生物材料已进第三个时代,即研制与开发具有更好生物相容性和力学相容性的新型医用钛合金的时代。第一个时代医用钛合金以纯钛、Ti6Al4V 为代表,第二个时代医用钛合金以 Ti5Al2.5Fe、Ti5Al2.5Sn 为代表。

目前生物体常用的钛合金为 Ti-6Al-4V 合金,其强度及加工性能优于纯钛,但其含有 Al、V 元素。V 被认为是对生物体有毒的元素,其在生物体内聚集在骨、肾、肝、脾等器官,其毒性效应与磷酸盐生化代谢相关,通过影响 Na^+、K^+、Ca^{2+} 和 H^+ 的 ATP 酶发生作用,其毒性超过 Ni 和 Cr。Al 对生物体的危害是通过铝盐在体内的蓄积而导致器官的损伤,文献报道 Al 可引起骨软化、贫血、神经系统功能紊乱等症状。因此许多国家正着手研制生物相容性好,力学性能更适合各类修复体需要的新型钛合金。例如对于种植体材料,纯钛强度不能满足骨种植体的需求,且纯钛的弹性模量高于骨组织,钛种植体与骨组织之间易出现机械不适应性。为此国外学者提出了生物相容性好,弹性模量低的新型医用钛合金以适应种植材料的需求(表 11-5)。

为了扩大此类合金在口腔医学的应用,许多学者对上述部分合金还进行了口腔医学铸造应用后化学性能及机械性能等方面的研究。对义齿修复材料的钛合金的研究也已开展。有的学者针对钛的熔点高、不利于铸造的缺点,研究低熔点钛合金如:TiCo、TiCu、TiNi、TiPd,这些合金的熔点在 1 100℃左右,比钛及钛合金的熔点降低了约 600℃,但是由于钛含量的减少影响了合金的耐蚀性,同时 Co、Ni 等毒副作用也影响了这些合金的发展。有些学者建议用 Ti6Al4V 合金做为义齿修复材料,并对其口腔应用铸造性能进行了研究,但作为有前途的口腔修复材料必须考虑到 Al、V 的毒副作用,因此日本学者提出了 TiZr 合金的应用,利用 Zr 元素具有生物相容性好,可强化钛的力学性能等特点,对 Zr 不同比例含量的钛合金的性能进行了研究,提出 TiZr 合金是一种很有前途的口腔应用钛合金。因此研制适合义齿修复的新型钛合金将成为钛及钛合金在口腔修复应用的重要内容。

表 11-5 国内外新型医用合金性能比较

国别	名义成分	抗拉强度(MPa)	条件屈服强度(MPa)	δ(%)	Ψ(%)	σ(MPa)	K1c(MPa)	E(GPa)
日本	Ti15Mo5Zr3Al	1 284	1 312	11	48			75~85
日本	Ti15Zr4Mo2Ta0.2Pd	726	671	23	54			
日本	Ti15Sn4Nb2Ta0.2Pd	990	833	14	49			
德国	Ti5Al2.5Fe	1 033	914	15	39			105
瑞士	Ti6Al7Nb	1 024	921	14	42			110
德国	Ti-30Ta							60~80
美国	Ti13Nb13Zr	1 030	900	15	45		53	50~79
美国	Ti12Mo6Zr2Fe	1 100	1 060	18	64	418	88	74~85
美国	Timet21SRx Ti15Mo3Nb	1 034	1 000	14				79~83
美国	Ti-35Zr10Nb	1 050	1 020	14				80~100
印度	Ti5Al1.5B	950	900	15				60~80
中国	TiAMZ	730	630	15	50	93		105

第四节 钛及钛合金的应用
(application of titanium and titanium alloy)

一、钛及钛合金在口腔医学的应用

(一)口腔种植学方面的应用

修复人体硬组织的种植材料经历了漫长的发展时期,早在 1809 年,Maggiolo 就报道了用黄金作种植牙,以后又有人用铝、铁、钼、象牙、宝石等材料植入人体修复硬组织缺损与缺失。不过,种植的结果都以失败而告终。随着现代分子生物学、免疫学的发展,人们认识到用于人体组织中的异源性材料必须具备良好的生物相容性、化学稳定性及适宜的机械学性。

早在 1952 年,Branemark 就开始了用纯钛制作牙种植体的研究,1965 年 Branemark 系列种植体已开始应用于临床。不过钛种植体的广泛应用是从 20 世纪 80 年代开始。Branemark 等经过十多年临床应用和实验研究认识到钛种植体与骨组织具有良好的亲和性,可形成义齿、义耳、义颌等固位的稳固的锚基,以后种植体的应用才日趋广泛。过去许多因牙槽嵴严重吸收的无牙颌,义齿无法固位,不能修复。现在可用种植体支持式固定义齿修复或覆盖义齿修复。游离端无牙者,不能用传统的固定义齿修复,而却能用种植体支持式固定义齿修复。种植体支持式义齿美观、咀嚼效率高、舒适、使用方便。随着钛种植体加工技术及表面处理方法的发展,新型种植体不断问世。目前,世界各地已生产出几十种钛种植体,形成多种系列,其中最著名的瑞典的 Branmark 系列、德国的 IMZ 系列和美国的 lore-Vent 系列。

(二) 口腔修复方面的应用

钛作为义齿修复材料的前提是口腔专用铸钛机,因铸造技术仍是目前加工义齿部件的最宜技术。日本岩谷产业公司是最早致力于口腔专用铸钛机开发研究的厂家,并于 1981 年率先推出 Castmatic-ss 型口腔专用铸钛机。以后日本多家公司、美国、德国等公司在 20 世纪 80 年代中后期和 90 年代初相继研制成功口腔专用铸钛机,我国也于 1993 年开始着手口腔铸钛机的研制工作,并于 1995 年由第四军医大学口腔医学院与洛阳市涧西四方机械厂联合研制成功国产首台口腔专用铸钛机,本机采用离心、真空、加压、电弧熔解方式铸造,铸件质量可与国际同类产品相媲美,经过多年的临床应用该设备性能良好,钛铸件质量高。

利用铸造技术,钛及钛合金可以用作种植义齿的上部结构、人造冠、固定桥、烤瓷基底、复合树脂黏结桥、义齿卡环基托等材料,几乎义齿的所有金属部件都可用钛制作。

另外钛还可以通过机床加工制作义齿部件。1989 年 Anderson 等人提出的 Procera 系统就是用机床复制和电火花蚀刻的方法制作钛冠和固定义齿,并成功地用于临床。到 1995 年,已有 30 个计算机控制的代型复制中心,3 个 Procera 加工系统(1 个在美国,2 个在瑞典)。利用此系统从代型复制到义齿部件加工完成只需两天的时间。此外随着 CAD/CAM 系统的研究和开发,已有国家利用 CAD/CAM 加工钛冠、嵌体等,用以修复牙体缺损。

钛表面的烤瓷修复正在逐渐开展。由于钛及钛合金在高温下化学反应性强,其热膨胀系数也较低,因此传统的烤瓷粉很难与其匹配。自 80 年代初,许多学者致力于开发研制钛及钛合金的专用烤瓷粉,降低瓷粉的热膨胀系数使其与钛及钛合金的热膨胀系数相匹配。目前世界上已开发出几种品牌的钛专用烤瓷粉,如 Titan Bon(O'hara),Ticeram(Ducera),Titankeramik(Vita)。

(三) 牙颌畸形矫正方面的应用

镍钛(Ni-Ti)合金的弹性模量低(61.7 GPa),具有超弹性,当受到变形力的作用时能够持久地发挥恢复到原来形态的反作用力,即形状记忆特性,这便是矫正错位牙所要利用的力,因此早在 20 世纪 70 年代镍钛记忆合金就被应用于牙颌畸形的矫治。现在世界市场上至少有 20 多个厂家推销超弹性 NiTi 正牙弓丝。我国生产的 NiTi 正牙丝不仅广泛用于国内临床,而且还远销美国、日本等国家,镍钛记忆合金的成分为 Ti 50.5at%、Ni 51.5at%,其力学性能和物理性能均优于 316L 不锈钢和钴基合金。口腔应用的镍钛形状记忆合金的形状记忆恢复温度为 36±2℃,符合人体应用要求。为了避免镍离子向组织扩散渗透,造成对人体的影响,正在研究无镍的形状记忆合金,如 Ti 11.5-V 1.7-Fe 3.3-Al 和 50 mol% Ti-30 mol% Pd-20mol%Co 等。

二、钛及钛合金在其他医学领域的应用

自 1940 年用纯钛作为外科植入材料,证实钛具有良好的生物相容性。20 世纪 40 年代末,随着钛冶炼工艺的完善,促进了钛和钛合金在医学上的应用和研究,1951 年已有用纯钛制作接骨板和骨螺丝钉。目前钛和钛合金主要应用于整形外科,尤其是四肢骨和颅骨整复。在创伤骨科,用于制作各种骨折固定器械,如接骨板、骨螺钉、骨髓腔内小棒及骨固定针等。由于钛和钛合金比重小,弹性模量比其他金属材料更接近天然骨,故广泛应用于各种髋、膝、肘、肩、指、踝等人工关节。由于钛合金的耐磨性能不好,且存在咬合现象,因此用钛

合金制造组合式全关节需注意材料间的配合。钛合金还被用来制作脊柱矫正稳定的 U 形卡环。在颅脑外科，微孔钛网可修复损坏的头盖骨和硬膜，能有效保护脑髓系统。钛合金也可制作颅骨板应用于临床。在心血管方面，纯钛可用来制造人工心脏瓣膜和瓣笼。在心脏起搏器中，密封的钛盒能有效防止潮气渗入密封的电子元器件。一些用物理方法刺激骨生长的电子装置也采用了钛材。由于钛对放射性碘(^{125}I)的 X 射线有较高的透射性且本身生物相容性良好，故钛还可作为放射性碘(^{125}I)间隙植入物的密封材料而应用于放射治疗领域。

第五节　口腔用新型钛合金
（new titanium alloys for dental use）

钛及钛合金在口腔医学应用存在着品种太少的问题。口腔修复体的种类很多，对修复材料的性能要求不尽相同，研制和开发多种类形钛合金，以适合各种口腔修复的不同需要已成为必然趋势。纯钛的力学性能接近Ⅲ型金合金，适合于冠桥修复；而对于活动义齿支架，其力学强度不能满足要求。为了扩大钛及钛合金在口腔的应用，Taira 等提出了 Ti-20Cu、Ti-30Pd、Ti-15V 及 Ti6Al4V 等铸造合金。也有学者试图将用于人体关节替代的钛合金(Ti6Al7Nb)材料用于口腔，并且对其口腔应用铸造后的性能进行了研究。这些合金在强度方面均有所改善。新合金的不断推出，拓宽了钛及钛合金在口腔医学领域的应用。同时我们也应看到，口腔材料是应用于人体组织内的材料，其性能还应满足生物材料的要求，因此，选择生物安全性好的合金化元素，在不影响钛的理化性能的基础上，研制口腔修复用的新型钛合金，是十分必要的。

一、口腔用 Ti-Zr 合金

（一）口腔用 Ti-Zr 合金的研制目的

目前口腔修复用金属材料主要为贵金属材料及非贵金属材料两大类。其中贵金属材料以金合金为代表，由于金合金价格较高，在我国难以广泛应用。非贵金属材料以钴铬合金、镍铬合金为代表，其价格虽较低，但因其含有对人体有害的元素 Ni、Cr、Co 等，已引起人们的高度重视。有些发达国家已经禁止镍铬合金的使用，为此必须寻找既对人体无害，又适合制做义齿的新型金属材料。

钛及钛合金以其优良的生物安全性、极佳的耐腐蚀性以及适宜的力学性能已为生物材料界所重视，并已广泛地应用于人体组织。口腔修复体的种类很多，对修复材料的性能要求不尽相同。纯钛的力学性能接近Ⅲ型金合金适合于制做冠桥，而对义齿支架合金略显不足。有学者提出应用 Ti6Al4V 合金，但其亦含有对人体有害的元素 Al、V，因此有必要研制新的钛合金，以适合义齿支架的制作。

（二）合金化元素 Zr 的选择

对于口腔铸造合金，不但要考虑合金化元素对其力学性能的影响，还要考虑其对生物学性能、工艺性能、铸造性能、焊接性能等的影响。

Ti-Zr 合金主要的合金化元素为锆（zirconium，Zr），锆为银灰色金属，在常温下是密排六方结构，在 862℃ 转变为体立方结构，常见化合价为 +4，1824 年瑞典化学家贝采利乌斯(Berzelieus JJ)首先离析出实验室数量的锆。直到 1925 年荷兰科学家范·阿克尔(Van Arkel AE)和德博尔(de Boer JH)利用四碘化锆的生成和分离反应制取了高纯金属锆。锆在地壳内含量达0.016 5%。锆是一种活泼金属,高温下容易与氧、氢等气体反应,表面生成氧化膜,纯锆强度低,耐腐蚀性好,能承受冷加工,在室温下具有良好的延性。锆的比重6.5 g/cm³,熔点为1 852℃。

Zr对钛合金的性能影响如下:

1. 生物安全性

Steinemann从病理学角度将周围组织对金属元素反应分为三类。第一类为毒性反应(toxic):即引起周围组织严重的"无菌性脓肿"反应和精神障碍,主要有Co、Ni、Cu、V等金属元素。第二类为囊膜反应(capsule):在金属元素周围形成致密的、非血管化的纤维组织,内无死细胞,此种反应减低了组织的代谢转换,主要有Al、Fe、Mo、Ag、Au等金属元素和不锈钢、铸造及锻造的钴铬合金等。第三类为生命反应(vital):在金属元素周围形成疏松的、含大量血管的纤维组织,有时可见上皮与金属相接触,主要有Ti、Zr、Nb、Ta、Pt等金属元素和钛合金等。图11-2显示了纯金属元素及部分合金的生物安全性的比较。由此可看出Zr元素属于生命族,对人体无毒性作用,具有很好的生物安全性。

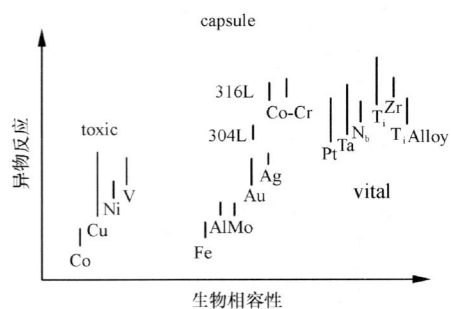

图11-2 金属元素的毒性分类

2. 力学性能

Zr在元素周期表上与钛同族,具有与钛相同的外层电子结构和晶格类型,在合金化元素中属于中性元素,与钛合金化后形成α相钛合金;锆的加入可强化α,提高α钛的强度,同时对塑性的不利影响较小,使合金具有良好的压力加工性能和焊接性能。Zr元素对钛力学性能的强化作用随合金化元素Zr含量不同而有所不同。图11-3显示了Zr元素含量对Ti-Zr合金机械性能的影响。Kobayashi等对Ti-Zr双元合金牙科铸造后力学性能进行了研究,发现当锆含量达50%时,其合金的抗拉强度及硬度值最大,抗拉强度可达900 MPa,硬度(HV)可达250。当锆含量达40%时,铸造后延伸率降低了50%。

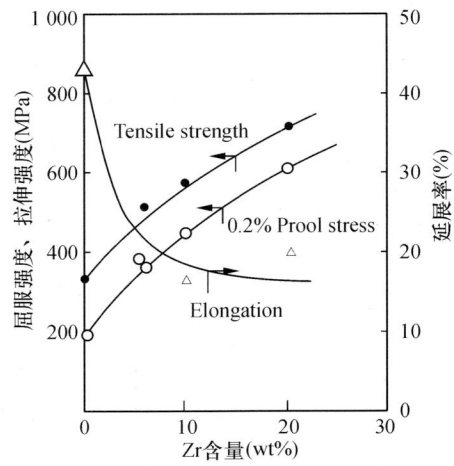

图11-3 Zr对钛合金机械性能的影响

3. 铸造性能

铸造性能是Ti-Zr合金应用于口腔的重要性能指标。一般来讲,钛合金中的合金元素添加剂会增大结晶间隔,使流动性变差。添加元素含量对合金流动性的影响见图11-4。合金的流动性直接影响到铸件的成功率,从图11-4中可以见到Zr对钛合金的流动性影响不大。

合金铸造后的收缩性将影响义齿的精度,工业纯钛的线收缩率为1.0%~1.1%,合金元素对钛的线收缩的影响见图11-5;可见Zr元素可降低钛的线收缩率。铸造后收缩率的降低可提高义齿的精度。

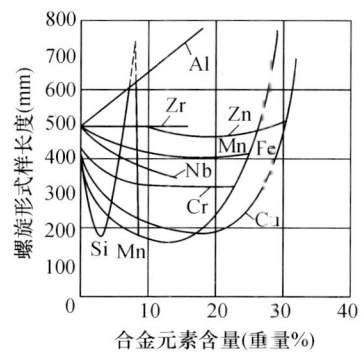

图 11-4 合金元素含量对钛合金流动性的影响

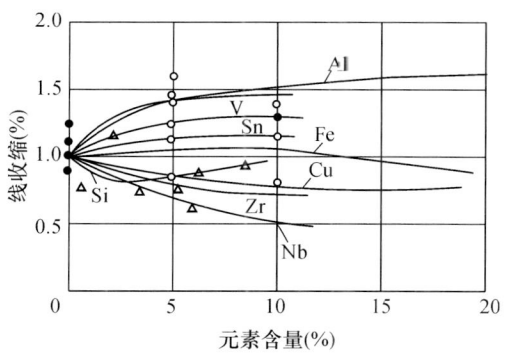

图 11-5 合金元素对钛的线收缩的影响

4. 焊接性能

焊接是义齿加工的常用手段。各种合金元素对钛合金焊缝和热影响区的塑性均有不同程度的影响。图 11-6 为合金元素对钛合金焊接性能的影响，可见 Zr 元素能轻度提高钛的焊接性能。

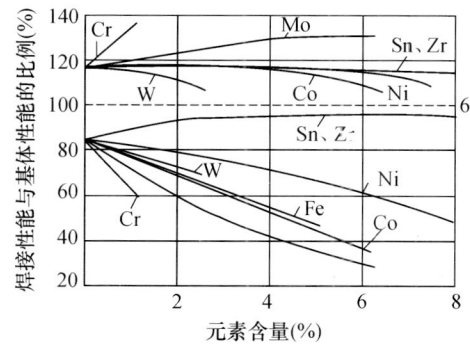

图 11-6 合金元素含量对钛焊性能的影响

因此，根据 Zr 元素的理化性能及对钛合金在生物相容性、力学性能、铸造性能以及焊接性能等方面的影响，选择 Zr 元素作为主要合金化元素。

（三）口腔用 Ti-Zr 合金的合成

参考Ⅳ型金合金及目前临床常用 Co-Cr 合金的力学性能指标，提出新合金的主要力学性能指标，然后在选择的合金化元素中确定合金化元素的比例，进行新合金的合成。口腔用 Ti-Zr 合金的名义成分见表 11-6。

表 11-6 Ti-Zr 合金的化学成分（%）

化学成分	Ti	Zr	Mo	Fe	C	N	H	O
含量	基	12	3	0.25	0.10	0.03	0.015	0.15

Ti-Zr 合金的合成是以一级小颗粒海绵钛和原子能级海绵锆为原料，均匀混合后在 500 T 油压机上压制成 $\phi 30\ mm \times 300\ mm$ 的电极，并通过钨极氩气保护电弧焊焊接成 $\phi 30\ mm \times 900\ mm$ 的自耗电极，在 5 kg 电弧炉上进行二次真空自耗熔化后获得 $\phi 90\ mm$ 的新合金铸锭。铸锭截取冒口后在 750 kg 空气锤上锤成 $\phi 25\ mm$ 的棒材。退火后机械加工成 $\phi 20\ mm \times 14\ mm$ 的样品用于实验。

（四）口腔用 Ti-Zr 合金的性能特点

1. 物理和力学性能特点

表 11-7 将 Ti-Zr 合金的主要性能指标与目前常用铸造合金进行了比较。

从表 11-7 中可见，Ti-Zr 合金的强度较纯钛 TA2 明显提高；与Ⅳ型金合金比较，其屈服强度及延伸率较高，说明在用 Ti-Zr 合金制作义齿时，在咬合力作用下，其抗变形力及抗折断力较Ⅳ型金合金强；与 Co-Cr 合金比较，其延伸率明显高于 Co-Cr 合金，在制作义齿支架的卡环时，如果基牙的倒凹较大时，Ti-Zr 合金的抗折断力要比 Co-Cr 合金强；Ti-Zr 合金的弹性模量较低，意味着其刚性较差，与 Co-Cr 合金比较，在制作连接体时，在相同的厚度情况下，Co-Cr 合金的抗变形力优于 Ti-Zr 合金；因此，必须增加 Ti-Zr 合金的厚度以弥补其不足。

表 11-7 Ti-Zr 合金的主要性能指标及比较

名称	主要成分	比重(g/cm³)	抗拉强度(MPa)	屈服强度(MPa)	延伸率(%)	弹性模量(GPa)	硬度 HV
Ti-Zr	Ti Zr	4.9	795	657	22	100	249(HK)
TA2	Ti	4.5	345	275	20	102	110
Ti6Al4V	Ti Al V	4.5	896	827	10	113～121	
Ⅳ金合金	Au Ag Cu Pt Pd	15	776	493	7	90	264
Co-Cr	Co Cr Ni	8	870	710	1.6	224	432

2. 显微组织特点

图 11-7a 和 b 分别显示了 Ti-Zr 合金和纯钛的显微组织结构。由于 Zr 的加入使钛的晶粒细化，使 Ti-Zr 合金的金相组织为细晶粒组织，这就决定了 Ti-Zr 合金的强度优于纯钛。一般来讲，晶粒细化的合金具有很好的冷加工强度和很好的抛光性能。义齿的抛光是临床上义齿制作加工的重要步骤之一，而且对于钛铸件的抛光尤为困难。因此，Ti-Zr 合金的显微组织结构预示着其较纯钛具有良好的抛光性能，在临床上将具有实际意义。

a. Ti-Zr 合金金相显微组织结构

b. 纯钛金相显微组织结构(×200)

图 11-7 合金和纯钛的显微组织结构

综上所述，Ti-Zr 合金作为义齿铸造合金具有如下特点：①不含对人体有毒的合金化元素。②具有与钛相接近的比重，与Ⅳ型金合金及 Co-Cr 相比较制作的义齿将更加轻。③强度较纯钛明显提高，力学性能指标与Ⅳ型金合金及 Co-Cr 合金接近，克服了 Co-Cr 合金制作义齿卡环易折断的不足。④具有晶粒细化的显微组织特点，使 Ti-Zr 合金较纯钛具有良好的抛光性能。

（五）Ti-Zr 合金的应用前景

钛及钛合金作为生物材料应用于人体，主要是作为硬组织替代材料如人工关节以及牙种植体。目前常用的硬组织替代材料为 Ti6Al4V、316L 不锈钢以及 Co-Cr-Mo 合金。Ti6Al4V 合金被认为是一种很好的生物材料，但是关于其合金化元素 Al、V 的毒副作用的报道令人担忧。植入体在承担负荷时，如果植入体材料的弹性模量与骨组织不相匹配，将导致骨组织的吸收。Co-Cr-Mo 合金的弹性模量约 224 GPa，Ti6Al4V 合金的弹性模量约 115 GPa，而人体骨皮质的弹性模量约为 20 GPa；研究结果表明，种植体与相邻骨组织的弹性模量越接近越好。因此，有许多学者提出高强度、低弹性模量的钛合金材料，例如 Ti30Ta 合金、Ti13Nb13Zr 合金和 Ti15Mo5Zr3Al 合金。这些合金的特点都是不含有毒元素 V，弹性模量在 70 GPa 左右，强度指标优于 Ti6Al4V 合金，更加适合于制作承担负荷的种植体的材料。

Ti-Zr 合金的研制，目的是为了扩大钛及钛合金在口腔修复领域的应用，研制出更加适合制作义齿支架的合金；但是，根据该合金在生物相容性方面及力学性能方面的优势，还可将其推广应用于牙种植体以及人体硬组织替代材料等方面。同时，也可根据各类植入体的性能要求，在此合金的基础上，调整合金元素的比例以研制出更加适合各类植入体需求的新型钛合金，弥补我国在生物材料用钛合金研究方面存在的不足。

除了钛合金在种植体、人工关节等方面的应用外，还应注意到钛及钛合金在其他生物材料方面的应用，如日本学者提出的高强度眼镜架合金 Ti-10%Zr 等。因此，随着人们对应用于人体或与人体接触的材料的生物安全性的不断重视，为钛合金研究提供了广阔的市场。

二、TAMZ 合金

TAMZ 合金（Ti-75 合金）是西北有色金属研究院研制开发的一种新型钛合金，具有中等强度，高韧性和极好的耐腐蚀性能。其一般机械性能优于纯钛，略低于 Ti-6Al-4V 合金，而韧性却明显高于 Ti-6Al-4V 合金。TAMZ 合金的 Al 含量是 Ti-6Al-4V 合金的一半，且不含毒性元素 V，因此具有优良的生物相容性。

1. TAMZ 合金的组成及性能指标

见表 11-8，表 11-9。

表 11-8 TAMZ 合金的化学成分（%）

成分	Ti	Zr	Mo	Al	Fe	Si	C	N	H	O
含量	基	1~3	1~2.5	2~3	0.3	0.15	0.1	0.05	0.015	0.15

表 11-9 TAMZ 合金的主要性能指标及比较

合金	抗拉强度(MPa)	屈服强度(MPa)	延伸率(%)	冲击韧度(kJ/M²)	备注
TAMZ	730	630	13	800	锻态
	850	775	7		铸态
Ti6Al4V	896		10	392	
Ti5Al2.5Fe	942		15	445	

2. TAMZ 合金的口腔铸造性能

TAMZ 合金铸造性能（Castability Value）是根据铸造后的网状试件的网格片段数与铸造前的网状试件的网格片段数的百分比来评价的。结果显示 TAMZ 合金铸造性能为 98%±2.0%。因此 TAMZ 合金在口腔专用铸钛机上具有很高的流动性，能够满足临床义齿合金铸造性能的要求。

从表 11-9 中可以看出 TAMZ 合金铸造后抗拉强度和屈服强度增加，延伸率下降。这主要是由于 TAMZ 合金在铸造过程中吸收了型腔内的氧、氮等，并且与包埋料发生化学反应，以及铸态组织较锻态组织晶粒粗大等缘故。尽管如此，TAMZ 合金铸造后的力学性能指标仍优于目前临床常用的钴铬合金。

图 11-8 为 TAMZ 合金铸造后的金相组织，表面有明显的污染层，厚度约 40 μm（图 11-8a）。TAMZ 合金铸造后组织呈板条状 α+少量 β（图11-8b），与相同铸造条件下的纯钛（TA2）金相组织（图 11-9）相比，TAMZ 合金的晶粒和 α 板条明显细化。

合金的铸态组织结构在很大程度上决定其合金的机械性能和使用性能，而铸态组织的形成又决定于其结晶条件，这些又将与铸型及冷却因素有关。模型烘烤后随即冷却至室温进行铸造，是为了采用减少包埋料（模型材料）与熔融钛合金发生化学反应而形成较厚的氧化层，由于氧化层的硬度较高，脆性大，这将影响铸件的质量。铸件采用铸造后即刻冷却的临床常用方法，使表面与内部金相组织结构产生差异。

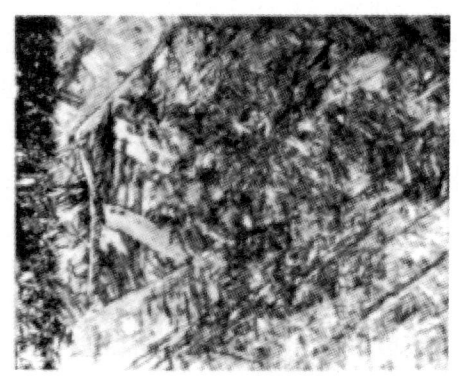

a. 铸件表面

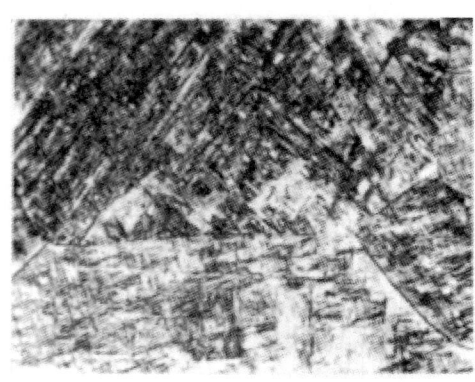

b. 铸件中心

图11-8 TAMZ合金铸造后的金相组织×200

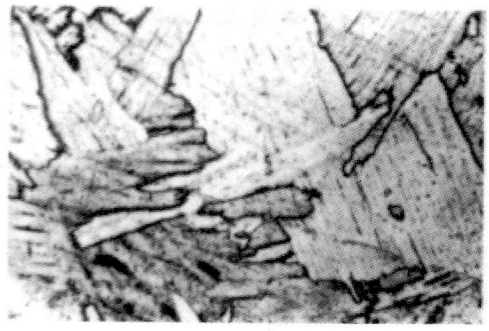

图11-9 纯钛(TA2)铸件金相组织×200

3. TAMZ合金铸造后表面结构分析

图11-10为TAMZ合金铸件由表层向内部的显微硬度变化。铸件表面的反应层硬度很高,距表面约30 μm硬度趋于稳定,此结果与金相组织显示的污染层厚度基本一致。

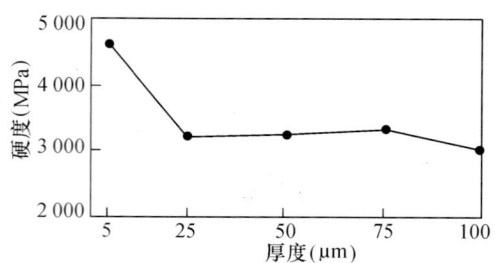

图11-10 TAMZ合金铸件由表层向内部的显微硬度变化

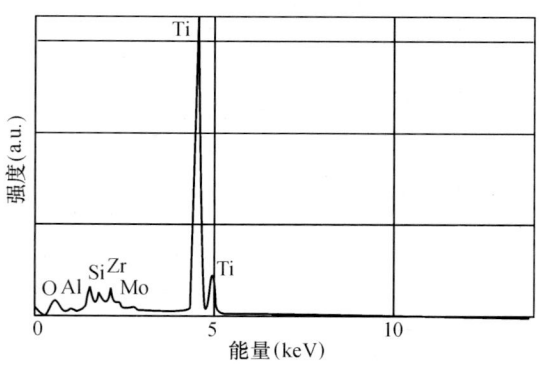

图11-11 TAMZ合金铸件表面的EDS能谱

图11-11选择包括表面的一部分铸件的EDS能谱,表明除TAMZ合金原有的元素(Ti,Al,Mo,Zr)外,还有Si元素,O元素的含量也较高,而且Al与Zr元素的含量超过合金本身的含量,这说明TAMZ合金在铸造时吸收了型腔内的氧,并与包埋料发生化学反应。实验中采用的内层包埋料为锆英石与Al_2O_3,熔融TAMZ合金在铸造过程中与包埋料发生化学反应,使表层含有较高的Zr、Si、Al、O等元素。

图11-12为用扫描电镜对TAMZ合金铸件表面反应层结构(图11-12a)进行观察及对元素线分析结构(图11-12b)。结果表明,铸件表层分为4层:①表面烧结层,此层Ti的含量低,主要成分为Zr、Si、Al、O等,结构疏松,易从表面脱落,厚度约10 μm。②α层,此层Ti的含量高,结构致密,显微硬度高,脆性大,是钛合金铸件表面产生裂纹的主要因素,此层厚度约13 μm。③Si-rich层,此层结构紊乱,Si元素含量较高,厚度约

20 μm,此层结构的存在说明钛合金对 Si 的亲合性较大。④过渡层,此层结构为铸件冷却过程中形成的树枝状结晶体,并向基体过渡,此层结构与冷却速度有关。TAMZ 合金铸造后表层微区的结构与纯钛铸造后的表层微区结构相似。TAMZ 金铸造后表面反应层厚约 40 μm,通过临床喷砂及磨光等方法可将此层结构去除,且不影响铸件的质量。

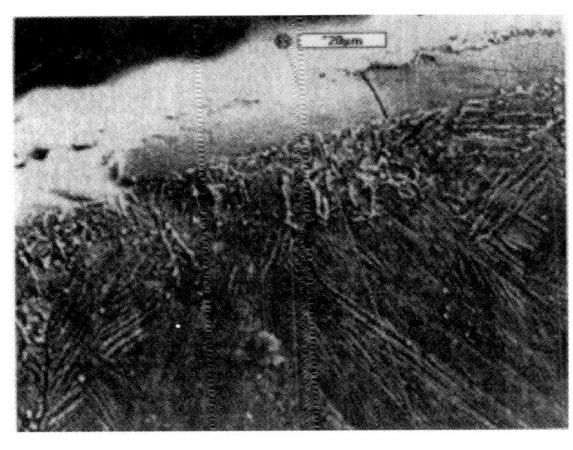

a. 扫描电镜分析

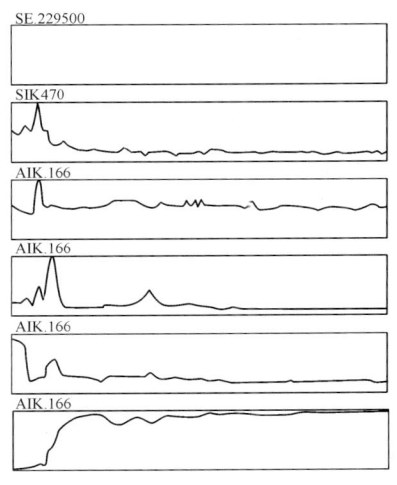

b. 元素线分析

图 11-12　TAMZ 合金铸件表面反应层结构

第六节　钛及钛合金的铸造
（dental casting of titanium and titanium alloy）

一、铸钛系统

自从 Wasterstrat 和 Ida 相继报告口腔专用铸钛机的研制成功后,目前已有 4 种类型的铸钛机,即单室熔解铸造的压力-真空系统(Cyclarc,日本)、熔解与铸造分离的二室压力-真空系统(Castmatic,日本)、真空-离心铸造系统(Tycast,美国和Titaniumer,日本)、离心-压力-吸引铸造系统(LZ-Ⅱ,中国)。通过对这些铸钛系统的比较研究发现,离心铸造比加压吸引铸造的铸全率高。国产 LZ-Ⅱ 型口腔专用铸钛机,采用加压、吸引和离心三力合一的铸造方式,网状试样的铸全率基本可达到 100%。

二、包埋材料

由于钛在高温下化学性能非常活泼,易氧化,易与包埋料发生反应而影响铸件的质量,因此,对于铸钛用包埋料的研究已成为铸钛工艺研究的重要课题。目前,日本、德国等相继推出多种品牌的产品,根据耐火材料的成分主要分为硅系、镁系、锆系和铝系等铸钛用包埋料(表 11-10)。各种包埋材料在化学稳定性、透气性、膨胀性等方面各有优缺点。锆英石内层包埋材料中含 ZrO_2 60%～70%,SiO_2 30%～40%,在 20～1 000℃时膨胀系数为 $4.2×10^{-6}$,具有良好的耐热性能及良好的化学稳定性。骆小平、Brauner 等采用此种材料做纯钛的内层包埋均取得良好的铸全率,表面反应层厚度在 50 μm 左右,而且 Brauner 还发现利用 ZrO_2 进行九层内包埋,其表面反应层厚度不足 10 μm。

表 11-10 铸钛用包埋料

商品名	耐火材料	结合剂	制造商
Titanium-vest	SiO_2,Al_2O_3	磷酸盐	オハヲ(日本)
Titanium-vest-D	SiO_2,Al_2O_3,ZrO_2	磷酸盐	オハヲ(日本)
Selevest-DM	MgO	硅酸乙酯	セレック(日本)
Selevest-D	MgO	磷酸盐	セレック(日本)
TITAN VEST	SiO_2,ZrO_2	磷酸盐	テンコ(日本)
Titavest-pp	MgO	硅酸乙酯	モリタ(日本)
Titavest-ps	MgO,Al_2O_3	硅酸乙酯	モリタ(日本)
Titavest-CB	Al_2O_3,MgO ZrO_2	磷酸盐	モリタ(日本)
TITAN MOLD	Al_2O_3,ZrO_2	磷酸盐	ヨシタ(日本)
Rematitan plus	SiO_2,Al_2O_3	磷酸盐	DENTAURUM(德国)
Tancovest	SiO_2,Al_2O_3	磷酸盐	BEGO(德国)
Tycast Mold	SiO_2	磷酸盐	JENE/PENT(美国)
T-INVEST	Al_2O_3,MgO	磷酸盐	ヅーツー(日本)

三、表面反应层

钛及钛合金在 500℃ 以下的空气介质中加热时,可形成一层厚度为几十纳米的致密氧化膜,能阻止氧向金属内部扩散,但是钛及钛合金在铸造时,由于其熔点约为 1 680℃,使钛及钛合金处于高温状态。钛及钛合金处于高温状态下化学性质非常活泼,易与氧、氢、氮等元素发生反应,同时也与包埋材料发生化学反应。钛及钛合金与上述材料发生反应,即在表层形成一层硬而脆的反应层,使钛及钛合金的表面结构发生改变。这层反应层从表面向内部有 4 层结构:①与铸模的反应层。②氧化层(称 α-Case 层)。③包埋料成分侵入层。④树枝状结晶层。影响这 4 层结构的因素有包埋材料的成分、模型的温度以及铸件的大小等。铸模温度越高,铸件体积越大,各层结构就变得越厚,树枝状结晶结构变得越粗大。此反应层硬度高、脆性大,对制作义齿的质量影响很大,如①在用钛金属制作烤瓷冠或复合树脂冠的金属基底时,这层反应层结构将影响瓷-金或树脂-金之间的结合力。②这层反应层降低了金属的延伸率及疲劳强度,使其在制作部分义齿支架和卡环时容易折断。③由于义齿精度的限制,不可能将反应层结构全部去掉,使其与口腔组织或牙齿接触,造成不良反应。④这层反应层硬度很高,使义齿不易抛光,造成菌斑沉积,从而影响钛制义齿的化学稳定性和使用寿命。因此,这层反应层结构必须尽量减少,才能保证钛及钛合金制作义齿的质量。

四、铸造工艺参数的影响

由于钛及钛合金口腔铸造应用的研究起步晚,而且目前铸钛机的类型及原理不尽相同,所以,针对不同的铸造系统需要不同的参数,只有寻找到最佳的铸造参数,才能获得最佳的铸件质量。研究发现以下几方面的铸造工艺参数对铸件质量有很大影响。

(一) 铸模温度对铸件质量的影响

铸模温度是指在铸模进行失蜡烘烤后,进行铸造时铸模的温度。铸模温度对钛及钛合金的流动性、铸件的表面反应层厚度、铸件的金相组织、力学性能以及铸件的精度等均有影响。远藤泰生等采用 5 种不同铸造方式的铸钛机,对铸模温度与铸入率之间的关系进行了研究,发现铸模温度与铸入率之间具有明显的相关性,铸模温度越高,铸入率也越高,但是对于理想的铸造系统,铸模温度影响并不明显。铸模温度越高,熔融钛液越易与包埋料发生反应,形成的反应层越厚。Ida 等采用磷酸盐结合剂的氧化镁包埋料进行包埋,在铸模温度为 800℃ 时铸造,铸件表面硬化层的厚度为 500 μm 厚;Taira 等采用 ZrO_2 内包埋,磷酸盐做外包埋的方法,在铸模温度为 850℃ 时铸造,铸件表面的反应层为 400 μm。Takahashi 等采用 5 种磷酸盐结合剂的 SiO_2 系包料,铸模温度为 350℃ 时铸造,所测得表面反应层厚度为 125~200 μm。因此,有的学者提出室温铸造,以尽量减少表面反应层的厚度。室温铸造时不但可以减少包埋料与钛液的反应,同时对钛的力学性能的影响也较高温铸造时小。但是,对于铸模温度的选择不但要考虑钛及钛合金铸造时的铸流率(castability)、表面反应层的厚度、力学性能,还要考虑到铸模温度对包埋料热膨胀率的影响,从而影响到铸件的精度。Takahashi 等提出对于磷酸盐结合剂的 SiO_2 包埋料,当铸模温度在 350℃ 时铸造,其热膨胀率对铸件精度影响最小。由以上研究结果可以看出,对于铸模温度的选择要根据铸钛机的铸造性能、包埋料的热稳定性及热膨胀率,在保证铸件的铸全率的基础上,尽量降低铸模温度,以减少表面反应层的厚度。

(二) 气压对铸件质量的影响

目前虽然铸钛机的种类较多,但是都采用氩气加压或离心力或离心加压的铸造方式进行铸造,其中氩气压力是铸钛机的一个重要性能指标。Sunnerkrantz 和 Hero 等采用二室压力铸造系统研究了气压对铸造钛冠质量的影响,发现当熔化室的气压 < 1 mmHg、模型室的气压 < 10 mmHg 时,就可以铸造出完整的钛冠;并且发现设定二室压力为 0.1 mmHg 的情况下,氩气压力为 50 mmHg 时,铸件的成孔性明显少于氩气压力为 400 mmHg 时。Watanabe 等也采用此类型的铸造系统,对钛铸件的成孔性及力学性能进行了研究,他们设定二室气压为 0.06 mmHg,当氩气压力为 150 mmHg 时,其力学性能指标达到最高,铸件内气孔率最低。气压对铸件质量的影响主要有以下方式:①由于二室压力的不同,当抽吸的压差太大时,气体(氩气)将被吸入熔融的钛液中。②如果熔融的钛液流动速度太快,熔融钛液铸入模腔时流向无规律,也将卷入气体。

(三) 其他因素对铸件质量的影响

钛的铸造与其他口腔铸造合金一样,每一操作步骤都将影响铸件的质量,尤其钛金属本身还具有其特殊性。在铸件蜡型制作方面,铸道的设计是影响铸件成功的因素之一。有研究认为,直接与试样接触的直而粗的铸道可以缩短钛液流动途径,保证型腔内有充足的钛液,从而减少铸件内气孔的产生。另外排气道的设置方式也将影响铸件内气孔的产生。井上义久等还研究了铸道底座锥体的类型对钛铸流率的影响,发现锥体形底座的容量与熔融钛金属的量两者之间的比率对钛的铸入率影响很大。

总之,钛及钛合金的铸造是正在发展尚不成熟的技术,寻找其最佳的铸造工艺参数是口腔医生今后应努力研究的方向,通过不断的努力与实践,相信钛及钛合金会成为将来口腔修复用的主要金属材料之一。

五、铸件常见问题分析

(一)铸件铸造不全

S除与钛及钛合金本身铸造性能差有关,还与铸造机的类型,铸道的设计以及氩气的压力有关。通过实验研究及临床应用发现离心法浇注的铸钛机铸入率较高,铸道直径粗的较细的铸入率高,氩气压力太大使氩气不能从铸型中排出而造成铸件铸造不全,因此必须控制适宜的氩气压力。

(二)铸件表面反应层过厚

钛铸件表面显微结构分为4层,从表面向内为高度氧化层,x-case层,硅、磷等元素浸透层以及树枝状结晶层。该4层结构坚硬,厚度可达几百微米,影响了钛及钛合金的性能并直接影响铸件的精度。影响钛铸件反应层的主要因素为铸型温度,包埋料的成分以及铸造环境,研究表明铸型温度越高,表面的氧化层越厚,因此在能达到铸件铸全率的情况下,提倡室温铸造。目前尚无与熔融钛及钛合金不反应的包埋料,因此研制和开发钛及钛合金铸造的专用包埋料是铸钛的关键问题。

(三)铸件内部气孔及临床检测方法

钛铸件易出现内部气孔,产生气孔的原因主要为①钛的比重轻,在离心铸造中形成的湍流易夹气。②包埋料与熔融钛反应产生气体。③钛液与铸模接触时形成的凝壳阻碍内部气体的排出。④熔炼室内的氩气压力过大。⑤铸道及排气道设计不合理。⑥包埋料的透气性也影响着氩气的排出。⑦合金从熔融态到结晶态时产生的缩孔,总之使钛及钛合金铸件内部产生气体的原因很多,钛及钛合金铸件内产生气孔不但影响测试结果,而且在临床上可导致义齿的失败,图11-12拉伸试样内的气孔,图11-13部分义齿支架卡环根部的气孔。

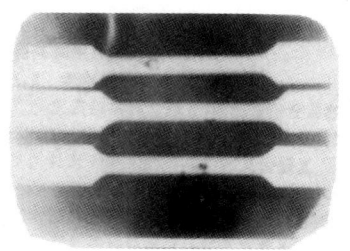

图11-12 拉伸试样内的气孔

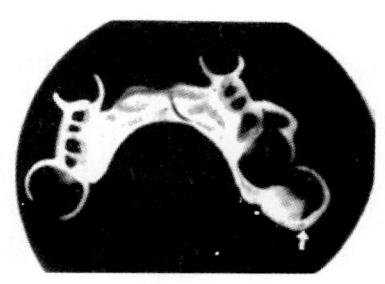

图11-13 部分义齿支架卡环根部的气孔

检查试件内部的气孔有很多方法,工业上多用X线探伤仪检测试件内部的气孔,也可用比重法检测试件内部的气孔。根据钛及钛合金X线不阻射的特点,可采用一种临床上有效且简便的检测气孔的方法。

利用临床口腔科牙片机,将铸件平放在牙片或咬合片上,使球管与牙片或咬合片垂直,其间垂直距离为10 cm,照像条件:电压为70 kV,电流为10 mA,爆光时间为1.6 s,爆光2次,然后常规冲洗牙片或咬合片。

利用此种方法在铸件进行测试前及临床戴义齿前进行气孔检测,可以避免测试结果的不准确性及减少义齿的失败。

第七节 钛及钛合金的表面处理及加工工艺
（surface treatment and machining technology for titanium and titanium alloy）

（一）钛合金的表面处理

钛及钛合金表面处理的目的是提高其耐腐蚀性，改善其表面的机械性能（耐磨性能、疲劳断裂性能），以及改善钛及钛合金种植体的生物学性能。钛及钛合金的表面处理在种植体方面应用比较多。我们知道钛及钛具有较好的强度、韧性及优良的加工性，是理想的植入材料，而且钛及钛合金的弹性模量与其他金属材料比是与骨组织最接近的，但仍与骨组织之间相差较大，因此钛种植体与骨组织之间易出现机械不适应，同时钛的化学成分与天然骨组织截然不同，研究发现钛与骨组织之间仅为机械性骨整合，而无强有力的化学性结合，因此钛表面的生物活性材料的涂层的研究越来越引人注目，代表牙种植体的一个重要研究方向。

钛及钛合金表面处理的方法主要有以下几种：

1. 等离子喷涂（plasma spray）

该工艺是利用等离子体产生直流电弧将涂层材料加热熔融后高速喷射到金属表面，形成涂层，此种方法是钛表面处理最常用的方法。钛芯表面喷涂羟基磷灰石种植牙目前在临床上广泛应用，效果较好，研究表明此种植牙与骨组织之间可产生化学性结合。

目前对该种处理方法研究的方向为：①开发新的涂层材料，使其热膨胀系数与钛及钛合金的相匹配。②喷涂工艺的改进，使其对涂层材料的生物学性能及力学性能无不良影响。③涂层与钛基体之间过渡层材料的研究。④涂层种植体复合骨诱导性物质的研究。

2. 离子注入（ion implantation）

离子注入包括从气体、气化物或溅射的表面产生离子化原子，在真空中提取这些原子并将其向要处理的材料表面加速。通过不同的能量改变离子注入的深度。通过离子注入可以改善钛及钛合金表面的性能，增加它们的耐磨性、耐蚀性，减少金属离子的释放，对于钛及钛合金在人体为长期行使功能具有重要意义。

离子注入包括氮离子注入、钙离子注入及铱离子注入等。其中通过氮离子注入形成的氮化钛表面的钛及钛合金其耐磨性、耐蚀性、疲劳强度、以及生物学性能均有所改善。

3. 其他表面处理方法：

钛表面处理的方法还有烧结（sintering），电沉积（electrodeposition），离子镀（ionplating），氧化及钝化（oxidation，passivation）。

（二）钛及钛合金加工工艺

1. 磨光

虽然钛及钛合金的硬度较低，质地较软，但其表面氧化层硬度很高，尤其是铸造后，磨光及抛光均有一定的难度。目前临床应用的磨头在磨光时易与钛沾黏，因此研制专门研磨钛铸件的磨头及磨光器械，以减少工作强度，提高工作效率，减少环境污染均具有重要临床意义。

2. 焊接

可摘义齿的腭、舌杆要求强度高,而卡环臂则要求弹性好,同一种钛合金无法满足上述2种要求,需要用2种材料分别制作,然后焊接在一起;多单位的固定义齿也常需要分别制作后再焊成一个整体,有的还要考虑在口内就位后再焊接;种植义齿、颌面赝复体的上部结构较为复杂,也需要分别制作后焊接成一个整体;磁性固位体的周边需要加焊封闭,以防止磁体的腐蚀。

激光焊接的热点集中,强度、时间易控制,热影响范围小,焊后质量可靠,焊件性能不受影响,明显优于氩弧焊等。

3. 钛义齿的 CAD/CAM 系统

钛义齿的 CAD/CAM 系统是自动采集光学模型、设计、机械加工制作义齿的一种高科技方法。机械加工与铸造方法相比有如下优点:①避免了蜡型制作和包埋过程中产生的变形,适合性更好。②避免了钛熔化、冷却过程中产生的表面污染层、氧化层。③不会产生内部气孔。④有利于钛件与瓷的结合。⑤制作时间短。

钛及钛合金还可以用锻造、压塑成型、放电加工、粉末冶金等方法进行加工成型。

(张玉梅)

参 考 文 献

1 李青云. 钛科学与工程. 北京:原子能出版社,1987
2 陈安玉. 口腔种植学. 成都:四川科学技术出版社,1991
3 夏 明. 国外医学口腔医学分册,1992,19:150-154
4 黄恢元. 铸造手册. 铸造非铁合金. 北京:机械工业出版社,1993,234-236
5 张建中,高桥纯造,冈崎正之. 烧烤及铸造温度对纯钛铸件表面结构的影响. 口腔材料器械杂志,1993,2(4):3-7
6 徐君伍. 口腔修复学. 北京:人民卫生出版社,1994,319
7 材料科学技术百科全书编辑委员会. 材料科学技术百科全书. 北京:中国大百科全书出版社,1995,420-422,927-928,1193-2294
8 郭天文,徐君伍,王宝成. 国产 LZ 牙科铸钛机铸造性能的初步检测. 口腔材料器械杂志,1996,5(4):154-156
9 郭天文. 口腔科铸钛理论和技术. 西安:世界图书出版社,1997,35-37
10 张玉梅,郭天文,李佐臣. Ti-75 铸造后机械性能的研究. 实用口腔医学杂志,1998,14(1):30-31
11 张玉梅,郭天文,李佐臣. 牙用 Ti-75 合金铸造性能研究. 稀有金属材料与工程,1999,28(2):125-128
12 黑岩昭弘,和田真一,田比育靖. チタン铸造に关する(第1报) 齿科材料・器械,1990,9(2):279-288
13 池田谷幸良. IMZ インプラントの上部构造体と纯チタンの铸造 QDT,1991,16(11)75-79
14 片仓直至,高田雄京,饭岛一法等. 生体用形状记忆合金に关する研究(第2报) 齿科材料・器械,1991,10(6):809-813
15 堀田康弘. CAD/CAM を利用したチタン制コーピングの新しい制作法の开发齿科材料・器械,1992,11(1):169-178
16 黑岩昭弘. スプルーの条件がチタン铸造の铸入率に及ぼす影响. 齿科材料・器械,1992,11:262-277
17 金圣泰,小田丰,往井俊夫. 齿科チタン铸造システマの评价に关する研究. 齿科学报,1994,94:845-857
18 小林郁夫,土居寿,米山隆之等. 齿科铸造したチタン—ジルコニウム基合金の力学特性. 齿科材料. 器械. 1995,14(3):321-328
19 宫川修,渡道孝一,大川成刚. スピネルを含む铸型に铸したチタン表层の反应层. 齿科材料・器械. 1995,14:560-568
20 井上义久,黑岩昭弘,大野孝文等. 汤口の条件がチタン铸造の铸造性に及ぼす影响. 齿科材料・器械. 1995,14:605-612
21 小林郁夫,土居寿,高桥正史等. 齿科铸造した生体用 Ti6Al7Nb 合金の铸造性と力学の性质. 齿科材料. 器械. 1995,14(4):406-413
22 远藤泰生,堀口英子,黑岩昭弘. 各种ガス压铸造における铸型温度がチタンの铸入率に及ぼす影响. 齿科材料・器械. 1997,16(3):206-217
23 Andreasen GF, Morrow RE. Laboratory and clinical analysis of Nitinol wire. Am J Orthod,1978,73(2):142-151
24 Perl DP, Brody AR. Alzheimer's disease: X-ray spectrometric evidence of aluminum accumulation in neuorfibrillary tangle-bearing neurons. Science, 1980, 208:297-309
25 Ida K, Togaya T, Tsutsum S, et al. Effect of magnesia investments in the dental casting of pure titanium or titanium alloys. Dent Mater J, 1982, 1:8-21
26 Kasemo B. Biocompatibility of titanium implants: Surface science aspects J Prosthet Dent, 1983, 49:832-837
27 Jandhyala BS, Hom GJ. Physiological and pharmacological properties of vanadium. Life Sci, 1983, 33:1325-1340
28 Ida K, Tsutsumi S, Togaya T. Titanium or titanium alloys for dental casting. J Dent Res, 1984, 63:985-993
29 Boyd DW, Kustin K. Vanadium: a versatile biochemical effecter with an

elusive biological function. Adv Inorg Biochem, 1984, 6:321-365

30　Ida K, Tani Y, Tsutsumi S, et al. Clinical application of pure titanium crowns. Dent Mater J, 1985, 4:191-195

31　McCabe JF. Anderson's Applied Dental Materials. 6th ed. London: Butler & Tanner Ltd., 1985, 59-69

32　Breme J. Titanium and titanium alloys, biomaterials of preference. Sixth world conference on titanium, France, 1988, 57-67

33　Mihir S. Long time behaviors of Ti5Al1.5B as a medical implant material. Sixth World Conference on Titanium. France, 1988, 417-420

34　Yamauchi M, Sakai M, Kawano J. Clinical application of pure titanium for cast plate dentures. Dent Mater J, 1988, 7:39-47

35　Taira M, Morser JB, Greener EH. Studies of Ti alloys for dental casting. Dent Mater, 1989, 5:45-50

36　Seals Jr RR, Cortes AL, Parel SM. Fabrication of facial prostheses by applying the osseointegration concept for retention. J Prosthet Dent, 1989, 61:712-716

37　Van Steenberghe D. A retrospective muticenter relative of the survival rate of osseointegrated fixtures supporting fixed partial prostheses in the treatment of partial endentulism. J Prosthet Dent, 1989, 61:217-223

38　Andersson M, Bergman B, Bessing C, et al. Clinical results with titanium crowns fabricated with machine duplication and spark erosion. Acta Odontol Scand, 1989, 47:279-286

39　Hamenaka H, Doi H, Yoneyama T, et al. Dental casting of titanium and Ni-Ti alloys by a new casting machine. J Dent Res, 1989, 66:1529-1533

40　Taira M, Moser JB, Greener EH. Studies of Ti alloys for dental castings. Dent Mater, 1989, 5:45-50

41　Naji A, Harmand MF. Study of the effect of the surface state on the cytocompatibility of a Co-Cr alloy using human osteoblasts and fibroblasts. J Biomed Mater Res, 1990, 24(7):861-871

42　Chern Lin JH, Morser JB, Taira M, et al. Cu-Ti, Co-Ti, and Ni-Ti systems: corrosion and microhardness. J Oral Rehabilitation, 1990, 17:383-393

43　Takahashi J, Kimura H, Lautenschlager EP, et al. Casting pure titanium into commercial phosphate-bonded SiO2 investment molds. J Dent Res, 1990, 69(12):1800-1805

44　Sunnerkrantz PA, Syverud M, Hero A. Effect of casting atmosphere on the quality of Ti-crowns. Scand J Dent Res, 1990, 98:268-272

45　Bergman B, Bessing C, Ericson G, et al. A 2-year follow-up study of titanium crowns. Acta Odontol Scand, 1990, 48:113-117

46　Mohlin B, Muller H, Odman J, et al. Examination of Chinese NiTi wire by a combined clinical and laboratory approach. Eur J Orthod, 1991, 13(5):386-391

47　Klinger E, Walter M, Boening K. Cyclarc method of titanium casting. Material Investigation Dent Labor, 1991, 39:177-179

48　Bossing C, Bergman M. The castability of unalloyed titanium in three different casting machines. Swed Dent J, 1992, 16:109-113

49　Semlitsch MF, Weber H, Steicher RM, et al. Joint replacement components made of hot-forged and surface treated Ti6Al7Nb alloy. Biomaterials, 1992, 13(11):781-788

50　Breme J, Schulte W, Donath K. Development of endoosseous implants on the base of titanium alloys with improved functionality. Tiatnium'92 Science and Technology Edited by Froes FH and Caplan I. The Minerals, Metals & Materials Society. 1993, 2757-2764.

51　Brauner H, Holzwarth U, Zwicker U. Development of a new casting technology for dental applications using titanium. Titanium '92 Science and Technology. Edited by Froes FH and Caplan I. The Minerals, Metals & Materials Society. 1993, 2765-2771.

52　Hero H, Syverud M, Waarli M. Mold filling and porosity in casting of titanium. Dent Mater, 1993, 9:15-18

53　Lautenschlayer EP, Monaghan P. Titanium and titanium alloys as dental materials. Int Dent J, 1993, 43:245-253

54　Daigle KP, Kovacs P, Mishra A, et al. Development of a new medical implant alloy. Proceedings of the technical program from the 1994 international conference. 367-375

55　Henson HR, Kneisel GL. High strength, wear resistant tiadyne 3510 alloy development. Proceedings of the technical program from the 1994 international conference. 376-382

56　Wang K, Gustavson L, Dumbleton J. Low modulus, high strength, biocompatible titanium alloy for surgical implants. Proceedings of the technical program from the 1994 international conference. 83-94

57　Fanning JC. A new titanium alloy for surgical implant applications: TIMETAL 215Rx. Proceedings of the technical program from the 1994 international conference. 395-402

58　Ito A, Okazaki Y, Tateishi T, et al. In vitro biocompatibility, mechanical properties, and corrosion resistance of Ti-Zr-Nb-Ta-Pd and Ti-Sn-Nb-Ta-Pd alloys. J Biomed Mater Res, 1995, 29:893-900

59　Chern Lin JH, Lo CP, Ju CP. Biocorrosion study of titanium-cobalt alloy. J Oral Rehabilitation, 1995, 22:331-335

60　Syverud M, Hero H. Mold filling of Ti castings using investment with different gas permeability. Dent Mater, 1995, 14:560-568

61　Syverud M, Okabe T, Hero H. Casting of Ti6Al4V alloy compared with pure Ti in an Ar-arc casting machine. Eur J Oral Sci, 1995, 103:327-330

62　Kobayashi E, Matsumoto S, Doi H, et al. Mechanical properties of the binary titanium zirconium alloys and their potential for biomedical materials. J Biomed Mater Res, 1995, 29:943-950

63　Pang IC, Gilbert JL, Chai J, et al. Bonding characteristics of low-fusing porcelain bonded to pure titanium and palladium copper alloy. J Prosthet Dent, 1995, 73:17-25

64　Ito A, Okazaki Y, Tateishi T, et al. In vitro biocompabitibility, mechanical properties, and corrosion resistance of Ti-Zr-Nb-Ta-Pd and Ti-Sn-Nb-Ta-Pd alloys. J Biomed Mater Res, 1995, 29:893-900

65　Kobayashi E, Matsumoto S, Doi H, et al. Mechanical properties of the binary titanium-zirconium alloys and their potential for biomedical materials. J Biomed Mater Res, 1995, 29:943-950

66　Vallittu PK and Kokkanen M. Deflection fatigue of cobalt-chromium, titanium, and gold alloy cast denture clasp. J Prosthet Dent, 1995, 74:412-419

67　Chai TI, Stein RS. Porosity and accuracy of multiple-unit titanium castings. J Prosthet Dent, 1995, 75:534-541

68　Nakasuji K, Okada M. New high strength titanium alloy Ti-10% Zr for spectacle frames. Materials Science and Engineering A, 1996, 213:162-165

69　Fenton AH, Afzali D. Accuracy of titanium RPP castings (abstract 1189). J Dent Res, 1996, 75:166-169

70　Cune MS, Putter C de, Hoogstraten J. A nationwide evaluative study on implant-retained over dentures. J Dent, 1997, 25:S13-19

71　Mudford L, Curtis RV, Walter JD. An investigation of debonding between heat-cured PMMA and titanium alloy(Ti6Al4V). J Dent, 1997, 25:415-421

72　Watanabe I, Watkins JH, Nakajima H, et al. Effect of pressure difference on the quality of titanium casting. J Dent Res, 1997, 76(3):773-779

第十二章　形状记忆合金
(shape memory alloys)

"形状记忆"合金,是指具有形状记忆效应的合金器件,在明显的塑性形态之后,经过适当处理,可以回复到它变形前的原始形状。这种形状的回复,是通过将器件加热到一定的温度来激发的。合金在回复过程中会产生相当大的力,可作不同程度的机械功,因而具有相当的实用意义。

第一节　形状记忆效应 (shape memory effect)

什么是形状记忆效应,它的本质又是什么呢?目前比较众多的解释认为:形状记忆效应和马氏体相变直接有关。其形状记忆效应是通过温度或应力来控制的。这种合金某一临界温度以上时,它的母相是一种典型的奥氏体结构,是无序的晶体结构。当合金冷却到临界温度以下,它将转变成有序的马氏体结构。如果将这种有序的马氏体再加热到某一临界温度以上,它又能回复到奥氏体原有的晶体结构形式。在这种可逆转变(即马氏体相变及其逆相变)的过程中,马氏体会出现弹性似的扩大和缩小。这种现象称为马氏体热弹性(thermoe-lasticty)现象。并不是所有马氏体都是如此。一般的钢和某些合金也可能有类似的现象,但它们的热弹性效应很小,仅为形状记忆合金的1%左右。只有热弹性型的马氏体才能"记忆"其母相的结构。

上述马氏相变也可借施加应力来实现,并且当应力消除时,就产生逆相变,在这种通过应力来实现马氏体转变的过程中,马氏体的应变可以达到很高的值,为一般合金的许多倍。这种大的应变现象称为伪弹性(paseudoelasticty)现象。通常金属在外力作用下产生形变时,形变如超过弹性限度产生塑性形变后,即使去除外力或予以加热,都不会再恢复原来的形状。这是结构重排的结果,而这种结构的重排运动是不可逆的。当一种形状记忆合金,如含铜14.5%(重量)、铝4.4%(重量)的镍合金的单晶受拉伸时,它的应力-应变曲线的形状对该合金的马氏体相变的特性温度,存在着明显的关系。在高于马氏体相变开始点(Ms)的温度下拉伸时(图12-1,a-d),开始为弹性形变的直线范围,接着产生屈伏现象,表现呈塑性形变。但是,这种形变是应力诱发的马氏体相变所致。这种马氏在处于比逆马氏体相变终止点(Af)高的温度下,应力为零的状态时,在热力学是不稳定的。因此,去除负荷,就会发生逆转变,回复到母相状态,塑性形变完全消失(a-c)。这种消除负荷,塑性形变就消失的现象就是伪弹性现象。由于形成这种现象的原因和机制不同,伪弹性有几种类型。上述由应力诱发的马氏体相变及其逆相变现象,专门称为超弹性(superelasticity)。

由于这种合金的逆相变在结晶学中是可逆的,塑性形变后的形变可完全消失,因此又称为形状记忆效应(shape memory effect),也有称为马氏体记忆(Marmem)。

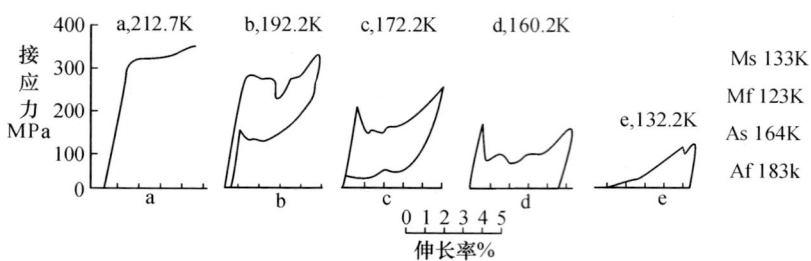

图 12-1　Cu14.5%，A14.4% Ni 合金单晶拉伸时应力-应变曲线与温度关系

第二节　形状记忆合金（shape memory alloys）

目前，在一些具有按马氏体机制进行的相变的金属和合金中，基本上都知道有形状记忆效应。但是，在不同的材料中，形状回复的程度和显现记忆效应的温度范围却大为不同。例如：Cu-Al-Ni、Ag-Cd、Cu-Zn、Cu-Sn 合金，在逆相变温度范围内显现出形状的完全回复；而在 Fi-Ni、Fe-Mn、Cr18Ni10Ti 不锈钢中，原始形状的回复却不完全。已知能完全回复的形状记忆合金的成分其相变温度见表 12-1。

表 12-1　形状记忆合金及其相变点

合　金	组　成(%)	Na 点(℃)	资料来源
Ag-Cd	44~49at Cd	-190~-50	Nagasawa A (1972)
			Tong BC (1973)
Au-Cd	46.5~50at Cd	30~100	Chang LC (1951)
Cu-Al-Ni	14~14.5wt Al	-140~100	Otsuke K (1970)(1971)
	3~4.5wt Ni		Oishi K (1971)
Cu-Au-Zn	23~28at Au	-190~40	Nakenichi N (1971)
	45~47at Zn		Miura S (1974)
2 Cu-Zn	38.5~41.5 wt Zn	-180~10	Wayman CM (1971)
			Schroeder TA (1978)
Cu-Sn	—at Sn	-120~30	Miura S (1975)
			Khendros LG (1976)
Cu-Zn-X	at X	-180~100	Eisnwasser JD (1973)
(X=Si, Sn, Al, Ca)			wield DV (1972)
In-Ti	18—23at Ti	60~100	Basinki ZS (1954)
			Miura S (1976)
Ni-Ti	49—51at Ni	-50~100	Buehler WJ (1963)(1969)
			Otsuka K (1971)
Ni-Al	36—38at Al	-180~100	Enami K (1971)
			Au XK (1972)
Fe-Pt	—25at Pt	-130	Foos M (1975)
			Wayman CX (1971)

第三节 镍钛形状记忆合金
(nickel-titanium shape memory alloys)

目前最常用的形状记忆合金是 55-Nitinol 合金，为镍含量在 54%～56%之间的镍钛金属间化合物，是 20 世纪 50 年代末美国海军武器研究所(U. S. Naval Ordnance Laboratory)在研究镍钛合金时偶然发现的。多年来，对这种合金的平衡相有多种解释。一般认为：这种合金在低于 800℃有 NiTi 单相区存在，当它冷却到室温时并不分解为 Ti_2Ni 和 Ni_3Ti，而是具有较宽的稳定 NiTi 结构。NiTi 最大固溶在(50.8±0.2)at%范围内，在富钛组分时为 Ti_2Ni 化合物，呈包晶反应。在富镍组份时，则有结构和 Ni_3Ti 有关的新相 Ni_3Ti_2 在(625±20)℃形成，呈包晶反应(图 12-2)。

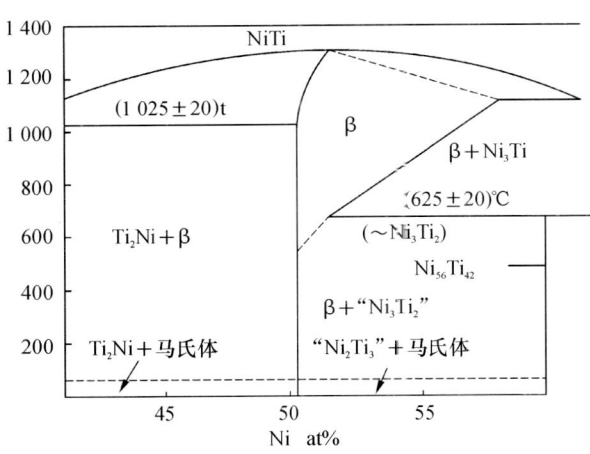

图 12-2 钛-镍平衡图

这种合金(1∶1化学比)的母相(高温相 htp)是 CsCl 型体心立方型晶体结构，但实际还要复杂些，系一种由 a0=9 Å 超晶格(superlatice)和每个晶胞有 54 个原子的 a0=3 Å 亚晶格(sublattice)组成的复杂结构。当合金冷却到大约 40℃时，开始马氏体转变(Ms 点)，温度继续下降冷却到 Mf 点时，马氏转变即完成，此时的晶体组织(低温相 ltp)，人们争论颇多，认为可能是菱形(六面)体结构，也可能是单斜晶系。此时，如对马氏体加以变形，可得到变形马氏体。变形马氏体如加温约至 50℃时，便开始逆马氏体转变(As 点)，转变继续进行到 Af 点时，转变即告完成，完全回复到母相的晶体结构状态(图 12-3)。如果把合金重行冷却，则不会产生上述马氏体转变，这样的往复可以循环。这种不但能记忆母相的形状，也能记忆马氏体的形状的"记忆"，称为"双向形状记忆"。

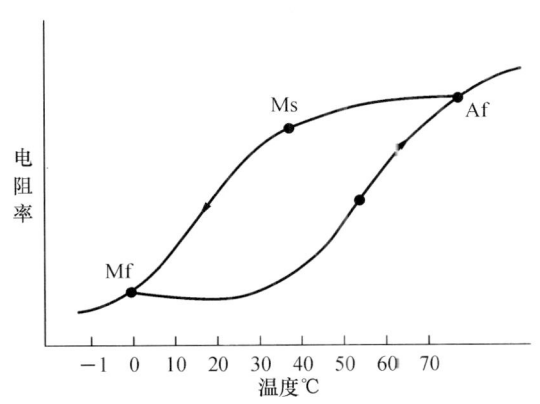

图 12-3 NiTi 形状转变温度与电阻率关系

镍钛合金的形状过程简述如下：①镍钛合金的器件可以是不同尺寸的丝、棒、片、管等锻制件或铸件。②把上述器件加工形成所需的"记忆"形状，例如已经铆好的铆钉(图 12-4a)。③把这种所需"记忆"形状，紧固在定位装置中。④进行"记忆"热处理(memory heat treatment)。⑤把经过"记忆"热处理的器件处于中间形状(intermediate shape)。例如把铆钉铆好的一端拉直(图 12-4b)纳入到待铆孔内(图 12-4c)。⑥加热(根据合金组成，可控制在-15～150℃之间)进行形状回复到所"记忆"的状态，例如被拉直的铆钉回复到已经铆好的原始形状，完成铆接工艺(图 12-4d)。

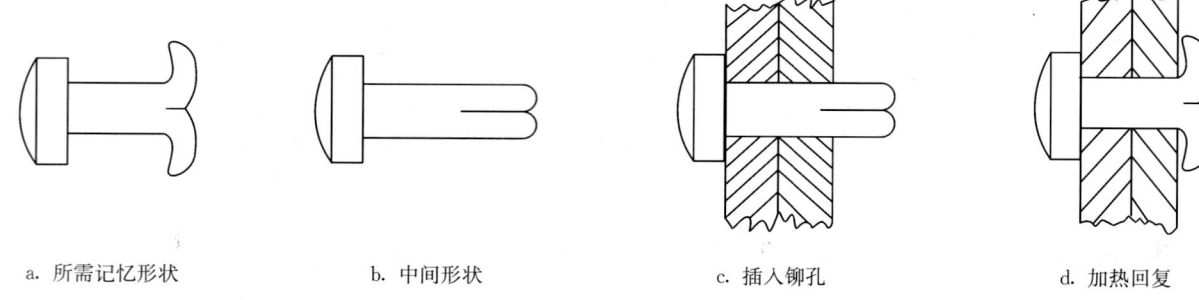

| a. 所需记忆形状 | b. 中间形状 | c. 插入铆孔 | d. 加热回复 |

图12-4　NiTi铆钉形状记忆过程示意

上述记忆过程，根据需要可以是可逆的，也可以是不可逆的。

回复所记忆形状（即回复热处理）的温度即转变温度。这种转变温度范围（transitional temperature range）主要取决于合金的化学组成。如12-1所列，在镍原子百分数为49%～51%的镍钛合金中，其Ms点的变化范围可在－50～100℃之间。但合金成分对转变温度关系的报道因各个实验条件不同而异（图12-5）。一般认为，在50 at%～51 at%Ni 范围内，增加镍含量可降低形状回复温度。因此，在应用时必须根据实际情况所要求的转变温度，在研制时对合金的成分进行设计并严格控制。形状回复温度不仅取决于合金成分，还和它的记忆热处理制度有关。一般说来，结晶粒度越细，则Ms点越下降；对规则合金来说，淬火速度越快，则Ms点也越下降。此外，记忆形状的应变程度也能影响合金的形状回复率，如应变不超过8%的限度，器件可以得到完全的回复。

低于转变温度范围，这种合金具有高度的延性，可在70～140 MPa应力下塑性变形。在转变温度范围以上的合金，则变得相当坚硬，不易屈服。

镍钛合金除了独特的形状记忆特性外，与医学有关的其他主要性能见表12-2。

表12-2　镍钛合金与医学有关的性能

熔点（℃）	1 240～1 310
比重（g/cm³）	6.45
比电阻（μΩ·cm）	25℃　80
	900℃　132
线膨胀系数 24～900℃	10.4×10/℃
导磁率	<1.002
硬度	RA 65～68
抗拉强度极限	563～961 MPa
屈服强度	137～226 MPa
弹性模量	70 022～81 006 MPa
伸长率%	60
疲劳强度极限	$2.5×10^7$ cul　481 MPa
冲击强度（m·kg）24℃	3.3

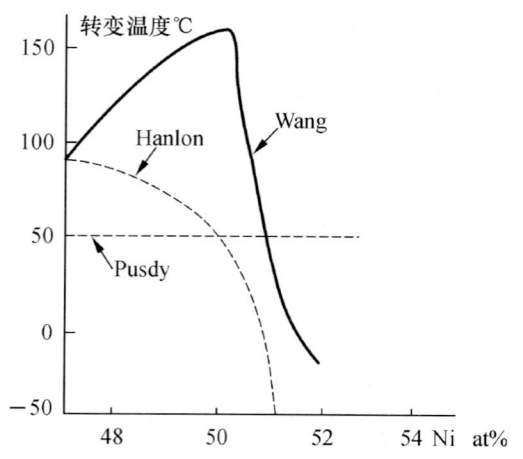

图12-5　NiTi 二元合金不同组成对马氏体转变温度影响

上述性能可见，该合金具有高于超硬铸金和钴铬合金的强度，有利于长期在人体内持续发挥功能。从屈服强度和弹性模量所反映的高回弹性，表明具有在宽跨距挠曲而不发生永久变形的性能。此外，在低、常温下化学稳定性好，具有较佳的抗腐蚀性，在海水中经为期60 d，每秒4.57～8 m（15～26英尺）高速浸蚀试验，试样重量损失极微。

第四节 一般应用

一、工业方面

形状记忆合金由于具有上述特性,引起了许多领域的广泛注意和浓厚兴趣。自20世纪70年代起,最初应用于月面天线上(Gross WB,1972)。系把镍钛丝制作大半球状天线,在低温下折瓣状发射到月球,在月面上受太阳光照而温度升高,便回复到原来的半球状,用于通讯而设计和应用最广的是紧固件和管接箍(fasteners and couplings)方面,例如:

A 盲铆钉(Buehler WB 1969)。用于不能用于直接接触到的内部固定,如在原子能工业上的远距离操作的组装作业。我国在1978年最早在工业上付之实用的,就是以镍钛合金作紧固钉固定应用于航空工业。

B 作为特殊的管道接箍用。在液氮温度下,将管子扩张约4%以后,套在该接合的两根管子上,加温后,管子收缩紧密接箍。美国在70年代初首先以镍钛合金实用于F-14战斗机的油压系统(Harison JD,1975)。

二、医学方面的实验和应用

(一)国外情况

1. 口腔医学方面

由于口腔科的特殊临床条件,几乎与工业设计应用开始的同时,就把镍钛合金丝应用于口腔正畸(Andreasen GF,1971,1978)。在此期间Simen Civjan(1975)和Burstone CJ(1980)等曾模拟临床,进行过一些矫正丝的挠曲、回弹作用,扭曲实验。前者还进行了假牙可变形的卡环(flexible wire clasps)的模拟实验和合金铸造的尝试。目前在美国已有专门厂商(Unitek Corporation)产生销售多种类型的镍钛矫正用弓丝(Activ-arch wire)。早在1978年的估计,美国6 500位开展正畸的医生中已有5 000位采用了这种材料,我国也已有近20年开展了研究、开发和广泛的应用。

2. 骨科方面

Castleman LS(Polytechnic Institute of New york)和大田启靖(国立大阪南病院矫形外科)先后在1976年和1981年报道了镍钛记忆合金在动物体内植入的实验。他们分别在狗和兔、羊内植入,均认为该材料"无组织反应"和"确认了在临床应用上有很高的价值和可能性"。以后又设计采用高于体温10~150°F回复温度的,骨折固定用的骨接合板。Hughes J(University of Mississippi)和大西启靖还设想用镍钛合金的记忆效应制成的人工关节,不用骨水泥固定而在骨内自身扩大,坚固地固定在骨腔内。Schmering MA等设想以镍钛合金制作脊柱侧弯症时用的哈氏棒(Horrington rod),植入体内,以后在体外用高频装置经常部分的加温,依此能慢慢地矫正。此外,大西启靖等还提出了以镍钛合金制作骨栓(Ender)和Kuntscher髓内针,以方便手术提高疗效。

3. 凝血滤器(blood clot filters)

Simen M(Harvard medical school)报道在狗内使用镍钛合金作腔静脉滤器(vena cava filter)成功。在低温下把滤器(马氏体状态)拉成直丝,从预先放在肱静脉的导管插入静脉。这个丝随着加温到体温时,恢复到原来的复杂形态(母相状态)而成为滤器。

4. 脑动脉瘤夹(intracranial aneurism clips)

日本东北大学的本间等采用镍钛合金辅助夹，配合银夹扩大了动脉夹，有可用局部加热而简便地取出的优点。

5. 人工心脏(artificial heart)

Sawyer P(State University of New York)设计了在人工心脏样机用的收缩性人工肌肉(contractile artificial muscles)在狗和小牛身上实验，即用镍钛线股(把镍钛线平行地在横幅向排列，以结扎连接)，按预先设计的定时频率，由电气加热而作活动。

6. 其他

此外，还有设计镍钛合金应用于人工肾用瓣(舟久保熙康)，宫内避孕器(intrauterine contraceptive device)和颌骨固定、间结扎等。

(二) 国内情况

我国在这方面的医学应用研究虽然起步慢，但发展还是较快的。

1978年秋，上海第二医科大学(薛淼等)向上海钢铁研究所(杨海波)提出共同协作镍钛记忆合金医学应用研究课题。在上海市高教局和冶金局的支持下，组织了有关单位，进行了医用镍钛合金锻制材料的研制，转变温度和热处理制度探索材料加工，各项涉及安全性的医学基础实验，口腔各科，骨科，整复外科和妇产科有关记忆器件设计，模拟临床实验和临床研究等工作。以50.8%～51.8at% Ni 范围的 NiTi 合金，采用550℃以上软化退火和随后350～500℃使低温退火的二次热处理方式，控制热处理冷却速度，使回复温度控制在≤37℃，并对此合金进行了变形和回复力以及有关机械物理塑性能试验(洪伟卿、杨海波)。鉴于国外个别学者对 NiTi 合金的抗腐蚀性能持保留态度(Sarkar NK)，对此材料首先进行了模拟腐蚀试验。实验表明这种合金属极强级，符合在口腔内和体内应用的要求(薛淼等)。1981年在国内首次报道了镍钛合金医学应用的基础研究工作(薛淼等)。体外 L-株细胞在 NiTi 合金表面生长良好，附着性良好(张彩霞)。在60只大白鼠皮下和骨内植入10个月表明，该合金在生物体内，对局部组织无损害，植入体未见腐蚀、变色和细胞毒性迹象，局部未见肿瘤产生(薛淼、潘家琛、俞育飞等)。合金埋入狗体内前后皮毛微量镍元素的 X 射线能谱分析说明，植入后毛内含镍量未见增加(薛淼、陈志祥、汪学明)。这项研究持续了两年。在上述基础研究工作的基础上，上海第二医科大学及其附属机构，于1981年起，口腔矫形科(楼昭华)、口腔颌面外科(潘家琛，潘可风)、骨科(戴克戎，杨佩君)、整复外科(王德昭)、妇产科(薛培)等设计了正畸弓丝和卡环，加压骑缝钉，双杯型髋假体，压缩钢板螺丝钉，盲铆钉，颅骨板及输卵管夹，分别应用于儿童正畸，颌骨肿瘤截除后移植内固定，下颌骨骨折固定，下颌前突畸形升支矢状劈开矫正，各科骨折内固定，髋关节炎、石骨症、髋畸形强直、髋脱位等矫治，颅骨、额骨缺损修复和女性绝育等，获得较为满意的治疗效果。目前除继续临床应用外，特别在计划生育方面较大量推广外，还在扩大应用范围。此外，北京301医院和北京有色金属研究总院合作也进行了骨科方面的临床研究。特别需要提出的是在临床大量应用，获得满意的效果，之后又不断进行研究，并逐步产业化，目前已形成一个较成熟的产业，为我国口腔医学应用镍钛记忆合金创造了重要条件。

此外，天津冶金材料研究所等不少院所也都进行过镍钛记忆合金的各临床医学应用研究工作，但20世纪80年代中期起，包括原上海第二医学院等一些单位，并再未见有进一步发展。直到20世纪90年代中期又受美国影响，对介入疗法方面的应用研究又出现了热潮。

（三）国内外水平比较

1. 材料本身的基础研究

早在 1938 年 Greninger AB（Harvard University）和 Mooradian VG（Massachusetts Institute of technoloogy）就对铜锌合金马氏体相变的形状记忆效应进行过研究。Buehler WJ 发现镍钛合金的形状记忆效应后，国外对形状记忆合金的马氏体记忆的本质，开始了大量的基础研究工作。特别是对镍钛合金的晶体结构，形状记忆效应的机制，Ms、Mf、As、Af 的特性温度，成分，合金化程度、温度作用和塑性形变关系，热机械回复特性，形变率与回复率等等方面有更深入的研究。而我国则是先应用，在尝到了些甜头后才开始做微观机制方面的研究。

近 20 年来，国外对其他合金的形状记忆效应也有不少研究，例如对 Cu-Al-Ni、Fe_3Pt、Cu-Sn、Cu-Zn、Ag-Zn、Cu-Zn-Al、Cu-Zn-Ga、Ni-Al、Fe-Mn 以至 304 不锈钢的这方面研究，其中对 Cu-Zn-Al 尤为重视。而我国也在铜基合金等方面做了些工作。

2. 制品产业化

国外在医用形状记忆合金的锻制器件，已开始有专门厂商经营，产品水平较高。目前已知有以下厂商专营形状记忆合金，不少可提供医用产品并提供器件设计的咨询：

—Raychen Corporation, Meno Park, California, 94025,

—Delta Memory Metal Company, Ipswich, Suffolk, IP2 OEG, England

—Unitek Corporation, Monrovia, California, 91096,

—Foxboro Corporation, Foxboro, Massachusetts, 02035

而我国在这方面，和其他医用材料和制品的情况类似，受加工的条件和水平的限制。研制材料部门本身缺乏加工能力，要有求于其他单位。这些加工的部门，都为临时一次性协作的非医疗器械工业单位，制品质量均不理想，往往连最简单的丝材的得率都在 50% 以下。总之，在形成生产力这方面与国外差距极大，特别是对医用器件，因花样多，数量少，困难就更多。

近 10 年来，随着研究院所体制改革，我国的医用记忆合金的开发有了可喜的发展。如北京有色金属研究总院建立了有研亿金新材料股份有限公司，现研究的记忆合金种类主要有 NiTi、TiNiCu、TiNiNb、CuZnAl、CuAlNi、FeMnSi 等。公司生产和经营的主要产品有医用系列内支架、口腔正畸器材、节育环、医用导丝。其中口腔正畸器材曾获第二届北京国际博览会银奖，医用介入内支架（专利号：ZL97200206.5）和记忆环（ZL00200749.5）都获得了国家专利。记忆合金产品生产线于 1998 年在国内通过 ISO 9001 质量体系认证。2001 年又通过了国际著名的德国 TÜV 公司的质量体系认证（ISO 9001，EN 46001）。目前，口腔正畸器材主要销往全国各省市、东南亚国家及中东地区，在国内市场占有率在 90% 以上。医用介入内支架主要销往吉林、黑龙江、河北、山东、广东、河南等地，在国内市场占有率在 30% 以上。

3. 医学基础研究

当时医疗器械生物学评价研究及其标准化在国际上还未开展，国外镍钛记忆合金的医学基础研究的报道并不多，似乎只着重在动物内植入后的组织学观察。相比之下，我国虽然在这方面迟了 4～5 年，但所进行的模拟腐蚀、细胞毒性、动物体内植入前后皮毛镍钛含量能谱分析以及动物皮下和骨内植入的生物相容性研究等都是有一定的水平，这是我国在镍钛记忆合金的医学临床研究开展最早的主要原因。

4. 临床研究和应用

国内外医用形状记忆合金基本上都是镍钛合金。就涉及应用面来说，各有千秋。国外的凝血滤器、脑动脉瘤夹、人工肌肉等方面(多数是临床前试验),我们尚未开展。但我国的压缩骑缝内固定钉、输卵管夹、双杯髋假体、颅骨修复等(都已临床实用)在国外还未见临床正式报道。尽管如此,差距还是有的。一是国外在这方面起步早;二是他们的器件设计较我们先进(如体内介入支架等);三是国外有的医用产品如正畸弓丝已形成稳定的生产力,应用普及率达80%~90%,而我国除了北京有研亿金新材料股份有限公司外,几乎大多数单位的医用记忆器件都处在中试阶段。

第五节　镍钛记忆合金口腔正畸应用
（othodontic application of nickel-titanium shape memory alloys）

镍钛记忆合金在国内外医学研究应用方面,口腔正畸的应用为最早,而且是最成功、应用最广泛的。当然,正畸应用是在口腔中,属于医疗器械(medical devices)分类中的第2类,在安全性评价要求方面不如应用于体内的第3类那样高;而且镍钛合金正畸器件的结构相对来说比较简单,制品加工不十分复杂。

(一) 国外

美国Anderesen在20世纪70年代末开发了一种名为Nitinol的正畸弓丝,它是一种镍55 wt%,含少量钴、铜和铬的镍钛合金。早期的Nitinol弓丝是一种难以加工弯曲操作的马氏体合金,其维氏硬度高达430。到20世纪80年代中期开发的镍钛合金正畸丝商品具有了超弹性(superelastisity),工业材料学的术语为伪弹性(paseudoelasticity)。这种弓丝在室温或口腔温度下具有完全的奥氏体NiTi结构。

图12-6显示了镍钛正畸试件在弯曲时的超弹性效应。图中a-b段对应弓丝试件的初始弹性形变。随着b-c段,奥氏体NiTi结构转变到马氏体NiTi结构。在c点转变完成(一般约10%应变)后,c-d段对应试件的应力(弯曲矩)增加,进一步弹性形变和塑性形变。当负荷去除,这种活动的顺序逆转,对应在d-c段,马氏体NiTi结构的弹性应变消失。沿着e-f段回复到奥氏体NiTi结构,最后应力或弯曲矩降至0时,在奥氏体NiTi结构中的弹性应变消失。由于c-d段的永久形变,致少量永久性挠曲角还残留在丝中。对弓丝试件的伸拉负荷和负荷的去除,由于应力作用在试件断面是一致的,对b-c段和e-f段两者是相似的。弓丝在无负荷(弓丝处于惰性状态)的超弹性特性对正畸临床是十分理想的,因为此时的弓丝对牙的运动力是均匀而十分小的。

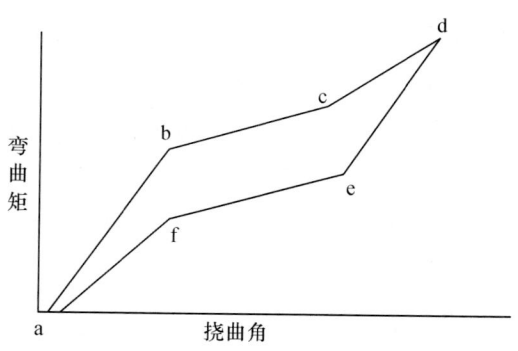

图12-6　镍钛正畸弓丝弯曲矩和挠曲角关系的曲线图（自Goldberg J）

20世纪90年代初,开发出在口腔环境中真正具有形状记忆的一种新NiTi正畸弓丝。厂商把这种丝在厂内先在480℃进行处理,建立了首次形状记忆。当这种弓丝应用于临床,嵌入到黏在错位牙的托槽后,使弓丝处在较低的转变温度(口腔温度),由于弓丝回复到原来形状(惰性状态),于是牙的运动就被驱动。镍钛合金丝是在从很低温度(低于37℃)完成从马氏体NiTi结构热转变到奥氏体NiTi结构。然而温度高于口腔环境对超弹性弓丝完全转化到奥氏体NiTi结构还是需要的。

形状记忆合金丝有高回弹到超弹性以及无超弹性的镍钛丝,以供不同临床之需。20世纪90年代中制造商推出含铜的适用于3种不同的奥氏体完成温度(27℃、35℃、40℃)的新NiTi正畸弓丝,这些弓丝能完全转变到奥氏体NiTi结构。

目前尽管NiTi正畸丝具有很多优点,如很低的弹性模量和高回弹性(很宽的弹性工作范围),但是NiTi丝还有一些缺点,如在临床上要加工到需要的形状很困难。此外,不易焊接和表面相对粗糙些。

(二) 国内早期

我国于20世纪80年代初,北京口腔医院(鲍燕贻、王邦康等)和北京有色金属研究总院(田华成等)共同协作,参考Andereasen的报道,较早开始以镍钛记忆合金丝应用于口腔正畸临床的研究。当时已经达到了以下的要求。

1. 镍钛合金矫正丝(当时名称)的特性

这种矫正丝的转变温度范围在29~36℃,而当时美国的nitinol丝没有利用其记忆特性。从弯曲90°、扭转720°后恢复的残余变形角观察,可见所研制的矫正丝弹性性能较好。镍钛合金矫正丝和国产不锈钢丝抗90°弯曲性能比较,镍钛合金矫正丝在夹持丝材的边角率半径 $r=0.5$ mm时,以每秒钟一次的速率向同一方向作90°弯曲时,均能大于40次而不折断,而不锈钢丝仅能弯曲3~4次)。ADA不含贵金属矫正丝的32号规格要求"不少于10次"。

2. 镍钛合金矫正丝的操作规程

(1) 利用记忆特性的矫正器的操作顺序

A. 第一种记忆程序在室温下制作设计要求的形状→高温包埋料包埋→炉温500℃ 10 min记忆处理→去出空气冷却→低温(冰中)变形处理→带入口内达到记忆转变温度时,逐渐恢复原来制做的形状。在恢复过程中产生机械力,推动牙齿达到矫治目的。

B. 第二种记忆程序是在室温下制作设计要求的形状→临床应用前经液氮(−196℃)冷却进行变形处理→戴入口内。恢复情况同第一种记忆程序。

C. 第三种记忆程序是在室温下制作设计要求的形状→局部加热→部分恢复产生力量→牙齿移动。每次复诊可根据需要重复加热处理,以达到矫治目的。

B和C两种操作程序,简化了记忆步骤,便于临床推广应用。

(2) 利用弹性的矫正器的操作顺序

由于镍钛合金矫正丝具有超弹性,在弯曲90°以后残余角只有3°左右,所以,开始制作是很困难的,经过实践,认为其要领是:温度要适宜(15℃左右),力量要柔和,弯曲时避免锐角。

3. 各种矫正器的制作

研制者将镍钛合金矫正丝制作的矫正器自成一新系统,称为镍钛单丝高效固定矫正器系统和镍钛丝高效活动矫正器系统。

(1) 低位唇弓

用于结扎排齐各种错位牙或扩大牙弓。

(2) 反向唇弓

用于矫正开𬌗、深覆𬌗(图12-7)。

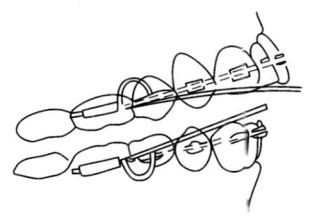

图12-7 反向唇弓

(3) 带纵曲的唇弓

用于开展间隙,推尖牙向远中等(图12-8)。

图12-8 带纵曲的唇弓

(4) 一字形唇弓

用于扩大牙弓(图12-9)。

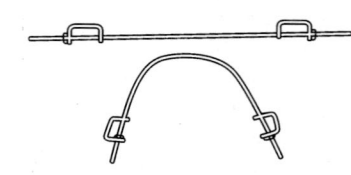

图12-9 一字形唇弓:上为制做时形状,下为戴入时形状

(5) 矫正器附件

有单曲弹簧,圈簧,双曲舌簧和交叉弹簧和弓簧等。

4. 镍钛矫正丝制唇弓力量的测定

测定镍钛矫正丝制唇弓和对照组(不锈钢丝制唇弓)在不同跨距(即两个锁槽之间的距离为9 mm、8 mm、7 mm、6 mm)加压变形1~2 mm时力量的变化,结果见表12-3。

表12-3 镍钛矫正丝和不锈钢丝唇弓力值(g)的比较

丝 材	变形量	跨 距			
		9	8	7	6
研制镍钛丝	1	950	1 350	1 700	1 900
(Φ0.55 mm)	2	1 900	2 700	3 550	3 800
国产不锈钢丝	1	1 900	2 450	950	3 150
(Φ0.5 mm)	2	2 550	3 200	3 850	4 150

(三)目前国内

1982年国产镍钛圆丝弓的推广应用,为我国正畸技术发展创造了条件。在镍钛圆丝弓基础上,1988年进一步开始研究,开发了镍钛方丝弓、RTF弓、摇椅弓、拉簧、推簧等制品供临床应用,取得了很好的效果。

1. 制品分类

(1) 普通型镍钛牙弓丝

它是一种理想的正畸弓丝,具有良好的超弹性,可满足低刚度、回弹性好的要求。与不锈钢丝相比,力柔和,持久,回复力高,剩余变形小。它对矫治开颌、牙齿扭转、拥挤、反颌疗效明显,可缩短疗程50%~70%。

(2) 记忆型镍钛牙弓丝(RTF)

曾称"RTF"为中国镍钛弓丝。它与普通型镍钛牙弓丝相比,其特点是在室温下易成形,可弯成小曲,它的弯曲力矩和扭转力矩略低于后者。口腔温度保持高超弹性,并具有记忆效应,易于在托槽中就位,患者感觉更舒适。

(3) 摇椅型镍钛牙弓丝

具超弹性,矫治力柔和、持久,用于打开深覆𬌗。

(4) 镍钛拉簧、推簧

是一种新型的正畸用弹簧,具有镍钛合金丝基本特点——超弹性。多用作拉尖牙和开拓牙齿间的间隙。它与不锈钢弹簧相比,力柔和,持久,回复力大,剩余变形小,可重复使用。

(5) 一般圆丝

以上几种正畸器材均在圆丝的基础上加工定型而成。与以上几种产品相比,一般圆丝给医生的灵活度更大,临床医生可以根据患者的具体情况进行裁剪,成本相对要低。

2. 不同材料牙弓丝比较

超弹性型镍钛合金和加工硬化型镍钛合金、Co-Cr合金、不锈钢几种材料的负载-变形曲线比较见图12-10:

超弹性型镍钛合金和加工硬化型镍钛合金、Co-Cr合金、不锈钢90°弯曲试验后的永久变形性能比较见表12-4。

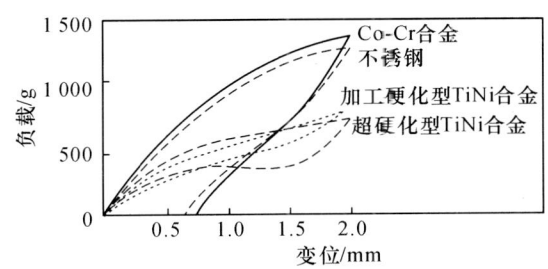

图 12-10 超弹性型镍钛合金和几种正畸弓丝载-变形曲线比较

表 12-4 超弹性型镍钛合金和几种正畸弓丝材料 90°弯曲试验后的永久变形性能比较

合金种类	永久变形(o)	标准偏差
超弹性 TiNi	0	0
加工硬化 TiNi	1.34	0.20
Co-Cr 基合金 A	25.4	0.66
Co-Cr 基合金 B	38.8	1.88
不锈钢 A	10.3	0.50
不锈钢 B	34.0	0.55

从以上超弹性型镍钛合金和加工硬化型镍钛合金、Co-Cr 合金、不锈钢几种材料的性能比较可以看出：

A. 不锈钢、Co-Cr 合金的弹性系数大，弹性范围小，而加工硬化型镍钛丝及超弹性镍钛丝弹性系数较小，弹性范围大。

B. 不锈钢、Co-Cr 合金对于很小的变位，负载的变化很大，而镍钛丝在小负载下能达到很大的变位。

C. 不锈钢、Co-Cr 合金易产生永久的变形，而镍钛合金丝去载后完全恢复到原来的形状。

从以上的比较可以看出，超弹性镍钛弓丝性能最符合正畸要求。

3. 牙弓丝规格型号

北京有色金属研究所亿金新材料股份有限公司的牙弓丝规格型号见表 12-5，供参考。

表 12-5 有关牙弓丝规格型号对照表（英寸）

产品规格		普通型 型号	记忆型 型号	摇椅型 型号
圆丝弓	0.012 上	CY12U	-	-
	0.012 下	CY12L	-	-
	0.014 上	CY14U	RY14U	YY14U
	0.014 下	CY14L	RY14L	YY14L
	0.016 上	CY16U	RY16U	YY16U
	0.016 下	CY16L	RY16L	YY16L
	0.018 上	CY18U	RY18U	YY18U
	0.018 下	CY18L	RY18L	YY18L
	0.020 上	CY20U	RY20U	YY20U
	0.020 下	CY20L	RY20L	YY20L
方丝弓	0.016×0.016 上	CF1616U	RF1616U	-
	0.016×0.016 下	CF1616L	RF1616L	-
	0.016×0.022 上	CF1622U	RF1622U	YF1622U
	0.016×0.022 下	CF1622L	RF1622L	YF1622L
	0.017×0.022 上	CF1722U	RF1722U	YF1722U
	0.017×0.022 下	CF1722L	RF1722L	YF1722L
	0.017×0.025 上	CF1725U	RF1725U	YF1725U
	0.017×0.025 下	CF1725L	RF1725L	YF1725L
	0.018×0.022 上	CF1822U	RF1822U	YF1822U
	0.018×0.022 下	CF1822L	RF1822L	YF1822L
	0.018×0.025 上	CF1825U	RF1825U	YF1825U
	0.018×0.025 下	CF1825L	RF1825L	YF1825L
	0.019×0.025 上	CF1925U	RF1925U	YF1925U
	0.019×0.025 下	CF1925L	RF1925L	YF1925L
	0.021×0.025 上	CF2125U	RF2125U	YF2125U
	0.021×0.025 下	CF2125L	RF2125L	YF2125L

4. 拉簧、推簧和圆丝型号规格（有色金属研究所亿金新材料股份有限公司），见表 12-6。

表 12-6 拉簧、推簧和圆丝的型号规格对照表(英寸)

类 型	圆 丝					拉 簧		推 簧	
规 格	0.012	0.014	0.016	0.018	0.020	0.010	0.012	0.010	0.012
型 号	YS12	YS14	YS16	YS18	YS20	LH10	LH12	TH10	TH12

第六节 其他应用

及时选用新医疗器械(新材料)制品的确能提高矫治、修复质量。但是,根据临床实际,在应用新发展的新医疗器械(新材料)制品的基础上,进一步熟悉其"新"的原理,如形状记忆合金的"形状记忆"机制,通过丰富的想像力,充分发挥合金的"记忆"效应,设计独特的器件及其应用技术,经过实验,很有可能创造性地解决临床某些存在的问题,更好地为患者服务。

一、加压骑缝钉在口腔颌面外科的应用

1978年,上海第二医科大学附属第九人民医院镍钛记忆合金医学应用研究组(上海市高教局重点项目)在建立课题时为组织动员各临床学科参与的宣讲时,就提出利用镍钛记忆合金形状记忆特性,设计类似订书钉的器件应用于体内骨固定。1980年,在上海钢铁研究所的协作下,在课题组的医学基础实验的基础上,潘可风、潘家琛首先以命名为"加压骑缝钉"的器件应用于口腔颌面外科。

当发生颌骨骨折,或颌骨肿瘤手术后缺损作骨移植手术时,以往经常应用不锈钢丝骨间结扎固定。但常发生排异反应,伤口经常不愈,个别甚至因继发感染而失败。以后改用了肠线结扎,但也不理想。口腔颌面外科用镍钛记忆合金制做了类似订书钉具波浪形的"骑缝钉",在低温(0~4℃)下变软,可拉长其波浪弯曲部分,置入待固定位置,使骨的两侧断端有一相互接触的合力,从而达到良好的固定目的。

病例:颌骨造釉细胞瘤患者,行左下颌自第二前磨牙起整个升支部截除术,并取第8肋骨9 mm移植,按插入法将肋骨插入颌骨骨髓腔内1 cm,用骑缝钉一枚作单端游离固定。手术后长创口Ⅰ期愈合,患者外形良好,经临床观察,至今无任何不良反应。临床应用认为,这种骑缝钉不仅操作方便,固位良好,而且排异反应小,是颌骨固定或移植固定等手术值得推广应用的。

二、镍钛记忆合金在口腔内科纵裂牙修复中的应用

孔冬古在1994年报道在口腔内科修复纵裂牙时试用镍钛记忆合金器件。

后牙纵裂保留是修复牙体病治疗中的难题之一。根据镍钛记忆合金具有形状记忆效应及多特独特的力学行为,设计一种称之为"牙体内迈式骑缝钉",经与光固化复合树脂结合应用于后牙纵裂保留修复。采用上海钢铁研究所提供的镍含量为(50.8~51.8)wt%,HTP奥氏体相温度为(36±2)℃的镍钛记忆合金带,制成宽1 mm、厚0.5 mm扁形丝材的骑缝钉。经特殊处理冲压成前后肢呈内收态的"U"型钉。它由体部和前后肢组成,体部

长4 mm,前后肢长3 mm,体部与前后肢夹角约60°。

纵裂牙必须作根管治疗。如果纵裂线明显或牙体组织移位,可用套环或成形片夹将移位牙体组织并拢对位,先埋骑缝钉后做根管充填术。

具体步骤:用车针在后牙近远中边缘嵴内侧,纵裂线两旁2 mm处,分别钻4 mm深钉道,然后,在二钉道之间拉2 mm深的钉槽。弓部经酸蚀、冲洗、吹干后涂光固化树脂黏结剂并光照聚合。钉道内填入少量光固化树脂(暂不光照聚合),助手将骑缝钉放入0℃左右的冰水中,持血管钳将内收的前后肢展开呈直角,供医生及时插入钉道。稍待片刻,随着局部温度的升高,形状记忆合金钉向原定形状记忆回复,前后肢再度内收并产生回复力。为加快加强回复力可在骑缝钉肢体联合部加温。待前后肢内收稳定后,用光固化复合树脂将骑缝钉全部包埋,并修复牙体缺损,调𬌗修整。

临床修复后二年回访的8例中7例成功,1例失败。成功的7例均系磨牙,原因在于磨牙牙冠面积大,尤其下颌第一、第二磨牙。牙冠呈长方形,有足够空间设置2只骑缝钉,也便于钉道制备和骑缝钉就位。而前磨牙效果欠佳,前磨牙牙冠面积小,如果设置2只钉则牙体磨损过多,易造成冠折。如只设置1只钉则咬合时易产生扭力,固位不良。

三、镍钛记忆合金牵张成骨增高下颌牙槽嵴器件

20世纪90年代以来,利用牵张成骨技术进行颌骨缺损修复以及颌骨延长的研究取得了很大的进步。近几年下颌骨垂直牵张成骨即牙槽嵴增高的探索性研究日益引起人们的关注。现在应用的牵张装置主要是牵张种植体和扩张螺丝,均为半埋置装置。谢是等研究应用镍钛形状记忆合金制作完全埋置的微型牵张器,用以牵张增高下颌牙槽嵴。

谢是等(2003)报道应用镍钛记忆合金牵张成骨增高下颌牙槽嵴动物实验的初步研究。实验以直径0.9 mm的镍钛记忆合金丝加工成C形及S形两种微型牵张器,可紧贴骨面;两端固定脚相距2.0 cm,与骨面垂直,并各向外张开5°以利固定。器件定形后做记忆处理,其复形温度为30～33℃。以FB30K推拉力计测定C形、S形牵张器在复形温度下最大力值,分别为0.8和0.9 kg。

按作者已建模型方法在犬进行手术。拔除下颌所有前磨牙及第一磨牙,去除多牙槽嵴、牙槽间隔,修平后严密缝合。犬拔牙后1个月行牵张手术。在下颌后牙区前庭沟底偏颊侧切开黏膜,长约5 cm,分层切至下颌骨下缘,向上剥离骨膜。在下颌管以上做长4 cm的矩形截骨,以细裂钻切开颊侧骨皮质,两端用薄骨刀完全截断。Ⅰ组犬的横行截骨线以克式针钻孔后保留部分舌侧骨皮质,在横行截骨线两侧等距离钻孔,各平行放入2个冷却变形的镍钛合金牵张器,Ⅱ组犬横行截骨线为全层切骨,放入3个C形牵张器,钻孔时使牵张器两固定脚在初试状态相距8 mm,考虑到牵张时需对抗软组织及骨组织阻力,故预期牙槽嵴增高8～12 mm。装置固定可靠后,分层严密缝合,将其完全埋置。

动物牵张器就位后,骨块即向上移动。术后1周时测得牙槽嵴增高7.5～11.5 mm,达到预期高度。牵张完成后1个月牵张区骨密度增高,有新骨生成,3个月骨密度与周围牙槽嵴接近。横断面X线片可见牵张区骨小梁呈纵形排列,与牵张方向一致。S形牵张器组骨密度比同期C形牵张器组稍高。

作者认为:完全埋置的镍钛记忆合金牵张器成功牵张增高了犬下颌后牙区牙槽嵴,与已有种植体或扩张螺旋式牵张器相比,镍钛记忆合金牵张器解决了术后人工加力问题,故可完全埋置,无遗留创面。同时,它更小巧,加力方便,可以个性化制作。但术后再难以人为控制牵张力,其合适的牵张力量和截骨方式尚待进一步研究。

(薛 淼)

参 考 文 献

1. 薛 淼,陈希贤,李一鸣.口腔医学,1981,1:40-43
2. 薛 淼.锻制镍钛记忆合金临床应用初步报告.上海第二医学院学报,1982,2:31-35
3. 薛 淼,俞育飞,潘家琛.镍钛记忆合金的医学基础研究.中国生物医学工程学报,1983,2:28-33
4. 鲍燕贻,田华成,王邦康.钛镍记忆合金的口腔正畸临床研究——矫正丝的特性和临床应用效果.中华口腔科杂志,1983,18:15-18
5. 薛 淼,贾为涛.形状记忆合金的医学应用.生物医学工程杂志,1987,4:130-134
6. 薛 淼,张彩霞,高法章.口腔材料前沿教材.上海:上海第二医科大学,1994,52-59
7. 孔东古.镍钛记忆合金在纵裂牙修复中的初探.口腔材料器械杂志,1994,3:168
8. 薛 淼,张彩霞.口腔应用材料学.天津:天津科技翻译出版公司,1997,439-453
9. 郭继华,彭 彬,范 兵.镍钛合金器械预备弯曲根管的临床评价.中华口腔医学杂志,2001,17:420
10. 王学侠.45例镍钛合金丝折断原因分析.华西口腔医学杂志,2001,17:403
11. 谢 是,胡 敏,黄旭明.应用钛镍记忆合金牵张成骨增高下颌牙槽嵴的初步研究.2003,38(2):106
12. Buehler WJ. US Patent. 1965,3 171 851
13. Andreasen GF, Mprrow RE. Labortory and clinical analyse of Nitinol wire, Am J Orthod, 1978,73:142
14. Xue M, Jia WT, Gu GZ, et al. Anallysis of nickel content after implanting Nitinol in dogs, J Shanghai Second Medical University,1990,4:61-66
15. Anusavice KJ. Phillips' Science of Dental Materials. 11th ed. New York: W. B. Saunders Company, 2003,646-649

第十三章 印模材料
（impression materials）

印模是物体的阴模，口腔及颌面部印模是口腔及颌面部软、硬组织的阴模。采取印模时所用的材料，称为印模材料（impression materials）。印模材料是用来记录或复制出牙齿和口腔组织的形态以及关系的材料。

印模材料有很多种，各种印模材料都具有一定的特点。在温度或化学物质等条件作用下，有些材料经塑性阶段，分别成为弹性或无弹性的印模。在这些材料中，有些因条件变化可反复出现塑性，则为可逆性（reversible）印模材料，否则就为不可逆性（irreversible）印模材料，即一次性应用的印模材料。水胶体和弹性体聚合物是制取口腔各部位印模时最常用的材料，而氧化锌丁香油、印模膏和印模石膏则不常用。每一种材料都有各自的优缺点，只有掌握了每一种材料的物理特性和应用范围，才能安全有效地应用于口腔临床。

第一节 概 述

一、印模材料的用途

印模材料是制作口腔软、硬组织的精确阴模的材料，包括单个牙、整个牙列或无牙颌的印模。印模是组织的阴模，将人造石或其他模型材料注入印模，待其固化后取出得到复制口腔软、硬组织的模型，即为阳模。在涉及到正畸、𬌗学或其他问题，以及骨折修复或修复术时，口腔铸模可用来进行有关牙列及其关系的研究评价。

通常印模材料被置于托盘内，在可塑状态下移入口腔中需矫治的区域。当印模材料固化后，再从口中取出托盘，然后用人造石或其他模型材料来灌注模型，常用托盘及其制作出的石膏铸模（cast）见图13-1。有时候可以用铜或银电解来制取金属模型。最重要的是最终复制模型的精确度、细致性和质量。阳模记录了上下颌组织的形态，以便在其上制作义齿、冠桥或其他修复体，这称之为铸模（cast）。牙体制备后的阳模复制品为制作嵌体或桥作准备。在矫形治疗中复制的牙列或牙齿有时称为模型（model），但用术语"铸模"更恰当。而对𬌗及对侧牙列称为"模型或铸模"都可以。当需要多个阳模时，印模被用作复制模，这类印模材料被称为复制材料（图13-1）。

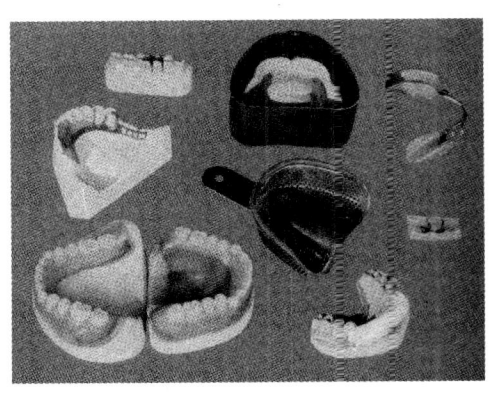

图13-1 常用托盘及石膏铸模

制取印模时可采用不同的托盘，托盘用来放置印模材料，然后与口腔组织接触并保持不动直到印模材料固化。然后将托盘从口中取出，准备制备阳模复制品。每种印模材料的临床操作技术及铸型的制作都是不同的，将在相应的章节一一作介绍。

二、印模材料的要求

印模是口腔修复工作中极其重要的首道步骤，其质量直接关系到最终的修复效果，因此必须对印模材料提出严格的要求。

（一）安全性

与人体接触的材料必须是安全的。要求对人体无毒，对口腔组织无刺激。

（二）准确性

即要求所制取的印模准确反映所摄口腔颌面组织的情况。因此就涉及对印模材料以下的要求：

1. 尺寸稳定性

即材料固化后，其形态和体积的变化极微小，并具有稳定性。

2. 稠度（consistency）和流动性

是指材料在定型前的可塑性或黏度、流动度的大小。适当的稠度和流动性，有助于材料在被稍加压力时，既不压迫软组织而又能流至细微部位，制得清晰的印模。

3. 弹性

指材料固化后，具有一定的回弹性，可使印模自口腔中取出经过倒凹时，不致产生影响印模准确性的改变。

4. 化学性

印模材料与石膏、人造石等模型材料不产生化学变化，并容易分离脱模。

5. 强度

印模固化后具有足够的强度，以免印模自口腔取出和注模过程中，产生材料撕裂或变形。

（三）适当的固化时间

从材料调合开始计时，以 3～5 min 为宜。如固化时间太快，则来不及操作；固化时间太长，则患者不能耐受。

（四）操作简便、性价比合理

此外，必须强调指出，高质量印模的制取，不仅在于印模材料严格符合要求，对应用者来说，掌握材料性能、合理选择并正确应用印模材料，也是十分重要的因素。

第二节　藻酸盐水胶体印模材料
(alginate hydrocolloids impression materials)

区别于可逆性琼脂水胶体，口腔用藻酸盐水胶体发生的化学反应是从溶胶到凝胶状态的变化，一旦凝胶生成就不能再液化为溶胶的，称之为不可逆性水胶体。藻酸盐水胶体被广泛用来制作冠、桥及可摘局部义齿；也可制作研究模型，以制定治疗计划。

藻酸盐水胶体与琼脂水胶体相比具有良好的弹性。使用前按水粉比混合，其流动性良好的糊剂能记录清晰的解剖细节。在印模内灌注口腔科用石膏、人造石或包埋材料以获取石膏铸型或模型，不需要涂布分离剂。粉末可以散装在容器内，附带量器分配适当的水粉比，也可提供一次印模用的粉末小包装。

一、组成及化学性能

目前常见的藻酸盐水胶体印模材料系以一定量配制好的粉末，临床应用时，加水调合成一种黏稠的溶液，置于托盘上，纳入口腔内制取印模。藻酸盐水胶体印模材料粉剂的主要成分为藻酸钾、硫酸钙及磷酸钠，其次是硅藻土、氧化锌、滑石粉、氟钛酸钾、香料和防腐剂等。

其组成参考如下：

藻酸钾	11.8%～12.8%
硫酸钙	15.0%～18.0%
氧化锌	5.0%～5.5%
硅藻土	55.0%～59.0%
氟钛酸钾	3.7%～5.0%
磷酸钠	1.7%～1.8%
滑石粉(含颜料、香料、防腐剂)	2.5%～2.8%

（一）藻酸钾

藻酸(alginic acid)的钾盐、钠盐的特性适合于制取口腔印模材料。藻酸来源于海洋植物，是一种构成海藻(海带草)胶质的酸，属于海带科。它是β-D-甘露糖醛酸(anhydro-β-D-mannuronic acid and anhydro-β-D-guluronic acid)的聚合体[$(C_6H_8O_6)n \cdot H_2O$]。分子量根据其链的长度而不同，约在15 000～5 000之间。藻酸能形成不同阳离子的盐，碱性的藻酸盐(钠、钾、铵)能溶于水。碱性的藻酸盐呈浅褐色，能溶于各种不同温度的水，而不溶于乙醇、乙醚及其他有机溶剂。含水的藻酸盐呈胶溶体液体，具有胶黏性的特征。其黏度在10～500 cp之间。

藻酸的特性主要取决于聚合度和聚合分子中的组成比。富含甘露糖醛(mannurcnan)的藻酸能形成具有很好弹性的胶体。

藻酸钾系藻酸和碳酸钾或氢氧化钾经搅拌、捏炼、压榨、过滤、水洗和乙醇脱水而成。呈褐色絮状物，然后再加工成黏度为30°E以上200目的粉末。

当藻酸盐溶液遇到钙盐，会生成一种不溶性的藻酸钙交联网状结构而沉淀(成胶凝体)，其分子结构式见图13-2。

（二）硫酸钙

是作用剂(reactor)，一般采用二水化硫酸钙。但有的学者认为，在某些环境下，采用半水化硫酸钙可增加印模粉的存储期，并能提高所制得印模的的尺寸稳定性。

（三）磷酸钠

藻酸钾与硫酸钙在水中的胶凝很快，操作时间不够，因此必须加入迟缓胶凝反应的第三种组分，即迟缓剂(retarder)。迟缓剂一般采用中性盐类或酸，但要把pH维持在6.8～8.5之间，除磷酸盐外，草酸盐和碳酸盐类也可作为迟缓剂，但还以磷酸盐的迟缓灵敏度高。因此常采用磷酸三钠作为迟缓剂。

当藻酸盐溶液遇到钙盐，则生成一种不溶性的藻酸钙而沉淀(成胶凝体)。其"溶胶-凝胶(sol-gel)反应如下：藻酸盐印模材料遇水首先形成一种溶胶(sol)，发生化学反应，然后形成凝胶(gel)印模材料。实际上印模材料粉末在与水调合，在部分或全部溶解时，化学变化可分为两个过程。

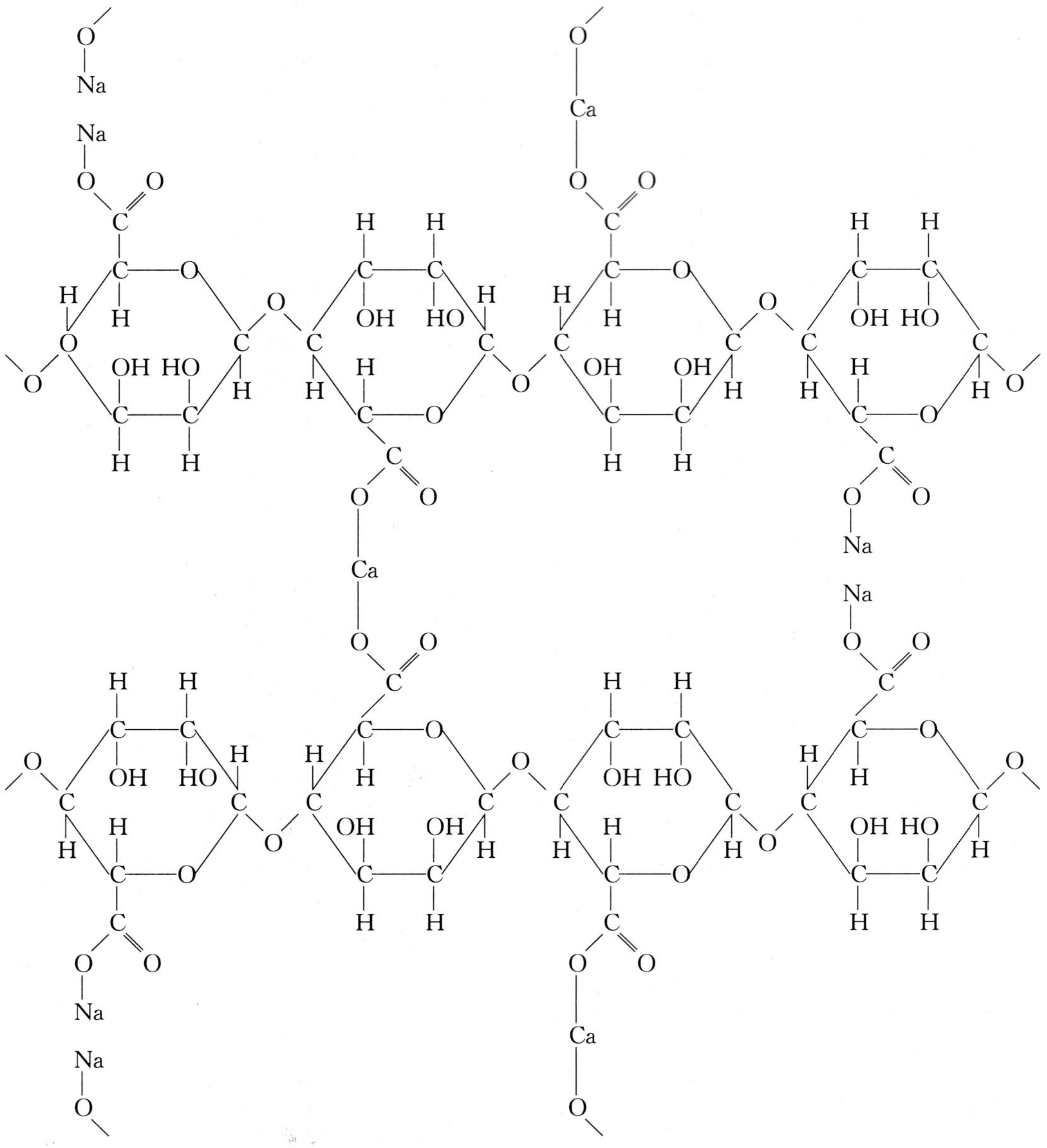

图 13-2 藻酸盐胶凝结构式

印模材料的粉末由可溶性藻酸盐、无水硫酸钙（可溶性金属盐）和磷酸钠的混合物组成，当粉遇到水时，混合物即分离，钙离子与磷酸盐离子反应形成不溶性的磷酸钙 $[Ca_3(PO_4)_2]$，磷酸钙生成早于藻酸钙 $[Ca_n Alg]$，为藻酸盐印模材料提供操作时间。

$$2Na_3PO_4 + 3CaSO_4 \longrightarrow Ca_3(PO_4)_2 + 3Na_2SO_4$$

当磷酸盐离子反应完成以后，钙离子再与藻酸盐溶液反应生成藻酸钙，与水一起生成不溶性的藻酸钙凝胶，这个反应是不可逆的，藻酸钙凝胶不可能再变成溶胶。

$$K_n Alg + n/2 CaSO_4 \longrightarrow n/2 K_2SO_4 + Ca_{n/2} Alg$$

为满足口腔印模材料的严格要求，必须控制上述反应以获得理想的性能（表 13-1）：浓度、工作时间、固化时间、强度、弹性、表面光滑度等。

表 13-1 藻酸盐与托盘型琼脂水胶体印模材料的典型性能特点

	工作时间（min）	固化时间（min）	胶凝温度（℃）	形变回复率（%）*	弹性（%）†	压缩强度（g/cm²）‡	撕裂强度（g/cm²）※
藻酸盐	1.25~4.5	1.5~5.0	-	98.2	8~15	5 000~9 000	380~700
琼 脂	-	-	37~45	99.0	4~15	8 000	800~900

*:10% 压缩 30 s；　　†:1 000 g/cm² 应力作用下；
‡:10 kg/min 负荷下；　　※:ASTM 撕裂模 C 25 cm/min
自Johnson GH. In：Restorative dental materials. 11th ed. St. Louis：Mosby,2002.336

（四）硅藻土、氧化锌、滑石粉

主要作为印模材料的填充料，可以影响主要组分（藻酸钾、硫酸钙及磷酸钠）的分量和调节胶凝后胶凝体印模的强度和刚性。其中氧化锌还有调节胶凝时间的作用，硅藻土能使印模具有光滑的表面。

（五）氟钛酸钾

使印模材料在胶凝后呈轻微酸性，能提高胶凝体的回弹性。在一般浓度时可加速模型石膏的固化，使印模无需在注模前再用固定液处理，使制得的石膏模型表面光洁、致密。

二、混合比例

为了保证稳定的性能，掌握好水粉比很重要。改变水粉比会改变混合物的稠度、固化时间以及印模材料的强度和质量。通常制造商会提供量取水粉的量器，以满足临床应用时精确的水粉比要求。

普通藻酸盐（regular alginate）的混合时间为1 min，时间过多或过少均会影响印模固化后的强度，所以应该适当控制混合时间。快速固化的藻酸盐印模材料与水混合时间为 45 s。水粉最好是在橡皮碗内用专用调刀调匀。

双糊剂型藻酸盐（paste/paste alginates）带有自动混合系统，是由基质糊剂与引发糊剂以 4∶1 组成。基质糊剂含有藻酸钠和聚丙烯酸树脂（黏合剂），引发糊剂由半水硫酸钙、磷酸钠组成。混合器应用动力学混合原理，有成品出售。

三、性能特点

托盘式藻酸盐印模材料（tray-type alginate impression material）的主要性能特点见表 13-1，并附琼脂印模材料的对应值作比较。

（一）工作时间

快速固化型印模材料的工作时间为 1.25~2 min，而普通固化型印模材料为 3 min，也可延长至 4.5 min。快速固化型印模材料的调合时间为45 s，在其被完全就位之前尚有 30~75 s 的操作时间。普通固化型印模材料的调合时间为 60 s，操作时间为 2~3.5 min，在 3.5~5 min 时固化。两者均需在调合后立即放入托盘制取印模。

（二）固化时间

固化时间的允许范围为 1~5 min，ANSI/ADA No.18（ISO 1563）规定生产商必须列出时间值，且必须比所提供的固化时间长 15 s。通过降低调合用的水的温度以延长固化时间，比通过减少粉的用量要好，因为降低粉水比会降低印模的强度和精确度。因此宁可选择一种不同固化时间的藻酸盐印模材料，也不要改变其水粉比。

固化反应是一种典型的化学反应，当升温10℃时，反应速度大约加快 1 倍，而水温小于 18℃或大于 24℃时都不宜采用。临床固化时间开始于表面黏性失去时,印模材料应当在失去黏性后仍保持不动2~3 min。因为在这期间撕裂强度和抗永久变形明显增加。

变色的藻酸盐会对工作时间和固化时间作出指示,变色机制是一种指示剂的pH变化。以酚酞指示剂为例,其变色范围为pH 8.2~10。藻酸盐会从胶溶体状态的淡粉红色变至白色的胶凝体印模。

(三) 永久变形

有10%的倒凹区,藻酸盐印模材料在移动时会受挤压,确切的受压程度要看倒凹的范围和托盘与牙齿之间的空隙。ANSI/ADA规定当材料从口腔内取出时,材料受到的使之产生20%形变的力作用5 s之后发生的形变要恢复95%以上(或永久变形小于5%)。正如表13-2所示,通常的形变恢复值为98.2%,永久变形为1.8%。永久变形用压力百分比来显示,压力大小、压力作用时间以及去除负荷后恢复的时间三者之间的关系可用图解说明,见图13-3。永久变形是一个与时间有关的性能:当压力百分比越小,印模材料受压力作用时间越短;当去除压力后恢复时间延长至8 min时,永久变形就越小(精度高)。临床上藻酸盐印模材料载入托盘进入口腔取模后,快速取出托盘,然后立即倒模,为发生的任何形变提供了足够的时间来恢复(图13-3)。

表13-2 口腔复制材料一些性能的规定要求

	最大永久变形(%)	压缩应变	最小压缩强度(g/cm²)		最小抗撕裂强度(g/cm²)	
			初始值	老化值	初始值	老化值
Ⅰ型(热可逆)						
Ⅰ类(水胶体)	3*	4~25	2 200	2 000	-	-
Ⅱ类(非水溶有机物)	3*	4~25	-	-	900	700
Ⅱ型(不可逆)						
Ⅰ类(水胶体)	3*	4~25	2 800	2 600	-	-
Ⅱ类(非水溶有机物)	3*	4~25	-	-	900	700

*:97%的最小弹性回复率
自Johnson GH. In:Restorative dental materials. 11ᵗʰ ed. St. Louis:Mosby,2002. 348

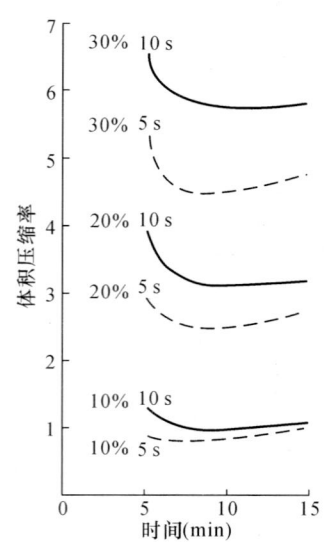

图13-3 藻酸盐在发生10%/20%/30%压缩应变5/10 s后,体积压缩率随时间变化的曲线

(四) 弹性

ANSI/ADA规定:在1 000 g/cm²压力下,弹性允许的范围为5%~20%,许多印模材料的正常值为14%,然而一些硬固化型材料的弹性值为5%~8%,只要易于取出印模的弹性值均是合理的。

(五) 强度

压缩强度与撕裂强度见表13-2,均与时间有关,负荷越大,强度越大。压缩强度的范围从

5 000～9 000 g/cm², ANSI/ADA 规定产品的压缩强度至少为 3 570 g/cm²。撕裂强度范围从 380～700 g/cm²，可能它比压缩强度更重要。撕裂强度是力与厚度之比。撕裂发生于印模的薄弱之处，因取出时移出速度的增加而使撕裂减少。几种藻酸盐印模材料在不同载荷速率下的撕裂强度见图 13-4。托盘型材料的强度值从 2 cm/min 时的 3.8～4.8 N/cm 到 50 cm/min 时的 6～7 N/cm。注射型材料在相应速率下的低撕裂强度反映出注射型藻酸盐材料的减少（图 13-4）。

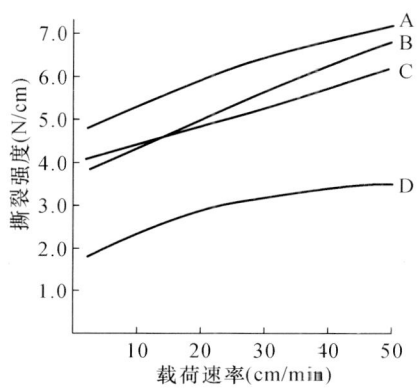

图 13-4 藻酸盐印模材料在不同载荷速率下的撕裂强度（A、B、C 是托盘型材料，D 是注射型材料）

（六）与石膏的匹配性

要选择与石膏有着良好匹配性的藻酸盐印模材料，以获得良好的印模表面质量及细节复制性。

印模必须在冷水中冲洗以去除唾液及血液，然后消毒，在灌注石膏模型前再去除表面的水分。唾液及血液会干扰石膏的固化，如果水分过多，会在印模内部积聚并使印模材料变弱，产生一个柔软、白色的表面，多余水分去除后，表面就变阴暗了。如果藻酸盐材料的印模在注模前放置了 30 min 以上，则需用冷水冲洗以去除表面渗出物。表面渗出物会延迟石膏的固化，因此，要用湿纸巾松松包裹并用塑料袋密封以防失去水分。

固化后的石膏模型不应再与藻酸盐接触更多时间，因为微溶的无水硫酸钙与含有大量水分的藻酸盐凝胶接触，对模型的表面质量不利。

（七）尺寸稳定性

藻酸盐印模材料暴露于空气中会因蒸发失水而变皱，印模若放置 30 min 就会产生形变而需重新取模。在空气中暴露 30 min 以上后即使浸入水中，也难以判断是否吸够了水，不能再现原先的尺寸。为了保证精确，模型材料应尽可能早的注入藻酸盐材料的印模。如因某种原因不能及时灌注模型，则应将印模包在湿纸巾内或贮存在塑料袋内置于 100% 相对湿度环境下，并及早灌模。而一些情况下不需要印模很精确，例如正畸的研究模型，那么可将适当保存的藻酸盐印模在需要时拿去实验室灌模。

（八）消毒

印模材料的消毒涉及到免疫系统的疾病，如肝炎、单纯疱疹等，因为病毒可能会从石膏模型传至技术工艺室或临床操作者。所有印模材料在灌注铸模前需被消毒，最常见的消毒方法是喷洒，但研究表明这类印模也可浸消毒剂消毒。消毒后的尺寸影响：在浸泡于 1% 的次氯酸钠或 2% 的戊二醛中 10～30 min 后测量其精确度及表面质量，可见到有统计学意义的明显的尺寸改变；若控制改变在 0.1% 时，则表面质量未见损坏，且临床应用时如在研究模型和工作铸模中类似的改变并不重要。另有研究发现，藻酸盐印模浸入消毒剂对其精确度及表面质量几乎无影响。琼脂印模的消毒效果未见报道，但根据相似原理，类似的推荐也是可行的。

第三节 琼脂水胶体印模材料
(agar hydrocolloids impression materials)

琼脂凝胶混合物是在半个世纪前开始应用的可逆性印模材料。其所形成的凝胶(gel)坚韧性较好。凝胶印模从口腔取出时不易变形。但其溶胶(sol)-凝胶间的转化皆系温度变化来控制的，加热变溶胶状态，冷却后又回复到凝胶状态。这个过程可以反复，因此这种类型的凝胶是可逆性的。

一、化学组分

可逆性水胶体的主要组分是琼脂与水，其他为增塑剂、乳化剂和防腐剂等。

琼脂是从海藻类中的一种红藻提炼而得的有机亲水性胶体(聚糖类)。其化学成分为半乳聚糖的硫酸(sulfuric ester)，其结构图见图13-5。

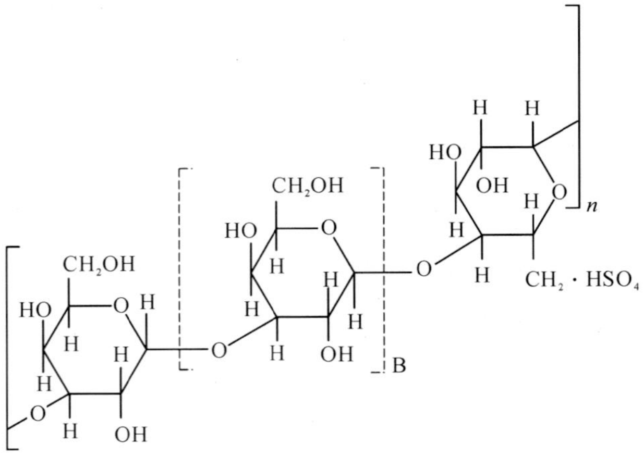

图13-5 琼脂的化学结构式

其与水所形成水胶体的胶凝温度约为37℃(30～50℃之间)，但受诸如其分子量、纯度和其他成分比例的影响而有所上下，其由凝胶转化为溶胶的温度在60～70℃之间。71～100℃之间液化。琼脂在印模材料中的含量在8%～15%之间。

纯净状态下的琼脂太脆，不能抵抗印模自口腔内取出时所使用的力量，因此加少量硼化物，以增加凝胶强度，硼化物还可增加溶胶的稠度，可取代填料的作用。由于硼化物是模型石膏的迟缓剂，在灌注石膏模型后会影响石膏模型表面的固化性能，因此往往加入适量的硫酸盐，以加速模型石膏的固化作用。此外，在实际应用时，也可在印模取得后，采取先浸在硫酸盐溶液中，然后再灌注石膏的方法。

某些产品还加入适量的填料，以控制强度、稠度和坚硬度，如硅藻土、二氧化硅、蜡粉等。此外也有加入甘油做增塑剂、麝香草酚作防腐剂等。

主要组成(%)如下：

琼脂	12.5	(13.0～17.0)
硫酸钾	1.7	(1.0～2.0)
硼酸盐	0.2	(0.2～0.5)
填料(如硬蜡)	0.5～1.0	
水	余量	

琼脂基印模材料一般有两种：托盘型和注射型。托盘型溶胶较稠，因为注射型中琼脂含量减少，它比托盘型材料更具流动性。

二、性能

琼脂基印模材料的主要成分是琼脂，它仍具有琼脂的特性，在不同的温度情况下，显示不同的稠度。在沸点时呈流体状态，冷却后渐呈半流体，冷至36～42℃之间，即胶凝而成凝胶，呈固态，并具有一定的弹性，可由倒凹处取出而不折断。呈固态的凝胶加热到60℃以上开始转为流体状态的溶胶(60～71℃维持1 d完全转为溶胶)。温度越高转化时间越短(100℃约为10 min)。琼脂基印模材料具有这种可逆特性，故可重复应用。

琼脂基印模材料呈半流体状态(溶胶)时,应有适当的稠度。而且这样的稠度又具有一定的流动性,可以取得印迹清晰的印模。根据琼脂溶胶凝胶可逆转化的特性,琼脂印模材料溶胶稠度的大小,显然是与温度变化有关的。含硼化物的印模材料溶胶的稠度较大,但受温度的影响较小,而含填料或热塑物质增稠的印模材料的溶胶,在接近其胶凝温度时,其黏稠度则变化显著。

琼脂基印模材料所制得的印模具有高度的精确性,由于它具有水胶体的特性,制得印模后的凝胶,如暴露在空气中,即会发生凝胶收缩作用而使体积缩小,暴露空气中1h约收缩1%,若将此收缩的印模浸入室温下的水中,它的体积又会因渗润作用而膨胀,约有0.1%~0.5%的增大。

其标准化性能如下:

(一) 凝胶温度

加热8 min后,材料很容易流动挤出,调温后溶胶应当呈均匀状态,能在37~45℃时固化成凝胶。

(二) 永久变形

ANSI/ADA要求使材料产生20%形变的力作用1s后,其形变恢复率应大于96.5%(永久变形小于3.5%)。大多数托盘型琼脂水胶体印模材料符合此要求,形变恢复值为99%,然而在托盘与倒凹区之间印模材料有一定的厚度,不会发生大于10%以上的压缩形变,因为压缩越大永久变形也越大。类似于藻酸盐,永久变形的大小取决于压力作用时间,所以应当及时取出印模。

(三) 弹性

ANSI/ADA规定弹性的允许范围为4%~15%,大多数琼脂印模符合该要求。弹性低的材料可应用于倒凹区,为印模材料提供更多空间,使其在取出时受到的压力小一些。

(四) 强度

典型的琼脂水胶体印模材料的压缩强度是8 000 g/cm²,撕裂强度大约为800~900 g/cm²,比ANSI/ADA规定的765 g/cm²要大。因为琼脂水胶体印模材料是黏性的,其强度与时间有关,负荷越大,压缩/撕裂强度也越大。取出印模时要尽量减少脱模时的改变。

(五) 与石膏的匹配性

并非所有的琼脂水胶体印模材料与所有的石膏产品都匹配,应当听从生产商的建议。ANSI/ADA规定生产商限制模型材料的匹配性。琼脂水胶体与石膏的匹配性优于藻酸盐水胶体。印模上残留的唾液与血迹会影响石膏的固化,应当冲洗干净。用水冲洗消毒后用气枪将印模表面的多余水分轻轻吹去并要避免琼脂水胶体表面脱水。

如果必须保存琼脂水胶体,那么取出后在灌模前需用冷水冲洗以去除因脱水缩合而产生的分泌物。

(六) 尺寸稳定性

当琼脂水胶体暴露于空气中时会因失水而收缩,各种产品收缩范围各异,例如一种产品暴露于空气中1h后的收缩仅为0.15%,而另一种产品收缩达1%。将琼脂放在水中吸湿膨胀,1h后材料基本恢复其原有的尺寸,一种大了0.05%,另外两种小了0.1%。继续贮存在水中将继续膨胀。

相对于藻酸盐印模材料而言,如不能及时灌注石膏模,琼脂水胶体印模材料应当贮存在100%相对湿度中,即使是在100%相对湿度下,也只能存放少些时间,例如1h还不会发生脱水收缩。最好是在取模、冲洗、消毒、吸干后立即灌模。

三、应 用

临床上托盘型琼脂只需浸入沸水中即可液化，通常浸8～12 min，视材料的体积而定。如果材料在加热后要立即使用，则需浸入43～49℃的水中以确保使用时的冷却。装满材料的托盘在(46±1)℃水中调温至少2 min，在托盘放入口腔之前用合适的工具刮去水浴时与水接触的一薄层材料。

当材料液化后可以浸入63～66℃的水中贮存数小时备用。需要时从水浴中取出材料立即置于预热的托盘上，装满材料的托盘在放入口腔之前在(46±1)℃水中调温至少2 min。调温可以使材料冷却至与口腔组织相适应的温度，并利于提高坚固度。

注射型琼脂水胶体材料用于制备嵌体、冠、桥的印模，通过减少琼脂含量或增加水含量来提高流动性。通常是以圆筒状贮存以利于注射，装上琼脂的注射器放入热水中10 min并贮存于63℃。使用前无需调温，在使用时从水浴中取出直接注射到准备好的牙上，材料沿着注射针挤出时快速降温与口腔组织相适应。溶胶-凝胶的状态会改变，操作者要仔细操作。

印模材料放到口中后，琼脂冷却固化。冷水在印模托盘周围冷却后以加速固化。印模漂洗、消毒，轻轻吹干再灌注口腔人造石。人造石初凝后，脱模前的石膏模型和印模应当贮存在潮湿的地方以防印模干化及收缩。

四、藻酸盐-琼脂联合印模

使用前将注射型琼脂水胶体放在沸水中加热6 min，然后65℃水浴10 min。藻酸盐印模材料调合后置于托盘，琼脂水胶体注射到制备好的牙周围，调合好的藻酸盐印模材料恰好安置在琼脂水胶体顶部。藻酸盐印模材料固化需3 min，同时它的冷却导致琼脂水胶体变为凝胶。固化、胶凝的同时两者之间形成连接。4 min之内可取下印模，印模的表面是琼脂水胶体，里边是藻酸盐衬里。

为了两者之间更有效的连接，印模材料应当在流动状态下制作，琼脂和藻酸盐印模材料之间联合的拉伸强度应达600～1 100 g/cm^2，低于此值会导致琼脂水胶体和藻酸盐结合的失败。用高强度人造石灌注模型，琼脂-藻酸盐印模的精确度和弹性印模材料是基本一样的。

总之，琼脂-藻酸盐联合印模与琼脂水胶体系列相比，优点在于加热设备的简化，不用冷水冷却印模托盘，使整个取模程序简化；另外，琼脂水胶体与石膏模型材料的匹配性优于藻酸盐，使其能用于冠、桥印模，精确度高，而且节省材料。

五、复制性印模（duplicating impression）

在制作局部义齿时，要用模型熟石膏或人造石制取患者口腔的复制品，需要复制品的原因有两个：①模型必须由耐火包埋料制成，在模型上再制作金属支架的蜡型，因为它必须要耐受贵金属或非贵金属基合金所需的铸造温度。②原始模型用于检查金属支架的精确度以及在其上制作局部义齿的塑料部分。

通过用弹性复制材料制取原始模型的印模，再获得复制性耐火模型。最常用的复制材料是琼脂水胶体复制材料，其组成与琼脂水胶体印模材料相当类似，只是复制材料中水的比例更大些。例如，琼脂水胶体印模材料用1～3倍的水稀释后（质量比）可用作复制材料。

琼脂水胶体复制材料有许多优点：它们是可逆的，材料可被多次使用。这在复制过程中相当重要，因为每一件复制品可能需要200～400 ml的材料。琼脂水胶体复制材料在54～66℃时可保持溶胶状态。

复制材料在使用时，将待复制的模型平放在玻璃面上，在其周围安放复模盒，以便使灌入的材料具有均匀的厚度。

溶胶的温度一般在52～55℃时灌入复模盒上面的开口处，直至注满为止。溶胶应在尽可能冷的情况下注入，以防止从模型处开始收缩。模盒的冷却应从底部开始，当复模材料凝固完毕，用快速动作取出主模。最好立即灌注模型，以减少凝胶脱水。

复模出来一般采用硅酸乙酯或磷酸盐包埋料，这些材料与琼脂均具有良好的相容性，因而所复制的铸模表面光洁，用磷酸盐包埋料复制模型时，应注意使表面无水，以使复制铸模表面光洁。

复制材料反复使用，一般可被重复约 20 次。一段时间后，除材料被人造石、包埋料、分离剂等污染外，琼脂还要发生水解，随着水解的进行，其强度及弹性均逐渐下降，此时宜换用新的材料。

其他一些材料，例如藻酸盐水胶体、可逆性胶体、硅树脂和聚醚，已被用作复制材料。显然，藻酸盐型的主要缺点是不可逆性，但在使用时不需加热和贮存设备，而可逆性琼脂水胶体等复制化合物却需要加热。可逆性塑料凝胶是一种能在 99～104℃时完全液化的聚氯乙烯凝胶。该材料的主要优点是其高强度及化学稳定性，可制作大量的复制品。不可逆非水合型的材料例如在室温下固化的硅橡胶和聚醚，主要是费用问题，和复制过程中使用最少量材料的许多方法问题。目前，琼脂水胶体复制材料是在口腔工艺技术室中最常用的一类型。

标准化性能要求：ANSI/ADA No.20 规格针对口腔复制材料的有两型：热可逆性和不可逆性。这两型材料可以呈水胶体状或疏水性。该规定要求这些材料不含杂质，方便制取口腔组织印模。

热流变性产品的灌注温度以及胶凝温度有详细说明。不可逆性材料的固化时间和工作时间有专门规定，至少要与一种包埋料相匹配且具有足够的细节复制能力。复制材料可以与硅酸盐或磷酸盐包埋料相匹配，但不与石膏基包埋料相匹配。其不匹配是因为这种复制材料中加入了甘油以减少凝胶中水分的丢失，这种化合物干扰了石膏基质的固化。

要求 Ⅰ 型产品在控制条件下翻模后，铸型不增大；对各种类型、级别材料的永久变形，压缩应变和抗撕裂能力的要求，理想值和范围见表 13-2。规定中对老化试验和物理性能的允许改变值也有详细的说明，同时要求产品包装上必须包括说明，指出包埋料的类型以及和什么材料一起使用，以 Ⅰ 型产品为例，包装说明上必须包括：①液化混合的方法。②调节和贮存温度。③灌注温度（表 13-2）。

第四节　弹性体印模材料
（elastomeric impression materials）

弹性体（elastomers）可视为连接着的弹性固体，这种弹性固体由缠结而相互交织的链状聚合分子组成，并具有一定程度的交联形成三维网状结构。其弹性来自缠结着的分子链，当受应力时能相互滑过、扭转或伸直，但将负荷去除后，聚合链趋向于回复原状。

具有弹性体性质的印模材料有聚硫橡胶（polysulfide）、缩合型硅橡胶（condensation silicone）、加成型硅橡胶（addition silicone）和聚醚橡胶（polyether）。虽然聚硫橡胶印模材料是在 1950 年最早介绍的弹性体印模材料，而后三种则是现在广为应用的弹性体印模材料。缩合型硅橡胶于 1955 年用于口腔修复，聚醚橡胶印模材料 1965 年起应用，而加成型硅橡胶则于 1975 年起用于口腔修复。近年来的发展已为黏结及混合技术提供了更多的选择。

一、类　　型

弹性体印模材料可根据其具有的 2～4 种典型

黏度进行分类,例如聚硫橡胶印模材料根据其黏度可分为3种类型:低黏度型(注射型)、中黏度型(普通型)、高黏度型(托盘型)。加成型硅橡胶有上述3种黏度类型及另一种极低黏度型,而缩合型硅橡胶通常是低黏度和液状;缩合型硅橡胶的催化剂常为液状或油状;第一代聚醚印模材料只有中黏度型的,但现在已发展为低、中、高3种黏度。

二、材料调合

在制取印模前3种类型都要调合催化剂与基质。印模糊剂通常为管状。等长的催化剂和基质被挤在一张纸垫上;最初的调合是以划圆的方式搅拌;最终的调合是用宽的石膏调刀挤压调匀。调合应在45 s内完成,尽管低黏度材料比高黏度材料更易调匀。当催化剂呈液态时,说明书中会有催化剂的用量说明。

最新的调合采用了带动力的机械搅拌器。催化剂和基质装在隔开的大塑料袋内,被塞入混合器的上端,按下按钮开始混合后,然后注射到托盘内。

三、印模技术

制取冠、桥印模的3种常用方法是同时进行的双黏度技术(dual-viscosity technique)、单黏度技术(single-viscosity)或单相技术(mono-phase technique)和外层接合技术(putty-wash technique)。几乎所有情况下,印模材料直接被灌注在制备好的牙上,然后再把装满印模材料的托盘就位,当印模固化后,取出整个印模。

同时进行的双黏度技术是指将低黏度材料注射到牙颈部,同时将高黏度材料调合后放入托盘再移入口腔。通过这种方式,更黏一些的托盘印模材料挤压低黏度的材料流入口腔内细微之处。因为它们同时被调合,所以两者紧紧结合在一起,固化后取出托盘及印模。

单黏度或单相技术通常使用中等黏度的印模材料,加成型硅橡胶和聚醚印模材料可使用该技术。当中等黏度印模材料从注射器内挤出时,其黏度减小,而托盘内残余的同样材料黏度不受影响,这些材料可用于注射和托盘。

外层接合技术是二次印模技术。外层接合技术原来是为了减少缩合型硅橡胶印模材料导致体积变化的聚合收缩。此技术后来也被应用于加成型硅橡胶印模材料,尽管其聚合收缩明显要低。这种技术是:用高黏度较稠的外层印模材料置于普通托盘内,制取第一次(初)印模,即由外层印模材料为患者定制一个个别托盘。用刀把外层印模组织面均匀削去一薄层,获得一定的空间(或者先用一聚乙烯薄片作为间隔放置在制备牙和外层印模材料之间),以供放置第二次较薄的低黏度印模材料,然后把两层印模材料结合在一起的托盘放入口内制取第二次(终)印模,当低黏度材料固化后取出印模。为更细致地复制所制备窝洞锐角等处,也可先注射较薄的印模材料到这些部位,故这种方法称为"二次印模技术"。

硅橡胶低黏度材料和技术的发展,减少了聚合过程中尺寸变化的影响。聚合过程中的收缩大多发生在制取初印模之后,限制印模薄的部分的终收缩。小心操作以减少永久变形和不精确度。此技术也被应用于加成型硅橡胶,尽管其聚合收缩明显要低。

制造商在催化剂和基质中加入颜色以判断混合是否彻底。通常不同黏度的产品显示不同的颜色,以便在固化后的印模上区分两者。加入迟缓剂可以很好地控制产品的工作时间和固化时间。

四、组成和固化反应

(一)聚硫橡胶

聚硫橡胶印模材料的基本成分是液态聚硫橡胶,液态聚硫橡胶有多种端基,例如有巯基、羟基、卤素、胺、多胺和酰胺等。活性最大的是巯端基,其分子式如下:

$$HS—(R—S)_{23}—R—SH_2$$

其中 $R=C_2H_4—O—CH_2—O—C_2H_4$

用于印模材料系采用室温硫化成型的液体聚硫橡胶，在氧化剂作用下，使其在口腔环境下固化成弹性体印模。商品系以双组分形式由两种管状的糊剂所组成，一支是橡胶基质为主的白色糊剂，另一支是氧化剂为主的棕色糊剂。应用时两者按一定比例调合取模。所取得印模具有较高强度、弹性、韧性和光洁度，尺寸稳定性好。

1. 组成

(1) 液体聚硫橡胶

为透明而具有黏性的琥珀色液体，按其聚合度和交联量有不同品种，作为口腔印模的主要是LP-2聚硫橡胶。其含硫基—SH(mercaptan)1.75%，平均分子量4 000，平均黏度400 cp，比重为1.29。

(2) 氧化剂

对聚硫橡胶的氧化，一般以二氧化铅用得最广。其他如二氧化锰、二氧化碲、二氧化钙、二氧化锌以及有机过氧化物，特别是异丙苯过氧化物也有效用。

(3) 硫

为避免在弹性体分子中生成结合有金属的硫盐，可加入少量硫将其去除。硫一般和氧化剂放在同一金属管的组分内。

(4) 迟缓剂

因过氧化物具有很高的活性，反应非常迅速，一般均在氧化剂组分内加入脂肪酸作迟缓剂使其呈微酸性。常用的迟缓剂为硬脂酸和油酸。铅、锌和铝的硬脂酸盐也可采用。

(5) 增塑剂

常采用的增塑剂为氯化联苯、邻苯二甲酸二丁酯、邻苯二甲酸二辛酯等酯类也可采用。

(6) 填料

为调节胶料的黏稠度，提高弹性体的强度和刚性，降低成本，往往加入惰性填料如氧化锌、氧化钛、硫化锌等。一般在两个组分中均有加入。

每种产品的组成及其质量百分比各异。总之基质糊剂中填料的质量百分比从低到高。填料的颗粒尺寸大约为0.3 μm。加速剂中的有效成分主要是二氧化物，但也可能存在一些氧化镁。漂白成分不能遮盖二氧化铅的黑色，因此这些糊剂呈黑褐色或灰褐色。其他一些氧化剂如氢氧化铜，可用来替代二氧化铅，产生一种绿色混合物。

2. 固化反应

用过氧化铅作为氧化剂时，液体聚硫橡胶的固化反应如下：

$$2HS—(R—S—S)_{23}—R—SH+PbO_2 \longrightarrow$$
$$—S(R—S—S)_{23}—R—S—Pb—S—R(S—S—R)_{23}$$
$$—S—+2H_2O$$

该反应导致聚硫橡胶的分子量快速增长，调合后的糊剂被转变成聚硫橡胶。反应轻微放热，可以升温3～4℃。尽管从调合开始到生成橡胶需10～20 min，但聚合反应仍在继续，材料固化后的性能改变有几小时。链交叉可减少固化后材料从口腔中取出时受压或受拉而发生的永久变形。

(二) 缩合型硅橡胶(condensation silicone)

1. 组成

缩合型硅橡胶印模材料的主要组成是由呈半透明胶状的二羟基聚二甲基硅氧烷(室温硫化生胶)、硅酸乙酯和辛酸亚锡等组成。正硅酸乙酯(四乙氧基硅烷)是交联剂，辛酸亚锡是催化剂。

这种印模材料一般为两组分，由糊剂和液剂组成。糊剂中含液体聚二甲基硅氧烷生胶和作为填料的二氧化硅或其他超微金属氧化物以及颜料。填料颗粒在 2~8 μm，须经预处理以提高与硅橡胶的相容性，其含量从低黏度材料的 35% 到高黏度材料的 75%。颜料有助于在糊剂和液剂调合时指示调合的均匀性。液剂内为正硅酸乙酯和辛酸亚锡。

正硅酸乙酯容易水解，不太稳定。尤其是与辛酸亚锡置于同一组分内，由于辛酸亚锡的氧化作用，使液剂的贮存有效期受限制，而糊状基质在贮存期内其聚合体也会降解或交联，同样会使贮存期缩短。

2. 固化反应

当聚二甲基硅氧烷（polydimetbylsiloxane）和正硅酸乙酯接触时在辛酸亚锡催化下，前者末端的羟基与后者中的乙氧基相遇，产生交联反应，在室温或口腔温度下，使线状呈胶体的聚硅氧烷交联成网状结构的弹性固体，同时生成乙醇副产物，随后蒸发：

聚二甲基硅氧烷＋正硅酸乙酯＋辛酸亚锡→硅橡胶弹性体（印模）＋乙醇↑，化学反应式见图 13-6。

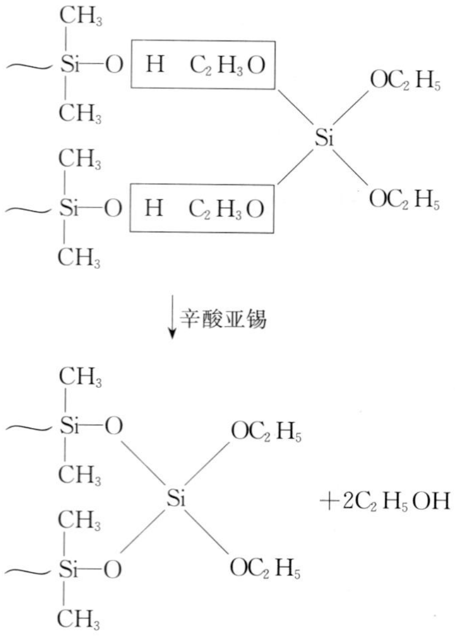

图 13-6 聚硅氧烷交联成网反应

（三）加成型硅橡胶（addition silicone）

1. 组成

加成型硅橡胶印模材料的主要成分是低分子量的聚甲基乙烯基硅氧烷。采用含氢硅油为胶联剂，以贵金属氯化物为催化剂。商品一般采用两管双组分方式，基质糊剂内含聚甲基乙烯基硅氧烷和填料等，而催化剂则也配制成糊状，内含催化剂铂酸盐（platinum salt activator）、填料以及硅烷齐聚物（silane oligomer）交联剂。加成型硅橡胶印模材料有超低、低、中、高和极高几种黏度。

2. 固化反应

当基质糊剂和催化剂糊剂调合后，在催化剂作用下，经加聚反应而交联成弹性体。不同于缩合型硅橡胶，加成型硅橡胶不会生成乙醇等副产品。如果存在—OH基团，则会发生进一步的反应生成氢气。—OH基团最主要的来源是水，在Si—H基团积聚下发生的反应，氢气的另一可能来源是在铂盐催化剂影响下聚甲基乙烯基硅氧烷的Si—H基团之间的不良反应。

并非所有的加成型硅橡胶印模材料都会释放氢气，所以建议在固化反应完成后至少30 min内不要灌注石膏模型和代模，而浇注环氧树脂代模前印模材料必须放过夜，这种时间差别是因为石膏产品的固化时间远远短于环氧树脂代模。一些产品含有氢的吸收剂（如钯）可以根据实际经验来灌注石膏材料和环氧树脂代模材料，例如在制取加成型硅橡胶印模15 min后灌注高强度人造石，有或无氢的吸收剂效果是不同的。

已经发现乳胶手套会影响加成型硅橡胶印模材料的固化。硫化乳胶手套所用的硫磺化合物会移动到手套表面，在制备牙和牵拉组织时这些化合物会转移到制备好的牙体及其邻近的软组织上，当用手混合时直接合并到印模内。这些化合物会使含铂的催化剂有毒,进一步导致印模材料的被污染区域不聚合或聚合延迟。有时在混合前用水和清洁剂彻底清洗手套可以减少这些影响,某些品牌的手套对固化的影响较大。乙烯基手套没有这种影响,制备牙区和邻近的软组织可以用2%的氯己定来清除污染。

(四) 聚醚橡胶(polyether)

聚醚橡胶印模材料是20世纪60年代出现的一种弹性体印模材料。调合后形成一种清洁、无臭、绿色略有香味的弹性体,具有较聚硫橡胶的机械性能和硅橡胶印模材料尺寸稳定性更好的优点。

1. 组成

聚醚橡胶印模材料呈双组分,即基质和催化剂。有低、中和高3种黏度。

基质糊剂主要是分子量约在4 000的低分子量聚乙烯醚橡胶,其分子末端含乙撑亚胺端基,还含有硅酸盐(silica)填料、非酞酸盐类的增塑剂以及甘油三酸酯。

催化剂糊剂有芳香磺酸酯(苯亚磺酸酯)。催化剂组分中也含有硅酸盐填料、增塑剂,一般在基质和催化剂中均加入调色剂以便区别不同类型,以及指示调合均匀程度。

2. 固化反应

当基质和催化剂调合后,低分子量的聚醚聚合物在催化剂糊剂中磺酸酯的作用下,乙撑亚胺端基开环交联,进行聚合反应引发链增长。聚合物的支架是氧化乙烯和氧化甲基乙醚的复合体,基质中的所有的聚醚都可以相互自由结合,直至所有聚合物的末端活性环都被打开建立起化学键结合。最后固化形成高分子量弹性体。

五、固化性能

弹性体印模材料的固化性能见表13-3。印模材料调合时有升温现象,但升温很小并无临床意义。

表13-3 橡胶类印模材料的固化性能

材料	黏度	升温单位	调合后45 s的黏度	工作时间(min)	固化时间(min)	24 h的尺寸变化单位
聚硫橡胶	低	3.4	60 000	4~7	7~10	−0.40
	中		110 000	3~6	6~8	−0.45
	高		450 000	3~6	6~8	−0.44
硅橡胶						
缩合型	低	1.1	70 000	2.5~4	6~8	−0.60
	极高			2~2.5	3~6	−0.38
加成型	低			2~4	4~6.5	−0.15
	中		150 000	2~4	4~6.5	−0.17
	高			2.5~4	4~6.5	−0.15
	极高			1~4	3~5	−0.14
聚醚橡胶	低	4.2		3	6	−0.23
	中		130 000	2.5~3	6	−0.24
	高			2.5	5.5	−0.19

自Johnson GH. In: Restorative dental materials. 11th ed. St. Louis: Mosby, 2002. 359

（一）黏度

调合后 45 s 时材料的黏度见表 13-3。若想取得最佳印模效果，则必须注意适当的调合时间以及把印模材料放入口中的时间。例如低黏度聚硫印模材料放入口中 5.5 min 时的黏度与中黏度聚硫橡胶 3 min 时的黏度一样大。同样的，中黏度聚硫橡胶 4 min 时的黏度与高黏度材料 2 min 时的黏度相同。

剪切力会影响聚醚和硅橡胶印模材料的黏性，这种影响称为假塑性（shear thinning or pseudoplasticity）。有这种特性的印模材料，在未固化时的黏度随着一种外力的增加或剪切速度的加快而减少，当这种外力影响消失时，黏度立即增加。这种特点对于单次印模材料非常重要，例如聚醚橡胶中甘油三酸酯的微晶体网状结构保证了聚醚在托盘内或牙齿上能保持黏性，但加压后其甘油三酸酯晶体网状结构会发生调整使材料黏度下降而能流动，这使得一次印模可以像低或中黏度材料般使用。所有单黏度（一次）加成型硅橡胶产品随着剪切速率的增加都显示出黏度的下降，剪切速率从最低到最高大约下降 8~11 倍。材料在注射等高剪切应力情况下黏度下降的特性，使得我们在应用注射托盘技术时，可以将单一材料分别作为注射用和托盘材料进行使用。

（二）工作时间和固化时间

弹性体印模材料的工作时间和固化时间见表 13-3。聚硫橡胶时间最长，依次是硅橡胶、聚醚橡胶。总之，作为特定生产商的某一级别的弹性体印模材料，随着黏度从低到高的增加，其工作时间和固化时间减少。聚醚橡胶有一段明确的工作时间，之后快速转入凝固期，通常把这叫做快速固化。与加成型硅橡胶相比，这种从塑性状态转入弹性体状态的时间是非常短的。要注意弹性印模材料可通过升高温度和湿度来缩短工作时间和固化时间，在湿热的天气里临床应用这些材料时应当考虑到此影响。

初始和最终固化时间可以用一带针和可选质量的针入度计来精确测得。Vicat 针入度计有一直径为 3 mm，质量 300 g 的针。可将新鲜混匀的印模材料放入一种高 8 mm、直径 16 mm 的金属圈内，置于装置基底部，针接触印模表面 10 s 时读取数据，每隔 30 s 重复一次。初始固化时间是指入度计不能完全插入试样中至圈的底部。最终固化时间是指 3 次完全相同的最小插入读数中的第一次时间读数。

（三）固化尺寸变化

印模材料固化时要发生尺寸的改变，固化时发生收缩的主要原因是：①聚合物链之间的交叉连接和再排序。②挥发性成分如聚硫橡胶中的水分和缩合型硅橡胶中的乙醚成分的丢失也会引起附加收缩。③印模固化到某一程度后再就位使材料所发生扭曲变形。④印模固化后从倒凹区取出时发生扭曲变形或蠕变。弹性体印模材料发生变形的主要原因是聚合物链重排和附加收缩。固化 24 h 后印模的线尺寸变化见表 13-3，聚硫橡胶和缩合型硅橡胶在固化时尺寸改变最大，从 0.4%~0.6%。收缩是副产物蒸发以及聚合反应连接再排序的结果。加成型硅橡胶改变最小，约 0.15%，其次是聚醚橡胶约 0.2%，这两种产品的收缩较低是因为没有副产物的丢失。然而各弹性体印模材料在从口中取出后 24 h 内发生的收缩有大约一半是发生在取出后的最初 1 h 内。因此，为达到最大精确度，模型及代模应当即时制作。

六、机械性能

弹性体印模材料的典型机械性能见表 13-4。永久变形、压缩应变以及尺寸变化是 ANSI/ADA 规则第 19 条（ISO 4823）所使用的分类依据（表 13-6）。根据这些依据把各种印模材料分为低、中、高或最高黏度型,分型的要求见表13-5,对橡胶类印模材料各项性能的要求见表13-10。黏度分类是通过测量直径得到的,在混合12 min之后在1.5 min时0.5 ml混合物承受575 g的力所形成的圆盘。因为弹性体印模材料的固化时间改变,黏度直径受黏度和固化时间的影响。根据黏度直径对某种材料进行分类可能与依靠测量真实黏度所得的结果不一样(表13-4)。

表13-4 弹性体印模材料的机械性能

材料	黏度	永久变形(%)*	压缩应变(%)	流动性(%)	硬度(肖氏)	撕裂强度(g/cm²)
聚硫橡胶	低	3~4	14~17	0.5~2	20	2 500~7 000
	中	3~5	11~15	0.5~1	30	3 000~7 000
	高	3~6	9~12	0.5~1	35	-
硅橡胶						
缩合型	低	1~2	4~9	0.05~0.1	15~30	2 300~2 600
	极高	2~3	2~5	0.02~0.05	50~65	-
加成型	低	0.05~0.4	3~6	0.01~0.03	35~55	1 500~3 000
	中	0.05~0.3	2~5	0.01~0.03	50~60	2 200~3 500
	高	0.1~0.3	2~3	0.01~0.03	60~70	2 500~4 300
	极高	0.2~0.5	1~2	0.01~0.1	50~75	-
聚醚橡胶	低	1.5	3	0.03	35~40	1 800
	中	1~2	2~3	0.02	40~60	2 800~4 800
	高	2	3	0.02	40~50	3 000

* 变形弹性回复率=(100%—永久变形百分比)
自Johnson GH. In: Restorative dental materials. 11th ed. St. Louis: Mosby, 2002. 363

表13-5 弹性体印模材料的弹性回复力、压缩应变和尺寸变化的要求(%)

黏度	最小弹性回复率	压缩应变		24 h的最大尺寸变化
		最小	最大	
低	96.5	2.0	20	1.5
中	96.5	2.0	20	1.5
高	96.5	0.8	20	1.5
极高	96.5	0.8	20	1.5

自ISO规格4823

表13-6 ANSI/ADA No. 19规格:对各种黏度的橡胶类印模材料的性能要求

黏度	最大混合时间(min)	最短工作时间(min)	黏度盘状物的直径(mm)		细节复制性	
			最小	最大	印模线的宽度(mm)	石膏线的宽度(mm)
低	1	2	36	-	0.020	0.020
中	1	2	31	41	0.020	0.020
高	1	2	-	35	0.050	0.050
极高	1	2	-	35	0.075	0.075

自ISO规格4823

1. 永久变形

弹性体印模材料永久变形的要求见表13-4，可以发现加成型硅橡胶有最佳的弹性回复力，其次是缩合型硅橡胶、聚醚橡胶、聚硫橡胶。

这种趋势反映永久变形更是反映了弹性回复力，因此一种材料若是永久变形为1%，则弹性回复率为99%。

2. 应变

压应变是在1 000 g/cm² 应力作用下，测得的材料的弹性，表13-4说明了这个问题。总之，每一型低黏度材料比高黏度材料更有弹性。在已知黏度的前提下，聚醚橡胶弹性最差，依次为加成型硅橡胶、缩合型硅橡胶、聚硫橡胶。

3. 流动性

流动性可以用一制备好1 h的圆柱体试样测得，施加100 g负载15 min后可得到流动百分比，见表13-4。硅橡胶和聚醚橡胶流动性最低，聚硫橡胶最大。ANSI/ADA虽然没有提到弹性体印模材料的流动性、硬度、撕裂强度，但这些都是很重要的特性，已在表13-4中列出。很显然，典型的弹性体印模材料的机械性能都是符合该规格要求的。

4. 硬度

从低黏度到高黏度，硬度会增加。有两个试样，一个试样在从口中取出后1.5 min测定其硬度，另一个试样测定2 h后的硬度。聚硫橡胶和低、中、高黏度加成型硅橡胶的硬度随时间而改变但不明显，而缩合型硅橡胶、油灰型加成型硅橡胶以及聚醚橡胶的硬度不会随着时间而增加。另外，硬度和应变会影响从口中取出印模所必需的力。临床上可以通过在托盘与牙面之间制造出更多的空间来弥补印模材料的低弹性和高硬度。当使用一次性托盘时可通过选择稍大些的托盘或设计患者个别托盘。

当从口中取出印模以及从印模内取出石膏模型时会使聚醚无法抵抗产生变形。为此，每单位的填料量从14下降到6，因而15 min之后的A硬度从46下降到40，24 h之后从61下降到50。为得到与传统单期聚醚橡胶相似的黏度，要改变高黏度软化剂与低黏度软化剂之比率。

5. 撕裂强度

撕裂强度是很重要的，因为它代表了一种材料在边缘薄弱区域对撕裂的耐受能力。表13-4所列的撕裂强度是测得的每单位厚度的试样从开始到继续撕裂所需的力。一种新的聚硫橡胶的撕裂强度高达1 000 g/cm²，但大多数材料在2 500～3 000 g/cm范围之内。很高黏度的材料其撕裂强度值未列出，因为该特点对这些材料并不重要。对于弹性印模材料，希望具有高一些的撕裂强度，但与水胶体印模材料的350～700 g/cm²相比，已经是很大的改进了。聚硫橡胶的撕裂强度较高，永久变形也较高，这可能导致印模不精确。

6. 蠕变顺应度（creep compliance）

弹性印模材料有黏性，其机械性能随时间而变化。例如，变形速度越大，撕裂强度也越高；印模变形越久，永久变形值也越高。因此，相对的蠕变顺应时间比应力-应变曲线更能表达这些材料的性能。低黏度聚硫橡胶、缩合型硅橡胶、加成型硅橡胶和中黏度聚醚橡胶的蠕变顺应时间曲线见图13-7。蠕变顺应的初始值显示聚硫橡胶弹性最大，聚醚橡胶弹性最小。与时间坐标相对应的曲线的平坦性及平行性显示了印模材料移动过程中的低永久变形和优良的形变回复性。聚硫橡胶的弹性回复性最差，其次下来是缩合型硅橡胶、加成型硅橡胶、聚醚橡胶；聚硫橡胶恢复弹性形变需要最多的时间，其次下来为缩合型硅橡胶、聚醚橡胶、加成型硅橡胶。材料黏弹性的回复性能可以有不同的表示，一个是初始蠕变顺应值，另一个是蠕变曲线上从零点到直线部分推断来的值。

第十三章 印模材料

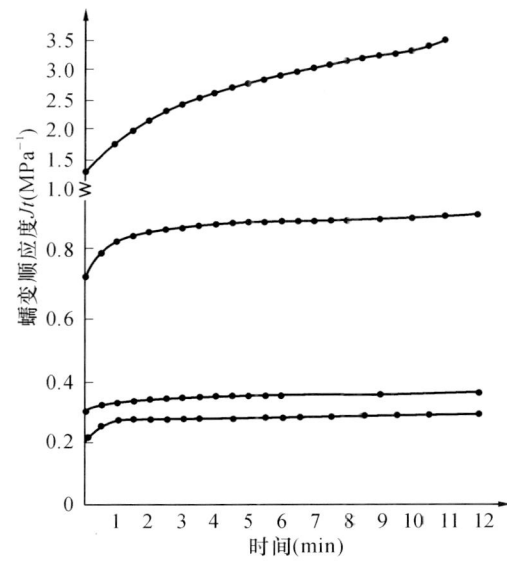

图 13-7 加成型硅橡胶和中黏度聚醚橡胶的蠕变顺应时间曲线

自 Craig RG. Mich Dent Assoc J, 1977,59:259

7. 细节复制性

对弹性印模材料的要求见表 13-5。除了很高黏度的产品外,其余都应当能复制出一条宽为 0.02 mm、沟底呈 V 形的线条。印模材料应当与石膏产品相匹配,从而使 0.02 mm 线条翻录到石膏代模上。低、中、高黏度的弹性印模材料几乎都能满足该要求。

七、弹性体印模材料与水的浸润性

通过测定固化后印模材料表面水滴的接触角来判断其浸润性,或者用张力计来测定材料浸入和取出所需的力。弹性体印模材料的接触角见表 13-7。本章节所讨论的所有印模材料中,只有水胶体被认为是真正亲水的。所有弹性体印模材料的接触角大于 45°。然而,弹性体印模材料各型之间在浸润性上是有区别的。传统的加成型硅橡胶并没有聚醚橡胶一样的浸润性。当混合后的石膏产品灌注入加成型硅橡胶时就会形成大的接触角,这就很难形成无气泡的模型。

表 13-7 橡胶类印模材料与水的浸润性

材料	水的接触角(°)	高强度人造石的铸造性(%)
聚硫橡胶	82	44
缩合型硅橡胶	98	30
加成型硅橡胶		
疏水性	98	30
亲水性	53	72
聚醚橡胶	49	70

自 Johnson GH. In: Restorative dental materials. 11thed. St. Louis: Mosby, 2002. 366

生产商在加成型硅橡胶中加入表面活性剂以减小接触角,提高浸润性,简化石膏模型的灌注。这类改进了浸润特点的材料,更确切地被称为亲水性加成型硅橡胶,最常见的非离子表面活性剂在这方面是很重要的。这些分子组成了以少醚或多醚为基础的亲水(hydrophilic)部分和与硅橡胶相容的疏水(hydrophobic)部分。这些浸润因子的作用模式被认为是可控制性的扩散,表面活性剂分子从乙烯硅氧烷转化成亲水状态,从而改变周围液体的表面张力。结果,表面张力减小,乙烯硅氧烷的浸润性变大。聚醚橡胶的机制不同于此。聚醚浸润性很大,因为其分子结构中含有极性氧原子,与水有亲和力,聚醚材料流动到口腔内表面上与水化合,因此其印模在用熟石膏灌模时比加成型硅橡胶更容易。这种亲和力也使聚醚印模更牢固地黏附在软、硬组织上。

通过观察印模表面的小水滴,发现亲水性加成型硅橡胶和聚醚橡胶浸润性最好,缩合型硅橡胶和传统加成型硅橡胶的浸润性最低。浸润性与灌注极其苛刻的高强度人造石代模的难易程度直接相关。使用张力计来记录浸润试样的力,聚醚橡胶的浸润性明显优于亲水性加成型硅橡胶,不论前进角(103°时 74°)还是后退角(81°时 50°)。

为了评价印模材料在干、湿不同表面条件下的细节复制能力,印模被制成一种标准的波浪型以评价其表面性状,固化后的印模表面被仔细地扫描出平均粗糙度(Ra)以判断它们复制细节的能力。从临床角度看,大多数印模材料在干、湿状态下都能产生令人满意的细节。聚醚橡胶复制细节的能力比加成型硅橡胶稍好些,且不受湿度的影响,而加成型硅橡胶在潮湿状态下细节复制能力下降,即使是亲水性材料。

八、弹性体印模材料的消毒

为了防止微生物污染石膏模及技工操作人员,所有的印模材料从口腔中取出时都应当消毒。一些研究证实了所有的弹性体印模材料,聚硫橡胶、加成型橡胶、缩合型橡胶、聚醚橡胶都可以被浸入几种不同的消毒剂达18 h,而其表面质量和精确度不被破坏。

九、性能特点与临床应用

细节复制能力、易操作性、固化性能等都是口腔印模材料最重要的性能要求。硅橡胶通常比聚硫橡胶工作时间短些,但要比聚醚橡胶长些。单次调合材料有如下优点:当调合或注射时它们黏度低而注入托盘时黏度较高。弹性体印模材料的放置时间较苛刻,因为聚合反应导致其黏度随时间快速增加。若材料在其黏度增加以后再放入口中,则从口中取出印模后印模的内部应力被释放,导致印模不精确。

调合是很重要的,否则一部分调合物可能会因加速剂不充足而不能完全聚合,或者印模内部不以同一速度固化。在此情况下,印模的移动会造成永久变形增大,导致印模不精确。自动调合和机械调合系统比手工调合产生的气泡少一些,并能节省调合时间,产生的印模气泡更少。

弹性体印模材料的聚合反应在材料固化以后继续进行,且其机械性能随时间而提高。过早移动印模可能会导致永久变形增高,而患者也不能接受印模放在口中过久。生产商通常会推荐一个最短的口中停留时间,这个最短时间是根据ANSI/ADA No.19规格,材料经测试得到的。

缩合型硅橡胶和聚硫橡胶固化时的尺寸变化最大,这种收缩可以通过二次印模技术来得到补偿。当采用二次印模法时,初印模用高黏度材料,并为低黏度材料的终印模提供一定的空间。制取初印模,以此作为托盘加入二次终印模材料。通过这种方式,高黏度材料的尺寸变化可以被忽略,虽然低黏度材料的尺寸变化仍然较大,但其厚度极小,真正的尺寸变化是小的。二次印模技术使用已准备好的托盘即初始印模,是个别托盘。采用单相、双黏度技术,印模的精确度稍有改进,因为使用个别托盘,给印模提供了一个相同的厚度。而一些研究表明,硬的普通塑料托盘或金属托盘也能产生同样的精确度。

临床研究显示印模材料的黏度是关于印模的复制性,最少气泡的代模和最佳细节复制的最重要因素。结果,注射式托盘技术在沟或邻近组织内部细节复制方面产生出较好的临床效果。

提高形变百分比和延长取出印模的时间都会影响印模的精确性。无论哪种情况,永久变形都会增加,增加的量取决于弹性印模材料的类型。

弹性体印模材料在被取出后恢复形变有一段的时间,因此其精确度可能在这段时间内有所提高。这一效果对聚硫橡胶比对其他印模材料要更明显些。然而聚合收缩也会发生,因此,精确度最终取决于这两种效果的综合。在20~30 min后会发生不明显的形变恢复,因此为了获得更大的精确度,应在这段时间之后准备代模,而释放氢离子的加成型硅橡胶例外。

在弹性体印模内第二次灌注石膏得到的代模没有第一次的精确,因为在取出第一次代模时印模会发生变形,但仍有足够的精确度可用作工作代模。聚硫橡胶等材料在取出代模时比其他材料更易发生永久变形。

第五节 咬合记录材料（bite registration materials）

一、弹性体印模材料（elastomeric impression materials）

加成型硅橡胶和聚醚橡胶可被用作咬合记录材料。绝大多数产品是加成型硅橡胶，大多数是自体混合包装。这些咬合记录材料的特性见表 13-8。这些材料的特点是，它们留在口腔中时间长短与典型的弹性体印模材料相比，工作时间短；而且它们应变百分比低，流动性差，甚至在 7 d 后发生尺寸变化，显示其硬度高。加成型硅橡胶和聚醚橡胶的区别在于，前者取出印模后尺寸变化小一些；然而，任何一个在作咬合记录时稳定性都要优于蜡。

表 13-8 用于咬合记录的橡胶印模材料的特性

材料	调合方式	工作时间(min)	口腔时间(min)	压缩应变(%)	流动性(%)	尺寸变化 1 d(%)	尺寸变化 7 d(%)
加成型硅橡胶	自动调合	0.5～3.0	1.0～3.0	1.0～2.9	0.0～0.01	0.0～0.15	-0.04～-0.20
加成型硅橡胶	手工混合	1.4	2.5	0.92	0	-0.06	-0.08
聚醚橡胶	手工调合	2.1	3.0	1.97	0	-0.29	-0.32

自 Johnson GH. In: Restorative dental materials. 11th ed. St. Louis: Mosby, 2002. 369

二、印模膏（impression compound）

最早的印模材料之一是印模膏。印模膏是一种加热软化，冷却后硬固的可逆性印模材料，易于操作并可反复使用。但它在硬固后无弹性，不能再现牙体倒凹，在适于取模的温度下流动性差，而在 37℃时又可能产生一定的形变，其准确性不如其他印模材料。个别托盘用印模膏大多已被丙烯酸酯或可塑性的托盘印模材料所取代，印模膏仍用于全口义齿印模边缘修整等辅助操作。

印模膏可以是片状、棒状、圆柱状或圆锥状。不同的印模膏有不同的软化温度，它们可以分为高熔点（托盘）和低熔点（印模）膏。

（一）组成

印模膏中主要组成视不同要求而各异，国内产品的主要成分是萜二烯树脂（gutta-percha），有的产品则采用松香或达玛树脂（dammar resin）或柯巴树脂（copal resin）或虫胶（shellac），由硬脂酸或三硬脂酸酯或石蜡或蜂蜡、或巴西棕榈蜡（carnauba wax）等辅助的材料，皂石粉或滑石粉等填料以及颜料等组成的复合树脂。

通过改变各成分的比例，可得到不同的物理性能。加热后，树脂与蜡的软化能提供流动性和黏性，填料能增加体积并提供合适的工作黏度，加入胭脂后产生一种特征性的红棕色。

（二）热传导性

印模膏的热传导性低，当浸入热水或在火焰上加热时，它的外部会快速软化，而内层仍然是硬的，其彻底软化需要一定的时间。当印模膏在火焰上加热时要注意防止其过分加热而使更多的挥发性成分变成蒸气或点燃。延长浸入热水的时间也会滤去更多的可溶性成分而改变其物理性能。

低热传导率影响了材料的冷却速度，因为印模膏的外部很快固化，而内部还是软的。在印模膏从口腔中取出之前，一定要有足够的时间使它彻底冷却。

（三）热尺寸变化

印模膏的热尺寸变化较大，自口腔温度移至室温时，印模的平均线收缩约在 0.3%～0.4% 之间，收缩的大小随温度的高低而不同。

总之，印模膏的应用变化主要是"热软冷硬"，控制变化的因素是温度。

（四）精确度与尺寸稳定性

通过仔细准备处理材料，注意使用时的临床操作技术，可保证印模膏的精确度与尺寸稳定性。用一种不可逆的过度加热或延长加热的方法来软化印模膏会影响其物理性能。软化时要产生足够的流动性以便与组织更好地适应，印模内部产生应力最小。用来装印模膏移入口中的托盘或其他容器，必须是牢固的、非弹性的、稳定的。在口中保持充分冷却很重要，以免印模取出时变形。一旦得到印模，必须尽快地灌注模型或代模，以免因内部应力释放导致不精确。不精确的原因不一定是操作者的原因，也可能是印模膏从口腔到室温的冷却过程中产生的温度收缩。

（五）温度收缩

从口中取出印模到室温的冷却过程中印模膏的线收缩大约为 0.3%，这是材料固有的特性，会导致印模不精确，除非认识到这点并提供合适的补偿。

（六）托盘印模膏

制作印模托盘的特殊印模膏在组成和工作特性上类似于普通印模膏，除了两点不同：即其软化温度稍高些，在口腔温度下流动性小一些。托盘印模膏用以制作个别托盘，当软化的托盘印模膏被用作研究模型时，修整边缘后，完成托盘制作。印模膏托盘缺少尺寸稳定性，已经被另一种托盘材料所取代，后者是用一种在室温下固化的丙烯酸树脂用同样方法制作而成的。

（七）ANSI/ADA No.3 规格对口腔用印模膏的要求

第 3 条规定对印模膏和托盘印模膏的物理性能作了一些限制，要求印模膏是同质的，在火焰上加热后其表面看上去是光滑、润泽的。在室温下用小刀修整边缘时，其切割过的边缘必须也是光滑的。要求生产商在包装上标明软化方法、工作温度、印模膏从 40～20℃ 的收缩曲线或数据。该规定需要两个试验：一个是测定其在 37℃、45℃ 下的流动百分比；另一个是检查其细节复制性。理想的印模膏和托盘印模膏的流动百分比见表 13-9。

表 13-9 印模膏的类型和流动性

类型	软化温度 ℃	流动性 37℃	流动性 45℃
Ⅰ	45～55	<6%	>85%
Ⅱ（托盘用）	70	<2%	>70%～85%

自原 ANSI/ADA 规格 No.3

三、其他记录材料（registration materials）

（一）氧化锌丁香油材料（zinc oxide eugenol materials）

有些材料在记录咬合关系和解剖特征后会变硬，这些材料可以用来记录殆关系，而不流动到倒凹区，只记录牙轮廓线以上的部分。这种易碎的材料会在移动时碎裂。

氧化锌丁香油材料，过去是作为两次印模法的一种终印模材料，或做义齿加衬时印模之用。它的优点是：材料调合后的流动性较大，可涂布形成1～2mm厚的薄膜，能顺利流到细小角落，固化后的印迹细微清晰，表面光滑，具有一定的韧性和强度，能复制出口腔组织的细微结构。氧化锌丁香油材料固化后的体积改变有限，但必须有坚硬而形态稳定的托盘支持，或与适当的其他印模材料配合起来使用。这种材料固化后无弹性，不能复制倒凹区。现通常被用作一种暂时的黏结剂或充填材料，也可被用来记录牙及牙列的关系。

（二）印模石膏（impression plaster）

印模石膏是较早的印模材料，也称为印模煅石膏。在焊接及记录牙列之间的关系时，可用来记录牙冠和义齿的关系。

普通印模石膏的主要成分是煅石膏粉和水。在水中加入加速剂如硫酸钾来调节固化时间，并控制固化膨胀，少量颜料使印模石膏固化后着色，以区别灌注模型石膏后的模型。

应用时注意和模型石膏的区别点：

1. 调合比

印模石膏固化后，要求强度低而能在口腔中折断分割。因此，用水量应稍多于制作模型者。水粉比一般在60∶100（水60 ml∶粉100 g）。

2. 调和时间

在恒定调合转速条件下的调合时间较模型石膏要短一些，一般在30 s左右。

（三）蜡记录（wax registrations）

用来连接上、下颌模型的咬合记录通常是用蜡做的，然而蜡的特性限制了它记录的精确性，因为蜡记录①在移出时会被破坏。②因内部应力的释放产生尺寸变化，这取决于其储存条件。③具有高度流变性。④从口腔温度到室温的冷却过程中会发生尺寸大的变化。

蜡记录在局部和全口义齿修复中也可用作改良印模技术。印模蜡的软化温度范围广，软化温度较低的蜡被用来记录功能性印模。后部的颚封闭区用有色铅笔描述，这条线被转移到终印模上。以后，在后部的颚封闭区涂上一层薄的印模蜡，在最终的义齿上形成一个加强区，产生一个更好的后区封闭。另一种情况，在带有咬合缘的义齿基托上涂上一层薄的印模蜡，再放入口中一段时间。就这样，在功能性咬合的情况下，蜡流动并与口腔组织相匹配。高软化点的印模蜡在必要时可用于义齿基托边缘的伸展，这种临床操作技术参见义齿修复教科书。

第六节 代模和模型材料（die, cast, and model materials）

人造石、煅石膏、电镀银、镀铜、环氧树脂和铸造包埋料是一些用来制作铸模、代模的材料。选择其中哪一种取决于印模材料的不同种类和所制取模型的用途。

琼脂、藻酸盐水胶体只能选择石膏类材料,例如煅石膏、人造石或铸造包埋料。印模膏可用煅石膏、人造石或电镀铜来制取代模,各种弹性体印模材料可用来制取石膏、电镀或环氧树脂代模。

一、代模或铸模的理想性能要求

代模或铸模的理想性能要求,必须能在正常使用和贮存条件下准确复制印模并保持尺寸稳定性。因温度变化而导致的固化膨胀、收缩,尺寸变化必须尽量小。不仅铸模要准确,而且要有令人满意的细节复制性和光滑、坚硬的表面。这个精确的铸模或代模必须是坚固、耐用、持久的,能承受以后的各个操作程序而不碎裂,表面不磨损。因此,强度、抗剪切力或边缘强度、抗磨损等性能是很重要的。根据铸模或代模的不同用途要求有一变化范围,例如,因为它不会受使用过程中许多应力的影响,所以可用煅石膏制作令人满意的研究铸模,上面提及的各种性能都达到最小。而用来制作间接嵌体的弹性体印模则应该用铜基或银基,或高强度人造石来灌注,如此产生的代模这些性能特点足够大,足以承受该工艺中的雕刻和完成步骤。

铸模或代模的颜色有利于操作,例如蜡嵌体,通过给嵌体蜡提供相对照的颜色。材料与印模匹配的难易程度、准备铸模或代模所需的时间等都是相当实用和重要的。这一方面可参照以下两种材料:人造石能在1h内很容易地振荡灌注入印模产生一个铸模备用,而铜基代模需要电镀形成,往往要到第2天才能完成。

二、口腔科石膏及人造石

口腔科石膏、人造石和高强度人造石的物理、化学性能见第十四章。这些石膏类材料都可用来制作铸模或代模,且适用于任何印模材料。人造石铸模比煅石膏模型更坚固,更耐摩擦,应用于需在铸模上制作修复体或器件时。煅石膏用来制作研究模型,仅作记录之用。

硬化溶液(hardening solution),通常是一种30%硅溶胶的水溶液,与人造石相混合。人造石代模硬度的提高在各种印模材料上是不同的:从硅橡胶的2%到聚醚橡胶的110%、琼脂的70%、聚硫橡胶的20%,人造石与硬化剂混合时固化尺寸变化要比与水混合时略大:+0.07%相对于+0.05%。大多数情况下,与硬化剂混合后的人造石的抗摩擦能力大于与水混合者。人造石表面处理后的抗摩擦性能的改变已有报道。总之,在模型或代模上喷洒硬化剂后抗摩擦性能有所提高,而润滑剂会降低表面硬度和抗摩擦性。

高强度人造石能制作出优良的铸模或代模,更好地复制出印模的细节,而且大约1h后即可应用。这种铸型能长期保持尺寸稳定,承受制作修复体过程中的许多操作步骤。而包括弯制钢丝、调节金属试戴等过程在高强度人造石上完成的是有限的,在金属代模上能完成得更好。

当在高强度人造石上完成的蜡型要被取下时,需要一些分离剂或代模润滑剂以防蜡型黏着,可以使用油、液体肥皂、洗涤剂等产品。通常要避免使用油,因为一些油是蜡的溶剂,会使蜡型表面软化。蜡表面的油会增加接下来包埋时在蜡型上涂布包埋料的难度。对于高强度人造石代模,可以随便使用润滑剂,并允许浸在其中;通常在表面有多余的积聚之前就可制作一些蜡型。在制作蜡型前多余的润滑剂可用气枪吹去。

三、金属电镀形成的代模

(一)电镀式印模

制作嵌体、冠、桥修复体的间接代模的电镀印模,所需的重要设备是一个直流电源和电解液。电源可由一蓄电池提供,一个电表指示该系统的电量。通常110V交流电可被转化为使用于义齿的低压直流电,在这种情况下,使用变压器和整流器、可变电阻和显示蓄电池的电表。盛电解液的容器中,有一根不贵的电极导线,和一根纯铜或纯银的棒作为阳极,取代必须的设备。

通常电镀铜基代模的电解液是一种酸性硫酸铜。银电解液是在一碱性溶液中含有氰化银,因为氰化物的剧毒性以及电解液中移动受抑制,所以铜镀更常用。

当硫酸铜遇水成溶液时,盐分解得到硫酸根离子和二价铜。在电解时,阳离子因静电吸引被吸附到负极或阴极上,得到电子的阴性硫酸根离子向着正极或阳极移动,未分解或不带电的分子在电解液中不会移动。因此,若是不分解物质例如葡萄糖存在于电解液中,它将抑制铜、硫酸根离子的移动,因为大的分子不受电流影响。

阳极是由纯铜构成的,在电解过程中铜原子先失去两个电子成为铜离子,当电镀过程中阴极发生铜的移动时,阳极的铜因此形成溶液。铜离子被吸附到阴极,获得 2e 沉积为金属铜。只要阳极上存在游离的铜,溶液就会保持一个恒定的组成。

电解液中发生的反应如下:

阳极:$Cu^0 - 2e \longrightarrow Cu^{2+}$

阴极:$Cu^{2+} + 2e \longrightarrow Cu^0$

银镀时发生的类似的反应如下:

阳极:$Ag^0 - e \longrightarrow Ag^+$

阴极:$Ag^+ + e \longrightarrow Ag^0$

(二) 铜镀代模(copper-formed dies)

金属代模可由铜电镀化合物或硅树脂组成,但通常不是聚硫印模,更可能是银电镀。这种代模很坚硬,有很好的强度特性,金属嵌体和修复体能在代模上很好地抛光、完成。

适用于口腔修复的铜镀设备是由一变压器、整流器组成,降低国内供应的电压,把交流电(AC)转换成直流电(DC),这些在电镀印模时是必须的。低电压直流电通过一个可变电阻来调节电流和金属沉积的速率,一个毫安表指示通过电解液中的电流。阳极上是铜金属板,阴极上是即将被电镀的印模,两者一起被浸入电解液中。

阳极是由纯铜构成的,将它浸入电镀溶液中,浸没的面积大约等同于被电镀的印模面积。铜棒阳极包括优于纯铜的微量的磷。

电镀液包括一种硫酸铜的酸性溶液,以及一些推荐配方,例如表 13-10 的一种组成比。

表 13-10 镀铜溶液的组成

组 成	量
硫酸铜(结晶)	200 g
硫酸(浓缩的)	30 ml
阳离子交换树脂	2 ml
水(蒸馏的)	1 000 ml

自 Johnson GH. In: Restorative dental materials. 11th ed. St. Louis: Mosby,2002. 375

硫酸铜是铜的来源,硫酸提高了溶液的传导性,阳离子交换树脂帮助铜离子向着印模深部渗透,提高溶液的"投掷能力"(throwing power)。除了阳离子交换树脂以外,一些组成中还建议使用其他添加剂(如右旋糖酐、乙醇、苯酚和糖蜜)。

印模表面在接触阴极导线前被电的导体所包裹。

当印模是混合物状时,胶状分散的石墨涂在表面以备电镀,并且在印模放入电解液之前先要使其干燥。当印模是硅橡胶印模材料时,在将它浸入电解液之前,先要在其表面涂上很细的铜粉以备电镀。

电镀单个牙印模的初始电流大约为 15 mA,一旦印模的整个表面涂上一薄层铜时,电流提高到初始电流的 2~3 倍。如果电流太高,铜镀的沉淀会变成细颗粒状,易碎,代模就不理想。高电流密度也会使靠近电极处的印模部分沉积过厚,有时候快速电解也会使印模的深部无法镀层。电镀需要 12~15 h,通常电镀过夜就可以了。

新鲜配制的电解液获得的沉淀层质量通常不如已经使用一小段时间的电解液获得的沉淀层好。

应当补充蒸发掉的水蒸气以保证电解液的正常浓度。当溶液在使用时,硫酸会慢慢分解掉,需在使用几周后加入几毫升酸以维持铜电解液的质量。铜的细小颗粒会在电解池的底上沉积;那时就要过滤该溶液。当使用含微量磷的阳极时,能减少沉淀物的形成。

铜镀时,阳极与需电镀的印模之间的距离是关系到印模深部电镀的问题。距离越远,则铜沉积量越平均,深部越易被电镀。实际上 15 cm 是比较合适的距离,若距离太小,则会有印模表面铜沉积过多而深部电镀不充分的趋势。

疏水的(不是亲水的)加成型硅橡胶印模材料能很好地铜镀。电镀技术同前所述,印模表面因为精细银粉的应用而导电。银价的增长以及因运输限制而较难获得氰化银电解液,都导致了铜基印模的恢复使用。

(三)银镀代模(silver-formed dies)

随着聚硫印模材料的出现,银被用来制作金属印模。尽管铜镀聚硫印模也是可行的,但结果不稳定,而且银镀程序更为容易,从而使之成为一种常规的使用方法。银镀时使用的碱性银溶液能软化印模膏的表面,因此它不能使用银镀。硅橡胶和聚醚印模可以银镀,需要一个纯银阳极、氰化银电镀溶液,具体见表 13-11。

表 13-11 镀银溶液的组成

组 成	量
氰化银	36 g
氰化钾	60 g
碳酸钾	45 g
水(蒸馏的)	1 000 ml

自 Johnson GH. In: Restorative dental materials. 11th ed. St. Louis: Mosby,2002.376

该溶液是有毒的,操作时要特别小心,以防工作区域、手、衣服等被污染。没有经验者不得操作。在溶液中加入酸会产生氰酸——一种剧毒的气体,因为这个原因,铜镀溶液也需加酸,所以要好好防范。电镀液在任何时候都要加盖子,以防蒸气或气体的消散。

当印模表面涂上银粉以后就会导电,很好地黏附于橡胶类印模上。在挥发性液体中分散的银粉可以涂布在其表面并干燥。

进行单个牙印模电镀的起始电流以 5 mA 为合适。一旦在其表面镀上了一层银,电流就会双倍或 3 倍的增加。对于涉及到几个牙和邻近软组织的大一些的印模,起始电镀电流以 10 mA 为宜。一旦其表面已镀上银,电流就会成双倍或 3 倍的增加,适当厚度的银通常要电镀 12~15 h。

(四)金属电镀中的问题

1. 错误操作

电表上有暂时的电流通过,但印模不一定镀上,或电镀不规则或非常缓慢。通常是因为导线暴露于液体中导致电解液中发生短路。

2. 耗费后的溶液

电镀非常缓慢,沉积物发生掉色时需更换新鲜的液体,原液使用寿命取决于使用频率和是否发生污染。为延长使用寿命,可以加入蒸馏水维持正常浓度并过滤以防污染。氰化物溶液必须小心放置。

3. 过浓的溶液

有时候当印模一进入电解液电表读数就快速复零,需设置另外一只电表作为电流校准仪,有助于正确的电表读数。可以通过加入适量的蒸馏水漂洗金属阳极来解决这个问题。过浓的溶液也可软化橡胶表面并使铸型的石膏部分掉色。

4. 金属阳极过小

若阳极小于电解后的印模,将导致电解减慢或不正常。

5. 脆的金属沉积物

如果金属沉积物呈粒状或变脆,则尽管颜色正常但电流设置也太高了。

四、环氧树脂代模材料
（epoxy die materials）

直到最近,环氧树脂材料被包装成糊剂形式加入液态催化剂引发固化。因为催化剂有毒,在混合和操作未固化材料时不能接触皮肤。在固化期间会发生0.1%的收缩,持续24 h。固化后的树脂比高强度人造石印模更能抗摩擦,更坚硬。黏性糊剂在复制大件印模的细节性方面不如高强度人造石,在灌注环氧树脂印模时要借助于离心铸造机。最近出现一种类似于自动调合加成型硅橡胶的自动混合快速固化环氧树脂材料系列。环氧树脂子弹状包装,催化剂单独包装。挤压两者使静态的调合物突破尖嘴后彻底调合,然后直接注射到橡胶类印模材料内。如果要注射到印模的细微之处,可在静态调合嘴上连接一口腔内输送嘴。快速固化环氧材料迅速固化,在灌注到印模内30 min后,代模上即可做蜡型。因为水会延缓树脂的聚合,所以环氧树脂不能与含水的琼脂和藻酸盐印模材料调合,因此只能和弹性体类印模材料一起使用。

五、印模和代模材料的比较

根据测量的部位和使用的印模材料的不同,高强度人造石代模可以比标准大0.35%或者小0.25%。总之,𬌗龈垂直距离的改变要大于颊舌径和近远中径水平距离的变化。水平方向上托盘表面印模材料的收缩通常导致尺寸大于实际。垂直方向上,印模表面的收缩尺寸小于实际得到的。

金属代模总是显示出比高强度人造石代模更多的垂直变化,差别在0.25%～0.45%之间,取决于印模材料,而两种代模材料之间的水平变化并不显著。无论是使用人造石还是金属代模,橡胶印模材料的精确度从最佳到最差依次为:加成型硅橡胶,聚醚橡胶,聚硫橡胶,缩合型硅橡胶。

环氧树脂代模都显示出聚合收缩,从0.1%～0.3%,导致得到的代模不够大。

根据印模代模复制表面细节的能力分类,与根据尺寸值来分类,会产生不同的结果。如果印模表面不需要释放剂,那么环氧树脂代模最能复制细节(10 μm),接下来是金属代模(30 μm)、高强度人造石代模(170 μm)。然而,聚硫印模需要使用释放剂来灌注得到环氧树脂代模,它们的细节复制性比得上高强度人造石代模。硅橡胶-环氧树脂联合化合物能得到精细的细节,虽然不是所有的环氧树脂代模材料与所有的硅橡胶印模材料都相匹配。

还要考虑抗摩擦和抗刮伤的能力。金属代模有较高的抗摩擦能力,环氧树脂代模也较好,高强度人造石代模最小。

（陆 华 薛 淼）

参 考 文 献

1 朱希涛.口腔修复学.北京:人民卫生出版社,1987.465-538
2 薛 淼.口腔应用材料学.天津:天津科技翻译出版社,1997.92-119
3 张洁辉,孙 健.藻酸盐印模材料特性及在口腔修复临床中的应用.口腔材料器械杂志,2001,10(2):94-95
4 Phillips RW. Skinner's science of dental materials. 8th ed. W. B. Saunders company,1982.90-156
5 Craig RG. Restorative dental materials. 9th ed. George Stamathis,1993. 283-322
6 Jendresen MD, Allen EP, Bayne SC, et al. Annual review of selected dental literature: report of the committee on scientific investigation of the American Academy of Restorative Dentistry. J Prosthet Dent, 1995,74: 88-94
7 Baumann MA. The influence of dental gloves on the setting of impression materials. Br Dent J, 1995,179:130-137

8 Lloyd CH, Scrimgeour SN, editors. Dental materials: 1994 literature review. J Dent, 1996, 24: 171-183

9 Hutchings MI, Vanderwalle K, Schwartz R, et al. Immersion disinfection of irreversible hydrocolloid impressions in pH-adjusted sodium hypochlorite. Part 2: effect on gypsum casts. Int J Prosthodont, 1996, 9: 223-230

10 Jendresen MD, Allen EP, Bayne SC, et al. Annual review of selected dental literature: report of the committee on scientific investigation of the American Academy of Restorative Dentistry. J Prosthet Dent, 1997, 78: 77-84

11 Lloyd CH, Scrimgeour SN, editors. Dental materials: 1995 literature review. J Dent, 1997, 25: 193-203

12 Jendresen MD, Allen EP, Bayne SC, et al. Annual review of selected dental literature: report of the committee on scientific investigation of the American Academy of Restorative Dentistry. J Prosthet Dent, 1998, 80: 105-111

13 Farah JW, Powers JM, editors. Bite registration materials. Dent Advis, 1998, 15: 4-11

14 Boening KW, Walter MH, Schuette U. Clinical significance of surface activation of silicone impression materials. J Dent, 1998, 26: 447-452

15 Johnson GH, Chellis KD, Gordon GE, et al. Dimensional stability and detail reproduction of alginate and elastomeric impressions disinfected by immersion. J Prosthet Dent, 1998, 79: 446-451

16 Bissinger P, Wanek E, Zech J. Disinfection behaviour of hydrophilic polyvinyl siloxane impression materials. J Dent Res, 1998, 77 (Sepc Issue B): 946 (Abstract 2517)

17 McCabe JF, Arikawa H. Rheological properties of elastomeric impression materials before and during setting. J Dent Res, 1998, 77: 1874-1881

18 Lepe X, Johnson GH, Berg JC, et al. Effect of mixing technique on surface characteristics of impression materials. J Prosthet Dent, 1998, 79: 495-501

19 Allen EP, Bayne SC, Becker IM, et al. Annual review of selected dental literature: report of the committee on scientific investigation of the American Academy of Restorative Dentistry. J Prosthet Dent, 1999, 82: 50-57

20 Whitters CJ, Strang R, Brown D, et al. Dental materials: 1997 literature review. J Dent, 1999, 27: 421-432

21 Johnson GH, Lepe X, AW TC. Detail reproduction for single versus dual viscosity impression techniques. J Dent Res, 1999, 78 (Spec Issue B): 140 (Abstract 273)

22 Reusch B, Weber B In precision impressions — a guide for theory and practice, theoretical section. Seefeld, Germany, 1999, ESPE Dental AG

23 Johnson GH. Impression materials. In: Craig RG, Power JM, eds. Restorative dental materials. 11th ed. St. Louis: Mosby, 2002. 330-389

第十四章 石膏模型材料
(gypsum molding materials)

在可塑或流动状态下灌注入阴模(印模)内,并在其固化后成为坚固的阳模的材料,称为模型材料。这个模型是印模所摄取的口腔及颌面部软、硬组织的复制品。

口腔修复体大多是在模型上制作的,因此除了印模准确外,也要求模型的准确复制性。为此,对模型材料要求具备以下的条件:表面硬度、抗压强度高,尺寸稳定性好,灌注模型时流动性好,固化时间适当,能耐高热和高压,此外,还要求操作简单,取材方便。

石膏制品是口腔修复常用的材料,有普通石膏、人造石、高强度高膨胀的人造石以及铸造包埋材料等。经过加工,石膏制品还可有其他用途,例如印模石膏可用来获取牙列缺失的印模或制作铸型的标本,而人造石可灌注入任何一种印模内形成坚硬的模型,复制口腔解剖形态。石膏制品还可用作硅酸盐的结合剂、金合金铸造包埋、低温焊接包埋以及低熔点镍铬合金的包埋等。这些材料在口腔修复过程中还可用作模型材料。石膏材料的用途多样,主要是由于它具有独特性能和易于通过物理化学加工获得所需性能。

第一节 石膏制品(gypsum products)

煅石膏(plaster of paris)也称熟石膏,是口腔修复常用的模型材料,化学式是 $CaSO_4 \cdot 1/2 H_2O$,是由生石膏(gypsum)加热脱水而制成。生石膏又称石膏石,其主要成分是天然二水石膏(二水硫酸钙,dihydrate form of calcium sulfate,$CaSO_4 \cdot 2H_2O$),在不同温度下加热处理生石膏,可得到性质各异的产物。在 100~140℃,二水石膏较快分解为半水石膏和水(水呈蒸气状态)。半水石膏有两种变形:α 和 β。α 型的半水石膏是在 1.3(表压)蒸气压下不一致熔融(125℃),系液态水存在下生成,即在蒸煮设备中以高压蒸气处理所制得。β 型的半水石膏则系从二水石膏中分出水分成为蒸气挥发后生成,即在敞开锅中煅烧所制成。

一、口腔科石膏、人造石、高强度人造石

现代口腔用模型(model)或实验室(laboratory)用石膏可分为 4 型:低强度人造石(low-strength stone)、中等强度人造石(moderate-strength stone)、高强度/低膨胀人造石(high-strength/low-expansion dental stone)和高强度/高膨胀人造石(high-strength/high-expansion dental stone)。

按 ANSI/ADA No.25,把石膏制品分为 5 型:Ⅰ型印模石膏、Ⅱ型模型石膏(即低强度)、Ⅲ口腔人造石(即中等强度)、Ⅳ型高强度人造石(即高强度/低膨胀)和Ⅴ型高强度/高膨胀口腔人造石。

矿产生石膏在敞口容器内加热到110～120℃时生成煅石膏,脱水生成的产物是β-半水硫酸钙,它的粉末是多孔的不规则形状,上述煅石膏主要用以制作模型或实验室用。如果生石膏在水蒸气存在的条件下,升温至125℃加压脱水形成的产物是α-半水硫酸钙,即商品名hydrocal的高强度石膏,它的粉末比煅石膏更致密,形状更规则。这种高强度石膏用来生产中/低强度口腔科人造石。

4型及5型高强度人造石是由称为densite的高密度原材料制取的,这种材料是生石膏在30%的氯化钙溶液中煮沸,当氯气随着热水逸出后,材料就达到了所希望的精度。半水硫酸钙在100℃热水中不会反应生成二水硫酸钙,因为在此温度下,它们的溶解度是相同的。此过程得到的粉末是各型中最致密的一种。这些材料通常形成高强度/低膨胀的人造石或高强度/高膨胀的人造石。

石膏制品通常含有改变其性能特点的添加剂,硫酸钾、固化的二水硫酸钙是有效的加速剂。少量的氯化钠能缩短固化反应,但固化后的石膏块的固化膨胀会增加。柠檬酸钠是可靠的迟缓剂,硼砂$Na_2B_4O_7$既是加速剂又是迟缓剂。0.1%氧化钙和1%阿拉伯树胶的混合物能减少石膏混合时的需水量,从而改进其性能。4型与5型的区别在于4型含有额外的盐,可减少石膏的固化膨胀。

二、固化反应

煅石膏与水调合后,出现逆转现象,固化生成白色、不透明的二水石膏制品:

$$(CaSO_4)_2 \cdot H_2O + 3H_2O \longrightarrow$$
$$2CaSO_4 \cdot 2H_2O + 3\,900\ cal/g \cdot mol$$

石膏固化过程中发生的化学反应决定了反应所需的水量。1 g·mol的煅石膏与1.5 g·mol的水反应生成1 g·mol的石膏材料。换言之,145 g煅石膏需要27 g水反应生成172 g石膏材料。因而100 g煅石膏需要18.6 g水以生成二水硫酸钙。然而操作发现,煅石膏不可能与这么少量的水调合就达到临床要求,模型石膏、人造石、高强度人造石调合时所推荐的水粉比、理论需水量和多余水量见表14-1。

表14-1 石膏制品的需水量和多余水量*

石膏	水粉比 (ml/100 g粉)	理论需水量 (ml/100 g粉)	多余的水 (ml/100 g粉)
模型熟石膏	37～50	18.6	18～31
人造石	28～32	18.6	9～13
高强度人造石	19～24	18.6	0～5

*各种产品的水粉比不同

自Johnson GH. In: Restorative dental materials. 11th ed. St. Louis: Mosby, 2002. 394

例如,调合100 g模型石膏达到可以使用的稠度需45 g的水,请注意45 g水实际只有18.6 g水与模型石膏发生了反应,多余的水则以自由水的形式分布在固化后的团块中而不参与化学反应。多余的水在混合过程中是必需的,可以湿润粉末颗粒。当然,如果100 g煅石膏与50 g水混合,则合成物较稀,易于调合和灌注模具,但其质量比用45 g水时要差;如果用再少量的水调合时,则更难操作,在灌注模具时易产生气泡,但其质量却要坚固些。因此为了正确操作和固化后石膏的质量,有必要控制好调合时水的用量。

(一) 水粉比

模型石膏、人造石和高强度人造石的主要区别在于半水硫酸钙结晶的形状和形式。自然界一些半水硫酸钙晶体的形状与孔径是比较不规则的,例如模型石膏的结晶;而人造石和两型高强度人造石的晶体更致密,形状更规则。晶体特性和形状上的区别决定了人造石和高强度人造石需要的水比模型石膏少一些,却可以达到相同的密度。

人造石只需要30 ml水,而高强度人造石仅需19～24 ml的水。水、粉比的区别明显影响了它们的压缩强度和抗腐蚀性。

当和水调合时,模型石膏、人造石和高强度人造石固化形成坚硬的石膏团块,高强度人造石(4型、5型)的最硬,而模型石膏的最弱,人造石形成中等强度的团块。然而所有石膏产品化学分子式相同,调合后的团块化学特性相同;它们的主要区别在于其物理特性。

(二) 体积变化

理论上而言,半水硫酸钙在固化过程中会产生体积收缩,然而实验显示所有的石膏产品在固化时会发生线性膨胀。当145.15半水硫酸钙与27.02水反应,结果生成172.17二水硫酸钙。当大于其质量的一定体积的半水硫酸钙加入到一定体积的水中时,其总体积将不等于二水硫酸钙的体积。形成的二水硫酸钙的体积比半水硫酸钙和水的总体积少7%。然而并无7%的收缩,事实上发生了0.2%~0.4%的线膨胀。根据结晶原理,膨胀是因为石膏晶体的沉积行为,$CaSO_4 \cdot 2H_2O$从过饱和溶液中析出。尽管看不到石膏的收缩,但事实上的确存在,用膨胀仪测量其体积收缩大约为7%。由于二水硫酸钙的生成导致线膨胀,同时发生$CaSO_4 \cdot 2H_2O$的体积收缩,因此固化后呈多孔状。凝胶原理解释了收缩现象的发生,硫酸钙水合物的形成原理解释了膨胀现象。

(三) 温度影响

调合石膏用的水以及环境温度将影响石膏制品的固化反应。温度对固化时间的影响比对其他任何物理性能的影响更大。很明显,温度对石膏制品的固化反应主要有两大影响。

温度升高的第一影响是半水硫酸钙和二水硫酸钙相对溶解度的改变,从而改变了反应的速度,20℃时二水硫酸钙和半水硫酸钙的溶解度之比为4.5,随着温度升高,溶解度之比下降,直至100℃时,比例为1。当溶解度之比下降,反应延缓,固化时间延长。半水硫酸钙和二水硫酸钙的溶解度见表14-2。

表14-2 不同温度下半水硫酸钙和二水硫酸钙的溶解度

温度(℃)	半水硫酸钙(g/100 g 水)	二水硫酸钙(g/100 g 水)
20	0.90	0.200
25	0.80	0.205
30	0.72	0.209
40	0.61	0.210
50	0.50	0.205
100	0.17	0.170

自Patridge EP, White AH. J Am Chem Soc, 1929, 51:360

第二影响是离子活动度随温度而改变。总之,随着温度的升高,硫酸根与钙离子的活动度增加,反应加速,固化时间缩短。事实上这两种影响是叠加的,反映出来的是总效应。因而从20℃升温到30℃时,溶解度之比从4.5下降到3.44,通常会延缓反应。同时,离子活动度增加,将会加速固化反应,因而根据溶解值,反应将延缓,而根据离子活动度,反应会加快。实验揭示了从20℃室温提高到37℃体温时反应的速度稍有加快,固化时间缩短。然而,温度超过37℃后,反应速度下降,固化时间延长。到达100℃时,半水和二水的溶解度相等,这种情况下不发生反应,煅石膏不固化。

(四) 湿度影响

在制造煅石膏时,不可能将所有的二水硫酸钙都转换成半水硫酸钙。在煅烧过程中,大部分生石膏颗粒变成半水硫酸钙,但仍有一小部分是二水硫酸钙,还可能有一些颗粒过度脱水生成无水硫酸钙。可溶性的硫酸钙和煅石膏都是吸湿性的材料,易于从潮湿的空气中吸收水蒸气,形成二水硫酸钙,改变其原始组成比例。半水硫酸钙粉末表面少量二水硫酸钙的存在,提供了额外的结晶中心。由于湿气的影响在半水硫酸钙表面产生足够的二水硫酸钙,延缓了半水硫酸钙的溶解。实验揭示石膏制品在贮存环境中吸湿的后果是延长固化时间,因此石膏制品应该在密闭容器中防潮保存。事实上,高温和高湿度加速了石膏的固化。

(五) 胶体系统的作用及 pH

胶体系统 (colloidal systems) 如琼脂、藻酸能延缓石膏的固化反应,若在固化时它们接触到 $CaSO_4 \cdot 1/2H_2O$,则会产生一个柔软的、易磨损的表面。相反,加入硫酸钾等加速剂则可提高固化 $CaSO_4 \cdot 2H_2O$ 的表面质量。这些胶体并非通过改变半水合物/二水合物的溶解比来延缓固化,而是通过被 $CaSO_4 \cdot 1/2H_2O$ 或 $CaSO_4 \cdot 2H_2O$ 晶核中心吸附来干扰水合反应,这些物质通过在成核中心上吸附而延缓固化反应,比半水硫酸钙的吸附作用更大。

低 pH 的液体,例如唾液,会延缓固化反应,而高 pH 的液体会加速固化反应。

第二节 应用性能 (applied propereties)

石膏制品的主要性能包括质量、流动性、固化时间、线固化膨胀、压缩强度、拉伸强度、硬度以及抗吸湿性和细节复制性,对这些性能的要求 ANSI/ADA No. 25(ISO 6873) 有具体规定,见表 14-3。

表 14-3 石膏制品的性能要求

类 型	固化时间(min)	固化膨胀范围(%)	压缩强度(MPa)		细节复制性(μm)
			最 小	最 大	
Ⅰ 印模石膏	2.5~5.0	0~0.15	4.0	8.0	75±8
Ⅱ 模型石膏	±20%*	0~0.30	9.0	-	75±8
Ⅲ 人造石	±20%	0~0.20	20.0	-	50±8
Ⅳ 高强度-低膨胀人造石	±20%	0~0.15	35.0	-	50±8
Ⅴ 高强度-高膨胀人造石	±20%	0.16~0.30	35.0	-	50±8

*固化时间应当在生产商宣布值的 20% 之内

一、固化时间

(一) 最初固化时间和最终固化时间

固化反应完成所需的时间称为最终固化时间,如果反应太快或固化时间太短,则材料会过早硬化而来不及进行操作。相反,若反应速度太慢,则需延长时间完成操作,因此适当的固化时间是石膏制品的重要性能之一。

当粉与水接触时,反应即开始;但早期仅一小部分半水化合物转换成二水石膏,新鲜调合的材料具有半液体稠度,可被灌注入任何形状的模具;继续反应时,形成越来越多的 $CaSO_4 \cdot 2H_2O$ 晶体,调合物的稠度增加,此时流动性差,不易进入模具的细微之处。这段时间即为工作时间。

最终固化时间是指材料能被不扭曲、不破损地从印模上分离下来所需的时间。最初固化时间是指石膏制品达到其固化过程中的一个稳定时期所需的时间,通常情况下,这一时期呈半硬团块状,已过了操作时间但还没有完全固化。即使到了最终固化时,也只有部分半水硫酸钙转换成二水硫酸钙。高强度人造石,二水化合物的转换永远不完全。固化后的石膏中残余半水化合物的存在会提高固化团块的最终强度。

（二）固化时间的测定

最初固化时间通常可用插入试验来测定。例如：模型石膏或人造石的固化团块表面的失泽，是这个阶段化学反应的表现。有时可用来指示团块固化的起始。相应的，固化时间可根据团块温度升高来测量，因为化学反应是放热的。

国外用的Vicat（维卡）仪测量石膏产品的最初固化时间，它是由一个质量为300 g的杆，下端带有1 mm直径的针所组成。一个环形容器盛满混合物，可用来测量固化时间。把杆慢慢放下直至针接触材料表面，然后放松使其插入调合物中。当针不能插入到容器的底部时，即为材料的最初凝固时间。我国早在20世纪50年代就应用的Vicat仪，可以测量石膏材料的最初和最终凝固时间。这种仪器有一质量200 g的活动杆，杆的直径为10 mm，杆的另一端连有一直径1 mm、长5 mm的细针，杆中连一指针，杆套刻有每格为1 mm的标志。在材料调合后，注入环形容器中，先将10 mm直径一端轻轻插入，记录压入深度，自材料调合时计算起，每半分钟压入一次，至不能压入为止，此时即为最初固化时间。然后以另一端直径1 mm针按同法测定，待针不能入时为最终凝固时间。

（三）固化时间的控制

石膏制品的固化时间可以很容易地被改变，例如：煅石膏易于吸水，它可以在空气中吸湿变成二水石膏，这将影响煅石膏的固化时间和其他性能，添加适当的化学物质可以改变化学反应的速度，使反应完成时间可以从几分钟到几秒钟不等。二水和半水硫酸钙溶解性的不同导致了材料固化反应的不同。溶解的硫酸钙沉淀生成二水硫酸钙，因为二水硫酸钙比半水硫酸钙更难溶。然而，不是所有的半水硫酸钙都会转变成二水硫酸钙，残余的半水硫酸钙会影响固化后石膏的性能。

煅石膏的固化团块内形成两种中心：一个是溶解中心，另一个是沉淀中心，溶解中心位于半水硫酸钙周围，而沉淀中心位于二水硫酸钙周围。这两个中心的硫酸钙的浓度不同：溶解中心的周围最高，沉淀中心的附近最低。钙离子和硫酸根离子在溶液内从浓度高的区域移动到浓度低的区域。二水硫酸钙和半水硫酸钙溶解率的不同引起了石膏的固化。在20℃时，4.5倍的半水硫酸钙溶解到一定量的水中。如果添加一定的盐提高4.5的比值，则化学反应过程加快，固化时间缩短，引起这样一种反应的盐叫作加速剂。另一方面，如果添加了盐之后的半水化合物与二水化合物之溶解比下降，反应速度减慢，固化时间延长。则这类盐叫作迟缓剂。

尽管不是所有的加速剂、迟缓剂都遵循这个原理，但溶解比的改变可能是改变固化时间的途径之一。总之，生产者可以通过加入不同的化学物质，而操作者也可通过改变调和条件来改变模型石膏或其他石膏制品的固化时间。

（四）生产商的控制因素

改变固化时间的最容易最简便的方法是加入不同的化学物质。硫酸钾是最有效的加速剂，2%的盐溶液能缩短固化时间，大约从10 min缩短到4 min。另外，柠檬酸钠是迟缓剂。使用2%的硼砂水溶液与石膏粉末混合可延长一些石膏产品的固化时间到几小时。

如果将少量已固化的二水硫酸钙与模型熟石膏混合，就会形成结晶中心而充当加速剂。在较低浓度中效果更显著，固化的二水硫酸钙从0.5%提高到1%则时间改变更显著，但当浓度超过1%时则影响不大。生产商通常利用这个事实，在煅石膏中加入1%的固化的二水硫酸钙，因而在使用时容器的开闭对固化时间的影响不大。当不使用时，煅石膏的容器要密封以降低吸湿的可能性，以防固化时间延长。

（五）水粉比

操作者亦可通过改变水、粉比而在一定范围内改变模型熟石膏的凝固时间。

水、粉比对固化时间有显著的影响。调合时水越多，固化时间越长，如表14-4所示。

表14-4 水、粉比对固化时间的影响

材 料	水、粉比(ml/g)	调拌次数	初始(Vicat)固化时间(min)
模型石膏	0.45	100	8
	0.50		11
	0.55		14
人造石	0.27	100	4
	0.30		7
	0.33		8
高强度人造石	0.22	100	5
	0.24		7
	0.26		9

自Johnson GH. In: Restorative dental materials. 11th ed. St. Louis: Mosby, 2002.399

调拌次数对固化时间的影响见表14-5。用手或真空搅拌机调和时，高强度人造石的性能区别见表14-6，与用手调和相比，通常后者的固化时间缩短。

调拌次数对固化时间的影响见表14-5。

表14-5 调拌次数对固化时间的影响

材 料	水、粉比(ml/g)	调拌次数	固化时间(min)
模型石膏	0.50	20	14
	0.50	100	11
	0.50	200	8
人造石	0.30	20	10
	0.30	100	8

自Johnson GH. In: Restorative dental materials. 11th ed. St. Louis: Mosby, 2002.400

表14-6 手动和电动混合高强度人造石的性能特点

	手工调合	真空电动调合
固化时间	8.0	7.3
24 h压缩强度(MPa)	43.1	45.5
2 h固化膨胀(%)	0.045	0.037
黏度(cp)	54 000	43 000

自Garber DK, Powers JM, Brandau HE. Mich Dent Assoc J, 1985, 67:133

二、黏 度

几种高强度人造石和印模石膏的黏度见表14-7。5种不同的高强度人造石的黏度范围为21 000～101 000 cp。高黏度人造石的石膏铸模可以看到更多的空隙。印模煅石膏的黏度低，这使其可以在软组织上施加很少量的力即获得印模。

表14-7 几种高强度人造石和印模熟石膏的黏度

材 料	黏度(cp)
高强度人造石	
A	21 000
B	29 000
C	50 000
D	54 000
E	101 000
印模煅石膏	23 000

自Garber DK, Powers JM, Brandau HE. Mich Dent Assoc J, 1985, 67:133

三、压缩强度

当固化后，石膏制品显示出相当高的压缩强度，它与水、粉比有关，调合时水越多，压缩强度就越低。

模型石膏含有大量的多余的水，而高强度人造石含有少量的多余的水。在调合物中多余的水规则分布，多余的水与体积有关而与强度无关。固化后的模型石膏比人造石更多孔,因此其密度下降。因为高强度人造石是最致密的,显示出高压缩强度,而普通石膏是多孔的,因而压缩强度最弱。

当正常调合时,模型石膏 1 h 的压缩强度大约为 12.5 MPa,人造石为 31 MPa,高强度人造石为 45 MPa,但当改变其水、粉比时,压缩强度会发生改变,见表 14-8。如表 14-6 所示,高强度人造石的压缩强度在真空混合时有所提高。很明显,当人造石与模型石膏以同样的水、粉比调合时,其压缩强度也相同;水、粉比为 0.3 与 0.5 的高强度人造石的压缩强度也与人造石和普通石膏相同。

表 14-8 水、粉比对模型石膏、人造石、高强度人造石的压缩强度的影响

材料	水、粉比(ml/g)	压缩强度(MPa)
模型石膏	0.45	12.5
	0.50	11.0
	0.55	9.0
人造石	0.27	31.0
	0.30	20.5
	0.50	10.5
高强度人造石	0.24	38.0
	0.30	21.5
	0.50	10.5

注:调合 100 转,开始调合后 1 h 测试。
自 Johnson GH. In: Restorative dental materials. 11th ed. St. Louis: Mosby, 2002. 401

最终凝固时间 1~2 h 后,固化的石膏材料表面是干的,看上去已达最大强度,事实上并非如此,湿强度是石膏带有一些或所有多余的水时的强度,而干强度是石膏将所有多余的水排出后的强度。干压缩强度通常为湿压缩强度的 2 倍。当固化团块的多余的水从 8.8% 下降到 7% 时,材料的压缩强度没有明显的变化。当团块失去 7.5% 的水时,强度明显上升,当失去所有的多余的水(8.8%)时,材料的强度超过 55 MPa。

石膏团块的固化时间根据石膏块的大小、贮存环境的温度及湿度而变化。在室温和平均湿度条件下,一个装满石膏的瓶子失去多余的水大约需 7 d。

四、表面硬度和抗磨性

石膏材料的表面硬度与其压缩强度有关。高压缩强度相应的表面硬度也高。固化完成后,其表面硬度维持不变,直至其表面多余的水蒸发掉,之后表面硬度的增加如同压缩强度的增加。表面硬度的增加速度比压缩强度要快,因为固化团块表面干燥比内部要早。

为了提高石膏制品的硬度,有学者尝试将石膏浸入环氧树脂(epoxy)或甲基丙烯酸甲酯的单体中使其聚合,模型石膏的硬度得到了提高,而对人造石和高强度人造石不影响。高强度人造石浸渍环氧树脂或光固化二甲基丙烯酸酯后,抗擦伤力提高 15%~41%。总之,上述方法可提高石膏的抗摩擦力。

通过炉子来烘干模型、铸模或代模以期快速达到干的压缩强度和表面硬度的想法是不现实的,因为会引起石膏脱水而降低强度。把石膏代模或铸模浸在甘油或不同的油中也不会提高表面硬度,只会使表面更光滑些,因而蜡雕刻刀等器械划过人造石的表面时不会刻损人造石。将一种含 30% 的胶体硅的硬化溶剂加入高强度人造石中,可提高固化石膏的表面硬度。两种高强度人造石与水调合后的努氏硬度为 54~77 kg/mm^2,当添加硬化溶剂后可达 62~79 kg/mm^2。而提高表面硬度并不一定意味着提高抗磨损性,因为硬度只是影响抗撕裂性的许多因素之一,因此有必要对抗磨损性及其测量方法作进一步的研究。虽然石膏代模比环氧代模坚硬,但石膏代模更易磨损。

石膏代模中加入抗菌剂能有效地防止潜在有害物质,但是有一些会破坏代模的表面,使用一些常用的抗生素也会影响其表面硬度,其他抗菌物质,如次氯酸钠溶液对石膏代模的表面影响甚微。

五、拉伸强度

模型石膏和人造石的拉伸强度很重要,因为以后施加的力,如从弹性印模中取出铸模时的力,会使其发生弯曲的倾向。因为石膏较脆,模型上的牙齿脆而不易弯曲,通常可采用易碎材料的压缩实验来测定石膏产品的拉伸强度。

这些研究有一些重要发现:45℃时模型石膏的1 h湿拉伸强度为2.3 MPa,大约为45℃ 40 h后的干拉伸强度(4.1 MPa)的1/2;不论干、湿状态,模型石膏的拉伸强度均为相同条件下高强度人造石的1/2;模型石膏湿或干的拉伸强度约为相同条件下压缩强度的1/5(干拉伸强度4.1 MPa,压缩强度20 MPa);高强度人造石的拉伸/压缩强度更表现出大不同,例如:干状态下,拉伸强度为8 MPa,而压缩强度为80 MPa。

六、细节复制

ANSI/ADA 第25号规定:Ⅰ型、Ⅱ型复制后的线宽75 μm,而Ⅲ型、Ⅳ型、Ⅴ型复制后的线宽50 μm(表14-3)。石膏代模的细节复制性不如电镀或环氧代模,因为其表面在镜下是多孔的。新鲜调和的石膏不能很好湿润橡胶印模材料,因而在印模和石膏铸模的界面形成气泡。在聚硫橡胶和硅橡胶印模时使用非离子表面活性剂即可提高湿润性,在灌注铸模时振荡可减少气泡。曾被唾液或血液污染的印模在灌注石膏代模时细节复制性会受影响,因此在取模后冲洗,吹干多余的水,这样可以提高石膏代模的细节复制性。

七、固化膨胀

当刚开始固化时,所有的石膏制品有一定的线膨胀,随型号而各不同。通常煅石膏的固化膨胀为0.2%~0.3%,中、低强度人造石为0.15%~0.25%,而高强度人造石仅为0.08%~0.10%。高强度/高膨胀人造石的固化膨胀从0.10%到0.20%。24 h内75%以上的膨胀是发生在固化后的第1个小时。

固化膨胀可以由不同的生产条件或添加化学物质来控制,机械调合可降低固化膨胀。如表14-6所示,真空搅拌的高强度人造石在2 h时的膨胀小于用手调合者。电动调合引起的体积收缩大于用手调合者,水、粉比的影响是比例增加,固化膨胀减小。不同化学物质的添加则不仅影响固化膨胀,而且会改变石膏的其他性能。例如,生产商加入低浓度的氯化钠可提高固化膨胀,但会缩短固化时间,相反若加入1%硫酸钾,则会延缓凝固时间,但对固化膨胀无影响。

在固化过程中,如果石膏材料浸入水中时,固化膨胀有轻微提高,这叫做迟发固化膨胀。典型的高强度人造石的固化膨胀为0.08%,如果在固化过程中将团块浸入水中,则膨胀可达0.10%。还发现当人造石与某种水胶体印模材料接触时,其膨胀值有所增加。

第三节 操作(manipulation)

当石膏产品与水调和时,应当适当地搅拌,使其均匀的混合。先在大小适合的橡皮碗中加水,再加粉,使其在30 s内沉入水中,这样操作能尽量减少用手搅拌开始时空气的混入。也可使用石膏调刀或手动机械搅拌器或电动机械搅拌器来继续搅拌。各种不同调合方法对石膏性能的影响见

表14-9。

表14-9 操作条件变化对石膏制品性能的影响

操作改变	固化时间	稠度	固化膨胀	压缩强度
水、粉比增大	延长	增加	减少	减小
调拌速率提高	缩短	减少	增大	无影响
水温从23℃提高到30℃	缩短	减少	增大	无影响

自Johnson GH. In: Restorative dental materials. 11th ed. St. Louis: Mosby, 2002. 405

用手搅拌时应用调刀沿着碗内表面用力搅拌，以2 r/s的速度均匀搅拌1 min调匀水粉。

电动搅拌器也需先将水、粉浸润，低速运转时搅拌20 s。真空搅拌可减少空气的进入，调匀后灌注模型时应立即振动以减少固化块中空气的进入。

把石膏灌注入印模时，要注意避免空气进入细微之处，调合后的石膏要慢慢注入印模，用一个蜡刀之类的小工具辅助，边振荡边灌注，使其中空气排除。一般铸型的牙齿部分用人造石或高强度人造石，而基托部分用模型石膏灌注，以便于修整。

灌注石膏后需有45～60 min的固化时间，然后再分离石膏与印模，之后可将模型浸入1:10的次氯酸钠液中消毒30 min，或按生产商的指示喷洒离子剂。

（陆 华 薛 淼）

参 考 文 献

1 朱希涛. 口腔修复学. 北京：人民卫生出版社，1987. 484-487
2 薛 淼. 口腔应用材料学. 天津：天津科技翻译出版公司，1997. 122-129
3 阎俏梅，欧阳芳瑾，张建中. 三种模型材料在不同印模材料中尺寸变化的实验研究. 口腔材料器械杂志，1999，8(2)：79-82
4 肖 群，高 峰，刘厚玉. 添加剂改善普通石膏及人造石膏性能的实验研究. 口腔医学纵横杂志，1998，14(1)：35-37
5 李 敏，张振庭. 临床上使用的普通石膏与超硬石膏精确度的比较. 北京口腔医学，1998，6(3)：126-128
6 雷 文. 牙科普通石膏与超硬石膏抗弯强度的比较. 人民军医，2000，43(4)：231-232
7 陈治清. 口腔材料学. 北京：人民卫生出版社，2001. 122-127
8 张振庭，李 群，罗晨晨. 不同脱模时间对石膏模型抗折强度的影响. 中华口腔医学杂志，2001，36(3)：183-185
9 肖 群，李志安，程汉亭. 齿科半水石膏的合成及性能研究. 口腔医学纵横杂志，2001，17(3)：235-236
10 张庆鸿，吴恩格. 石膏模型材料物理机械性能研究进展. 口腔材料器械杂志，2003，12(4)：198-200
11 Vermilyea SG, Huget EF, Wiskaski JH. Evaluation of resin die material. J Prosthet Dent, 1979, 42:304-307
12 Fan PL, Power JM, Reid BC. Surface mechanical properties of stone, resin and metal die. J Am Dent Assoc 1981, 103:408-411
13 Phillips RW. Skinner's science of dental materials. 8th ed. 出版地 W. B. Saunders Company, 1982. 63-89
14 Torrance A, Darvell BW. Effect of humicity on calcium sulphate hemihydrate. Aust Dent J, 1990, 35:230-236
15 Sarma AC, Neiman R. A study on the effect of disinfectants chemicals on physical properties of die stone. Quint Internat, 1990, 21:53-62
16 Stern MA, Johnson GH, Toolson LB. An evaluation of dental stones after repeated exposure to spray disinfectants. Part Ⅰ: Abrasion and compressive strength. J Prosthet Dent, 1991, 65:713-719
17 Cullen DR, Mikesell JW, Sandrik JL. Wettability of elastomeric impression materials and voids in gypsum casts. J Prosthet Dent, 1991, 66(2):261-265
18 Tan HK, Wolfaardt JF, Hooper PM. Effects of disinfecting irreversible hudrocolloid impression on the resultant gypsum casts. Part Ⅰ: Surface quality. J Prosthet Dent, 1993, 69(3):250-257
19 Derrien G. Evaluation of detail reproduction for three die materials by using scanning electron microscopy and two dimensional profilometry. J Prosthet Dent, 1995, 74(1):1-7
20 Derrien G, Sturtz G. Comparison of transverse strength and dimensional variations between die stone, die epoxy resin, and die polyurethane resin. J Prosthet Dent, 1995, 74(6):569-574
21 Alasadis, Combe EC, Cheng YS. Properties of gypsum with the addition gum Arabic and calcium hydroxide J Prosthet Dent, 1996, 76(5):530-534
22 Alsadi S, Combe EC, Cheny YS. Properties of gypsum with the addition of gum Arabic and calcium hydroxide. J Prosthet Dent, 1996, 76(5):530-534
23 Schwedhelm ER, Lepe X. Fracture Strength of type Ⅳ and type Ⅴ die stone as a function of time. J Prosthet Dent, 1997, 78(6):554-559
24 Chaffee NR, Bailey JH, Sberrard DJ. Dimensional accuracy of improved dental stone and epoxy resin die material. Part Ⅱ: Complete arch form. J Prosthet Dent, 1997, 77(3):235-238
25 Abdullah MA. Effect of frequency and amplitude of Vibration on void

formation in dies poured from polyvinyl siloxane impression. J Prosthet Dent, 1998,80(4):490-494

26 Teraoka F, Takahashi J. Dimensional changes and pressure of dental stones set in silicone rubber impressions. Dent Mater, 2000,16(2): 145-149

27 Paquette TM, Taniguchi T, White SN. Dimensional accuracy of an epoxy resin die material using two setting method. J Prosthet Dent, 2000,83(3):301-305

28 Duke P, Moore K, Haug SP. Study of the physical properties of type IV gypsum, resin-containing, and epoxy die materials. J Prosthet Dent, 2000,83(4):466-473

29 Powers JM. Gypsum products and investments. In: Craig RG, Power JM, eds. Restorative dental materials. 11th ed. St. Louis: Mosby, 2002. 392-404

第十五章 包埋材料
（investment materials）

第一节 概　　述

从蜡型完成到铸造出金属的修复体的过程中，需依靠包埋材料所形成的"阴模"来实现。把蜡型包埋在包埋材料中，并以蜡条或金属丝留有以后合金注入的通道（铸道），在包埋硬固后，去除蜡型（加热），形成空腔（铸型腔）的包埋及去蜡步骤是整个制作铸造金属修复体过程的重要环节。

铸造合金在铸造时的收缩，要依靠包埋材料的膨胀来补偿。包埋材料的膨胀实际所补偿的，还要包括蜡型的温度收缩在内（自口腔至室温）。以铸造合金为例，铸造合金的实际收缩为线收缩1.25%；加上蜡的温度收缩（37→20℃）0.40%～0.70%，则包埋料要补偿者是十分可观的。虽然蜡的温度收缩可以借蜡的温度膨胀（如由包埋料的固化反应热所提供等）或其他因素来解决，但为了补偿收缩，包埋料的膨胀系数值仍然不小。为此对包埋料有如下要求：

主要的要求是：①能补偿铸造金属材料及蜡型的收缩。②由于金属材料系在溶化状态下铸入包埋料铸模腔，并且包埋料的膨胀基本上是通过加热来实现的。因此要求包埋料能耐高温（根据不同合金的熔点及包埋料膨胀所需温度）。③金属铸入时，对包埋料具有冲击力，要求包埋料在高温时具有相应的强度。

其次是：①包埋材料所形成铸型空腔表面光洁，使注入的铸件有一定的光洁度。②包埋材料对铸入的金属无破坏作用（如腐蚀）。③有适当的疏松度，以利蜡的气化以及铸造时所产生气体的逸出。④有适当的固化（硬固成型）时间。

第二节　石膏基包埋料
（gypsum-bonded investment）

一、石膏基包埋料的组成

石膏基包埋料又称铸金包埋料（investment for casting gold alloys），它的主要成分是二氧化硅（silica）[石英（quartz）或方石英（cristobalite）]和煅石膏，分别占3/4和1/4。其次是少量石墨及硼酸，分别为1%和0.5%。

（一）石英

石英是非金属硅的氧化物，是重要的耐火材料之一。石英加热至573～870℃之间，伴随着转化而具有2.4%的体积膨胀（0.7%线膨胀，870℃以上可达15.1%）。因此，石英基本上满足了包埋料有关膨胀补偿及耐高温的两个主要要求。

（二）煅石膏（α-半水硫酸钙）

石英一般不能形成有强度的铸型腔，而煅石膏和水调合后，可以使石英结合成一个整体，并在固化后有一定的强度，固化时提供一定的固化膨胀，因此，石膏是铸造金合金包埋材料的结合剂（binder）。石膏基包埋材料的固化性质以及其他诸如强度、应用方法等基本上可以参考煅石膏。

（三）硼酸

主要使包埋料的温度膨胀均匀，并略增其温度膨胀及强度。

（四）石墨

具有还原作用，可防止金属氧化，使铸件光洁度提高。

二、石膏基包埋料的性能

ANSI/ADA No.2（ISO 7490）规定了适用于口腔修复铸造金合金的两种不同类型的石膏基铸造包埋料的性能：1型：铸造嵌体和冠。2型：铸造部分牙列及全牙列缺失的基托。

上述两型都以硫酸钙为结合剂，ANSI/ADA No.2规格的物理性能有：粉的外观、工作时间、固化时间、压缩强度、线固化膨胀、线热膨胀，规格值见表15-1。以上性能测试的试样可以按生产商提供的水、粉比制作，试样和测试方法也适用于其他铸造包埋料，具体见规格。

表15-1 石膏基包埋料的性能要求

性能	数值
粉的外观	规则，不成团不成块
工作时间的流动性	
1型	直径60 mm
2型	直径40 mm
固化时间	不超过制造商说明的时间的20%
压缩强度	
1型	最小2.3 MPa
2型	最小2.6 MPa
线固化膨胀	不超过制造商说明的膨胀值的20%
线热膨胀	不超过制造商说明的膨胀值的20%

自ANSI/ADA No.2

（一）固化时间和固化膨胀

石膏基包埋料的固化与煅石膏的含量有关，因此包埋料的固化性质与调合用水的温度、粉液比例、调合速度等有关。煅石膏含量高，粉、液调合比例较稠，均可增加固化膨胀及缩短固化时间，但调合较稠在操作上是困难的。正常的调合可以得到均匀的膨胀，调合时间过长、速度过快对包埋料固化后的性质均是不利的。

石膏基包埋料的固化时间通常较煅石膏者为慢，在10 min左右，其固化膨胀一般在0.1%～0.4%之间。

（二）吸水固化膨胀（hygroscopic setting expansion）

为了替包埋料的膨胀创造条件，不致受铸圈限制，可在铸圈内先衬一层厚约0.7 mm石棉纸以便缓冲。包埋料在初步固化阶段如和水接触，则可得到更大的固化膨胀，这种膨胀谓之吸水性膨胀。具体方法是：在包埋料初步固化时，将铸圈置于38℃

水中,约 30 min。也可以在包埋后,以针筒有控制地加水于铸圈内,但这种方法较难掌握。此外还有采用吸水的石棉纸的方法,即在包埋前,先在铸圈内壁贴 1~3 层充分吸水的铸圈专用石棉纸,然后包埋。包埋材料在固化过程中吸取石棉纸中的水分而产生吸水膨胀。据报道,小铸圈内贴一层石棉纸吸水量约为 0.8 ml。吸水膨胀的大小,与石棉纸的层数有关。在处理 30 min 后,一层吸水石棉纸的吸水膨胀在 0.8%左右,2 层石棉纸可达 1.5%,4 层石棉纸可高达 2%。而前述在水中浸泡后的吸水膨胀则高达 3%。

吸水膨胀的大小,还与石英含量及粒度、调合比例、所接触水的温度及时间长短和迟早等有关。石英量大、粒度细、调合稠,均能提高吸水膨胀。

区分固化膨胀和吸水膨胀是很困难的,因为这两种膨胀几乎是同时发生同时结束的。事实上,包埋料的吸水膨胀和固化膨胀之和要比单独的固化膨胀高得多。

有关吸水膨胀的机制有很多说法。根据一些理论,有认为在包埋料的固化过程中水的增加会提高惰性颗粒和石膏晶体的表面膜厚度,从而导致它们分离;也有认为在固化过程中加水会导致硫酸钙的进一步水化,从而导致包埋料膨胀;又有认为加水会导致石膏凝胶膨胀。另一种理论认为吸水膨胀和固化膨胀与人造石的现象相同,多余的水会提供多余的体积使石膏晶体长入。

尽管对吸水膨胀的确切机制还未完全了解,但已知道一些操作上的细节问题对吸水膨胀有影响,其中一些细节对石膏基包埋料的固化、吸水和热膨胀均有不同程度的影响。

1. 水粉比

对石膏制品的固化膨胀的影响是调合物中水越多(调合物越薄或水粉比越高),则固化和吸水膨胀越小。

2. 调合

调合对包埋料固化、吸水膨胀的影响要小于它对所有石膏制品的固化膨胀的影响,调合次数少,膨胀小。

3. 包埋料的使用年限

由于包埋料在储存过程中会吸湿,贮存 2~3 年的包埋料比新鲜的包埋料膨胀要少,因此放置包埋料的容器要尽可能紧闭,尤其当它被贮存在潮湿的环境下时。

4. 水浴前的耽搁

蜡型被包埋后,包埋物被浸入水浴以更适应于铸造。材料调合和水浴之间的时间耽搁会影响总的膨胀。总之,吸水膨胀随着材料调合和水浴之间时间的延长而减小。如果包埋料在开始固化时被浸入,它会比早些浸入时膨胀更大。

5. 水浴温度

水浴温度对蜡型有影响。水浴温度越高,蜡型膨胀,只需少量包埋料膨胀来补偿总的铸造收缩。高的水浴温度能软化蜡型,软化的蜡抵抗包埋料的膨胀较少,使吸水和固化膨胀更有效,总的效应是水浴温度越高,铸型的膨胀也越大。

6. 二氧化硅颗粒尺寸的大小

半水硫酸钙颗粒尺寸的大小对吸水膨胀作用不大,而二氧化硅的颗粒尺寸有重大影响。二氧化硅越细小,产生的固化吸水膨胀越大。

7. 二氧化硅/结合剂比例

包埋料通常含 65%~75%的二氧化硅、25%~35%的半水硫酸钙和 2%~3%化学添加剂以控制不同的物理性能和赋予包埋料不同的颜色。如果提高二氧化硅/人造石的比例,则包埋料的吸水膨胀也会提高,但是包埋料的强度会有所下降。

8. 水的作用

在固化过程中,包埋料通常会从周围吸水并膨胀,随着吸收水量的增加,材料就膨胀的越大,但当膨胀达到某一临界点就再也不会产生任何附加吸水膨胀。

市场上有一种包埋料适用于吸水型或加热型铸造技术，这种包埋料在482～649℃范围内会发生高热膨胀。这种膨胀大到足够使用热铸造技术，而不需要水浸入；当使用浸入水浴技术后，发生吸湿性膨胀的此种包埋料只需加热到482℃就可提供适当的膨胀。

（三）温度影响

1. 温度对二氧化硅的影响

二氧化硅的每一种异形体（polymorphic forms）——石英（quartz）、鳞石英（tridymite）、方石英（cristobalite）等，加热后会膨胀，但每一种的膨胀百分率不同。纯结晶体的膨胀率在250℃时达1.6%，而石英在600℃时膨胀率达1.4%，600℃时鳞石英的热膨胀率小于1%。图15-1所示即为三种二氧化硅材料在相对温度下的膨胀百分率。如图所示，没有一种二氧化硅的膨胀是一致的，事实上在它们的膨胀曲线上显示稍有一中断。在上升到200℃的过程中其膨胀率是有些一致的，而在200℃这一点时其膨胀率从0.5%～1.2%直线上升，然后到250℃时它又趋于一致。在573℃时石英在膨胀曲线上显示有一中断，鳞石英在更低一些的温度下显示一类似的中断。

温度-膨胀曲线上的中断显示石英和方石英各自存在有两种不同的形式，一种在高温下更稳定，而另一种在低温下稳定。在室温下更稳定的叫作α型，在较高一些温度下更稳定的叫做β型，鳞石英有3种不同类型。因此方石英的温度为220℃，石英573℃，鳞石英在105～160℃之间，其改变包括膨胀和体积收缩。从α型转到β型，二氧化硅的3种形式都会膨胀，方石英的膨胀值最大而鳞石英最小。

石英在自然界广泛存在，通过加热打开连接生成新的结晶体，它可以转换成方石英和鳞石英。在573℃时α型石英转化成β型石英，β型石英加热并维持在870℃可形成β型鳞石英。β型鳞石英可以获得α型鳞石英或β型方石英，如果β型鳞石英快速冷却并维持在120℃，则可生成α型鳞石英，它在室温下是稳定存在的。另一方面，β型鳞石英若是被加热并维持在1 475℃，那么它就转换成β型方石英。进一步加热β型方石英可以产生融化的硅，但若冷却并维持在220℃，则会生成α型方石英。所有的二氧化硅都以α型存在于包埋料中，在加热过程中可以被部分或全部转化成β型。转化过程中带有团块的膨胀，有益于补偿铸造收缩。

2. 温度对硫酸钙结合剂的影响

口腔修复金合金铸造包埋料的结合剂是α半水硫酸钙，在包埋过程中，水遇到包埋料与结合剂反应生成二水硫酸钙，而多余的水则规则地分布在混合物的表面。在加热早期，多余的水会蒸发掉，当升温到105℃，二水硫酸钙开始失水，在包埋料进一步加热到适宜于金属铸造的温度后，无水硫酸钙、二氧化硅和某些化学添加剂共同形成铸型腔。

由于结合剂的存在，包埋料的热膨胀变化与单纯二氧化硅并不完全一致，当包埋料从室温升高到105℃，可以观察到它发生膨胀，接着轻微收缩或不发生变化升温到200℃，在200～700℃之间的膨胀率的变化程度，取决于包埋料中二氧化硅的组成。

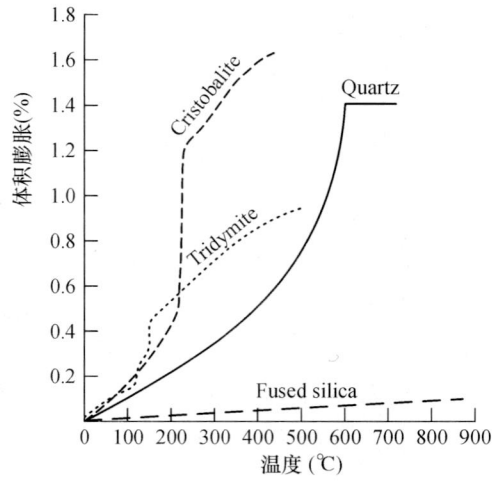

图15-1　石英、鳞石英、方石英的温度-体积膨胀百分率曲线

3. 包埋料的冷却

当包埋料冷却时，耐火材料和结合剂按照热收缩曲线（图 15-2）发生收缩，这不同于热膨胀曲线。当冷却到室温，与加热前比较，包埋料发生收缩，即使再加热到一定温度时，包埋料也不能膨胀到原先的水平；而且，冷却和再加热会引起包埋料内部碎裂从而影响包埋的质量。

（四）强度

石膏基包埋料的强度与石膏有极大的关系。石膏含量多，压缩强度高。有关石膏强度的影响因素均适用于石膏基包埋料。

（五）粒度

包埋料的粒度越细，所铸造的铸件越光洁。但粒度过细会造成疏松度不够，铸造时气体排出困难仍会影响铸件的质量，故以粗细结合为宜。

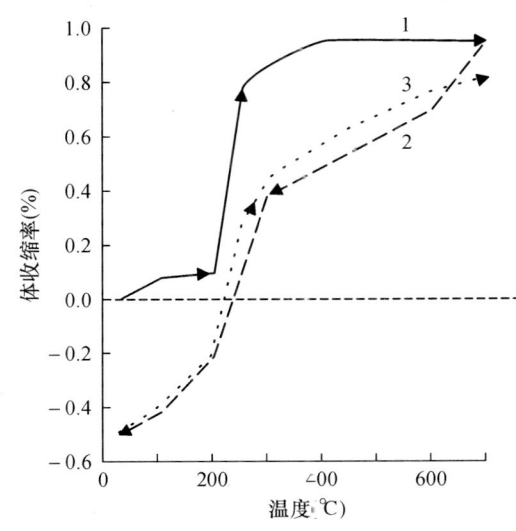

1. 第一次加热　2. 冷却　3. 再次加热

图 15-2　包埋料的热收缩曲线

自　Johnson GH. In: Restorative dental materials. 11th ed. St. Louis: Mosby, 2002. 410

第三节　铸造高熔合金包埋料
(investment for casting high-melting point alloys)

钴铬合金、镍铬合金和铬镍不锈钢都属于高熔点合金，铸造时所用的包埋料与一般石膏基包埋料不同。高熔合金包埋材料一方面要耐高温，同时要补偿高熔合金铸后较大收缩率，而且还要保持铸件的一定光洁度，因而为铸造高熔合金所用的包埋材料的问题就复杂起来了。

铸金包埋料中含有煅石膏 1/4 左右，限制了石英的膨胀，在温度 700℃ 时的线膨胀约 0.8%。另外，由于含有煅石膏，包埋材料加热失水渐成无水硫酸钙，如应用于高熔合金时，当温度上升至 960℃ 以上时，硫酸钙即与石英起作用而放出硫化物，会降低包埋材料的耐火度，使高熔合金铸件产生黏砂气泡和腐蚀。绝大多数用于局部义齿和烤瓷修复的金属合金是高熔的，应在高于 700℃ 的铸造温度下铸造。因此，石膏基的铸金包埋材料不能适用于高熔合金的铸造。

根据二氧化硅的特性，如果用其他对高熔合金无腐蚀作用的物质来作为结合剂，并给以强度，则二氧化硅尚有较大的潜力能满足高熔合金的铸造收缩的补偿。

一、磷酸盐基包埋料
(phosphate-bonded investment)

铸造高熔合金的最普通的包埋料是磷酸盐基包埋料。这种包埋料也由耐火材料和结合剂两者组成，应用时加水调合。耐高温的材料是二氧化硅，由石英、方石英或者两者配合而组成，占整个配比的80%左右。结合剂是氧化镁和磷酸。而产品往往是在以磷酸盐（如磷酸二氢铵或磷酸二氢镁）取代磷酸的基础上，使结合剂也制成粉剂，和耐高温材料合成单组分，在应用时加水调合。

具体组成（据上海齿科材料厂研制产品）如下：

MgO	6%
$NH_4 \cdot H_2PO_4$	10%
$Mg(H_2PO_4)_2$	3%
α 型方石英	20%
石英	11%
盐酸处理过的南方海砂	50%

组分中 α 型方石英由干燥用硅胶在 1 300～1 500℃加热 5～7 h 制得。MgO 需经活化处理，经 1 100℃轻烧脱水，成为活性氧化镁。整个组成的粒度一般在 350 目左右。

磷酸盐结合剂包埋料在加水应用后反应如下：

$$NH_4H_2PO_4 + MgO + 5H_2O \rightarrow NH_4MgPO_4 \cdot 6H_2O \quad (1)$$

$$\begin{array}{l}
MgO + NH_4H_2PO_4 + H_2O \\
\quad \downarrow \quad\quad\quad\quad\quad\quad 室温 \\
(NH_4MgPO_4 \cdot 6H_2O)_n \\
\quad MgO \\
\quad NH_4H_2PO_4 \quad\quad 胶体型颗粒\\
\quad H_2O \\
\quad \downarrow \quad\quad\quad 在 25℃ 延长固化或在 50℃ 脱水\\
(NH_4MgPO_4 \cdot 6H_2O)_n \\
\quad \downarrow \quad\quad\quad 在 160℃ 脱水\\
(NH_4MgPO_4 \cdot H_2O)_n \\
\quad \downarrow \quad\quad\quad 从 300～650℃ 加热\\
(Mg_2P_2O_7)_n \\
\quad \downarrow \quad\quad\quad 非结晶型聚合相\\
Mg_2P_2O_7 \\
\quad \downarrow \quad\quad\quad 1 040℃ 左右加热\\
Mg_3(P_2O_4)_2 \quad\quad\quad\quad\quad\quad\quad (2)
\end{array}$$

反应很复杂，且反应往往不完全。反应产物由含结晶水的磷酸铵镁、磷酸氢镁胶体大分子，包裹剩余的石英系颗粒和 MgO 组成。

包埋材料在加温后，固化产物继续反应。以磷酸铵镁分解反应为例：固化反应时剩余的胶体型颗粒中 MgO 和磷酸盐继续分解消耗。在 160℃ 时脱水，由 6 个结晶水减为 1 个结晶水。继续升温，在 300～650℃ 逐步形成非结晶型聚合相 $[(Mg_2P_2O_7)_n]$，并放出氨。温度再上升到 650℃ 以上。形成焦磷酸镁。如果烤圈过热，或者当高熔合金熔铸入铸型接触包埋材料时，会形成 $Mg_2(PO_4)_2$。

这类包埋材料按常规应用，其操作时间在 3.5～5.5 min，固化时间在 4.5～5.5 min，固化膨胀约 0.6%，热膨胀在 0.8%～1.0% 之间。固化 30 min 后的压缩强度在 120 kg/cm² 以上（R&R 商品）。烤圈在加温过程中，与石膏基包埋材料相似，在 200～400℃ 之间，由于结合剂分解，氨的逸出存在收缩的现象。如在应用时采用一种胶体硅溶液（10%～30%）代水调和包埋材料，不仅可以提高其强度，还可减少这种收缩，而且在 600～1 000℃ 之间的温度膨胀可增加 0.3% 左右。

磷酸盐结合剂包埋料既可采用内层包埋的方法，也可进行整体包埋。由于其固化后的强度较大，因此适用于在琼脂印模内注模，复模后进行合金的整体铸造。操作时的水粉比为（12～13）g/100 ml，在 1 min 内调合后即注入模内。包埋料模型在琼脂模内固化 1 min 后取出，放在 95℃ 干燥，然后浸入 120℃ 熔化蜂蜡中，30 s 后取出，以提高铸模表面强度，然后制作蜡型。蜡型完成，以同样水粉比作内层包埋。外层包埋则同样可以低石膏含量包埋料包埋。铸圈一般在最后包埋后 1～2 h 进行。注意要在 250℃ 前缓慢升温，因为方石英在 300℃ 时膨胀显著，升温太快会导致包埋料开裂。然后在 1 h 内升温到 850～900℃，保温 15 min 即可铸造。

ANSI/ADA No. 42（ISO 9694）：磷酸盐基铸造包埋料规格，详细说明了两种固化温度在 1 080℃ 以上类型合金用包埋料：1 型：嵌体、冠和其他固定修复用包埋料。2 型：局部义齿修复或其他活动修复体的铸造。

规格中对下列性能：流动性、初始凝固时间、压缩强度、线热膨胀的允许值见表15-2。

表15-2 磷酸盐铸造包埋料的要求

性　能	要求值
粉的外观	均匀无杂质,不结块
工作时间的流动性	
1型	直径90 mm
2型	直径70 mm
固化时间	不超过制造商宣布时间的30%
压缩强度	
1型	最小2.5 MPa
2型	最小3.0 MPa
线热膨胀	不超过制造商宣布值的15%

二、硅结合剂基包埋料（silica bonded investment）

以正硅酸乙酯（四乙氧基硅烷）作为结合剂与高纯度的石英的包埋材料，按严格的操作，所铸出的铸件具有较高的光洁度，并可基本补偿高熔合金的铸造收缩。此种结合剂的主要成分是正硅酸乙酯。正硅酸乙酯水解而成的胶体二氧化硅起着与石英颗粒结合的作用。其部分水解的组成大致如下：

正硅酸乙酯	24.25%
乙醇	72.75%
水	2.50%
稀盐酸	0.50%

正硅酸乙酯为无色或浅褐色透明液体，具有弱乙醚味，比重0.933，沸点168.1℃，引燃点50℃左右，其二氧化硅含量约为28.3%，钠含量小于0.15%。它的主要化学特性是易于水解，水解的产物胶体二氧化硅是很好的结合剂。其反应式如下：

$$Si(OC_2H_5)_4 + 2H_2O \longrightarrow SiO_2 + 4C_2H_5OH$$

或 $Si(OC_2H_5)_4 + 4H_2O \longrightarrow H_2SiO_3 \cdot H_2O + 4C_2H_5OH$

反应所得的SiO_2都将位于铸型表面，形成胶体膜。但正硅酸乙酯与水是不可混合的，因此水解作用必须在有乙醇为溶剂的帮助下才能完成。同时，乙醇对水解制剂具有很大的稳定性，以利储存。

正硅酸乙酯是易燃的。加乙醇使之混合则更促进其易燃，因此在配制时或烘烤铸圈时，都应特别小心。

水解反应的速度与程度除水量、溶剂等条件外，酸碱的存在也能加速水解的速度。在这类结合剂中所加的酸为盐酸，盐酸对这类包埋材料的性能有很大影响，<0.8%会使包埋料产生裂缝，太多会使胶体SiO_2过多沉淀，均能影响所铸铸件质量。

正硅酸乙酯结合剂与纯石英的调合比约在13:4，部分水解者初固化时间约30 min。这类包埋材料在固化后，在168℃以下，由于失去乙醇和水分，会伴有收缩现象，固化2 h的收缩约0.213%。500～1 000℃之间的温度膨胀为1.6%左右。

第四节　焊接包埋料（brazing investment）

当部分修复体使用焊接时，例如可摘局部义齿的卡环，在热处理前这些部位必须用适当的包埋材料包围起来。在包埋前这些部位先用黏蜡暂时固定在一起，以后蜡会被软化去除。在焊接前被焊接部位要暴露出来以加热及使蜡熔化。

ANSI/ADA No.93（ISO 11244）焊接包埋料规格有两型：1型：石膏基焊接包埋料。2型：磷酸盐基焊接包埋料。

该规定对质量、流动性、固化时间、压缩强度、线热膨胀作出了规定，其相对应的值见汇总表

15-3。

焊接低熔点合金的包埋料类似于含有石英、半水硫酸钙的铸造包埋料。对高熔点合金应用磷酸盐基包埋料。

焊接包埋料比铸造包埋料有更低的固化膨胀和热膨胀，希望其黏结部位在包埋料固化及加热过程中不偏移。焊接包埋料的通常组分中颗粒尺寸不如铸造包埋料精细，因为物质的光滑度并非很重要。

表 15-3 焊接包埋料的性能要求

性能特点	要 求 值
粉的质量	均匀无杂质，不结块
流动性	直径 100 mm
固化时间	不超过生产商规定时间的 30%
压缩强度	在 2.0~10.0 MPa 范围内
线固化膨胀	不超过生产商规定膨胀值的 15%
线热膨胀	不超过生产商规定膨胀值的 15%

第五节 全瓷修复包埋料
(investment for all-ceramic restorations)

最近发展出两种类型包埋料用于制作全瓷修复体。第一种用于铸造玻璃技术，这种包埋料由磷酸盐耐火材料组成并由制造商提供玻璃铸造设备。第二种用于制作全瓷修复体的包埋料是代模的耐火材料，用于全瓷贴面、嵌体和冠。耐火代模是将包埋料灌注入印模内制得。当包埋料固化后，取出代模，并加热以去除可能对陶瓷有害的气体，耐火代模表面要加以分隔。在代模表面堆积瓷粉或其他陶瓷粉。这些材料必须能精确复制印模，在瓷粉加热过程中不破坏，并且有与陶瓷相匹配的热膨胀（否则在冷却过程中会发生崩瓷）。这些材料也属于磷酸盐类，通常含有细微的耐火填料颗粒，有精确的细节复制性。磷酸盐基耐火代模材料的发展参见 ANSI/ADA No. 92 (ISO 11245) 规格。

（陆 华 薛 森）

参 考 文 献

1 朱希涛. 口腔修复学. 北京：人民卫生出版社，1987，514-518
2 薛 森. 口腔应用材料学. 天津：天津科技翻译出版公司，1997，427-438
3 王连臣，王兴强，孙学义. 高温铸造包埋材料的研制及性能检测. 口腔材料器械杂志，1999，8(4)：195-196
4 吴海树，马 芸，孙 江. 发泡石膏外包埋材料抗压强度及铸模型透气性的测定. 口腔材料器械杂志，2000，9(3)：144-146
5 曹洪喜，张建中，丁伟山. 包埋料和铸造方法对自研贵金属合金铸流率的影响. 口腔材料器械杂志，2002，11(3)：117-119
6 余桂林，王贻宁，李友胜，等. 对 4 种国外磷酸盐包埋料的组成结构及性能的研究. 口腔材料器械杂志，2003，12(3)：121-123
7 郝凤渝，白 冰，李振春. 不同包埋方法对 3 种基底合金铸造收缩的影响. 口腔材料器械杂志，2004，13(2)：65-68
8 Earnshaw R, Morey EF, Edelman DC. The effect of potential investment expansion and hot strength on the fit of full crown castings made with phosphate-bonded investment. J Oral Rehabil, 1997, 24: 532-537
9 Luk HWK, Darvell BW. Effect of burnout temperature on strength of phosphate-bonded investments. J Dent, 1997, 25: 153-161
10 Schilling ER, Miller BH, Woody RD, et al. Marginal gap of crowns made with a phosphate-bonded investment and accelerate casting method. J Prosthet Dent, 1999, 81: 129-133
11 Chew CL, Land MF, Thomas CC, et al. Investment strength as a function of time and temperature. J Dent, 1999, 27: 297-303
12 Tiara M, Okazaki M, Takahashi J, et al. Effects of four mixing methods on setting expansion and compressive strength of six commercial phosphate-bonded silica investments. J Oral Rehabil, 2000, 27: 306-312
13 Powers JM. Gypsum products and investments. In: Craig RG, Power JM, eds. Restorative dental materials. 11th ed. St. Louis: Mosby, 2002, 404-416
14 Anusavice KJ. Casting investment and procedure. In: Anusavice KJ, eds. Phiillips'science of dental materials. 11th ed. Saunders, 2003, 295-350

第十六章 全瓷修复材料(all ceramics)

由于陶瓷材料具有色泽美观、生物相容性好及性能稳定、耐磨损等优点,一直是重要的口腔修复材料。为了克服单纯陶瓷材料强度不足和脆性的问题,目前主要采用在金属冠核表面熔附上性能相匹配瓷料的技术来制作修复体,这种金属烤瓷修复体是目前牙体修复的主流材料。虽然金属烤瓷修复在一定程度上解决了陶瓷材料质脆易折的问题,但其仍然存在诸如颜色缺乏层次感、会造成龈缘变色以及金瓷结合处疏松粗糙影响龈缘健康等问题。近年来,随着陶瓷材料制备和成型工艺的发展,出现了多种不需要金属基底的全瓷修复材料,可用于制作嵌体、全冠固定桥等修复体。这些全瓷修复材料具有颜色逼真、机械强度较好、与牙体组织吻合好等优点,并弥补了金属烤瓷修复所存在的上述不足,为口腔修复开辟了一条新的途径。

第一节 全瓷修复材料的性质特点与分类

一、全瓷材料的特点

A. 具有近似硬组织的机械强度,耐疲劳,耐磨损,能抵抗咀嚼力;但拉伸强度、抗弯强度以及抗冲击强度较低,目前尚不适于后牙长桥修复、颞颌关节紊乱症、咬合过紧及殆力过大的患者。

B. 热传导低,不导电,质量比金属烤瓷轻。

C. 具有良好的化学稳定性,长期在口腔环境下,在各种食物、饮料、唾液、体液、微生物及其酶作用下,不会产生变质、变性。

D. 具有优良的生物相容性,没有金属瓷的结合疏松粗糙处,减少菌斑聚集,减少龈缘红肿及萎缩。

E. 易成形,易修改,收缩小,操作简单。

F. 着色性好,表面光泽度高,透明和半透明性佳,具有与天然牙相似的美观效果,没有金属烤瓷牙龈透青、黑线和变色的问题。

陶瓷材料的组成、结构、性质、晶体结构、晶相分布、晶粒尺寸和形状、气孔、杂质、缺陷以及晶界等都可成为影响其性能的因素。

二、全瓷材料的分类

1. 铸造陶瓷(castable ceram)

玻璃在高温熔化后具有良好的流动性,可浇铸成任意形状的铸件,再将铸件置于特定温度下进行结晶化处理,其析出结晶相而瓷化,使材料获得足够的强度,这种能用铸造工艺成型的陶瓷称铸造陶瓷。由于这种陶瓷的透光性好并能混合来源于自然牙和周围软组织的颜色,产生变色龙作用(chameleon effect),因而,修复体的表面仅需着色处理即可满足一般临床要求。

而热压铸陶瓷(pressed ceram)是将预成瓷块在高温下加压注入模型腔内,形成修复体的陶瓷。

热压铸陶瓷色泽调配可通过在失蜡法热压铸而成的底层瓷上表面饰瓷，或用与基体材料成分相似的表面釉瓷进行着色处理而成。

Grossman 等 1984 年介绍了商品名为 Dicor（Corning 和 Dentsply 公司）的一种云母微晶玻璃，其强度可达 152 MPa，但其通过表面着色和黏固剂颜色调整修饰出的色泽仍不理想，且费时复杂。20 世纪 80 年代末期，临床医生开始利用铸造 Dicor 陶瓷制作基底冠，其表面用美学性能好的长石瓷作饰瓷处理，制作出一种新型的陶瓷全冠（willis glass crown）。

1986 年，Ivoclar 公司与苏黎世大学共同研制 Empress 系统问世，该陶瓷材料在长石瓷中加入白榴石晶体来增加强度，具有良好的抗折断性能；其表面上釉着色，具有良好的半透明性、与牙釉质近似的折光性；此外，也具有良好的边缘密合性及与牙釉质相似的耐磨性能。主要用于制作冠、嵌体、贴面。IPS-Empress Ⅱ 是新一代热压陶瓷，其优点是材料可以酸蚀，抗弯强度更高，可用于制作前后牙单冠、前牙及前磨牙桥。

近年来，Dentsply 公司亦推出新型热压铸瓷 Fenesse All-ceramic 全套设备材料，与其他瓷核材料相比，其优点为透光性强，美学效果佳；且烧结时间大大缩短，节省了制作周期；热稳定性好，连续烧结 10 次无形变；具优良抗弯强度和抗折强度等。

常用的铸造陶瓷还有 Cera Pearl 和 Olympus 等，国内也开发了 CGC、LIKo、PLAT 等铸造陶瓷。虽然铸瓷强度较高，但需专用设备，操作过程复杂，成本高，且遮色性稍差，铸瓷块基本上也还依赖进口。

2. 渗透陶瓷（infiltrated ceram）

熔融的玻璃基质通过毛细管作用逐渐渗入到多孔的氧化铝、$MgAl_2O_4$ 或氧化锆核的网状孔隙中，从而形成一个氧化铝和玻璃相连续交织互渗的复合材料（continuous infiltrated penetrating composite, CIPC），称为渗透陶瓷。其中玻璃基质的颜色和折射率对复合体的颜色和透光率起决定作用。玻璃基质封闭了氧化铝、$MgAl_2O_4$ 或氧化锆核的所有空隙，能有效限制裂纹的扩展，极大的提高了其挠曲强度，为其他普通陶瓷材料的 2～4 倍，达到 320～600 MPa，甚至更高（1993 年 Anderson 等报道利用干压技术制得的铝瓷强度可达 687 MPa），目前氧化锆抗弯强度已达 1 000 MPa 以上。

铝瓷修复体具有高强度的瓷核做底衬，但需要专门的瓷烧结设备，操作相对复杂，烧结时间长，成本高。而且由于氧化铝晶体含量较多，材料的透明度及颜色不够理想，需用表面饰瓷来解决美观问题。

1988 年，Sadoun 提出粉浆涂塑（slip-casting）的全瓷修复技术，即采用氧化铝低温烧结融接成骨架，再渗入镧（lanthanum, La）系玻璃，制成玻璃渗透氧化铝瓷。后来 Vita 公司改进，以 In-Cram 为商品名推出。近年来 Vita 公司生产的 In-Ceram Alumina 全瓷系统以高强度铝瓷材料作为底层材料，用玻璃渗透增韧，增加了强度，并采用与天然牙颜色接近的低膨低熔饰面瓷，其边缘密合性和美观效果更为理想，磨耗性也与天然牙近似。而 In-Ceram Spinal 新型材料在透光性上又有所提高。

国内华西医科大学口腔医学院于 1995 年研制出了 GⅠ-Ⅰ型粉浆涂塑铝瓷材料，又研制出强度更高的 GⅠ-Ⅱ型粉浆涂塑铝瓷材料。山东大学口腔医学院也研制出名为 GC 的全瓷材料。

3. 可切削陶瓷（machinable ceram）

使用 CAD/CAM 系统，在计算机上进行全瓷修复体设计及加工。可切削陶瓷即为可通过 CAD/CAM 系统切削加工的陶瓷，并通过计算机模拟下颌三维运动，有效去除所有的合干扰，故制作的全瓷修复体具有良好的美观性、足够的机械强度以及静态和动态时最广泛的合接触。

常用的切削瓷有：长石瓷（vita mark Ⅰ、vita mark Ⅱ）、玻璃陶瓷（dicor MGC、dicor MGC-F）、渗透陶瓷（vita in-ceram alumina block、vita in-ceram spinal block），用于制作嵌体、高嵌体、全冠和固定桥。未来的口腔 CAD/CAM 系统发展趋势是：①操作将更简便，成本更低。②能够稳定地从

口腔内或模型上获取牙体预备情况。③制作 inlay、onlay 和全冠完全自动化。④完成修复体的制作时间更短。⑤易于更新并力求准确地获取龈下边缘情况。

第二节　全瓷材料的性能

一、全瓷材料的强度

自从 Land 于 1886 年采用铝箔技术用长石瓷在耐火模型上制作第一个色泽与自然牙近似的瓷甲冠(PTC)开始，口腔陶瓷因其良好的生物相容性及自然协调的外观，成为重要的口腔修复材料，但陶瓷所固有的脆性限制着其应用范围及使用可靠性。全瓷修复体在就位、承受咬合力和意外创伤时易于折裂，故如何改善陶瓷材料的脆性，增大其强度成为现代陶瓷材料研究中的热点。

1965 年，Mclean 采用含 50% Al_2O_3 的高瓷铝制成铝瓷全冠，强度较瓷甲冠提高了约 50%。1973 年 Southan 等发明了一种名为 Hi-ceram 的瓷甲冠，第一次应用了在耐火代型上直接烧结铝瓷的技术，提高了瓷甲冠的强度（140～180 MPa）。1988 年，Sadonn 提出了一种粉浆涂塑的全瓷冠桥修复技术，后由德国 Vita 公司改进，以 In-ceram 的商品名推出，In-ceram 最突出的性能就是修复体底层陶瓷强度高，是其他几种全瓷系统的 3～4 倍，达到 320～500 MPa。具体数值如表 16-1。

表 16-1　各种全瓷材料的强度

商品名	Optec HSP	IPS Empress	In-Ceram	Dicor	Dicor MGC	Vita Mark II
分类	粉浆瓷	热压瓷	渗透瓷	铸造瓷	切削瓷	切削瓷
弯曲强度(MPa)	105	127	446	125	184	78
断裂韧性(MPa)	1.29	1.29	4.61	1.31	1.5	1.8

在制作过程中，烧结工艺是关键环节，在烧结过程中陶瓷粉末颗粒相互靠近连接，气孔逐渐缩小直至排除，最终形成具有一定强度的烧结体。烧结过程尤其是烧结温度对材料的性能起着决定性的作用，有实验表明随着烧结温度的升高，氧化锆陶瓷的密度呈上升趋势，但 1 570℃组与 1 610℃组无明显变化，这说明 1 570℃时氧化锆陶瓷已经基本上完成了致密化过程，1 570℃被认为是综合效果最佳的氧化锆陶瓷烧结温度。

添加增韧剂是陶瓷增韧的一种常用方法，增韧剂的含量也直接影响着全瓷材料的强度。由于氧化锆具有优良的力学性能，其断裂韧性远高于氧化铝瓷，因此氧化锆常被作为氧化铝陶瓷的增韧剂。

ZrO_2 的热膨胀系数比 Al_2O_3 大，材料从高温到低温的冷却过程中，ZrO_2 比 Al_2O_3 的收缩量大，故 ZrO_2 的含量越高，材料基质对每个 ZrO_2 颗粒的约束力越小，导致 ZrO_2 的冷却过程中越容易转变成单斜相。有文献报道，认为 ZrO_2 的相对含量应大于 15%，但如相对含量过高（超过 48%）时则会因晶粒聚集而引起材料强度的下降。氧化锆增韧属于相变增韧，同时具有微裂纹、应力诱导相变、残余应力场等多种韧化机制相伴而生。

瓷修复体适宜的表面处理可以显著地提高瓷修复体的强度，使其表面光泽，色彩更加逼真，使它与基牙的结合力更强，从而进一步提高修复体质量，延长使用时间。表面处理包括外表面和内表面处理,适宜的内表面处理及外表面处理包括磨光、上釉、化学增强和热增强等。磨光可除去瓷表面缺损、裂缝、沟纹,阻止折裂的发生与传播。磨光可使长石瓷挠曲强度提高约1/5(与自身上釉者相比),仔细磨光的长石瓷表面的光洁度高于自身上釉者。瓷修复体外表面上釉可使其挠曲强度提高近30%。黏固可以看作是修复体的内表面处理,选择适宜的黏固剂不仅可以提高修复体强度,还可以避免并发症如咬合过高、冠边缘开口过大等发生。

二、边缘适合性

边缘适合性是指修复体组织面与牙预备体之间间隙的大小,或指修复体黏结于牙备体之后黏结剂介质层厚度的大小,其反映了修复体的精确程度与就位情况。全瓷修复材料的适合性与其性能及制作工艺密切相关。边缘浮出量和黏结层的厚度常用作评价全瓷修复体适合性的指标,尽管理论上的适合性的指标为25~40 μm,但临床上可接受的厚度达100~120 μm。

1999年,Beschnidt等人对5个系统的全瓷材料的做了体外研究,虽然所测得的边缘浮出量都在临床允许范围内,但各系统的结果之间还是有显著差异,其中热压铸造陶瓷具有最小边缘浮出量(平均47 μm),接下来是普通In-ceram渗透陶瓷(平均60 μm),其后是铸造陶瓷(平均62 μm)及可切削陶瓷(Celay In-ceram系统,平均78 μm),最大的是长石质烤瓷的边缘浮出量(平均为99 μm)。Klaus等对80个前牙和后牙Procera全瓷冠通过采用硅橡胶复制冠与牙面的间隙来评价修复体的边缘适合性,发现平均边缘浮出量前牙为80~95 μm,后牙为90~145 μm。而最大边缘浮出量前牙为180 μm,后牙为245 μm。

对于可切削陶瓷,计算机系统的软件及硬件设施可以直接提高所制作的全瓷修复体的边缘适合性。Sturdevant等人用CEREC第二代计算机辅助成型系统[second-generation computer-assisted design/computer-assisted manufacturing (CAD/CAM)(CEREC 2, Sirona Dental Systems, Bensheim, Germany)]及传统的CEREC 1分别制作了2个CLASS Ⅱ洞型嵌体,然后测量其边缘浮出量,再用统计学方法进行分析,结果显示用CEREC 2制作的嵌体的平均边缘浮出量为(80±57)μm,明显小于CEREC 1制作的嵌体。

三、全瓷材料的黏结性能

全瓷修复体良好的远期临床效果有赖于高强度的树脂黏结技术,其中陶瓷的种类、表面处理、黏结剂的种类、黏结层的厚度及牙体表面的处理等对黏结强度均有影响。Stewart等人对480个患牙按6种表面处理方法、应用4种不同黏结剂(Nexus、Panavia 21、RelyX ARC和Calibra)进行体外实验,观察其1 d后及6个月后的黏结强度。短期及长期结果都表明,联合使用氧化铝喷砂、氢氟酸腐蚀和硅烷偶联剂时,黏结强度明显高于其他单独使用者,对于黏固剂,光固化及自凝固化都表现出比双重固化更好的黏结性能。Deniz等比较了两种黏结树脂(Panavia-EX和Super-bond)与玻璃渗透氧化铝瓷核剪切黏结强度后认为,Panavia-EX与铝瓷的黏结强度明显高于Super-bond,这归因于陶瓷的氧化铝及Panavia-EX所具有的酯键和机械性能。目前大多数学者认为黏固全瓷修复体时,相对于传统的水门汀黏固剂,使用树脂黏结剂可以明显提高修复体的抗折性,这是由于树脂黏固剂对经酸处理的牙本质和陶瓷有较大的黏结强度,可以将修复体和牙体组织连接成一个紧密的复合体,有利于陶瓷试样将所承受的载荷均匀传递及内应力的分散。在所有影响因素中,陶瓷种类对黏结强度仍起着决定性的作用,Correr等的研究显示,In-ceram全冠用玻璃离子黏固剂黏结,其抗折性仍明显较IPS Empress全瓷用树脂黏结剂黏结者高。最后要指出的是,对于In-ceram非氧化锆类全瓷修复体不宜用磷酸锌或羧酸锌水门汀黏固,因为这些黏固剂为不透明的白色,会影响修复体的颜色与透光性。

四、全瓷材料的美学性能

全瓷是一种理想的修复材料,其独特的半透明的美学性能是其他金属材料和高分子材料无法比拟的。陶瓷的颜色由显示能力和半透明性两个重要参数决定。不同陶瓷材料的颜色各不相同,但大多可以通过色瓷或面瓷加以控制,因而半透明性成为决定陶瓷色的重要因素。Kelly 等比较了目前国外常用的几种全瓷材料的颜色显示能力和半透明性(表 16-2)。

表 16-2　几种常用全瓷材料的美学性能比较

颜色显示能力(小-大)	Dicor	Hi-ceram	IPS Empress	In-ceram	Optec
半透明性(小-大)	Hi-ceram	In-ceram	Optec	IPS Empress	Dicor

除全瓷材料的种类差异,烧结温度设置的差异对瓷修复体透明度的影响也较大,在不同的设置温度下,其瓷块的透明效果有不同程度的改变。温度偏高,唇面的细微的结构消失,轮廓不稳定,口内效果失真;温度不足,呈现白垩色(矢透现象),明亮度降低,苍白黯淡。所以正确的烧烤温度可以使材料具有稳定可靠的美学效果及均衡一致的物理性能;使瓷晶粒达到最佳的熔融状态和结合强度;使色相、明度、彩度均达到要求,光的扩射率亦可产生与自然牙齿相同的光泽效果。但对于渗透陶瓷,渗透温度对陶瓷颜色的影响不大,渗透时间则有明显影响,孟玉坤等人对 GI-Ⅱ 及 Vita In-ceram Alumina 氧化铝试件按不同渗透时间、不同渗透温度分组,最后对试件的色彩参数进行测量,结果表明,在实验选定的时间范围内,渗透时间所引起的颜色变化超出了临床所能接受的范围,而渗透温度引起的颜色变化始终处于临床允许的范围之内。所以采用固定的渗透工艺才能保证获得稳定的所需颜色。

也有研究表明,陶瓷的颜色受全瓷试件面积大小的影响,随试件直径的增加,其中心的彩度增加,色调趋向红色。Alessandro 等采用 IPS-Empress 全瓷材料进行体外实验,比较了 3 种瓷面厚度、3 种颜色黏结剂(两种厚度)对 4 种颜色牙齿背景覆盖后最终修复体的颜色变化,结果表明 IPS-Empress 铸造全瓷修复体厚度超过 2 mm 时,将不受基牙颜色的影响,而不同黏结剂的颜色、厚度对改变最终修复颜色的作用非常微小。但修复后的最终颜色还是受基牙颜色、黏结材料的颜色、瓷面底层材料的遮色性、瓷面的厚度及透光性等因素的影响。

第三节　全瓷材料的临床应用

(一)嵌体(inlays)

1. 适应证

牙体严重缺损,涉及牙尖,不能用一般材料充填者;合面严重缺损需咬合重建者;邻接关系不良。其中特别适合于修复美观要求较高的近中-合(MO)、近中-合-远中(MOD)嵌体。

2. 禁忌证

与一般嵌体相似。咬合紧、洽面无法取得,1.5~

2 mm 厚度者不能选全瓷嵌体。

3. 牙体预备

由于陶瓷材料特殊的理化性能,瓷嵌体的牙体预备有以下特点:①合面至少要留出 1.5~2.0 mm 的间隙。②不能预备洞斜面。③所有边缘应是对接状态(butt join)。④onlay 应将功能和非功能尖全部覆盖,颊面、舌侧边缘预备成肩台形或深槽形。⑤邻接面完成线应在唇侧外展隙处,以便于清洁。⑥边缘光滑,线角圆钝。⑦预备完成的牙体,所有轴壁上的倒凹必须用玻璃离子黏固剂填补,牙本质薄弱处用 Ca(OH)$_2$ 垫底。

(二) 贴面(veneers)

1. 适应证

染色变色牙,氟斑牙,釉质发育和钙化不全牙,前牙间隙,畸形牙,过小牙,扭转牙,舌向错位牙,切缘缺损或颈部缺损牙等。

2. 禁忌证

唇向错位,过大牙间隙,反𬌗牙,前牙深覆𬌗,下前牙唇面严重磨损无间隙者。

3. 牙体预备

①酌情磨除表面釉质 0.2~0.5 mm,适当磨去过突部分或变色较深的区域,但一般不磨至牙本质。②尽量减少唇部突度,适当减小颈缘突度。③邻面至接触区,但不能破坏邻接点。④颈缘线位于龈上 0.5 mm 或平齐龈缘,颈缘及邻面边缘预备成浅肩台形。⑤适度降低冠长,切端达切缘,但一般应避免修复后的瓷切缘与对合牙直接接触,可将切缘制备成由外向里的浅斜面。⑥局部区域有牙本质缺损或龋损,术前用玻璃离子黏固剂充填,便于预备和黏固。

(三) 全瓷冠(all-ceramic crowns)

1. 适应证

①前牙缺损、失活、变色等影响美观者。②后牙牙冠大面积充填治疗后,能预备出足够合间间隙的。③不宜正畸治疗的扭转牙、错位牙。④对美观要求高。⑤对金属过敏者。

2. 禁忌证

年轻恒牙及乳牙,咬合过紧,合力过大,或为对刃合,以及牙周疾患未处理者,不宜做全瓷修复。

3. 牙体预备

一般要求:①去除龋坏组织,冠的最大周径降至颈缘。②在各种合位均有足够的修复间隙等,也可适当增加预备间隙,以保证全瓷冠的强度和美观效果。③颈缘平齐龈缘或位于龈下 0.5 mm。④上前牙切缘形成舌面倾斜 45°的切斜面,下前牙则备成唇面倾斜的切斜面,以使上下前牙咬合时力的方向接近垂直。⑤精修完成后,各面光滑无倒凹,线角圆钝。

第四节 发展与前景

在口腔全瓷修复材料发展的 100 多年里,从最早的瓷甲冠到最新的 Cercon 系统,全瓷材料已经是目前临床上较为常用的材料。虽然全瓷材料有诸多优点,但由于口腔环境的特殊性和陶瓷所特有的一些如抗弯强度低、脆性大、烧结收缩大等缺点,目前全瓷材料的综合性能仍不能完全满足临床需要。相信随着新材料的不断涌现以及对现有全瓷技术的不断改进,会有更好的、具有更高强度的全瓷材料被开发研制出来,全瓷材料因其所具有的优良美学性能和生物相容性将成为牙体缺损修复中的首选材料。

(张修银)

参 考 文 献

1. 汪大林. 提高牙科陶瓷强度的研究. 国外医学·口腔医学分册,1995,22(5):276-279
2. 汪大林. 牙科陶瓷材料应用研究现状. 国外医学·生物医学工程分册,1997,20:97-101
3. 骆小平,赵云凤. 牙科全瓷冠修复的研究进展. 中华口腔医学杂志,2000,35:158-160
4. 吴海树. 烧结温度对瓷修复体透明度的影响. 口腔材料器械杂志,2000,9:208-209
5. 孟玉坤. 渗透烧烤工艺对 GI-Ⅱ型渗透陶瓷颜色的影响. 口腔材料器械杂志,2001,10:173-177
6. 张 斌,陈吉华. 烧结温度对牙科氧化锆增韧陶瓷性能的影响. 中华口腔医学杂志,2003,38:304-305
7. 鲁 莉. 面积对陶瓷修复体体瓷色度学的影响. 北京口腔医学,2003,11:84-87
8. 柴 枫. 陶瓷基复合材料的研究进展. 口腔材料器械杂志,2003,12:25-28
9. Probster L,Diehl J. Slip-casting alumina ceramics for crown and bridge restorations. Quintessence Int,1992,23:25-31
10. Scherrer SS, De Rijk WG, Belser UC. Fracture resistance of human enamel and three all-ceramic crown systerms on exeracted teeth. Int J Prosthodont,1996,9:580-585
11. Enhanced low temperature toughness of Al_2O_3-ZrO_2 nano/mano Composites Nano Structured Materials 1997,8(5):755-763
12. Christensen GJ. Why all-ceramic crowns? JADA, 1997, 128(10):1453-1455
13. Correr SL, Cattell MJ, Knowles JC. Fracture strength of all-ceramic crowns. J Mater Sci Mater Med, 1998,9:555-559
14. Beschnidt SM, Strub JR. Evaluation of the marginal accuracy of different all-ceramic crown systems after simulation in the artificial mouth. J Oral Rehabil, 1999,26(7):582-593
15. Sturdevant JR, Bayne SC, Heymann HO. Margin gap size of ceramic inlays using second-generation CAD/CAM equipment. J Esthet Dent, 1999,11(4):206-214
16. Klaus WB, Burkhard HW, Annette ES, et al. Clinical fit of Procera Allceram crowns. J Prosthet Dent, 2000,83:419-424
17. Deniz S, Eadal Poyrazouglu, Betul Tuncelli. Shear bond strength of resin luting cement to glass-infiltrated porous aluminum oxide cores. J Prosthet Dent, 2000,83:210-215
18. Feimin, Guido H, Michael E. Double-layer porcelain veneers: color. J Prosthet Dent,2000,84:425-431
19. Stewart GP, Jain P, Hodges J. Shear bond strength of resin cements to both ceramic and dentin. J Prosthet Dent, 2002,88(3):277-284

第十七章 修复用聚合体
(polymer for prosthetics)

第一节 义齿基托材料概述

当牙列缺损或牙列缺失后，需要口腔医生制作义齿来代替缺失的牙齿和缺损的牙槽嵴，以恢复正常的咀嚼功能和美观。一般的全口义齿是由人工牙和基托两部分组成，基托将人工牙连接在一起并与组织接触，将人工牙所承受的咀嚼力传递给口腔软、硬组织或种植体。

尽管个别义齿的基托是由金属材料制作的，目前大部分的义齿基托是由聚合体(polymer)制成的。选择聚合体时要考虑到材料的可得性、尺寸稳定性、操作性能、色泽以及与口腔组织的生物相容性。

一、发展简史

20世纪40年代以前，义齿的基托主要由硫化橡胶制成的，这种基托不仅颜色不美观、加工困难，而且在口腔里面容易发臭，口感差。20世纪30年代，德国Rohm Hass公司发明了聚甲基丙烯酸甲酯制品，随后德国Kulzer公司创造性地用悬浮聚合法将聚甲基丙烯酸甲酯制成牙托粉用于义齿的制作。由于其性能优越，很快取代了传统的硫化橡胶，使义齿的质量和美观得到前所未有的提高。从20世纪40年代以来，90%～95%的义齿基托是由该丙烯酸酯聚合体制作的。

二、性 能

义齿基托要能够在口腔内正常发挥作用，基托材料必须具备以下性能：①具有良好的生物安全性。要求基托无毒、无刺激，无致敏性，无致癌性。②化学性能稳定，在口腔环境中不会腐蚀变性，能够耐受生物老化。③具有优良的物理机械性能，具有一定的强度和耐磨性，在口腔长期使用不变形，不断裂。质轻，导热性好。④具有一定的耐热性，在口腔内温度的变化环境中不会变形。⑤具有良好的操作性能，容易抛光，易于修补。⑥色泽美观、稳定，在口腔内不退色、不变色，能根据需要着色。

三、分 类

根据聚合固化方式不同，基托树脂可分为加热固化型义齿基托树脂、室温固化型义齿基托树脂、光固化型义齿基托树脂三大类。

(一) 加热固化型义齿基托树脂(heat-curing denture base resins)

加热固化型义齿基托树脂简称热固化型基托树脂或热凝树脂，它需要在65℃以上才能充分聚合,是目前用量最大的一种基托树脂材料。

1. 组成

热固化树脂一般由粉剂(牙托粉)和液剂(牙托水)组成。牙托粉由甲基丙烯酸甲酯均聚粉或共聚粉、引发剂、颜料组成;牙托水由甲基丙烯酸甲酯、交联剂(少量)、阻聚剂(微量)、紫外线吸收剂(微量)。

(1) 牙托水

主要成分为甲基丙烯酸甲酯(methyl methacrylate,MMA),又称单体,它是合成聚甲基丙烯酸甲酯[poly(methyl methacrylate),PMMA]的原料。MMA在常温下为无色透明液体,易挥发,易燃,易溶于有机溶液,微溶于水。MMA和PMMA结构式如图17-1。

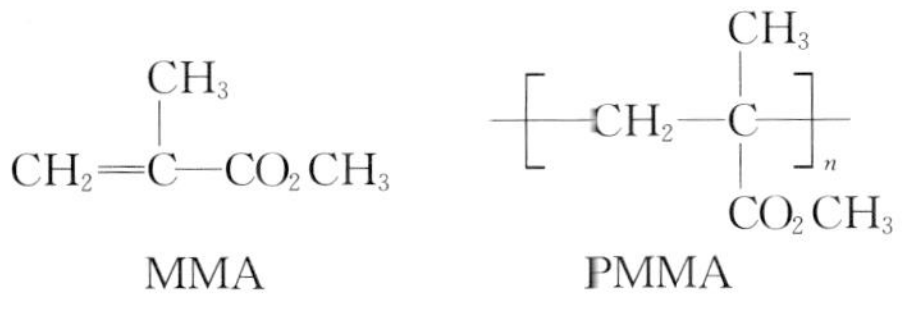

图 17-1　MMA 和 PMMA 的结构式

表 17-1　甲基丙烯酸甲酯的物理性能参数

分子量	100.2	闪点	10℃
沸点(常压)	100.8℃	黏度(25℃)	0.569 cp*
密度	0.9431 g/ml	比热(20~30℃)	0.45 cal**/g·℃
聚合热	13.01 kcal/M	折光率 n_D^{25}	1.411 8

* 1 cp = 0.001 Pa·S

** 1 cal = 4.186 8 J

自陈沿青《口腔材料学》(第二版)人民卫生出版社,2004,48

MMA在光、热、电离辐射或自由基的激发下,易发生加成聚合,形成聚合物。为了运输和储存方便,必须在牙托水中加入一定量的阻聚剂。阻聚剂可与牙托水中的自由基相结合,从而使其失去活性,以保证MMA在储运过程中不发生聚合。阻聚剂的加入量极微小(0.02%),不会影响正常的聚合反应。有些牙托水中还加有1%~3%的交联剂。交联剂分子结构中含有的两个双键在聚合时都被打开与MMA聚合,形成具有一定交联度的网状结构,提高基托树脂的刚性和硬度。但如果交联剂加入过多,反而会使材料变脆,机械性能下降。常用的交联剂有双甲基丙烯酸乙二醇酯(ethylene dimethacrylate,EDMA)、双甲基丙烯酸二缩三乙二醇酯(TEGDMA)等(图17-2)。

紫外线吸收剂可以吸收对聚合物有害的紫外线,保护分子链免受破坏,防止或减轻基托树脂的老化和变色。常用的紫外线吸收剂有UV-327和UV-9。

(2) 牙托粉

主要成分是甲基丙烯酸甲酯的均聚粉或共聚

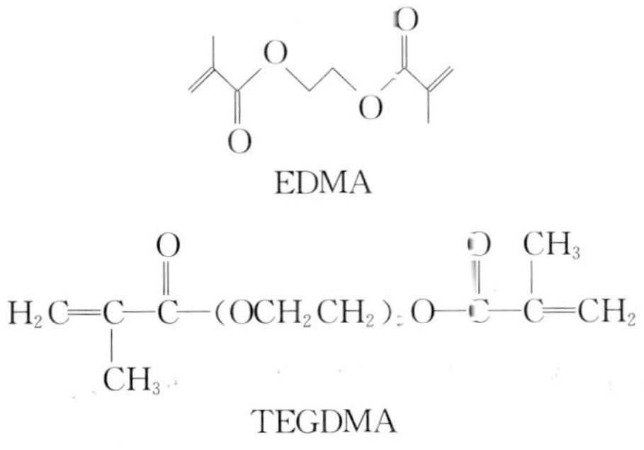

图 17-2　EDMA 和 TEGDMA 的结构式

粉,以及少量的引发剂和颜料。牙托粉是决定基托树脂性能的主要因素。多年来,对基托树脂的改进也主要是对牙托粉进行的。

A. 甲基丙烯酸甲酯均聚粉:它是由MMA经悬浮聚合而制成的,为无色透明的细小珠状,粒度在80目以上,其平均分子量一般为30万~40万。PMMA均聚粉能溶于MMA、氯仿、二甲苯、苯、丙酮等有机溶剂中,不溶于水和乙醇。常温下聚合粉很稳定,130℃

上可进行热塑加工,180～190℃始解聚为MMA。

B. 甲基丙烯酸甲酯共聚粉:①MB牙托粉:是MMA与丙烯酸丁酯(BA)的嵌段共聚物,由于聚合物中含有BA链节,由此粉制作的义齿基托的冲击强度和挠曲强度均有所提高。②MMA-MA牙托粉:是MMA与丙烯酸甲酯(MA)的共聚物,该牙托粉调和时所需的牙托水较少,面团期持续的时间较长,充填塑性较好,耐磨性和耐擦伤性有所提高。国产的YT牙托粉和国外的Palapont HS均为此种牙托粉。③MMA-EA-MA三元共聚牙托粉:是MMA、丙烯酸乙酯(EA)、丙烯酸甲酯(MA)的三元共聚物。该粉溶于MMA的速率快,所制作的义齿基托的机械性能有明显的提高。④橡胶接支改性PMMA牙托粉:是MMA与橡胶(如丁苯橡胶)的接支共聚物,其显著的特点是所制作的义齿基托的冲击强度大幅度提高,韧性明显增强。

C. 引发剂(initiator):引发剂是在聚合反应时易于形成自由基的物质,牙托粉中常用的引发剂是过氧化苯甲酰(benzoyl peroxide,BPO)。引发剂的分子结构上具有弱键,在热能或辐射能的作用下弱键断开生成两个自由基,激活单体分子成自由基,然后按自由基反应历程发生聚合。BPO结构式如图17-3。

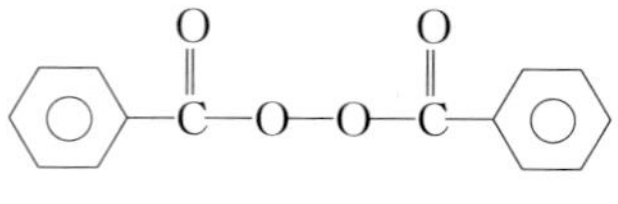

图17-3 BPO的结构式

D. 颜料:为了使制成的义齿基托具有与牙龈相似的色泽,需要在牙托粉中加入一些颜料,如钛白粉、镉红、镉黄等。另外。为了模拟牙龈的血管纹,增加基托的美观性,有些牙托粉中还加入少量的红色合成纤维,如尼龙丝或醋酸纤维素等。

2. 聚合原理

牙托粉和牙托水按一定比例调和后,牙托水缓慢渗入到牙托粉颗粒内,使颗粒溶胀,经一系列物理变化后形成面团状可塑物,再将此可塑物填塞入型盒内义齿的阴模腔内,然后进行加热处理。当树脂调和物温度达到68～74℃时,牙托粉中的引发剂BPO发生热分解,产生自由基,进而引发MMA进行链锁式的自由基聚合,最终生成坚硬的义齿基托。

(二)室温固化型义齿基托树脂(room temperature curing denture base resin)

室温固化型义齿基托树脂又称自凝型义齿基托树脂,俗称自凝树脂。所谓"自凝",乃是相对加热固化而言,是指在室温下能够固化,不需要额外加热的意思。

1. 组成

自凝树脂是由粉剂和液剂组成的。化学成分与热固化树脂相似,主要有两点区别:①与热固化树脂相比,粉剂中的甲基丙烯酸甲酯均聚粉或共聚粉的分子量较小。②液剂含有还原剂或促进剂(reducer or accelerator),与牙托粉中的引发剂构成氧化还原体系。

自凝树脂所用的引发剂一般是过氧化苯甲酰(BPO),其含量一般为聚合粉重量的1%左右,最高可达2.0%。促进剂主要有两类:一类是芳香叔胺(tertiary aromatic amine),如N,N-二甲基对甲苯胺(DMT)和N,N-二羟乙基对甲苯胺(DHET),其含量一般为牙托水质量的0.5%～0.75%;另一类为对甲苯亚磺酸盐,如对甲苯亚磺酸钠盐(TSS)和钾盐(TSP),采用此类促进剂聚合的树脂,色泽比较稳定。DMT和DHET结构式如图17-4。

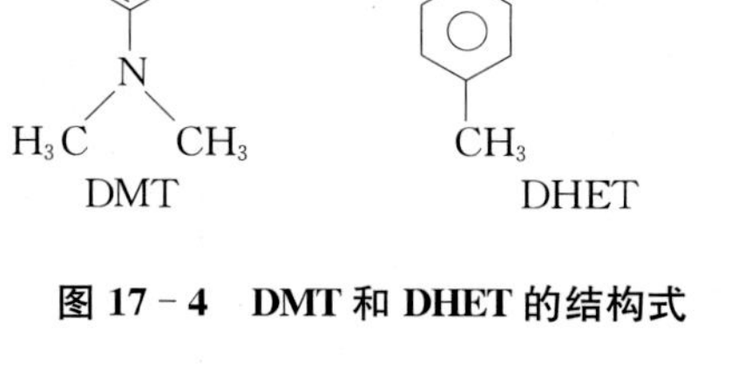

图17-4 DMT和DHET的结构式

2. 聚合原理

自凝树脂的聚合原理与热固化树脂相似,所不同的是链引发阶段产生自由基的方式不同。通常情况下,BPO 需要在 60~80℃的温度下才能分解出自由基,欲使其在常温下分解出自由基,需要还原剂作为促进剂。BPO 与叔胺等还原剂在常温下就能发生激烈的氧化还原反应,释放出自由基(图 17-5)。

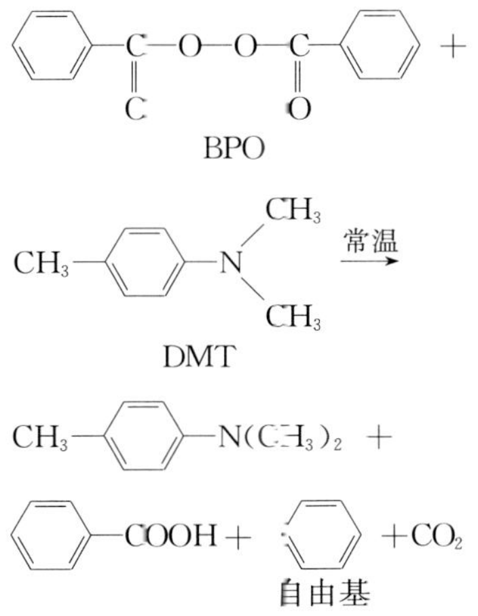

图 17-5 BPO 释放出自由基的反应过程

所释放的自由基可以打开 MMA 分子结构中的双键,引发其进行链锁式的自由基聚合。

(三) 光固化型义齿基托树脂 (light curing denture base resin)

光固化型义齿基托树脂的应用已有十几年的历史,它是随着光固化技术的发展而产生的一种新材料。该材料在使用之前为面团状可塑物,可直接在工作模型制作义齿或在已有的义齿重衬。操作简单,省去了传统义齿制作蜡型、去蜡、热处理等工序,节约时间,使用方便。该材料经一定波长的光照射后固化,有充裕的操作时间,制作的义齿在色泽、适合性等方面具有潜在的优势。

1. 组成

光固化义齿基托树脂一般为单糊剂型,产品为可塑状面团样物,并可预制成片状或条状。主要成分见表 17-2。

表 17-2 光固化义齿基托树脂的主要成分

成 分	含量(%)	成 分	含量(%)
树脂基质	30~40	无机填料	10~15
活性稀释剂	5~10	光引发剂	微量
PMMA 交联粉	35~40	颜料及红色短纤维	少量

(1) 树脂基质 (resin matrix)

主要有双酚 A 双甲基丙烯酸缩水甘油酯 (bisphenol-A diglycidyl methacrylate, BIS-GMA)、氨基甲酸酯双甲基丙烯酸酯 (urethane dimethacrylate, UDMA)、异氰酸酯改性的 BIS-GMA。树脂基质在自由基引发下聚合,作为聚合的主体,它对最终基托的性能具有决定性影响。由于 BIS-GMA 具有亲水性基团(—OH),固化后吸水性较大,也有采用顺丁烯二酸酐改性的环氧-甲基丙烯酸(EAM)树脂作为基质材料。

(2) 活性稀释剂 (active diluent)

由于 BIS-GMA 的黏度大,为了降低树脂基质的黏度,改善工艺操作性能,通常需要加入活性稀释剂。常用的主要是低黏度的具有单、双或多官能团的甲基丙烯酸酯类化合物,如 MMA、双甲基丙烯酸乙二醇酯(EDMA)、双甲基丙烯酸二缩三乙二醇酯(TEGDMA)等。这些组分不仅降低了树脂基质的黏度,而且本身也参加了固化反应,成为树脂结构中的交联部分。因此活性剂对基托树脂固化后的机械性能有很大的影响。

（3）PMMA 交联粉（PMMA link powder）

PMMA 交联粉是 MMA 与 EDMA 和 TEGDMA 的共聚物，具有轻度的交联网状结构。通过调节其含量可以使它在树脂基质及活性稀释剂中只溶胀而不溶解，确保材料在固化前长期处于可塑面团状态。另外，PMMA 交联粉在材料中亦充当有机填料的作用。

（4）无机填料（inorganic filler）

加入无机填料主要是为了提高基托材料的机械强度，降低吸水性，提高材料的尺寸稳定性。常用的无机填料为超微硅颗粒。为了加强填料与树脂的结合，填料加入以前需要对其进行偶联化处理。最常用的偶联剂为有机硅烷，如 γ-甲基丙烯酰氧丙基三甲氧基硅烷，即 γ-MPS。γ-MPS 分子中所含的硅氧基团水解后可与无机填料表面的硅氧基团形成 Si—O—Si 键结合，同时分子中的甲基丙烯酸酯基团可以与树脂基质产生共聚，从而将无机填料与树脂基质连接起来，如图 17-6 所示。

（5）光引发体系（photoinitiating system）

由光敏剂（photosentizer）和胺活化剂（amine activator）构成可见光固化引发体系，常用的光敏剂是樟脑醌，其吸收光波范围为 400～500 nm 的蓝光。用作活化剂的胺有多种，具有代表性的是甲基丙烯酸二甲氨基乙酯，它具有叔胺基团，又有可聚合的双键，并最终参与固化反应。

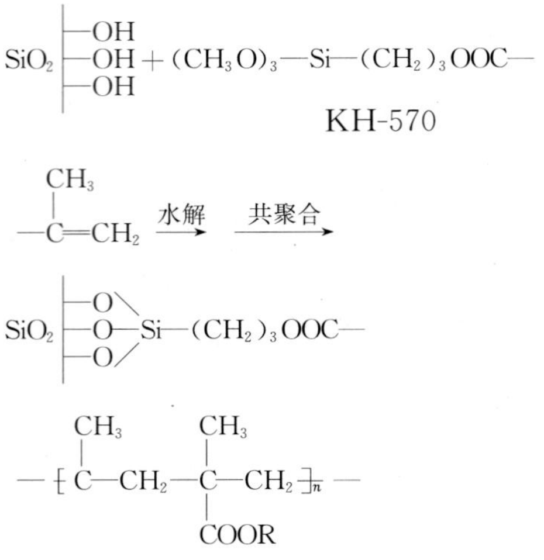

图 17-6 有机硅烷与树脂基质的共聚反应

另外，为了满足基托的色泽要求，还加入少量的颜料和红色短纤维丝，以更好地模拟牙龈的形态和色泽。

2. 聚合原理

在受到适当的波长和能量的可见光照射后，光敏剂和胺活化剂发生反应生成自由基，引发树脂基质和活性稀释剂的交联，最终得以聚合固化。

第二节　义齿修复树脂的性能

一、物理、机械性能（physical properties of dental resins）

（一）强度（strength）

由于受到材料的组成、处理工艺以及使用环境的影响，丙烯酸类义齿基托树脂的强度有较大的波动，ISO 1567 规定自凝聚合物义齿基托材料的挠曲强度必须不低于 60 MPa，其他类型的不低于 65 MPa。可通过横向性能测试来考察材料承受载荷与应变的关系，典型的载荷-应变关系曲线如图 17-7。

PMMA 受到外力的作用后发生形变，包括弹性形变（可恢复形变）和塑性形变（不可恢复形变）。从临床角度来看，这意味着树脂基托在咀嚼力的作用下，基托内部发生应变，宏观表现为基托发生整

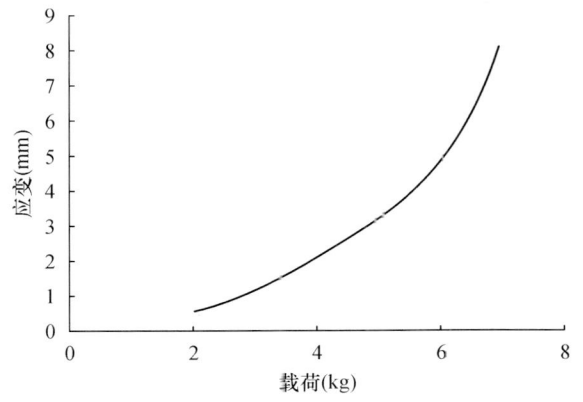

图 17-7 载荷-应变关系曲线图

体形变。在外力撤离后,树脂内部的应变松弛,基托开始恢复原来的形状,但由于基托树脂发生了塑性形变,基托不能完全恢复到原来的形状,导致基托发生永久性变形。研究发现,树脂基托的强度与树脂本身的固化率密切相关,固化率越高,树脂基托的强度越好。与热固化树脂相比,自凝树脂的固化率相对较低,导致材料的强度和刚度相对较低,但两者的弹性模量没有明显差别。

热固化树脂的冲击强度在 $6 \sim 9 \text{ kJ/m}^2$ 之间,比自凝树脂的冲击强度($4 \sim 7 \text{ kJ/m}^2$)高一些。近年来,一些具有高冲击强度的基托树脂已经在临床应用,如 Dentsply 公司的 Lueitone199 和 Heraeus 公司的 Meliodent 材料,有报道 Lueitone199 的冲击强度可高达 10.58 kJ/m^2,是传统基托树脂的 2 倍。但应认识到这些差别有可能只存在于实验室检测上面,树脂基托的折断是由多种因素共同引起的,不光是基托材料的机械性能不足。热固化树脂的努氏硬度(knoop hardness)值可高达 20,而自凝树脂在 $16 \sim 18$ 之间。

(二) 聚合收缩(polymerization shrinkage)

当 MMA 聚合后,密度从 0.94 g/ml 增加到 1.19 g/ml,其体积收缩约为 21%。当牙托粉与牙托水按质量 2∶1 混合,调和物聚合后体积收缩为 7%,线收缩约为 2%。然而,临床所制得的义齿基托的收缩率远没有这么大。这是由于树脂基托位于石膏型盒包埋,且形态复杂,聚合时温度较高,树脂具有相当的可塑性,此时的聚合收缩大多以表面的凹陷来补偿。事实上,临床上义齿基托的收缩主要是由冷却过程的热性冷缩引起的。在聚合后冷却至玻璃化温度(T_g)后,聚合物逐渐从软性橡皮状过渡到硬性的玻璃态,此时聚合收缩基本停止。随着温度继续下降,聚合物发生热性冷缩。根据 PMMA 的线胀系数($81 \times 10^{-6} \cdot K^{-1}$)和玻璃化温度(105℃),可计算出冷却至室温时(20℃)的线收缩率:$(105-20) \times 81 \times 10^{-6} \times 100\% = 0.69\%$。与文献报道基托树脂的线收缩率 0.12%~0.97% 相符合。由于自凝基托树脂的聚合温度比热固化基托树脂的聚合温度低得多,树脂的热性冷缩也小得多,有报道两者处理后收缩率分别为 0.26% 和 0.53%。另外,义齿包埋料的选择、树脂的导入方式以及热处理温度也会影响基托树脂的收缩。通常情况下,采用水胶体包埋料包埋的流体树脂技术(见后)易于降低义齿的垂直距离;相反,采用压缩填压工艺易于增高义齿的垂直距离。从临床角度讲,略微的咬合增高是可取的,这样有利于义齿在合架上的选磨。

(三) 气孔(porosity)

在基托制作过程中,若不注意操作规程,会导致在基托表面或基托内部产生许多小气孔。气孔的存在严重影响基托的机械性能、美观以及导致义齿卫生难以保持。产生气孔的原因主要有以下几点:

1. 基托太厚或处理过程中局部散热不良

实践中注意到气孔易于出现在基托较厚的部分或远离金属型盒处,例如下颌总义齿的舌侧基托;且基托体积越大,气孔越多。这是由于聚合时产生大量的聚合热,局部散热不良导致局部温度超过单体或其他小分子聚合物的沸点,致使这些小分子物质气化产生气孔。

2. 粉、液比例失调或调和不均匀

牙托水过多,聚合收缩大且不均匀,可在各处形成不规则的大气孔或孔腔;牙托水过少,牙托粉未完全溶胀,可形成微小气孔。另外,调和不均匀会导致局部牙托水过多或过少,产生气孔。

3. 压力不足或材料过少

两者都会在基托表面产生不规则的较大气孔或孔隙,尤其在基托细微部位形成不规则的缺陷性气孔。

4. 采用流体树脂技术

此时,在调和或灌注过程中混入气泡,如果这些气泡没有被有效驱除,义齿基托就会产生气孔。仔细调和、灌注有助于避免此类气孔的产生。

(四) 吸水性(water absorption)

PMMA 是极性分子,由其制作的义齿基托浸水后,能吸收少量的水分。吸收的水分对树脂基托的性能将产生影响。基托树脂吸水后体积发生轻微膨胀,PMMA 的吸水值约为 $0.69\ mg/cm^3$,经计算 PMMA 每吸收其 1% 质量分数的水分,材料将发生 0.23% 的线性膨胀。在实验室和临床均发现基托吸水后膨胀能够部分补偿聚合和冷却过程造成的体积收缩,改善义齿基托的适合性。然而,树脂材料吸收的水分会干扰聚合链间的相互作用,起到增塑剂的作用,影响基托的物理机械性能。随着聚合链分子间的作用减弱,在聚合时产生的应力被释放出来,在应力释放过程中,树脂基托可能发生变形,但由于这种变化较小,不会对义齿基托的密合性造成明显影响。由于基托树脂吸水后影响材料的机械性能以及尺寸稳定性,ISO 对基托树脂的吸水量进行了严格的规定。现行的 ISO 标准规定,基托树脂浸于 37℃ 蒸馏水中,7 d 后的吸水值不能大于 $32\ \mu g/mm^3$。

(五) 应力(stresses)

只要材料的尺寸变化受到限制,受限材料就存在应力。义齿基托在聚合过程中会产生聚合收缩,但是,由于基托树脂被紧固在石膏型盒中,树脂与石膏模型间的摩擦阻力抑制了部分聚合收缩,基托内部就有潜伏的应力存在。基托树脂在冷却至玻璃化温度后发生冷缩,由于基托树脂与包埋石膏的线胀系数不同,冷缩的速率也不同,也会使树脂基托内产生应力。在以后的长期使用中,基托内部的应力会慢慢释放出来,导致基托变形,所幸的是这类体积变化很小,一般不会影响义齿的使用。

(六) 银纹(crazing)

由于应力释放或化学溶剂的作用,有时在树脂基托表面可观察到许多微细孔或微细裂纹,肉眼可见银光闪闪,称为银纹。银纹不同于裂缝(cracks),裂缝的两个张开面之间是完全空的,在银纹中除孔穴外还含有取向的聚合物(40%~60% V.)。从物理学角度,银纹是由于应力的作用或者树脂在化学溶剂的作用下发生部分溶解所导致的,对于义齿基托来说,银纹产生的罪魁祸首是基托承受的拉伸应力。银纹通常在垂直于应力方向的基托表面产生,并逐步向内部扩展。银纹的存在会大大影响树脂基托的美观和机械性能,使义齿更易于折断。在牙托水中加入交联剂有助于降低树脂基托银纹的发生率。

(七) 蠕变(creep)

基托树脂具有显著的黏弹性,在一定的温度下受到恒定外力作用时,材料的形变随时间的增加而逐渐增加,即发生蠕变。蠕变的速率与材料所处的温度、外力的大小以及材料的成分密切相关,增加温度、增大外力以及聚合物单体残留或加入增塑剂都会加快基托树脂的蠕变速率。在低应力下,自凝树脂的蠕变速率与热固化树脂的蠕变速率非常相似,但加大应力后,自凝树脂的蠕变速率要比热凝树脂快得多。

二、化 学 性 能

(一) 溶解性(solubility)

PMMA 能溶解于 MMA、氯仿、苯、甲苯、二氯乙烷、乙酸乙酯、丙酮中。乙醇及一些消毒液虽不能溶解 PMMA,但能使其表面产生细微的银纹,使表面泛"白花(foggy appearance)",影响其使用寿命,因此,临床上不能用乙醇擦洗义齿。PMMA 在水及平常口腔所接触的液体中的溶解度很低,现行的 ISO 标准规定,基托树脂浸于 37℃ 蒸馏水中,7 d 后,自凝树脂的溶解度不超过 8.0 g/mm³,其他种类的不超过 1.6 μg/mm³。

(二) 老化性能(aging)

高分子材料在日光、大气、受力和周围介质的作用下,出现发黄、龟裂、变形、机械强度下降的现象,称为老化。与其他塑料相比 PMMA 的耐老化性是较好的。随着时间的增加,PMMA 的冲击强度略有上升,拉伸强度、透光率略有下降,抗银纹性及分子量明显降低,色泽逐渐泛黄。

三、生 物 学 性 能

(一) 过敏反应(allergic reactions)

很早以前,PMMA 就被认为对人体具有潜在的毒性反应或过敏反应,临床上有时也观察到个别患者对基托过敏,产生变态接触性口炎或义齿性口炎。在理论上,人体只要与基托树脂、残留单体、过氧化苯甲酰、颜料或者基托树脂组分与使用环境反应的产物接触,就有可能发生过敏反应,其中残留单体被认为是发生过敏反应的罪魁祸首。然而,根据临床经验,在口腔中真正对丙烯酸类树脂过敏的情况很少。如果树脂基托是经过正规工序处理的,那么基托中单体的残留量将小于 1%。而且基托在水中浸泡 7 h 后,基托表面的残留单体也将消失殆尽。根据现有资料,过敏反应应该在人体与基托接触后短期内发生,但临床上的"过敏反应"病例大部分是已戴用义齿几个月甚至几年。临床检查发现这些患者的症状大多是由于义齿的卫生不佳或义齿基托与组织面不密合所导致的。

如果与单体反复接触或者长时间接触,有可能导致接触性皮炎发生。这种情况多出现在与树脂基托制作相关的技术人员身上,因此,技师应该尽量避免用手直接处理这些材料。另外,吸入 MMA 蒸气对人体可能是有害的,操作时应注意通风。

(二) 毒性(toxicology)

没有证据表明,目前所使用的基托树脂对人体具有系统性毒性作用。正如前面所讲过的,树脂基托中残留单体的量是很低的。另外,释放到口腔中的单体必须通过口腔黏膜及下面的组织才能进入人体的循环系统。口腔黏膜及其下面的组织具有屏障作用,能够大大降低单体进入血液的量。进入血液的单体很快发生水解,生成甲基丙烯酸并被排出,据估计,MMA 在血液中的半衰期为 20～40 min。

体外研究表明,丙烯酸类基托树脂具有一定的细胞毒性(cytotoxicity),其细胞毒性的水平与树脂的粉液比、树脂聚合方法以及义齿制作完成后是否浸水有关。自凝树脂的细胞毒性最高,微波聚合的细胞毒性最小,这可能是微波聚合具有较高的聚合转化率的缘故。另外,义齿制作完成后浸水有助于降低树脂基托的细胞毒性,因此,推荐义齿初戴前浸水 24 h。

第三节 义齿基托塑料的操作和工艺技术

在义齿修复体制作工艺上,经各国学者不断地研究与改进,目前有多种技术用于制作义齿基托。一般树脂基托的基本制作过程主要包括:制取精确的口腔印模,用该印模灌注工作模型,然后在模型上制作𬌗记录基托,上蜡,排牙,基托蜡型成型,然后选择义齿型盒,石膏包埋装盒,烫蜡,去蜡型,调和塑料充填义齿模腔,塑料聚合,开盒,义齿打磨,抛光。

一、热固化型义齿基托塑料

几乎所有的义齿基托均采用热固化型基托树脂制作的。材料聚合所需的热原可以通过水浴加热法或微波加热法来提供,目前主要有两种技术用于热固化型义齿基托的制作,下面分别阐述这两种技术以及材料的聚合过程。

(一)压缩模化技术(compression molding technique)

热固化型树脂基托大多采用该项技术制作,下面将重点介绍。

1. 模型准备(preparation of the mold)

在排牙、基托蜡型成型后,连同工作模包埋于型盒的下半盒中,基托蜡型和人工牙必须适当暴露。待包埋料硬固后,在包埋料的表面涂布一层分离剂,防止将来下半盒的包埋料与上半盒的包埋料黏结在一起。后将上半盒罩上,调拌包埋料,灌注上半盒。灌满后加盖并压紧。待包埋料结固变硬后将型盒在热水中充分浸泡,使基托蜡型软化。打开型盒,此时人工牙将附着在上半盒内,将烫软的蜡尽量取出,余蜡用沸水冲洗干净,型盒晾干。

2. 分离剂(separating media)

在整个操作过程中,未聚合的树脂应该受到保护,避免与石膏表面直接接触,否则:①来自石膏的水分会降低树脂的聚合转化率以及影响树脂的色泽,而且聚合过程中水分蒸发也会在树脂内部产生应力,导致基托容易发生银纹现象,这在未交联的材料中尤为明显。②溶解的聚合物或单体渗入到石膏模型中,这将降低材料的粉、液比例,并影响开盒时树脂与石膏的分离。解决的办法是在石膏的阴模腔表面涂一层分离剂,常用的分离剂为海藻酸盐类。涂布时应顺一个方向均匀涂布,切勿反复涂擦,以免破坏已形成的薄膜。分离剂不能涂得太厚,特别是在基托覆盖区域,否则会影响基托的适合性。另外绝对禁止将分离剂涂布到人工牙盖嵴部表面,这将严重影响人工牙与树脂的结合。涂布完成后将型盒倾斜,晾干。

3. 粉、液比例(powder-liquid ratio)

合适的粉、液比例对于基托的机械性能以及适合性非常重要。通常牙托粉与牙托水合适的比例为3:1(体积比),该比例既能保证有足够的单体充分润湿粉剂中的预聚颗粒,又不会有多余的单体加大材料的聚合收缩。实际操作中可按需要量先将定量的牙托水置于清洁的玻璃或瓷质的调杯中,再将牙托粉撒入其中,直至牙托粉完全被牙托水浸润但又看不出多余的牙托水,即为合适的比例。

4. 粉、液反应(powder-liquid interaction)

当材料以合适的粉、液比例调和后,牙托水逐步渗入牙托粉内,调和物经历一系列变化,最终形成硬性脆性体。按其宏观表现,可分为以下5个阶段:

(1) 湿砂期

此期在分子水平上还没有发生反应或只发生很少的反应,预聚颗粒也还没有发生改变。牙托水尚未渗入牙托粉内,存在于牙托粉之间,看上去好像水少粉多。此时调和无阻力,无黏性,触之如湿砂状。

(2) 黏丝期

此期牙托水作用于牙托粉表层,部分聚合链分散到牙托水中,调和物的黏度增加,易于起丝,易黏着手指和器械。此时不宜再调和,要密盖以防止牙托水挥发。

(3) 面团期

在分子水平上,分散入单体的聚合链进一步增多,单体与溶解的聚合链形成一整块。应该指出的是此时还有大量的未溶解的聚合物。宏观上调和物呈可塑面团状,不再黏着器械和容器,此期的后半部分为填塞型盒的最佳时期。

(4) 橡胶期

面团期后,单体由于继续渗入牙托粉和挥发逐渐减少,当材料受到压缩或牵拉具有回弹性,呈橡胶状。调和物缺乏流动性,已不能用常规压缩模化技术成型。

(5) 坚硬期

调和物继续变化,牙托水进一步挥发,形成坚硬脆性体。材料表面干燥,能够抵抗机械变形。

5. 面团期形成时间(dough-forming time)

面团期是充填型盒的最佳时期。从粉、液调和开始至形成面团状所需要的时间称面团期形成时间。ADA 规定基托树脂的面团期形成时间不能超过 40 min,临床上使用的一般 20 min 左右。影响面团期形成时间的因素如下:

(1) 牙托粉的粒度

粒度越大,达到面团期所需的时间越长;反之亦然。

(2) 粉、液比

在一定范围内,粉、液比大,材料容易达到面团期;粉、液比小,则需要长时间才能达到面团期。当然,不能为了调节面团期时间而人为地改变粉、液比,否则将影响基托的质量。

(3) 温度

室温高,面团期形成时间短;室温低,面团期形成时间长。

6. 可工作时间(working time)

可工作时间对于实际操作非常关键,它可定义为面团期持续的时间。ADA 规定基托树脂的可工作时间不能少于 5 min。影响面团期形成时间的因素也会影响可工作时间,为调整材料的可工作时间,可通过改变温度来进行。在夏天,可将调和物放入低温的冰箱中以延长可工作时间。缺点是当材料从冰箱中拿出来时,有可能在树脂表面凝结水气,影响基托的机械性能和美学性能。解决的办法是将树脂放在密闭的容器里面,当从冰箱中拿出来后,等待容器恢复到室温以后再打开。

7. 填塞(packing)

将基托树脂放入型盒阴模腔并使之适合的过程称为填塞。它是制作义齿基托过程中很重要的一个环节,填入过多的树脂——即过度填塞(overpacking),将导致基托过厚、人工牙移位;相反,填入的树脂太少——即填塞不足(underpacking),会导致在基托表面或基托内部出现大气腔。为避免出现过度填塞或填塞不足,整个填塞过程必须分几步进行。

如前所述,填塞必须在面团期内完成。当树脂达到面团期后,将树脂反复揉捏成棒状,并使之成马蹄状。随后将树脂放入含有人工牙的型盒内,盖上玻璃纸,将上下型盒对起来,将型盒置于液压机或压榨器上进行第一次试压,加压的速度不能过快,以保证树脂在压力的作用下能够流至每一个角落,并使多余的树脂流到型盒外面。持续加压,直至上下半盒严密对起来。试压后,打开型盒,去除玻璃纸,将会发现在型腔周围包埋料的表面附有一层多余的树脂。用雕刻刀切除这些溢出的废边,重新盖上新的玻璃纸,将型盒再次对起来,进行再一次试压,直至基托边缘没有多余的废边,取出玻璃纸,将型盒对起来,加压并固定,准备热处理。

(二) 注射成型技术 (injection molding technique)

除了压缩模化成型技术外,义齿基托还可以采用注射成型技术成型,该项技术使用特制的型盒,该型盒后缘留有注塑孔。使用时,先将下半盒填满新调和的石膏,放入工作模型,包埋料适当成型并使其固化,安插铸道,涂布分离剂,灌注上半盒。烫盒、冲蜡同压缩模化成型技术,将上下半盒牢靠固定以维持一定的压力,通过注塑机将树脂注入型盒内的型腔内。如果使用粉、液调和型树脂材料,树脂在室温下调和并被注入型腔,完成后将型盒置于水浴中加热聚合,聚合完成后再注入适量的树脂以补偿材料的聚合收缩,再次聚合,常规冷却、出盒、抛光。

目前,对于注射成型技术和压缩模化技术制作的基托的精度比较尚存在争议。现有的实验数据和临床资料表明,后者制作的基托的精度似乎稍逊于前者。

(三) 聚合过程 (polymerization procedure)

1. 热处理 (heating process)

热处理是对填塞好的树脂进行加热聚合的过程。热处理通常采用水浴加热法,加热速度必须得到良好控制,以避免树脂内部温度急剧升高,造成单体大量挥发,导致基托形成气泡。

图17-8为水浴加热速度与型盒内树脂温度上升变化关系曲线图。图17-8中曲线C所示之加热速度可能导致基托较厚处产生气孔,因为型盒内树脂的温度超过了单体的沸点(100.8℃)。另一方面,由于曲线A所示的加热速度产生的型盒内树脂温度未能达到单体的沸点,这可能会使基托较

薄处固化不良,导致过多的单体残留,影响基托的性能。因此,有理由相信,合理的水浴加热速度应该介于曲线A与曲线C之间。最合适的加热速度取决于基托的大小、形状和厚度,通过研究目前已建立较为成熟的基托树脂热处理方法。其中的一种方法是将型盒置于74℃的水浴中恒温8h或更长时间,水浴并不加热至沸点;另一种方法是将型盒置于74℃水浴中恒温8h,然后在1h内升至100℃;第三种是将型盒置于74℃水浴中2h,然后将水温升至100℃,并保持1h。

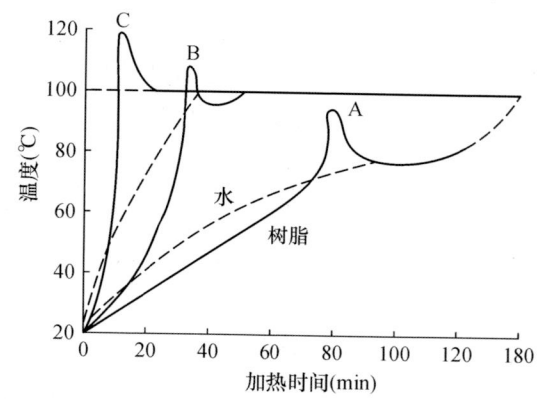

图17-8 水浴加热速度与树脂温度上升的关系

当热处理完成后,义齿型盒应冷却至室温。将型盒放置在热处理的水浴中隔夜,使之自然冷却是最理想的。另外,在热处理完成后,将型盒从水浴中拿出静置半小时,然后用自来水冷却15 min也是可行的。

2. 聚合反应 (polymerization)

正如前面所述,热固化树脂中含有BPO。当树脂的温度升高到60℃以上时,BPO分解生成自由基。所生成的自由基与单体作用生成单体自由基,单体自由基再与单体作用,生成新的更长的单体自由基,这个过程持续进行直至链终止。

树脂聚合反应的速率是由引发剂生成自由基的速率决定的,在热固化树脂中,后者主要决定于所处的温度。通常对于义齿树脂来说,温度越低,聚合反应速率越慢,所生成的聚合物的分子量越

大,当然聚合反应的时间也会大大延长。另外,其他一些因素对聚合反应也有影响,在较高的温度下使之在较短的时间内聚合也是可行的。

3. 内部气孔(internal porosity)

聚合反应是放热反应,反应所生成的热量对义齿基托的处理过程有重要影响。当型盒中的树脂调和物的温度达到60℃以上时,引发BPO产生自由基,引发单体聚合。在链增长阶段,聚合反应在极短的时间内释放出大量的热,由于树脂被包埋于石膏中,石膏是热的不良导体,树脂的温度急剧上升。如果此时型盒外的水温也很高,型盒内外不能形成较大的温差,型盒内的热量不能有效散发,树脂的温度会迅速超过MMA及小分子聚合物的沸点,甚至达到135℃,引起这些组分大量蒸发,最终在聚合的基托中形成许多气孔。这类气孔一般不会在基托的表面,原因是树脂表层聚合反应产生的热量能够传导给包埋料,因此表层区域的温度一般不会超过单体的沸点。然而,在基托较厚部位的内部情况就不同了。在这些区域,由于聚合产生的热量不能得到有效的散发,经常导致温度迅速上升,达到并超过单体的沸点,最终在这些区域形成气泡。

4. 微波热处理法(heating process by microwave energy)

义齿基托除了采用水浴加热处理的方法外,还可以通过微波加热聚合。微波是一种波长小于10 cm的电磁波,具有一定的穿透性。MMA是极性分子,当受到微波照射后,分子被激发,互相摩擦产生大量热量,材料内部的温度迅速升高,引发材料发生聚合。由于金属对微波具有屏蔽作用,微波热处理需要特制的玻璃钢型盒,而且,由微波热处理的义齿中也不能含有金属结构,如金属卡环、连接杆等。微波热处理的基本过程是:将填塞好树脂的型盒用特制的玻璃钢螺栓固定,然后放入微波炉内进行微波照射,使树脂完全聚合。取出置于水中半个小时,常规开盒,抛光。微波照射的时间取决于微波炉的功率和照射强度,一般先照射义齿的组织面,然后翻转型盒,照射另一面,以550 W微波炉为例,每面照射1.5~2.0 min。

采用微波热处理具有清洁、处理时间短、所制基托组织面的适合性好、固化后基托与石膏分离效果好、表面光滑等优点,并且所制基托的力学性能与常规水浴法基本相同,是一种很有发展前途的基托树脂处理技术。

二、化学固化型义齿基托塑料 (chemically activated denture base resins)

(一) 聚合反应(polymerization)

树脂材料中的BPO除了通过加热产生自由基外,还可以通过与促进剂反应而产生自由基,引发单体聚合。化学固化型基托材料的粉剂中含有BPO,液剂含有促进剂,常用的是有机叔胺。使用时粉液调和,BPO与有机叔胺反应产生自由基,引发树脂在室温下聚合。自凝树脂与热固化树脂的基本区别只是BPO产生自由基方法的不同,但通常情况下,自凝树脂的聚合转化率不及热固化树脂。另外,由于自凝树脂残留的有机叔胺继续氧化,导致自凝树脂基托容易变色。通过加入适当的稳定剂,或者采用相对稳定的促进剂,如对接甲苯亚磺酸盐类,能够提高基托的色泽稳定性。

(二) 技术要点(technical consideration)

热固化树脂的压缩模化成型技术和注射成型技术同样适用于自凝树脂,模型准备和调和材料也基本相同。应特别指出的是,自凝树脂在达到面团期之前,可能已经开始发生部分聚合反应。与热固化树脂相比,自凝树脂的可工作时间都有不同程度的缩短,材料在相对较短的时间内失去可塑性,可能导致型盒压不严实,溢出的废边过厚,增高义齿的咬合。一种办法是通过降低调和容器的温度,延缓聚合物在单体中的溶胀,延长树脂的可工作时间;也可以通过加入化学成分的方法调整可工作时间,但经常会降低材料的强度。对自凝树脂来说,与压缩模化成型技术相比注射成型技术具有明显的优点。由于使用该技术不需要进行试压,所要求材料的可工作时间大大缩短,能够避免自凝树脂可工作时间不足带来的问题。

(三) 处理要点 (processing considerations)

在室温下聚合能够避免热处理过程引起树脂内部产生应力,提高最终树脂基托的适合性以及尺寸稳定性。当最后一次试压完成后,型盒必须被牢靠固定,以保证树脂在一定压力下聚合。根据所选择材料品牌不同,要求的聚合时间也不相同。通常,在最后一次试压半小时后,材料已初步硬化,但此时聚合并没有完成。为了使材料充分聚合,在保持原来压力下至少需要3 h。

目前所使用的自凝树脂的聚合转化率均不及热固化树脂。自凝树脂聚合完成后,树脂中还含有3%~5%的残留单体,而热固化树脂只有0.2%~0.5%。同样,自凝树脂的强度也比热固化树脂稍差,即使在最好的情况下,自凝树脂的横向强度大约只有热固化树脂的80%。最大限度提高树脂的聚合转化率对于提高自凝树脂基托的性能是很重要的。

(四) 流体树脂技术 (fluid resin technique)

流体树脂技术有超过40年的历史,流体树脂属于化学固化型树脂材料,与普通的树脂相比,该树脂调和后黏稠度较低,它采用灌注成型技术成型。流体树脂由粉剂和液剂组成,使用时将粉、液按适当的比例调和,随后将树脂灌入型盒的模腔内,在压力环境下使树脂聚合,具体过程如下:①完成常规排牙,基托蜡型成型,基托边缘封蜡,并放置于特制的义齿型盒内。②调制水胶体包埋材料,将包埋料徐徐灌入特制的型盒内,让包埋料稍满有溢出,加顶盖板,将型盒冷却。③待包埋料完全固化后,翻转型盒,将工作模型连同排列的人工牙取出,随后,从型盒外表面挖一铸道通向模腔。④用热水去除基托蜡型,并将人工牙仔细复位于水胶体包埋料内,随后将工作模型复位于模腔内。⑤按照产品说明书推荐的比例调和树脂,通过铸道将树脂灌注入模腔内。在室温的环境下将型盒放置于压力锅内使树脂聚合。⑥聚合完成后,开盒,破坏包埋料取出义齿连同工作模,切除铸道,将义齿连同工作模放回合架调合,最后打磨、抛光。

采用流体树脂通过灌注成型技术能够提高义齿基托的适合性,降低开盒过程造成人工牙和基托损伤的发生率,简化义齿制作过程,降低费用,但也有缺点,主要包括:处理过程中人工牙有可能移位;基托内混入气泡;基托材料与丙烯酸类人工牙结合较差以及技术敏感型较高。通常,采用流体树脂技术制作的义齿基托的机械性能稍逊于用常规热处理方法制成的基托,但只要严格遵循操作规范,采用该项技术能够制作临床可接受的义齿。

三、光固化型义齿基托塑料 (light activated denture base resins)

光固化树脂基托的制作技术与热固化树脂或自凝树脂基托制作技术有较大的区别。由于目前所使用的包埋料不透光,光固化树脂基托不能通过传统的包埋技术制作完成。光固化树脂一般为单糊剂型,并可预制成棒状或片状。使用时直接在工作模上排牙,进行基托塑型。塑型完成后将工作模置于光固化炉内,按照材料厂家推荐在一定的波长下照射一定时间,使材料聚合。聚合后将义齿能够取下,常规研磨、抛光。

四、影响义齿固位的因素 (factors affected retention of denture)

可摘局部义齿的主要固位力来自于基牙上固

位装置的机械作用,辅助固位力来自于义齿基托和大连接体与其下方组织的密贴,后者与总义齿的固位方式相似。义齿基托的固位曾被认为是以下几种作用力的结果:①附着力(adhesion),指唾液与义齿和组织的吸附力。②内聚力(cohesion),指唾液分子间的吸附力。③大气压力(atmospheric pressure),取决于基托良好的边缘封闭,当义齿受到脱位力时,会在义齿的基托下面形成局部的负压,没有良好的边缘封闭就无大气压力作用可言。④义齿抛光面周围组织的生理性夹持力(physiologic molding)。⑤下颌义齿的重力(gravity)作用。

对于大部分可摘局部义齿来说,固位体的设计和制作是影响义齿固位的最主要因素,而对于总义齿和主要依靠基托获得固位的可摘局部义齿而言,基托是影响固位的关键,通常可通过以下途径提高义齿的固位:①通过修复前适当的外科手术处理,如牙槽嵴修整、唇颊沟加深术、唇颊系带成形术和牙槽嵴增高术等,获得良好的牙槽嵴形态、协调的软、硬组织关系和足够的义齿固位面积。②制取准确的口腔软、硬组织印模,适当扩大印模面积,灌制准确的模型。③严格遵循规范的义齿制作流程,提高义齿基托的适合性,塑造理想的基托外形,并尽可能扩大基托面积。④确定准确的颌位关系并进行合理的排牙。⑤初戴时仔细调整,必要时可配合使用软衬材料或者义齿黏结剂(denture adhesives),以提高义齿的固位。⑥纠正不良的咀嚼习惯,并定期随访。

五、辅助材料对义齿塑料的影响

义齿戴入口腔内后,由于受到口腔内外各种因素如唾液、微生物、食物碎屑、烟、茶等的影响,将会在义齿的表面附着上一层污物、烟渍、色素和结石等,义齿清洁剂(denture cleaner)是用于清除义齿上的污物、烟渍、色素、结石及氨味的各种清洁材料。按推荐使用的顺序有以下几种:牙粉、专卖义齿清洁剂、温和洗涤剂、家用洗涤剂、漂白剂和醋。

义齿清洁可采用化学浸泡和机械刷洗的方式进行。最流行的商业义齿清洁剂采用浸泡技术,其剂型有片剂和粉剂两种,主要由氧化剂和碱性助剂组成,溶于水后,形成过氧化碱溶液,在催化剂的作用下加速产生氧,通过气泡的冲击作用使污物松动脱落下来,达到清洁效果。家用漂白剂(主要含次氯酸钠)也用于义齿清洁,稀释的漂白剂可用于去除特定的色素。然而,由于次氯酸钠会导致金属变暗,影响义齿的使用寿命,因此不能用于含有贱金属义齿的清洁。应避免使用未经过稀释的漂白剂,因为长期使用可能导致义齿变色。另外漂白剂也可能导致软衬料变色,特别是硅树脂类软衬料。单纯使用牙刷刷洗义齿不会对树脂表面造成影响,也未发现牙刷与商用牙粉或肥皂水联合使用对义齿有影响,但厨房或者浴室用摩擦剂应绝对禁止,长期使用此类清洁剂会导致树脂表面明显磨损,影响修复体的功能与美观。因此,每位患者都应接受有关清洁维护义齿的指导。

六、修补材料(repair materials)

由于基托材料强度不足以及其他方面的原因,基托折断时有发生。大多数情况下,基托的折断可用相容性树脂进行修补,修补树脂可以是光固化的,也可以是热固化或化学固化的。在修补以前,将折断的修复体在口内或口外准确对接并用蜡或 modeling plastic 固定,在组织面涂布分离剂,灌注石膏模型,注意避免产生气泡或者使断端分离。然后将义齿从模型取下,去除组织面分离剂,磨改修整断端以提供足够的修补材料空间。模型涂布分离剂以避免修补树脂黏附到模型上,将义齿准确复位到石膏模型上。虽然化学固化型树脂的横向强度低于热固化或光固化树脂,临床上通常更倾向于使用化学固化型树脂,这是由于该材料可在室温下固化,而热固化和光固化树脂必须分别放在水浴箱和固化炉内固化,这常导致原有基托材料应力释放和变形。下面介绍化学固化型树脂修补方法：取少量单体涂布待修补断面，溶胀原有基托材料以促进原有基托与修补材料的结合，调和自凝塑料至拉丝期，取足量材料置于断端，恢复基托外形及应有厚度，材料应略微多于需要量以补偿聚合收缩，然后将义齿连同模型置于压力容器内使之完全聚合，最后将义齿从模型取下，磨平，抛光。

七、重衬（relining）和换托（rebasing）

由于缺牙区牙槽嵴缓慢持续吸收，随着义齿使用时间的延长，义齿基托与组织面逐渐不贴合。用新材料重建义齿基托组织面，使其与所覆盖的组织更贴合的过程称作重衬；而换托是用新材料更换整个义齿基托，同时保留原有咬合关系，在换托的过程中，人工牙也可能需要置换。在临床上，经常需要对活动义齿进行重衬，但换托不宜经常进行。

（一）重衬方法的分类

根据重衬的方法不同，可分为直接法重衬和间接法重衬。

1. 直接法重衬（direct relining）

要进行重衬和换托，原有义齿基托必须是丙烯酸类树脂组成。在采用直接法进行重衬之前，必须仔细确定重衬材料是否与基托的旧树脂类型相匹配。在丙烯酸树脂基托上直接重衬的过程如下：①义齿基托组织面大量缓冲，基托边缘少量缓冲。②从缓冲后的基托边缘到人工殆面之间的义齿磨光面涂布润滑剂或贴上胶带，以防止重衬树脂黏结到磨光面和人工牙上。③在适当的容器内根据制造商推荐的比例调拌自凝塑料，在材料达到所需黏度之前，让患者用冷水漱口，同时用棉球或小刷子蘸少量树脂单体擦拭吹干后的基托的新鲜磨出面，以利黏结，并保证不受污染。④当材料变稠但仍有较好流动性时，将其涂于基托组织面和边缘，并立即将义齿在口腔内完全就位，让患者咬合，要确保材料不流到殆面或改变原有的垂直距离。然后进行边缘整塑，使边缘多余的材料翻转成型，与周围组织协调。⑤立即从口内取出义齿，用精细弯剪修去多余的材料。同时让患者再次用冷水漱口，再将义齿完全就位并咬合。在张口状态下重复边缘运动，此时或稍后，材料会硬化至足以在口外保持其形状。⑥取下义齿，用水冲洗，吹干重衬表面，并涂布甘油，以防止单体挥发使表面失去光泽。将义齿放入装有凉水的容器内等待硬化。也可以将义齿放入装有温水的压力锅内 15 min，这将使其加速聚合。⑦待材料聚合后去除胶带，边缘修改、抛光。

2. 间接法重衬（indirect relining）

间接法重衬需要用现存义齿作托盘，采用能够记录口腔组织解剖形态的印模材料，通过开口或闭口印模技术制取新的印模，然后将义齿装盒和填胶处理，最后对边缘进行修整、抛光。

（二）重衬材料的分类

重衬材料可分为硬质重衬材料和软质重衬材料，硬质类材料与室温化学固化型义齿基托树脂无异，下面着重介绍软衬材料。根据材料的使用期限，软衬材料可分为永久性（permanent）和暂时性（temporary）软衬材料。

1. 永久性软衬材料（permanent soft lining materials）

目前市售的义齿软衬材料主要有丙烯酸酯类软塑料和硅橡胶两大类。

（1）丙烯酸酯类义齿软衬材料

A. 组成：一般由粉、液两部分组成。粉剂：主要含有丙烯酸酯类树脂和颜料；液剂：主要含有增塑剂和乙醇，常用的增塑剂有大分子量酞酸酯、水杨酸苄酯等。粉、液调和后，粉剂的颗粒被单体充分溶胀，增塑剂缓慢渗入颗粒里面，使材料转变为面团状可塑物。当增塑剂完全渗入后，调和物最终转变为具有柔软黏弹性的凝胶物质。单体可以是甲基丙烯酸甲酯，但更多采用甲基丙烯酸异丁酯，因为它聚合后比PMMA具有更低的玻璃化温度。

B. 性能：丙烯酸酯类软衬材料与PMMA基托树脂是同类聚合物，两者间能够形成较良好的结合。由于此类材料含有大量的增塑剂，当材料浸入水或唾液中后，材料对水的不均匀吸收导致材料变形，另外增塑剂也会缓慢地从材料中析出，一方面导致材料逐渐失去柔软弹性而变硬；另一方面，析出的增塑剂可能会对人体造成危害。

C. 用途：重建义齿基托与组织面的密合性，提高义齿的固位，用于腭裂语音辅助器和即刻外科夹板的制作等。

D. 用法：大多数采用口内直接法进行。重衬前将义齿组织面缓冲、磨粗糙、清洁，涂布黏结剂或底涂剂(primer)。重衬时注意保持垂直距离，重衬后修整软衬边缘，使边缘光滑。

（2）硅橡胶类义齿软衬材料(silicone soft liner)

A. 分类：硅橡胶类软衬料可分为室温硫化型(room-temperature vulcanizing，RTV)和热固化型(heat curing)两大类。这些聚二甲基硅氧烷材料在很大程度上与加成型硅橡胶印模材料相似。

B. 性能：硅橡胶所具有的弹性性质使之似乎可以成为理想的软衬材料。然而，硅橡胶的撕裂韧性比较低，并且与丙烯酸类基托材料不能形成良好的结合，这在基托边缘软衬料与原有基托交界处尤为明显。当材料浸入水中或唾液中，增塑剂也会缓慢地从材料析出，导致材料的柔软弹性逐渐丧失。另外，该类型软衬料容易附着细菌，特别是白念珠菌，而且难以去除。临床上通过使用黏结剂提高两者的结合强度，但是软衬料从基托脱离仍然是个问题。室温硫化型(RVT)硅橡胶软衬料使用在硅橡胶印模材料中应用的有机锡派生物缩合交联反应系统，交联度较低，导致材料的使用寿命短，有文献报道在使用过程中材料膨胀，材料对义齿清洁剂敏感，某些RVT硅橡胶软衬料暴露于水中较长时间后折裂强度明显降低。热固化型具有更高的交联度，因此临床使用寿命更长。

C. 用法：热固化型硅橡胶义齿基托软衬料采用间接法重衬，常用水浴热处理固化（硫化），温度和时间因不同产品而异，应按照说明书推荐的方法进行。室温硫化型材料一般采用口腔内直接法进行重衬。

2. 暂时性软衬材料(temporary soft lining materials)

暂时性软衬料，或称为组织调节剂(tissue conditioner)是一类使用功能很短暂的材料，通常只有几天。在特定的健康状况下或者使用不密合的义齿，口腔组织可能发生炎症或产生变形。通过使用组织调节剂对不密合义齿进行重衬可以帮助组织恢复"正常"，到那时可以重新制作义齿。自从该项技术出现以来，许多种油泥类材料都曾被作为组织调节剂，包括黏土和橡皮糖，但现代的组织调节剂无一例外的使用丙烯酸类凝胶。该材料由粉剂和液剂组成，粉剂包含甲基丙烯酸乙酯均聚粉或其共聚物，液剂含有60%～80%的增塑剂，通常为大分子类，例如酞酸二丁酯(dibutyl phthalate)。值得注意的是液剂不含丙烯酸类单体。使用时粉液调和，但没有聚合反应发生，也不产生热。由于液剂含有乙醇，使用时患者可能感觉短暂不适，但未观察到任何持久的不良反应。增塑剂的加入减弱了聚合链之间的作用，使聚合链可以彼此滑动，宏观表现为材料具有弹性。随着时间的延长，增塑剂从材料中析出，材料在几周内失去弹性变硬，必要时可用新的组织调节剂进行更换。

第四节 树脂人工牙材料

一、修复用树脂人工牙（resin teeth for prosthetic applications）

修复用树脂人工牙即塑料牙由聚合物制成，是由生产厂家专门制作生产的人工牙，它可以有不同的大小、形态、颜色和部位，并通过不同的规格和型号加以标识。塑料牙适用于作为牙列缺损、牙列缺失修复中恢复天然牙冠的外形和功能的牙冠材料。

目前市面上出售的塑料牙大部分是由丙烯酸类或乙烯丙烯酸类树脂制成的，其中大部分是甲基丙烯酸甲酯的均聚物或共聚物。制作人工牙的材料类似于制作义齿基托的树脂材料，但液剂中所含交联剂较多，所制得人工牙聚合物的交联度也比较高，这能够提高产品的性能。另外，为提高塑料牙的强度和耐磨性，有些厂家还在塑料牙的基本成分中加入一定量的无机物作为增强材料，制成复合树脂人工牙。常用的填料是经过硅烷化处理的超微二氧化硅颗粒，如此制作的塑料牙表面光洁度高，色泽稳定性好，耐磨性和强度均明显提高。如果采用不同颜色和基料结合多层复合制作工艺，可以制作出多层色树脂人工牙。该人工牙的色泽和半透明性更接近于天然牙，其外层耐磨性和硬度较高，内层韧性较大，各层树脂间牢固结合成一整体，是目前较理想的人工牙。

为提高塑料牙与树脂基托的结合强度，塑料牙的颈部通常采用交联度较低的材料制作。研究证明塑料牙与热凝树脂之间能够形成有效的化学结合，但如果人工牙的盖嵴部有基托蜡残留，或被错误地涂布了分离剂，那两者的结合将失败。为提高两者的结合，应注意以下几点：使用沸水冲净型盒中残留的基托蜡，并用中性清洁剂彻底清洗人工牙颈部暴露的部分。分离剂只能涂布在石膏的表面，绝不能涂到人工牙的暴露部分。最后，在填入树脂之前，应该先用单体浸湿人工牙的盖嵴部。

塑料牙与自凝树脂的结合强度不如与热固化树脂的结合强度，应配合采用机械固位的方法以保证两者的有效结合。同时应注意到塑料牙与自凝塑料间的化学结合也发挥作用，可以采用以下方法提高两者的化学结合强度：在填入塑料之前，用自凝塑料单体与二氯甲烷的1:1混合液浸泡塑料牙暴露部分5 min后将多余部分除去。该过程能有效软化树脂，促进塑料牙与基托树脂形成有效的化学结合，获得与热固化树脂相当的结合强度。

二、造牙材料（teeth making materials）

造牙材料分热固化型和室温固化型两种。

（一）热固化型造牙材料

又称热凝造牙材料。由造牙粉和造牙水组成。其材料组成和热固化基托材料基本相同，仅是聚合粉粒径、分子量和所加的填料不同。造牙粉为粒径大于120目的聚甲基丙烯酸甲酯均聚粉、共聚粉或与硬质填料复合的硬质造牙粉，再加颜料染色即可。

（二）室温固化型造牙材料

又称自凝造牙材料，主要用于修复塑料牙或缺损的成品塑料牙列。一般是在热固化造牙粉中加入引发剂BPO，在热固化造牙水中加入促进剂，其使用方法和注意事项同自凝牙托粉。

第五节 纤维增强树脂

目前,口腔固定修复材料种类繁多,有金属、瓷、树脂等,但每种材料都有其相应的优缺点,随着人们修复要求的提高,要求修复体有合适的强度,自然的色泽,边缘密合性好,磨耗性与天然牙相似。近十年来,人们采用了多种方法完善牙科用陶瓷和树脂材料,推出了纤维增强树脂(fiber-reinforced-composite,FRC)。

一、概 述

纤维增强树脂是通过在树脂基质中加入玻璃纤维以增加材料的机械性能,这种材料的弹性模量与其他机械性能可根据纤维的种类、排列方式、数量的不同而改变,也与树脂基质的类型、浓度有关。

包埋在基质中的纤维有 3 种类型:①短纤维(5 mm),在树脂基质中随机排列。②单向长纤维。③网状纤维,经研究证明,用于冠桥的 FRC,最佳的纤维增强方式为网状纤维加大量的单向长纤维,要使 FRC 符合冠桥修复所需的机械性能($E>40\,000$ MPa,$\sigma<60$ MPa,E:Flexural modulus of elasticity,σ:Flexural breaking constraint),其纤维含量必须在 55% 以上,前提是纤维在树脂基质中是均匀分布的。

树脂基质与纤维之间的结合力是影响玻璃纤维强化树脂性能的另一个问题,这与树脂基质的类型密切相关。以往所用的基质为热塑型树脂,采用多聚碳酸盐基质和 PMMA 单体,由于在热塑过程中基质的膨胀,易造成 FRC 与表面覆盖树脂的分离。最新研制成功的一种新型的树脂称热固型树脂。将热塑型的多聚碳酸盐基质和光固化型的 BIS-GMA 基质混合形成热固型树脂基质,使其与表面覆盖树脂的结合力大大提高。

树脂基质的黏度对 FRC 性能也有很大的影响。若基质浓度低,则纤维表现出较强的记忆性能,在弯曲部位易反弹。采用高浓度基质,去除基质中稀释剂和其他低黏度物质得到 100% 的 BIS-GMA,这样可充分抵消纤维的记忆效应,但在操作工艺上增加了难度。

二、纤维增强树脂的优缺点

A. 纤维增强树脂可通过控制纤维的含量而达到良好的机械性能,使其挠曲强度、弹性模量、磨耗率等与天然牙相近。

B. 由于纤维增强树脂无金属基底,所以牙体预备时,可制备成平龈或龈上边缘,避免了牙体预备对牙龈边缘的损伤及修复体伸入龈下,改变龈沟正常生理状态,达到牙龈组织健康的目的。同时避免烤瓷冠颈缘因氧化等原因出现黑线的现象。

C. 纤维增强树脂美观效果好,可提供和谐的色彩。就烤瓷冠而言,用于遮盖金属色的遮色瓷色泽不佳,必须留出一定的厚度给体瓷,以掩盖遮色瓷;而纤维强化树脂支架为半透明,不需遮色,故其表面覆盖树脂的厚度可较薄,色泽美观。

D. 瓷有脆性,故易破碎从金属基底上分离,瓷裂后可用光固化树脂和化学固化树脂修复处理,但由于瓷与光固化树脂是两种不同性质的材料,所以修补效果不理想,纤维增强树脂破损后可用本身材料修复,修补效果较好。

E. 纤维强化树脂通过光固化完成聚合,其表面的非氧化层可允许其与覆盖树脂直接结合,不需要金属支架的机械固位。

F. 纤维增强树脂由于不需要金属底层冠,避免了铸造工艺带来的繁琐及技工室污染;且技工操作较烤瓷牙简便,可直接在超硬石膏上塑形完成,约需 2~3 h,用牙釉质/牙本质黏结系统黏结修复体,大大节省时间,减少患者复诊次数。

G. 牙本质与复合树脂结合的界面随着时间的推移会产生微漏。据最新的研究,牙本质与纤维强化树脂支架的结合是一种持久、稳定的结合,而复合树脂与纤维强化树脂的结合也是可行的,故超瓷材/纤维冠桥这种"三明治"式的黏结方式减少了界面处的微漏。

H. 牙备时必须留出纤维支架的厚度,边缘应制备成 0.5~1 mm 的肩台,故牙备量较大。

I. 烤瓷系采用上釉办法完成修复体表面,而纤维强化树脂覆盖层表面只能用机械办法抛光,故亮度不及烤瓷。

J. 表面覆盖树脂材料的色泽稳定性有待提高。

K. 对修复工艺技术人员而言,纤维可能对健康造成影响,这些细小的纤维可被吸入并沉积在肺中,造成硅沉着病样的疾病。同时,纤维可能成为皮肤过敏的致敏原,故操作时应戴口罩及手套。若纤维暴露在口腔中,会引起牙龈炎症,造成修复体表面粗糙而堆积菌斑,因而纤维必须包裹在树脂基质中。

三、产品应用

目前市场上常用的产品有以下几种:

(一) Targis/Vectris

Ivoclar 公司于 1996 年推出 Targis/Vectris 修复系统。Targis/Vectris 材料由多种颜色的树脂状材料和增强纤维组成。

Vectris 属纤维强化树脂,弯曲强度 1 000 MPa,主要用于制作后牙冠或三单位固定桥的基底。Vectris 系统有 3 种不同的纤维树脂组成,所有纤维硅化后被包埋在树脂中。根据纤维排列方向不同可分为单冠(single,纤维间排列成 45°)、支架(frame,纤维间排列成 90°)和桥体(pontic,纤维排列互相平行)。

Targis 是一种含有 80%陶瓷填料的瓷聚体,覆盖在 Vectris 的表面,弯曲强度 150 MPa,抗磨耗性与牙釉质相近,可用于制作高嵌体、贴面、冠等。

(二) Fiberkor (Jeneric/Pentron, Wallingford conn)

由单向长纤维增强。

(三) Splint-It (Jeneric/Pentron)

由单向长纤维和网状纤维增强。

后两种系统在国内应用并不广泛。

四、临床应用

因后两种系统在国内应用并不广泛,下以 Targis/Vectris 为例进行讲解。

(一) 材料

超瓷材/纤维冠桥整套设备从瑞士 Ivoclar 公司引进,包括初始光固化机、聚合机、支架成形器及整套材料。

(二) 适应证

基本同烤瓷修复体,还可用于制作贴面、高嵌体、嵌体及嵌体桥。超瓷材后牙固定桥可以采用嵌体桥的形式完成,尤其适用于缺牙前后有龋损的病例,达到少磨牙的目的。可见单个后牙缺失、前后基牙近缺隙处有龋损的病例更适合于制作超瓷材嵌体桥。宜可用于对金属过敏者、口腔内有其他金属修复体的患者及需做 MRI 的患者。对颌牙重度磨耗者,也可作为覆盖于种植体表面的种植义齿。

(三) 牙体预备

磨牙量较大，但仍应遵循尽可能保留牙体组织的原则。

就全冠而言，必须预备出纤维强化树脂支架的厚度及表面覆盖树脂的厚度。轴面牙备量 1.2～1.5 mm，𬌗面至少 1.5 mm，颈缘不必制作到龈下，平龈缘即可，颈缘四周均应制成 0.5～1 mm 的肩台。

对于后牙嵌体桥的病例，若原有充填体，则将其拆除后将洞型制成嵌体状。对有龋而未充填者，在保证基牙上嵌体所需的牙备量的基础上，尽可能保存牙体组织。龋损范围大、广泛破坏的牙尖可先用树脂加强，并修补成嵌体的形状。常规取模、灌模。

(四) 技工室制作

A. 按照比色板确定的颜色，在代型上用 SINGLE 完成冠支架，将代型置于支架成形器内，在抽真空状态下，全自动完成加热、加压、光照，用 50 μm 的氧化铝颗粒喷砂，湿化 60 s，涂黏结剂。

B. 用 pontic 及 frame 完成桥支架（嵌体、贴面不需支架）。固定桥者增强带（pontic）与两基牙相连，形成桥体核心，注意 pontic 纤维必须在两侧以 single 为支持。将代型置于支架成形器内，在抽真空状态下，全自动完成加热、加压、光照。用 50 μm 的氧化铝颗粒喷砂，湿化 60 s，涂黏结剂。最后整个支架用 frame 覆盖。

C. 在支架上堆积覆盖树脂。在初始光固化机帮助下，依次完成。超瓷材的塑形，可适当添加超瓷材染色材料、牙龈色材料、仿真材料，使修复体美观、自然。最后放入聚合机全自动加热、光照完成。自带型上取下修复体，常规打磨、抛光。

(五) 黏结

用牙釉质/牙本质黏结系统酸蚀处理牙体黏结面，若为种植体，所有的冠基底用 120 μm 氧化铝颗粒喷砂后，涂磷酸单体 TargisLink 30 s，吹干。

修复体组织面用金刚钻粗化后涂硅烷，涂偶联剂 Monobond S，光照。

最后，在基牙与修复体组织面涂高黏结强度的 Variolink Ⅱ，光照，完成黏结。

因为不同黏结剂对瓷修复体的黏结强度及颜色有影响，所以超瓷材必须采用 Ivoclar 公司提供的专用树脂类黏结剂（Variolink Ⅱ）完成黏结。这种树脂黏结剂减少了微漏及牙齿的敏感度。但 Variolink Ⅱ 对牙本质与牙釉质的黏结强度不同，对釉质的黏结强度大于牙本质。故如何进一步防止微漏仍是以后研究的方向。

五、发展与前景

纤维增强树脂有许多优点，但因其推出时间较短，仍有一定的缺点，有待提高。如何进一步改善该材料的机械性能，增加表面覆盖材料的色泽稳定性等，尚待进一步研究。相信随着技术的提高和材料的改进，该材料将会得到更广泛的应用。

第六节　暂时冠桥修复
（provisional crown-bridge restoration）

暂时冠桥是在固定修复基牙预备后至最终修复体黏固之前患者不能自行摘戴的临时性固定修

复体。在制作最终修复体期间,暂时性修复体对保护基牙,缩短或消除患者的"无牙期",获得诊断性信息,取得患者的信任,提高修复的质量具有很大的作用。

一、暂时修复材料（provisional materials）

（一）Bis-acryl

目前在国外,Bis-acryl是最流行的暂时冠桥修复材料,其成分主要是Bis-GMA、双甲基丙烯酸聚合物（bismethacrylate-polymer）或N-烷基二甲基丙烯酸酯（N-alkyl dimethacrylate）等,有些还含有一些具有多功能基团的基质以及一些无机填料等。可以是自凝固化型或者光固化型,一般采用注射型包装,使用方便。市面上有许多品牌,如3M公司的Protemp 3 Garant以及Dentsply公司的Integrity等。作为暂时修复材料,Bis-acryl具有如下优点:聚合时产热少;注射型包装,使用方便;能够抛光;聚合收缩小,边缘密合性好。缺点:费用较高;强度较低,在中等应力作用下易于折断;某些材料难以修补等。由于费用较高,目前Bis-acryl在国内尚难普及。

（二）丙烯酸树脂（acrylic resins）

包括PMMA和聚甲基丙烯酸乙酯（polyethyl methacrylate, PEMA）。在Bis-acryl出现以前,PMMA是最主要的暂时修复材料,目前也还在广泛使用。这些材料的组成与用作义齿基托的树脂基本相同,绝大部分采用化学固化型。PMMA作为暂时修复材料具有以下优点:与其他材料相比强度高;色泽相对稳定,几周内基本不变色;能够抛光,易于修补;价格低廉。缺点:聚合时产热多,不利于口腔内直接法制作;聚合收缩大,影响修复体的精度;气味不好。过去一直沿用在口腔内直接用PMMA制作暂时修复体,尽管采取一些保护措施,如进行冷却、使用前在基牙上涂布石蜡油等,由于塑料聚合时产生热量以及化学刺激的作用,牙髓损伤仍然不可避免。有报道,如果塑料在口腔内完全聚合,牙髓的温度可高达50℃以上。较好的办法是采用间接法制作,试戴时可根据需要采用PEMA进行重衬,另外也可以直接采用PEMA制作。PEMA类似于PMMA,具有以下优点:聚合时产热少于PMMA,但高于Bis-acryl;能够抛光;与PMMA能够形成良好的结合,临床上可用于PMMA修复体的重衬;价格低廉,易于修补。缺点:易于着色,2周内色泽即有明显改变;有些患者对该材料的气味敏感;强度比PMMA低。由于该材料易于变色,在修复体需要戴用较长时间的情况下,不宜使用。

（三）复合树脂（composites）

复合树脂类暂时修复材料最常用于嵌体、高嵌体和贴面的暂时修复。该材料类似于标准的充填用复合树脂（restorative composite）,其中最常用的是超微填料型。有趣的是,采用该材料制作的暂时修复体的美观性可能优于最终修复体,这很可能会影响患者对最终修复体的满意度。因此,在制作此类修复体时,可有意的制造出某些缺陷,如选择与邻牙具有一定差异的颜色等。该材料具有以下优点:光固化型,操作时间充裕;具有很高的光洁度,美观;油泥状（putty-like）混合物,使用方便;聚合时产热轻微。缺点:费用较高;脆性较大,仅限于嵌体、贴面和单冠的制作。

（四）其他

其他的一些化学固化或光固化树脂也用于暂时修复,其中包括乙基乙烯基丙烯酸甲酯（ethyl vinyl methacrylate）和氨基甲酸酯甲基丙烯酸酯（urethane methacrylate）等。另外,聚碳酸酯成品冠结合树脂重衬或直接用暂时性黏固剂黏固,也在

二、暂时修复材料的选择
（selection of provisional materials）

（一）单冠

最适合采用 Bis-acryl 并结合印模成型法制作。如果暂时冠需要戴用的时间较短，或者对美观要求不高，也可以用 PEMA 制作。由于无法塑造出良好的邻接关系和缺乏令人满意的解剖外形，塑料成品冠的应用已逐渐减少，金属成品冠已逐步淘汰。

（二）短跨度固定桥（3个单位）

最适合用 PMMA 采用间接法制作，试戴时根据需要可用 PEMA 进行重衬，制作出适合性好、强度高、色泽稳定的暂时修复体。也可以用 PEMA 采用直接法或间接法制作，但 PEMA 聚合时中等程度的放热以及易于变色比较麻烦。如果预计修复体所承受的咀嚼力不高，Bis-acryl 也是可接受的选择，但 Bis-acryl 不适合长桥修复或承受较大的咀嚼应力，否则易于折断。

（三）长跨度固定桥（多于3个单位）

适合用 PMMA 采用间接法制作，试戴时根据需要可用 PEMA 进行重衬。由于 Bis-acryl 和 PEMA 的强度太低，不适合用于长桥的暂时修复。

（四）嵌体和高嵌体

适合用复合树脂采用直接法制作，可获得很好的效果，而且修复体不需要黏固，复诊时也易于去除。也可采用 Bis-acryl、PMMA 或 PEMA 制作，但完成的修复体需要用暂时黏固剂黏固。在最终修复体黏固前，嵌体或高嵌体牙备的内表面的暂时黏固剂有时难以清除干净，这会影响最终修复体的黏固效果。

（五）贴面

适合用复合树脂制作，但由于修复体比较薄，强度相对较低，有必要教导患者小心使用。如果是多个单位连在一起，并结合使用树脂类暂时黏结剂，采用 Bis-acryl 制作暂时性贴面也有较好的效果。

三、暂时冠桥的制作

根据所选材料、修复的部位以及修复种类的不同，暂时冠桥的制作可采用直接法、间接法和直接间接法，详细可参考第五版《口腔修复学》的相关章节。

第七节 个别托盘（custom trays）

在制取口腔印模的过程中，经常需要用到树脂印模托盘。与成品托盘不同，制作树脂托盘的目的是为了使托盘更加适合患者个体的牙弓形态，以便制取高质量的印模。因此树脂印模托盘经常被称作个别托盘。

制作个别托盘的步骤如下：首先选用与患者口腔情况大体合适的成品托盘并结合合适的印模材（如海藻酸盐类印模材）。常规制取口腔印模作为初印模（preliminary impression），然后灌注石膏模型，在石膏模型上用铅笔画出个别托盘的范围。画出边缘线后，用基托蜡或其他合适的隙料（spacer）适当填倒凹，并在硬区进行缓冲，最后涂布分离剂。调拌自凝塑料，待其呈面团期时将其压成厚约 2 mm 的塑料片，迅速转移到模型上，并使之与模型密贴，用雕刻刀去除超出边缘的多余材料，然后静置使其固化。

值得注意的是，树脂托盘在制作后 24 h 内可能发生显著变形，因此要避免在这期间使用。24 h 后，在口腔检查托盘是否合适，必要时可进行磨改。满意后进行边缘整塑，最后用终印模材料制取终印模。

近年来，一种光固化氨基甲酸酯双甲基丙烯酸酯（urethane dimethacrylate，UDMA）材料也用于制作个别托盘。该材料可预制成片状或棒状，片状材料具有更好的操作性而倍受欢迎。用该材料制作个别托盘，画线、填倒凹、缓冲同自凝塑料制作个别托盘。然后将预成片按压在模型上，去除多余材料，置于光固化箱内照射固化。用该材料制作的托盘固化后尺寸稳定，但该材料比较脆，另外磨改时会产生粉尘。

（张修银）

参 考 文 献

1 Smith DC, Baines MED. Residual methyl methacrylate in the denture bases and its relation to denture sore mouth. Br Dent J, 1955, 98:55 - 57

2 Delin H, Watts DC. Acrylic "allergy". Br Dent J, 1984, 157:272 - 276

3 Takamata T, Setcos JC, Phillips RW, et al. Adaptation of acrylic resin dentures as influenced by the activation mode of polymerization. J Am Dent Assoc, 1989, 119:271 - 274

4 Shlosberg SR, Goodacre CJ, Munoz CA, et al. Microwave energy polymerization of poly(methyl methacrylate) denture base resin. Int J Prosthodont, 1989, 2:453 - 456

5 Takamata T, Setcos JC. Resin denture bases: review of accuracy and methods of polymerization. Int J Prosthodont, 1989, 2:555 - 559

6 Strohaver RA. Comparison of changes in vertical dimension between compression and injection molded complete dentures. J Prosthet Dent, 1989, 62:716 - 720

7 Craig RG. Denture materials and acrylic base materials. Curr Opin Dent, 1991, 12:35 - 38

8 Phillips RW. Skinner's science of dental materials. 9th ed, Philadelphia: WS Saunders, 1991, 177 - 214

9 Ferracane JL. Materials in dentistry: principles and applications. 2nd ed. Philadelphia: Wolters Kluwer, 2001, 251 - 278

10 O'Brien WJ. Dental materials and their selection. 3rd ed. Chicago: Quintessence Publishing Co., Inc., 2001, 74 - 89

11 Jagger DC, Jagger RG, Allen SM, et al. An investigation into the transverse and impact strength of "high strength" denture base acrylic resins. J Oral Rehabil, 2002, 29:263 - 267

12 Jorge JH, Giampaolo ET, Machado AL, et al. Cytotoxicity of denture base acrylic resins: a literature review. J Prosthet Dent, 2003, 90:190 - 193

13 Christensen GJ. The fastest and best provisional restorations. J Am Dent Assoc, 2003, 134:637 - 639

14 Phoenix RD, Mansueto MA, Ackerman NA, et al. Evaluation of mechanical and thermal properties of commonly used denture base resins. J Prosthodont, 2004, 13:17 - 27

第十八章 颌面赝复材料
（maxillofacial prosthetic materials）

第一节 概述（introduction）

颌面赝复材料又称颌面缺损修复材料，是采用口腔修复术的原理和方法制作的用于颌面软、硬组织缺损处的假体（赝复体）的材料，这种假体能修复患者缺损处的外形和部分功能（图18-1）。

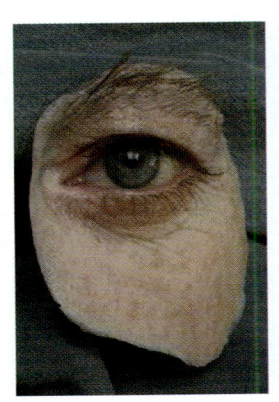 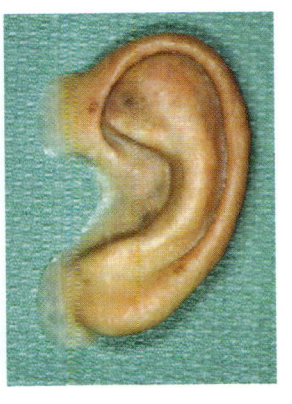

图18-1 眼部赝复体和耳郭赝复体

因外伤、肿瘤手术、先天畸形等造成颌面部眼、耳、鼻、面、眶等器官缺损在临床较为常见，并使患者失去正常的容貌外形，给患者身心健康带来极大的影响，难以进行正常的生活与工作。长期以来，面部器官缺损的修复主要有两种方法，第一种是自体组织修复，即整复外科手术，用患者身体健康部位的组织如皮肤、软骨等来重建或再造面部器官，这种方法存在不少缺点，如手术重建的形态不够理想，用自身其他部位的组织无论如何整形也无法真正重建或者恢复缺损器官的本来面目，即使手术效果当时尚可，但长期效果大多不佳，一般1年后转移到面部的组织都要发生组织收缩和色素沉积，使被修复的器官发生形态和颜色变化。相当一部分患者因缺损部位条件所限，如血液供应、瘢痕因素、软骨支架缺损等，使整形外科手术无法进行修复。而且，整形手术周期长，一般需6~12个月，需多次住院、多次手术，患者痛苦且治疗费用高。第二种方法是采用人工合成材料做成赝复体（即假体）来修复口腔颌面部组织器官缺损，这种方法具有修复相对简单、快捷、形态准确等特点，能很好地恢复缺损的组织器官的形态，且形态长期稳定，患者所受痛苦极少，费用低。

颌面缺损修复的发展历史非常悠久。最早的实物证据是古埃及第四王朝（公元前2613年~公元前2494年）的金属制的耳、鼻、眼眶赝复体。15世纪以后，欧洲有人用银细绳或麻线固定金、银等义鼻修复体。1894年以后，开始应用硝化纤维素等化学改性天然高分子材料制作义鼻。1880年有人采用固化橡胶制作假面和假鼻。1936年有机玻璃（聚甲基丙烯酸甲酯塑料）问世，第2年德国Kulzer公司就将其应用于义齿制作及口腔颌面部赝复体制作，1940年又与增塑的聚氯乙烯软塑料配合，用来制作假面。1945年，Clarke描述了以乳胶、甘油胶系统及电极金属制作赝复体的技术。之后，各种合成材料被大量选择应用为赝复材料，其中,有机高分子化合物因其良好的物理机械性能而成为首选的赝复材料,这些材料包括天然橡胶、赛璐珞弹性体(celluloid elastic)、乳胶、聚氯乙烯软塑料、聚氨酯弹性体(polyurethane)等,特别是聚氯乙烯软塑料和聚氨酯弹性体曾被广泛使用,至今仍有应用。

硅橡胶的出现为颌面赝复带来了革命性的变化。1960年Barnhart首次采用硅橡胶制作面部赝复体并获得了成功,此后,硅橡胶就很快成为颌面部软组织缺损赝复的首选材料,从此揭开了颌面缺损修复材料的新篇章。

赝复体的固位是赝复体成功应用的重要保证。传统的固位方式有利用外耳道将义耳插入固位、借助眼镜固位、作横皮管固位及胶水黏结固位等,这些固位方式存在着固位不牢、患者佩戴不舒适、不安全、不方便等问题。20世纪70年代钛种植体的出现被认为是颌面赝复学发展史上最有意义的进展之一,它可以满意地解决多种颌面部缺损赝复体的固位问题,因而被广泛应用于口腔及颌面缺损修复。目前,硅橡胶材料配合钛支架、种植体、磁性固位体等辅助装置已广泛应用于颌面缺损修复。

第二节 分类(classification)

根据应用的部位将颌面赝复材料分为用于颌面部内部组织缺损修复的口腔内赝复材料(intral oral)和用于颜面部外部组织缺损的口腔外赝复材料(extral oral)。口腔内赝复材料以修复颌面内部空腔缺损为主,部分恢复功能,材料与口腔颌面部黏膜长期接触,要求材料具有良好的生物相容性和耐生物老化性,但对材料的美观仿真性能要求不高。口腔外赝复材料则以修复缺损形态为主,要求材料具有良好的美观仿真性能。但是,颌面部的一些缺损修复既涉及颌面内部空腔缺损修复,又涉及外部形态缺损修复,这就要求赝复材料在性能上兼顾两方面的要求。

从赝复体材质上分,可分为硬质赝复材料和软质赝复材料,前者主要是聚甲基丙烯酸甲酯(PMMA)材料,后者主要有丙烯酸酯类软塑料、聚氨酯弹性体和硅橡胶。

聚甲基丙烯酸甲酯材料在组成上与基托树脂相同,可以是加热固化也可以是室温化学固化,颜色接近肉色,这种材料制作的修复体质硬,缺乏皮肤软组织所具有的柔软弹性,仿真性较差,主要用于制作义耳、义眼、义鼻等赝复体的框架或夹持、固定装置。

丙烯酸酯类软塑料的组成与相应的义齿软衬材料基本相同,这类材料作为颌面缺损修复材料使用,也存在着增塑剂析出而变硬的问题。

聚氨酯弹性体又称聚氨酯橡胶(polyurethane rubber),是聚合物主链上含有较多氨基甲酸酯基团(—HNCO—O—)的弹性材料,它由二元或多元异氰酸酯与二元或多元羟基化合物反应而成,是一类性能变化范围很大的高聚物。该材料具有良好的耐磨性能和扯断伸长率,但耐水解性能较差。

硅橡胶(silicone rubber)类材料是目前综合性能最好的颌面缺损修复材料。应用于颌面赝复的硅橡胶有高温固化硅橡胶、中温固化硅橡胶和室温固化硅橡胶,其中中温固化硅橡胶和室温固化硅橡胶操作简便,调色容易,而且可以复层上色,仿真性好,是目前应用最广泛的赝复材料。但是,硅橡胶类材料也存在着长期日晒易变色、不易磨改、难抛光、在口腔环境中易滋生真菌等问题。

第三节 性能要求(requirements for properties)

许多学者对颌面赝复材料应具备的性能进行了较为深入的调查研究,提出了一些性能要求,如Lewis等提出,理想的颌面赝复材料应具备如下性能:

加工性能方面:材料容易获得且价格不能太贵;固化前在室温下具有适当的黏度,以便灌注成形,一般要求黏度小于 75 000 cp;不含溶剂;适当的固化时间,一般在 1~2 h 之间;适当的工作时间,一般在 15~60 min;固化温度不能太高,一般不超过 100℃;固化成形后的赝复体具有良好的脱模性能;原材料本身应当为无色的,但能内着色并能表面外着色修饰;所制作的赝复体应能修整、磨改,表面能上光。

材料固化后的物理机械性能方面:较高的撕裂强度和优良的弹性,撕裂强度的理想范围是 18~27 kN/m;优良的抗拉强度,抗拉强度应在 7.0~14 MPa 之间;100%伸长率的弹性模量应在 0.35~2.0 MPa 之间;断裂伸长率应在 400%~500%之间;玻璃化转变温度应小于 0℃;热变形温度应大于 120℃;应具有皮肤软组织样的硬度,邵氏硬度应在 25~35 之间。

材料固化后的耐老化性能方面:长期在口腔环境中,物理机械性能不会很快变差,能耐受阳光的长期照射而不易变色,力学性能也不易变差。

材料固化后的生物相容性方面:赝复材料应无毒,对皮肤、黏膜无刺激、不致敏,无致细胞突变性。

虽然目前国内外一些硅橡胶材料已经接近 Lewis 的理想指标,但是尚无一种材料在每一项指标上均能达到理想要求。如何合理利用新技术,研制出具有更为仿真的新品种硅橡胶材料是未来赝复医学发展的一个重要方向。

第四节 硅橡胶类赝复材料(silicon rubber)

硅橡胶类赝复材料是目前临床应用最为广泛的材料。用于颌面赝复用的硅橡胶材料有高温固化硅橡胶、中温固化硅橡胶和室温固化硅橡胶 3 种类型,其中以中温固化硅橡胶和室温固化硅橡胶最为常用。

一、高温固化硅橡胶(high temperature-vulcanized,HTV)

高温固化硅橡胶是应用最早的硅橡胶类颌面赝复材料,代表性的材料有美国 Dow Corning 公司的 SILASTIC370、372、373 系列,德国 Bayer 公司的 Silopren,我国的 MVQ 1101、1102 等。

(一)组成(composition)

高温固化硅橡胶赝复材料胶料主要由橡胶基质、补强填料、固化引发剂、颜料等经机械混炼而成,其中橡胶基质应用最多的是甲基乙烯基硅橡胶,其分子量在 36 万~63 万之间。甲基乙烯基硅橡胶的结构式如下:

$$\left[\!-\!\underset{\underset{CH_3}{|}}{\overset{\overset{CH_3}{|}}{Si}}\!-\!O\!-\!\right]_m\!\left[\!-\!\underset{\underset{CH=CH_2}{|}}{\overset{\overset{CH_3}{|}}{Si}}\!-\!O\!-\!\right]_n$$

甲基乙烯基硅橡胶

在甲基乙烯基硅橡胶主链的侧基上引入含有氟元素的三氟丙基（—$CH_2CH_2CF_3$），形成含氟硅橡胶。含氟硅橡胶制品表面能很小，不易黏附污物、细菌及杂质，具有优异的耐老化性能。

$$\left[\!-\!\underset{\underset{CH_3}{|}}{\overset{\overset{CH_3}{|}}{Si}}\!-\!O\!-\!\right]_m\!\left[\!-\!\underset{\underset{CH=CH_2}{|}}{\overset{\overset{CH_3}{|}}{Si}}\!-\!O\!-\!\right]_n\!\left[\!-\!\underset{\underset{CH_2CH_2CF_3}{|}}{\overset{\overset{CH_3}{|}}{Si}}\!-\!O\!-\!\right]_o$$

氟硅橡胶

由于硅橡胶是非结晶性结构，分子间引力非常低，故未经补强的硅橡胶固化制品强度极低，抗拉强度约 0.35 MPa，无实用价值。若选用粒径为 5～20 nm 二氧化硅作补强填料，可使硅橡胶的固化制品的抗拉强度提高到 4～10 MPa。

硅橡胶用的补强材料主要有沉淀法二氧化硅和气相法二氧化硅（又称气相法白碳黑）。沉淀法二氧化硅一般用硫酸、盐酸、二氧化碳等与硅酸钠反应来制取，为白色无定形微细粉末，平均粒径为 20～40 nm。气相法二氧化硅是硅橡胶使用最广、补强效果极佳的填料，一般采用四氯化硅在氢和氧气中高温燃烧水解来制取，平均粒径为 5～20 nm，比表面积为 50～400 m²/g。采用比表面积大、粒径小的气相二氧化硅作补强填料的硅橡胶赝复体具有优异的物理机械性能及良好的耐热性和耐水性。但是气相二氧化硅在硅橡胶基质中不易均匀分散，而且容易使硅橡胶胶料变硬，可塑性下降，逐渐失去加工工艺性能，产生结构化现象，故必须加入结构化控制剂，而沉淀法二氧化硅粒径稍大，对硅橡胶的补强效果稍低，但不易使硅橡胶胶料产生结构化现象。常用的结构化控制剂是含羟基、烷氧基的低分子有机硅化合物，如聚合度<5 的 α,ω-二羟基聚二甲基硅氧烷、二苯基硅二醇等。结构控制剂的作用是通过它们的活性官能团与气相二氧化硅表面活性部分（Si—OH）作用，屏蔽表面，从而抑制对硅橡胶分子的物理吸附和化学结合，从而达到防止结构化的目的。

用硅烷处理气相二氧化硅，使其表面上的部分羟基被有机基取代，不仅能改善气相二氧化硅与硅橡胶的浸润性，而且还能防止胶料结构化。用于处理气相二氧化硅的有机硅烷有六甲基二硅氮烷、八甲基环四硅氧烷。

各种白碳黑对硅橡胶的补强效应主要取决于其颗粒度大小、表面化学性质及其用量。一般地，白碳黑粒径越小，补强效果越显著；随着白碳黑用量的增加，固化制品的抗拉强度和邵氏硬度也随之提高，但当用量超过一定极限时，强度反而下降。

硅橡胶只有经过固化才能转变为有用的弹性体，塑性态的硅橡胶转变成三维网状结构弹性体的交联过程称为固化。高温固化硅橡胶的常用固化引发剂主要是有机过氧化物，如过氧化苯甲酰、2,4-二氯过氧化苯甲酰、过氧化二叔丁基等。过氧化苯甲酰的半衰期为 1 min/130℃，具有高活性和固化速度快的特点，适合于模压固化成型，但不适用于厚制品，固化温度为 110～135℃。2,4-二氯过氧化苯甲酰活性高，分解温度低，加热至 45℃会分解，固化温度范围为 100～120℃。

（二）固化（vulcanization）

高温固化硅橡胶赝复材料胶料呈面团状，一般采用石膏模型模压成型，水浴固化或烘箱内干热固化。通常将充填好胶料的型盒直接放入沸水中煮沸 2～3 h，或将型盒放入 110～120℃烘箱中 1～1.5 h。

为了使赝复体固化充分，提高力学性能，并使引发剂分解产物挥发，消除异味，最好将固化后的赝复体放入 130℃烘箱中在热风下烘 30 min。如果赝复体上有基托树脂结构，为防止基托树脂受热变形，应当用石膏将塑料部分包裹起来。将赝复体浸泡于温水中 24 h，也能去除赝复体的异味。

（三）性能（properties）

硅橡胶的性能主要与直链聚硅氧烷的化学结构有关,因其分子主链由 Si—C—Si 键组成,故具有优异的热氧化稳定性、抗臭氧、耐气候性能。

硅橡胶的力学性能与硅橡胶生胶的分子量、所加补强填料的种类及含量密切相关。一般地,生胶分子量越大、补强填料含量越多,固化后力学性能越好。但是,分子量太大的生胶混炼困难,填料含量太大的橡胶太硬,均不适合用于颌面赝复。未加补强填料的硅橡胶固化制品的抗拉强度不超过 1 MPa,相对伸长率也只有 50%~80%,加入气相二氧化硅后,其抗拉强度可提高到 8.0 MPa,相对伸长率可达 300%~500%。一般用于颌面赝复的硅橡胶的邵氏硬度为 28~50,抗拉强度为 2~7 MPa,撕裂强度小于 10 kN/m,扯断伸长率可达 400%。

硅橡胶另一突出的特点是高温强度好,能在 200℃ 下长期工作,明显优于其他有机橡胶。

硅橡胶还具有优良的耐寒性,温度对其性能的影响比其他橡胶小,在 -50~+200℃ 间,硬度与抗拉强度的变化较小。通用型硅橡胶的脆性温度为 -60℃,而一般有机橡胶在 -50℃ 已经发脆。

硅橡胶的压缩永久变形率较低,在 150℃ 下压缩 22 h 后形变率为 20%。压缩永久变形率反映了硅橡胶受压后发生永久变形的情况。

硅橡胶的耐气候性优于其他橡胶,长期暴露在室外环境中,不会发生龟裂或发脆,物理机械性能基本无变化。

一般硅橡胶制品耐 100℃ 以下的热水。它对许多化学物质具有良好的抗腐能力,但在低分子碳氢化合物、醚、酯及卤代烃中,即使在室温下也会溶胀,致使硬度和抗拉强度下降。

硅橡胶具有良好的生物安全性和生物相容性,与人体皮肤、黏膜长期接触不会引起刺激性反应和过敏反应,也不会产生致突变作用。

（四）应用（application）

高温固化硅橡胶黏度大,生胶呈面团状,添加着色剂、引发剂等均需在双辊混炼机上进行,调配颜色较为麻烦,因此,该材料主要用于口腔内赝复体的制作,如阻塞器。

二、加成型中温固化硅橡胶（addition medial temperature-vulcanized，MTV）

加成型中温固化硅橡胶是一种利用硅氢加成反应来固化的硅橡胶,可以在室温下或中温（<100℃）下固化,具有多方面的优点,是目前应用最广的颌面赝复材料。

（一）组成（composition）

一般为双糊剂型,由基质糊剂（base）和催化剂（catalyst）组成（图 18-2、图 18-3）。基质糊剂主要由二甲基乙烯基封端的聚二甲基硅氧烷（dimethylvinyl-terminated dimethyl siloxane）、硅树脂、表面经过处理的气相二氧化硅、铂催化剂等组成,催化剂主要由乙烯基封端的聚二甲基硅氧烷、低分子量的含氢硅氧烷等组成。二甲基乙烯基封端的聚二甲基硅氧烷是加成型硅橡胶的基础胶料,

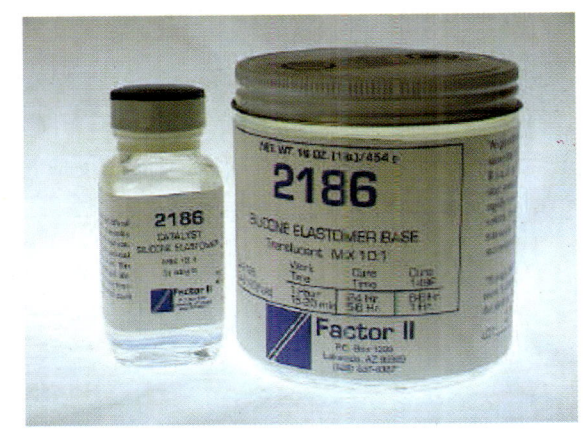

图 18-2 Factor Ⅱ 公司的加成型中温固化硅橡胶 2186

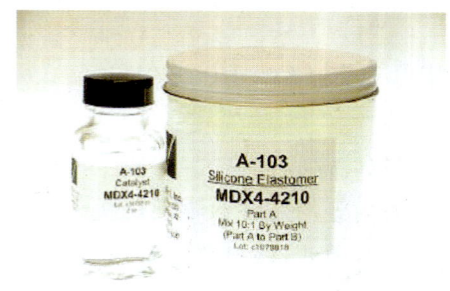

图18-3 Dow Corning 公司的加成型中温固化硅橡胶 MDX 4-4210

其分子量为数万至十余万，结构式如下：

$$CH_2=CH-\underset{\underset{CH_3}{|}}{\overset{\overset{CH_3}{|}}{Si}}-O-(\underset{\underset{CH_3}{|}}{\overset{\overset{CH_3}{|}}{Si}}-O)_n-\underset{\underset{CH_3}{|}}{\overset{\overset{CH_3}{|}}{Si}}-CH=CH_2$$

在加成型硅橡胶中加入硅树脂或表面经过处理的气相二氧化硅可提高硅橡胶的强度。

硅树脂是以硅氧硅为主链，硅原子上连接有有机基的交联型半无机高聚物，它是由多官能度的有机硅烷经水解缩聚而制成的，在加热或有催化剂存在下可进一步转变成三维结构的不熔热固性树脂。用于加成型中温固化硅橡胶的硅树脂一般为甲基乙烯基硅树脂，其乙烯基含量通常在0.5%～4%范围内。

含氢硅氧烷是分子量较低的聚二甲基硅氧烷，呈液体状，分子结构上含有Si—H键，其分子结构式如下：

$$(CH_3)_3SiO-(\underset{\underset{CH_3}{|}}{\overset{\overset{CH_3}{|}}{Si}}-O)_x-(\underset{\underset{CH_3}{|}}{\overset{\overset{H}{|}}{Si}}-O)_y-Si(CH_3)_3$$

在铂催化剂存在下含氢硅氧烷能与二甲基乙烯基封端的聚二甲基硅氧烷的乙烯基加成反应，使聚二甲基硅氧烷交联，形成硅橡胶弹性体。

$$\sim\underset{\underset{R}{|}}{\overset{\overset{R}{|}}{Si}}-O-\underset{\underset{CH}{|}}{\overset{\overset{R}{|}}{Si}}-O\sim + \sim\underset{\underset{H}{|}}{\overset{\overset{R}{|}}{Si}}-O-\underset{\underset{R}{|}}{\overset{\overset{R}{|}}{Si}}\sim$$
$$\underset{CH_2}{\|}$$

$$\xrightarrow{催化剂} \sim\underset{\underset{R}{|}}{\overset{\overset{R}{|}}{Si}}-O-\underset{\underset{CH_2}{|}}{\overset{\overset{R}{|}}{Si}}-O\sim$$
$$\underset{\underset{\underset{R}{|}}{\overset{\overset{R}{|}}{Si}}-O-\underset{\underset{R}{|}}{\overset{\overset{R}{|}}{Si}}\sim}{\overset{CH_2}{|}}$$

用于加成型中温固化硅橡胶的催化剂，一般是铂及其化合物，如邻苯二甲酸二乙酯铂络合物、乙烯基硅氧烷铂络合物。

美国 Dow Corning 公司生产的 Silastic® MDX4-4210 医用级硅橡胶就是一种双组分加成型中温固化硅橡胶，胶料呈透明状，其基质糊剂(base)中二甲基乙烯基封端的聚二甲基硅氧烷含量超过60%，其次是15%～40%的表面处理过的气相二氧化硅补强填料和微量的乙烯基硅氧烷铂络合物。催化剂组分的主要成分是二甲基乙烯基封端的聚二甲基硅氧烷和含氢硅氧烷。

（二）性能(properties)

1. 固化速度(curing rate)

加成型中温固化硅橡胶的固化速度与交联剂含氢硅油用量有关，随着含氢硅氧烷用量增加，胶料失去流动性的时间缩短。催化剂用量对固化速度也有一定关系，超过一定范围，则无明显影响。

温度对加成型中温固化硅橡胶的固化速度有明显影响。一般地，温度越高，固化速度越快。表18-1和表18-2是温度对2种加成型中温固化硅橡胶固化速度的影响。

加成型中温固化硅橡胶具有固化后生胶转化率高、固化过程中无副产物生成、可以大体积固化等优点，可以制作体积较大的赝复体。

表 18-1　温度对 Silastic® MDX4-4210 加成型中温固化硅橡胶固化速度的影响

固化温度	基本固化所需时间
23℃	24 h
40℃	5 h
55℃	2 h
75℃	30 min
100℃	15 min

表 18-2　温度对 Factor Ⅱ A-2186 加成型中温固化硅橡胶固化速度的影响

固化温度	基本固化所需时间
25℃	72 h
65℃	4 h
100℃	1 h
125℃	45 min
150℃	15 min

2. 可灌注性（pouring）

未固化的加成型中温固化硅橡胶胶料具有一定的流动性，基质糊剂与催化剂的调和物可以进行灌注成形，适合于牙科石膏模型灌注成形，操作方便，便于推广。

3. 黏结性（adhesion）

加成型中温固化硅橡胶对一般材料缺乏黏结性。在胶料中加入某些黏结促进剂或通过底涂处理可提高黏结强度，常用的黏结促进剂有钛酸酯或硼酸与有机多官能基硅烷的反应物，底涂剂是由可水解的碳官能基硅烷和有机金属化合物组成的有机溶液稀释液。

低黏度单组分室温固化型硅橡胶（如 Dow Corning 公司的 Silastic Medical Adhesive Silicone, TYPE A 100）可用于将加成型硅橡胶黏结到其他材料上。

在被黏物表面涂有机硅烷也可提高黏结强度。

Factor Ⅱ 公司的黏结底涂剂 Primer A-304 是一种含5%四丙基硅酸酯、5%四丙基钛酸酯、5%四（2-甲氧乙氧基）硅烷的气干型黏结底涂剂，通过空气中的水分来活化，可用于黏结加成型硅橡胶与金属、玻璃、陶瓷、某些塑料及其他硅橡胶。在黏结时，为获得最好的黏结效果，被黏物表面应用三氯乙烷丙酮溶液彻底清洗和脱脂，然后，涂一薄层底涂剂，在室温及50%相对湿度下，凉置至少半小时至2 h，若空气湿度较小，凉置时间需更长。如果表面呈浓白雾状或白垩色状，说明涂膜太厚，应去除之，并重新涂底涂剂。贮存此类底涂剂时要严格密封防潮，一旦受潮，底涂剂中的有机硅烷极易水解，底涂剂由透明状变为混浊状就不能使用。

聚甲基丙烯酸甲酯塑料常用于赝复体的支架或固化夹埋藏体，它与硅橡胶赝复材料间应形成良好黏结。在进行黏结时应对塑料表面进行彻底清洗。首先用沸水清洗塑料表面，然后将塑料放入水中，连水一起放入微波炉中加热10 min，这样可去除塑料中的残余单体。之后，用牙钻打磨塑料表面，以除去可能的污染，然后用丙酮清洗塑料表面，待丙酮挥发后，用塑料柄棉签在表面涂底涂剂 A-304（Factor Ⅱ），不要用木柄棉签，因木柄有可能污染塑料表面。让底涂剂自然干燥30 min，然后再涂一薄层 A-320 增黏剂（bonding enhancer），自然干燥30 min，最后灌注加成型硅橡胶赝复材料。

4. 催化剂"中毒"（cure compatibility）

以铂为基础的加成型中温固化硅橡胶的催化剂，容易受某些元素和化合物影响而降低乃至失去活性。影响铂催化剂活性的化合物是一些硫化物、含氮化合物、含磷化合物、有机锡化合物等。这些硫化物有：硫、硫醇、硫醚、硫脲、砜和亚砜化合物、聚硫橡胶等。含氮化合物有酰胺类、胺类、亚胺类、偶氮和叠氮化合物、异氰酸及其酯类等。含磷化合物有：磷、磷酸盐和酯、有机磷化合物等。因此，应用中应避免接触这些物质。即使在接触氯化橡胶、丁基橡胶及某些室温固化硅橡胶，也会引起加成型硅橡胶固化不全。如果需要在这些材料上应用加成型硅橡胶,可先用溶剂清洗表面或在其表面涂底涂剂并加热。

5. 力学性能(mechanical properties)

加成型中温固化硅橡胶具有较好的力学性能,其硬度在较大的范围内可调(表18-3)。

表18-3 MDX4-4210和A-2186的力学性能

性 能	MDX4-4210	A-2186
邵氏硬度(A)	29	30
抗拉强度(MPa)	4~5	5
断裂伸长率(%)	470~490	600~650
撕裂强度(kN/m)	9.5~10.5	13~14

6. 体积稳定性(dimensional stability)

加成型中温固化硅橡胶在固化过程中没有小分子产生,成分析出很少,因此固化过程体积收缩极小(<0.1%)。

7. 生物相容性(biocompatibility)

加成型中温固化硅橡胶在固化过程中没有小分子产生,其催化剂用量也很少,余留在胶中的残留物对生物安全性影响很小,因此,由加成型中温固化硅橡胶制成的制品具有较好的生物相容性,完全满足颌面缺损修复对材料生物相容性的要求。

经热原试验测定,该材料不是热原性材料,皮肤黏膜无致敏性,皮内注射无刺激性,肌肉内植入90d无反应,细胞培养不引起细胞病变效应。

8. 贮存性能(storage)

加成型硅橡胶一般避光贮存于通风干燥处。若原包装未打开,一般有效期在2年。

(三)应用(application)

1. 混合(mixing)

混合基质糊剂与催化剂,质量比一般为10:1,混合物的黏稠度大约是基质糊剂的一半,同时混入着色剂。在混合过程中应尽量少混入空气。

为了调整材料稠度以满足操作要求,一般都配有专用的稀释剂,稀释剂可先与基质糊剂或催化剂混合。一般地,稀释剂会延长固化时间,并降低材料的力学性能。

2. 排气(de-airing)

如果要求最终赝复体中不含气泡,就需要对混合物进行真空除气,方法是将混合物放入真空度为700 mmHg的真空箱中排气10~30 min。为了防止混合物在抽真空过程中溢出混合容器,应选用广口且体积大一点的容器作为混合容器,如大烧杯、小搪瓷盆等,体积应至少是混合物的4倍。在抽真空排气最初阶段,可放几次气,这样有助于混合物中气泡的破裂。真空排气后,可让混合物静置10 min,以使残余的气泡排除。

3. 固化(curing)

将排气后的胶料迅速灌注入石膏模型阴模腔内,室温下(23℃)基本固化大约需要24 h,完全固化大约需要3 d。提高固化温度可极大地缩短固化时间。

在用加成型硅橡胶制备赝复体时,为了使赝复体脱模顺利,可用2%~5%中性肥皂水作为分离剂涂抹模型表面。

三、缩合型双组分室温固化硅橡胶(two-part condensation room temperature-vulcanized silicone)

(一)组成(composition)

缩合型双组分室温固化硅橡胶由两个组分组成,其中一个组分由橡胶基质、补强填料组成,并可含交联剂或催化剂,但决不能同时含有交联剂和催化剂;另一组分是催化剂或交联剂,也可同时含有催化剂和交联剂。多数产品将橡胶基质、交联剂、补强填料混成基质糊剂,催化剂单独一个组分。使用时混合两组分即可(图18-4和图18-5)。

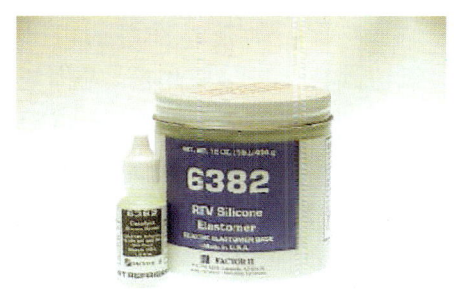

图 18-4　Factor Ⅱ 公司的缩合型双组分室温固化硅橡胶 6382

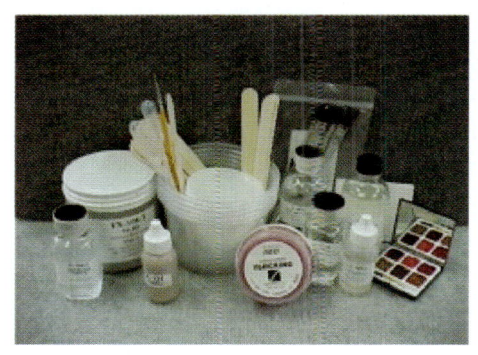

图 18-5　套装的缩合型双组分室温固化硅橡胶赝复材料

缩合型双组分室温固化硅橡胶的橡胶基质为羟基封端的聚二甲基硅氧烷,在催化剂二烷基羧酸锡(如辛酸亚锡)存在下可与交联剂正硅酸乙酯进行交联,形成三维网络结构的弹性体。

正硅酸乙酯

硅橡胶弹性体

羟基封端的聚二甲基硅氧烷的分子量对固化后材料的力学性能有明显影响,随着分子量的增大,固化胶的抗拉强度、断裂伸长率和撕裂强度随之提高,而弹性模量和硬度下降,未固化胶料的流动性变差。

以第四军医大学研制的 QE-1 型颌面赝复材料为例,该材料由基质糊剂和催化剂两部分组成,基质糊剂含有羟基封端的聚二甲基硅氧烷、交联剂(正硅酸乙酯)、补强填料(气相二氧化硅)、颜料等,催化剂主要含有辛酸亚锡。

美国 Factor Ⅱ 公司生产的 A-101 6382 缩合型双组分室温固化硅橡胶广泛应用颌面缺损赝复,该材料也是由基质糊剂和催化剂两部分组成,组成上与 QE-1 型大致相同。

(二)性能(properties)

1. 固化速度(curing rate)

在胶料内,按一定比例混入催化剂后,立即开始固化反应,固化速度随着催化剂用量的增加而加快,因此可以通过调节催化剂加入量来调节固化速度。适当提高胶料温度、环境温度(混合器具、模具的温度)及湿度均可明显加速固化,但温度过高(>100℃),会降低固化胶性能,使其变软、发黏。

缩合型双组分室温固化硅橡胶室温下初步固化时间为 30 min 左右(表18-4),完全固化需要 24 h 左右。

表 18-4 催化剂加入量对 A-101 6382（Factor Ⅱ）医用级硅橡胶固化速度的影响

基质糊剂用量（ml）	催化剂用量（滴）	混合时间（s）	工作时间（min）	固化时间（min）
5	1	20	8～10	25～30
5	10	20	1	2～3
25	5	20～25	8～10	25～30

缩合型双组分室温固化硅橡胶在固化时有副产物（乙醇）放出，这些副产物随着固化过程需要从赝复体内部扩散到表面而逸出。如果赝复体体积太厚、太大，由于副产物不能及时放出而影响深部的固化。在胶料内添加少量（0.5%～2%）固化促进剂（如丙三醇基磷酸及其金属盐类），可解决深层固化不完全问题。

为了使缩合型双组分室温固化硅橡胶固化充分，提高性能，最好将初步固化的赝复体于室温下敞开放置 24 h，或在 80～100℃下保持 2 h。

2. 可灌注性（pouring）

缩合型双组分室温固化硅橡胶具有可流动性，调和物可以进行灌注成型。如果调和物稠度太大，不符合灌注要求，可以在调和物中添加适量的同一结构类型的低分子量甲基硅油作稀释剂，一般地，稀释剂会延长固化时间，并降低材料的力学性能。

3. 黏结性（adhesion）

缩合型双组分室温固化硅橡胶对一般材料缺乏黏结性，具有良好的脱模性能。若采用专门的底涂剂，可以改善其黏结性。底涂剂一般由有机硅烷和挥发性溶剂组成，例如，用于黏结缩合型双组分室温固化硅橡胶至聚甲基丙烯酸甲酯基托塑料的底涂剂含有 2% 的甲基丙烯酰氧丙基三甲氧基硅烷，挥发性溶剂由甲基丙烯酸甲酯、氯仿、丙酮组成，应用前，先将基托塑料表面清洗干净，再磨去表面层，涂底涂剂并晾置 30 min，然后涂缩合型双组分室温固化硅橡胶即可。

4. 力学性能（mechanical properties）

缩合型双组分室温固化硅橡胶具有较好的力学性能（表 18-5）。

表 18-5 2种缩合型双组分室温固化硅橡胶的力学性能比较

性　能	Factor Ⅱ 6382	QE-1 型
邵氏硬度	45	23～27
抗拉强度（MPa）	2.0	3.7～4.3
断裂伸长率（%）	160	460～490
撕裂强度（kN/m）	19～24	18～21

催化剂的加入量对缩合型双组分室温固化硅橡胶的力学性能有明显影响。随着催化剂含量增加，硫化橡胶的硬度逐渐增加，抗拉强度和断裂伸长率则逐渐减小，撕裂强度经历了增加、下降的过程（表 18-6）。

表 18-6 催化剂加入对 QE-1 型硅橡胶力学性能影响

催化剂加入量（%）	抗拉强度（MPa）	断裂伸长率（%）	撕裂强度（kN/m）	邵氏 A 硬度
0.5	4.3±0.28	540±47	14.4±2.4	18±3.2
1.0	4.0±0.32	440±54	18.2±3.1	24±3.6
1.5	4.1±0.29	430±51	13.6±2.2	25±2.1
2.0	2.5±0.33	350±46	9.0±2.1	28±1.9
2.5	2.0±0.3	280±36	11.0±2.5	29±2.8

（三）应用（application）

1. 调色（coloring）

在基质糊剂中加入内着色剂，混合均匀，并确定胶料的色度值与记录的皮肤颜色色度值相近。

2. 混合（mixing）

混合基质糊剂与催化剂，基质糊剂与催化剂混合质量比一般为 10∶0.1～0.5，加入催化剂后混合物的黏稠度略有下降。

3. 排气（de-airing）

如果要求最终赝复体中不含气泡，就需要对混合物进行真空排气。方法与加成型中温硫化硅橡胶排气方法相同。

抽真空时间对缩合型双组分室温固化硅橡胶的力学性能有一定的影响（表 18-7）。

表 18-7 抽真空时间对缩合型双组分室温固化硅橡胶力学性能的影响

抽真空时间(min)	抗拉强度(MPa)	断裂伸长率(%)	撕裂强度(kN/m)	邵氏硬度
0	1.4±0.28	340±58	8.6±1.3	16±3.1
10	2.2±0.3	440±54	13.2±1.8	22±2.4
20	4.1±0.3	470±42	18.0±1.4	25±2.6
25	4.2±0.34	460±52	19.2±1.0	31±2.1
30	4.1±0.28	430±54	14.1±2.1	26±2.4

4. 固化（curing）

将排气后的胶料迅速灌注入石膏模型阴模腔内，室温下（23℃）完全固化时间大约为 20～24 h，适当提高固化温度可缩短固化时间，例如，将调和物放于 70～80℃烘箱中 2～3 h 可使调和物固化。若赝复体较大、厚，则应适当延长加热固化时间。

四、缩合型单组分室温固化硅橡胶（one-part condensation room temperature-vulcanized silicone）

（一）组成（composition）

缩合型单组分室温固化硅橡胶是一种湿气固化的硅橡胶。根据固化时放出的副产物，可将缩合型单组分室温固化硅橡胶分为醋酸型、醇型、肟型等多种类型，用于颌面赝复材料的主要是醋酸型。

醋酸型单组分室温固化硅橡胶主要由橡胶基质（低分子量端羟基聚二甲基硅氧烷）、交联剂（甲基三乙酰氧基硅烷、乙基三乙酰氧基硅烷）、补强填料（硅藻土、气相二氧化硅）和催化剂（辛酸亚锡）组成。材料在使用前密封保存于金属软管中，当材料暴露于含有水分子的空气中后，水分子扩散入材料中，与材料中的交联剂发生缩合反应，反应产物又进一步与端羟基聚二甲基硅氧烷发生缩合反应，形成三维网络结构的弹性体：

甲基三乙酰氧基硅烷　　　　水分

硅橡胶弹性体

美国 Dow Corning 公司生产的 SILASTIC 医用硅橡胶黏合剂 A 100 是一种醋酸型单组分室温固化硅橡胶(图 18-6)。

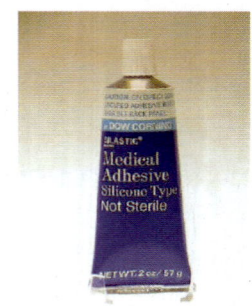

图 18-6　Dow Corning 公司的缩合型单组分室温固化硅橡胶

(二) 性能 (properties)

1. 操作性能 (handling properties)

单组分室温固化硅橡胶为低流动性或非流动性透明糊状物,具有一定的触变性。当它从管状或筒状的密闭容器挤出后,可被空气中的水分所固化,同时它对金属、玻璃和塑料等大多数物质都有很好的黏合力,一般用作赝复体内部支架表面处理、破损处黏结、表面着色、补色处理等。

2. 固化速度 (curing rate)

醋酸型单组分室温固化硅橡胶的交联反应首先由胶料表面接触大气中的湿气而开始固化,随后湿气通过胶料向内扩散,固化由表及里,表面固化时间(表干时间)一般为 10~30 min。它的固化速率与交联剂类型及含量、有无催化剂、胶料的厚度等因素有关。一般地,随着胶层厚度增加,固化速度越来越慢;环境湿度及温度增加,固化速度会加快,对胶料进行干燥加热并不能促进固化。厚 1.6 mm 胶料黏结到金属上大的需要 24 h 能完全固化,黏结强度在 24 h 后还可继续增加。厚 6.4 mm 的胶料需要 48~96 h 才能完全固化。如果相对湿度大于 60%,则固化后表面发黏,特别在胶料较薄时更明显,暴露于较干燥环境下或在烘箱中略加温一段时间,可消除表面发黏。因此,它不适合于厚度超过 12 mm 的制品。在胶料中加入催化剂(如辛酸亚锡)能加快固化速度。当胶料浸泡在 5% 的 NH_4OH 溶液中时,表面固化时间可减少到 1 min。

醋酸型单组分室温固化硅橡胶可以分散于无水的苯、三氯乙烷、己烷等溶剂中,形成低浓度的分散液,将此分散液涂于赝复体表面,可以在赝复体表面形成很薄的黏结牢固的薄膜。

3. 黏结性 (adhesion)

醋酸型单组分室温固化硅橡胶对各种金属、陶瓷、塑料、玻璃等具有一定的黏结力,黏结力与交联体系、有无添加剂、被黏物的性质和是否用底涂剂有关。底涂剂能提高黏结强度,常用的底涂剂是一些硅烷偶联剂,如γ-氨丙基三乙氧基硅烷(KH-550)、γ-甲基丙烯酰氧丙基三甲氧基硅烷(KH-570)。

4. 生物相容性(biocompatibility)

醋酸型单组分室温固化硅橡胶在固化过程中释放出微量醋酸,可对皮肤、黏膜造成轻度的刺激,细胞培养实验中表现出与该材料接触的细胞有一定的细胞毒性反应。一旦材料完全固化,洗去醋酸,材料就具有良好的生物相容性。经研究表明,这种材料无系统毒性或体内急性毒性,是非热源性材料。

5. 贮存性(storage)

醋酸型单组分室温固化硅橡胶一般包装在密封的金属(铝)软管中,使用前需用塑料盖顶端的尖端刺穿软管开口的封膜。一旦封口打开,应尽快使用完。每次用后,应盖紧盖子,以防潮气渗入,若长期不用,应将材料放入干燥瓶中保存。

(三) 应用(application)

醋酸型单组分室温固化硅橡胶主要用于赝复体内部支架表面处理、赝复体破损处黏结、赝复体表面着色、补色处理、硅橡胶之间黏结及将硅橡胶黏结到塑料、金属上。

在应用醋酸型单组分室温固化硅橡胶作为外着色材料时,可先挤出适量的材料于调拌纸垫上,然后加入选中的着色剂,混合均匀,用小毛笔蘸上混合物涂于赝复体表面,进行表面着色。

第五节 其他颌面赝复材料
(other maxillofacial prosthetics materials)

一、聚甲基丙烯酸甲酯塑料(polymethyl methacrylate, PMMA)

聚甲基丙烯酸甲酯塑料是一种硬质颌面赝复材料,组成上与义齿基托树脂材料基本相同,主要由粉状聚合物和单体组成,只是颜色与义齿基托树脂不同。经过着色后,由这种材料制作的赝复体具有较好的色泽美观性,但是,赝复体是硬质的,比重较大,无柔软弹性,缺乏皮肤质感,仿真性较差。

二、聚氨酯橡胶(polyurethane rubber)

聚氨酯橡胶是聚合物主链上含有较多氨基甲酸酯基团(—HNCO—O—)的弹性材料,是聚氨基甲酸酯橡胶的简称,按其加工方式分混炼型、热塑型、浇铸型和反应注射型等类型,用于颌面赝复的多是浇铸型橡胶。

聚氨酯橡胶的物理性能和力学性能优异,它在很大的硬度范围内伸长率均能达到600%～800%。耐磨性能好,耐油性和耐臭氧性也好。

(一) 组成(composition)

浇铸型聚氨酯橡胶大多为双组分,甲组分(主剂)的主要成分是液态低聚物多元醇、扩链剂和催化剂(二月桂酸二丁基锡),乙组分(固化剂)的主要成分是液态端二异氰酸酯预聚物,使用时混合甲、乙两组分,甲组分中的液态低聚物多元醇在催化剂作用下与乙组分中的端二异氰酸酯预聚物发生反应,生成线性或网状结构的弹性体:

$$n\text{OCN—R—NCO} + n\text{HO—R'—OH} \longrightarrow$$
端二异氰酸酯预聚物　　低聚物多元醇

$$\left[\begin{array}{c}\text{O}\\\|\\\text{C}\text{NH—R—NH—}\overset{\text{O}}{\overset{\|}{\text{C}}}\text{—O—R'}\end{array}\right]_n$$

（硬链段）　　（软链段）

聚氨酯弹性体

聚氨酯橡胶是一种由软链段和硬链段组成的嵌段共聚物，软链段的主体是低聚物多元醇，硬链段是由多异氰酸酯和扩链剂相互作用得到的。软、硬链段之间通过氨基甲酸酯基团相互连接。

（二）性能（properties）

表18-8　2种聚氨酯橡胶的力学性能比较

性　能	Epithane-3	Isophorone
抗拉强度（MPa）	1~1.5	4~5
撕裂强度（kN/m）	0.35	4.9
100%伸长率弹性模量（MPa）	0.1~0.2	0.7~0.8
断裂伸长率（%）	680	400
硬度（Shore A）	10	45

聚氨酯橡胶的物理机械性能变化范围很大（表18-8），如邵氏硬度可在10 A~80 D范围，抗拉强度可在<1~100 MPa范围，弹性模量可在5~600 MPa范围，通过调整甲、乙两组分的混合比例，可以调整弹性体的软硬程度，例如增加聚醚的比例，可以得到柔软而富有弹性的弹性体。另外，聚氨酯橡胶的耐磨性能优异。

聚氨酯橡胶的耐水性不佳。水对聚氨酯橡胶的作用有两个方面，一是吸水后产生增塑作用，水与聚氨酯聚合物分子上的极性基团形成氢键，削弱了聚合物本身分子间的作用力，使橡胶的力学性能降低；另一作用是水能使聚氨酯橡胶水解。

聚氨酯橡胶的耐气候性也较差。聚氨酯橡胶经长时间的日光照射会变色发暗，物理性能逐渐降低，添加少量防氧化剂或紫外线吸收剂可以提高材料对环境变化的耐受性。

聚氨酯橡胶的抗真菌性差，易受微生物侵袭而老化，这是它在口腔中易老化的原因之一，为防止微生物侵袭，可在材料中加入适量的杀菌剂或抑菌剂。

另外，聚氨酯橡胶硫化前的原料对操作人员皮肤有一定刺激性，操作时应当注意。

（三）应用技术（manipulation）

将甲、乙两组分分别加入一广口容器中，充分混合1~2 min，然后在真空箱中抽真空脱气泡2~3 min，最后立即浇灌模型。

三、增塑的聚氯乙烯塑料（plasticized polyvinyl chloride）

用于颌面缺损赝复的聚氯乙烯塑料由粉状聚合物和液体增塑剂（plasticizer）组成。聚氯乙烯粉一般由乳液法聚合，经喷雾干燥而成的分散型树脂，粒度为0.5~2 μm。最常用的增塑剂为邻苯二甲酸二辛酯。

由于聚氯乙烯粉粒度细小，使单位质量树脂的总表面积增大，因而当聚氯乙烯粉与增塑剂混合后，可以吸收大量的增塑剂，形成可流动灌注成形的糊树脂，最后经烘箱加热而凝胶化，形成柔软的弹性体。

为了增加增塑糊对光和热的稳定性，需加稳定剂，最常用的为钡-镉-锌液态稳定剂。其他辅助添加剂包括着色剂、发泡剂、表面活性剂、脱模剂和黏合促进剂等。这些添加剂都必须与树脂、增塑剂和稳定剂配合，以达到特定的最终使用性能。

制备增塑糊的工艺流程较为简单，包括计量、混合和脱气3个步骤。制成的糊料宜在几小时至几天内使用，不可长期存放。

第六节 赝复体的着色系统(coloring system)

用于颜面部外部组织缺损的赝复体应具有与被赝复组织器官皮肤相同或相似的颜色，这样才能达到美观修复的目的。一般整套的赝复材料均配有专用的着色系统，一套完整的着色系统包含多达数十种的着色剂及相应的比色、配色色标和配色表，便于医技人员方便地选色和配色。为了更容易调配赝复体颜色，有些厂家提供了多个色调的皮肤基本色着色剂(图18-7)，应用时只需添加1~2种着色剂即可。

图18-8 外着色剂

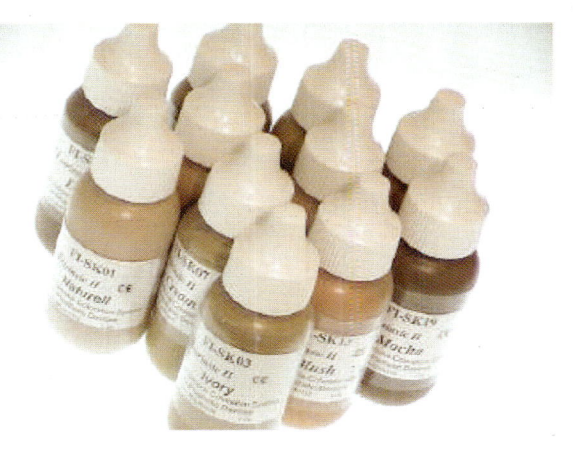

图18-7 功能性皮肤色调内着色剂

赝复体的着色分为内着色(intrinsic coloration)和外着色(extrinsic coloration)两个方面。内着色用于赝复体基色的着色，使其形成与周围皮肤底色相同或相似的颜色，内着色剂颜色以颌面部皮肤色为主，特别是眼、耳、鼻部皮肤颜色。外着色则是在已经内着色的赝复体表面进行局部表面着色，以形成皮肤表面的一些色斑、纹、痣等特有颜色结构，因此，外着色剂颜色不限于皮肤色，颜色种类较多(图18-8)。

着色剂主要由颜料和载体组成，经充分混合、研磨后成为颜料的混悬液。

一、颜料(pigments)

颜料分无机颜料和有机颜料两大类，无机颜料通常是金属的氧化物、硫化物、硫酸盐、铬酸盐等盐类及炭黑，如钛白(二氧化钛)、氧化铁红(Fe_2O_3)、氧化铁黄[$FeO(OH)\cdot nH_2O$]、铬绿(Cr_2O_3)、铬黄($3PbCrO_4\cdot 2PbSO_4$)等。无机颜料一般不溶于载体及硅橡胶中，而是以极微小的不透明颗粒悬浮于载体中，它们通常具有优良的化学稳定性、热稳定性和光稳定性。为了提高颜料与载体及硅橡胶的混溶性，颜料应当进行硅烷化处理。

无机颜料比重较大，在长期存放过程中容易发生颜料颗粒沉淀现象，因此，要求颜料的颗粒小于1μm。一般颜料颗粒越小，其着色力越强，这是由于颗粒表面积增大，光在粒子与周围介质空气界面上的反射作用加强，其遮盖力及明度值会显著提高。不过当颜料粒子的线性尺寸小于光波波长时，大部分光线将绕过颜料粒子，这时遮盖力反而变得很差。因此，并非粒子越细越好。

为了减缓颜料的沉淀，着色剂中还需添加助悬剂。近年来出现了许多对无机颜料进行表面处理的方法，以改性颜料颗粒表面，进而提高颜料的悬浮性能。如用聚合物对颜料颗粒表面进行包覆，或在颜料颗粒上附着有电离或极性基团的物质，使颗粒之间相互排斥，从而减少聚集、凝结的机会，或者即便发生了凝聚，也容易再次分散。尽管如此，每次应用前还需要充分混匀着色剂。

与无机颜料相比，有机颜料色谱比较宽广，颜色鲜艳、明亮，着色力比较强，它们通常比无机颜料具有较好的耐化学腐蚀性，但耐热、光、溶解性较差。而大部分无机颜料的遮盖力和耐溶剂性比有机颜料要好，两类颜料各有所长，各有所用。

为了模拟皮肤上的细小血管纹路，还可在内着色剂或外着色剂中加入一些红色毛绒短纤维（flocking），这是一种人造切段纤维。

二、载体（liguid medium）

着色剂的载体主要是一些与赝复材料有良好混溶性且有一定黏稠度的液体物质，有些着色剂甚至用赝复材料的某一成分作为载体。大多数硅橡胶类赝复材料使用硅油或低黏度的液体硅胶作为着色剂的载体。

一般美术绘画用油画颜料可直接用于硅橡胶类赝复材料的着色，但是，这类颜料大都以植物油作为载体，与硅橡胶的混溶性差，并不参与橡胶的固化过程，橡胶固化后，它仍被包于其中，起到增塑剂作用，因而会使赝复体的硬度和抗拉强度下降，撕裂强度和伸长率有所增加。

第七节 赝复体的固位装置（retainer）

赝复体的固位装置是赝复体恢复缺损外形、发挥功能的重要保证。赝复体的固位装置有多种形式，往往需要根据具体情况来确定。

传统的赝复体的固位装置往往是利用缺损区外形凹陷或倒凹来固位，例如，传统的义耳固位方式可以利用外耳道将义耳插入固位，或借助眼镜固位。现代的固位方式大多采用植入手术在缺损区组织中植入金属种植体固位装置，同时赝复体组织面相应部位也有附着体固位装置，利用种植体-杆卡式附着体或种植体-磁附着体可以满意地解决多种颌面部缺损赝复体的固位问题。

赝复体固位的另一重要方面是赝复体边缘与皮肤的贴合问题，这关系到赝复体仿真问题。理想的赝复体边缘应与皮肤紧密贴合，甚至能与皮肤联动而不易被人察觉。由于绝大多数赝复体每天需要戴卸，因此，赝复体边缘与皮肤的黏附应是可分离的。目前，大多采用黏结剂或压敏双面胶带来解决赝复体边缘与皮肤的黏附问题。例如，美国 Dow Corning 公司的 MD7-4502 及 MD7-4602 Silicone Adhesive 是两种无致敏性的压敏胶（pressure sensitive adhesives），这两种压敏胶在湿气存在下或皮肤出汗情况下或温度变化情况下均能保持对皮肤良好的黏附，而且胶层透气性极好。应用时，将液体压敏胶涂于经过清洁的赝复体黏结面上，待胶液挥发性溶剂充分挥发后，将赝复体就位在缺损处并压紧，特别是赝复体与皮肤接触的边缘。卸下赝复体后，需用专用清洗剂去除黏附在赝复体及皮肤上的压敏胶。一般套装赝复材料均配有专用清洗剂，如美国 Dow Corning 公司的 MD7-4502 及 MD7-4602 压敏胶配有清洗剂 Q7-9180。如果没有清洗剂，也可用异丙醇、醋酸乙酯、庚烷清洗皮肤。

第八节 赝复体的日常维护(maintenance)

一、戴赝复体区皮肤及赝复体的准备(preparation)

① 反复练习在没有黏结剂情况下赝复体的准确就位。
② 彻底清洗双手及赝复区域的皮肤。
③ 用软毛牙刷蘸中性肥皂水清洗赝复体,热水冲洗。

二、戴赝复体(wearing)

① 若使用黏结剂,可用小棉签将黏结剂涂于赝复体组织面边缘。
② 待黏结剂达到适当黏度,将赝复体就位于缺损处,最好照着镜子进行。

三、摘取赝复体(taking down)

每天睡觉前应取下赝复体,以便保护缺损处组织健康及保持卫生。摘取时,用手抓住赝复体最厚的边缘处,轻轻晃动赝复体。如有必要,用蘸水的湿棉纱润湿赝复体边缘,以软化黏结剂。

四、赝复体的清洗(cleaning)

① 如果使用了黏结剂,用指尖捏纱布或质地略粗的棉布轻轻将边缘的黏结剂残留物搓掉。也可以先将赝复体泡于温水中,软化黏结剂残留物,这样可以很容易去除黏结剂残留物。
② 用软毛牙刷蘸中性肥皂水清洗赝复体,热水冲洗。
③ 用蘸有少量外用乙醇的纱布或软布轻轻擦拭赝复体组织面边缘,以完全去除黏结剂残留物。

五、清洗皮肤(cleaning skin)

① 用香皂清洗缺损区皮肤,以去除皮肤上的黏结剂残留物,注意不要使用苯或二甲苯类有机溶剂。
② 每天睡前在缺损处皮肤涂一些保湿液,以保护皮肤黏膜。
③ 若缺损处皮肤黏膜有任何炎症表现或刺激症状,请及时与医生联系。

六、延缓赝复体变色措施(means to delay discoloration)

① 避免吸烟,烟雾可使赝复体染色和变黄。
② 避免长时间暴露于日光下。
③ 避免使用甲苯、二甲苯类有机溶剂清洗赝复体,这些溶剂会导致赝复体变色和老化。

七、赝复体的贮放(storage)

赝复体不戴时应放在干燥、不显眼的地方,最好是小孩拿不到的地方。

(赵信义)

参 考 文 献

1. 邵龙泉,赵铱民,赵信义. 西安地区人群颌面部皮肤色度值的采集与分析. 实用口腔医学杂志,1999,15(4):274-276
2. 焦 婷,张富强. 全耳缺损用义耳修复的现状. 口腔材料器械杂志,2001,10(4):213-214
3. 邵龙泉,赵铱民,赵信义. SY-1和MDX4-4210硅橡胶热老化性能试验. 口腔材料器械杂志,2003,12:9-11
4. 邵龙泉,赵铱民,赵信义. SY-1及MDX4-4210硅橡胶吸水率溶解率撕裂强度的对比测定. 口腔颌面修复学杂志,2003,4(1):52-54
5. 柳治沢之,アレハンドロ・ィトゥ,中村美和子. 顔面補綴における Computer Color Matching(CCM)応用の試み. 顎顔面補綴,1995,18(2):85-92
6. Chalain VA, Phillips RW. Materials in maxillofacial prosthetics. J Biomed Mater Res, 1974, 8:349-363
7. Moore DJ, Glaser ZR, Togacoo MJ, et al. Evaluation of polymeric materials for facial prosthetics. J Prosthet Dent, 1977, 38:319-326
8. Fine L, Robinson JE, Barnhart GW, et al. New method for coloring facial prosthese. J Prosthet Dent, 1978, 39:643-649
9. Lewis DH, Castleberry DJ. An assessment of recent advances in external maxillofacial materials. J Prosthet Dent, 1980, 43:426-432
10. Sanchez RA, Moore DJ, Togacoo MJ. Comparison of the physical properties of two type of polymethyl siloxane for fabrication of facial prostheses. J Prosthet Dent, 1991, 67(11):679-682
11. Haug SP, et al. Effects of environmental factors on maxillofacial elastomers. J Prosthet Dent, 1992, 68(5):820-824
12. Wolfaardt JF, et al. Mechanical behavior of three maxillofacial prosthetic adhesives: a pilot project. J Prosthet Dent, 1992, 68(6):943-948
13. Polyzois GL, et al. Some physical properties of an improved facial elastomer: A compartive study. J Prosthet Dent, 1995, 70(1):26-31
14. Polyzois GL. Evaluation of a new silicon elastomer for maxillofacial prostheses. J Prostho-don't, 1995, 4(1):38-42
15. Johnston WM, et al. Translucency parameter of colorants for maxillofacial prostheses. Int J Prosthodont, 1995, 8(1):79-84
16. Cowper TR. The relative value of provider work for maxillary prosthetic services. J Prosthet Dent, 1996, 75(3):294-299
17. Light J. Functional assessment testing for maxillofacial prosthetics. J Prosthet Dent, 1997, 77(4):388-391
18. Haug SP, Andres CJ, Moore BK. Color stability and colorant effect on maxillofacial elastomers. Part I: Colorant effect on physical properties. J Prosthet Dent, 1999, 81:418-422
19. Haug SP, Andres CJ, Moore BK. Color stability and colorant effect on maxillofacial elastomers. Part II: Weathering effect on physical properties. J Prosthet Dent, 1999, 81:423-430
20. Haug SP, et al. Color stability and colorant effect on maxillofacial elastomers. J Prosthet Dent, 1999, 81(4):418-421
21. Skyes LM, Essop RM. Combination intraoral and extraoral prosthesis used for rehabilitation of a patient treated for cancrum oris: A clinical report. J Prosthet Dent, 2000, 83(6):613-616

第十九章　水门汀(cements)

水门汀又称为黏固剂,是一类由金属盐或其氧化物作为粉剂,与专用液体调和后可快速固化的无机非金属材料,主要用于牙齿充填、暂封、盖髓、垫底、根管充填及黏固各种固定修复体等。口腔医学常用的水门汀及其主要用途见表19-1。

表19-1　口腔医学常用的水门汀及其主要用途

水门汀	主要用途
磷酸锌水门汀	黏固修复体及正畸附件,中层垫底,乳牙修复
氧化锌丁香油水门汀	深洞垫底,根管充填,黏固临时修复体,暂封,牙周敷料

续表

水门汀	主要用途
氢氧化钙水门汀	深洞垫底、盖髓,牙齿脱敏
聚羧酸锌水门汀	黏固修复体及正畸附件,垫底,乳牙修复,暂时修复
玻璃离子体水门汀	黏固修复体及正畸附件,垫底,乳牙修复,恒牙充填修复
树脂基水门汀	黏固修复体及正畸附件

第一节　磷酸锌水门汀(zinc phosphate cement)

磷酸锌水门汀是口腔医学应用最早的一种水门汀,虽然现在的磷酸锌水门汀与早期的水门汀在凝固机制方面基本相同,但材料的性能已得到很大提高。

一、组成(composition)

磷酸锌水门汀由粉剂和液剂两部分组成(图19-1)。

粉剂的主要成分是氧化锌(约占90%)和氧化镁(占8.2%)。另外还加有少量二氧化硅、氧化钡等。厂家生产时,将上述物质混合后置于耐火坩埚内,加热到1 000℃以上,使其充分熔化、混匀,然后淬冷、粉碎、过筛,选用360~600目的粉子。粉的成分、煅烧过程、颗粒的粒度、形状均影响材料的凝固过程及凝固后的性能。

液剂主要成分是正磷酸的水溶液,内加有少量的氧化锌和氢氧化铝作为凝固迟缓剂,以降低反应

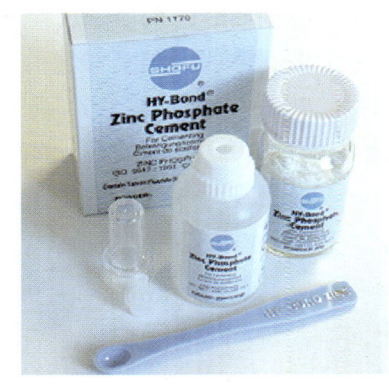

图19-1　磷酸锌水门汀

速度。

二、凝固反应（setting reaction）

当粉剂加入液剂中混合时，氧化物与磷酸发生下列反应：

$$2ZnO + 2H_3PO_4 + 4H_2O \rightarrow 2ZnHPO_4 \cdot 3H_2O \rightarrow Zn_3(PO_4)_2 \cdot 4H_2O \text{ 结晶}$$

碱性的氧化物粉末表面逐渐被磷酸溶解，生成酸性磷酸锌，此过程为放热反应，由于调和过程中更多的粉末被溶解，不久反应产物酸性磷酸锌达到过饱和状态，便吸收一定分子的水而形成不溶性中性磷酸锌 $Zn_3(PO_4)_2 \cdot 4H_2O$ 结晶，它构成了水门汀凝固后的基质，其他未被溶解的粉末被包埋在基质中而结固。

三、性能（properties）

（一）强度（strength）

磷酸锌水门汀具有较好的压缩强度。我国医药行业标准规定磷酸锌水门汀凝固 24 h 后的压缩强度不应小于 70 MPa，目前大多数市售产品的压缩强度为 70～100 MPa，足以承受咬合压力。磷酸锌水门汀拉伸强度较低，直径拉伸强度为 6.0～8.0 MPa。

磷酸锌水门汀凝固后的压缩强度与粉液比有关。在一定限度内，压缩强度随粉液比的增加而增加，粉液比过大，因未反应粉末太多，强度反而下降，并且无黏固性，不宜使用。

（二）凝固时间（setting time）

凝固时间应在 2～6 min 之间。凝固时间受下列因素影响：①温度低，凝固慢，温度升高时则加速。据此，可通过升高或降低材料及调拌用玻璃板的温度来调节凝固时间，以利于操作。②在一定范围内，提高粉液比可加快材料的凝固；反之可延缓材料的凝固。③调拌缓慢，凝固亦慢，调拌快，凝固亦快。④粉的粒度越细，凝固也越快。液剂中水分因挥发减少后，凝固延缓，因此，液剂用后应及时盖紧瓶盖，以免水分蒸发。

（三）封固性（luting）

磷酸锌水门汀对牙齿没有化学性黏结，但对牙齿表面及修复体表面有机械嵌合作用，形成封固效果，这主要依赖于牙齿表面与修复体内壁的粗糙性。因此，修复体黏固面应具有一定的粗糙度，表面保持清洁，但不可以磨光。

（四）膜厚度（film thickness）

用于黏固牙冠及嵌体等固定修复体的水门汀，其调和物质宜细腻，受压后能形成极薄的被膜，便于修复体能完全就位。我国医药行业标准规定，用于黏固的磷酸锌水门汀的膜厚度不应大于 35 μm。

（五）尺寸稳定性（dimensional stability）

磷酸锌水门汀在凝固时体积发生收缩，在空气中凝固比在水中凝固收缩更大，水中凝固线收缩为 0.05%～0.1%。凝固后保持在潮湿环境中，体积基本是恒定的。调和时的粉液比影响体积收缩，调拌稀的比稠的收缩大。

（六）溶解性（solubility）

水溶解性对于水门汀的耐久性影响极大。在众多的黏固及垫底用水门汀中，磷酸锌水门汀水溶解性最小，水中溶出率在 0.1%～0.2% 之间，因此，它是临床黏固冠、桥、嵌体的首选材料之一。

磷酸锌水门汀在酸性介质中溶解性增大，并随 pH 降低而增加，这是由于在酸性介质中，氧化锌溶解度较大。口腔内水门汀黏固失败的原因是由于唾液和食物的作用,食物残渣的分解产生醋酸或乳酸,长期作用可以导致水门汀的溶解。

若水门汀在凝固之前与唾液接触,因水门汀内混有黏液,水门汀的强度就会下降、溶解性增加。因此,在黏固修复体时,必需使被黏固牙与唾液隔离并保持干燥。

(七)传导性(conductivity)

磷酸锌水门汀是热和电的不良导体。当水门汀厚度大于 1 mm 时,能很好地隔绝电热刺激。一般应用厚度不能小于 0.75 mm。

(八)牙髓刺激性(pulp response)

磷酸锌水门汀在充填窝洞时酸度较高,凝固最初的 10 min 里,pH 为 3～4。随着凝固反应的进行,部分酸被中和,1 h 后 pH 为 5.9,仅有轻度酸性。24 h 后 pH 为 6.6,接近中性。由于磷酸对牙本质有较大的渗透性,因此,它在充填窝洞初期对牙髓有较强的刺激性,导致牙齿敏感。若调和时液剂含量较多,甚至可在数天后仍有残余磷酸。当保留牙本质有效厚度大于 2.5 mm 时,一般不会有不良反应,但若小于 1.5 mm,则可对牙髓形成一定的损伤。

四、用途及用法(application and manipulation)

磷酸锌水门汀分为黏固用和垫底洞衬用两种类型,前者用于黏固各种牙冠、桥体及嵌体等固定修复体及正畸附件等,后者用于中等深度窝洞的垫底、深洞的中层垫底及乳牙的暂时性修复。

水门汀一般是在厚玻璃板上调拌,因厚玻璃板在调拌过程中能保持较恒定的温度。将需要量的粉和液体分别置于玻璃板上,将粉分成若干份,逐份加入液剂中,旋转调拌至所需的稠度。作基底料时要稠些,用于黏固修复体时要稀一些,于 1～2 min 内完成调和。夏季使用时玻璃板最好事先适当冷却。

磷酸锌水门汀的液剂在每次使用后,应立即盖紧盖子,以防液剂中水分的挥发。液剂中水分挥发后,对水门汀的压缩强度、径向拉伸强度有相当的影响。

第二节 氧化锌丁香油水门汀
(zinc oxide-eugenol cement)

一、组成(composition)

氧化锌丁香油水门汀一般由粉、液两部分组成(图 19-2)。

普通型粉剂的主要成分是氧化锌(70%)、松香(30%)以及少量的硬脂酸锌、醋酸锌等。氧化锌具有弱收敛和消毒作用。松香可增加强度,改善均匀性,减少溶解度和脆性。硬脂酸锌具有增塑作用,醋酸锌可促进反应进行,缩短凝固时间。

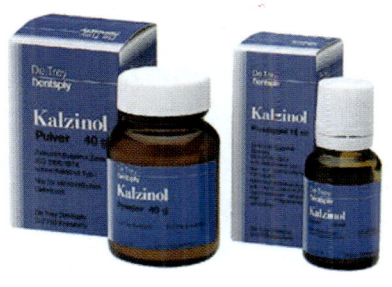

图 19-2 氧化锌丁香油水门汀 Kalzinol(Dentsply)

增强型粉剂是在粉剂中加入聚合物粉(如聚甲基丙烯酸甲酯、聚苯乙烯)或氧化铝细粉而成。

液剂中主要成分是丁香油(85%)和橄榄油(15%)。有些水门汀液剂中加入了乙氧基苯甲酸(EBA),可以提高水门汀的强度。

二、凝固反应(setting reaction)

一般认为,粉剂与液剂混合后发生螯合反应,最后生成无定形的丁香酚锌的螯合物,反应极缓慢(12 h左右),加入微量醋酸盐能使其在数分钟内初步结固。

已结固的水门汀中,含有未反应的氧化锌、松香等,它们被螯合物形成的基质所包埋。

三、性能(properties)

(一) 强度(strength)

我国医药行业标准规定,氧化锌丁香油水门汀的压缩强度应不低于25 MPa。氧化锌丁香油水门汀的强度比较低,普通型的压缩强度在25~35 MPa范围内,不足承受咬合力,故用其作基底时,应严格控制基厚度,并需在其上垫一层强度较高的磷酸锌水门汀。增强型的压缩强度较高,在45~65 MPa范围内,EBA-氧化铝增强型优于聚合物增强型。

(二) 凝固时间(setting time)

凝固时间为3~10 min,调和后在口腔潮湿环境中能加速其凝固。增加粉液比、提高温度(如提高调拌玻璃板温度)、加入微量水或接触水、唾液等均可加速其凝固。

(三) 溶解性(solubility)

可溶于水、唾液中,在水中的溶解性较高,仅次于氢氧化钙水门汀,主要是由于丁香油的析出。24 h水中溶解率为2.5%(质量),与唾液长时间接触也会被逐渐溶解破坏。我国医药行业标准规定,氧化锌丁香油水门汀水中溶出量不应大于1.5%。

(四) 传导性能(conductivity)

该水门汀热传导系数近似于牙本质,是热和电的不良导体。

(五) 尺寸稳定性(dimensional stability)

氧化锌丁香油水门汀在凝固过程中体积收缩小(0.1%),短期内(数天至数周)与洞壁的密合度是基底料中最好的,故常用它作为暂封材料使用。

(六) 对牙髓的影响(pulp response)

氧化锌丁香油水门汀对牙髓刺激性很小,并具有安抚、抗炎、抑菌作用,能保护牙髓免受磷酸锌类水门汀及热、电的刺激,因此,常用作接近牙髓的深洞基底料以及根管充填材料。氧化锌丁香油水门汀还可用于小穿髓点的盖髓,如细菌得到控制,穿髓点下牙髓可产生局限性慢性炎症反应,继之有纤维组织与基质形成,最后矿化成牙本质桥而封闭穿髓点。若炎症扩散或转为急性,则可使牙髓组织纤维化或坏死。

四、用途及用法(application and manipulation)

(一) 用途(application)

主要用于接近牙髓的深洞基底料、意外穿髓的盖髓剂、暂封材料、根管充填材料及牙周术后的牙周敷料,也用作暂时冠、桥的封固材料。应注意的是,在用复合树脂充填修复牙齿时,不可用氧化锌丁香油水门汀直接垫底,因为,比水门汀中含有丁子香酚,它对复合树脂有阻聚作用,影响复合树脂的固化。

(二) 用法(manipulation)

按粉液比 4~6:1 将粉和液分置于调拌用玻璃板上,粉分成若干份,用不锈钢调刀将粉逐份加入液体中,旋转调拌,调至所需的稠度备用。作基底用时要调稠些,作衬里及封固暂时性修复体时要调稀些。用毕应立即将调入及玻璃板清洁干净。

第三节 氢氧化钙水门汀(calcium hydroxidete cement)

氢氧化钙是临床上常用的盖髓及垫底材料。传统的氢氧化钙制剂是由氢氧化钙粉和蒸馏水、无菌生理盐水或甲基纤维素调成糊剂而成,无硬化性,结构松散而不易填紧,操作性能差。现在的氢氧化钙水门汀大都可硬化,操作极为方便,硬固后具有一定强度,不会因充填压力而将其压入穿髓处的牙髓内。

一、组成(composition)

有粉液剂型和双糊剂型两种(图 19-3)。

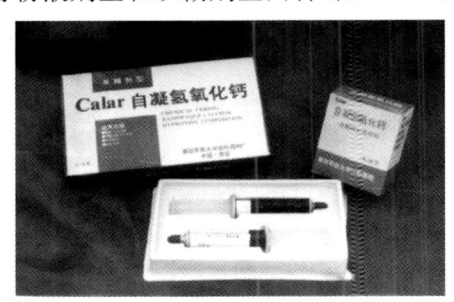

图 19-3 粉液型及双糊剂型自凝氢氧化钙水门汀

粉液剂型:如第四军医大学监制的 Calar 自凝氢氧化钙。粉:氢氧化钙、氧化钙、二氧化钛、硫酸钡、硬脂酸锌。液:水杨酸 1,3-丁二醇酯。

双糊剂型:如 Dentsply 公司的 Dycal 自凝氢氧化钙。糊剂 A:氢氧化钙 50.0 g,氧化锌 19.0 g,硬脂酸锌 0.3 g,N-乙基对甲苯磺酰胺 39 g。糊剂 B:二氧化钛 45.0 g,钨酸钙 15.0 g,水杨酸 1,3-丁二醇酯 39.1 g。

组成中的氢氧化钙是材料的活性成分,为碱性,具有杀菌和促进牙本质中钙沉积作用,氧化锌具有弱收效和消毒作用,二氧化钛是惰性填料,硬脂酸锌是固化反应加速剂,钨酸钙具有 X 射线阻射能力。

N-乙基对甲苯磺酰胺是双糊剂 A 组分的赋形剂,水杨酸 1,3-丁二醇酯是反应螯合剂。

二、凝固反应(setting reaction)

一般认为,粉剂与液剂或糊剂 A 与糊剂 B 调拌后发生螯合反应,最后形成水杨酸 1,3-丁二醇酯与 Ca^{2+} 的螯合物,并包裹过量未反应的 $Ca(OH)_2$ 及其他物质。此反应速度极慢,加入微量硬脂锌或水能使其在数分钟内凝固。

三、性能(properties)

(一) 强度(strength)

氢氧化钙水门汀凝固后的强度较低,不同厂家的产品差异也较大,其压缩强度为 6~30 MPa,直径拉伸强度为 1.0~3.1 MPa,因此,用它垫底时需做二次垫底。

(二) 凝固时间(setting time)

在室温下及80%相对湿度下,凝固时间为 3~5 min,调拌好后,在口腔潮湿环境中能加速其凝固。粉液剂型的材料极易受空气湿度影响,湿度大凝固速度快,湿度小凝固速度慢。双糊剂型受影响较小。

(三) 溶解性(solubility)

可溶于水、唾液中,在水中可逐渐崩解。接触37%磷酸溶液 60 s,溶解值为 2%~3%。将该材料浸入水中 1 个月,溶解值为 28%~35%,浸入水中 3 个月,溶解值为 32%~48%,在临床上,有时会出现已垫底的氢氧化钙因接触牙本质小管液而逐渐溶解消失的现象。

(四) 抗菌性(antibacterial)

氢氧化钙水门汀具有强碱性,对龋坏牙本质的细菌有一定的杀菌及抑菌作用。可杀死及抑制龋洞中残留的细菌,在间接垫底时,可不必去净龋洞中软化牙本质。

(五) 对牙髓的影响(pulp response)

由于该水门汀的强碱性,用它进行深洞垫底时,初期水门汀对牙髓产生中等程度的炎症反应,以后逐渐减轻,并有修复性牙本质的形成。用该材料盖髓时,最初使与材料接触的牙髓组织发生凝固性坏死,坏死区域下有胶原屏障形成。以后胶原矿化,有骨样组织和前期牙本质样的组织形成,最终形成修复性牙本质。实验证明,氢氧化钙具有促进牙本质和牙髓的修复作用,可诱导龋坏牙本质再矿化,促进牙本质桥的形成。

四、应用(application)

(一) 间接盖髓(indirect pulp capping)

由于氢氧化钙能促进龋坏牙本质矿化和继发性牙本质形成,在深龋去净龋坏死牙本质有穿髓可能时,可保留少量牙本质,利用氢氧化钙的抗菌性能消毒残留的龋坏牙本质,从而减少了龋坏的继续扩大。

(二) 直接盖髓(direct pulp capping)

氢氧化钙水门汀是临床首选的盖髓材料,盖髓的成功率是所有水门汀中最高的,即使牙齿有疼痛史,只要疼痛控制后就可盖髓。

(三) 根管充填(root canal filling)

用氢氧化钙水门汀充填根管,可以早期诱导根尖封闭,在根尖孔形成骨样组织及钙化区域,而且根尖周的炎症也较轻。

(四) 牙本质脱敏(for dentin hypersensitivity)

氢氧化钙水门汀还可用于牙颈部及根面的

脱敏，其可能的原理有三：①它可以阻塞牙本质小管。②它具有矿化作用。③它可以刺激继发性牙本质的形成。应用时，将调和好的氢氧化钙水门汀黏附于过敏处，任其自然脱落。

如前所述，粉液型氢氧化钙水门汀的凝固时间受空气湿度影响较大，在干燥的冬天，凝固速度可能很慢，为提高凝固速度，可事先将调刀弄潮，但不要有过多的水，以免凝固太快。

粉液型氢氧化钙的调和粉液比（质量）为2∶1，双糊剂型调和比（体积）为1∶1。

第四节　聚羧酸锌水门汀
（polycarboxylate cements，PCC）

一、组成（composition）

聚羧酸锌水门汀一般为粉、液剂型（图19-4）。

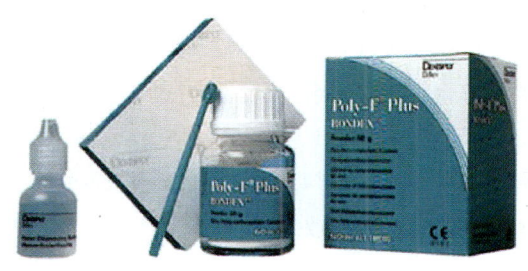

图19-4　聚羧酸锌水门汀 Poly F Plus（Dentsply）

粉剂主要为氧化锌，还含有 10% 的氧化镁及少量的氧化铋等，这些氧化物需在 1 000℃ 以上熔烧 10 h 后冷却、粉碎、过筛。

液体为 30%～50% 的聚丙烯酸（PA）水溶液，聚丙烯酸的分子量为 3 000～5 000，有些产品的液体为丙烯酸与依康酸、马来酸等单烯烃不饱和多羧酸的共聚物水溶液。近来一些新产品应用粉末化的丙烯酸聚合物，它与粉剂混合，临床应用时与水混合即可，称为水硬性或水调型聚羧酸锌水门汀（water-hardening cement），目的是为了克服液剂贮存不稳定问题。

二、凝固反应（setting reaction）

一般认为，通过聚丙烯酸的羧基和氧化锌粉末中解离出来的锌离子反应生成聚羧酸锌这种聚羧酸锌盐具有立体交联结构。未反应的氧化锌粉末被包埋其中而凝固。

三、性能(properties)

(一)黏结性(adhesion)

聚丙烯酸的羧基可与牙齿表面的钙离子发生离子性结合,而且羧基可能以氢键与牙本质中的胶原相结合。因此,这种水门汀与牙齿有一定的化学黏结性,它与牙釉质的黏结强度为 3.4~10 MPa,与牙本质黏结强度为 2.0~5.0 MPa,要求黏结时牙面干净。

聚羧酸锌水门汀对金属(特别是不锈钢)也有良好的黏结性,但黏结强度与修复体的表面处理有密切关系,喷砂处理、电解蚀刻都是良好的表面处理方法,可以提高黏结强度。

(二)膜厚度(film thickness)

我国医药行业标准规定,黏固牙冠及嵌体等固定修复体用的聚羧酸锌水门汀的膜厚度不应大于 25 μm。由于聚丙烯酸水溶液黏稠度较大,其调和物不如磷酸锌水门汀调和物那样细腻,形成的膜厚度稍大于磷酸锌水门汀。

(三)强度(strength)

我国医药行业标准规定聚羧酸锌水门汀的压缩强度应不小于 70 MPa,一般低于磷酸锌水门汀,但弹性模量较低,约为磷酸锌水门汀的 1/3,韧性较好,直径拉伸强度较磷酸锌水门汀稍高,为 5.0~11 MPa。该水门汀早期强度较高,凝固后 15 min 的压缩强度相当于 24 h 的 75%。

(四)凝固时间(setting time)

凝固时间为 2.5~7 min。影响聚羧酸锌水门汀凝固时间的操作方面的因素(粉液比、温度等)与磷酸锌水门汀相同。

(五)传导性(conductivity)

是温度和电的不良导体。

(六)溶解性(solubility)

水中溶解性明显大于磷酸锌水门汀,24 h 水中溶解度为 0.12%~25%,在酸性介质中溶解度更大,可达 0.6%。

(七)对牙髓的影响(pulp response)

聚羧酸锌水门汀对牙髓的刺激轻微,与氧化锌丁香油水门汀相近,其原因有三:①虽然液体中所含聚丙烯酸的 pH 约为 1.7,在调拌时 pH 为 3~4,与磷酸锌水门汀相当,但在凝固过程中,pH 迅速升高,趋于中性,24 h 后 pH 可达 6.9,接近中性。②聚丙烯酸的电解常数很小。③聚丙烯酸是高分子,向牙本质小管扩散缓慢。当保留牙本质厚度在 1 mm 时,牙髓反应良好,如保留牙本质厚度小于 1 mm,牙髓可有轻度病理反应,若与牙髓直接接触,则可导致破坏性反应。

四、用途及用法(application and manipulation)

本水门汀能使金属或烤瓷与牙齿黏结,故适用于黏固金属冠、嵌体、固定桥或矫治器的带环等。因为材料对牙髓刺激性较小,故可作为任何深度窝洞的垫底材料,而不需做双层垫底,另外,此材料还可作为暂时性修复材料。粉液混合调和应于 45 s 内完成。

在黏固或垫底时,牙齿表面必须无碎屑、清洁、干燥,以保证其良好的黏结性。粉液比为 1.5~2.0:1(质量),粉可一次加入,调和应于 45 s 内完成。残留在牙齿表面或金属上的水门汀,应及时用湿棉球擦去,否则将不易去除。另外,聚丙烯酸水溶液在空气中暴露过久,将因水分蒸发而变稠,因此,应注意用后将瓶盖及时盖紧。

第五节 玻璃离子体水门汀
(glass ionomer cemens, GIC)

玻璃离子体水门汀的出现是在聚羧酸锌水门汀的基础上发展起来的。1966年,D.C. Smith把磷酸锌水门汀中的液剂换成聚丙烯酸水溶液,从而形成一种新型水门汀,即聚羧酸锌水门汀。1969年,Wilson等将聚羧酸锌水门汀的粉剂换成可析出离子的玻璃粉,液剂仍用聚丙烯酸水溶液,形成一种新型水门汀,当时命名为聚丙烯酸铝硅玻璃体(alumino-silicate-poly-acrylate, ASPA),并于1975年初推出了相应的产品。随后,根据这种材料的结构特点,将其重新命名为玻璃离子体水门汀。由于玻璃离子体水门汀具有独特的美观性能和黏结性能,一经问世便引起广泛注意,在随后的近30年间得到迅速的发展。目前,玻璃离子体水门汀已发展成为系列材料,材料的性能也有极大的提高,应用范围也较最初有了很大的扩大。

一、分类 (classification)

国际标准化组织(ISO)根据用途将玻璃离子体水门汀分为4型:Ⅰ型用于冠、桥、嵌体等固定修复体的黏固(luting),Ⅱ型用于牙体缺损的修复,Ⅲ型用于洞衬及垫基底,Ⅳ型用于桩核的制作(core buildup)。由于用途不同,对材料性能的要求也不同,因此临床应用时不要混用。

根据固化方式又可将玻璃离子体水门汀分为一般酸碱反应固化型和多重固化型,后者包括酸碱反应固化与丙烯酸酯的化学固化双重固化型、酸碱反应固化与丙烯酸酯的光固化双重固化型以及酸碱反应固化与丙烯酸酯化学固化、光固化三重固化型3种类型。常见的酸碱反应固化型玻璃离子体水门汀产品有:Ketac fil、Ketac-Molar(ESPE)、Fuji Ⅱ(GC)以及日本松风的产品(图19-5)等。多重固化型玻璃离子体水门汀属于树脂改性玻璃离子体水门汀(resin modified glass ionomer, RMGI),常见的产品有:Vivaglass(Vivadent)(图19-6)、Fuji Plus(GC)、Fuji Ⅱ LC(GC)、Photac-Fil(3M)、Ketac-Bond(3M)、Vitremer(3M)等。

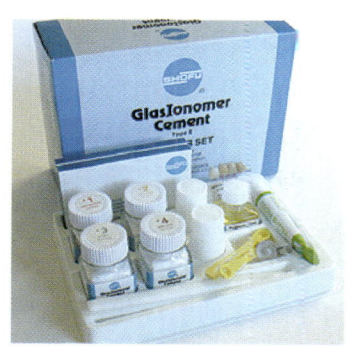

图19-5 一般玻璃离子体水门汀

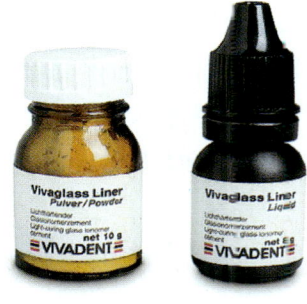

图19-6 光固化玻璃离子体水门汀 Vivaglass(垫底用)

近年来又出现金属增强(metal reinforced)玻璃离子体水门汀,例如将金属银、锡微粉加入到玻璃离子体水门汀的粉剂,形成银合金增强玻璃离子体水门汀,可以提高材料的压缩强度、弯曲强度及耐磨性。常见的产品有：Ketac-silver（3M）、Mixacle MX(GC)。

二、组成（composition）

一般酸碱反应固化型玻璃离子体水门汀为粉液剂型。粉剂为可浸出（ion-leachable）离子的氟铝硅酸盐玻璃粉，它由如表19-2所示的基本原料经加热熔化，然后激冷、粉碎、过筛而得。在玻璃粉料中加入Sr、Ba、Zr元素，可赋予玻璃离子体水门汀X线阻射性。

表19-2　典型玻璃离子体粉剂原料组成（%）

SiO_2	Al_2O_3	CaF_2	Na_3AlF_6	AlF_3	$AlPO_4$
29.0	16.6	34.3	5.0	5.3	9.8

将玻璃微粉细化可以提高玻璃离子水门汀的物理机械性能，但是玻璃微粉细化会导致其反应活性过高、固化反应过快而影响玻璃离子体水门汀的操作性能。用各种有机酸或无机酸对玻璃微粉进行预处理，可以减少玻璃微粉表面的Ca^{2+}，因而降低其反应活性，使玻璃离子体水门汀具有适宜的操作性能。

玻璃粉中各元素的组成比例对玻璃离子体水门汀性能有影响。树脂改性玻璃离子体水门汀的玻璃粉需部分硅烷化处理，处理的程度对性能也有影响。

液剂为聚烯烃的水溶液，最常用的是聚丙烯酸与依康酸共聚物的水溶液，其浓度一般不超过55%。此外，液体中还加有少量的酒石酸，酒石酸可以提高材料的强度和凝固速率，改善其操作性能和凝固性能。

与聚羧酸锌水门汀相似，聚烯烃可做成粉状，与氟铝硅酸盐玻璃粉混合，使用时与水混合即可，此为单粉剂型玻璃离子体水门汀（又称水调玻璃离子体水门汀）。

光固化玻璃离子体水门汀一般由粉、液两部分组成。粉剂的主要成分是氟铝硅酸盐玻璃粉，并含有聚合反应促进剂（有机叔胺），液剂中含有主链上接有多个甲基丙烯酸酯基的聚丙烯酸、甲基丙烯酸β-羟乙酯（HEMA）、光引发剂（樟脑醌）和水。

三重固化（tri-curing）玻璃离子体水门汀一般由粉、液两部分组成，粉剂主要是氟铝硅酸盐玻璃粉、过氧化苯甲酰，液剂中含有主链上接有多个甲基丙烯酸酯基的聚丙烯酸、甲基丙烯酸β-羟乙酯（HEMA）、光引发剂（樟脑醌）、聚合促进剂（有机叔胺）和水。

金属改进玻璃离子体水门汀有混合型和金属陶瓷型两种，前者是将银合金粉与玻璃离子体水门汀粉剂简单地混合，后者是将金属粉与玻璃离子体水门汀粉剂烧结、粉碎而制成。

三、凝固反应（setting reaction）

（一）酸碱反应固化型玻璃离子体水门汀的凝固反应（setting reaction of conventional GIC）

酸碱反应固化型玻璃离子体水门汀的凝固是一复杂的反应过程，一般认为，酸碱反应固化型玻璃离子体水门汀的凝固反应基本上属于酸碱反应（acid-base reaction），包括如下3个阶段：①玻璃粉表面的溶解（decomposition）：当玻璃粉与液剂调和时，玻璃粉的表层在聚烯烃酸、酒石酸解离的H^+的侵蚀下发生离子交换和降解，先后释放出Ca^{2+}、Al^{3+}，同时也释放出Na^+、F^-。H^+侵蚀玻璃的过程通常被认为是通过水分子破坏玻璃的硅氧骨架，反应产物为$Si(OH)_4$，$Si(OH)_4$能够使其周围的水分子极化，形成具有较强抗酸能力的硅酸凝胶（$SiO_2·nH_2O$）附着于玻璃颗粒表面。由于这层"保护膜层"的形成，使得H^+对玻璃颗粒的侵蚀作用限制在一定范围。凝固过程中，玻璃颗粒表层有20%～30%受到酸的侵蚀，而大部分玻璃颗粒在固化的水门汀中只充当填料的作用。②凝胶化（gelation）：释放的Ca^{2+}和Al^{3+}与聚丙烯酸分子链上的羧基发生离子化反应，形成离子键或配位键，使聚烯烃酸分子交联而凝胶化,调和物初步凝固。由于Ca^{2+}的活性大于Al^{3+},凝胶化阶段主要由Ca^{2+}进行交联。③调和物的熟化(终期固化,post-set hardening):调和物初凝(凝胶化)后至24 h,材料中的H^+继续攻击玻璃粉,结果使大量的Al^{3+}释放,并与聚烯烃酸分子上的羧基进一步发生交联反应,使网络结构更加牢固,形成不溶于水的硬化物(图19-7)。

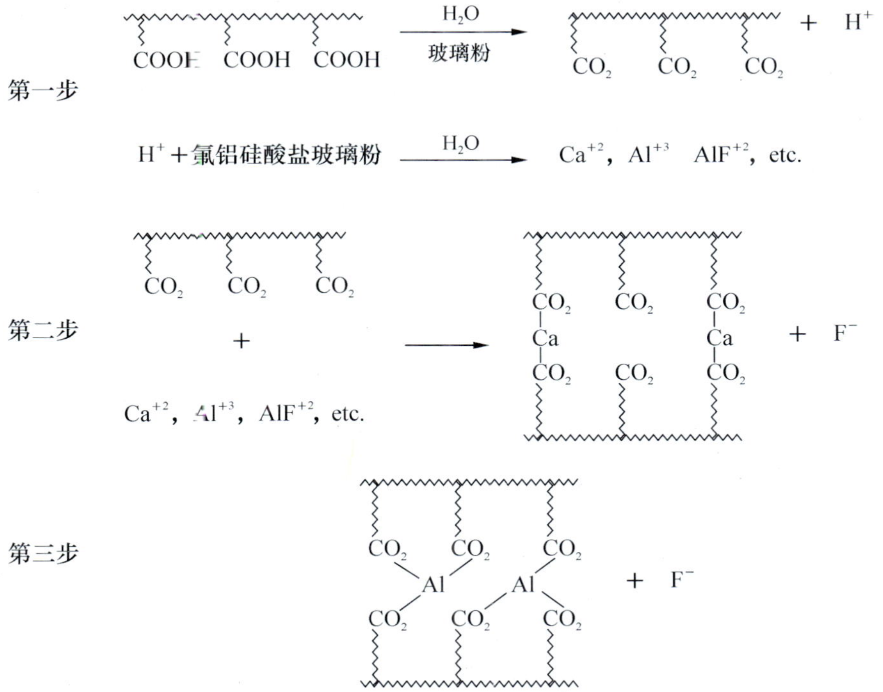

图 19-7 一般玻璃离子体水门汀凝固机制示意图

凝固后的玻璃离子体水门汀是由聚烯烃酸盐基质和未反应完的玻璃颗粒组成的,未反应的玻璃颗粒周围被硅凝胶包绕,基质成分中除了聚烯烃酸盐外,还含有Si^{4+}、Na^+及PO_4^{3-}等离子,这些离子在基质结构中可能会形成自身的无机网络结构,贯穿于有机的聚烯烃酸盐网络结构中。玻璃离子体水门汀固化后最终形成结构复杂的复合材料。未溶解完的玻璃粉粒被硅水凝胶包裹,并通过含有水合氟化钙和聚丙烯酸铝的基质结合在一起(图19-8)。

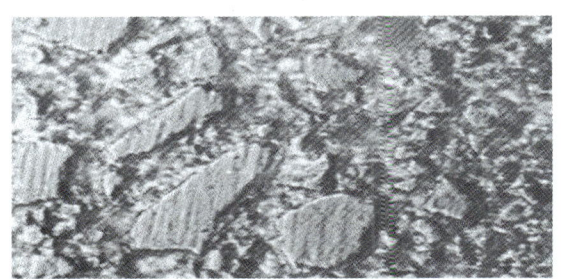

图 19-8 玻璃离子体水门汀固化后的显微结构

(二)树脂改性玻璃离子体水门汀的凝固反应(setting reaction of resin modified GIC)

当树脂改性玻璃离子体水门汀的粉与液混合后,玻璃离子体水门汀的酸碱反应开始发生,同时,如果又具有化学固化机制,粉剂中的氧化剂与液剂中的还原剂发生反应,生成具有活性的自由基,快速引发聚丙烯酸链上的甲基丙烯酸酯基及单体聚合,赋予水门汀较高的早期强度。如果水门汀具有光固化机制,粉液调和之后,由于材料中含有可聚合的单体及光敏剂,所以材料可以立即进行光照聚合,引发聚丙烯酸链上的甲基丙烯酸酯基快速聚合,使材料迅速固化,并达到一定的强度,实现可控性固化。光固化进行的速度比酸碱反应快,但酸碱反应在材料光固化后仍持续相当长时间,进一步提高材料的强度,并赋予材料的释氟性能(图19-9)。

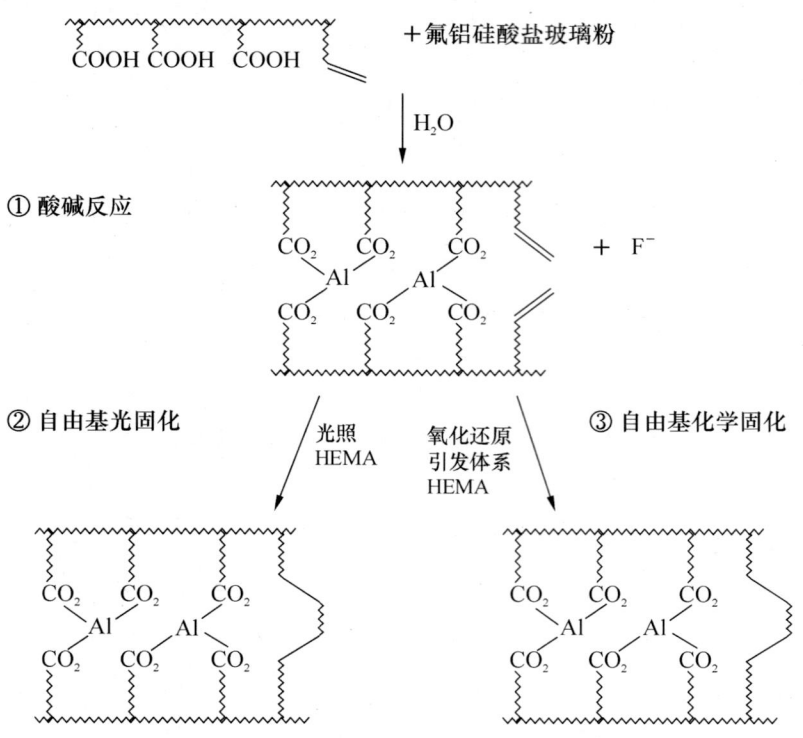

图19-9 树脂改性玻璃离子体水门汀的凝固机制示意

四、性能(properties)

(一) 固化特性(properties of setting)

酸碱反应固化型离子体水门汀的初步凝固时间为2.5~6 min,凝固过程中,材料先是稠度逐渐增加,然后逐步硬化,24 h后初步完全固化。之后,材料仍可进一步完全固化,7 d后接近完全固化,1个月后完全固化。

由于引入了光固化树脂成分,光固化玻璃离子体水门汀早期固化程度高,强度好,不怕水。光固化玻璃离子体水门汀光照固化后,其酸碱反应仍持续很长时间。

光固化玻璃离子体水门汀的光照固化深度为1~2 mm,ISO要求不小于1 mm,较深的洞或桩核修复时需要分层充填固化,这是光固化玻璃离子体水门汀的缺点之一。如果采用三重固化玻璃离子体水门汀(如3M公司的Vitremer),则无此问题。

(二) 色泽(color)

与聚羧酸锌水门汀相比,由于选用了玻璃粉,玻璃离子体水门汀凝固后,基质与填料(未反应完的玻璃粉)之间没有严格的界面,而是从基质到硅水凝胶再到玻璃颗粒,呈现一种梯度过渡,因此结构上具有一定的均一性,因而该材料有一定的透明性。通过改变玻璃粉的化学组成,还可进一步改进透明性,并使色泽也与牙齿相似,可作为前牙修复材料,对牙齿进行美容性修复。

光固化玻璃离子体水门汀可提供多种不同颜色的材料供选择,可使修复体颜色与牙齿颜色更加匹配,可以满足临床不同牙齿色泽的要求。

一般的粉液型玻璃离子体水门汀在调和过程中可混入微小气泡,凝固后,气泡被包埋其中。材料磨损后,气泡暴露,容易黏附色素,影响美观。

玻璃离子体水门汀优良的边缘封闭性也使得

其修复体边缘不易变色或染色。

（三）黏结性（adhesion）

聚烯烃酸分子上的羧基可与牙齿羟基磷灰石表面存在的 Ca^{2+} 形成配位键，与牙本质胶原氨基酸上的羧基及氨基形成氢键，从而使该材料对牙齿具有一定的黏结性（图 19-10）。一般玻璃离子体水门汀与釉质的黏结强度为 3.0～5.0 MPa，与牙本质的黏结强度为 2.0～4.0 MPa，不同品牌的产品黏结性能差异较大。光固化玻璃离子体水门汀与釉质的黏结强度可达 8～14 MPa，与牙本质的黏结强度可达 3.5～5 MPa，使用表面处理剂后，与釉质的黏结强度可达 10.0 MPa，与牙本质的黏结强度可达 7.5 MPa。

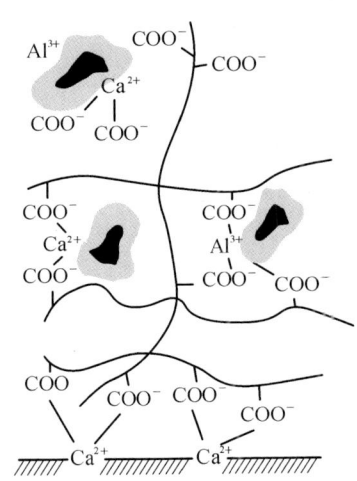

图 19-10 玻璃离子体水门汀与牙齿黏结机制示意

玻璃离子体水门汀对牙釉质及牙本质的黏结强度与牙齿表面处理与否以及应用底涂剂与否密切相关。用酸蚀剂（如 25% 聚丙烯酸水溶液）酸蚀牙齿表面，可以显著提高黏结强度，而且酸蚀时间对黏结强度也有影响，酸蚀 30～40 s 可获得最大的黏结强度。在酸蚀过的牙齿硬组织表面应用底涂剂（primer）能进一步提高黏结强度（图 19-11）。

（四）强度（strength）

我国医药行业标准规定，用于黏固、垫底及洞

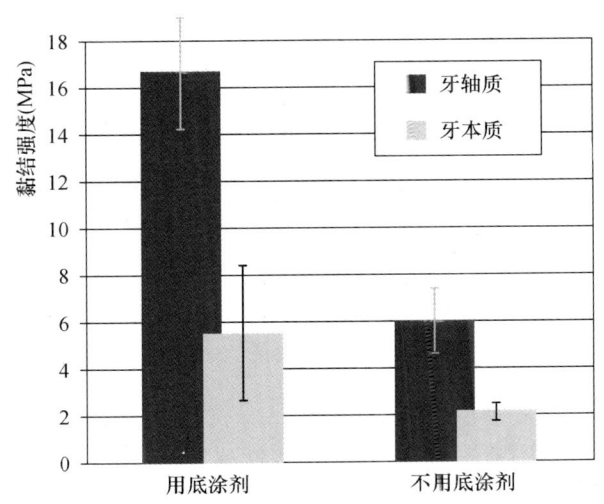

图 19-11 底涂对光固化玻璃离子体水门汀 Vitremer 在牙齿硬组织上的黏结强度的影响

衬的玻璃离子体水门汀凝固后 24 h 的压缩强度应不小于 70 MPa，用于充填修复用的玻璃离子体水门汀的压缩强度应不小于 170 MPa。一般的玻璃离子体水门汀在凝固后 1 h，压缩强度可达 60～90 MPa，24 h 后可达 80～200 MPa，明显高于磷酸锌水门汀，光固化玻璃离子体水门汀压缩强度较大，凝固 24 h 压缩强度可达 170～250 MPa。而且，玻璃离子体水门汀在初步凝固后固化反应仍持续很长时间，材料的强度也仍有所提高（图 19-12）。

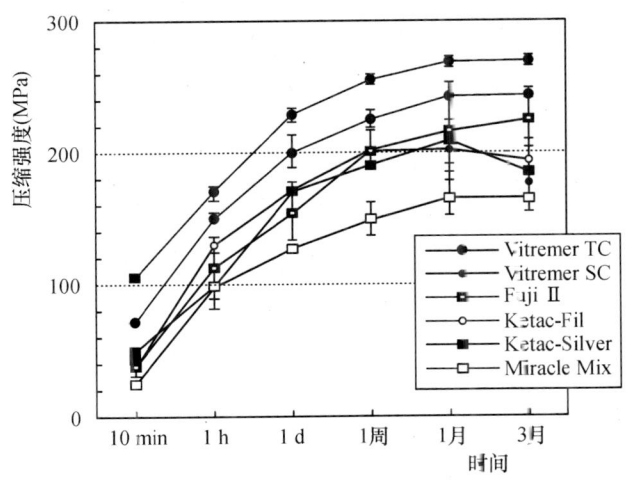

图 19-12 一些修复用玻璃离子体水门汀的压缩强度与凝固时间的关系

酸碱反应固化型玻璃离子体水门汀的脆性较大,断裂韧性只有 0.5~1.0 Mn/m,径向拉伸强度(6~8 MPa)与弯曲强度(10~14 MPa)也较低。树脂改性玻璃离子体水门汀脆性有所改善,断裂韧性可达 1.5~2.0 Mn/m,径向拉伸强度为 10~20 MPa,弯曲强度为 50~60 MPa,高于传统玻璃离子体水门汀。

玻璃离子体水门汀的表面硬度较小,耐磨性比复合树脂差,一般不能用于咬合力较大的部位。

玻璃离子体水门汀在调和过程中不可避免地会混入小气孔,而且固化后的玻璃离子体水门汀含有大量水分,一旦水分挥发,便会在材料中留下孔隙,这些孔隙就成为材料中的缺陷,导致材料强度下降,因此传统的玻璃离子体水门汀只具有中等强度和硬度。

玻璃离子体水门汀调和粉液比对凝固后材料的强度及溶解率有明显影响,因此,临床调和时应严格按说明书规定的粉液比进行。目前市场上出现的胶囊包装的玻璃离子体水门汀,粉和液已经分别严格按比例包装在胶囊里,使用时只需通过机械混合即可,使用极为方便(图 19-13)。

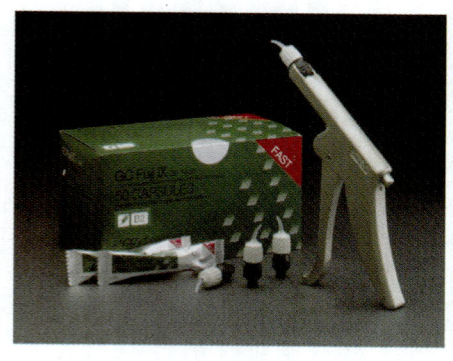

图 19-13 胶囊包装的玻璃离子体水门汀

粉液调和比对玻璃离子体水门汀的强度有明显影响,在一定的范围内提高粉液调和比可以增加材料凝固后的强度及强度增加的速度。

近年来研究表明,玻璃微粉细化可以提高玻璃离子水门汀的物理机械性能。

(五) 吸水性及溶解性(absorption and solubility)

酸碱反应固化型玻璃离子体水门汀在凝固过程中(12 h 内)有较强的吸水性,吸水后材料呈白垩状,溶解性显著增加,容易被侵蚀,只有在凝固后才具有良好的强度和低溶解性。

玻璃离子体水门汀凝固过程遇水敏感的原因是:①玻璃离子所含的钠离子可与基质中的阴离子形成可溶性的化合物。②水门汀酸性反应初期存在游离的钙离子及铝离子,而铝离子与基质中阴离子反应速度较慢,在铝离子与阴离子结合前易吸附水,随着凝固的进行,水门汀变得越来越牢固,便阻止水渗入并能减少阴离子向外转运。所以,临床上充填牙齿或黏固牙冠时,应尽量做到材料调和后 15 min 内避免接触唾液、水分,而且需在充填物表面涂一层石蜡油或保护剂(varnish),以防凝固过程中接触水分,为此,操作过程中最好使用橡皮障。

酸碱反应固化型玻璃离子体水门汀在凝固 24 h 后仍有微弱吸水性,6 个月水中吸水率为 5%~9%。吸水后体积有轻微膨胀,可以关闭材料中一些裂缝,并能补偿固化过程中的体积收缩,有利于改善修复体边缘密合性,但也使材料的表面硬度下降,耐磨性能降低。粉液型光固化玻璃离子体水门汀在浸水后早期吸水率较大,7 d 吸水率可达 8.9%,6 个月吸水率为 9.3%,结果导致体积轻微膨胀。

酸碱反应固化型玻璃离子体水门汀水中(24 h)溶解率为 0.3%~0.45%,光固化玻璃离子体水门汀为 0.03%~0.07%。玻璃离子体水门汀的溶解率受凝固早期水污染影响很大,例如,玻璃离子体水门汀黏固牙冠后,边缘封闭缺陷出现时间要早于磷酸锌,这可能就与玻璃离子凝固初期水污染有关。为了减少此类情况发生,临床上可在冠戴上后,于其边缘涂抹石蜡油或保护剂(varnish),防止凝固中的水门汀受到唾液污染。溶解率对于 I 型和 III 型材料来说尤为重要,因为溶解率是评价垫底、洞衬及黏固用水门汀的重要指标，在这些用途中，水门汀的溶解率越低越好。

酸碱反应固化型玻璃离子体水门汀调和粉液比对凝固后材料的溶出率有明显影响，粉少液多会使凝固时间延长、黏结性降低、早期溶解率增大。当然，也不能为降低溶解率而盲目增加粉液比，如果粉液比过大，调和物过稠，流动性降低，凝固时间缩短，临床操作困难，也不易达到适当的膜厚度，被膜增厚反而会引起黏结强度下降。

玻璃离子体水门汀在酸性介质中溶解率明显增大。酸性介质可使材料中离子化的—COO^- 转化成—COOH，并释放出螯合的阳离子，最终聚烯烃酸链解旋并扩散入介质中。在碱性介质中，玻璃离子体水门汀的溶解率远低于酸性介质。

树脂改性玻璃离子体水门汀早期的固化是以自由基聚合反应为主，而材料的酸碱反应固化进行的相对缓慢，因此，这种材料不存在早期对水敏感问题。

（六）边缘封闭性（marginal sealing）

由于玻璃离子体水门汀吸水后有一定的膨胀以及对牙齿有一定的化学黏结性，该材料的边缘封闭性较好，优于磷酸锌水门汀、聚羧酸锌水门汀，其中光固化玻璃离子体水门汀优于传统玻璃离子体水门汀。

（七）X线阻射性（X-ray opaque）

早期的玻璃离子体水门汀是X线透射的，而现在市售的许多产品已具有X线阻射性，可以用X线检查充填后材料的形态。

（八）释氟性（fluoride release）

现在的玻璃离子体水门汀大都在口腔唾液中能长期释放氟离子，这也是该材料的主要优点之一。所释放的氟离子可与紧邻牙齿硬组织中的羟基磷灰石中的羟基进行交换，提高牙齿硬组织的氟含量，从而提高牙齿的抗龋能力。不同的玻璃离子体水门汀，氟释放量及模式不同。一般的玻璃离子体水门汀在浸水最初阶段（24 h），氟离子的释放有一个高峰期，以后逐渐减小，数月后，氟释放量会稳定在一较低水平。树脂改性玻璃离子体水门汀一般无明显的释氟高峰期，氟离子释放量也较小，释放最大量在1周，2周后快速减少，然后维持稳定。

许多研究表明，玻璃离子体水门汀修复体与含氟材料或制剂（如酸性磷酸氟凝胶）接触后，修复体可以再吸收氟离子，然后再逐渐释放出来。但是，对于再吸收氟的机制目前尚不清楚，可能是玻璃离子体水门汀修复体粗糙的表面有利于口腔中氟化物的嵌入而滞留，引起随后氟离子释放量的增加。

氟离子的释放受其接触的溶液或液体的pH值影响，在酸性溶液中玻璃离子体水门汀可释放更多的氟离子。氟离子释放量也受粉液比影响，粉液比越高，氟释放量也越大，但考虑到粉液比过大会影响水门汀的强度，因此，不能为了提高氟释放量而盲目提高粉液比。

（九）牙髓刺激性（pulp response）

经过30多年的临床应用及实验研究证明，玻璃离子体水门汀具有良好的生物相容性。凝固后的玻璃离子体水门汀的细胞毒性很小，但树脂改性玻璃离子体水门汀有一定的细胞毒性，因而也显示出一定的抗菌性能。

与聚羧酸锌水门汀相似，玻璃离子体水门汀的牙髓刺激性很小。在保留牙本质厚度不小于0.1 mm时，该材料对牙髓几乎无刺激作用。动物实验表明玻璃离子体水门汀对牙髓的刺激性与氧化锌丁香油水门汀相似。

黏固用玻璃离子体水门汀可造成牙齿术后敏感，可能的原因有：①玻璃离子体水门汀在凝固过程中容易吸引牙本质小管中的水分，引起小管液流动。②黏固修复体时，低黏度水门汀会被压入牙本质小管,引起小管液流动。③材料凝固初期的酸性可对牙髓产生刺激。

五、应用(application)

Ⅰ型玻璃离子体水门汀主要用于冠、桥、嵌体等固定修复体的黏固,Ⅱ型主要用于牙体缺损的修复,如乳牙的充填修复、恒牙颈部楔状缺损的修复及Ⅴ、Ⅳ类洞的充填修复,Ⅲ型主要用于洞衬及垫基底,Ⅳ型用于制作桩核。用玻璃离子体水门汀垫底,一般只需垫一层即可。

临床应用玻璃离子水门汀时,特别是应用于龋敏感人群预防龋病的目的时,应选择氟释放量大,持续时间长的传统玻璃离子水门汀。

光固化玻璃离子体水门汀可用于楔状缺损、Ⅲ类洞、Ⅴ类洞、儿童的Ⅰ、Ⅱ类洞及桩核修复。

在玻璃离子体水门汀中混入银合金粉可以显著增强玻璃离子体水门汀的强度,可用于后牙咬合面小缺损及桩核的修复,由于呈银灰色,该材料的应用范围受到限制。

第六节 树脂水门汀(resin cement)

随着口腔材料的发展,越来越多的具有美观性能的固定修复体(如瓷黏面、嵌体、冠及树脂嵌体等)被应用于口腔修复中,这些修复体的黏固不但需要良好的黏结强度,而且还要色泽的匹配性,因此,大多需要用树脂水门汀来黏固。从广义上讲,树脂水门汀也是一种黏结剂,只是它的稠度较一般黏结剂大,固化后水门汀本身强度较高,具有极强的封固作用。临床上常常将树脂水门汀与黏结剂配合使用。

一、分类及组成(classification and composition)

按固化方式,树脂水门汀有自凝固化和双重固化两种,前者是通过氧化还原反应引发的,后者即既可自凝固化,又可光固化,含有氧化还原引发体系和光引发体系。常见的自凝固化的树脂水门汀产品有:EM釉质黏合树脂、Panavia F(Kuraray)、Super-Bond C&B(Sunmedical),常见的双重固化树脂水门汀产品有:RelyX ARC(3M)、Resinomer(Bisco)、Resilute(Pulpdent)、Calibra(Dentalsply)。

树脂水门汀一般为双组分包装,为粉液型或双糊剂型。套装的树脂水门汀往往还有配套的牙齿酸蚀剂、黏结剂、金属黏结用底涂剂及陶瓷黏结用底涂剂等(图19-14)。

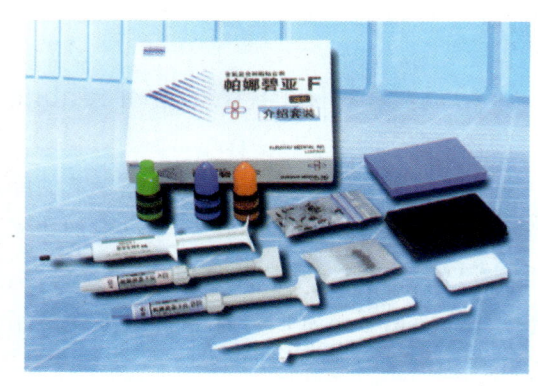

图19-14 Panavia F(Kuraray)套装树脂水门汀

树脂水门汀的典型组成见表19-3、表19-4。

表19-3 粉液型树脂水门汀的典型组成

胶　液		粉　剂	
Bis-GMA(树脂基质)	40%	无机填料	99%
TEGDMA(稀释剂)	54%	BPO(引发剂)	1.2%
4-META(黏结性单体)	5%		
BHET(促进剂)	1.0%		
BHT(阻聚剂)	0.03%		

表 19-4 双糊剂型树脂水门汀的典型组成

基质糊剂（base）		催化糊剂（catalyst）	
Bis-GMA（树脂基质）	15%	Bis-GMA（树脂基质）	15%
TEGDMA（稀释剂）	10%	TEGDMA（稀释剂）	10%
4-META（黏结性单体）	5%	无机填料	65%
无机填料	65%	BPO（引发剂）	1.2%
BHET（促进剂）	1.0%	樟脑醌（光引发剂）	0.5%
BHT（阻聚剂）	0.03%	BHT（阻聚剂）	0.03%

为保证树脂水门汀膜厚度较薄，要求树脂水门汀的无机填料粒度要细，一般在 5 μm 以下，含量不能太高，为 55%～70%。含有钡、锶等重金属元素的无机填料可赋予水门汀 X 射线阻射作用。含有氟元素的无机填料可赋予水门汀一定的释氟能力，可预防龋坏的发生。

树脂水门汀中的黏结性单体与牙齿黏结剂中的黏结性单体基本相同，主要有 4-META 和甲基丙烯酸磷酸酯。

双重固化树脂水门汀中含有氧化还原引发体系（过氧化物-有机叔胺）和光固化引发体系（樟脑醌-有机叔胺）。

为了满足临床对水门汀色泽的需求，基质糊剂往往有多种色泽。

二、固化反应（setting reaction）

树脂水门汀的固化反应与复合树脂相同，是以活性自由基引发的烯类单体的交联，活性自由基是通过过氧化还原反应和光化学反应而产生。

三、性能（properties）

（一）固化特性（characteric of setting）

自凝固化树脂水门汀在室温下的固化时间为 2～6 min，固化时间受温度及空气中的氧影响很大。温度高，固化时间短；反之亦然。自凝固化树脂水门汀的固化时间可以通过调节粉液比或催化糊剂的加入量来调节。目前已有许多自凝固化和光固化双重固化的树脂水门汀，这种材料自凝固化较缓慢，但在光照后能迅速进行光固化，光固化后材料仍能持续较长时间的自凝固化，因而有较好的固化时间操控性。

暴露在空气中时，水门汀表面有很厚一层不固化，称为厌氧性（anaerobic），一旦隔绝空气（如将黏固的修复体就位），便能立即固化。因此，用该水门汀黏固修复体时，在缝隙处或材料暴露处应涂隔氧剂，以确保表面的水门汀固化。

与复合树脂一样，树脂水门汀不能接触含酚类物质，如酚类根管消毒剂、氧化锌丁香油水门汀等，因为酚类物质影响树脂水门汀的固化。

（二）黏结性能（adhesion）

树脂水门汀可以依靠黏结面的粗糙表面形成机械嵌合结合模式，含有黏结性单体的树脂水门汀，可以与牙齿硬组织或修复体形成化学性结合。同样，树脂水门汀与黏结剂配合使用，也可以与牙齿硬组织或修复体形成化学性结合，事实上，树脂水门汀往往需要与黏结剂配合使用才能与牙齿形成牢固黏结。

一些新型树脂水门汀具有自酸蚀性（self-etching），应用时不必单独使用酸蚀剂，减少了应用步骤，并能提高黏结强度，减少术后牙齿敏感，这类产品有 Panavia 21（Kuraray）、RelyX ARC（3M）等。

表 19-5 是 3 种树脂水门汀的黏结强度。

表 19-5 3 种树脂水门汀的黏结强度(MPa)

被黏物	Rely X	Panavia 21	SuperBond C&B
瓷与牙本质	23.7±6.7	17.6±5.4	20.9±5.0
瓷与牙釉质	24.4±5.4	25.4±7.1	20.2±7.0

(三) 强度(strength)

树脂水门汀的强度、韧性明显大于传统水门汀,黏固修复体能形成牢固的结合。但是,在水门汀凝固后,去除修复体边缘溢出的水门汀较困难。

表 19-6 是 4 种水门汀在调和成封固用稠度下的抗压强度和直径抗张强度。

表 19-6 4 种水门汀的抗压强度和直径抗张强度(封固稠度,MPa)

水门汀	抗压强度	直径抗张强度
磷酸锌水门汀	70~100	6~7
聚羧酸锌水门汀	60~80	6~11
玻璃离子体水门汀	80~150	8~13
树脂水门汀	250~350	45~60

(四) 吸水性和溶解性(absorption and solubility)

与传统水门汀相比,树脂水门汀的吸水性和溶解性较低,用它黏固固定修复体,边缘缝隙中的水门汀溶解极小,可保证固定修复体长期不松动。

(五) 膜厚度(film thickness)

水门汀的膜厚度对固定修复体就位程度有很大的影响。膜厚度越薄,冠、嵌体类修复体黏固时就位越好,修复体与牙齿间的间隙就越小。一般地,树脂水门汀的膜厚度不超过 50 μm,有些可薄至 15 μm,但当树脂水门汀与黏结剂配合使用,如果黏结剂先行固化,黏结剂的厚度可能较厚,其上再用树脂水门汀,可能膜总厚度会超过 50 μm,引起修复体就位不良。因此,临床上涂光固化黏结剂时不要涂得太厚,光照固化前应用气枪吹薄黏结剂层。

(六) 美观性能(color and shade)

树脂水门汀凝固后的色泽与牙本质颜色相同或相似,用它黏固一些半透明的修复体,如全瓷冠、嵌体等,可以提高修复的美观效果。

树脂水门汀的粉剂或基质糊剂往往有多种颜色供选用,基本上能满足不同患者牙齿颜色的要求。一般树脂水门汀都有通用色(universal shade)和无色透明(clear shade)两种基本颜色。有些产品有多种色泽供选用,如全透明色(very translucent)、半透明色(partially translucent)、标准白色(standard white)、不透明色(opaque)等。

四、用途(application)

主要用于间接修复体的黏固,如冠、桥、嵌体、马里兰桥(Maryland)、桩冠桩的黏固。这些修复体可以是瓷的、金属的、复合树脂的,甚至还可用于银汞合金充填修复、折裂牙的黏固,金属烤瓷修复体的修补等。

(赵信义)

参 考 文 献

1 赵信义,孙叶方.几种氢氧化钙盖髓剂 Ca^{2+} 释放的比较研究.现代口腔医学杂志,1992,6(2):81-83

2 赵信义.疏水性氧化锌丁香油水门汀的实验研究.牙体牙髓牙周病学杂志,1993,3(4):3-5

3 朱宪峰,孔新民,解耀帮.SGI-Ⅱ银合金粉玻璃离子体黏固剂临床应用.口腔材料器械杂志,1997,6(1):28-29

4. 赵守亮,宋江红,王景杰.玻璃离子体水门汀加入银合金粉后对其压缩强度和表面硬度的影响.牙体牙髓牙周病学杂志,1997,7(4):246-247

5. 赵信义,杨聚才,孙叶方.11种充填垫底材料抑菌性能比较.牙体牙髓牙周病学杂志,1998,8(2):10-12

6. 唐卫东,陈敏,唐立.玻璃离子体水门汀在不同粉液比条件下的氟释放.大连轻工业学院学报,2001,20(4):242-244

7. 赵信义,陈萍,杨聚才.双糊剂型自凝氢氧化钙水门汀的研制及性能评价.牙体牙髓牙周病学杂志,2002,12(9):483-486

8. Crisp S, Wilson AD. Reactions in glass ionomer cements: 1. An infrared spectroscopic study. J Dent Res, 1974,53:1414-1419

9. Wilson AD, Crisp S, Lewis B G, et al. Experimental luting agents based on the glass ionomers. Br Dent J, 1977,142:117-122

10. Iloka A, Araki Y, Matsuda K, et al. Adhesion mechanism of polyelectrolyte cements to tooth structure. Dental Materials J, 1989,8:236-242

11. Watson TF. A confocal microscopic study of some factors affecting the adaptation of a light-cured glass ionomer to tooth tissue. J Dent Res, 1990,69:1531-1538

12. Mitra, SB. Adhesion to Dentin and Physical Properties of a Light-cured Glass ionomer Liner/Base. J Dent Res, 1991,70 (1):45-50

13. Eldin M. Durability of Ceramet ionomer cement conditioned in different media. Egypt Dent J, 1992,38:123-130

14. Lin A, McIntyre NS, Davidson RD. Studies on the adhesion of glass ionomer cements to dentin. J Dent Res, 1992,71:1336-1841

15. Cattani Lorente MA, Godin C, Meyer JM. Early strength of glass ionomer cements. Dent Mater, 1993,9:57-62

16. Gladys S, VanMeerbeek B, Braem M, et al. Comparative physico-mechanical characterization of new hybrid restorative materials with conventional glass-ionomer and resin composite restorative materials. J Dent Res, 1997,76(7):883-894

17. Nassan MA, Watson TF. Conventional glass ionomers as posterior restorations-A status report for the American Journal of Dentistry. Am J Dent Am J, 1998,11(1):36-45

18. Stephe F, Martin F, Bruce J. Dental luting agents: A review of the current literature. J Prosthet Dent, 1998,80:280-301

19. Deniz C, Bimaz Y, Mutlu O, et al. Effect of early water contact on solubility of glass ionomer luting cements. J Prosthet Dent, 1998,80:474-478

第二十章 口腔预防用材料
（dental preventive materials）

口腔预防用材料是用于预防口腔局部疾病及创伤的材料，包括预防牙齿龋坏，口腔软、硬组织创伤的材料、制品等。

第一节 局部应用的防龋材料
（topical anticarious materials）

局部应用的防龋材料是直接应用于牙齿表面或者接近于牙齿表面，以便于牙的摄取，它通常含有防龋活性物质，主要以防龋活性物质作用于牙齿硬组织和致龋因子，提高牙齿硬组织的抗龋能力，降低致龋因子的致龋能力。这类材料包括局部涂擦的防龋材料、局部用防龋涂膜材料及局部用防龋凝胶，这些材料通常由专业人员或经过专门培训的人员应用。

一、局部涂擦的防龋材料
（topical liniment）

局部涂擦的防龋材料是一种含有较高浓度防龋活性物质的溶液或混悬液，涂抹于牙齿表面，使其中所含的防龋活性物质渗入牙齿硬组织，以提高抗龋能力。

最早应用的局部涂擦防龋材料是 2% 氟化钠碱性溶液，其优点是无特殊异味，不刺激牙龈，不使牙齿变色。但这种材料需要多次涂擦，患者不易坚持。

1957 年 Gish 等采用 8%～10% 氟化亚锡（SnF_2）溶液进行牙齿局部涂擦，当氟化亚锡溶液涂于釉质表面并保持 30 s 至 1 min，氟离子和锡离子可渗入釉质达 20 μm 深，与牙齿表面的羟基磷灰石反应，生成具有较强抗酸能力的锡-氟磷灰石，提高了牙齿的抗龋能力。但是，氟化亚锡溶液酸性较强，味苦涩，且对牙龈有一定的刺激作用，还可使牙齿变色。

20 世纪 60 年代以后，人们开始用酸性磷酸氟（acidulate phosphate fluoridate，APF）溶液作为局部涂擦防龋材料。这种溶液含氟量为 1.23%，以 0.1 mol/L 磷酸做载体，pH 3.0～4.5，呈酸性，与牙齿组织作用后，可生成氟化磷灰石和氟化钙，沉积于牙面脱矿区，起到修复作用，或游离于釉柱微晶隙内，使得牙齿组织含氟量增加。结合于牙齿的 CaF_2 可以作为氟库，缓慢释放出氟离子，而发挥促进再矿化作用。APF 溶液理化性质稳定，不会导致牙面染色，容易被釉质摄取，使釉质内层形成高氟浓度，防龋效果较好。

局部涂擦的防龋材料通常由专业人员或经过专门培训的人员应用，一般先清洁牙面，隔湿并干燥操作区域，然后用浸有氟化物溶液的小棉球涂擦牙面，并保持 3～4 min，涂擦后半小时内不要进食、喝水。一般需在 2～3 周内涂擦 4 次。

二、局部用防龋涂膜材料（topical anticarious coatings）

防龋涂膜是一种快干性透明涂料，内含有较高浓度的具有防龋作用的活性物质，由口腔科专业人员进行应用实施和管理，涂于牙齿表面，能长期缓慢释放活性物质，达到阻止、抑制、逆转龋病发展，有防龋功能。常用的防龋涂膜主要有两大类，一类是以氟化物为活性物质的氟化物涂膜（fluoride varnish），另一类是含有氯己定等其他具有防龋活性物质的涂膜材料。

局部应用防龋涂膜材料的优点：①与其他传统诊室用龋病处理相比，防龋涂膜能长时间黏附于牙齿上，长期缓慢释放氟离子，降低患者吞食防龋活性物质的可能性，使用更为安全。②应用时不需特别仪器、设备，涂覆前牙齿不需要专业性洁牙。③既可用于光滑牙面，也可用于牙齿窝沟、点隙处。④每年需使用2次以上。⑤应用过程快捷、简便，一次就诊即完成。⑥儿童用后可立即进食或饮食，患者涂覆后可立即离去。

但是，有些涂膜材料有颜色，应用后可使牙齿颜色暂时发生改变，如 Duraphat。

（一）组成（composition）

局部用防龋涂膜材料一般由成膜材料、防龋活性物质和挥发性溶剂组成。常用的成膜材料有聚氨酯、氯乙烯-醋酸乙烯共聚物、丙烯酸树脂、聚乙烯醇缩丁醛、氰基丙烯酸酯、松香树脂、虫胶、乳香树胶等，成膜材料提供一个柔韧的坚硬表面，防止涂料在唾液中迅速溶解。一般要求所成的膜对牙齿表面有良好的黏附性能，有一定的强度和吸水性，以便吸水后释放防龋活性物质，不溶于水中，但能溶于某些溶剂中，成膜性要好。

由于有些防龋活性物质（如氟化物）在有机溶剂中溶解率极低，为了提高其含量，常常制成防龋活性物质的混悬液，因此需要加入助悬剂，如气相二氧化硅、蜂蜡等。

常用的溶剂均为挥发性较强的溶剂，如醋酸乙酯、醋酸丁酯、丙酮、乙醇等。

此外，有些防龋涂膜还含有流平剂（流动增强剂，有助于涂料流平）、调味剂（如糖精，调节口感）等成分。

（二）种类（types）

根据材料中所含防龋活性物质，局部用防龋涂膜可分为氟化物涂膜、氯己定涂膜及其他涂膜。

1. 氟化物涂膜（fluoride varnishes）

氟化物涂膜是在20世纪60年代晚期及70年代早期发展起来的一种牙齿龋病预防材料，目前氟化物涂膜在欧盟、加拿大已经成为常规广泛应用的防龋材料，并取得了显著的效果。

1964年，Schmidt首先研制出氟化物涂膜，其商品名为 Duraphat，该涂膜含有 22.6 mF/ml 氟化物。1975年，Arends 和 Schuthof 研制出第二代氟化物涂膜材料，其商品名为 FluorProtector，该涂膜含有 0.1% 二氟硅烷（difluorosilane）。目前，这两种氟化物涂膜在欧洲均已得到广泛接受和应用。

氟化物涂膜材料中含有较高浓度的氟化物，常用的氟化物有氟化钠、氟化钾、氟化亚锡、氟化钙、氟化锌、氟化铋、氟化铵、有机氟硅烷（二氟硅烷）等，氟化物的含量一般为 0.1%～5.0%。由于无机氟化物在挥发性溶剂中溶解度极低，因此一般制成氟化物的混悬液。为了制成氟化物的混悬液，要求氟化物颗粒非常细，通常粒度小于 5 μm。

氟化物涂膜被涂布于牙釉质或牙骨质上，硬固后成为一层清亮或淡黄色的膜，它可以缓慢地释放氟化物，作用于其下的牙齿硬组织，延长氟化物和牙齿的接触时间，让氟离子最大程度的缓慢释放渗透入牙面并持续一段时间。释放的氟离子首先作用于釉质表面，解除蛋白质和细菌对牙釉质表面的吸附，降低牙釉质表面的自由能。氟离子进一步对牙釉质表层结构产生影响，这些影响主要有两方面：首先，高浓度的氟离子通过牙釉质表面的小孔渗入釉质内部，与釉质中羟基磷灰石晶体中的羟基交换，使羟磷灰石转变为氟磷灰石，而氟磷灰石具有较强的抗酸蚀能力。此外，高浓度的氟离子可以在牙齿表面产生氟化钙沉淀，使氟化物沉积在不同的龋发生部位的牙釉质小孔和微管中，形成所谓的"氟库"，这些"氟库"在 pH 值下降时，逐渐释放氟化物到牙菌斑、唾液或牙齿的磷灰石结构中，阻止晶体的溶解，降低其脱矿率；其次，氟离子还具有促进牙齿硬组织再矿化作用，经过氟化物涂膜治疗的健康或龋坏的牙釉质增加了矿物质的沉积，促进了再矿化。再矿化是治疗早期龋的主要机制。

氟化物用于龋病的治疗必须限于龋病发展的早期，釉质仅仅脱矿而未出现缺损，矿物质的丢失也必须在一定程度之内。这时在氟化物的作用下，发生可逆性矿物盐的沉积，而使病变修复。在这种情况下，釉质的病变面积较小，只要牙齿外环境中的氟化物能够作用于有早期龋的釉面和正常釉面的易感区，即有预防和治疗龋病的作用。

氟化物涂膜所引起的 pH 变化也有杀菌和抑菌作用。氟化物能直接抑制细菌生长所需要的能量代谢，并抑制细菌向牙面吸附。如氟抑制糖酵解酶的活性，对细菌糖酵解中糖的转运有直接或间接的作用，进而导致细菌停止代谢、生长；氟还抑制细菌摄入葡萄糖，并能影响抑制细菌产酸；氟能影响细菌多糖的合成，从而使细菌产酸减少或停止。这种抗菌作用有浓度依赖性，在应用氟化物涂膜很短时间后即可产生一定量氟化物，足以发挥抗菌效力。

大多数的氟化物涂膜同时具有治疗牙齿过敏作用，这主要因氟离子在牙本质小管口形成氟化钙沉积，从而机械地阻塞牙本质小管，或是牙本质基质中的氟阻断了生成刺激的传导，使牙本质通透性明显降低。同时氟还可能通过抑制牙本质的酸溶解而防止更多的牙本质小管开放，促进牙齿再矿化。

目前市场上有多种氟化物涂膜材料，大多为外国进口产品。Duraphat ® 是高露洁（Colgate）公司生产的一种含有 5% 氟化钠的稀糊状材料，以中性松香树脂作为成膜材料，用乙醇作为溶剂，软管包装（图 20-1）。Duraflor ® 是 Pharmascience 公司生产的一种含有 5% 氟化钠的黄色稀糊状材料，软管包装。Fluor Protectors ® 是 Vivadent 公司生产的一种含有 1% 二氟硅烷的透明液体材料，以聚氨酯为成膜材料，玻璃安瓿包装，一旦打开，必须尽快用完。Fluor Protectosr 能在牙釉质表面生成一层较厚的氟化钙层，厚度可达 800 nm，唾液共同作用使釉质表面再矿化，同时也抑制了菌斑，长达 6 个月的保护作用。Bifluorid 12 ® 是 VOCO 公司生产的一种含有 6% 氟化钠、6% 氟化钙的混悬液，以硝化纤维为成膜材料，以丙酮为溶剂。Fluodica 是 Promedical 公司生产的一种含有氟化氨的涂膜材料（图 20-1）。

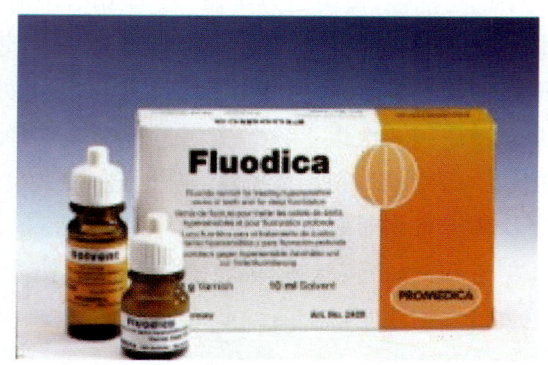

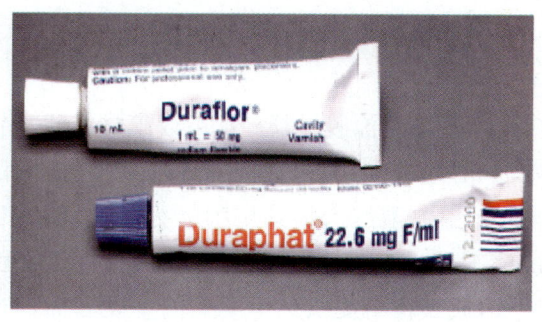

图 20-1 氟化物涂膜材料

尽管氟化物涂膜中氟化物浓度较高，但由于它涂覆于牙齿上后能迅速形成一层黏附牢固的薄膜，而且一次用量极少，对于少儿整个牙列来说，全部涂覆也不超过 0.5 ml，吞食及毒性危险很小，所以应用很安全。大量临床试验表明，没有发现有毒副作用，血浆中氟化物浓度很低，肾脏功能很好。

为提高防龋的长期效果,每年往往需要涂覆 3~4 次,大约每 3~4 个月应用 1 次。应用后,龋发生率可下降 25%~40%,更有一些研究结果显示下降可高达 75%。

临床应用时,常规清洁牙齿,吹干牙面,棉卷隔湿,用小棉球或小海绵块将材料直接涂覆于牙面,持续涂覆 1~4 min。嘱患者涂膜当天不要刷牙,不要咀嚼硬物,不要吃口香糖。3~6 个月后需再进行一次涂膜。

除了作为牙齿表面防龋涂膜使用外,氟化物涂膜还可作为牙齿脱敏剂、洞衬剂使用。

2. 氯己定(洗必泰)涂膜(chlorhexidine varnishes)

樊明文等研制的氯己定涂膜是将醋酸氯己定溶于含有成膜材料山达脂的乙醇溶液,氯己定的浓度为 40%,然后加入具有湿固化性能的 α-氰基丙烯酸正丁酯及三氧化硫,该涂膜材料为无色透明液体,无毒,黏附强度高,体温时 20 s 凝固成膜。

Vivadent 公司生产的 Cervitec® 是一种含有 1%氯己定和麝香草酚的抗菌涂膜材料,该材料以安息香树胶为成膜材料,以醋酸乙酯和乙醇为溶剂。Certichem 公司生产的 EC40 是一种含有 40%氯己定的涂膜材料。

许多研究表明,40%~50%氯己定涂膜可长期缓慢释放氯己定,抑制菌斑中致龋的变形链球菌,减少牙菌斑的积聚,达到预防龋病发生的目的。涂覆一次,作用可达 4 个月之久。

临床应用时应注意,不要让涂膜接触到出血的牙龈,以免引起可能的不良反应。另外,氯己定涂膜有易使牙齿染色的缺点。

3. 其他防龋涂膜(others)

绿茶多酚是从天然绿茶中提取的多酚类化合物,具有抗氧化、抑菌等生物学特性,绿茶多酚的防龋作用可能与其抑菌作用有关,实验发现绿茶多酚防龋涂膜对变形链球菌等主要致龋菌具有明显的抑制作用。

实验研究表明,涂膜中绿茶多酚的释放高峰在应用后 24 h 以内,以后释放量逐渐减少,但可持续较长时间,至第 15 d 时,仍然可以监测到涂膜中释出的绿茶多酚。

三、氟化物凝胶及泡沫(fluoride gel/foam)

氟化物凝胶及泡沫是应用已久且广泛应用的防龋材料,其中的活性成分主要是氟化钠和氟化亚锡,材料配制成凝胶状或泡沫状,使用时放置于专用的托盘内,然后戴入口腔,使牙齿浸入凝胶或泡沫中,并保持一段时间,该材料可在专业人员指导下由使用者自行使用。

广泛应用的氟化钠凝胶为酸性磷酸氟(acidulated phosphate fluoride, APF)凝胶,主要由氟化钠、磷酸、增补的离子(如 Ca^{2+}、PO_4^-、K^+ 等离子)、增稠剂(如羟丙基纤维素、卡汩姆)、矫味剂、水等组成,含 1.23%氟,pH 为 4。材料包装于塑料软管中。氟化钠泡沫主要由氟化钠、磷酸、发泡剂、甘油、矫味剂、水等组成,产品为细腻浓密泡沫状,具有触变性,pH 为 3.8。材料装入耐压喷雾瓶中,加气后封瓶,使用时直接喷到牙齿表面即可。

应用时,先漱口清洗牙齿,然后用干纱布揩干牙齿,将凝胶或泡沫挤入托盘内,戴入牙列,保持 5 min 后取出,半小时不漱口,不过食,通常每半年做 1 次。

氟化物凝胶及泡沫防龋效果显著,可使乳牙龋患率降低 50%、恒牙龋患率降低 60%。

针对某些特殊人群,美国 Laclede 公司推出了一种含氟量为 0.9%,pH 为 7 的中性氟化泡沫,如用于经放射治疗或手术治疗等造成涎腺功能减退,唾液分泌减少的患者;配带正畸矫治器或可摘义齿造成菌斑堆积的患者;保持口腔卫生有障碍的残疾人;牙龈萎缩患者、根面龋易感的老年人;猛性龋患者等,患者可在医生指导下在家中自行操作,每周 2 次,或每月 1 次,可有效降低龋病的发病率。

氟化物凝胶及泡沫还具有牙齿脱敏作用。

第二节 窝沟点隙封闭剂
(pit and fissure sealant)

窝沟点隙封闭剂简称窝沟封闭剂,又称防龋涂料,是一种可固化的液体高分子材料。将它涂布于牙面窝沟点隙处,固化后能有效地封闭窝沟点隙,隔绝致龋因子对牙齿的侵蚀,进而达到防龋的目的(图20-2)。目前广泛应用的窝沟封闭剂有两种类型,即自凝固化型和可见光固化型。

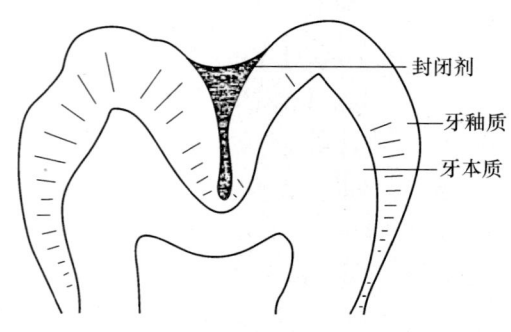

图20-2 磨牙𬌗面窝沟点隙封闭示意

一、组成(composition)

市售的窝沟封闭剂产品,除封闭剂本身外,一般还提供配套的酸蚀剂。常用的酸蚀剂为含有增稠剂的30%~50%磷酸水溶液。

(一)自凝固化型窝沟封闭剂的组成(composition of self-curing sealant)

一般为双液剂型。一液为基质液体(base liquid),另一液为催化液体(catalyst liquid),使用时取等量的两组分,调和均匀,一般经3~5 min自行固化。表20-1为一般自凝固化型窝沟封闭剂的化学组成。

表20-1 自凝固化型窝沟封闭剂的组成

组分	组成
基质液体	基质树脂(Bis-GMA),活性稀释剂(TEGDMA),引发剂(BPO),颜料(钛白粉),气相SiO_2,阻聚剂
催化液体	基质树脂(Bis-GMA),活性稀释剂(TEGDMA),促进剂(DHET),阻聚剂

窝沟封闭剂所用基质树脂与复合树脂的基质树脂是相同的,例如Bis-GMA树脂或UDMA树脂。基质树脂的用量一般为总质量的30%~50%。

由于基质树脂黏度一般都很大,而窝沟封闭剂黏度要求较稀,因此,需要加入稀释剂。常用的稀释剂主要是低黏度的双官能团的甲基丙烯酸酯类单体,如双甲基丙烯酸二缩三乙二醇酯(TEGDMA),其用量占总质量的70%~50%。

窝沟封闭剂可以加有少量极细的无机填料,也可以不加填料,两者均能在釉质表面充分渗透,达到相同的结合效果。有些临床医生喜欢用含填料的封闭剂,认为它耐磨性较好,然而封闭剂的作用原理是封闭牙面窝沟点隙,表面耐磨性能并不是封闭剂的重要性能。事实上,窝沟封闭剂在涂布时强调不能涂于牙尖斜面上,而且涂布后还要调𬌗,磨去与对𬌗牙接触的封闭剂。

窝沟封闭剂的基质液体与催化液体中的基质树脂和稀释剂是相同的,不同点在于基质液体内含有引发剂(如BPO),催化液体内含有促进剂(如DHET),当基质液体与催化液体混合后,引发剂BPO就会与促进剂DHET在室温下发生氧化还原反应,产生自由基,进而引发树脂基质及活性稀释剂交联固化。

不加颜料的封闭剂几乎为无色透明液体,涂

于牙面上,难于识别其已涂范围,加入少量钛白粉,胶液呈淡乳白色,肉眼易于识别。如果钛白粉颗粒较粗,在封闭剂长期存放过程中,它会因重力作用逐渐沉淀。气相 SiO_2 的粒度极细小,平均为 $0.04~\mu m$,加入封闭剂中具有助悬浮作用,可延缓钛白粉的沉淀。无机填料、钛白粉和气相 SiO_2 均需经硅烷化表面处理。

有些封闭剂还加入了可缓释的氟化物,使封闭剂在封闭牙齿窝沟点隙后能长期缓慢释放氟离子,提高相邻牙齿硬组织的抗龋能力。但是,关于可释放氟离子窝沟封闭剂的临床意义还存在较大争议,有些研究表明,加氟与未加氟的封闭剂的临床防龋效果无显著性差异。加入的氟化物有无机氟化物和有机氟化物两类,属于前者的有氟化钠、氟钛酸钾、氟化镱等,属于后者的有四氟硼酸四丁基铵盐(TBATFB)。无机氟化物不溶于封闭剂,而是以微小颗粒悬浮于封闭剂中,固化后被树脂所包裹,属非均匀体系,氟的释放有赖于树脂体系的吸水性,水分进入树脂中溶解氟化物,随后氟离子通过扩散作用释放出来,氟离子释放量一般较少。有机氟化物可溶于树脂基质中,并与树脂形成化学结合,氟离子的释放是通过离子交换过程进行,因此封闭剂的最表层就可释放氟离子。在树脂较低的吸水性下就可持续释放氟离子。

为了防止窝沟封闭剂在储存、运输中发生聚合,一般在其中加入微量的阻聚剂,常用的阻聚剂有2,6-二叔丁基对甲苯酚、对苯二酚、对羟基苯甲醚等。

有些新型窝沟封闭剂还加有颜色指示剂(如四碘四氯荧光素钠、四溴荧光素、亚甲蓝等),使封闭剂在固化过程中能发生颜色改变,以指示固化的程度。如3M公司的Clinpro封闭剂在固化前呈淡粉红色,固化后变为乳白色。

(二) 可见光固化型窝沟封闭剂的组成(composition of light-curing sealant)

可见光固化型窝沟封闭剂一般为单一组分,使用时,取少量胶液涂布于牙面上,经可见光固化器照射一定时间(20~40 s)即可固化成膜。

表 20-2 可见光固化型窝沟封闭剂的基本组成

成 分	含量
树脂基质,如 Bis-GMA	30%~50%
稀释剂,如 TEGDMA	70%~50%
颜料,如钛白粉	少量
气相 SiO_2	少量
光敏剂	微量
光敏促进剂	微量
阻聚剂	微量

可见光固化型窝沟封闭的组成,在树脂基质、稀释剂、颜料、阻聚剂等方面,与自凝型基本相同,只是引发体系不同,它采用光敏引发体系,该体系由光敏剂与光敏促进剂组成。常用的光敏剂为樟脑醌,常用的光敏促进剂为甲基丙烯酸二甲氨基乙酯(DMAEMA)。在光敏促进剂的存在下,光敏剂经一定波长的光线照射,通过光化学反应产生自由基,进而引发树脂基质和稀释剂交联固化。

二、性能(properties)

(一) 固化时间(setting time)

自凝固化型窝沟封闭剂的固化时间一般为3~5 min。如果封闭剂固化太快,封闭剂在调和后,黏度增大速度较快,封闭剂还未充分在窝沟、点隙处浸润、渗透就已结固,封闭效果自然就很差。另一方面,窝沟封闭剂主要用于儿童,若固化时间太长,受涂儿童不能长时间张口,而且唾液的大量分泌也会污染尚未固化的封闭剂,影响封闭剂的黏结效果。

自凝型窝沟封闭剂的固化时间受多种因素的影响,主要有以下几点:①引发剂和促进剂的含量:增加引发剂、促进剂的含量,可加快封闭剂的固化;

反之,可减慢封闭剂的固化。若固定引发剂的用量,在一定范围内增加促进剂的含量,也会加快封闭剂的固化。在使用自凝型封闭剂时,若因气温等的影响,封闭剂固化过快或过慢,这时可通过少加或多加催化液体来减慢或加快封闭剂的固化,以适应操作。②气温:气温对封闭剂的固化时间有明显的影响。一般地,气温低,封闭剂固化减慢;气温高,封闭剂固化加快。

光固化型窝沟封闭剂在光照固化前具有充裕的操作时间,能充分渗入窝沟、点隙处,一经固化灯照射,就会快速固化。

(二) 黏度(viscosity)

窝沟封闭剂的黏度对其在牙面窝沟、点隙处渗透、就位都有重要的影响。封闭剂在窝沟点隙处的渗透与其在毛细管里的渗透相似,与窝沟点隙的形态有关。若窝沟点隙呈 V 字形,则容易浸润、渗透;若窝沟点隙呈口小里大,则不易浸润、渗透。因此,窝沟封闭剂应有适当的黏度,黏度应在 500～2 500 cp 范围内,黏度太小,流动性就会太大,涂布时,封闭剂会流得到处都是,而且固化时体积收缩大,固化后强度也不高;黏度太大,流动性差,涂布时,封闭剂不易渗透入窝沟、点隙内。

气温对窝沟封闭剂的黏度有一定影响。

(三) 与牙釉质的黏结(adhesion)

在涂窝沟封闭剂之前,用 20%～37%磷酸水溶液酸蚀处理牙釉质表面,釉质表面产生轻度脱钙,呈现多孔蜂窝状结构。涂窝沟封闭剂之后,封闭剂渗入其中,固化后形成大量的树脂突(tag),这些树脂突与牙釉质形成机械嵌合作用,从而与牙釉质形成紧密的结合。窝沟封闭剂与牙釉质的良好结合是保证窝沟封闭剂长期封闭窝沟、点隙的基础。

(四) 涂膜保留率(retention rate)

涂膜保留率是临床上观察、评价窝沟封闭剂性能优劣的重要指标,它也是窝沟封闭剂各项性能的综合表现。窝沟封闭剂涂膜保留率主要受其耐磨性、黏结性能、压缩强度、硬度等影响。临床上常用封闭剂涂膜 1 年、2 年、3 年乃至 10 年的保留率来评价窝沟封闭剂性能。目前,性能较好的窝沟封闭剂的 5 年涂膜保留率可达 60%以上,10 年涂膜保留率可达 30%以上。

(五) 释氟特性(fluoride release)

加有氟化物的窝沟封闭剂具有一定的释氟特性,但不同的产品释氟特性差异较大,图 20-3 为 4 种光固化窝沟封闭剂氟离子释放量随时间变化的累积曲线,可见差异较大。

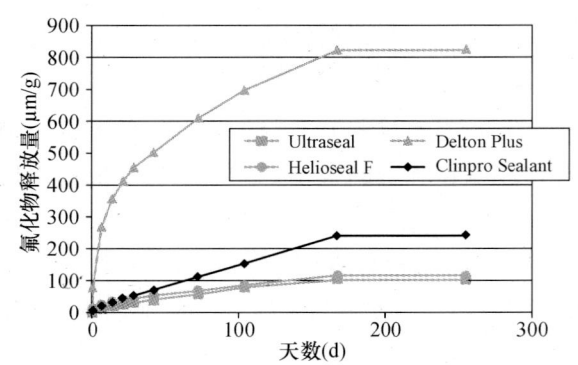

图 20-3　4 种光固化窝沟封闭剂氟离子累积释放量

三、应用(application)

(一) 适用范围(indications)

窝沟封闭剂主要用于牙面有患龋倾向的窝沟、点隙、裂沟,如磨牙、双尖牙𬌗面及下前牙舌面的窝沟、点隙、裂沟等,特别是刚萌出的恒牙(萌出后 4

年内)。窝沟封闭剂还用于窝沟、点隙处可疑龋、初期龋的封闭治疗,因为封闭剂的屏障作用可阻断窝沟内细菌的营养来源,同时,酸蚀牙齿可杀灭部分细菌。窝沟封闭剂还可作为洞衬剂使用,涂布于将要充填的窝洞壁上,封闭牙本质小管,减少对牙髓的刺激。

封闭剂主要用于儿童,如果指征合适,封闭剂也可用于成年人。

(二)使用方法(manipulation)

1. 牙面的清洁

用装有杯状刷的手机,蘸上浮石粉和水,清洁牙面窝沟、点隙处。冲洗后再用尖锐探针清理窝沟,去除残余物。

2. 酸处理

用20%~50%的磷酸溶液酸蚀窝沟30~60 s,然后水冲洗,热风吹干,酸蚀程度以表面呈白垩状为准。

3. 隔湿手术区域

隔湿、干燥、防污染是关系到封闭效果的关键。若有条件的话,最好四手操作,使用橡皮障隔湿及吸唾器。从酸蚀开始,牙面就不能被唾液沾湿。

4. 涂布封闭剂,并使其固化

用小刷或探针取少量封闭剂涂布于窝沟点隙处,并用探针探入窝沟点隙内,稍作上下运动,以促使封闭剂在窝沟内浸润渗透,排出可能存在气泡。封闭剂不可涂得太多,以免增高咬合。对于自凝固化型任其在口腔内自行固化;光固化型需用光固化灯照射20~40 s,以使其固化。

5. 调拾

涂窝沟封闭剂后,容易出现咬拾过高,封闭剂因受力过大而易被压碎,因此常需要调拾。

四、其他窝沟封闭剂(other sealants)

除了树脂类窝沟点隙封闭剂外,一些黏度低的可流动性复合树脂、复合体、玻璃离子体水门汀也可用于窝沟点隙的封闭。

玻璃离子体窝沟点隙封闭剂在组成上与玻璃离子体水门汀极为相似。与一般树脂类窝沟点隙封闭剂相比,玻璃离子体封闭剂具有与牙釉质黏结牢固、长期释放氟离子、能与牙齿硬组织交换离子等优点,预防牙齿龋坏效果明显。DyractSeal(Dentsply)、Fuji Triage(GC)玻璃离子体封闭剂是此类材料的常见产品。

第三节 口腔保护器(mouth guards or mouth protectors)

口腔保护器又称口腔护垫,是由塑料或橡胶制成的柔韧的牙列套,用来保护牙列免遭直接或间接的创伤。口腔保护器能够将口腔软组织与牙齿硬组织隔离开来,能够避免上下颌产生碰撞,吸收外来冲击力,可防止牙震荡、脑出血、颌骨骨折、颈部受伤等严重损伤,可有效地防止口唇及脸颊的裂伤、挫伤,对使用矫正牙齿的人尤其具有保护作用。

任何可能与其他比赛队员或物体硬表面有强力接触的运动,都应当使用口腔保护器,在体育运动及娱乐活动中,使用口腔保护器可防止牙齿损伤的发生。参加拳击、篮球、垒球、摔跤、足球、曲棍球、橄榄球、速度滑冰、武术及娱乐生滑板、自行车运动的运动员,在比赛时需使用口腔保护器。

口腔保护器应具有合适的强度以抵抗外来冲击力,并缓冲外来冲击力。

一、材质(materials)

口腔保护器一般由热塑性半硬的或软的聚合物片材制成,常用的热塑性聚合物有聚乙烯-聚醋酸乙烯酯共聚物、聚氨酯共聚物、聚氯乙烯、乳胶橡胶等。由聚乙烯-聚醋酸乙烯酯共聚物制成的口腔保护器质地柔韧,能很好地吸收冲击力,制作也方便,但强度略差。聚氨酯材料不但质地柔韧,而且撕裂强度很高,硬度可调范围大,但该材料吸水率高,加工温度也较高。

二、分类(classification)

口腔保护器一般分为定型保护器、牙型保护器和定制型保护器3类。

(一) 定型保护器(commercial mouth guards)

这种口腔保护器的价格最低。由于其适合口腔的程度有限,因而对口腔的保护程度也最低。由于这种口腔保护器使用时需要上下颌合拢以将其固位,因此会影响说话及呼吸。这种定型口腔保护器一般不被接受作为面部保护装置使用。该保护器型,有不同的大小规格,直接购买(图20-4)。

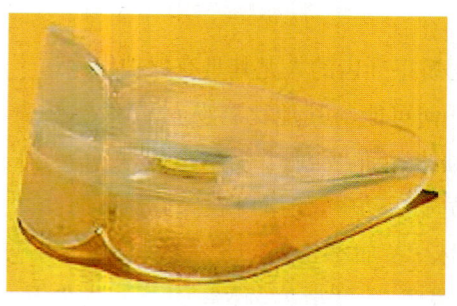

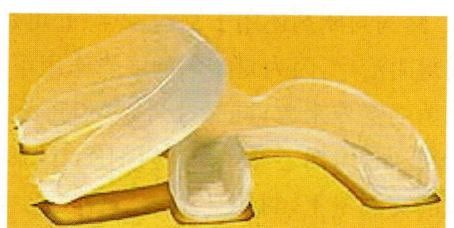

图20-4 定型口腔保护器

(二) 牙型保护器(stock mouth guards or "boil & bite")

这是一类壳垫和"煮沸咬合"产品。它的垫衬为丙烯酸脂或橡胶材料,先将衬垫放入口中咬合进行牙型铸模,接着将其浸于沸水,10~45 min后放入冷水中冷却,然后再戴在牙齿上(图20-5)。在使用口腔保护器的运动员中,有90%以上是使用这种口腔保护器。这种保护器较定制型保护器便宜,但不如定制型保护器戴上去那样合适,且不耐用。它是最流行的一种,价格低。

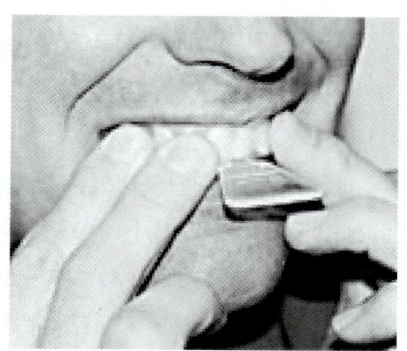

图20-5 牙型保护器

(三)定制型保护器(custom made)

这种口腔保护器是由牙科医生定做的,是最好的一种口腔保护器(图20-6)。由于是根据牙齿铸模定做的,其防护作用、合适程度和舒适程度最佳,不干扰讲话及呼吸。这种口腔保护器是由牙科医生制作,首先,牙科医生为患者牙列取印模,再翻制石膏模型,然后将牙列石膏模型放在牙科真空吸塑成形机上,用片材真空吸塑成形,最后用剪刀修整边缘。

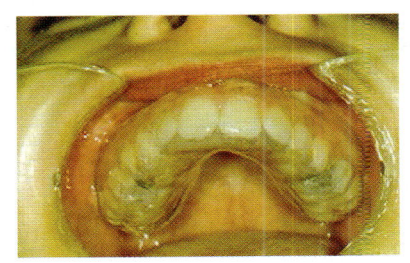

图20-6 戴在口腔中的定制型保护器

三、定制型保护器的制作(fabrication of custom made mouth guard)

定制型保护器的制作一般由牙科医生制作。首先常规取上颌印模,要求将牙列完全取到,印模清晰、准确,然后灌制石膏模型,用人造石灌制的模型可以多次使用。磨去模型底部多余部分,使底边位于牙列龈缘以下0.3 cm处,模型呈马蹄形。将模型放在真空成型机上,并将选择的聚合物片放在模型上,打开烤灯,将聚合物片材烤软,最后打开吸气开关,进行吸塑成形。成形后需取下口腔保护器,用剪刀削去多余部分,并修整、打磨边缘。最后使用前还需要调𬌗。

四、使用中应注意的问题(tips for use)

口腔保护器使用中应注意以下几点:①不要用温度太高的热水冲洗、浸泡。②不要经常用肥皂、清洁液刷洗、浸泡保护器。③不要用硬毛牙刷刷洗。④不要用乙醇溶液或义齿清洁剂刷洗、浸泡。⑤不用时,须将口腔保护器放入通风良好的塑料盒内储存,且勿折,盒上须有几个洞孔,以保持其干燥。⑥应避免高温,避免太阳直接照射或放在封闭的车内。⑦不要使用其他人的口腔保护器。⑧如果口腔保护器有问题,需与制作口腔保护器的牙科医生联系。

(赵信义)

参考文献

1　李玉晶,仇新全,李建英.氟化氨银溶液防龋抑龋作用的研究.中华口腔医学杂志,1984,19(2):975-981

2　刘艳玲,冯希平,朱敏.绿茶多酚防龋涂膜对口腔主要致龋菌的抑制作用.上海口腔医学,1995,4(4):198-200

3　杨东梅,李玉晶,葛丽华.氟钼酸铵溶液对人工根面龋作用的研究.中华口腔医学杂志,1995,30(5):2744-2749

4　金晖,张伟国,刘瑷如.不同处理程序的镧、铈、氟人牙根面防龋作用研究.中华口腔医学杂志,1997,32(3):143-148

5　樊明清,贺红,凌均启.洗必泰涂料系统对窝沟菌斑中变形链球菌的影响.中华口腔医学杂志1997,32(5):269-271

6　刘艳玲,冯希平,叶玮.绿茶多酚防龋涂膜的释放研究.口腔医学,1998,18(4):171-172

7　Lygidakis NA. Evaluation of fissure sealants retention following four different isolation and surface preparation techniques: four years clinical trial. J Clin Pediatr Dent,1994,19(1):23-25

8　Anusavice, Kenneth J, et. Phillips' Science of Dental Materials. 10th ed. Philadelphia: Saunders, 1996

9　van Loveren C, Buijs JF, Buijs MJ, et al. Protection of bovine enamel and dentine by chlorhexidine and fluoride varnishes in a bacterial demineralization model. Caries Res,1996,30(1):45-51

10　Craig, Robert G., ed. Restorative Dental Materials. 10th ed. St. Louis: Mosby, 1997

11　Petersson LG, Magnusson K, Andersson H, et al. Effect of semi-annual applications of a chlorhexidine/fluoride varnish mixture on approximal caries incidence in schoolchildren. A three-year radiographic study. Eur J Oral,1998,Sci-106(2 Pt 1):623-627

12 Beltran-Aguilar ED, Goldstein JW, Lockwood SA. Fluoride Varnishes:A Review of Their Clinical Use, Cariostatic Mechanism, Efficacy and Safety. J Am Dent Assoc,2000,131:589-596

13 Petersson LG, Magnusson K, Andersson H, et al. Effect of quarterly treatments with a chlorhexidine and a fluoride varnish on approximal caries in caries-susceptible teenagers:a 3-year clinical study. Caries Res,2000,34(2):140-143

14 Zaura-Arite E, ten Cate JM. Effects of fluoride-and chlorhexidine-containing varnishes on plaque composition and on demineralization of dentinal grooves in situ. Eur J Oral,2000,Sci-108(2):154-161

15 Ekenback SB, Linder LE, Lonnies H. Effect of four dental varnishes on the colonization of cariogenic bacteria on exposed sound root surfaces. Caries Res,2000,34(1):70-74

16 Castillo; Milgrom, Kharasch, Izutsu, Fev. Evaluation of Fluoride Release from Commercially Available Fluoride Varnishes. JADA,2001,132:1389-1391

第二十一章 根管充填材料
（root canal filling materials）

根管充填材料是用于根管治疗术充填根管、消除死腔的材料。

理想的根管充填材料应具备以下性能：①不刺激根尖周组织。②在凝固前应具有良好的流动性，凝固过程中体积不收缩，凝固后与根管壁无间隙。③具有 X 线阻射性，便于检查是否充填完满。④操作简便，能以简单方法将根管充填完满，必要时能从根管中取出。⑤能长期保存在根管中而不被吸收。⑥不使牙体变色。

目前临床所用根管充填材料分为固体类、糊剂类和液体类 3 类。

第一节 固体类根管充填材料
（solid root canal filling materials）

固体类根管充填材料主要有牙胶尖、银尖、钴铬合金丝和塑料尖，这一类根管充填材料不能严密地充填根管，只能作为辅助充填材料与糊剂类根管充填材料配合使用。

一、牙胶尖（gutta-percha points）

（一）组成（composition）

牙胶 10%～20%，氧化锌 61%～75%，蜡和松香 1%～4%、硫酸钡 10%。

（二）性能（properties）

牙胶尖有一定的压缩性（体积的 3%～6%），可填压较紧，但压力去除后会逐渐恢复。牙胶尖具有一定的组织亲和性和 X 线阻射性，还具有必要时易取出的优点，但没有弹性，不易进入弯曲及侧副根管，超充后会刺激根尖周组织。牙胶尖加热时能软化，软化后用充填器注入根管内，容易进入弯曲及侧副根管，但加热或充填压力不当会引起牙周损伤，容易超充。

近年来，国外将加热后流动性较好的牙胶用特制注射器注射充填根管。该技术主要适用于狭窄、弯曲、形态复杂、有器械折断的根管，根管封闭性能优于一般根充法，根充后可形成一致密的整体。热牙胶与糊剂类材料联合应用，可封闭热牙胶与管壁间不规则微隙及侧副根管，还可润滑管壁，有助于热牙胶的流动。但是，热牙胶易超填而损害根尖周组织，成本也较高。

二、银尖（silver cones）

（一）组成（composition）

银 99.8%～99.9%，镍 0.04%～0.15%，铜 0.02%～0.08%。

（二）性能（properties）

银尖具有较高的机械性能，其努氏硬度为 112，拉伸强度为 307～450 MPa。银尖具有一定的杀菌、抑菌作用和 X 线阻射性能，可用于弯曲的根管。银尖的耐腐蚀性较差。

三、塑料尖（plastic points）

（一）组成（composition）

聚丙烯或聚苯乙烯。

（二）性能（properties）

塑料尖有弹性，易于应用，组织亲和性好，但 X 线透射。

第二节 糊剂类根管充填材料
（root canal filling paste）

糊剂类根管充填材料种类很多，大多是由粉与液调拌而成糊状，充填后可硬化。常用的糊剂类根管充填材料有氧化锌丁香油根管充填材料、根管糊剂、氢氧化钙糊剂、碘仿糊剂、氧化锌丁香油水门汀、聚羧酸锌水门汀等。

一、氧化锌丁香油水门汀
（zinc oxide-eugenol cement）

（一）组成（composition）

Rickert 配方：粉：氧化锌 41.2 g，沉淀银 30.0 g，白松香 16.0 g，碘化麝香草酚 12.8 g。液：丁香油 78 g，加拿大香脂（Canada balsam）22 g。

Grossman 配方：粉：氧化锌 42 g，氢化松香 27 g，次碳酸铋 15 g，硫酸钡 15 g，无水硼酸钠 1 g。液：丁香油。

在液剂中加入 68% 的乙氧基苯甲酸则形成 EBA 增强型氧化锌丁香油水门汀。

（二）性能（properties）

Rickert 配方在口腔内凝固时间大约为 20 min，刚调制的材料流动性较好，凝固后对根管的封闭效果良好。Grossman 配方凝固时间较长，达 1.5 h，流动性与 Rickert 配方相当，有明显的 X 线阻射性。氧化锌丁香油类根管充填材料有持续的抗菌作用，同时对组织有轻度的致炎性，可产生轻微炎症，导致疼痛、愈合迟缓等。临床上常与牙胶尖共同作为根充材料。

二、碘仿糊剂(iodoform paste)

(一)组成(composition)

粉:碘仿3 g,麝香草酚0.3 g,氧化锌5 g。
液:樟脑氯酚合剂4 ml。

(二)性能(properties)

碘仿根充后遇到组织液、脂肪和细菌产物能缓慢释放出游离碘,有较强的抑菌、杀菌作用。该材料不固化,易导入和取出,超出根尖孔的在1~2周内可被组织完全吸收。该材料的封闭性能欠佳,并能引起牙体组织颜色改变,临床上常与牙胶尖共同使用。该材料多用于脓液渗出性感染根管。

三、根管糊剂(root canal filling paste)

(一)组成(composition)

配方较多,典型配方如下:
粉:麝香草酚1 g,氧化锌2 g。
液:甲醛溶液1 ml,三甲酚3 ml,甘油1 ml。

(二)性能(properties)

粉液调和24 h后逐渐凝固,有持续的消毒作用,并能促进尖周的愈合。超出根尖孔的可在2周内逐渐吸收,但超出过多时有刺激性。使用时常加用牙胶尖或银尖。

四、氢氧化钙类根管充填材料(calcium hydroxide root canal filling paste)

氢氧化钙及其制剂作为根管充填材料,近年来应用较多。目前主要有两大类,一类是不凝固的,如Calvital糊剂、Vitapex糊剂;另一类是凝固的,如Sealapex(Kerr)(图21-1)。

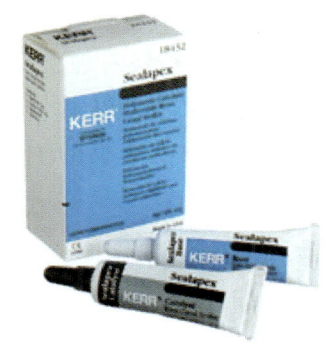

图21-1 Sealapex(Kerr)根管充填材料

(一)组成(composition)

配方较多,典型配方如下:

Calvital糊剂:粉:氢氧化钙78.5 g,碘仿20 g,抑菌药物1.5 g。液:丙二醇0.5 ml,蒸馏水99 ml,丁卡因0.5 ml。

Vitapex糊剂:氢氧化钙30.3 g,碘仿40.4 g,硅油22.4 g,其他6.9 g。

Sealapex:基质糊剂(base):N-乙基对甲苯磺酰胺、胶体SiO_2、氧化锌、氢氧化钙。催化糊剂(catalyst):水杨酸异丁酯树脂、胶体SiO_2、硫酸钡、二氧化钛。

(二)性能(properties)

氢氧化钙类根管充填材料具有较强的抗菌、抑菌作用,并具有X线阻射性,能促进根尖钙化,封闭根尖孔,因而多用于乳牙及年轻恒牙的充填。由于含有硅油,Vitapex糊剂在根管内不凝固,有利于氢氧化钙缓慢释放,既可以作为暂时性根充材料(单独使用),也可作为永久性根充材料(与牙胶尖共同使用)。Sealapex可以凝固,具有一定的强度。

五、磷酸钙水门汀（calcium phosphate cement）

磷酸钙水门汀也称羟基磷灰石水门汀（hydroxyapatite cement），是一种由几种磷酸钙盐组成的混合物，用固化液调和后呈糊状，凝固后转化为羟基磷灰石，具有优良的生物相容性、可降解性，正引起人们的广泛重视，并逐步应用于临床。

（一）组成（composition）

磷酸钙水门汀一般由磷酸钙盐粉末和凝固液两部分组成。磷酸钙盐粉末一般包含2种或2种以上的磷酸钙，其中一种偏酸性，如二水磷酸氢钙（DCPD）、磷酸二氢钙（DCPA）；另一种偏碱性，如磷酸四钙（TTCP）、α-磷酸三钙（α-TCP）。凝固液多为低浓度的磷酸或磷酸盐溶液，也可以是蒸馏水或其他液体，如血浆、胶原溶液、甘油等。粉、液调和物在室温或体内生理条件下能够很快自行固化结晶，其水化结晶反应的最终产物是羟基磷灰石晶体。配方及工艺条件对骨水泥的凝结时间、产物种类及强度有很大影响。

（二）性能（properties）

1. 凝固时间（setting time）

大多数磷酸钙水门汀在37℃、90%～100%的相对湿度下凝固时间是10～30 min，完全固化需要6～20 h。在磷酸钙水门汀粉剂中添加羟基磷灰石微晶可显著提高凝固速度，缩短固化时间。

2. 强度（strength）

由于磷酸钙水门汀在凝固过程中形成许多微小孔隙，因此它是一种多孔材料，其力学强度与孔隙率及微孔的尺寸密切相关，高孔隙率虽有利于新骨长入，但材料强度较低。目前该材料的孔隙率可降低到26%～28%。

磷酸钙水门汀强度较低，抗压强度一般为30～50 MPa（依CPC材料和制备过程而异），抗折强度6～10 MPa，脆性较大。磷酸钙水门汀在根管内发生固化，增强了牙根的机械强度，减少了根折的机会。

由于糊剂在根管内硬固后不易取出，故对根管充填的要求较高。

3. 生物学性能（biological properties）

磷酸钙水门汀本身并无成骨性，但能提供适合新骨沉积的生理基质，引导周围骨组织再生以及牙骨质沉积，封闭根尖孔。在磷酸钙水门汀中加入骨形成蛋白（BMP），有促进牙髓细胞分化、诱导牙本质形成的功能。

（三）应用（application）

磷酸钙水门汀适用于牙髓病、尖周病、牙周袋与尖周病变相通的尖周阴影。牙根未发育完全呈现喇叭形的根尖。特别在治疗根尖孔呈喇叭口的年轻恒牙更行之有效，它可简化操作、缩短疗程、提高疗效。

六、矿物三氧化物凝聚体（mineral trioxide aggregate，MTA）

MTA是近年来新出现的一种根管充填、盖髓材料，具有多种独特的性能。

（一）组成（composition）

MTA在组成上与工业上的硅酸盐水泥极为相近，主要由硅酸三钙、铝酸三钙、氧化三钙及氧化硅组成，但是，它所用原料更纯净，杂质很少，而且含有能阻止X线穿透的氧化铋（表21-1）。

表 21-1　MTA 的典型化学组成

SiO₂	Al₂O₃	Fe₂O₃	CaO	MgO	Bi₂O₃	Na₂O + K₂O
21%	4%	5%	65%	2%	1.5%	1.5%

（二）凝固反应（setting reaction）

MTA 的凝固反应过程与硅酸盐水泥相似，非常复杂，主要是水化反应。当 MTA 的颗粒与水混合后，水溶解颗粒的表面，在颗粒四周形成较为完整的水化物膜层。之后，反应历程又受到离子通过水化产物层时扩散速率的影响。随着水化产物层的不断增厚，离子扩散速率即成为水化历程动力学行为的决定性因素。在所生成的水化产物中，有许多是属于胶体尺寸的晶体。随着水化反应的不断进行，各种水化产物逐渐填满原来由水所占据的空间，固体粒子逐渐接近。由于钙矾石针、棒状晶体的相互搭接穿插，特别是大量箔片状、纤维状 C—S—H 的交叉攀附，从而使原先分散的颗粒以及水化产物连结起来，构成一个三维空间牢固结合、密实的整体。

（三）性能（properties）

MTA 与水调和后，凝固时间较长，达 2 h 45 min。凝固后 24 h 的压缩强度为 40 MPa，21 d 后的压缩强度为 67 MPa。水中溶解率较小，与 EBA 增强型氧化锌丁香油水门汀相当。

MTA 在凝固过程中伴随有轻微的体积膨胀，因此用该材料充填根管后具有优秀的边缘封闭性能。实验研究表明，用 MTA 进行根管侧穿或髓室底穿孔修补和根尖倒充填时的封闭性明显高于银汞合金、EBA 增强型氧化锌丁香油水门汀、IRM、玻璃离子体水门汀和羟基磷灰石。

MTA 凝固反应中会产生 Ca(OH)₂ 晶体，因此，反应产物呈强碱性。凝固最初的 pH 为 10.2，3 h 后 pH 上升至 12.5，pH 可维持 24 h 以上，因此具有良好的抑菌作用和盖髓效果。MTA 对感染根管口常见的 9 种兼性厌氧菌中的 5 种具有较强的抗菌性和抑菌性，但对厌氧菌无效。用 MTA 盖髓，钙桥形成与传统氢氧化钙相同，但它对牙髓的刺激性较小。

MTA 中加入氧化铋，具有与牙胶相似的 X 线阻射性，略高于牙本质，在 X 线片上容易辨认。

（四）应用（application）

MTA 主要用于直接盖髓、活髓切断、穿孔修补、根管充填和根尖倒充填等，不适用于保留滞留的乳牙，因为有研究认为有可能造成牙齿的片状剥离。由于 MTA 临床应用时间不长，关于长期疗效的报道并不多见，应用时应谨慎。

使用时，将 MTA 粉与蒸馏水调和，用特制的充填器械充填入根管中。一般与牙胶尖联合应用。

第三节　液体根管充填材料
(liquid root canal filling materials)

液体根管充填材料主要是 FR 酚醛树脂。

一、组成（composition）

FR 酚醛树脂为 3 组分液体，充填时将 3 种液体按一定比例混合使用。

Ⅰ液：甲醛（40%）62 ml，甲苯酚 12 ml，乙醇（95%）6 ml。

Ⅱ液：间苯二酚 45 g，蒸馏水 55 ml。

Ⅲ液：氢氧化钠 1 g，蒸馏水 122 ml。

用时取Ⅰ、Ⅱ液各 0.5 ml,加入Ⅲ液 0.12 ml (或用滴管以Ⅰ液 2 滴,Ⅱ滴 5 滴、Ⅲ液 2 滴,放入注射器或塑料制小瓶盖中,搅拌至发热并呈红棕色时即可使用。

二、性能(properties)

FR 酚醛树脂的主要成分是间苯二酚和甲醛,它们在强碱性条件下能快速聚合成酚醛树脂。在聚合前能很好地充填根管,聚合后能将根管内残留的病原刺激物包埋固定,使其成为无害物质。

FR 酚醛树脂聚合前流动性大,渗透性好,并具有很强的抑菌作用,聚合后对尖周组织刺激性较小。但是,FR 酚醛树脂为红棕色,能渗透到牙本质小管中,使牙本质变色,因此不宜用于前牙,以免影响美观。

(赵信义)

参 考 文 献

1 王青. 热牙胶注射根管充填封闭性的研究. 中华口腔医学杂志,1996,31(3):160-162

2 曹卫彬. 根管充填材料的研究进展. 牙体牙髓牙周病学杂志,2000,10(6):366-367

3 王萍. 根管充填材料. 广东牙病防治,2001,9(2):147-148

4 张琛. 热塑牙胶尖根管充填的临床应用. 北京口腔医学,2002,10(2):93-94

5 Lee SJ, Monsef M, Torabinejad M. Sealing ability of a mineral trioxide aggregate for repair of lateral root perforations. J Endodon, 1993,19:541-544

6 Torabinejad M, Watson TF, Pitt Ford TR. The sealing ability of a mineral trioxide aggregate as a root end filling material. J Endodon, 1993,19:591-595

7 Torabinejad M, et al. Dye leakage of four root end filling materials: Effects of blood contamination. J Endod,1994,20:159-163

8 Ingle, John Ide, et al. Endodontics. 4th ed. Baltimore: Williams & Wilkins, 1994

9 Torabinejad M, Hong CU, McDonald F, et al. Physical and chemical properties of a new root-end filling material. J Endodon, 1995,21:349-353

10 Torabinejad M, et al. Cytotoxicity of four root end filling materials. J Endod, 1995,21:489-492

11 Torabinejad M, et al. Investigation of mineral trioxide aggregate for root-end filling in dogs. J Endod,1995,21:603-608

12 Bates CF, et al. Longitudinal sealing ability of mineral trioxide aggregate as a root-end filling material. J Endod,1996,22:575-578

13 Sheehy EC, Roberts GJ. Use of calcium hydroxide for apical barrier formation and healing in non-vital immature permanent teeth: a review. Br Dent J, 1997, 183(7):241-246

14 Torabinejad M, et al. Histologic assessment of mineral trioxide aggregate as a root-end filling in monkeys. J Endod, 1997,23:225-228

15 Torabinejad M, et al. Tissue reaction to implanted root-end filling materials in the tibia and mandible of guinea pigs. J Endod, 1998,24:468-471

16 Nurko C, Garcia Godoy F. Evaluation of a calcium hydroxide/iodoform paste (Vitapex) in root canal therapy for primary teeth. J Clin Pediatr Dent, 1999, 23(4):289-294

17 Schwartz RS, et al. Mineral trioxide aggregate: a new material for endodontics. J Am Dent Assoc, 1999,130(7):967-975

18 Holland R, et al. Mineral trioxide aggregate repair of lateral root perforations. J Endod, 2001,27(4):281-284

19 Witherspoon DE, et al. One-visit apexification: technique for inducing root-end barrier formation in apical closures. Pract Proced Aesthet Dent, 2001,13(6):455-460

20 Orstavik D, Nordahl I, Tibballs JE. Dimensional change following setting of root canal sealer materials. Dent Mater, 2001,17(6):512-519

21 Koh ET, et al. Prophylactic treatment of dens evaginatus using mineral trioxide aggregate. J Endod, 2001,27(8):540-542

第二十二章 颅颌面植入材料
（craniomaxillofacial implant materials）

第一节 概述（introduction）

随着现代材料科学、医学和生物学的迅猛发展，各类生物材料在颅颌面软、硬组织缺失或缺损修复中的应用已日趋广泛，这些植入体内或体表的生物材料在颅颌面修复与重建工程中发挥着重要的作用，也为临床颅颌面部疾病的成功治疗提供了保障。

颅颌面组织的缺失或缺损修复主要包括颌骨骨折、正颌、颌骨重建、种植牙、人工颞下颌关节、人工颌骨、人工颅骨、赝复体、骨缺损充填、牙槽嵴增高、软组织填补、人工黏膜和人工皮肤等。临床上尽管对上述有些缺失或缺损可以考虑采用自体软、硬组织移植或异体组织移植的方法，然而这些方法始终存在自体组织来源受限、异位取骨易患术后并发症、异体组织易发生免疫排异以及疾病传播的潜在风险，因此，以各类生物材料为主体的医用植入制品目前正越来越受到医患双方的关注，他们具有不损伤自体组织、来源丰富、无免疫排斥、无疾病传播等特点，已成为口腔临床治疗工作中重要的组成部分。

颅颌面植入材料从临床应用角度可以分为骨植入材料、软组织植入材料和牙种植材料等3大类；从材料学角度可分为金属或合金类、高分子类、陶瓷或碳素类和复合类等4类；从材料性质角度可分为生物惰性材料（非生物降解型）和生物活性材料（生物可降解型）两大类；从材料来源角度又可分为天然的和人工合成的两类。植入材料不管属于哪一类，都必须满足一些基本的要求。作为一种理想的用于颅颌面植入修复的材料，一般应具有以下7个方面的要求：

（一）良好的生物相容性

生物相容性应包括组织相容性和生物力学相容性，前者是指材料植入生物体内后对机体局部和全身无有害作用，不引起组织或细胞的毒性、过敏、刺激、溶血、排异、突变、畸变和癌变等不良反应；后者是指材料的力学性能应与植入区的组织接近，以避免植入材料因应力集中而对正常周围组织造成创伤。

（二）良好的物理机械性能

对于植入硬组织内的材料，应具有与周围组织匹配的强度、硬度、弹性模量和耐磨性，能承载静态、动态或各种生理状态下的力，并要求在临床所期望的使用时间内不发生材料的变形、磨损或折断等现象。

（三）良好的化学稳定性能

植入材料在机体正常代谢环境中不发生腐蚀、变质、变性和老化，材料的化学性能稳定。

（四）良好的生物活性和诱导再生性

植入材料能与周围组织直接进行化学性结合，不阻止组织细胞在其表面的正常活性或干扰细胞的自然再生过程，具有传导、促进、刺激或诱导自身组织生长的作用。

（五）生物可降解性

植入材料应在一定时间内被自身组织所替代（种植牙除外），材料的降解时间与组织长入的时间应匹配，材料的降解产物对机体应无任何毒副作用。

（六）良好的耐消毒灭菌性

植入材料易消毒灭菌，消毒灭菌后不发生变形，不对材料的性能产生影响，不引起生物学危害等。

（七）良好的成型加工性能

植入材料应具有易加工成型性，提高临床的可操作性。

尽管现代生物医用材料正以其各自特有的优势在疾病的治疗和康复重建方面起着举足轻重的作用，但是迄今为止，还没有一种完全符合上述要求的颅颌面植入材料。因此，进一步研制、开发和改进适合于临床应用特点的体内植入材料将是未来生物材料领域的主攻方向之一。

第二节 骨组织植入材料
（bone tissue implant materials）

在过去的几十年中，骨组织修复材料主要是采取自体异位或异体骨移植物，这种移植物在美国每年有近20万个病例，自体取骨尽管无免疫排异现象，但严重存在供区材料来源不足的问题，同时这种拆东墙补西墙的方法，术后因并发症造成的失败率可高达10%～30%；异体骨移植存在材料筛选和储存方面的限制，费用昂贵，且易产生免疫排斥反应或导致病毒感染和肿瘤生成等现象，所以失败率比自体骨移植更高。为了克服自体骨和异体骨移植存在的上述问题，近年来，各种天然的或人工合成的生物材料已开始进入临床，成为骨组织缺损或缺失的替代材料，该类生物材料即为本节所描述的骨组织植入材料。

作为骨植入材料通常是通过3种不同方式发挥其作用，即骨生成、骨诱导和骨引导。骨生成是一种成骨细胞直接分泌骨基质并逐渐矿化成骨，此过程必须要求成骨细胞存在，只有自体骨才会有这种机制；骨诱导是通过诱导未分化的间充质细胞转化成骨细胞或软骨细胞，并促进骨生长，这种材料甚至可以在不期望成骨的区域成骨，一般这种基质取决于位于骨皮质的特殊蛋白质——骨形成蛋白（BMP），由于BMP易流失，故需要借助载体将它吸附、黏结、相嵌、载负于上面；骨引导是一种允许与现存骨并列存在的成骨方式，通过某些引导材料提供一个支架或引导物引导新骨向内生长或沉积。

骨组织植入材料包括生物衍生骨植入材料、无机非金属骨植入材料、金属或合金骨植入材料、高分子骨植入材料、复合骨植入材料（如金属/生物陶瓷复合骨植入材料、无机/高分子骨植入材料、含BMP等活性因子的复合材料)等,这些材料因其本身性能的特点,在与骨组织的相容性、骨引导性、骨诱导性以及生物安全性方面都存在一定的优势,但或多或少也存在着一些问题。因此,正确掌握材料的性能、作用机制、反应类型等,对临床合理选择适应证,获得良好的临床效果是至关重要的。本节将对上述的骨组织植入材料作一介绍。

一、生物衍生骨植入材料

生物衍生骨植入材料是指来源于同种异体骨组织、异种(动物)骨组织以及海洋动物骨组织的材料。多年来,针对异体和异种骨组织的免疫原性和病毒感染或传播性等问题,人们开展了大量的研究工作,其中包括采用去细胞成分、去蛋白质等有机成分、去无机成分等各种方法,试图破坏被植入材料的免疫反应原,完全或部分保存原来组织的结构和部分生理活性,或者通过从骨质中提取胶原、磷酸钙、BMP等成分,模拟自然骨的组成,以期望能获得良好的骨植入成功率。下面将选择一些具有代表性的天然骨植入材料分别进行介绍。

(一) 脱蛋白骨

脱蛋白骨主要有:洁净骨、无机骨(inorganic bone)、Oswestry 骨、Bio-oss 骨、Kiel 骨等,其中 Kiel 骨、Oswestry 骨和 Bio-oss 骨已应用于临床,并取得了良好的效果。

早在20世纪50年代,Martz 等人就曾运用特殊的浸渍法来破坏牛骨松质中的蛋白质,制得 Kiel 骨裂片,把它用作骨缺损的填充材料,但是由于这种去蛋白质处理的过程不完全,结果造成应用后仍然激活机体免疫防御系统,出现了免疫排斥反应。高中礼等人发现:牛骨松质在30%过氧化氢中脱蛋白质处理的最佳时间是8h,因为此时的抗原性降至最低,且能最大程度上保留骨松质的生物力学强度。

一般认为,多孔人工骨的孔径只有大于100μm时,才能使新生骨有效地长入其微孔内。脱蛋白质骨因保留一定的孔隙率、孔径和孔间连接,因此特别适合作为骨形成蛋白(bone morphogenetic protein, BMP)的载体,它在体内主要靠破骨细胞作用使其吸收,部分被新生骨替代。

(二) 脱钙骨基质(demineralized bone matrix, DBM)

1973年 Urist 制成了具有骨诱导作用的骨基质明胶(bone matrix gelatin, BMG),该材料是在脱钙骨基础上,用连续化学处理方法,去除了除骨形成蛋白以外的95%的非胶原蛋白和脂类,使其抗原性进一步下降,但 BMP 的纯度相对较高。1975年 Urist 又用脱钙骨制成了去抗原自溶同种骨植片(AAA骨),实验证明脱钙率与抗弯应力的减少成正比:脱钙率为49%时抗弯应力下降了31.50%;脱钙率为98.4%时抗弯应力下降了84.30%;脱钙率在25.90%以下时对骨的抗压强度没有影响,脱钙率在65%~77%时骨的抗压强度减少17%;脱钙率在94.8%时骨的抗压强度减少了88%。所以,由于脱钙骨基质抗压强度比较小,一般不能作为承重部位的骨缺损修复。目前已证实 BMG 诱导成骨的方式主要是软骨内成骨。Kabiuchi 报道:应用改进处理后的人 BMG 用于160例需植骨的患者,结果发现骨结合的成功率达到98%,他认为 BMG 填充骨缺损是最合适的材料。然而,由于 BMG 制备过程复杂,且骨诱导活性不稳定,所以近年来研究应用并不多。

(三) 冻干骨

冻干骨是一种经低温脱水、使用前再水化的异体骨,由于在临床使用前已经过脱水和水化两个过程,因此不可避免地会出现材料本身的显微骨折,从而使其生物力学性能发生不同程度的改变,特别是冻干的过程可以使材料的弹性模量减少,脆性增加。而且 Pelker 经研究认为：冻干对骨的压缩强度无影响，但可使抗扭曲强度减少 36.5%，复水后抗弯强度减少 40%。

有关冻干骨植入后的力学特性，Ennecking 证实：同种冻干骨植入 6 周后，骨皮质结构就变得疏松，其强度减弱，这种情况至少要持续 6 个月，1 年后可见 60% 的结构已由新骨替代，当然这一过程存在个体差异，有的个体可以长达 20 年还不能完全吸收，儿童术后 2 年，只有在显微镜下才能识别出植入骨的结构。

冻干骨在体内的生物学反应主要是破骨细胞的作用，与此同时，成骨细胞的活跃增生，促使冻干骨吸收以及自体新骨不断形成，一般对于代谢旺盛、体质健康的个体，可能新骨的替代就比较完全。

（四）煅烧骨

煅烧骨是将牛骨经 1 000℃ 以上高温煅烧、除去其中所有的有机质，得到一种纯粹的矿质骨，亦即陶瓷化骨或人工骨。这种骨能保持自然骨的海绵结构、高孔度（约占体积的 70%）和骨传导性等，虽然所制得的骨形状不变，但其结构很脆弱。从材料的结构上分析，植入的煅烧骨其晶体相与自然骨接近[HA 含量为 93%，β-TCP（β-tricalcium phosphate）含量为 7%]。已有很多研究表明：这种以 HA 为主体的材料具有优良的生物相容性，能促进新骨的再生，并与其结合良好。然而，这种倾向于与骨组织达到化学和生物平衡的材料，在体内相对稳定，因材料本身难以被降解吸收，所以始终作为一种异物存在于生物体内。

煅烧骨植入生物体后，周围骨组织能顺利长入其中，形成骨质床。这类植入材料的孔壁相比人工合成的多孔陶瓷，更容易让正常骨组织长入和生成。李彦林等人制成的陶瓷样异种骨具有原骨的骨小梁、小梁间隙及骨内管腔系统，具有天然的网状孔隙，组织相容性良好。植入动物体内 34 周，大部分已被吸收。

这里介绍一种特殊孔结构的煅烧网状海绵骨的具体制作方法：将小牛股骨的髁部切成块状，在蒸馏水中煮沸 12 h，随后通过一系列乙醇脱水，70℃ 下干燥 3 d，再将干燥的网状骨块在镍、铬线圈炉中以 10℃/min 升温，800℃ 下煅烧 6 h 即可。

（五）珊瑚骨（coralline bone）

珊瑚（coral）是一种海生脊椎动物的骨骼，呈多孔状，其化学成分和形态非常类似无机骨，其结构与骨松质相似，此种结构有利于纤维及血管组织长入。珊瑚的多孔结构不同于其他各种海洋无脊椎动物，它的主要成分碳酸钙很容易被机体吸收，通过水热作用的交换过程，珊瑚也能转化成羟基磷灰石。生物珊瑚是由碳酸钙晶体或霰石（碳酸钙的一种亚稳定结构）组成，由于陶瓷的孔隙率不同，生物珊瑚的抗压强度可以从 26 MPa（50% 孔率）到 395 MPa（致密）不等，而弹性模量（Young 模量）也可以从 8 GPa（50% 孔率）到 100 GPa（致密）不等。珊瑚骨的力学性能较脆，其抗压强度较低，与人体骨的抗压强度相差较大。

珊瑚骨与生物组织之间具有良好的生物相容性和骨引导能力，植入生物体后材料可发生逐步降解，其降解速度因种类不同而异。珊瑚骨在体内的生物降解过程一般认为是机体组织中破骨细胞内碳酸酐酶的作用，使珊瑚骨内的碳酸钙分解为 Ca^{2+} 和 H_2CO_3，而 Ca^{2+} 则参与钙、磷离子交换，直至被完全吸收。

早在 20 世纪 70 年代末就有开展天然珊瑚作为骨代用品的研究，这些年来，通过大量的动物模型和临床应用证实：珊瑚中的微孔道结构有利于缺损骨组织的长入替代，微血管侵入种植块，逐渐转化为成熟的骨板，其生长过程与自体修复所观察到的现象基本相同。特别是它含有巨大的表面积，能成为骨内向生长和钙盐沉积的基质。初步的临床应用表明：用珊瑚植入骨缺损区，通过与单纯的羟基磷灰石（HA）比较，发现用珊瑚修复的骨缺损部位新骨成长速度快于 HA，并且在缺损区未见明显的炎症反应，也无组织坏死和材料排出现象。但是,多数珊瑚植入物在体内降解吸收过快,4~8周降解作用明显,12周时已完全降解,往往出现在骨缺损区尚未完全修复之前珊瑚已被完全吸收的现象,即造成支架降解与骨生成不协调。选用红珊瑚为原料植入缺损的下颌骨,2年后X线片显示材料形态良好,降解速度慢。另外,由于抗压强度较低,故临床上通常不适合用于承受压力较大部位的骨修复。

珊瑚骨在口腔颌面外科中的应用主要包括:LefortⅠ型颌面骨整形和牙槽嵴裂手术中充填骨间隙、牙周骨组织缺损修复、拔牙创窝充填等,临床上均可获得良好的治疗效果。当然,作为骨植入材料,珊瑚骨也存在脆性大、无骨诱导性、降解快(大多数)等不足,单独应用时不易达到满意效果。因此,近年来已逐步开展对珊瑚骨理化以及生物学性能的改良,比如制成珊瑚转化型的HA以延缓天然珊瑚的降解速度;珊瑚骨中加入骨形成蛋白或自体骨组织,增加骨诱导作用以及增加骨组织的生成量和骨再生速度。这些改良的目的是提高珊瑚对骨组织的修复能力。

二、无机非金属骨植入材料

无机非金属骨植入材料主要是指以人工合成的生物陶瓷为主的医用无机材料,生物陶瓷主要由钙、磷元素组成,它们是人类骨组织的主要无机物。根据植入材料对生物体组织的作用方式,可将无机非金属骨植入材料大致分为生物惰性材料、生物活性材料以及生物降解性材料等3大类。

(一) 生物惰性(bioinert)材料

这类材料化学性能稳定,在体内能耐氧化、耐腐蚀、不降解、不变性、不参与体内代谢过程,它们与骨组织不能产生化学结合,而只是被纤维结缔组织膜所包围,形成纤维骨性结合界面。另外,材料具有较高的机械强度和耐磨损性能。

(二) 生物活性(bioactive)材料

这类材料能够诱导特殊生物学反应,在体内有一定的溶解度,能释放对机体无害的某些离子,能参与体内代谢,对骨质增生有刺激或诱导作用,能促进缺损组织的修复,材料与骨组织之间有键合能力,可形成骨性结合界面,这种结合属于化学性结合,其强度高,能满足人体硬组织功能所需的力学性能要求,材料的稳定性好,长期在体内基本能保持其原有的性质不变。但缺点是脆性大、韧性较差,塑形困难,不能单独承受种植体的剪切力。

(三) 生物降解性(biodegradable)材料

这类材料植入骨组织后,通过体液溶解、吞噬细胞作用后能被机体吸收或代谢最终排出体外,使植入区完全由新生的骨组织替代。因此,该材料只起到早期的、暂时性的支架作用。

随着现代生物医学的发展,无机非金属骨植入材料研究已经经历了一个从生物惰性材料到生物活性材料,再到既具有生物活性又可降解的发展过程。美国著名生物材料学家Hench教授在2002年2月出版的 Science 杂志上发表文章,首次提出了第三代生物材料的概念。他在文章中指出,第二代生物材料主要是指或者具有生物活性,或者具有降解性,两者不兼有。而第三代生物材料的概念应该是生物活性与生物降解性两者相结合,即材料既具有生物活性,又具有生物降解性能。比如,生物活性玻璃材料已从原来仅仅具有生物活性,到现在开发研制出不仅有生物活性而且兼有生物降解性的新一代生物活性玻璃。

本节将重点介绍几种目前临床上常用于颅颌面种植的无机非金属骨植入材料。

(一) 羟基磷灰石(hydroxyapatite)

大量的研究表明,羟基磷灰石(HA)是一种生物活性陶瓷,它与人体自然骨和牙齿等硬组织中的无机质在化学成分和晶体结构上具有相似性,当该材料植入体内后,可与自然骨形成牢固的化学键合,具有良好的生物相容性、骨引导和骨诱导作用,因而已用于口腔颌面部因骨髓炎、骨肿瘤、骨囊肿等手术切除以及创伤引起的较大面积的骨缺损替代或牙槽增高的材料。

1. 一般特性

作为种植材料应用的HA一般要经过成型和烧结的过程,烧结温度在900~1 400℃范围内,常用的烧结体有3种类型:致密体、多孔体和颗粒。通常烧结体的强度和弹性模量都比较高,断裂韧性小,且随烧结体条件的不同,力学性能波动很大。由于生物骨组织是呈多孔结构的,这种结构能够适应一定范围的应力变化,并使血液循环流畅,保证骨组织的正常生长代谢,所以,用于骨植入的HA多加工成致密多孔陶瓷板,或大孔体,或作为填充作用的颗粒状。通常HA致密体的致密率可达到95%以上,多孔体的气孔率在20%~95%之间,孔径大小为50~250 μm,气孔的互通性良好。HA陶瓷的机械性能与其烧结方法和烧结条件有着密切的关系。烧结的HA陶瓷一般不溶于水,呈化学中性,在弱酸和体液中可产生微量溶解,耐乳酸腐蚀性能与生物硬组织相近。Rodriguez-Lorenzo等研究发现:多孔陶瓷的孔隙率越高,表面粗糙度越大,而弯曲强度和弹性模量越低。当将样品浸入模拟体液中21 d,其表面仅侵蚀5.5 μm,弹性模量亦未发生改变,但弯曲强度却随孔隙率增加而降低。一般HA微溶于唾液,唾液对HA的晶格常数有一定的影响。不管是哪一种类型的HA材料,它们都具有共同的弱点,即脆性大、耐冲击强度低、无生物降解性。

2. 生物学性能

近20年的研究已初步证实HA陶瓷具有优良的生物相容性,对生物体无毒性,无刺激性,无溶血作用,不引起过敏反应,不致畸和突变。HA植入骨组织后的组织学反应程度与被植入的部位、植入时间、受力状态、材料本身的性质(如表面溶解)等直接有关,通常植入区组织反应程度与细胞反应强度存在相关性,而细胞反应又与材料表面层的结构、化学成分和机械性能有关,比如当植入区材料表面发生溶解或溶出时,会导致局部细胞反应明显增强。

HA陶瓷在体内的骨引导作用已得到普遍认可,大量的研究报道:HA植入骨组织后4周开始,植入部位就逐渐可见有新的骨小梁形成,陶瓷与新形成的骨直接键合在一起,且矿化的新骨组织能长入陶瓷的微孔之中,HA陶瓷的外部表面可被矿化的骨组织所替换,种植体与骨之间无纤维组织形成。

有关HA陶瓷是否存在骨诱导作用的问题曾有过一些争议,但近5年的实验已初步证实它具有骨诱导性能。有文献报道:将大孔烧结HA陶瓷植入狒狒的腹直肌中,在没有外源性骨形成蛋白质存在的条件下,植入30 d后在HA孔壁处可发现骨形成蛋白(BMP3,OP-1/BMP7),植入90 d,41%的样品中有伴随骨髓的新骨组织,这充分显示了大孔HA的骨诱导性。另外,将两种不同方法制作的大孔HA陶瓷植于犬背部肌肉中,3个月后,可见孔壁粗糙的陶瓷孔中有骨组织形成并随时间的延长而增加,相比之下,孔壁光滑的陶瓷中却未见骨细胞产生。尽管这两种陶瓷的化学成分和晶体结构都相同,但是微观组织结构存在不同(微孔的存在使陶瓷的孔壁粗糙),由此说明,微观结构是影响HA陶瓷骨诱导能力的重要因素,具有特殊结构的多孔HA陶瓷可能具有诱导骨形成的能力。

HA的生物活性基本代表了其他生物活性陶瓷材料的特征,大量实验研究已证明活性材料植入生物体后,16周左右就可见在骨结合处有一层富含Ga-P的层面,这说明材料表面发生了以离子交换为基础的溶解和沉淀反应,材料的溶解度越大,这种沉积比率就越高,Ga-P层是成骨细胞与生物活性材料之间相互反应的基础。

3. 临床应用

HA 最早应用于口腔科和骨科,早期 HA 烧结体经加工后力学性能往往显著降低,因此 HA 只适用于一些不受力的部位,比如将致密烧结的 HA 制成颗粒用于牙槽骨的填充或增高。20 世纪 80 年代中期,人们开始考虑进行受力部位的实验研究,1984 年日本将 HA 制成人工牙根植入颌骨,几个月后再将义齿附着在人工牙根表面,由于牙根在使用过程中承受的主要是压应力,这对陶瓷材料而言是比较有利的。另外,理想的人工牙根一般都要求牙龈能很好地贴附在牙根表面以防止细菌的侵入,而长期的临床结果表明 HA 烧结体与骨组织和牙龈组织之间结合紧密,具有良好的生物相容性,但烧结 HA 的断裂韧性很低,因此无法用于前牙的牙根。

HA 多孔体常用于骨置换或骨缺损的修复,如用于下颌骨的重建、牙槽嵴增高、颅颌骨缺损充填等。多孔体结构的表面积比致密体明显增大,它能加速早期骨的生长,促进植入材料与周围骨的一体化。然而,多年来的临床应用也发现:致密多孔 HA 板容易出现断裂,而且术中准确打磨成形比较困难,骨引导作用不十分理想,骨植入 2 年后,其孔内仅有 17% 的新骨组织,44% 仍为软组织。

HA 颗粒还用于牙周骨缺损修复、拔牙窝填塞、根管充填以及颌骨囊肿骨腔的填塞等,有时与多孔体混合使用,颌骨囊肿的骨腔填塞后,可避免术后可能出现的继发出血,减少感染的机会,消除死腔。这种填塞手术后患者无任何不适,3 个月后 X 线片显示有新生骨,其中新生骨、HA 颗粒和周围的自然骨融合成一体,原骨腔消失,伤口获得 I 期愈合。有报道拔牙后即刻植入 HA 微粒人工骨于牙槽窝内,术后无干槽症发生,12 周后 X 线片可见牙槽高度恢复良好。但是,也有人认为颗粒状 HA 材料由于其颗粒松散,易移位扩散,不能凝结塑形,植入骨创面后往往容易发生材料流失的现象,导致牙槽嵴形态重建不理想。

最近有报道采用块状 HA 修复 2.5~5.5 cm 范围的颌骨缺损 11 例,所有病例均获得 I 期愈合。但 HA 的脆性和缺乏生物降解性的问题仍是临床应用中的不足之处,它的强度对于颌骨缺损范围大或颌骨连续性消失的病例还存在一定的局限性。

(二) 磷酸三钙(tricalcium phosphate)

磷酸三钙(TCP)是典型的生物降解类陶瓷,它在体内具有较大的溶解度,化学稳定性较差,易发生水化作用,材料植入体内可通过体液介导(溶解)和细胞介导(吞噬)过程逐步被机体部分或完全吸收,由代谢系统排出体外,最终使植入区完全被新生骨组织所取代。因此,TCP 在骨缺损修复中能促进骨组织的生长,起着暂时性的骨支架作用。近年来,随着骨组织工程研究的不断发展,TCP 材料因其独特的生物可吸收或降解性能,而被应用于骨组织工程的支架材料。

1. 一般特性

TCP 的主要成分与人骨的无机成分相似,其 Ca/P 率为 1.50,它有两种晶型结构:低温型(β-TCP)和高温型(α-TCP),β 相转变成 α 相的相变温度大致在 1 120~1 180℃ 范围。多孔 β-TCP 烧结体合适的烧结温度一般在 800~1 000℃ 之间,从微观结构上分析,高温烧成的材料其晶粒发育相对较好,颗粒较大,排列紧密,颗粒间微孔(<5 μm)较少;而较低温度烧成的材料其晶粒发育可能不完善,颗粒细小,颗粒间微孔较多,能增加材料与组织和体液的接触面积,有利于材料的降解。β-TCP 粉末作为磷酸三钙陶瓷的基本原料,要求化学组成均一,粒度细,这样才能保证 β-TCP 陶瓷的强度和其他性能。多孔 β-TCP 陶瓷材料由 TCP 颗粒、黏结剂和气孔 3 部分组成,其中一定量的黏结剂能使 TCP 颗粒相互黏结并具有较好的力学强度。多孔 β-TCP 的气孔率一般为 40%~50%,平均孔径为 300~380 μm,抗压强度为 11.4~19.5 MPa。β-TCP 致密烧结体的抗压强度为

459~687 MPa，挠曲强度为154~195 MPa，弹性模量89.2 GPa。TCP在体内的溶解度要比羟磷灰石大得多。

2. 生物学性能和生物降解性能

与HA一样，TCP具有良好的生物相容性，对生物体无明显的毒副作用。β-TCP在体内的降解较快，一般材料在体内存留时间不超过15个月。李世普等人将直径2 mm、高2 mm的圆柱体植入Wistar大鼠的股骨内，结果显示：植入后2周，整个材料孔内已充满交织骨和纤维结缔组织，新骨与材料直接接触，新骨边缘衬有成骨细胞；植入后4~8周，材料孔内骨组织逐渐增大，交织骨开始改建成板层骨，并出现骨髓，在骨与材料之间可见破骨细胞，植入区内见有散在巨噬细胞；植入20周后，大量板层骨和骨髓充满整个材料孔内，骨小梁增粗，材料出现降解，孔径扩大，面积减小，部分材料被骨组织替代，骨与材料结合紧密，在材料中出现大量因降解而分离出的颗粒；植入40周后，材料大部分已降解，由骨组织替代，仅残留少量小块材料或颗粒。另有研究报道：将β-TCP陶瓷颗粒/晶粒置于小猪胫骨骨缺损处，植入后16周，60%的β-TCP发生降解，28周时80%的材料降解，整个陶瓷已小梁骨化，68周时已仅存留5%的材料，磷酸三钙已转化成骨组织。

陈勤等人采用两种不同的扫描电镜与X射线能谱仪测量了兔股骨植入后多孔磷酸三钙材料内部、界面和植入区的X射线能谱和元素比，结果发现植入后磷酸三钙陶瓷已从无生命的材料转为有机钙磷化合物，成为有生命的骨骼；同时他们运用显微红外光谱技术对TCP植入后的材料、界面和兔股骨进行研究，证明了骨植入后不仅磷酸三钙陶瓷本身已部分溶解和降解，而且在陶瓷的表面和孔隙中以及界面处均已生成新生骨组织。

有关β-TCP陶瓷在体内发生降解和吸收的途径，人们推测主要是通过3种方式：①体液对材料的物理化学溶解。②巨噬细胞和多核巨细胞的吞噬。③破骨细胞参与的主动吸收。溶解过程是材料在体液作用下，其黏结剂发生水解，使材料分离成颗粒、分子或离子。体液特别是局部组织液中含有一些酸性代谢产物和酸性水解酶，能促进β-TCP多孔陶瓷的溶解。有研究发现：植入区内存在巨噬细胞聚集、包绕材料的现象，并观察到巨噬细胞内有小的TCP颗粒，同时，在植入材料周围及附近淋巴结内也可见到含有被吞噬材料颗粒的巨噬细胞，由此认为巨噬细胞以吞噬的方式参与了材料的降解过程，即是巨噬细胞在降解TCP材料。巨噬细胞对β-TCP陶瓷的降解通常包括细胞内降解（吞噬）和细胞外降解两个方面，这一点与破骨细胞对骨组织的吸收很相似。被吞噬到细胞内的颗粒能与溶酶体融合，在多种水解酶的作用下裂解形成大量的微晶体，并降解产生Ca^{2+}、PO_4^{3-}被转运到细胞外，这种细胞内吞噬活动可能与β-TCP陶瓷颗粒表面的静电及疏水能力有关。对于直径大于巨噬细胞的β-TCP陶瓷颗粒或颗粒团，巨噬细胞可形成一封闭的细胞-材料颗粒的接触区，通过胞质内溶酶体的释放以及胞内碳酸分解分泌出大量的H^+离子进入到接触区，使局部产生高酸性环境，从而导致β-TCP陶瓷颗粒的细胞外降解。破骨细胞对钙磷陶瓷的降解过程与它对骨基质的吸收过程相似，将β-TCP陶瓷与破骨细胞混合培养48 h后，发现陶瓷表面出现许多吸收凹陷，表明破骨细胞对β-TCP陶瓷具有明显的降解吸收作用，其作用机制主要是表面伸出许多细长的突起与陶瓷颗粒相接触，形成封闭的细胞外吸收区，同时细胞内含有丰富的酸性水解酶，它向细胞外吸收区分泌H^+，参与形成局部酸性环境。另外，也有人发现骨植入替代材料的空间结构对于传导成骨可能比其化学成分更为重要。TCP植入后降解下来的钙离子和磷酸根离子可以正常的方式（肝与肾代谢）被机体利用或排出体外，比如，它们进入活体循环系统储存于钙库中，被利用参与植入局部或植入远处新骨的钙化。它们不会引起生物体脏器的组织学改变或病理性钙化。

影响β-TCP陶瓷生物降解性的主要因素有：①陶瓷材料的烧结成型温度：烧结温度高时，所形成的陶瓷结构紧密,其降解性能差;温度较低时,陶瓷处于半晶态,其降解性能较好。②材料的多孔性:孔隙度越大,降解速度越快。③陶瓷颗粒的大小:颗粒越小,降解速度越快。另外材料的成分、理化性能、结构等都可能会影响其降解吸收作用。

3. 临床应用

多孔β-TCP陶瓷作为骨充填和骨置换材料已广泛应用于口腔临床,β-TCP致密体可用于制作人工牙根。多孔β-TCP陶瓷作为骨缺损的临时支架,能诱导自体骨组织的再生,使骨缺损区最终变成有生命的有机体,因此,从某种意义上讲可以认为,这是实现了从无生命到有生命过程的一种有益的探索。然而,从临床应用角度,该类材料由于材料的抗弯强度低、脆性大、在生理环境中的抗疲劳与抗破坏强度不高,特别是在湿环境下断裂韧性很低,故目前临床应用范围还受到一定的限制,特别是它不适用于需承受负荷部位的骨缺损,只适合仅承受纯压应力负荷的或不承重的病例。此外,作为骨充填应用时,有时还会出现新骨被再吸收的问题。

有报道将β-TCP陶瓷用于充填根尖骨缺损根管,充填后6个月的结果表明超填进入根尖骨缺损区的TCP发生降解,同时产生骨引导的作用,加速根尖骨缺损区的骨质修复形成,但是,β-TCP陶瓷降解是无选择性的,对于适填或欠填的病例同样也发生了材料被降解吸收的问题,这一点对该材料是否适于作为根管充填材料还有待进一步商榷。

(三) 磷酸钙骨水泥(calcium phosphate cement)

磷酸钙骨水泥(CPC),亦称羟基磷灰石骨水泥(hydroxyapatite cement, HAC),是1986年由Brown与Chow研制出的自固化型(self-setting)、非陶瓷型羟基磷灰石类人工骨材料,这种水泥通过等摩尔的磷酸四钙(tetracalcium phosphate,TTCP)和无水磷酸二钙(dicalcium phosphate anhydrous,DCPA)或二水合磷酸二钙(dicalcium phosphate dehydrate,DCPD)与水混合,在室温下自行固化转变成含微孔的、单一的固体相羟基磷灰石晶体,它是一种既有生物活性,又有生物降解性的材料,因而被认为是骨缺损重建材料的一个突破。

1. 一般特性

CPC的水化固化过程与普通水泥的固化反应有类似之处,其材料的凝固时间、强度、孔隙率、溶解度等特性与多种因素有关,其中包括:①粉末中使用的是DCPA还是DCPD。②粉末颗粒的大小。③可溶性氟化钠或不溶性氟化钙的使用情况。④HA晶种的颗粒大小和比表面积等。⑤液相的选择,如水或稀磷酸或血浆、血液等液体。⑥固化液中的氟、电解质性质以及添加物的成分等。CPC本身pH呈中性,但颗粒大小对调和物的pH影响较大,这是因为颗粒大小能控制DCPA和TTCP的溶解率。CPC的强度与反应物的组成、HA晶种大小含量、固化时所施加的外力以及孔隙率等密切相关。有实验证明:当TTCP及DCPA的颗粒均较小时,反应物能完全转化为HA,固化体的强度就高;反之,就不能形成HA,水化产物的强度就很低。另外,有人采用两种降低孔隙率的方法,一是用不同的固化比(2.0~6.0),二是在固化过程中向模具内的CPC加压(0~173 MPa),结果发现CPC的抗弯强度随孔隙率的降低而增加。

CPC一般在体外37℃温度、90%~100%相对湿度的条件下,其凝固时间为15~30 min;在体内由于血浆中某些离子(如Mg^{2+})及许多有机物的存在,阻止或延迟了HA的形成,凝固时间相对延长,并且容易产生脱粒现象。为克服这一缺点,近年来发展了快速凝固型CPC(FSCPC)及抗水型CPC(nd-FSCPC),经大鼠肌肉内植入快速凝固型CPC后,可见凝固时间缩短至5~7 min,而对照组(传统CPC)的凝固时间为48 min。另一种抗水型CPC(nd-FSCPC)是在固化液中加入一定量的藻酸钠,调和后立即放入水中不溃散,并能正常固化,相比之下,传统 CPC 调和后 1 min 内即完全溃散。研究表明:随着藻酸钠含量的增加,nd-CPC 的强度很快上升,当藻酸钠含量达到 0.8% 时,nd-CPC 的强度达到最大值。藻酸钠的作用机制主要是它能从 TTCP 或 DCPA 中溶解钙离子,从而形成不溶于水的藻酸钙水凝胶,以使 CPC 调和物不被水侵蚀而溃散。华东理工大学刘昌胜等人曾在 CPC 的研制及影响固化的各种因素等方面进行了大量的实验,优化研究出抗压强度在 60～70 MPa、凝固时间为 5～15 min、可自控的超细粉末的 CPC 材料。

2. 生物学性能

CPC 的生物学功能在于具有优良的生物相容性及骨传导性,已有不少文献报道:CPC 无细胞毒性、无过敏和刺激反应、无全身毒性、无致癌、致突变和致畸性。CPC 骨植入 6 个月后被证实具有骨性结合(osteointegrity)的特性,当植入到肌肉内,材料周围未见新骨形成,由此表明 CPC 不具有异位诱导成骨活性。CPC 的重要特点是它能在生物体内自行固化,调和后 3～5 min 内凝固且与骨直接黏结,它能在骨修复的初始阶段提供一个中间层,然后逐渐被降解、吸收,代之以新生骨组织结构。作为一种骨修复材料,CPC 还有一个很大的优点,就是可塑性,它能像普通水泥一样可原位成型、浇铸或注射,以适合骨缺损的填充和新生组织成型的需要。

有关 CPC 的降解性问题,Costantino 等综合多个实验结果后认为,填充于动物颅面部骨缺损的 CPC 12 个月时约 35% 的材料发生降解,降解处由纤维-骨组织取代(其中骨成分占 75%),该结构有利于 CPC 最终被宿主骨的改造与替代。王文波等人经研究提出了 CPC 的降解机制,他们认为 CPC 是通过溶解作用而降解的,材料植入体内后,在体液的作用下,CPC 溶解形成钙、磷颗粒,溶解后生成大量的 HA 晶体颗粒,其中一部分直接参与局部新生类骨质的钙化,另一部分则经髓腔及哈弗管运输进入代谢系统。由于 CPC 的溶解度很小,因而这一降解过程非常缓慢。

3. 临床应用

CPC 材料已被应用于临床口腔医学领域,如用于因颌骨囊肿、根尖区病变以及颌骨良性肿瘤导致颌骨破坏或缺损的填补、拔牙后牙槽骨缺损的修复以及根管治疗后的充填材料等。有报道采用商品名为瑞邦骨泰的 CPC,填塞由慢性根尖炎、根尖囊肿、埋伏阻生牙伴牙瘤、颌骨囊肿等引起的骨缺损共 19 例,骨腔最小为 1.0 cm×1.0 cm,最大为 5 cm×3 cm,临床结果显示:除 1 例由于术中调和太稀,流动性太大,使创口延迟愈合,充填物排出以外,其余 18 例均获得 I 期愈合,未出现感染和排异现象,X 线片显示充填物填塞良好。这类材料因粉液调和后呈面团状,故操作方便,可随意达到任何缺损的部位,并与骨腔壁产生较好的密合,固化中也不产热。但是,要获得良好的临床治疗效果,在应用 CPC 中还必须注意:骨缺损处需彻底止血,避免体液的积聚而影响 CPC 的固化,有感染者应控制感染后再手术,粉液调和不宜太稀,充填不需过大压力,充填后需用温热生理盐水纱布覆盖 5～10 min。

有文献报道:CPC 复合骨形成蛋白可用于牙槽骨缺损的修复,对拔牙术后的牙槽创口即可植入 CPC 复合体,随访 24 周后发现,牙槽骨量吸收明显比空白对照组要少,且外形维持较好,由此表明 CPC 复合体具有一定的骨引导和骨诱导的作用,可促进新骨沉积钙化,但材料的降解性尚存在不足。CPC 作为根管充填材料在国内临床已应用了几百个病例,观察期最长至 2 年,结果显示:该材料适合于牙髓病、尖周病、牙周袋与尖周病变相通的尖周阴影的充填,特别是呈喇叭口的年轻恒牙患者,瑞邦齿泰的 CPC 根管充填剂与日产的 Vitapex 根管充填糊剂的疗效之间统计学上无显著差异。CPC 根管充填剂的最大特点是材料与根管壁的密合性好,材料可扩散到牙本质小管内,材料在根管内固化,能增强牙根的机械强度,减少根折的机会,同时还能促进根尖周组织修复封闭根尖孔的潜能。由于糊剂在根管内硬固后不易取出,故对根管充填的要求较高。

（四）生物活性玻璃陶瓷（bioactive glass ceramics）

生物活性玻璃陶瓷（BGC）是一种多相复合材料，其生物活性作用主要体现在能够诱导特殊的生物学反应，在材料和组织界面上形成化学键结合。该材料具有不同程度的表面溶解能力，易被体液浸润，生物相容性良好，植入骨内能直接与骨结合，是一类很有应用前景的骨组织修复材料。

1. 一般特性

BGC 由 MgO、CaO、SiO_2、P_2O_5、B_2O_3、Al_2O_3、Na_2O 等成分组成，制备过程中的成型压力、烧结温度、烧结时间等因素都会对材料的密度、收缩、气孔率等性质有一定的影响，材料的表面状态和显微结构对材料的性能也起着重要的作用。有研究表明：最早的生物玻璃（bioglass）由于非贵金属元素含量很高，在体内会发生溶出，由此可能干扰人体的生理环境。随后经改性出现的玻璃陶瓷（如日本的 A-W 或德国的 Ceravital 产品），其实质是微晶玻璃，这类材料大大降低了非贵金属元素的含量，其溶出量减少，机械强度更高，植入体内后首先由微晶玻璃溶解出磷灰石或类似磷灰石的物质沉积在种植体的表面，这是一种小晶体的物质，它的形成过程决定了后继生物活性反应的速度和程度。生物活性玻璃陶瓷主要成分的组成比与材料表面反应的能力密切相关，Makato Ogino 等发现：①当 SiO_2 在生物玻璃中含量较低时（<46 mol%），材料表面钙磷层与富硅层几乎同时形成，反应速度快。②当 SiO_2 含量位于 460～550 mol/L（46～55 mol%）时，富硅层首先形成，其后钙磷层形成于富硅层与 Tris 缓冲液之间。③当 SiO_2 含量大于 600 mol/L（60 mol%）时，钙磷层就不形成。因此，生物活性玻璃有别于其他生物活性材料的特性之一就是，它能够在植入部位迅速发生一系列表面反应，并最终形成含碳化羟基磷灰石（hydroxycarbonateapitite，HCA）层。

影响生物活性作用发挥的因素主要包括材料的表面设计、生物力学作用以及材料本身的化学成分等。①材料表面形态会影响成骨细胞在形成矿化基质过程中的分化、增殖和生物学反应，表面粗糙化可以提高植入体与周围组织的接触面积，提高活性作用，但尖锐的棱角又会影响材料的生物力学性能。因此，孔状表面应边缘圆钝，孔连通性好，这样有利于成骨细胞的移动，纤维素的聚集，从而加快早期的骨整合。②植入体在体内愈合过程中所受的力可以传到骨结合界面处，影响血细胞和蛋白质与植入体发生表面反应的速度，影响活性的发挥。植入早期如果材料出现应力集中，会改变晶体排列状态，从而影响表面的溶解，导致骨结合的速度和强度下降。另外，如果材料的硬度和弹性模量显著大于骨皮质，且力学的综合参数与骨组织不相匹配，这种材料的应力遮挡而导致的应力集中，对骨生长的修复具有抑制作用或形成骨吸收，影响远期效果。③材料表面接枝某些氨基酸肽序列已被证明可以介导纤维素、I 型胶原蛋白等物质与细胞的结合，提高细胞在材料表面的黏附，然而，这种介导作用缺乏特异性，它会导致很多与骨形成无关的细胞黏附，如破骨细胞的黏附。

2. 生物学性能

BGC 的生物相容性问题已由大量的生物学实验得以验证。BGC 植入生物体内后，局部的 pH 会增加到 10，首先在材料表面形成富硅层，然后在其表面再形成 Ca-P 层，其钙磷离子的来源既可来自体液，也可来自生物玻璃本身，这个 Ca-P 层属于 HCA 层，在化学组成和结构上与骨的矿物成分相似。这两个反应层在植入后几分钟内就会形成，接着由植入区的成骨细胞和胶原纤维在材料表面沉积并融入富硅层，最终形成骨。这一过程表明在植入体表面发生了以离子交换为基础的溶解和沉淀反应，Ca-P 层的形成是成骨细胞与 BGC 相互反应的基础。有人通过实验证明：生物活性材料的溶解度越高，其与周围组织的离子交换越多，表面发生磷灰石的沉积率也越高。许多研究证实：骨结合和骨组织生长加快是由于在材料与周围组织的界面上同时出现多种连续反应,这些反应可能与一些理化反应有关,也可能与细胞的活性反应有关。但是所有的反应都会在溶解、沉积和离子交换的作用下,在植入体表面形成生物活性类似于磷灰石的物质。生物活性玻璃的成骨性从生物学上分析可能是:材料表面所缓释的可溶性硅激发干细胞,使其产生转化生长因子β,转化生长因子β在活性玻璃表面的氢氧化硅磷酸钙胶结层内可逆地吸附和还原,导致生物活性玻璃颗粒周围的骨组织加速增殖。

Onishi等报道,选用高生物活性玻璃颗粒45S5 bioglass(商品名为倍骼生)植入兔一侧股骨内(直径为6 mm的缺损),对侧植入HA颗粒作为对照,术后不同时间,通过光学显微镜和反向散射扫描电镜观察,比较和评估两种颗粒周围骨组织生长的程度。实验结果显示:1周内倍骼生组新骨生成的范围几乎达到缺损区域的一半;2周后所有的颗粒周围都有新骨生成,颗粒间骨小梁结构已基本建立;第6周新生骨全部包围颗粒。而HA组3周时才见在颗粒周围生成新骨;术后6周,虽见大量HA颗粒之间被骨桥连接,但颗粒之间的空隙几乎没有新生的骨组织,骨小梁的结构也不明显;12周时,几乎未见被新生骨全部包围的颗粒,颗粒间的空隙也几乎没有新骨生成(表22-1)。由此表明倍骼生比HA能更快地促进新骨的生长,这可能与倍骼生在接触体液的最初几天内能集中释放出大量的可溶性硅、可溶性钙和磷有关。

表22-1 生物玻璃与羟磷灰石材料颗粒层骨生长情况

时间	生物玻璃		羟磷灰石	
	出现新生骨组织(层)	新骨组织完全包围颗粒(层)	出现新生骨组织(层)	新骨组织完全包围颗粒(层)
2 d	0.5	0	0	0
5 d	1~2	0	0	0
1周	4	1	0	0
2周	10	3~4	5	1
3周	10	4~5	10	2
6周	10	10	10	3
12周	10	10	10	6~7

注:自组织缺损区边缘(0)起至中心(10)分为10颗粒层,每层厚度为0.2~0.3 mm。

3. 临床应用

口腔是BGC临床应用最早的学科,作为骨植入材料,BGC主要用于下颌骨置换、牙槽嵴增高、颌骨缺损的充填、拔牙窝的充填、根管充填等。有研究报道:在牙周病的治疗中,45S5倍骼生植入根分叉处骨缺损的临床效果比较明显;45S5倍骼生用于牙周骨缺损病例1年后显示骨缺损区再生骨组织高度和X线密度都显著优于空白对照组。在牙槽嵴的保持和重建方面,将45S5倍骼生植入新鲜牙槽窝,约1年半后发现牙槽嵴高度仍然保持良好,材料周围直接生成了新骨,5年随访,材料的保存率达到85.7%。在颌骨缺损修复中,植入45S5倍骼生治疗大型颌骨缺损,X线表现缺损区密度发生了由高(植入材料)-低(材料吸收)-高(骨修复)的变化过程,4~7个月内,骨缺损区都可见明显的骨修复。BGC类材料是否有望用于盖髓材料可能是临床应用研究的一个值得探索的方向,因为已有动物实验证明,应用45S5倍骼生发现所有标本都有一层修复性牙本质形成。另外,还有人研究了生物活性玻璃S53P4糊剂对口腔微生物作用后发现材料具有一定的抗菌和抑菌作用,这方面仍需要进一步研究。

三、金属或合金骨植入材料

金属及合金是开发应用最早的种植材料之一，早在1809年就有尝试以黄金制作人工牙的植入研究（maggiolo）。金属材料具有强度高、刚性好等优良的机械性能，但作为植入材料，在体内长期与Cl^-浓度高的体液接触，却容易发生腐蚀，腐蚀的结果会使植入材料本身发生衰变（disintegration），导致植入物功能减弱，腐蚀产物，也会对周围组织和器官产生不良反应。有实验证明：即使有些合金在多数体内环境中能保持惰性状态，仍然会有物质释放到组织中去，比如：有人将钛从体内取出时没有发现腐蚀的迹象，其表层的氧化膜保存完好，但在其周围组织中却很容易检测出钛。金属离子或其形成的络合物可能会造成组织的损害。

金属植入体内是处在一个有活性的生理环境中，蛋白质的存在会完全改变一些金属在盐水中的腐蚀速率，特别是那些在溶液中能和蛋白质结合的金属（包括钴、银、铜等），当血清蛋白等蛋白质存在时，它们的腐蚀速率会升高一个数量级，至于有氧化层保护的钛合金和钴合金是否也明显地受这些蛋白质影响目前还不清楚，但是，有报道认为细胞活化的一些产物可能是造成与钛基种植体形成界面层的主要原因。

因此，通过大量的对钴、铬、钛、钼等元素构成的不同类型的合金材料在生理溶液中抗腐蚀实验研究以及临床实践证明，目前认为只有少数合金基本符合植入材料的要求，例如镍铬不锈钢、钴铬合金、钛及其合金以及镍钛记忆合金等。

（一）镍铬不锈钢（Ni-Cr stainless steel alloy）

首次被用于植入器械的不锈钢是18-8（现代分类为Type302），随后发展为18-8s钼不锈钢（现代分类为Type316），即在合金内加入少量的钼以改善不锈钢在氯化钠溶液（盐水）中的抗腐蚀性，20世纪50年代出现了Type316L不锈钢，即将Type316不锈钢的最大碳含量从0.08%减少到0.03%（质量比），Type316L不锈钢在氯化钠溶液中能获得更好的抗腐蚀性，并使过敏反应减小到最小。由于铬元素是一个反应性的元素，故作为抗腐蚀性的主要元素铬被规定至少应达到11%，该类不锈钢经30%硝酸钝化后可获得更优良的抗腐蚀性。目前美国材料测试学会（American Society for Testing and Materials，ASTM）仅推荐Type316L不锈钢作为植入器械用的材料，Type316L不锈钢的组成见表22-2，机械性能见表22-3，该型不锈钢属于奥氏体不锈钢。

表22-2　316L不锈钢的组成

元素	组成
碳	最大0.03%
锰	最大2.00%
磷	最大0.03%
硫	最大0.03%
硅	最大0.75%
铬	17.00%～20.00%
镍	12.00%～14.00%
钼	2.00%～4.00%

注：（ASTM，F139-86，p61，1992）

表22-3　植入用316L不锈钢的机械性能

条件	抗拉强度极限 min.（MPa）	屈服强度（0.2%残余变形）min.（MPa）	延伸率（%）	洛氏硬度（HRB）
退火	485	172	40	95
冷加工	860	690	10	-

注：（ASTM，F139-86，p61，1992）

镍铬不锈钢的生物学反应主要应考虑材料腐蚀所引起的安全问题，即使是316L不锈钢在体内一定环境下也会发生腐蚀，比如骨折固定螺钉在体内使用过程中因局部压力高以及环境缺氧而容易产生不锈钢的锈蚀。1982年有资料表明：316L不锈钢在大鼠体内植入10个月后取出，尽管肉眼未见异常，但扫描电镜下却发现材料表面有点蚀现象，因此，从生物安全性角度，316L不锈钢只适用于暂时性的植入器械，尚不能作为长期的植入材料。

（二）钴铬合金（Co-Cr alloy）

ASTM规定有4种可用于外科植入器械的钴铬合金（表22-4）：①铸造钴铬钼合金（F75）。②锻制钴铬钨镍合金（F90）。③锻制钴镍铬钼合金（F562）。④锻制钴镍铬钼钨铁合金（F563）。目前只有其中的F75和F562两种规格被广泛用于植入器械，它们各自的组成差异很大。

表22-4 钴铬合金的化学组成

元素	钴铬钼(F75)		钴铬钨镍(F90)		钴镍铬钼(F562)		钴镍铬钼钨铁(F563)	
	最小	最大	最小	最大	最小	最大	最小	最大
铬	27.0	30.0	19.0	21.0	19.0	21.0	18.00	22.00
钼	5.0	7.0	-	-	9.0	10.5	3.00	4.00
镍	-	2.5	9.0	11.0	33.0	37.0	15.00	25.00
铁	-	0.75	-	3.0	-	1.0	4.00	6.00
碳	-	0.35	0.05	0.15	-	0.025	-	0.05
硅	-	1.00	-	1.00	-	0.15	-	0.50
锰	-	1.00	-	2.00	-	0.15	-	1.00
钨	-	-	14.0	16.0	-	-	3.00	4.00
磷	-	-	-	-	-	0.015	-	-
硫	-	-	-	-	-	0.010	-	0.010
钛	-	-	-	-	-	1.0	0.50	3.50
钴	平衡		平衡		平衡		平衡	

注：(ASTM F75-87，p42；F90-87，p47；F562-84，p150，1992)

铸造钴铬钼合金与锻制钴镍铬钼合金的耐磨性相似，两者都具有优良的抗腐蚀性能，这主要是由于在晶界和金属表面生成了铬酸盐，由于其中含有钼，故特别能耐氯化物的腐蚀。将钴镍铬钼合金与316L不锈钢分别放入37℃林格氏液中测定镍元素的释放率，结果显示：尽管钴铬合金初始镍离子释放到溶液中的量比较多，但是2种合金最终的释放率是相同的，由此表明：比316L不锈钢高3倍镍含量的钴镍铬钼合金并不出现高水平的镍释放，合金中镍含量的多少并非与镍元素释放量成正比。

钴铬合金的植入体因磨耗、腐蚀或侵蚀等因素而释放出的一些金属产物可能会损伤局部组织和器官，体外研究表明钴粒子对人成骨细胞有毒性作用，它能抑制Ⅰ型胶原、骨钙素、碱性磷酸酶的合成，然而，铬粒子和钴铬合金未出现明显的细胞毒性。体外对金属浸出物的毒性研究表明：采用50%浓度钴和镍的浸出物与细胞接触24 h后，出现较高的细胞毒性，而铬浸出物似乎比镍和钴的毒性小。

钴铬合金植入体内后，在生物体组织中有时会出现铬、铬离子局部富集，离子对机体产生化学刺激，由此引起纤维组织的增生和骨吸收，继而炎性细胞浸入，表现出不理想的组织适应性。

(三) 钛及钛合金(titanium and titanium alloy)

1. 纯钛和 Ti-6Al-4V

钛是一种高度化学活性金属,即使痕量的水或在蒸汽中也会立即被氧化,形成一层极性键结构的、10^{-10} m 数量级的稳定氧化膜(TiO),这层氧化膜在富氧的情况下形成速度相当快,即使被破坏也会立刻修复,它是材料耐腐蚀性的主要来源。钛与钛合金在医学上的应用已有 40 多年的历史,它具有较高的抗电化学腐蚀能力、优良的生物相容性、密度低、低弹性模量和高强度等优异的性能,对植入器械来说,钛的质量轻(表 22-5)和良好的机械性能是它突出的特性,因此,钛和钛合金是一类很有应用前途的植入材料。

表 22-5　某些植入合金的密度(g/cm^3)

钛及钛合金	316L不锈钢	钴铬钼合金	钴镍铬钼合金	镍钛合金
4.5	7.9	8.3	9.2	6.7

用于植入器械的商品化纯钛(cp)根据其组成中氧和铁含量多少可分为 4 个等级,而钛合金目前最常用的是 Ti-6Al-4V,钛和钛合金的化学组成见表 22-6。在常温下纯钛的微结构呈 α 相,当温度达到 883℃时,可由 α 相转变成 β 相,通常以 β 相为主的纯钛比处于 α 相的纯钛强度更高但脆性更大。Ti-6Al-4V 在常温下为双相(α-β)合金,大约在 975℃时,会发生相的转变,形成单相的 β 相。纯钛的弹性模量大约为 110 GPa,屈服强度和抗拉强度因不同的等级而异,它们分别为 170~480 MPa 和 240~550 MPa。钛合金的机械性能取决于 α 相的数量、大小、形状、形态以及 α/β 界面的密度。钛合金中的高含铝量具有稳定作用,它能使合金表现出优异的强度并且在高温下(300~600℃)不易被氧化。

表 22-6　钛和钛合金的化学组成(最大,%)

元素	一级	二级	三级	四级	Ti-6Al-4V*
氮	0.03	0.03	0.05	0.05	0.05
碳	0.10	0.10	0.10	0.10	0.08
氢	0.015	0.015	0.015	0.015	0.0125
铁	0.20	0.30	0.30	0.50	0.25
氧	0.18	0.25	0.35	0.40	0.13
钛	平衡	平衡	平衡	平衡	平衡

* 铝 6.00%(5.50~6.50)、钒 4.00%(3.50~4.50),其他元素最多不能超过 0.1% 或总共最大为 0.4%

钛及其钛合金表面所形成的坚固而致密的氧化膜与其优异的生物相容性有关,有资料表明:材料与组织界面的结合是该氧化层与生物液体之间的一种化学性结合,生物液体由水分子、溶解的离子以及生物分子(由水包绕的蛋白质)所构成,材料表面的微结构(微几何形状、粗糙度等)及其化学组成对界面结合影响很大,因为:①材料表面在原子和分子结构上所具有的不同物理性状会导致材料与生物分子和细胞(生物单位)之间形成不同的接触区,而这些不同的接触区可产生两者不同的结合类型,由此可能影响生物单位的形状和功能。②材料表面的化学组成也会直接影响与生物分子的结合类型、性质以及功能。根据环境的不同,金属表面会发生不同的化学反应,而且材料表面与组织之间的相互作用本身就是一个动态而非静态的过程,一般随着时间的流逝,反应会进入新的阶段,尤其是在植入后的最初阶段。有报道认为,植入后几秒钟内,接近材料表面只存在水、溶解的离子和自由生物分子而没有细胞,随着炎症和修复过程的出现,生物液体的构成相应会发生持续性的改变,即被吸附在植入物表面的生物分子的组成发生变化,最终,根据吸附层的性质,细胞和组织逐步接近表面,并以一种特殊方式来进一步修饰被吸附的生物分子,最接近材料表面的细胞类型及其活性同样会随时间而发生变化。

骨整合是指植入物和骨之间的直接接触,其间没有软组织的存在。钛合金的表面粗糙度对骨附着于植入物以及骨与植入物界面的牵引力具有重要的作用,资料显示:如果平均粗糙度从 0.5 μm 提高到 5.9 μm,则界面的剪切强度可以从 0.48 MPa 增加到 3.5 MPa。在粗喷砂表面可获得大量的成骨细胞,显著不同于在光滑表面上的细胞。另外,热处理后钛表面的化学变化主要是在 TiO_2 层的表面形成 TiO_2 水凝胶层,该水凝胶层可以诱导磷灰石晶体形成(图22-1)。总之,与光滑表面相比,粗糙表面上的细胞数目更少,细胞增殖率更低,而基质的含量更高。

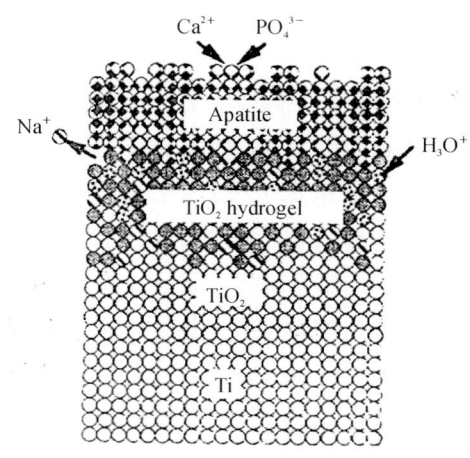

图 22-1 钛表面氧化层上形成的 TiO_2 水凝胶对磷灰石晶体形成的诱导作用

钛及钛合金制品作为颅颌面部硬组织的固定材料早已用于临床,运用钛板坚固内固定方法能够使钛与骨组织界面嵌合在一起,增加夹板的稳定性,植入后可永久存留体内,不需二次手术取出。有研究报道:使用钛板内固定方法治疗下颌骨骨折 30 例,其成功率可达到 93.33%,显著高于用钢丝固定方法的成功率(73.33%),而且这种治疗可提供三维立体坚强固定方式,使骨折固定稳定。另有文献表明:采用微型钛板内固定方法治疗了 23 例髁状突骨折患者,经随访 6～36 个月,临床疗效显著,未出现明显的术后并发症。最新的资料显示:对 14 例上颌骨上颌窦前壁粉碎性骨折缺损患者进行钛网成形修复固定,结果表明所有患者骨折均达到 I 期愈合,2 年随访均未发现钛网排斥反应,上颌骨形态恢复良好,这种钛网具有随意修剪、随意成形的特点,植入后骨膜细胞可沿着钛网小孔爬行,并有大量细胞长入网孔内,将钛网固定在骨面上,同时钛网的形态起着诱导骨生长的支架作用。

2. 镍钛合金(Ni-Ti alloy)

镍钛合金具有一种特殊的性能,即材料变形后仍然能恢复到热处理前的原形,这种现象叫做形状记忆效应(shape memory effect,SME)。镍钛合金的形状记忆效应是由 Buehler 和 Wiley 于 20 世纪 60 年代初在美国 Naval Ordnance 实验室首次发现的,目前最常用的是 55-Nitionl 合金,其镍含量为 55wt% 或 50at%,它是一种单相的、具有机械记忆性功能、良好的抗疲劳性的合金。另一种镍钛合金是非磁性的合金(镍含量增加),它与 55-Nitionl 不同的是具有随温度升高而硬度加强的特点,当镍含量接近 60% 时,形状回复能力下降,55- 和 60-Nitionl 都具有较低的弹性模量,比不锈钢、NiCr、CoCr 合金更加坚韧而富有弹性。

大量的研究证明:NiTi 合金具有良好的生物相容性和体内抗腐蚀性。钛和镍钛合金对人成纤维细胞的有丝分裂均没有明显的抑制作用,但镍钛合金在植入区骨形成百分率相对低于钛和 Ti-6Al-4V 合金。目前镍钛形状记忆合金在颅颌面植入器械中的应用主要是整形用的钉。

四、高分子骨植入材料

高分子骨植入材料具有易加工成形、刚性低于金属和陶瓷、与骨的生物力学适应性好、价廉等优点,特别是生物可降解吸收高分子材料在体内一定时间内可经水解、酶解等过程逐渐降解成低分子量化合物或单体,降解产物能被机体排出体外或能参加体内正常新陈代谢而消失,使植入的生物材料不再作为异物永久地存留在体内,因此,近年来这类材料日益受到了人们的关注,并已成为高分子植入材料发展中的一个主体。由于在颌面部骨折的治疗中,生物相容性良好的钛金属作为骨折内固定材料,因临床上有时在术后一定时间内出现感染、金属物突出畸形或在某些部位影响牙种植体植入等现象,使得许多学者致力于开发研究能在体内降解的高分子固定夹板系统。早在 20 世纪 70 年代初期,美国学者即对聚乙醇酸(PGA)和聚乳酸(PLA)等高分子聚合物进行了大量的基础研究,随后,利用该类材料的可降解性及可控的机械强度逐步开发出一类坚固内固定系统的植入材料。目前常用于骨植入的可降解高分子材料主要有聚乳酸和聚乙醇酸以及它们的共聚体(如 PGLA、PLGA 以及 PGA/PLLA)等聚酯、甲壳素及其衍生物。

聚酯的主链大多是脂肪族结构单元,通过易水解的酯键连接而成,主链柔顺,因而易被自然界中的多种微生物或动植物体内的酶分解、代谢,最终形成二氧化碳和水。影响可降解高分子材料降解或水解的因素主要有:材料的化学特性(组成、分子量、结晶度、微观结构等)、物理特性(密度、形状、孔隙率、灭菌方法等)、体内条件(植入部位、血管化方式、降解产物的代谢、局部的温度、受力情况)等。对可降解高分子材料而言,作为骨植入材料时除了应考虑生物降解性的问题以外,还不能忽视材料的强度等物理机械性能。

近年来,高分子生物降解材料以其良好的生物相容性和复位固定的稳定性,逐渐成为临床应用中替代金属接骨材料的最佳选择。高分子可吸收骨植入材料具有类似骨组织的弹性模量,能够随着材料的渐进降解逐步降低力学强度,并将承受的负荷逐步传导给骨组织,促使骨折的初期愈合。

(一) 聚乳酸

聚乳酸(PLA)有 3 种异构体:PLLA、PDLA 和 PDLLA,其中 PDLLA 为无定形结构,力学性能柔韧、降解时间较短(6～18 个月);PLLA 和 PDLA 为高结晶度的线形高分子,具有亲水性,体内溶解度低,机械性能硬而脆,体外完全降解需要 32 周至 4 年,也有报道 PLLA 植入人体 5.7 年后,微粒仍未完全吸收。通常用于骨植入的 PLA 材料至少分子量要达到 10 万,分子量增大,其力学强度就提高。PLA 在体内环境中是依靠酯键的水解而发生降解,水解过程中存在自催化作用,即降解过程造成的酸性环境可加速材料本体的降解,导致材料内部降解速度大于表面,最终形成表面没有完全降解的高聚物组成的中空结构。PLA 降解产物为乳酸,它能通过体内的三羧酸循环最终转化为 CO_2 和水排出体外。随着各种增强技术的运用以及分子量大幅度提高,PLA 材料的强度已显著增加,目前国外已能制造各种松质骨甚至皮质骨固定所需要的多种 PLA 内固定物,其主要产品包括 PLLA、SR-PLLA 以及 PDLLA。PLA 已成为得到美国 FDA 批准能用于临床的可吸收高分子材料。

PLA 在体内基本无毒,无蓄积,具有较好的生物相容性。有人研究了 PLLA 板和钉降解过程和组织反应,证明除植入早期几周内出现炎性异物反应外,至 143 周时,由于巨噬细胞的吞噬作用被激活,将再次出现一轻微的慢性炎性反应,而 PLLA 的完全吸收要超过 3 年。从组织学上对 PLA 的观察可以看出:PLA 的降解是一个独特的吞噬过程,是由吞噬细胞、巨细胞和有绒毛状突起的巨细胞共同作用的结果。有关 PLA 对骨折愈合的影响也有资料表明:PLA 材料可能存在骨诱导活性或刺激成骨的能力,实验使用多孔片状 50PLA 治疗鼠胫骨缺损,早期可刺激生发层多能干细胞分化及膜内及骨内成骨,从而促进愈合。但也有人认为:由于内固定材料结构致密,故只可能存在刺激成骨能力,且金属内固定物周围同样存在成骨反应,因而这种反应是非特异的。总之,30 多年来大量的研究表明:PLA 植入后没有出现严重的急性组织反应和毒理反应,一些轻微的异物反应可以随着植入物的降解和组织愈合而逐渐消失。其中巨噬细胞、巨细胞和白细胞的吞噬作用对炎性反应的程度起着关键性的作用。

PLA 作为骨折的内固定和人工骨材料早已用于临床,1990 年 Partro 用自身增强的 SR-PGA 夹板固定了 217 例各类骨折,仅有 7 例失败,说明其固位力是可靠的。Bostmab 等 5 年内用 PLA 治疗

881例不同类型的骨折患者,治疗中同时与金属板钉比较,结果两者无明显差异。因此,从目前临床治疗效果看,PLA的骨愈合率较高,功能及X线结果优良,与传统的金属物无区别,甚至优于金属固定,有人认为PLA是一类最有希望的骨折内固定材料。然而,PLA却存在一些潜在性的问题,比如:①使用中出现非特异性无菌性炎症反应率较高(3%~48%),其原因与聚合物降解过程中酸性降解产物引起局部pH下降有关。有研究表明:PLA平均分子量低于20 000时,无菌性炎症发生率较高,使用高分子量的PLA可延迟但不能消除这一反应,而这种晚期炎性反应尚无良好的预防方法。②材料的亲水性较差,细胞吸附力较弱。③机械强度不足,尤其是力学性能仍达不到坚强内固定的要求。④PLA中残留的有机溶剂有可能存在细胞毒性作用,引起纤维化及与周围组织的免疫反应,降解产物长期毒理、致癌作用及对骨组织的远期影响了解不够等。针对上述这些问题,未来的研究方向将围绕PLA在不同组织环境中的生物降解、吸收机制以及降解产物长期毒理作用,进一步研究骨愈合后如何调控聚合物迅速降解吸收,以避免可能对骨组织的长期影响。

(二) 聚乙醇酸

聚乙醇酸(PGA)是一种常用的聚酯类可吸收高分子材料,聚合体中的酯键易发生降解,其降解方式主要是水解,也有部分酶解,时间一般不超过4~8周,在体内降解的产物为羟基乙酸,它能参与体内代谢,PGA本身只有中等程度的初始机械性能,并且在降解过程中强度很快衰减,力学性能快速下降,出现支架整体崩解、塌陷。PGA具有良好的生物相容性,能促成骨细胞的黏附和增殖,诱导分化。然而,随着材料的降解,在短时间内生成过多的降解产物会使局部pH下降,造成细胞中毒以致死亡。

PGA在骨组织中的应用主要是作为非承重部位骨折的内置物以及骨支架材料,将PGA(12 mm×3 mm×3 mm)植入骨皮质和骨松质内,观察组织学反应,结果发现:12周时骨松质内降解范围很广,骨皮质内的降解则比较局限,未见炎症或异物反应。另有文献报道,在鼠近端干后端的皮质两侧植入PGA圆柱体(2 mm×2 mm),5周时圆柱体出现裂隙,内有纤维组织侵入,7周时骨髓腔或骨皮质内的植入物周围出现骨荚膜,但不直接与内置物相接触,植入物与骨裂隙间的纤维荚膜被骨小梁侵入,9周时植入物没有降解,且出现整个裂隙中均有骨长入。曾有人用铸模成形的PGA棒(12 mm×3 mm×2 mm)和PGA线固定兔股骨远端截骨,术后不用外固定,组织学、显微X线片和荧光标记证明,6周内截骨愈合,在此期间可提供足够的稳定性,未发现延迟愈合或对位对线不良现象。PGA作为骨组织工程的支架材料也已开展,将PGA无纺纤维支架体外培养兔骨膜成骨细胞,然后植入修复兔颅盖缺损,12周后缺损区大量骨生成,完全修复骨缺损。

PGA已被美国FDA批准为可用于临床的可吸收高分子材料。但作为骨植入材料在应用过程中仍存在类似于PLA的一些问题,如因降解产物引起的无菌性炎症问题,特别是它的强度可能比PLA更低。

(三) 甲壳素(chitosan)

甲壳素是从废弃的甲壳类、昆虫类动物体和真菌类细胞壁中制取的多糖类物质,是少见的带正电荷的聚合物,它为白色无定形固体,几乎不溶于水、稀矿酸、稀碱和浓碱、乙醇及其他有机溶剂,可溶于浓盐酸、硫酸、78%~97%磷酸以及无水甲酸,大约在270℃时会分解,甲壳素的吸水能力大于50%,若采用不同原料和不同方法制备的甲壳素,其溶解度、分子量和乙酰基值等均存在差别。甲壳素是一种氨基多糖聚合物,是生物学上仅次于蛋白质骨胶的最重要的动物结构材料。由于它的分子内和分子间都有强的氢键作用,使得甲壳素呈紧密的晶态结构,不溶于普通溶剂,加工相对比较困难。

甲壳素无毒性、无刺激性，具有优良的生物相容性和生物可降解性，可作为骨修复材料和骨缺损的支架材料用于临床。将壳聚糖植入兔前肢骨缺损，结果证实骨细胞可在材料表面爬行、替代，生长良好。然而，目前单纯的甲壳素用于骨植入材料在临床上并不多见，因为它的大分子中具有稳定的环状结构，并且大分子之间存在强的氢键作用，使物理化学性能很稳定，溶解性差。因此，通过对甲壳素进行分子设计，或将它与其他材料复合，可明显改善甲壳素的一些理化和生物性能，使其更适合临床应用。

五、复合骨植入材料

在骨修复材料中，生物复合材料被认为是一类很有发展前景的人体硬组织替换材料，尽管 HA 与人体自然骨和牙齿等硬组织中的无机质在化学成分和结晶结构上很相似，植入体内后可与人体骨组织形成牢固的化学键合。但由于其强度低、韧性差（HA 的断裂韧性仅为 $1.0\ \mathrm{MPa \cdot m^{1/2}}$ 左右），所以大大限制了它在承重部位骨替换中的应用。为了改善这些不足，各种生物复合材料正越来越引起人们的关注。复合材料不仅兼有组分材料本身的特性，而且可以得到组分材料没有的新的性质，生物复合材料已成为生物材料开发和研究中最为活跃的领域。复合骨植入材料可包括无机材料与高分子材料之间的复合、无机材料之间复合、材料与生物活性物质之间的复合等。

（一）HA 与生物活性陶瓷的复合

HA 和 TCP 这两种材料都属于生物相容性良好的骨修复材料，TCP 的生物降解性远远大于 HA，两者复合后的成骨机制主要是以 HA 作为骨架，TCP 降解过程中所释放钙和磷元素，可为新骨形成提供原料，使新骨不断长入 TCP 降解后所留下的孔隙中。这类复合材料具有良好的生物学性能，但由于两者都是脆性材料，复合后材料的力学性能仍然很低，加上 TCP 的降解可进一步弱化复合材料的力学性能，因此 HA/TCP 复合材料仍只适用于不受力部位的骨充填。

（二）HA 与生物活性玻璃陶瓷的复合

如前所述，生物活性玻璃陶瓷能与人体骨组织发生键合，HA 虽然与人体硬组织也具有良好的结合性能，但其与骨组织的结合强度只有生物活性玻璃的 70% 左右，生物活性玻璃的加入可以改善 HA 陶瓷力学性能，同时不损伤其生物相容性和生物活性。曾有人研究了硅磷酸盐玻璃对 HA 烧结性能的影响，结果证明硅磷酸盐玻璃与 HA 之间能产生牢固的化学结合，硅磷酸盐玻璃能促进 HA 的致密化，该复合材料的断裂韧性可达到 $1.1 \sim 1.2\ \mathrm{MPa \cdot m^{1/2}}$，体外试验显示复合材料的生物活性优于纯 HA。另有报道认为：HA 中加入生物玻璃可促进 HA 的分解。尽管 HA/生物活性玻璃复合材料与单纯的 HA 陶瓷相比具有较好的生物活性、生物相容性以及较高的力学性能，但其力学性能仍然较低，目前也只能用于承载较小或不承载部位。

（三）HA 与生物惰性陶瓷的复合

生物惰性陶瓷一般都具有优良的力学性能和耐蚀性，因此用生物惰性陶瓷来增强 HA 可提高其力学性能，目前用于增强 HA 的生物惰性陶瓷主要以 Al_2O_3 和 ZrO_2 为多见，从增强体形态上看有颗粒、晶须、片晶、纤维等 4 种。HA 还能与碳素复合，碳纤维化学稳定性良好，无毒性，具有高强度、低模量的特性，韧性亦佳，与 HA 复合后能显著改善后者的力学性能，使其弹性模量更接近于人体骨组织，这样在材料受力时可产生接近于骨的形变，减少界面的应力集中，从而有效地防止植入体的下沉与松动。

（四）HA 与聚合物的复合

上述的几种复合材料，由于其增强相的弹性模量均远远高于自然骨，故得到的复合材料的弹性模量也相应较高，为了改善这一现象，将 HA 与有机高分子材料复合，以有效的降低复合材料弹性模量。目前被复合的聚合物有聚乳酸、聚乙烯、聚甲基丙烯酸甲酯、聚羟基丁酸、胶原等，这种无机和有机的复合是将无机成分磷酸钙等分散在有机相中，由有机高分子提供液体环境、空间填充功能，利用液态下高分子链的交联反应，降低水存在下无机材料的松散性，相应地提高材料的定形和黏附力，复合的目的是互补各自的不足，扬长避短，提高复合材料的综合性能。

1. HA/聚乳酸复合材料

将 HA 均匀分散于 PLA 基体中，可制成一种超高强度的、生物可吸收的 HA/PLA 复合材料，该材料既有骨传导性又有良好的力学性能，具有良好的生物相容性、生物活性和骨结合能力。随着 HA 含量的增加，材料的抗弯强度和弹性模量都逐渐增大，体外试验表明：当材料浸入模拟体液中 3 d，表面可见大量 HA 晶体沉积。但是，HA/聚乳酸复合材料作为骨填充体，HA 粉体与 PLA 两者的界面结合力还较弱，从而有可能会导致该复合体机械强度丧失过快。因此，提高 HA 与 PLA 之间的界面相容性和分散性是制备出性能优异的 HA/PLA 复合修复材料的关键。

2. HA/胶原复合材料

自然骨是由纳米级 HA 晶体核胶原纤维组成的特殊复合材料。已有资料表明：由胶原提供的骨生长支架，很少产生毒副作用，在成骨过程中胶原对间质细胞具有趋化和促分化作用，而 HA 可起晶核与支架作用，并参与基质钙化，促进新骨生成。由组织学观察可以得知：HA/胶原复合材料比单纯 HA 材料的成纤维细胞、纤维结缔组织及微血管都多，炎症反应性弱，生物相容性和生物活性更好。复合物中胶原对 HA 颗粒有一定的增韧作用，并对成纤维细胞和成骨细胞起营养、刺激作用，有利于纤维血管、骨组织的长入。然而，这种复合材料机械性能较差，相比自然骨结构，两相之间没有完整一致的复合。目前 HA/胶原复合材料多用于组织填充的外形整复，如萎缩性牙槽嵴扩增、骸骨等的整形、非负重骨缺损填充等。

3. HA/聚乙烯复合材料

HA 复合高密度聚乙烯可增强材料的力学性能和生物相容性，研究报道：HA/聚乙烯复合材料的强度、弹性模量和生物活性随 HA 含量的增加而增加，而断裂应变则逐渐降低。这类材料的力学性能可能能够满足小载荷应用，但其强度和刚性仍低于骨皮质，而且应用 HA 与聚乙烯之间的界面与体液的相互作用会使力学性能发生退化，因此不能承受较大部位的骨替换。另一方面，非降解性的聚乙烯的存在可降低复合材料的生物活性。

4. HA/纤维蛋白复合材料

HA/纤维蛋白复合材料是随着黏蛋白的开发和应用而问世。纤维蛋白黏合剂与致密微晶 HA 混合，可利用凝血酶来调节成形时间，通过改变混合体积比，可获得软而韧或坚而硬等不同形态和特性的复合材料，一般在 1:1 体积混合比下，材料的黏结强度最高。该复合物可以即时成形，是一种新型的骨水泥材料，可用于骨缺损的填充，具有良好的临床应用前景。

5. β-TCP/聚酯酰胺复合材料

相容性脂肪族聚酯酰胺（polyesteramide，PEA）是近年来发展起来的一种新型的生物降解高分子材料，它具有无毒、可完全降解、较好的生物相容性等优异的性能，但这种脂肪族聚酯结构决定了它具有较高的弹性和伸长率，缺乏一定的刚性和模量，将 β-TCP 与 PEA 复合，以 β-TCP 作为刚性粒子，可提高复合材料的模量，是一种有潜力的骨植入材料。

6. 含骨形成蛋白等活性因子的复合材料

通常具有骨传导能力的人工合成材料不具备骨诱导能力,将生物降解的、生物相容性良好的、具有骨传导能力的材料与具有强大诱骨活性的骨形成蛋白(BMP)结合可以使该复合材料具有骨传导和骨诱导的双重特性,缩短骨愈合的时间。BMP 可与脱蛋白骨、胶原、聚乳酸、多孔羟基磷灰石、多孔磷酸三钙陶瓷等复合,BMP 的主要功能是启动血管周围未分化的间充质细胞和骨髓基质细胞分化为骨系细胞,为骨的再生提供刺激。有报道,对 HA 与 bBMP(bivine bone morphogenetic protein)复合材料骨植入后观察,发现 1 周后可见有新骨生成,接着,新骨逐步包绕 HA 微粒,显示出良好的骨诱导作用和组织相容性。另外,由于 BMP 不能使已分化的骨系细胞大量增殖,骨细胞的增殖与分化、骨基质的生成与降解还需要其他一些生长因子(GF)如骨衍生性因子 GF(BDGF)、血小板衍生因子 GF(PDGF)、转化生长因子 β(transforming growth factor β, TGF-β)、成纤维细胞生长因子(FGF)等的共同参与,因此,有人用与牛骨松质复合材料修复兔桡骨节段性缺损,证明了 TGF-β 在体内具有促成骨的作用。体外研究也表明:TGF-β 可刺激间充质细胞的增殖与分化,促进成骨细胞和成软骨细胞的增殖,抑制破骨细胞的生成及其生物活性。

第三节　软组织植入材料
(soft tissue implant materials)

除了骨和软骨以外的大多数人体组织都属于软组织范畴。软组织植入材料一般不与血液发生直接的接触,主要用于增强或替代自然组织或改变特定的生物功能。这类植入材料可以是暂时性的,更准确地讲应该是由具有生物降解性的材料制成的,在短期内可发挥生物功能的材料;另一类是由不可降解的生物材料制成的,在体内长期存在,以替代部分生物功能。作为软组织植入材料,尽管其用途各异,但都应满足以下几点最低要求:①具有适合植入区组织的物理性能,如弹性和结构。②植入后的一段时间内能保持所期望的物理性能。③不引起不良组织反应。④无致癌性、毒性、致敏性和(或)致免疫反应的影响。⑤灭菌后不损伤其材料的理化性能。颌面部软组织植入材料可分为两大类,一类为人工合成的生物材料,如膨体聚四氟乙烯(expanded polytetrafluorethylene, ePTFE)、聚四氟乙烯(PTFE)、乙烯醇缩醛、硅酮、聚乙醇酸、聚乳酸、聚乙交酯丙交酯(poly glycolide-co-lactide, PGLA)和聚乙烯醇等;另一类为天然生物材料,如脱细胞真皮。本节将以目前临床上最常用的 ePTFE、PGLA 以及脱细胞真皮为代表,介绍软组织植入材料在口腔颌面部的应用。

一、膨体聚四氟乙烯和聚四氟乙烯

ePTFE 或 PTFE 是一类被公认的具有良好化学稳定性和生物相容性的非降解性生物材料,其质地柔软,弹性和硬度与软组织相似,有较好的抗张强度,它的超微结构呈多孔状,这种结构使其植入机体后,极有利于细胞的长入,由于植入区不形成纤维包囊,故可使组织与材料形成融为一体的结构。曾有资料报道:将 ePTFE 材料植入新西兰兔的皮下,可发现 ePTFE 材料表面出现较多的组织细胞和巨噬细胞,材料的微孔状间隙部分充满胶原基质、成纤维细胞和功能性毛细血管,组织不仅贴附在材料的表面,并生长到材料的间隙中,尽管如此,材料却能够整块取出。综合理化和生物学性能,ePTFE 被证明是目前最合适的软组织植入材料。经过 30 年来的临床观察,ePTFE未见有免疫变态反应或致癌性等方面的报道,很少发生排异反应。

(一)引导组织再生的修复

引导组织再生(guide tissue regeneration, GTR)或引导骨再生(guide bone regeneration, GBR)技术是口腔临床治疗中常用的用于促进缺损周围组织再生愈合的有效治疗手段,其中ePTFE可作为一种生物隔膜材料,置于缺损部位,以有助于自体组织的再生。

用ePTFE材料制成的GBR膜性材料称为Gore-Tex膜,与其他非降解性材料相比,Gore-Tex膜的结构设计较为合理,质地较粗,孔径合适(约1μm),其材料本身不易与基质糖蛋白结合,因此可有效抑制龈黏膜上皮的内向移位。然而,该材料尚存在不足之处,即不可降解的性能,因此需要二次手术将其取出。目前生物隔膜广泛应用于口腔颌面外科手术、牙周手术及口腔种植手术。

(二)颌面部缺损和凹陷的修复

有报道,在皮瓣下衬垫单层或多层聚四氟乙烯(PTFE)填补前额、面颊部缺损400例,经长期临床观察,除有7例因感染而取出外,其余病例都未见植入体有不良反应,治疗效果良好。祁佐良应用PTFE补片治疗2例婴幼儿颌骨骨髓炎后遗症造成的眶下壁凹陷畸形,以及4例眶外伤骨折导致的眼球内陷和12例面部凹陷畸形,经过3年的随访,获得了满意的治疗效果。PTFE还可以用于治疗先天性面裂、半侧颜面萎缩、下颌骨发育不良疾病,矫治先天性唇裂患者梨状孔及牙槽嵴凹陷畸形。

(三)耳郭部分缺损的修复

PTFE可用于部分耳缺损的修复,对于皮肤软组织覆盖比较充分、只有软骨部分缺损的外耳畸形,可采用加强型PTFE作为软骨支架,表面用筋膜或皮肤覆盖。若伴有软组织缺损的病例,可选择皮瓣覆盖PTFE或筋膜包裹PTFE后再进行植皮的方法,均可获得良好的修复效果。

二、聚乙交酯丙交酯

PGLA是由乙交酯和丙交酯开环接枝共聚得到的一种生物降解性高分子材料,具有一定的柔韧性。根据其聚酯链的化学及构型,可以获得宽泛的理化、热力学及机械性能的材料,经体内与体外的生物学试验表明:该材料具有优良的生物相容性,其降解产物主要是乳酸和乙醇酸,对机体无毒副作用,而材料的降解周期可以通过调节乙交酯和丙交酯的比例来加以控制。利用这些特性,目前在口腔临床主要作为GTR治疗中的膜性材料,它的作用是:①具有物理屏障作用,可阻止牙龈纤维组织与根面的接触。②阻挡或延缓牙龈上皮细胞的移动。PGLA与ePTFE材料的最大不同点在于前者具有生物降解性,临床上可根据治疗的需要选择降解周期适合于组织生长的材料。

三、脱细胞真皮

异体脱细胞真皮是将异体组织经系列处理后去除了可诱发宿主排异反应的细胞成分,保留细胞外的间质成分——真皮支架,这种无细胞真皮支架不仅可以快速血管化,还为上皮细胞的定植与上皮化提供了天然平台。由于异体脱细胞真皮抗原性很低,移植后不会排斥,可永久性地存在于宿主体内。采用脱细胞真皮修复口腔黏膜的缺损,可以避免以往传统的自体皮片或局部黏膜瓣移植所带来的对自体供区和受区功能和外形的影响,以及增加患者痛苦和病程等问题,并且可以有效地对较大面积的缺损进行修复。法永红等人曾对因延期牙种植、即刻牙种植、上颌窦癌切除、腭部肿物切除、移行沟加深、外伤唇、白斑和扁平苔藓切除等造成黏膜缺损共46例患者,在创面上采用异体脱细胞真皮基质覆盖，并对修复后创面情况和组织病理进行观察，结果显示：所有创面愈合良好，无1例出现排异反应。经4～6个月后组织学观察，异体脱细胞真皮基质处所生成的组织与正常黏膜组织不易区分，由此证明异体脱细胞真皮可以作为口腔黏膜缺损的修复材料。

第四节 牙种植体材料(dental implant materials)

骨内牙种植体是通过口腔内黏骨膜上的切口植入到上颌骨或下颌骨内。最早用作牙种植体的材料可以追溯到公元前，古埃及人将黄金牙植入颌骨内，古玛雅人在颌骨上植入有宝石雕刻的牙，20世纪30年代出现了一批高强度、耐腐蚀、加工简易的金属材料及其合金如钴铬合金等，为口腔科医生进行口腔种植提供了材料基础。20世纪50年代中期钛和钛合金被用于植入材料，60年代，随着生物陶瓷的发展，碳基口腔生物材料得到了重视，人们开始强调种植体的惰性与相关组织反应之间的关系。70年代，人们提出了采用手术方法，将牙种植体植入牙槽骨内，这样可达到最小的机械、化学和热损伤的目的。80年代，为了改善组织界面处的生物学反应，研究的热点集中于对牙种植材料的组成、设计、机械性能、化学性能、力学性能以及界面区骨和种植体材料之间的骨整合等方面。进入90年代后，人们对骨整合(osseointegration)的概念有了更进一步的认识，骨整合应理解为负荷种植体材料和活性骨之间的直接结合。过去，种植体材料被认为应该是惰性的，组织学上表现为纤维组织包绕种植体，这样其化学性能稳定，无毒性反应。如今，骨的生物学反应并不仅仅要求对外来物质的惰性反应，更应该要求能形成骨和材料间的有机结合。许多学者认为，一般意义上的生物相容性已经不能作为评价牙种植材料的惟一标准，骨整合却是一项十分重要的评判指标，因为前者通常不涉及材料与骨组织间的相互渗透，而后者包括了新骨的替代和生物材料与骨组织的渗透，即生物结合。

由于牙种植体材料处于口腔的特殊环境，所以种植体材料必须具备以下一些基本条件：①口腔组织对材料有较好的耐受性，材料对组织没有或极弱的化学刺激，不引起支持骨的吸收。②对体液有抗腐蚀性，能长期保持所需的机械性能。③具有良好的生物相容性。④材料对骨组织具有较好的生物力学适应性。

一、牙种植体材料的分类和性能

通常牙种植体按其材料性质的不同可以大致分为三大类，即金属和合金、陶瓷和碳以及高分子材料，具体可参见表22-7。材料可以根据与相邻组织的反应类型分为生物惰性和生物活性两类。临床应用时往往为了避免单一材料的一些弊端而将不同性质的材料复合起来，这就是复合材料在牙种植体上的应用。一般来说，高分子和金属材料都具有较好的强度和延展性，而陶瓷和碳在这两个方面比较弱，惰性的陶瓷和金属具有良好的弹性模量，高分子材料有良好的延展性但弹性模量较低，复合材料可扬长避短，综合性能相对较好。

高分子材料的优势在于能够方便地制作成理想的形状。即使是在碳涂层的情况下，它们也能达到促进组织的纤维化反应，临床上用得最多的高分子材料是聚甲基丙烯酸甲酯(PMMA)，有学者认为PMMA有以下优势：合适的表面孔隙，容易保持和制作，良好的生物相容性和价格便宜。但PMMA在种植牙中的应用还不是很广泛，对它的生物的毒性作用目前还存在争论。总之，高分子材料的机械性能和化学反应都相对较差，在体内易发生老化现象，同时还可能会发生不同程度的降解，并产生对机体有刺激的物质，最终造成种植失败，因此,在一定程度上,限制了材料在牙种植临床的应用。

陶瓷材料早在20世纪六七十年代就被用于口腔种植中。陶瓷在口腔内的溶解性相当低,而且熔化温度相对较低,制造也比较简单。有学者研究出具有微结构的陶瓷,它可以减少磨耗,延长种植体的寿命,增加其功能,具有良好的硬度和生物活性,能增强成骨细胞的黏附、繁殖和矿化,加速骨整合的形成。但因为瓷较脆且结构较小,它目前已不再用于种植体的植入体芯,而被用作金属植入体表面的涂层。比如常用的钛表面涂层材料有羟基磷灰石(HA)和生物玻璃(bioglass)等,它们用来加速骨整合的形成。生物玻璃是复合玻璃,作为一种种植材料已被研究了很长时间,它对骨的生物结合可能是由于瓷表面的溶解,从而产生富含硅的凝胶层,上面覆盖有富含钙和亚磷酸的数层结构。这些瓷层结构似乎可以和骨化学性地结合。

目前用的最多的牙种植材料还是钛及其合金,它们具有良好的生物相容性,临床上的骨整合效果也最好。最早应用于牙种植的金属材料是金合金,它能改善与骨交界处的纤维界面,四五十年代金合金被不锈钢和钽所替代,钽和锆的生物相容性虽然较好,但因其价格昂贵很少使用。钴铬合金也曾被用作植入材料,但生物相容性不如钛合金。这些临床上所用过的生物材料与骨的结合仍然是纤维性结合,与前面所说的骨整合的标准相差颇远,所以这些材料都相继被淘汰。目前临床上用于牙种植体的植入材料主要是钛和钛合金。

二、牙种植体材料性能与生物学特性的关系

对于部分或全口牙列缺失的患者来说,牙种植已成为一种可接受的治疗方法,然而,如何才能达到长期的修复效果,其中种植体与其周围组织的相互作用是一个极其重要的问题,特别是建立和维持牢固的、持久的、能传递咬合力的骨-种植体界面,这一观点已得到学术界的普遍认可。大量的研究表明:造成牙种植远期效果差的主要原因是结缔组织和上皮组织结合不良,继而不能形成一种类似正常牙齿结构的黏膜周围的封闭作用。从生物学观点看,这可能与种植体材料本身的特性有关,因为材料直接影响种植体与周围软硬组织的结合,并可以防止细菌和菌斑的附着。未来随着人们对机体基本生物学反应机制的更全面的理解,很可能有助于进一步发展和改善牙种植材料。

正确理解宿主组织对牙种植体的整个反应过程十分重要,这个过程通常分为两个既不相同、又相互联系的阶段(表22-8),第一阶段是发生在种植体植入后的临床愈合期,此阶段中,开始是蛋白质分子沉淀于种植体表面,随之发生细胞黏附、游走及分化等生物学反应过程,而种植材料的特性(不同材料以及表面的不同物理化学特性)会影响这些生物学反应的类型和程度。第一阶段最初的一些组织反应会导致细胞外基质的细胞表达和成熟,最终形成骨与种植体之间的界面。这一阶段通常经历3~6个月,接着进入第二阶段即功能期,此期在殆力的作用下,骨界面开

表22-7 牙种植体材料的分类

金属及合金	陶瓷和碳	高分子
Ti 和 Ti-Al-V	Al_2O_3	PMMA
Co-Cr-Mo	$Ca_{10}(PO_4)_6(OH)_2$ HA	PTFE
Fe-Cr-Ni	$Ca_3(PO_4)_2$ TCP	PE
	C 和 C-Si	PSF

表22-8 牙种植后生物学反应与种植材料特性之间的关系

临床期	生物学反应过程	材料特性
Ⅰ(愈合)	蛋白质沉淀、细胞黏附、细胞游走、产生细胞外基质、骨沉积	材料选择(金属、陶瓷)理化特性(形状、微观、宏观、表面化学、惰性、溶解性等)
Ⅱ(功能)	基质和骨塑形	

始塑形,整个生物反应过程受界面处所承受的应力大小和分布的影响,成熟界面骨塑形的能力在很大程度上取决于最初组织与种植体表面相互作用的程度。

(一) 材料选择的影响

1. 金属与合金

许多研究报道了各种金属种植体材料表面与宿主骨组织具有整合能力的结果。所谓骨整合是指宿主组织与种植体表面形成功能性界面的能力,在光镜下不存在类似异物包裹的纤维结缔组织。按照该定义,显然一些包括钛及钛合金在内的生物材料能达到这个标准。采用透射电镜(TEM)进行超微结构的观察可进一步明确了界面的情况,有研究发现:当骨组织在钛材料表面生长时,一部分钙化的、无定形的物质会马上沉淀在紧靠种植体的表面,随后形成成骨细胞和高度钙化的基质,这一层距离种植体表面约20～30 nm(200～300Å)。

相比之下,其他一些金属材料因与骨组织的力学特性相差较大(表22-9),能出现一种被称为应力遮挡的现象,而且,由于抗腐蚀能力相对较差,故存在一种形成潜在的毒性腐蚀产物的趋向。超微结构观察提示,骨和316L不锈钢材料之间的界面由多细胞层分隔,细胞中以炎性细胞为主,并可见一层厚的蛋白多糖非胶原结构,该反应类似于典型的异物反应和非骨整合性的反应,这就是不锈钢为何显示出不理想的生物学反应的原因,最近通过体外实验得到进一步的证实,实验中发现宿主组织不能附着到金属的表面,这与金属离子释放后的毒性作用有关。

表22-9 几种种植体材料与骨比较的力学特性

	弹性模量(MPa×10^3)	比例极限(MPa)	最终抗张强度(MPa)	拉长百分比(%)
316L不锈钢				
退火	200	240	550	50
冷加工	200	790	965	20
钴铬钼(ASTM-F75)	240	500	700	10
钛(ASTM-F67)	100	520	620	18
Ti-6A1-4V(ASTM-F136)	110	840	900	12
骨皮质	18	130	140	1

2. 陶瓷与陶瓷表面

单晶氧化铝(Al_2O_3)陶瓷种植体可用作牙种植体材料。尽管该材料具有优异的生物相容性,但在美国,以Al_2O_3制作的种植体应用并不很普遍。体内骨-Al_2O种植体界面的研究提示:骨与种植体之间的接触较为紧密,纤维结缔组织介入其间,种植体无松动现象,界面与支持系统保持一致。新近的超微结构研究发现,在接近Al_2O种植体处可见矿化基质,这与钛合金种植体所发现的情况类似。

钙磷(CP)陶瓷材料也可用于牙种植体材料,它能增加牙种植界面的组织反应。这种材料以块状或颗粒状、或者作为金属表面的涂层形式应用于临床。利用等离子喷涂技术,将HA或TCP材料结合到金属主体表面,以增加局部的骨反应性,试图缩短愈合期。虽然该工艺有不少优点,但还是有可能存在涂层不均匀和界面孔隙率大的问题。

目前,硬组织和陶瓷涂层之间产生界面的机制尚不明确,大量的体内研究表明:HA涂层可增强种植体界面的骨反应能力。从组织学上来看,尽管有HA涂层和无涂层的钛界面形态学描述基本相同,但HA涂层界面的骨组织反应速度较无涂层的钛表面更快，其建立坚固骨床所用的时间仅为无涂层钛所用时间的1/3~1/2。同样，HA涂层的骨反应强度强于未经涂层的强度，其界面的力学强度是未涂层HA的数倍。体外溶解试验已证实，某些CP材料的生物降解性依次为：α-TCP>β-TCP>HA，而非结晶的HA比结晶型的HA更易出现生物降解。

导致骨组织与陶瓷表面形成超微结构的细胞活动及其形成过程，目前正处在进一步研究之中。体外试验显示，细胞反应增强的机制，在某种程度上似乎与材料的降解性及钙、磷离子释放到生物环境中有关，这种表面腐蚀反应与涂层的高降解性和无定形的成分有关，腐蚀反应会导致表面不规则，由此增加了细胞黏附到粗糙材料表面的特性，通常陶瓷表面的性质可能会影响被吸附的细胞活动。许多实验表明，细胞吸附到HA涂层表面后，与细胞有关的生理活动会增强，这些活动包括增殖、基质的表达、骨形成以及基因表达等。早期的细胞活动导致了骨愈合期间界面组织学和超微结构的改变，这一点与体内试验结果基本相同。

（二）表面特性的影响

1. 表面形状

种植体的三维结构和几何形状会影响其表面的形状，它涉及到宿主组织与种植体之间的相互作用，表面形状是指微观水平上的表面结构，在微观状态下，细胞和组织的相互作用导致骨整合过程。表面形状对体内外细胞及组织反应的影响一直是近年来重点研究的领域，其研究目的是想确定与自然骨相仿的表面形状，以利于组织整合，改善牙种植体的临床效果。有关细胞的附着问题，体外试验研究已证实：粗糙面上成骨细胞的短期吸附能力明显优于光滑面，细胞形态直接与主体材料的性质有关，而细胞吸附以后，不同来源的细胞常出现与主体相关的形态。有人曾研究植入体表面的性质与细胞形态学、细胞内细胞骨架的结构以及细胞内基质的形成之间的联系。他们认为微结构的表面有助于协调细胞活动和有利于成骨细胞的矿化，这是通过一系列机制来实现的，其中包括恰当的胶原束定向能力、细胞形状和极性等。由此可见，种植体微观以及宏观的形态直接影响成骨细胞的分化和矿化。

2. 表面化学

钛种植体表面的氧化物的特性是人们关注的重点，已有文献报道：消毒过程非常重要，它不仅影响钛表面氧化物的状态，而且会影响随后的体外以及体内的生物学反应。通过界面分析和表面能量测定，已明确提示高压蒸气消毒会损害钛氧化物表面。即使在纯净的高压消毒水下，金属氧化物表面也可见污染物的存在，由此可导致不良的细胞和组织反应。体外试验结果显示：蒸气高压消毒和环氧乙烷处理的种植体表面对细胞和形态的完整性都有不良的影响。然而，经以上处理后，对长期的生物反应性包括体内反应的影响尚需进一步证实。

其他技术如射频氩等离子清洁处理能有效改变金属氧化物的化学性能和结构。许多研究证实等离子清洁处理后可产生相对无污染物的表面，并改善表面的能量，但也有报道与之相反，体外研究中发现：这些高能量表面，未必能改善如吸附和细胞表达之类的细胞反应。这点已被体内试验研究所证实，整个骨-种植体界面的组织学和超微形态，与种植体等离子清洁及干热消毒的结果类似。另一种种植体材料消毒技术是将材料暴露在紫外线灯下或γ射线下进行消毒，这两种消毒方法都能产生相对无污染的薄氧化物层，有利于细胞的吸附和体内长期无炎性反应。

3. 金属侵蚀

金属材料作为牙种植体，金属离子的释放所引起的电化学腐蚀现象始终是个重要的问题。当今在所用的生物医学金属材料中，钛及钛合金Ti-6Al-4V被认为是抗腐蚀能力很强的材料，但是，在体内钛并非完全是惰性材料,钛离子也可以受一些因素影响而被动从钛氧化层中释放出来,这些因素包括种植体的位置和种植后的生物机械力等。可以预测:种植体表面和组织之间的电化学反应,可能对宿主骨整体反应有影响。

三、钛和钛合金

钛在地壳中的含量为 0.6%,含量丰富,在自然界中,钛主要以 TiO_2 或 $FeTiO_3$ 的形式存在,这为种植牙研究提供了良好的材料基础。纯钛有四种等级,不同的级别其氧含量也不同,在钛或者钛合金中加入少量杂质,可以增强其性能。如氧对传导性和强度有着重大的影响;铝可增加合金的强度降低弹性;钒增加抗腐蚀性等等。与其他材料相比,钛有着与人体组织更接近的密度和弹性模量,如表22-10所示。钛是目前牙种植中应用最广泛的生物材料,它能提供优异的生物相容性,在所有牙种植材料中显示出最好的骨整合和生物结合能力。大量有关牙种植材料的研究主要是围绕钛和钛合金而展开。

表22-10 几种生物材料和骨皮质的密度和弹性模量

材 料	密度($g \cdot cm^{-3}$)	弹性模量(GPa)
骨皮质	~2.0	7—30
钴铬合金	~8.5	230
316L 不锈钢	8.0	200
纯钛	4.51	110
钛合金 Ti-6Al-4V	4.40	106

钛在空气中极易氧化并在钛表面形成一层氧化膜,其主要成分是 TiO_2,根据距离氧化层表面的深度不同,氧化物的成分也会略有不同。钛之所以有着优异的抗腐蚀性,是因为该氧化层可阻止金属离子的释放或材料的降解。研究表明:钛表面的氧化层并不是恒定不变的,当它一旦被破坏,会在极短的时间内重建修复。另外,氧化层的厚度决定了其基本的抗腐蚀性能,所以,大多数临床医生在牙种植前都要对钛或钛合金进行表面的钝化膜增厚处理。常用的处理方法有化学氧化法、阳极氧化法和大气加热法。目前,普遍认为钛合金和纯钛的降解和离子释放对人体的影响微乎其微。

体外实验证实,清洁状态下钛表面形成的氧化物能极大地促使成骨细胞的吸附和游走,并为体外矿化过程的进行提供适宜的表面状况。在骨整合的研究中,有报道钛植入体内后,氧化层表面与矿化组织之间存在一定的间隙,其厚度为 1~10 μm,6个月以后,该间隙可减少至 10 nm(100Å)。骨表面矿化组织中的胶原纤维能与骨自身的有机结构紧密结合。另有学者研究了钛植入体和牙龈组织之间的界面,该软组织界面相当重要,因为在自然牙中,功能性的上皮具有对化学、机械、生物侵入的屏障作用。上皮对牙的封闭作用能阻止上皮向上方移动和牙周袋的形成,功能性的上皮是通过半桥粒与牙连接,半桥粒附着在牙骨质的基板上。而级别高的纯钛能与骨和软组织建立类似半桥粒的结构。有学者通过体外钛片表面细胞的培养,研究牙周韧带细胞和成骨样细胞对纯钛的附着,比较细胞的形态,探讨细胞在钛植入体表面的功能活动,Buser等将种植体紧贴天然牙周,发现种植体能形成牙骨质,Choi等将牙周韧带细胞接种到纯钛种植体表面进行体内种植,结果表明:细胞涂层种植表面能沉积牙骨质样组织。

四、牙种植体表面的涂层

现代种植学认为,牙种植材料既要有一定的惰性又要有一定的生物活性,要解决这一问题,可采用在植入体表面涂层的办法,目前常用的是瓷涂层。瓷涂层用于改进植入体-骨结合力的强度,加快骨整合,改善植入体周围骨的质量。

涂层表面不同的处理和形状可以导致不同的涂层效果,紧密的涂层可以获得更高的强度和更低的溶解性,涂层过厚会引起涂层的脆性,容易被污染。瓷涂层材料分为可吸收和不可或难以吸收两种,可吸收性涂层是指最终能被骨替代,这一类材料主要是β-TCP,而不可吸收的是指能促进种植体与骨形成骨性结合,降低种植体金属离子向人体的释放和保护金属表面不受环境的影响,这类材料主要是HA。

HA作为种植体表面的涂层已有近20年的历史。它与其他涂层材料的主要区别是它的晶体结构,或者说是它晶体结构原子排序的程度不同,当然,杂质的含量也不同。有学者专门列出了HA的特点:能加速骨的适应性,无纤维组织形成,种植体-骨之间的附着良好,减少愈合时间,增强机体耐受和阻止离子的释放,HA还能维持涂层周围骨系统的稳定性。HA的溶解性比其他涂层材料要低得多。在生物学反应方面,HA能增强骨对种植体界面处的黏附强度,缩短骨性附着水平的时间,减少界面间纤维组织的形成。如前所述,理想的骨整合是骨和种植体之间不存在纤维组织。有人进行过一项实验,用未经HA涂层的种植体与经HA涂层的种植体作比较,结果证实经过HA涂层的种植体界面处只存在少量的或不存在纤维组织,而未经HA涂层的界面处可见不同程度的纤维组织。临床实践表明,高质量的HA涂层具有良好组织适应性的生物学反应,加速牙龈组织和骨在种植体表面的附着,促进骨整合和生物结合。

五、复合材料牙种植体的性能和临床应用

为了获得更好的生物性能和临床效果,复合材料制成的牙种植体已为临床医生所接受,这类牙种植体是将金属与陶瓷有机地结合在一起。已有不少文献对此类种植牙的性能进行了初步的研究,其结果详见表22-11。

表22-11 不同复合材料种植牙的性能比较

复合材料种植牙	材料成分	骨整合情况	功能	尚存在的问题
钛芯表面喷涂HA种植牙	HA/钛	2年达到完全的骨整合	适应周围骨的自然改建,维持骨量,防止或减少种植体周围上皮向根端迁移	HA涂层的降解
钛芯与骨形成蛋白复合种植牙	骨形成蛋白/钛	8周界面新骨完全形成	早期启动诱导界面新骨形成,缩短种植周期	BMP来自异种组织由此引发的免疫问题
钛芯生物活性玻璃陶瓷种植牙	生物活性玻璃/钛	1个月后骨代谢高峰	生物相容性好,诱导新骨形成	
生物陶瓷微孔钛复合BMP种植牙	钛(Tc₄)/HA/生物活性玻璃	与骨界面形成三相性结构	诱导界面新骨生成,成骨量大,健康	BMP的免疫问题
氮化钛种植牙	氮/钛	32周基本达到骨整合	骨整合完善,生物相容性好,良好的抗腐蚀性,抗剪切强度增加	无诱导骨再生能力

六、展 望

现代口腔牙种植越来越强调种植牙的生物学功能,包括种植牙的生物学形态,与相邻软硬组织的关系和相互作用。骨整合和生物结合的概念已被广泛运用到口腔牙种植的植入体材料的评价当中,只有那些具有优秀的生物相容性,能达成良好骨整合和生物结合的材料才是理想的植入材料。目前,钛植入体与周围软组织的微结构观察

越来越引起诸多学者的关注,特别是钛与软组织的结合方式,类似牙周膜的功能等,甚至有学者提出胶原成分的参与对种植体存在着潜在的功能。另外,涂层材料的研究对于植入体性能的改进起着推波助澜的作用,HA 涂层的作用显而易见,对新涂层材料的发现和研究将是一个热门话题。最后,相对于那些针对人体其他种植体的研究报告而言,针对口腔牙种植的植入材料的降解和离子释放以及它们对机体组织的影响的报告还不够完善和清晰,在口腔这个人体特殊的环境中,钛、钛合金的降解或者不降解、各种涂层的崩解或者不崩解,各种产物的体内转移和运输等等,都有待研究和测定。

(孙 皎)

参 考 文 献

1 薛 森. 口腔应用材料学. 天津:天津科技翻译出版公司,1997,454-489
2 廖湘凌. 生物活性种植牙的研究进展. 中国口腔种植学杂志,1999,4(2):90-93
3 李二恪,张彩霞. 生物材料治疗口腔颌面部缺损的进展. 口腔材料器械杂志,1999,8(3):150-152
4 李世普. 生物医用材料导论. 武汉:武汉工业大学出版社,2000
5 曹文灵,陈际达,王元亮. 骨修复材料的研究进展. 国外医学生物医学工程分册,2000,23(5):309-312
6 马祖伟,高长有,沈家熜. 软骨组织工程用材料进展. 生物医学工程学杂志,2001,18(4):638-641
7 王小红,马标建,王亦农. 骨修复材料的研究进展. 生物医学工程学杂志,2001,18(4):647-651
8 王文波,陈中伟,陈统一. 自固化磷酸钙人工骨的生物安全性试验研究. 中国生物医学工程学报,2001,2(3):193-199
9 段 宏,宋跃明. 骨科聚乳酸内固定物应用研究. 生物医学工程学杂志,2001,18(1):119-122
10 王小红,马建标,王亦农. 骨修复材料的研究进展. 生物医学工程学杂志,2001,18(4):647-652
11 侯光宇,潘可风,陈德敏. 生物活性陶瓷材料的表面活性及影响因素的研究现状. 口腔材料器械杂志,2002,11(4):204-206
12 丁 珊,李立华,周长忍. 新型组织工程支架材料. 生物医学工程杂志,2002,19(1):122-126
13 陈治清. 口腔材料学. 北京:人民卫生出版社,2003
14 宁聪琴,戴克戎. 硬组织替换用羟基磷灰石复合材料的研究进展. 生物医学工程学杂志,2003,20(3):550-554
15 葛建华,王迎军,贾德民. 可降解、可吸收性骨科材料类型及发展. 生物医学工程学杂志,2004,21(1):151-155
16 Oonishi H. Particulate bioglass compared with hydroxyapatite as a bone graft substitute. Clinical Orthopaedics and Related Research,1997,334:316-319
17 Joon B. Park, Joseph D. Bronzino. Biomaterials, Principles and Applications. New York:CRC Press,2000
18 Motohiro Uo, Fumio Watari, Atsuro Yokoyama, et al. Tissue reaction around metal implants observed by X-ray scanning analytical microscopy. Biomaterials,2001,22:677-685
19 Hironobu Matsuno, Atsuro Yokoyama, Fumio Watari, et al. Biocompatibility and osteogenesis of refractory metal implants, titanium, hafnium, niobium, tantalum and rhenium. Biomaterials,2001,22:1253-1262

第二十三章 生物陶瓷材料
(bioceramic materials)

第一节 概 述

无机非金属材料(简称无机材料)是人类最早应用的材料。人类的进化历史就是从使用无机材料——石头开始的。无机材料是陶瓷、玻璃、单晶体、水泥和耐火材料的总称。随着近代科学技术的发展,各类新型陶瓷产品的大量开发以及相关工艺、性能水平的日益提高,陶瓷材料已成为当今材料科学与工程学方面一个极其活跃、极富挑战性的前沿研究领域。因此人们也习惯上把无机材料又称为陶瓷材料。

陶瓷是指用天然或人工合成的粉状化合物经过成型和高温烧结制成的,由金属和非金属元素的无机化合物构成的多晶固体材料。陶瓷可分为传统陶瓷(普通陶瓷)和近代陶瓷(特种陶瓷)。传统的陶瓷都是以由构成地壳的硅、铝、氧三种主要元素形成的天然硅酸盐矿物为主要原料(如黏土、长石、硅石)制成的材料,为区别当今大量研究开发的不含硅酸盐成分的近代陶瓷(如氧化物陶瓷、氮化物陶瓷、硼化物陶瓷、碳化物陶瓷等),欧美各国习惯上把硅酸盐材料通称为"陶瓷",而把近代陶瓷称为"新型陶瓷"(new ceramics)或"精细陶瓷"(fine ceramics)。在日本则把陶瓷制品统称为"窑业製品"。

一、陶瓷材料的性能特征

陶瓷材料与金属材料、高分子材料一起在医学领域发挥着重要作用。这三大类医用材料由于各自组成结构和性能上的差异,在使用和选择上要考虑扬长避短,充分发挥每种材料的优良性能。以下列出了三大类材料的一般性特征:

金属材料　A. 生物相容性一般。
　　　　　B. 耐化学性和耐腐蚀性较差;长期使用时,表面容易产生变性。
　　　　　C. 机械性能良好,强度高,破坏韧性值大。
　　　　　D. 成形性优良,加工容易。

高分子材料　A. 生物相容性良好。
　　　　　　B. 耐化学性好;但长期使用时,材质易老化、降解。
　　　　　　C. 机械性能较差,硬度低。
　　　　　　D. 耐热性差,容易受热变形。
　　　　　　E. 成形性好,同金属一样易加工成各种形状。

陶瓷材料　A. 生物相容性非常优良。
　　　　　B. 化学性能稳定,耐腐蚀性良好;长期使用表面也不易变质和变性。
　　　　　C. 硬度高,耐磨性好;但破坏韧性值低,耐冲击性差,脆性大。
　　　　　D. 耐热性好,热的良好绝缘体。

E. 加工成形困难。

这些性能特征按优劣或高低顺序排列可以归纳如下：

A. 生物相容性　　　　　陶瓷≫高分子,金属
B. 耐化学性和表面稳定性　陶瓷＞高分子≫金属
C. 机械性能:硬度,强度　陶瓷,金属＞高分子
　　脆性　　　　　　　陶瓷≫高分子＞金属
D. 耐热性　　　　　　　陶瓷＞金属≫高分子
E. 热膨胀系数　　　　　高分子,金属＞陶瓷
F. 热传导　　　　　　　金属≫陶瓷＞高分子
G. 成形和加工性能　　　金属,高分子＞陶瓷
H. 制作成本　　　　　　陶瓷＞金属,高分子

二、生物陶瓷的分类

广义的生物陶瓷可以分为与人体相关的陶瓷（种植类陶瓷）和与生化学相关的陶瓷（生物工程类陶瓷）两大类（表23-1）。所谓的与人体相关的陶瓷就是指通过植入人体或是与人体组织直接接触，使机体功能得以恢复或增强可使用的陶瓷。一般狭义地称生物陶瓷就是指这类陶瓷。

表23-1　生物陶瓷按用途分类

生物陶瓷类别	特征	应用领域
种植类陶瓷	与人体组织直接接触	人工牙根、牙冠,人工骨（颅、颌骨,长骨,脊椎骨等）,颈椎融合器,义眼座,人工关节,骨水泥,人工血管,人工心脏瓣,人工尿管,人工喉管,骨组织工程支架等
生物工程类陶瓷	与人体组织不直接接触	酶固定,细菌、微生物分离,液相色谱柱,蛋白质、核酸、DNA、RNA、氨基酸等的精制,生化反应催化剂,牙膏等

陶瓷材料最早被正式用于医学领域可追溯到18世纪,1788年法国人Nicholas成功地完成了瓷全口及瓷牙修复,并在1792年获得专利。然而生物陶瓷在医学上真正受到重视并广泛开展研究的历史还不长,较系统的基础研究和临床应用研究还只是近30年来的事。1961年Gott等发现碳素材料具有抗血栓性。20世纪70年代初,用碳素材料制成的人工心脏瓣开始进入临床,至今临床应用病例已超过30多万例。1969年美国Florida大学的Hench教授发明了生物玻璃,这种材料在当时以其最优良的骨相容性受到人们重视。以后世界各国都相继研究开发了各种生物玻璃材料。1970年法国的Boutin用单一氧化铝陶瓷制成人工股关节,开创了陶瓷用作人工骨、人工关节的先例。日本大阪齿科大学的川原春幸也曾开发了单晶氧化铝牙根用于人工种植,从1977年至1987年10年间临床应用病例达到了10万例。1971年西德人开发了与骨、牙的无机组成相近的磷酸三钙（tricalcium phospate，TCP）,动物实验证实TCP多孔体是优良的骨置换材料。1974年前后,日本的青木秀希和美国的M. Jarcho相继发明了与人体骨、牙的无机组成极为相似的羟磷灰石材料。这种材料具有与自体骨相仿的生物相容性和骨结合性,是目前世界公认的较理想的人工骨材料,已在临床许多领域得到广泛应用。

根据种植材料与生物体组织的反应程度,可将种植类陶瓷分为3类：

1. 生物惰性（bioinert）陶瓷

这类陶瓷在生物体内化学性质稳定,无组成元素溶出,对机体组织无刺激性。植入骨组织后,能和骨组织产生直接的、持久性的骨性接触,界面处一般无纤维组织介入,形成骨融合（ossointegration）。

2. 生物活性（bioactive）陶瓷

这类陶瓷在生物体内基本不被吸收,材料有微量溶解,能促进种植体周围新骨生成,并与骨组织形成牢固的化学键结合（osseoankylosis）。

3. 生物吸收性(biodegradable)陶瓷

这类材料在生物体内能逐步降解、吸收,被新生骨取代。

也有研究者将种植类陶瓷分为生物惰性和生物活性两大类,在生物活性陶瓷类中再细分成非吸收性陶瓷和吸收性陶瓷。对"生物活性"这一术语有学者是如此定义的:作为一种移植材料,能够在材料的分界面激发特定的生物反应,最终导致在材料和组织之间的骨形成。

迄今为止已开发应用的生物陶瓷主要有以下几种(表23-2)。

以下就其中具代表性的生物陶瓷的性能特征和应用范围分别作一介绍。

表23-2 生物陶瓷种类和材料组成

种 类	材 料 组 成
生物惰性陶瓷	氧化铝(Al_2O_3),氧化锆(ZrO_2),碳素(C),氧化钛(TiO_2),氮化硅(Si_3N_4),碳化硅(SiC),硅铝酸盐($Na_2O \cdot Al_2O_3 \cdot SiO_2$),钙铝系($CaO \cdot Al_2O_3$)
生物活性陶瓷	高结晶度羟磷灰石$[Ca_{10}(PO_4)_6(OH)_2]$ 生物玻璃($SiO_2 \cdot CaO \cdot Na_2O \cdot P_2O_5$) 玻璃陶瓷($SiO_2 \cdot CaO \cdot MgO \cdot P_2O_5$),($CaO \cdot P_2O_5$)
生物吸收性陶瓷	磷酸三钙$[Ca_3(PO_4)_2]$,可溶性钙铝系($CaO \cdot Al_2O_3$) 低结晶度羟磷灰石$[Ca_{10}(PO_4)_6(OH)_2]$ 掺杂型羟磷灰石$[Ca_{10-n}Sr_n(PO_4)_6(OH)_2]$

第二节 生物惰性类陶瓷(bioinert ceramics)

一、氧化铝(alumina)

氧化铝具有多种结晶形态,其中可以肯定的有3种,即α、β和γ3种形态。其中只有α-Al_2O_3最稳定,而且在自然界中存在,γ和β形态只能用人工方法制取。1924年,德国人鲁夫用纯氧化铝粉末成型,在2 000℃左右的高温炉中烧结,得到了世界上第一块纯氧化铝制品,但是一直没有命名,直到1933年才由西门子公司正式命名,国人取其白如玉而坚硬不凡,将它译名为刚玉。一般的医用氧化铝均是指α-Al_2O_3。α-Al_2O_3晶体属三方晶系,空间群为R3C,单位晶胞是一个尖的菱面体,氧离子组成六方最紧密堆积,铝离子占据氧八面体空隙中,氧铝之间为牢固的离子型结合(图23-1)。氧化铝的晶体结构赋予其完全不同于金属的一些特性。氧化铝陶瓷的化学稳定性非常好,具有耐高温、高强度、高硬度、高绝缘和高气密性等优良性能,特别对强酸、强碱都具有很强的耐腐蚀性。氧

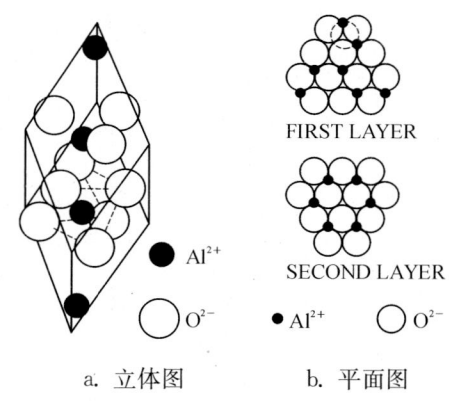

图23-1 α-Al_2O_3的晶体结构

化铝陶瓷属生物惰性陶瓷,具有热力学稳定的化学结构,在体内不释放可溶性化合物,也不引起毒性反应,因此被认为是一种生物相容性材料,在人体内长期植入也不会发生化学变化。氧化铝还具有亲水性,晶体表面易形成水膜。有人认为,氧化铝之所以具有良好生物相容性和良好的摩擦、润滑性能与这层水膜有很大的关系。氧化铝的熔点为2 050℃,密度为3.95 g/cm^3左右。

（一）制备方法

由天然矿物铝矾土（$Al_2O_3 \cdot nH_2O$）经化学方法分离、精制、煅烧和粉碎等多道工序处理后，可制得粒径 0.3 μm，纯度达 99.3% 以上的氧化铝粉末。

粉末中加入黏结剂或发泡剂经成型后在 1 700～1 800℃ 温度下烧成，可制得多晶氧化铝致密体或多孔体。如果用纯净的氧化铝通过焰熔法经特殊的熔炉可制备出无色透明、纯净无瑕的氧化铝单晶。这种氧化铝单晶具有优良的热学、电学、光学和力学性能，因此人们也往往把氧化铝单晶称为人造宝石。

（二）机械性能

氧化铝的机械强度在陶瓷中是较高的，并具有良好的耐磨耗性和润滑性。氧化铝的比重为 4.0，莫氏硬度为 9，仅次于金刚石。氧化铝的弹性模数相对于其他生物陶瓷也是相当高的。表 23-3 列出了单晶氧化铝和多晶氧化铝部分物理性能数据和种植用氧化铝的 ISO 标准（ISO6474-1981（E）Implants for surgery-Ceramic materials based on alumina）。

表 23-3 单晶和多晶氧化铝的物理性能

	单晶氧化铝	多晶氧化铝	ISO 标准（多晶）
纯度（%）	99.9	99.8	99.5 以上
密度（g/cm³）	3.95	3.94	3.90 以上
平均粒径（μm）	—	2.0	7 以下
弹性模数（GPa）	392	392	380 左右
挠曲强度（MPa）	1 270	510	400 以上
维氏硬度	2 100	1 800	2 300 左右

（三）生物学性能

氧化铝陶瓷是较早用于临床的一类陶瓷材料，早期用于人工髋关节置换和作为牙科植入材料。植入动物体内后软组织对氧化铝陶瓷的反应主要是纤维组织包膜的形成，在体内可见成纤维细胞增生。氧化铝陶瓷在动物骨组织中不是骨结合材料而是骨接触材料，植入骨组织后，在负重区与骨组织接触，但非负重区有纤维组织形成。将颗粒状氧化铝陶瓷植入动物腹膜内、肌肉内、皮下、关节内和静脉内，小于 5 μm 的颗粒被巨噬细胞吞噬，而大于 10 μm 的颗粒则留在细胞外引起粒细胞和淋巴细胞增生，并逐渐被纤维和血管组织包裹。氧化铝陶瓷在体内被纤维组织包裹或与骨组织之间形成纤维组织界面的特性，影响了该材料在骨缺损修复中的应用，因为骨与材料之间存在纤维组织界面，阻碍了材料与骨的结合，也影响材料的骨传导性，长期滞留体内产生结构上的缺陷，使骨组织产生力学上的薄弱。氧化铝的生物学性能可大致归纳为以下几个特点：(1) 氧化铝在体液中完全稳定，在生物体内不会发生溶解和变性。(2) 氧化铝对周围机体组织呈惰性反应，对骨组织生长无抑制作用，生物相容性比金属和有机高分子材料好。(3) 孔径大于 100 μm 的多孔体植入骨组织后，可看到新骨很快长入气孔中。

（四）应用

氧化铝是最早进入临床实用化的生物陶瓷。最初由 Boutin 设计的人工关节，臼和关节头均采用氧化铝。以后瑞士的 Weber、Semlitsch 等人作了改良，人工臼采用高密度高分子量的聚乙烯，这样可有效减缓施加于人工关节的冲击力，提高了人工关节的组合性能。这种人工关节除大量用于股关节置换术外，还被用于肩关节、膝关节、足关节、指关节等的置换（图 23-2）。氧化铝人工牙根也曾在临床应用多年，1975 年大阪齿科大学的川原和京都陶瓷会社共同开发了单晶氧化铝牙根（图 23-3），其挠曲强度可达到多晶体的 3 倍，因此可设计得很细巧，从而扩大了临床适用范围。据统计，从 1977 年至 1987 年 10 年间，氧化铝人工牙根临床应用病例在日本超过10万例。

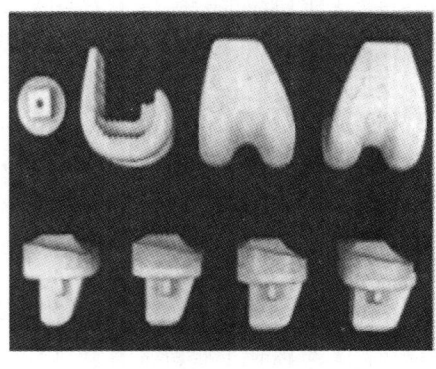

a. 氧化铝人工膝关节

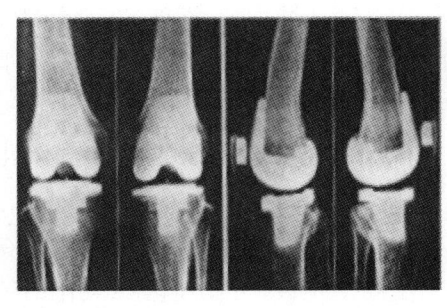

b. X线照片

图 23-2 人工膝关节的置换

图 23-3 单晶氧化铝人工牙

单晶氧化铝的另一个主要用途是制成接骨螺钉,用于骨折治疗及骨或关节置换时的骨固定,其优点之一是骨愈合后不必取出。图 23-4 为单晶氧化铝螺钉和 SUS-316L 不锈钢螺钉在植入动物骨后 43 周时的 X 线照片。单晶氧化铝制作成本较高,国内仅有少数单位开展过单晶氧化铝人工牙根的临床研究,而较多的都是采用多晶氧化铝陶瓷材料。

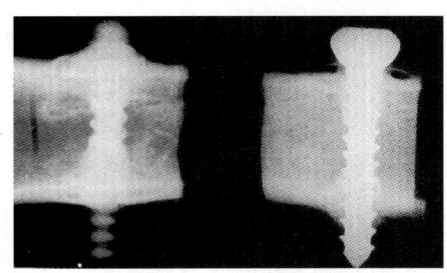

a. 氧化铝　　b. 不锈钢

图 23-4 种植后 43 周时 X 线相

二、碳素(carbon)

碳有 3 种同素异构体:无定形碳、石墨和金刚石。其中无定形碳为非晶态,石墨和金刚石则具有规律的晶体结构。一般把从无定形碳到构成完全石墨化晶体之间的中间物称为碳素材料。石墨晶体属于六方晶系,其晶体构造为层状结构,层面由间距为 0.142 nm(1.42Å)的碳原子以共价键联结作六角形网面排列,而层与层之间的距离是 0.334 nm(3.34Å),各层之间的结合为很弱的范德华力。因此石墨晶体在性能上显示明显的各向异性。

碳素材料通常由有机物经高温碳化或石墨化处理所得。在热处理过程中形成的六角形网面是构成碳素材料内部结构的基本单位。各网面之间不同的堆积方式对碳素材料的形态和物理性质起着很大的影响,所以碳素材料存在很多种类。作为生物材料应用的碳素材料主要有玻璃碳、碳纤维、热分解碳和碳碳复合物。在生物陶瓷中,碳素材料较早实用化。自 1961 年发现碳素材料具有优良的抗血栓性,1969 年应用于人工心脏瓣膜以来,碳素材料不断得到开发研究和应用。如作为软组织材料研究应用的领域有:人工血管,人工气管,人工尿管,人工胆管,人工肌腱,人工韧带等;作为硬组织材料研究应用的领域有:人工骨,人工关节,人工牙根等。但由于碳素材料存在性能上的不足,所以除了在人工心脏瓣膜方面应用较普及之外,在其他方面的真正实用化还有待人们进一步的努力和探索。

(一) 制备方法

制备碳素材料的碳化过程根据原料状态的不同可分为固相碳化、液相碳化和气相碳化。

固相碳化是制备玻璃碳和碳纤维的常用方法。玻璃碳是一种玻璃状态物质,系某些聚合物在惰性气体中热解,然后在真空中加工制得的,含碳率可高达 99.9%。碳纤维的制备主要采用碳化有机纤维的方法。以低温(200~300℃)弱键断裂和主键架桥、中温(400~500℃)芳香环缩合和高温(800℃以上)结晶化,从而把无规有机结构转变成晶体排列较规整的无机型碳纤维。常用的有机纤维原料主要有黏胶、聚丙烯腈、聚氯乙烯、木质素等。热分解碳可通过气相碳化、沉积的方法制取。用纯烃气在高温下分解成碳,沉积在预先做成的耐火基质(如石墨)上形成热解碳。根据加热温度的不同热分解碳分成三类:①低温热分解碳(700~1 500℃)。②热分解碳(1 500~2 000℃)。③热分解石墨(2 000~2 500℃)。在低温热分解碳一类中,一种称之为低温各向同性碳(Low temperature isotropic Carbon,简称LTI-C)的材料早在 20 世纪 60 年代就已作为生物材料得到广泛应用。

(二) 机械性能

表 23-4 列出了几种碳素材料的机械性能。LTI-C 的挠曲强度是玻璃碳的 2.5~3 倍,大致与氧化铝陶瓷相同,硬度也很高。玻璃碳的外观和性质似黑玻璃,具有致密、高硬度和一定的强度,也具脆性大、易碎之缺点。碳纤维的机械强度很大程度上取决于构成纤维的碳六角形网面的取向和大小。当六角形网面的取向与纤维平行时,显示高的机械强度;网面大的较网面小的弹性模数大,强度略低。碳素材料的弹性模数与致密人体骨相近,因而生物力学适应性要比其他材料好。

表 23-4 几种碳素材料的机械性能

	LTI-C	玻璃碳	碳纤维
抗拉强度(MPa)			1 000~5 500
挠曲强度(MPa)	350~500	20~206	2 550
弹性模数(GPa)	17~36	22~32	30~700
硬度	8.5(莫氏)	70~125(肖氏)	
热膨胀系数($\times 10^{-6}$/℃)	4.1~5.8	2.0~3.4	-0.72~-0.90(沿纤维轴) +22~+32(垂直于纤维轴)

(三) 生物学性能

碳素材料是一种生物惰性陶瓷,在生理环境中具有较高的化学稳定性,不发生溶解。生物相容性良好,无毒,异物反应少,且材料表面的多孔粗糙结构有利于组织附着生长。碳素材料之所以能在生物材料领域得到大量应用是与 V. L. Gott 最早发现碳具有良好抗血栓性能这一实验结果分不开的。1961 年 Gott 将多种材料制成直径 7 mm,长 9 mm,壁厚 0.5 mm 的人工血管,插入狗静脉,接通血流,结果发现碳材料具有最佳抗血栓性,动物实验证实,其抗血栓性的强弱与材料表面的粗糙程度和由于氧化而成的亲水性基团(—OH,—COOH)的量有很大的关系。

(四) 应用

碳素材料最早在临床上的应用是用作人工心脏瓣膜。自 1969 年 Kaster 等将碳素材料人工心脏瓣膜用于人体以来,临床应用病例数已超过百万例。此外碳素材料还被用于制作人工关节、人工骨、人工肌腱。热解碳还被用于心脏起搏器电极、人工耳的制作。利用真空沉积技术,在接近室温的条件下,通过聚合物膜上沉积碳,可以用于制作人工血管、尿管、胆管和表面透析膜等。碳素材料常与其他材料构成复合形式加以利用,如金属基体上涂敷碳,碳纤维增强塑料骨板等等。1972年 Hodosh 等将碳材料人工牙根首次试用于临床,以后出现了多种类型的碳材料人工牙根。但是到了20世纪80年代,碳材料牙根已基本被患者或医生所抛弃。其主要原因是由于碳素材料在磨耗以后,会使牙龈发黑;再则碳素材料不具有X线阻射性。沈阳军区总医院在80年代初曾进行了用含硅低温各向同性碳(SLTI-C)作碳素磨牙颌骨内种植48例的临床研究。随访1~1.5年近期成功率在87.2%。但随访6年,在2.5年后仅个别病例存留,脱落原因是牙槽骨吸收。研究者分析认为,缺乏颌力的缓冲和传递装置也是其远期存留率不高的原因。这种应用失败的报道是实事求是的。其失败的原因是多方面的。

三、氧化锆(Zirconia)

氧化锆矿石早在18世纪就被发现。德国的化学家马丁·克拉普罗特(Martin Klaproth)在18世纪首次在研究中分离出了金属锆。但是一直到200年以后人们才成功地得到了具有晶格结构的氧化锆,其原因主要是由于氧化锆的特性在技术上很难把握所致。锆是地球上储量列第七位的矿物,储量非常丰富,这对氧化锆的大规模使用有重要意义。

氧化锆陶瓷是指以 ZrO_2 为主要成分的陶瓷材料,它不但具有普通陶瓷材料耐高温、耐腐蚀、耐磨损、高强度等优点,而且其韧性也是陶瓷材料中最高的(与铁及硬质合金相当)。氧化锆陶瓷还具有优良的热性能和电性能,因此氧化锆陶瓷的研究、开发和应用,早已引起世界各国的高度重视。尤其是自从1975年澳大利亚科学家 Garvie 首先发明氧化锆增韧陶瓷以来,这方面的研究开发获得更大进展,其应用领域已遍及各个方面包括医学临床。

高纯氧化锆为白色粉末,密度为 5.49 g/cm³,熔点高达 2 715℃。单纯氧化锆具有两种晶体结构,低温型和高温型。低温型属单斜晶系,在1 000℃以下稳定,到更高的温度就转变成较致密的四方晶系的高温形态。当冷却时,四方氧化锆(t-ZrO_2)在 900℃ 左右又可逆地转变为单斜氧化锆(m-ZrO_2)。由于四方氧化锆的比重为5.73,单斜氧化锆的比重为5.49,因此当氧化锆从高温型冷却至低温型时,体积约增加9%,产生剪切应变,使材料抗热震性大大降低(图23-5)。所以通常制

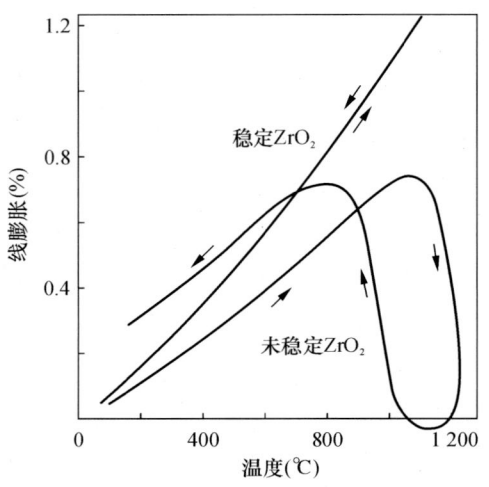

图 23-5 氧化锆的膨胀曲线

备纯氧化锆制品时都要产生开裂,很难制造出制件。为了避免这种现象的发生,需采取稳定晶型的措施,工艺上一般通过添加稳定剂的办法加以解决。这样就能得到立方晶系的氧化锆固溶体。这种称之为稳定氧化锆的固溶体在任何温度下都是稳定的,没有多晶转变和体积变化。如果减少稳定剂的添加量,就可以得到部分稳定氧化锆(Partially stabilized zirconia;简称PSZ)。部分稳定氧化锆由四方相(t相)和立方相(c相)两种晶相混合组成。其中c相是稳定相,是母体;t相是亚稳定相,分散在c相中,在外应力作用下有可能诱发t→m相的马氏体相变,同时伴有少量体积膨胀效应而产生压应力,可使裂纹闭合,并且其颗粒可阻止裂纹的扩展或使裂纹分岔和转向,从而消耗断裂能,起到强化增韧的效果。

理想的稳定剂应是阳离子半径与 Zr^{4+} 相近,在 ZrO_2 中有相当的溶解度,可与 ZrO_2 形成单斜、四方和立方晶型的置换型固溶体。这样在制件快

速冷却过程中,可以以亚稳态结构形式维持到室温。CaO、MgO、Y_2O_3、CeO_2、ThO_2 等化合物常被用作氧化锆的稳定剂。稳定剂的添加量一般小于使 ZrO_2 完全稳定所需要的量,通常在 c 相单相区烧成冷却后,再在(c+t)双相区进行适当的热处理,使部分 t-ZrO_2 晶粒从 c-ZrO_2 母体中析出而形成(c+t)双相氧化锆陶瓷。有研究表明,用 Y_2O_3 和 CeO_2 作复合稳定剂时,氧化锆陶瓷的室温断裂韧性随加入量的增加而变化,一般认为加入量在 5.5% 左右比较合理;以 MgO 为稳定剂的 PSZ 陶瓷,MgO 含量约为 8 at%(摩尔含量),具有优良的力学性能,且生产成本较低,是一种工业上应用最广泛的的 PSZ 陶瓷。

(一) 制备方法

烧结体用的氧化锆粉末通常是以氯化锆为原料,经化学沉淀法或加水分解法制取,粉末粒径大小和结晶程度与溶液的初始浓度、pH、温度等因素有关。如果在溶液中预先加入含有稳定剂元素的化合物,控制工艺条件,那么就可以直接合成出已稳定化的氧化锆粉末。氧化锆的烧成温度一般在 1 300~1 600℃ 范围。

(二) 机械性能

部分稳定氧化锆在常温下的机械强度是所有陶瓷材料中最高的(表 23-5),其断裂韧性和挠曲强度约是氧化铝陶瓷的 2 倍,远远高于其他结构陶瓷,因而有人把部分稳定氧化锆称之为"陶瓷钢"(ceramic steel)。

表 23-5 部分稳定氧化锆的机械强度

挠曲强度(MPa)	抗压强度(MPa)	K_{IC}(MFε·m$^{1/2}$)	弹性模数(GPa)
800~1 200	3 500	7~10	240

(三) 生物学性能

氧化锆是一种生物惰性陶瓷,具有良好耐腐蚀性,其生物相容性以及与骨组织的结合状况大体与氧化铝相似。

(四) 应用

氧化锆陶瓷的应用范围也大体与氧化铝相似,曾用作人工牙根、人工关节和骨折固定用螺钉等。也有人利用氧化锆具有高强度、高韧性的特性采取氧化锆与生物活性陶瓷复合烧结的方法来提高生物活性陶瓷种植体的强度。

目前在口腔材料器械领域,部分稳定氧化锆陶瓷较多的被用作全瓷口腔修复体材料。如瑞士 DCS 公司生产的 DCS 氧化锆,在制备时加入 3 at%(质量含量约 5%)的 Y_2O_3。该材料一般还要经过高温等渗压挤压工艺处理以形成非常致密的结构,从而获得高强度。这些工艺处理对制备大跨度的冠桥是必需的。

氧化锆材料由于其优异的机械性能,因此已成为口腔修复领域重要的应用材料之一。首先,它强度非常高,其抗弯强度超过 900 MPa。其次,它的极限负载能力强,在三单位冠桥上的承受力大约为 2 000 N(牛顿)。第三是它高的抗断裂能力。该材料可被用于制备侧牙区的修复体,它的抗断裂韧性(K_{IC})值超过 7。在色泽方面,它略具透光性,颜色呈白色到淡黄色。氧化锆的耐化学腐蚀性也非常好,在口腔环境中,它能保持长期的化学稳定性。

另方面由于氧化锆强度很高,所以加工起来也比较困难。而不同的加工方式往往会对修复体的最终强度带来很大影响。有经验表明,只有在经过高温等渗压挤压工艺处理后其强度才能达到临床要求的水平。有些加工方式,如先在氧化锆预制件较软的状态下加工成型,然后再将修复体进行硬化处理等,这样制得的修复体其强度就要低很多。有实验表明,用 Triceram (Esprident 公司)瓷粉饰面磨牙区氧化锆牙冠其强度高达 1 570 N。在同样的测定条件下,传统的用维他公司 VMK 饰面的 DegudentU 金属烤瓷冠其强度只有 1 150 N。而温度剧变测试(Thermo-Shock)也表明,只有用 Triceram 瓷粉饰面的氧化锆单冠全部通过了测试,金属陶瓷冠或电镀成型冠在这一测试中的通过率不到70%。

此外,使用CAD/CAM技术制备高强度氧化锆冠桥(图23-6)也是当前口腔修复的一种新方法。将烤瓷与CAD/CAM技术相结合制造全瓷冠桥已在临床上得到了验证。德国MarxJ. Tinschert

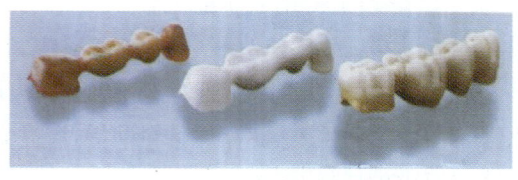

图23-6 通过CAD/CAM技术制得的全瓷冠

教授领导的科研组对氧化锆陶瓷制成的三单位冠桥进行了系列研究,其中包括断裂荷载实验以及对经CAD/CAM打磨抛光后氧化锆烤瓷表面的变化及其对坚韧度的影响。用作对比实验的是由玻璃渗透的光面氧化铝陶瓷In-Ceram(维他公司)或由IPS-Empress铸瓷一代(义获嘉公司)制成的冠桥支架或饰面冠桥。实验结果表明,氧化锆冠桥的断裂荷载值均明显高于对比组,由氧化锆烤瓷制作的饰面冠桥断裂负载的临界值平均为 2289 ± 223 N,而作为对比组的In-Ceram和IPS-Empress烤瓷制作的冠桥,它们的断裂负载值分别为 875 ± 135 N及 652 ± 57 N。经饰面后的冠桥支架与未饰面的冠桥支架相比,断裂负载临界值要高许多。经扫描电镜对由CAD/CAM系统加工的氧化锆陶瓷表面进行观测后发现,在放大倍数为10倍时,就可观察到明显的打磨痕迹;如果放大倍数为1000倍时,就能看见零星的剥落痕迹及细微裂痕。牙科用烤瓷材料的易碎性限制了其作为冠桥制作材料的使用范围,特别是在磨牙区。由于磨牙部位平均咬耠力为298.9 N,如果考虑200 N的安全系数,则用于磨牙部位的瓷材料的断裂负荷应不小于500 N。再考虑长期疲劳和生理环境因素,材料的最大断裂负荷值会下降一半,换言之,牙科烤瓷材料的初始负荷极限值最小应为1 000 N。这项研究表明,只有用氧化锆烤瓷制作的冠桥及冠桥支架才能达到并超过这一极限值。冠桥支架经瓷粉饰面后最大断裂负荷值明显提高,也表明饰面材料与冠桥支架有着很好的黏合性。考虑到烤瓷表面裂纹较为细微,破坏面有限,此项研究报告的作者认为这些可能导致冠桥断裂的表面瑕疵对极限负荷临界值而言没有多大影响。

由此可见,氧化锆全瓷修复体与金属烤瓷修复体相比具有很高的强度。随着氧化锆加工技术的不断改进,新材料的不断完善,相信它将会有广阔的应用发展前景。

此外氧化锆也是作为强化增韧陶瓷材料的有效添加剂,其中氧化锆增韧氧化铝陶瓷是目前较成熟的氧化锆弥散陶瓷。采用普通陶瓷代替成本较高的氧化锆陶瓷作为基质,用部分稳定的氧化锆纳米颗粒弥散分布于氧化铝基质中,可有效抑制基质晶粒的长大。另方面由于基质相的氧化铝的热膨胀性能与氧化锆比较匹配,也有利于四方 ZrO_2 亚稳定相的存在及相变增韧效应的充分发挥。

第三节 生物活性类陶瓷(bioactive ceramics)

一、羟磷灰石(hydroxyapatite)

一般把具有 $M_{10}^{2+}(ZO_4)_6^{3-}X_2^-$ 组成的结晶矿物称之为磷灰石,磷灰石的晶体结构很容易产生化学元素置换,自然界已知元素中的约三分之一都可以参与其晶格中(表23-6)。其中最为人们熟悉且在医学界引人关注的就是羟磷灰石($Ca_{10}(PO_4)_6(OH)_2$,简称HAp)。这种材料是由日本的青木秀希和美国的Jaroho最早发明的,他们分别在1974年研制出了羟磷灰石,从而开创了医学界近30年研究、应用羟磷灰石生物医学材料的热门话题。

表 23-6 构成磷灰石的离子种类

磷灰石：$M_{10}(ZO_4)_6X_2$
M 位置： Ca, Na, K, Ba, Sr, Pb, Zn, Cd, Mg, Fe, Al, Ni……
ZO_4 位置： PO_4, AsO_4, VO_4, SO_4, SiO_4, CO_3, BO_3
X 位置： OH, F, Cl, Br, O……

HAp 是一种生物活性陶瓷，钙磷比为 1.67，其组成与天然骨、牙的无机成分相同。根据测算，一个体重为 60 kg 的成人，其骨骼中含有约 2 kg 重的 HAp。HAp 晶体属于六方晶系，空间群为 $P6_3/m$，理论密度为 3.16 g/cm^3。

HAp 的来源可以有三种：动物骨烧制而成，珊瑚（coral）经热化学液处理转化而成和人工化学合成法制备。从工业化生产角度一般多采用人工化学合成法制备。

（一）化学合成制备方法

HAp 的化学合成方法大致有三种：①干式法，即粉末原料经高温固相反应合成法。②湿式法，即原料在室温下经水溶液反应合成法。③水热法，即原料在高压容器中通过高温高压反应合成法（表 23-7）。

表 23-7 羟磷灰石合成方法

合成方法	反 应 条 件	原 料
干式法	高温固相反应（1 000～1 200℃，水蒸气下）	$Ca_2P_2O_7+CaCO_3$ $Ca_3(PO_4)_2+CaCO_3$
湿式法	水溶液中离子反应；有机溶剂中加水分解反应	$Ca(OH)_2+H_3PO_4$ $Ca(NO_3)_2+(NH_4)_2HPO_4$ $Ca(NO_3)_2+(CH_3O)_3PO$
水热法	高温高压下加水分解反应[200～300℃，202 kPa～30.3 MPa（2～300 atm）]	$CaHPO_4$ $CaHPO_4·2H_2O$

采用干式法合成比较容易得到结晶性程度高、组成接近理论值的 HAp。由于干热法的反应温度比较高，一般在 1 000℃以上，并同时需有水蒸气参与反应，因此对合成装置有一定要求。加上生成物粉末的可烧结性较差，所以干式法的应用不是很普遍。陈德敏等采用自制的合成装置，取磷酸三钙/碳酸钙摩尔比 3/1.2 为起始原料，反应温度 1 150℃，反应时间 5 h，同时连续注入高压水蒸气流，最后成功制得 Ca/P 原子数比值为 1.63 的 HAp。通过对成型坯体的烧结试验，发现用干式法合成的原料烧结温度较高，在 1 000℃以下时为烧结的初期阶段，坯体仍然疏松，线收缩仅有 1.67%；温度至 1 340℃以上烧结才趋于完成，线收缩达到 20%左右，至 1 400℃时烧结体表面晶粒已较大，平均达到 9 μm，晶粒边界大都呈六边形，排列紧密，说明陶瓷坯体已完全烧结。

水热合成法是在特别的密闭反应容器（高压釜）中，以水溶液为反应介质，通过加热反应容器产生高温高压环境，使常温下难溶解物质发生溶解、反应和重结晶，最后制取晶体颗粒较大、纯度高、Ca/P 比接近化学计量值的 HAp 单晶体。水热合成法的原料多以磷酸氢钙为主，也有采用硝酸钙加磷酸氢铵、氨水为反应原料。反应温度一般在 150～400℃ 范围。

湿式法是工业化生产常用的合成方法，适合大批量生产，对设备要求简单。这种水溶液反应方法通过控制反应体系的 pH 和温度，在不断的搅拌下溶液发生化学反应生成 HAp 沉淀。Ca/P 原子比受合成条件的影响会有很大的变化。用湿式法合成的 HAp 结晶性程度较低，一般要通过 600℃～800℃ 的高温煅烧才能获得结晶完好的 HAp。

作为种植材料应用的 HAp 一般都要经过成型和烧结。常用的烧结体有 3 种类型：致密体，多孔体和颗粒。HAp 致密体的制作与普通陶瓷相同，常用干压成型或泥浆浇注成型后烧成的方法获得，致密率一般在 95%以上。多孔体的制作常用以下几种方法：①HAp 粉末与有机物混合后干压成型，烧成。②HAp 粉末用双氧水调和，发泡后干燥，烧成。③HAp 料浆浸渍于海绵状聚合物上后烧成。

根据不同需要可以制成气孔率在 20%～90% 范围，孔径大于 50 μm，且气孔互相连通的多孔体。

颗粒的制作可以通过粉碎烧结体的方法或通过预先对粉体造粒,最后再烧结的方法获得。HAp 材料的烧结温度在 900～1 400℃范围。

(二) 机械性能

HAp 致密体的机械强度与制作工艺有很大关系,要获得高强度的烧结体,必须对原料合成、粉体成型和烧成制度等工艺条件进行最佳选择。表 23-8 为 HAp 致密体和人体硬组织的部分机械强度数值。

HAp 材料具有普通陶瓷材料的共同弱点:脆性大,耐冲击强度低。因此作为人工骨置换材料在承受较大张应力的部位应用时需要慎重。

表 23-8 羟磷灰石致密体和人体硬组织机械性能对照

	抗压强度(MPa)	挠曲强度(MPa)	扭曲强度(MPa)	抗拉强度(MPa)	弹性模数(MPa)
HAp 致密体	308～509	61～113	50～76	117	44 000～88 000
致密人骨	89～164	160～180	50～68	89～114	15 800
人牙釉质	384	-	-	10.3	82 400
人牙本质	295	-	-	51.7	18 200

(三) 生物学性能

HAp 陶瓷由于分子结构和钙磷比与正常骨的无机成分非常近似,其生物相容性十分优良,对生物体组织无刺激性和毒性。大量的体外和体内实验表明,HAp 在与成骨细胞共同培养时,HAp 表面有成骨细胞聚集;植入骨缺损时,骨组织与 HAp 之间无纤维组织界面,植入体内后表面也有磷灰石样结构形成。因为骨组织与植入材料之间无纤维组织间隔,与骨的结合性好,HAp 的骨传导能力也较强,材料植入动物骨后 4 周,就可观察到种植体细孔中有新骨长入,种植体与骨之间无纤维组织存在,两者形成紧密的化学性结合。许多研究表明 HAp 植入骨缺损区有较好的修复效果。在临床上 HAp 主要用于口腔、骨科一些骨缺损的填充和脊柱融合。HAp 是非生物降解材料,在植入体内 3～4 年仍保持原有形态。也有报道发现 HAp 有部分降解,但不是完全降解。这些实验结果的差异可能与各人采取的 HAp 材料合成工艺的不同有很大关系。

种植体表面采用多孔结构有利于加强种植体和骨组织之间的结合,动物实验证实,对于生物惰性材料,要形成新骨长入多孔体的孔径应不小于 100 μm;而对于 HAp 多孔体,50 μm 孔径的气孔内,就可有新骨生成,平均孔径 90 μm 的多孔体则显示最佳的骨形成姿态。

HAp 对软组织也同样具有良好的相容性,有人曾把纽扣状 HAp 致密体植入在手臂皮肤表面。经过数年,植入体仍在皮肤中稳定存在,周围皮下组织未见异常。

(四) 应用

HAp 材料在医学领域的应用是多方面的,最早的应用主要在口腔科和骨科方面。HAp 人工牙根曾风靡一时,其与骨组织和黏膜组织的结合状态比氧化铝牙根来得好,但由于其耐冲击强度较低,所以在结构上不能制成较细或较复杂的形状,使临床适应范围要比氧化铝牙根小。为了弥补 HAp 强度不足之欠缺,目前常用的人工牙根多采用金属与 HAp 复合的工艺制造,内芯为纯钛金属,埋入骨组织部分的钛表面通过等离子方法喷涂一层 HAp(图 23-7,图 23-8)。这样既大大提高了人工牙根的机械性能,又保持了与骨组织形成紧密结合的良好生物学性能。等离子喷涂法是目前在金属基体上制备 HAp 之类生物活性物质涂层最有效，也是使用最广泛的方法，在商业上大量用于人工牙根和人工关节领域。其工艺原理如图 23-9 所示，需喷涂粉末由气体为载体被送到等离子区，经高温熔融或半熔融后喷涂到金属基体上。

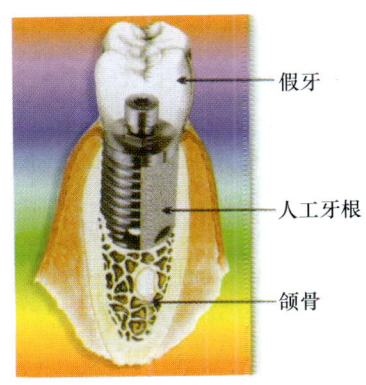

图 23-7　人工牙根植入示意图

图 23-8　含 HAp 涂层的钛金属牙

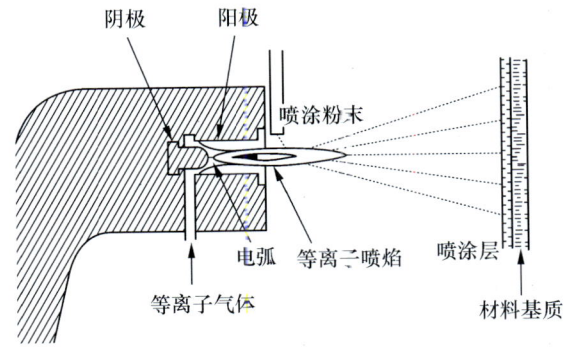

图 23-9　等离子喷涂示意图

HAp 多孔体常用于骨置换和骨缺损修复，如下颌骨重建、牙槽嵴增高、颅颌骨缺损充填等。HAp 材料具有骨传导能力这一点已为各国学者所承认。多孔体结构与致密体相比表面积大幅度增大，这对于加速早期骨生长、促进植入材料与周围骨一体化是十分有利的。另外在眼科，目前已开始大量采用 HAp 多孔体来制作义眼座。HAp 义眼座具有内部互相连通的气孔结构，孔率高达 70% 左右。当 HAp 义眼座被植入由于眼球摘除而出现的眼窝腔后，能与周围眼肌组织形成良好结合，从而有可能使义眼可以和正常眼睛一起同步转动，达到以假乱真的效果。

HAp 颗粒多用于少量骨缺损修复和骨囊肿骨腔的填塞，有时也和多孔体混合使用。颌骨囊肿是一种常见的口腔颌面外科疾患，由于其早期无明显症状，当外形改变或继发感染出现时囊肿已较大，治疗方法为手术刮除囊肿，由此而形成的骨腔往往是术后伤口感染的重要原因，有的还可因骨腔较大由外力引发病理性骨折。应用 HAp 材料填塞，有利于术后出血及死腔消除，减少了感染机会。HAp 材料使用方便，术后患者无任何不适，伤口均Ⅰ期愈合，3 个月后 X 线片上显示新生骨与 HAp 颗粒和原来基骨融合成一体，表明囊肿骨腔已得到修复。

HAp 颗粒还大量用于牙周骨缺损修复、拔牙窝填塞、根管充填以及鞍鼻整容等方面，都获得满意的治疗效果。

（五）羟磷灰石的改性

1. 掺杂改性

由于纯 HAp 用于硬组织置换还存在一些不足，比如物理机械性能不理想、脆性大、骨诱导作用弱等，从而大大局限了它的应用范围。为了提高材料的力学性能、加快骨的形成速度以及针对纯 HAp 的不足，从 20 世纪 80 年代开始许多学者从 HAp 分子结构及仿生学等角度出发，以人工合成的 HAp 为基础，采用离子置换法或有机、无机材料掺杂、复合等方法，改进材料的物理机械性能及表面、整体生物活性，探索更适合于临床应用的骨修复及骨置换材料。近十年来国内外有关 HAp 类生物材料的改性研究大致有以下诸方面的进展。

（1）掺杂无机元素，改善材料的物理机械性能和整体生物活性

磷灰石的分子通式是 $M_{10}^{2+}(ZO_4)_6^{3-}X_2^-$，其中 M、Z、X 位均可被多种离子占据，大约自然界中元素的三分之一可出现在该分子中，从而构成了磷灰石材料家族的多样性。当 M、Z、X 位分别由 Ca^{2+}、P^{5+}、OH^- 占据时即为羟磷灰石，X 位换成 F^- 时即为氟磷灰石。利用这一特性，可通过在合成过程中加入不同元素成分而合成出不同的磷灰石。

（2）氟离子（F^-）掺杂

众所周知，氟是人体必需的微量元素，在骨、牙齿的生长发育过程中发挥着重要的作用，可促进骨细胞的分化和繁殖，促进 HAp 晶体的形成和生长，并对硬组织的矿化起促进作用。在合成 HAp 过程中加入少量氟离子可合成出含氟磷灰石，并可控制加入氟的量来调节氟含量。20 世纪 70 年代 Driessens 等的研究表明氟磷灰石比羟磷灰石更为稳定，能比 HAp 抵抗更高强度的酸，可以起到防龋效果。在合成过程中掺入少量的氟以合成含氟的改性羟磷灰石，可以改善材料的机械性能，同时少量氟可以促进骨细胞的增殖与分化，从而改善材料与骨组织的结合，起到提高材料生物活性的作用。Okazaki M 等考虑到机体内环境的复杂性，氟的间歇性摄入可能导致不同氟含量的含氟羟磷灰石形成。因此他通过控制在合成过程中加氟的时间（前半程或后半程加氟），合成出异构氟羟磷灰石（F-HAP 和 H-FAP）。通过实验表明，异构氟羟磷灰石 F-HAP 与 H-FAP 相比 X 线衍射峰较宽，溶解度较低，且两者光谱分析时的波长吸收峰也不一致，在高分辨率透射电镜下前者呈较宽的六边形而后者则明显狭长。以上结果说明确实有两种异构氟羟磷灰石形成：HAp 覆盖氟磷灰石型或氟磷灰石覆盖 HAp 型。Overgaard 等将氟磷灰石和 HAp 涂层的种植体植入人体的髂嵴，13 个月后取出作组织学检查，发现氟磷灰石比 HAp 更能抵抗骨髓的吸收，但它的骨诱导能力比 HAp 差，这说明了氟磷灰石的结构稳定性比 HAp 好。掺入少量具有生理作用的氟以改善 HAp 的性能具有一定的临床应用前景。

（3）碳酸根离子（CO_3^{2-}）掺杂

哺乳动物硬组织的无机成分中含有少量的碳酸根离子，因而许多学者从仿生学的角度出发合成出含碳酸根的羟磷灰石，以改进 HAp 材料的性能。CO_3^{2-} 在不同合成条件下可置换 HAp 中的 PO_4^{3-} 或 OH^-。早在 20 世纪 60 年代 LeGros 等的研究表明，CO_3^{2-} 取代 PO_4^{3-} 后材料的物理机械性能有所下降。针对这一弱点，Teraoka T 等对单晶 HAp 和含碳酸盐羟磷灰石单晶进行了研究，结果表明两者的单晶体都具有比致密 HAp 陶瓷高得多的抗弯强度，在空气中羟磷灰石单晶体的抗弯强度可达 500 ± 184 MPa，含 0.09% CO_3^{2-} 的 HAp 单晶体的抗弯强度则可达 468 ± 205 MPa。然而含 CO_3^{2-} 的磷灰石单晶的抗弯强度随着其在水中或细胞培养液中的浸泡而下降，下降程度达 23%～43%。国内有学者对含碳酸盐氟羟磷灰石陶瓷材料进行了一系列研究，自己合成了与天然骨组织无机成分类似的含碳酸盐氟羟磷灰石，并对其离解度、细胞毒性等进行了细胞及动物实验。结果表明含碳酸盐氟羟磷灰石具有良好的生物相容性，对细胞无毒性，动物实验表明植入骨缺损后该材料能够参与骨代谢，并对骨缺损有修复作用。近来，Okazaki M 等通过在湿法合成过程中用碳酸盐供给系统缓慢加入碳酸盐的方法，合成出以羟磷灰石为主体，碳酸盐含量由里向外逐渐增高的含碳酸盐羟磷灰石。通过 X 线衍射、离解度实验、扫描电镜等观察分析，结果表明所合成材料的晶体结构与均质 HAp 及均质碳酸盐磷灰石均不同，原因是 CO_3^{2-} 的掺入导致了晶格的畸变，在晶体的中心 CO_3^{2-} 浓度几乎为零，而在表面 CO_3^{2-} 浓度最高。由于碳酸根离子可促进磷灰石的降解，故晶体表面的溶解度明显大于晶体中心，从而可以得到表面生物活性较高而中心为相对稳定的含碳酸盐羟磷灰石，以适应临床的需要。

（4）锶离子（Sr^{2+}）掺杂

锶是人体内必需的微量元素，在元素周期表中与钙同族,约占骨重量的 0.01%,它的存在被认为有防龋和增强骨强度的作用。有学者曾对赛马长骨的机械性能和骨成分进行过研究,认为在断裂载荷和锶含量之间存在一个明显的相互关系;又经过对大白鼠的强制跑步实验也发现运动量大的鼠股骨挠曲强度较大,并且骨中锶含量有增加的趋势。锶可置换 HAp 中的钙而成为锶磷灰石。用锶元素掺杂置换 HAp 结构中的部分钙以后,由于两者之间原子半径和性质的差异,能使羟磷灰石结晶性降低,物理化学溶解性增大。Christoffersen J 等研究表明,在一定浓度的 CO_3^{2-} 和 PO_4^{3-} 条件下,含 10% 锶的锶磷灰石比纯羟磷灰石溶解得要快,如溶液中不含 Sr^{2+},则含 10% 锶的锶磷灰石表面沉积 HAp 的速度要比纯羟磷灰石快,而当溶液中 Sr^{2+} 浓度增高这一效应消失,表面羟磷灰石沉积速度反而不如纯羟磷灰石。结果提示 HAp 中锶离子的掺杂能提高其生物活性,加速自身的降解并促进羟磷灰石沉积完成自身结构改建。Grynpas 等用含小剂量锶或氟的水喂养小鼠,8 周后处死收集股骨、椎骨及血液进行组织学检查、生物化学测定及骨密度测定等一系列实验分析。结果表明,小剂量的锶或氟可增加小鼠骨形成区的数量及椎骨的量,但并不引起骨形态改变及骨基质的矿化,提示 HAp 掺锶后其生物学性能将得到很大改善。陈德敏等对自行研制的 5 种不同含锶量的羟磷灰石固溶体材料开展了系统研究。评价了不同含锶量掺锶羟磷灰石材料在模拟生理体液中的降解程度,从细胞的形态、相对增殖率、酶活性、DNA 合成等方面多角度评价分析了不同含锶量羟磷灰石之间细胞毒性的差别和影响,及与骨融合能力(骨重建、骨愈合速度)之间的相关性。并遂对不同含锶量、不同孔隙率的掺锶羟磷灰石烧结体的动物骨内植入研究,揭示了锶元素在提高材料生理活性方面的作用:①掺锶羟磷灰石固溶体具有良好的生物相容性和骨结合性,与纯羟磷灰石相比,锶的掺入可明显促进陶瓷体的骨引导性,增强新骨的生成能力。②锶的存在可提高新骨的总生成量,而且能延长新骨生成的总体时间和高峰期。③锶的掺入可有效提高羟磷灰石陶瓷的生物降解性和材料的生理活性。④掺锶量为 5 at% 和 10 at% 的羟磷灰石固溶体在改善材料的机械性能、生物相容性、骨引导性、生物降解性以及骨融合能力等方面具有十分明显的效果,并可能具有一定程度的骨诱导性。⑤锶浓度与修复材料成骨活性之间并非成简单的正比关系,而是存在一峰值的曲线关系。⑥气孔率高的掺锶羟磷灰石烧结体具有良好的生物降解率和合适的生物降解速率,能获得较满意的骨缺损修复效果。

总之,通过掺入氟、锶等离子,置换 HAp 中的晶格,或与其他氧化物等复合,改进 HAp 的物理机械性能及表面、整体生物活性,从而获得理想的骨修复或骨置换材料,是当今 HAp 类生物材料的研究方向之一。

2. 多相陶瓷复合烧结

除了无机离子掺杂外,多相陶瓷复合烧结的方法也是改善 HAp 陶瓷材料性能的常用手段。如 HAp 和低温相磷酸三钙(β-TCP)的复合。β-TCP 为生物降解材料,其植入骨内后,在体液和活细胞的共同作用下,材料的降解和新骨生成过程可同时进行,材料不仅能作为骨生长支架而且通过生物降解被吸收从而参与宿主新骨的生成过程。其降解的原因是:①β-TCP 发生化学溶解。从热力学角度分析,β-TCP 较 HAp 不稳定,溶解度较 HAp 为大,因此,在机体环境下,较 HAp 提供更丰富的 Ca、P 元素融入骨缺损部位,为新骨的形成创造了物质条件。②由于晶界的化学浸蚀,β-TCP 物理性崩解成小的微粒。③各种细胞,特别是多核巨细胞对微粒的吞噬,造成 β-TCP 处于热力学不稳定状态,持续发生降解,新生骨六断钙化成熟,成长为板层骨。已有的研究表明,不同 Ca/P 比的磷酸钙陶瓷的成骨效果有差异,其中 HAp/β-TCP 复合材料最为理想。动物实验发现,HAp/β-TCP 复合材料诱导骨生长过程中,形成的新骨有骨细胞、成骨细胞、骨髓和骨重建过程,与天然骨一样。由于 HAp 与不同含量的磷酸三钙(TCP)共同组成的复合材料具有不同的生物降解速度,从而可对降解速度进行人为控制,并且降解产物无任何毒副作用,可成为体内正常离子群的一部分。

另外也有将HAp与具有高强度、高韧性的生物惰性陶瓷氧化锆复合成二元体系和三元体系复合生物陶瓷材料,其主晶相为HAp的六方柱状晶体与氧化锆的四方晶体,晶粒细小。氧化锆起到了增韧补强的作用,由于氧化锆的弥散韧化,相变增韧等作用使单组分的HAp陶瓷性能有较大的提高;生物学及动物学实验亦表明,二元体系和三元体系复合生物陶瓷材料除了具有良好的力学性能之外,还具有良好的化学稳定性、生物相容性。曾绍先等曾用氧化锆作为基体,在其表面复合烧结一层HAp含量逐渐过渡的表层,从而得到既具有高强度又具有表面生物活性的HAp梯度烧结陶瓷材料,为承力区骨骼的置换提供了材料选择。邱静则将活性高、阻射性强的氧化钇按不同比例与HAp进行化学复合,可制得一种生物相容性好、阻射性强、价格便宜的生物材料。实验表明氧化钇-HAp复合材料与骨组织界面的反应速度、骨形成量均比HAp好,用于修复骨组织缺损,不仅能提高HAp与机体组织的生物相容性,还能增加材料的阻射性。Clupper发现含渗银带模的烧结生物玻璃(Ag-TCSBG)可在体外的环境下于HAp表面上形成薄层,对该复合物的药物缓释研究发现,银离子需要在抑制细菌滋生的环境下达到最小的缓释量,而硅离子的缓释与在体外拟骨细胞中相仿。Tancred研究表明,低玻璃含量的HAp/生物玻璃复合物材料中,存在着HAp/β-TCP或HAp/α-TCP两种相的差异,这是主要取决于烧结时的温度差异,该复合材料的柔韧性强度同HAp相差无几,但在碎裂强度方面却明显大于HAp的两倍。Santos将HAp作为填充物填入树脂基,发现其柔韧强度和杨氏模量相应增大;当将该处理过的HAp基复合物置于体外模拟生理体液环境下4周后,发现该材料在其表面形成了磷酸涂层。Queiroz实验研究表明,随着大量的玻璃体的引入,通过X射线衍射分析可知HAp与β-TCP在微结构下的玻璃加强HAp复合物内,β-TCP相的晶格常数也会随之改变;X射线电子图谱(XPS)研究发现,该材料表面吸收的抗生素会依次释放完全,因此其可被制成药物释放载体。Knepper M等通过烧结、热等静压或两者结合的加工工艺,将钛、铝、316-L不锈钢等几种金属短纤维掺入羟磷灰石中,探索机械性加强HAp的方法,为寻找承力区骨骼的置换提供了一个新思路。为解决颗粒状羟磷灰石不易成形的缺点,骆雷等将羟磷灰石颗粒与煅石膏按一定比例调和,按临床需要塑形用于治疗,术后观察表明复合材料中的煅石膏并不影响新骨形成,不影响HAp与新骨的结合。

(六)羟磷灰石与胶原、骨形成蛋白类有机成分或生物活性分子等天然生物材料的复合

天然生物材料主要指从动物组织中提取的,经过特殊化学处理的具有某些生物活性或特殊性能的物质,比如胶原、骨形成蛋白(BMP)、纤维蛋白黏合剂、细胞因子、成骨细胞、自体红骨髓、脱矿化骨等。众所周知,骨组织由无机成分和有机成分共同组成,其中无机成分约占77%。从仿生学角度出发,将羟磷灰石陶瓷材料与胶原等复合可能是获得理想骨修复和骨置换材料的一条重要途径。HAp具有良好的生物相容性,多孔的HAp因具有与正常骨组织相似的多孔结构和成分,宽大的内部空间,能容纳较多的细胞和各种细胞因子等,以及其生物化学槽的功能,较适合作为天然生物载体。

HAp与天然生物材料的复合可以有两种形式,一种形式是将胶原等物质与HAp形成两相复合材料,以仿真自然骨的化学架构,增强材料的强度和生物活性;而另一种形式则是依靠一些生物活性物质(如BMP、成骨因子、成骨细胞等)在生理环境中能诱导、促进骨生长的特性,将这些生物活性物作为骨诱导物质嵌入到多孔HAp陶瓷中。

1. HAp 与胶原复合

胶原是占哺乳动物体内结缔组织近三分之一的主要成分，具有脯氨酸等中性氨基酸和含有碱性侧链的氨基酸蛋白质的结构与性能。骨组织中近23%的有机成分绝大部分是胶原蛋白。目前在骨替代材料中应用较多的是 I 类胶原。胶原对间质细胞有趋化、促分化作用和固定作用，HAp 起核作用并参与基质钙化，促进新骨生成。HAp 与胶原复合材料植入体内后能与宿主骨胶原末端氨基或羟基结合，形成具有生物活性的化学结合界面，加速材料与机体的结合，并参与机体正常的生命活动，最终成为机体的一部分。胶原一般通过酸溶法或酶解法来获得，人工提取的胶原具有良好的生物相容性，但其机械性能差，无法单独应用于硬组织的充填和置换。张其清等用离心后交联的方法，将从牛腱中提取的胶原与羟磷灰石陶瓷复合，并进行了一系列性能测试，得出结论：纤维状胶原蛋白在羟磷灰石基体受力时能够起到增强补韧作用，从而使材料的强度和韧性得到提高；然而胶原成分增多达一定程度后复合材料的强度反而会下降。为了解决 HAp 烧结体不易降解及颗粒状羟磷灰石不易成形等缺点，Okazaki M 等将易降解的含碳酸盐羟磷灰石与经酶处理去除了抗原性的胶原复合，再用紫外线处理以减缓复合物表面的降解速度，得到的复合材料经动物实验表明具有良好的生物相容性并能逐渐被新骨所替代。Bakos D 等将胶原和透明质酸同羟磷灰石一起复合，发现复合物具有比羟磷灰石胶原复合体更好的机械性能，而且体外细胞实验表明它具有良好的生物相容性。总之胶原与羟磷灰石复合后有较高的成骨速度，但成骨的数量仍然偏小。对 HAp-胶原复合物的动物实验及临床实验表明，复合物比起单一的 HAp 或胶原来具有更高的骨引导性。HAp 与胶原者复合后不能再行烧结，所以目前大多学者只是将胶原作为羟磷灰石颗粒的成形剂使用。诸多研究表明将胶原与羟磷灰石类生物材料复合具有良好的临床应用前景。

2. HAp 与骨形成蛋白复合

骨形成蛋白(BMP)是一种存在于骨基质中的小分子量酸性多肽类物质，又称为骨生长因子，可诱导未分化间叶细胞和骨母细胞分化成为骨细胞及成软骨细胞，从而诱导骨和软骨的形成。自1974年 Urist 首先从兔骨中提取出 BMP 以来，由于 BMP 具有跨物种诱导成骨作用，因此引起了人们对 BMP 复合骨替代材料的广泛兴趣。由于 BMP 本身不能单独制成骨的形状，需要有支撑材料作为载体。近年来，有学者利用 HAp 作为载体，得到的复合物经动物实验表明其骨诱导活性比颗粒状、块状 HAp 和 HAp 胶原复合物都要高。HAp 与 BMP 复合能使 BMP 缓慢释放，阻止周围组织中 BMP 酶、胶原酶以及软骨酶 A、B、C、尿激酶等对 BMP 的迅速降解作用，使 BMP 能在骨修复过程中持续发挥骨诱导作用。这些复合材料一般通过多孔 HAp 在 BMP 的盐酸胍溶液或红骨髓细胞培养中持续发挥完成吸附过程形成的。多孔 HAp 烧结体或珊瑚 HAp 具有理想的孔隙结构，是一种良好的载体，植入人体后，其孔隙结构既容许骨细胞的长入又避免了 BMP 在体内被很快吸收而降低其作用。Ono 等用多孔 HAp 颗粒复合 BMP 后植入兔颅骨骨膜下，发现复合 BMP 组的碱性磷酸酶活性和骨矿物质密度均明显高于单纯 HAp 组。在对照组和胶原植入组，骨组织在颅骨和颗粒之间的孔中生长，而 HAp-BMP 组新生骨包围整个颗粒。因此通过生物活性陶瓷复合 BMP，利用 BMP 强大的骨诱导能力和陶瓷本身良好的生物相容性及骨传导能力，可产生出接近自体骨的骨移植替代材料。

Ohta 研究发现，血浆蛋白与 HAp 的复合会在 HAp 表面吸收 Ca 离子，而酸性蛋白即使在无机离子浓度高于人体生理体液环境下也不会被游离出来，当无机离子浓度低于人体生理体液时，碱性蛋白则会容易从 HAp 中游离出来，因此骨形成蛋白作为酸性或中性蛋白会优先使用于人体体内的 HAp 吸收。Midy 在研究生长因子与 HAp 及碳酸磷灰石(CA)复合后其性能的变化中发现,在 CA 中生长因子的吸收比在 HAp 高,这是由于蛋白和复杂粉末在复合过程中产生的性能差异所造成的;同时也发现,在 CA 材料中的血管内皮细胞生长因子吸收诱导Ⅰ类胶原对骨胚细胞的免疫污染,对比于在血管内皮细胞生长吸收 HAp 之后的获得性污染,前者可控程度高于后者。

随着基因重组骨形成蛋白的重组成功,高活性的人类基因重组骨形成蛋白(rhBMP-2)的获得,相信用 HAp 类生物材料作为载体的骨形成蛋白复合材料会具有广阔的临床应用前景。OnoⅠ等将多孔 HAp 用含前列腺素 E_1 的 rh-BMP 溶液浸泡后植入小鼠体内,同时与单纯含 rh-BMP 的溶液对比,发现将多孔 HAp 用含前列腺素 E_1 的溶液处理能促进 rh-BMP 的骨诱导活性。此外,还有学者将成骨素吸附于 HAp 表面,以提高 HAp 的表面生物活性,经动物实验表明以 HAp 为载体仍能保持成骨素的骨诱导活性,并能诱导动物骨缺损区快速骨分化,从而起到骨修复的作用。Ripamonti 等用成骨素复合经珊瑚热液转化形成的可降解和不可降解的两种 HAp。将复合材料植入 16 个狒狒直径 25 mm 的颅骨缺损中,分别在 30 d 和 90 d 观察,发现不降解的 HAp-BMP 复合物的成骨效果优于可降解的复合物。Ripamonti 推测可能与移植物过早地溶解有关,说明可降解材料如果降解速度过快则不能发挥 BMP 的诱导成骨作用,材料本身的骨传导作用也不能充分地表现出来。该研究证实成骨素的生物活性可以由非有机胶原基质的载体贮存并释放,非降解 HAp 亦可做为成骨素的载体发挥诱导成骨作用。

HAp 材料也被用于作为承载骨种子细胞并提供其生存、增殖、分化及发挥生理功能的载体。Nakahara 等用多孔 HAp-β-TCP 与小鸡胚骨骨膜提取的间充质干细胞共同培养,植入裸鼠背部皮下,7 d 后发现编织骨形成,植入 14 d 周边的孔隙被骨组织填满,中心孔隙中增生的软骨被长入的血管和软骨内化骨形成的骨组织取代,认为在陶瓷中心孔内成骨的机制是磷酸钙陶瓷为孔内的培养细胞提供了成骨发生的微环境。Iyoda 等将培养的软骨细胞与 HAp 复合修复兔尺骨缺损,植入后 2 周,软骨细胞植入组在材料表面和孔隙内均有软骨增生,4~6 周孔隙内骨形成明显增加,13 周完全为板层骨,植入材料部分吸收。实验结果说明软骨细胞植入体内向成骨细胞方向分化从而引起新骨形成,因此在一定的环境下可以参与体内的软骨修复。

(七)羟磷灰石与有机高分子聚合物复合

从仿生学角度出发,人们也一直希望能制备出与天然骨组织结构相近的既有无机成分又有有机成分的复合型人工骨材料,以弥补单一材料修复的不足。而作为有机生物材料,通常选用柔性材料来复合增韧,一般都是生物惰性材料(如聚乙烯 PE 类,聚甲基丙烯酸甲酯类等)或生物可降解吸收材料(如聚乳酸 PLA 类,聚甘醇酸 PGA 类等)。根据复合的基体材料不同,可以大致分为以有机生物材料(高分子聚合物)为基体的 HAp 增强复合材料,以多孔羟基磷灰石为基体的有机生物材料增韧复合材料。对于第一类复合材料。主要是将 HAp 引入有机生物材料中,利用 HAp 的高弹性模量增加复合材料的刚性及赋予材料生物活性,并作为强度增强因素存在。在这类材料中,目前研究开展较多的是 HAp-PLA 及 HAp-PE 复合材料。

1. HAp 与聚乳酸(PLA)的复合

PLA 是一种生物降解吸收材料,在体内分解成 L-乳酸。它的力学性能与其分子量密切相关,分子量越高,其强度和刚性就越好,在体内被降解吸收所需的时间也越长。聚乳酸的制备主要有两种方法:由乳酸缩合可以得到分子量较小(<4 000)的聚乳酸和利用交丙交酯开环聚合则可以形成分子量很高的聚乳酸。目前已能合成分子

量大于 10 000 的聚乳酸。

采用低分子量的半流体状的聚乳酸作为 HAp 颗粒的赋形剂,将两种材料在加热加压的条件下共混,复合体在 50～60℃变软,具有良好的可塑性,降低至人体体温时恢复成具有一定的强度和刚度的固体材料。由于聚乳酸本身在体内降解,复合材料在植入体内后,其力学性能势必因聚乳酸的降解导致强度下降,因此如何控制聚乳酸的降解速度,使复合材料自生强度的下降能为新骨沉积形成的强度所弥补,即成为 HAp - PLA 复合材料研究中的关键。目前,主要是通过改变 HAp - PLA 的混合比例,使用高分子量的 PLA 参与复合,以及在 PLA 中引入硬段结构来实现。聚左旋乳酸(PLLA)具有良好的生物相容性并可在体内生物降解。Ignjatovic N 等将颗粒状 HAp 与聚左旋乳酸(PLLA)溶液混合,然后在 49.0～49.5 MPa 的压力,20～184℃条件下冷压或热压,然后进行生物力学测试,结果在 184℃、98.1 MPa 条件下热压 60 min 得到的复合体其最大抗压强度可达 93.2 MPa。

2. HAp 与聚乙烯(PE)的复合

PE 是一种生物惰性材料,因此主要依靠弥散分布的 HAp 颗粒与组织之间产生骨性结合。这一类材料的复合过程一般包括以下几个步骤:两相颗粒掺混,混合物的研磨,在一定的温度、压力条件下溶混压制成形。对高分子聚合物而言,分子在某一方向上的定向排列能显著地提高聚合物在该方向上的刚度和强度。现在发展得较为完善的 PE 分子定向技术主要有如下 3 种:拉丝法,压模成丝法,液压挤出法。拉丝就是在略低于其熔点的温度下熔融拉制成的具有很高的分子定向排布,被称为高模量聚乙烯纤维(HMPED)的 PE 材料。压模成丝,则是利用成丝模具,热压成丝。液压挤出法,就是将略低于其熔点的坯料在液压的作用下,强迫通过小孔成丝。

同其他骨替代材料相比,HAp - PE 复合材料目前发展得比较完善。HAp 与 PE 间的结合主要是物理作用力,因此 HAp 在 PE 中的分布,更主要的是 PE 纤维的分子定向分布是材料性能的关键因素。它的杨氏模量在 1～8 GPa 范围内,与人体骨皮质(2～18 GPa)大致相当;其韧性断裂强度也与人体骨皮质很接近,在机械性能上均优于其他材料。Bonner 研究发现,对 HAp 与 PE 复合物的流体静力学的挤压可以增强其轴向力学柔韧性,同时其拉伸强度也会升高 3 倍,延展性亦随之增大。然而,由于 PE 是生物惰性材料,复合材料不能生物降解,并且 PE 的存在降低了 HAp 跟骨结合的能力,延长了骨愈合的时间。

3. HAp 与医用树脂的复合

1962 年 Bowen 发明了双酚 A 甲基丙烯酸缩水甘油酯(简称 Bis - GMA)并应用于牙科复合树脂。Bis - GMA 具有反应活性高,可用自由基引发聚合,固化后机械性能优良等优点,但是也存在吸水率大的不足。为了克服此不足及提高机械性能,可通过掺杂改性的方法解决。如用顺丁烯二酸酐改性 Bis - GMA 的 EAM 树脂就具有优良的综合性能,许多复合树脂均采用 EAM 树脂作为树脂基质。刘义荣等将羟磷灰石颗粒同 EAM 树脂、引发剂、促进剂等按一定比例混合,制备出在室温下可塑形、可固化的 EH 复合型人工骨。经一系列理化性能和生物学性能测定,结果表明,HAp/EAM 比例为 3/2 时抗压强度可达 125.85 MPa,接近骨皮质的抗压强度,其抗拉强度为 24.52 MPa,抗弯强度可达 44.87 MPa,远高于骨皮质,从而说明 HAp/EAM 树脂复合材料具有很好的机械强度。生物学性能检测结果也显示 HAp/EAM 树脂复合材料符合骨种植材料的使用要求。由于 HAp/EAM 树脂复合材料能在一定时间内塑形,因此可满足临床上各种复杂形状的骨缺损修复治疗的要求。此产品可在医生手术时于手术台上将粉剂、液剂按比例调和后,直接填入骨缺损部位,待其固化后即可形成所需修复的骨缺损部位的形状。所以说此产品既保持了羟磷灰石优良的生物相容性,又能按要求塑制成各种复杂的形状,使用方便,克服了羟磷灰石难以成型的缺陷；并且还可在手术前按术者的要求事先制成各种所需形状的定制体,再于手术时植入骨缺损部位,从而扩大了羟磷灰石的临床应用范围,有很大的临床应用前景。徐耀增等在1994年应用 HAp/EAM 树脂复合材料定制的颈椎融合器治疗脊髓型颈椎病,从而避免了取患者自体髂骨的伤害,减少了感染的危险性。经2年的随访效果良好。手术结果显示,它能有效地恢复和维持椎间隙的高度,改善颈椎生理弧度。此外 HAp/EAM 树脂复合材料还可以用于治疗胫骨平台骨折、颅颌面部各类骨缺损及畸形的整复。图 23-10 为上海倍尔康生物医学科技有限公司采用 HAp/EAM 树脂复合材料制成的两款医用定制体产品:适用于骨科手术治疗颈椎间盘突出症等脊髓型颈椎病的颈椎螺纹融合器和适用于脑外科修复颅骨缺损的颅骨板。

a. 颈椎螺纹融合器

b. 颅骨板

图 23-10　两款医用定制体产品

4. 其他形式的复合

张敏等采用表面活化处理技术使羟磷灰石表面获得活性的氨基结构,从而提高材料的表面活性。通过不同时期动态的材料骨界面扫描电镜和微量元素分析,结果表明该材料对新骨的早期形成具有明显的促进作用。此外,Ignjatovic N 等将羟磷灰石与聚乳酸复合以期改善材料的机械强度。Shinto Y 等以块状多孔 HAp 陶瓷作为药物的载体,将抗生素装在陶瓷核中植入病灶区,然后持续释放,维持局部药物高浓度以达到治疗目的。

HAp 以其良好的生物相容性及生物活性在生物材料领域占据着非常重要的地位。通过各种方法进行改性,使羟磷灰石类材料更适合于骨科、口腔科、整复外科等临床应用,这是当今 HAp 类材料研究领域里最为活跃的研究内容,也是今后寻找理想骨修复、置换材料的主要方向。

二、生物玻璃(bioglass)

生物玻璃是指具有与骨组织形成化学性结合能力的生物活性玻璃。1969 年美国 Florida 大学 L. L. Hench 等发明了由 SiO_2、P_2O_5、CaO 和 Na_2O 等氧化物为基本组成的生物活性玻璃(45S5),并在1972年首次报道了有关此玻璃与骨组织之间发生连结的证据。45S5 玻璃比普通玻璃含有更多的钙和磷组成。生物玻璃材料在植入体内后与组织液发生持续的化学反应,表面先形成 SiO_2 凝胶层,并诱发成骨细胞和纤维状蛋白肌长入其中,从而在材料表面生成一层含钙和磷的碳酸基羟磷灰石(Hydroxycarbonate apatite,HCA)晶体网架,其组成与正常骨组织中的无机相成分近似。此网架聚集及集合了人体内的修复性物质,形成了一个新生组织生长的温床。新生组织生长的类型取决于骨缺损的具体部位。Samuel B L 对生物玻璃的成骨机制是作这样解释的:当生物活性玻璃被植于体内时,局部的 pH 增加可达到 10。在生物玻璃表面形成硅胶层,然后在硅胶层的上面形成磷酸钙层,钙和磷来自于生物玻璃及体液－Ca、P元素。此磷酸钙层是一种活性碳酸基羟磷灰石层，用来作为结合面，在化学结构上，它等价于骨的矿物成分。这两个反应层在植入后几分钟内形成，然后来自于宿主手术区的成骨细胞和胶原纤维在生物玻璃颗粒表面定植并融入硅胶层，最终形成骨。他还认为：生物玻璃既有骨引导性又有骨形成性，生物玻璃不仅仅提供一个有生物相容性的骨形成界面，而且能够提供一个被在手术区游离的成骨干细胞定植的生物活性表面。Hironobu等在狗肋骨的扩增实验中，发现使用生物玻璃时骨修复的速度甚至快于使用同量自体骨。据此认为：生物玻璃的成骨性是由于其表面缓释的可溶性硅激发了成骨细胞干细胞的自分泌反应，可溶性硅激发的干细胞产生转化生长因子β，转化生长因子β在活性玻璃表面的氢氧化硅磷酸钙胶结层内可逆地吸附和还原。转化生长因子β激发干细胞的分化和生长，导致生物玻璃颗粒周围的骨组织加速增殖。

多数生物玻璃以一种称为45S5的形式出现，SiO_2是玻璃的主要成分，也同样是生物玻璃的主要成分，45是指SiO_2的重量百分比为45%。有数据表明，生物玻璃植入物与骨的连结速度取决于材料的组成。含42%～53% SiO_2的生物玻璃在几天内即可与骨迅速连结，同时可与软组织形成紧密连结。含54%～60% SiO_2的生物玻璃需要2～4周才能形成一个与骨连结的界面，但不能与软组织形成连结。含60%以上SiO_2的生物玻璃既不能与骨又不能与软组织连结，接近于生物惰性材料（表23-9）。

表23-9 生物玻璃组成配方（wt%）

	SiO_2	P_2O_5	CaO	CaF_2	Na_2O	B_2O
45S5	45	6	24.5		24.5	
52S4.6	51	6	21.5		21.5	
45S5F	45	6	12.25	12.25	24.5	
45B$_5$S5	40	6	24.5		24.5	5

（一）制备方法

生物玻璃的制备采用溶融方法获得。为了防止杂质的混入和坩埚的污染，多采用高纯度化学试剂作原料和白金坩埚作熔融器皿，熔融温度一般在1 250～1 350℃范围。表23-9是几例具代表性的生物玻璃的组成配方。

由熔融玻璃浇注成所需形状的种植体是很方便的，利用铸造法，复杂形状的种植体都能制得，这是一个很大的优点。生物玻璃在有水分的环境下很容易发生反应，因此不论在加工过程中，还是在洗涤和灭菌处理时都要尽可能保持干燥，或是使用有机溶剂，以防止生物玻璃表面变性。

（二）机械性能

生物玻璃的机械强度不是很高（表23-10）。单一作为骨置换材料应用还很困难，因此常采用和高强度材料复合的方式在临床上应用。

表23-10 生物玻璃的机械强度

挠曲强度（MPa）	K_{IC}（MPa·m$^{1/2}$）	弹性模数（GPa）	泊松比
85	0.54	79	0.27

（三）生物学性能

生物玻璃是一种生物活性材料，植入骨内后，会在玻璃表面析出钙离子和磷酸离子并形成HAp膜。生物玻璃就是通过这层膜和骨组织形成紧密结合。有人曾通过在与结合界面垂直方向上施加拉伸载荷的方法测定了几种生物陶瓷和骨之间的结合强度。数据表明，生物玻璃结合力约是氧化铝的15倍。但与HAp和A-W玻璃陶瓷相比，则为他们的1/2～1/3。

生物玻璃的生物相容性良好。细胞培养试验显示无细胞毒性；在软组织中植入则形成纤维组织包裹,这与其他生物陶瓷材料的结果一样。生物玻璃与胶原纤维的相容性也非常好。

(四)应用

生物玻璃常用于制作人工听骨,这主要是基于生物玻璃的易成型性及与鼓膜胶原纤维相容性好的特点。此外生物玻璃还常用作金属表面涂层材料和骨充填材料。由美国生物材料公司生产的BioGlas(倍骼生)产品即属于45S5生物玻璃,目前主要用于治疗牙周骨下缺损。有研究证明这种材料对拔牙后用以维护牙槽嵴的高度很有效,能使牙槽骨和牙周韧带得以重新恢复。倍骼生材料还成功地临床用于置换中耳的受损骨小体已达十多年。

三、玻璃陶瓷(glass ceramics)

玻璃陶瓷是在生物玻璃基础上发展起来的一种新材料,其实质是微晶玻璃,玻璃陶瓷与生物玻璃相比在机械性能方面有很大改善。玻璃陶瓷材料中最典型的是以 A-W 玻璃陶瓷(Apatite-Wollastonite-Glass-Ceramic)为代表,玻璃中含有大量磷灰石微晶体和 $CaSiO_3$ 微晶体,其组成是:SiO_2 34.2%,P_2O_5 16.3%,CaO 44.9% 和 MgO 4.6%,成分与生物玻璃相近。A-W 玻璃陶瓷在植入体内后表面同样可形成一个 HCA 层,骨传导作用与生物玻璃相似,生物相容性良好,强度要明显高于生物玻璃。但植入体内后的材料表面要快速形成 HCA 层,玻璃陶瓷的氧化物之间应有合适的比例,HCA 如果形成过慢,骨组织与材料的化学结合也不能形成。目前有关 A-W 作为植骨替代材料的实验研究和临床应用研究都比较多。Yamamuro 等发现 A-W 与骨的结合至少 1 年才能完成,表面磷灰石层的形成在 3 个月时出现。另有报道 A-W 与羟基磷灰石比较,前者的骨传导能力高于后者。也有报道显示玻璃陶瓷植入体内后有薄层纤维组织间隔形成,说明表面 HCA 的形成需要较严格的生产条件。

(一)制备方法

采用高纯度的试剂按组成配方充分混合后放入白金坩埚,在 1 300~1 500℃温度使原料均匀熔融成玻璃态。然后冷却粉碎。按所需颗粒大小过筛分类。要制得强度高,性能稳定的产品,粒度的合理分布是个重要的制约因素。

经粉碎的玻璃粉末中加入适量的黏合剂后按需要形状加压成型,置于电炉中升温烧成,在 900~1 200℃的结晶化温度区维持一段时间后就可得到低气孔率的玻璃陶瓷制品。若使用真空烧结炉或热静压工艺,则可得到高致密制品。

(二)机械性能

A-W 玻璃陶瓷的强度在很大程度上取决于烧成条件。不同的烧成条件,结晶相不同,机械性能也不同,表 23-11 列出了玻璃陶瓷在不同结晶状态时的物理性能数据。其中 G 表示结晶化前的玻璃态,A 表示仅有磷灰石结晶析出时的状态。A-W-CP 表示在 A-W 态进一步产生 β-3CaO·P_2O_5 析晶时的状态。A-W-CP 态的机械强度和韧性较高,但它的机械加工性较 A-W 态

表 23-11 玻璃陶瓷在不同结晶状态时的物理性能

结晶状态	G	A	A-W	A-W-CP
晶体含量(%)				
$Ca_{10}(PO_4)_6O$	0	35	35	20
$CaSiO_3$	0	0	40	55
β-3CaO·P_2O_5	0	0	0	15
物理性能				
挠曲强度(MPa)	72	88	178	213
断裂韧性(MPa·$m^{1/2}$)	0.8	1.2	2.0	2.6
弹性模数(GPa)	98	104	117	124
密度(g/cm^3)	2.94	3.01	3.04	3.04
气孔率(%)	0	0	0.3	0.3
骨结合强度(kg)	—	4.30	7.12	7.61

困难。在与骨的结合强度上,两者之间没有显著差异。因此,就作为人工骨用的玻璃陶瓷而言,主要还是以 A-W 态玻璃陶瓷为主。

(三) 生物学性能

A-W 玻璃陶瓷是一种生物活性材料,具有良好的生物相容性和骨结合性。A-W 陶瓷植入家兔胫骨后 10 d,在材料表面就可观察到新生骨。术后 60 d,材料和骨组织已形成牢固的结合。第 8 周时的结合强度要比同期羟磷灰石与骨的结合强度高出约 20%。

(四) 应用

A-W 玻璃陶瓷通常以 3 种烧结体的形式应用。致密型的多用于骨置换,如人工脊椎骨,人工肋骨等。多孔型烧结体常用来修复颅颌部骨质缺损和矫正畸形以及外科整容术。颗粒型的材料则一般用于牙槽嵴萎缩的防治,牙窝填塞,骨缺损修补以及护髓、盖髓等。

第四节 生物可吸收性陶瓷(biodegradable)

一、磷酸三钙(tricalcium phosphate,TCP)

磷酸三钙的物理、化学性能以及生物相容性都和羟磷灰石很相近。磷酸三钙有两种晶型结构,低温型(β-TCP)和高温型(α-TCP)。β-TCP 属于三方晶系,空间群为 R3c,密度为 3.07 g/cm^2。α-TCP 属于单斜晶体系,空间群为 p21/a,密度为 2.86 g/cm^2。β 相转变成 α 相的相变温度大致在 1 120~1 180℃范围。此相变温度还与 β 相中含有 Mg 之类杂质元素的量有很大关系。比如添加了 0.3%MgO 的 β-TCP,温度至 1 350℃时 β 相仍能稳定存在。TCP 从 β 相转变成 α 相比较容易,而从 α 相向 β 相的转变则非常缓慢,温度升高至 1 800℃时发生熔融。TCP 是一种生物活性陶瓷,与机体组织的反应程度类似于羟磷灰石,在体内的溶解度要比羟磷灰石大很多。经测定,在生理盐水中的溶解度,β-TCP 约是羟磷灰石的 2 倍,α-TCP 则要高达 10 倍。所以 TCP 陶瓷也是一种生物降解性材料。α-TCP 粉末具有水和硬化并逐步转变成羟磷灰石的特性,它和弱磷酸水溶液或有机酸溶液混合后,在室温下能快速硬固,固化时间可控制在 5~30 min 范围,固化时不会产热。1 d 后的抗压强度可达 100 MPa 以上。这种新型骨水泥材料适合于对缺损部位几何形状复杂病例的治疗,使用方便,可在临床手术时当场操作,对一些较大面积缺损病例,如与 HAp 多孔体或钛合金板等联合使用则效果更佳。

(一) 制备方法

TCP 的合成方法与羟磷灰石相同,有干式法、湿式法和水热法。干式法合成比较容易制得结晶性程度高的 TCP。若以磷酸氢钙和碳酸钙为起始原料,则通过下列固相反应过程可制得 TCP:

$$CaHPO_4 \text{ 或 } CaHPO_4 \cdot 2H_2O \xrightarrow{500℃} \gamma\text{-}Ca_2P_2O_7$$

$$Ca_2P_2O_7 + CaCO_3 \xrightarrow{1\,100℃} \beta\text{-}Ca_3(PO_4)_2 \xrightarrow{1\,400℃} \alpha\text{-}Ca_3(PO_4)_2$$

湿式法则适合于制备烧结体用的粉末原料。然而要合成出纯度高的 β-TCP 比较困难,往往会混有其他相如 HAp、CaO、$Ca_2P_2O_7$ 等的伴生,在合成物系统中添加少量的硫酸铵可以解决此问题。

用湿式法合成的白色沉淀物是一种非晶态的磷酸钙,还必须经800℃,1～3 h的煅烧,才能得到结晶性好的β-TCP。β-TCP烧结体的烧成温度在900～1 150℃范围。

(二) 机械性能

β-TCP致密烧结体的抗压强度为459～687 MPa,挠曲强度154～195 MPa,断裂韧性K1c值1.14～1.58 MPa·m$^{1/2}$,弹性模数89.2 GPa。β-TCP致密烧结体和羟磷灰石烧结体一样,单一材料用于置换骨皮质在强度方面是难以胜任的。

(三) 生物学性能

TCP的生物相容性大致与羟磷灰石类似,无任何细胞毒性和组织刺激性。TCP多孔体植入动物骨后1周,就可观察到多孔体周围有新生骨形成,气孔内有骨芽细胞侵入。在TCP表面形成新生骨的部位,一部分TCP已被吸收,到第14周,已达到相当大的吸收程度。并且存在血流多的地方TCP多孔体被吸收速度快的现象。β-TCP是一种生物相容性较好、在体内可以生物降解的生物陶瓷,但材料本身不具有诱导成骨能力,复合了BMP后可同时发挥生物陶瓷的骨传导能力和BMP的骨诱导能力。Urist用β-TCP复合BMP植入小鼠大腿肌肉内4 d便发现有间充质细胞长入,8 d可见软骨分化,12 d有编织骨形成,21 d出现板层骨,同时也发现有少量不同形态的炎性细胞存在,从而证实BMP/TCP复合物的诱导成骨活性。

(四) 应用

TCP的应用范围大致与羟磷灰石相似,β-TCP致密体可用于制作人工牙根,多孔体常用作骨充填和骨置换材料。α-TCP粉末具有水和硬化并逐步转变成羟磷灰石的特性,因此可用来制备口腔科水门汀和医用骨水泥。

二、羟磷灰石骨水泥 (hydroxyapatite cement, HAC)

自1974年羟磷灰石(HAp)材料被发明以来,以羟磷灰石材料为代表的无机类生物陶瓷在世界范围得到开发应用。HAp材料具有与人体硬组织(骨、牙)非常相似的无机成分,并且有良好的生物相容性和组织结合性,在临床上大量作为人工骨、人工牙根和骨修复充填材料应用,也已取得了世人注目的成绩。人们在广泛应用生物陶瓷的同时,也注意到此类材料存在一个较大的不足,即缺乏可塑性和黏结性。因此迄今临床上应用的HAp类材料多以颗粒状或烧结体块状形式,这对于一些骨缺损部位几何形状较复杂的病例,应用方面受到一定局限。为此,人们也曾通过各种途径来改良HAp类材料的可塑性,如采用HAp粉粒与聚丙烯酸树脂复合的方法、与石膏复合的方法、与胶原纤维复合的方法,与壳聚糖几丁质复合的方法等。

羟磷灰石骨水泥(HAC)是新一代骨缺损修复用人工骨材料,又称磷酸钙骨水泥(Calcium Phosphate Cement, CPC),最先由Brown和Chow于1985年研制成功,它是指一类由一种或几种磷酸盐的粉末和稀酸或生理盐水调和而成的一种新型自固化型人工骨替代材料。其特点是在生理条件下具有自固化能力以及降解活性和成骨活性。HAC通常由粉、液双组分构成。粉剂组成主要为磷酸钙类材料,如HAp、磷酸三钙、磷酸四钙、磷酸二氢钙和磷酸八钙等(表23-12);液剂组成有稀磷酸、有机酸和共聚酸等。HAp骨水泥具有一个很有用的特点,即调和后室温下可塑型,短时间(5～15 min)内可固化,弥补了以往生物陶瓷体材料塑型性能差,对复杂骨缺损修复困难的不足,因此可方便临床医生手术时的应用。并且HAC在固化过程中不产热,可避免传统型聚丙烯酸酯类骨水泥存在单体逸出和热积聚对机体组织产生刺激的危害。HAC伴随固化反应的同时,生成物的物相组成会逐渐向HAp转化,并能在生物体内缓慢降解吸收而被新骨替代。因此HAC材料具有良好的生物相容性和促进骨组织再生能力。由于HAC特有的孔隙状结构和缓慢降解特性,可将抗生素类药物和HAC形成复合体,使HAC在充填骨缺损的同时也具有抗菌消炎,防止骨感染的双重效果,从而可以扩大HAC的临床应用范围。表23-13列出了几种羟磷灰石骨水泥产品的大致组成。

表23-12 羟磷灰石骨水泥粉剂的主要组成

组 成 名 称	分 子 式	Ca/P比
磷酸二氢钙(monocalcium phosphate monohydrate, MCPM)	$Ca(H_2PO_4)_2 \cdot H_2O$	0.50
无水磷酸二氢钙(monocalisium phosphate anhydrous, MCPA)	$Ca(H_2PO_4)_2$	0.50
磷酸氢钙(dicalcium phosphate dihydrate, DCPD)	$CaHPO_4 \cdot 2H_2O$	1.00
无水磷酸氢钙(dicalicium phosphate anhydrous, DCPA)	$CaHPO_4$	1.00
磷酸八钙(octacalcium phosphate, OCP)	$Ca_8H_2(PO_4)_6$	1.33
α-磷酸三钙(α-tricalcium phosphate, α-TCP)	$\alpha\text{-}Ca_3(PO_4)_2$	1.50
β-磷酸三钙(β-tricalcium phosphate, β-TCP)	$\beta\text{-}Ca_3(PO_4)_2$	1.50
羟磷灰石(hydroxyapatite, HAp)	$Ca_{10}(PO_4)_6(OH)_2$	1.67
氟磷灰石(fluorapatite, FAP)	$Ca_{10}(PO_4)_6F$	1.67
磷酸四钙(tetracalcium phosphate, TTCP)	$Ca_4(PO_4)_2O$	2.00
碳酸钙(calcium carbonate, CC)	$CaCO_3$	—

表23-13 几种羟磷灰石骨水泥组成

生产地	粉剂成分	液剂成分	备 注
美国	TTCP+DCPD	水或磷酸溶液	商品名 Bone Source Leibinger
美国	MCPM+α-TCP+CC	磷酸钠溶液	商品名 Norian SRS Norian Corp
美国	磷酸钙盐	磷酸溶液	商品名 True Bone Etex Corp
法国	TTCP+β-TCP+MCPM	磷酸溶液	
日本	TTCP+α-TCP	檬酸三钠+磷酸二氢钠溶液	住友水泥株式会社研制
中国	TTCP+DCPA	磷酸溶液	商品名 瑞邦骨泰
中国	HAp+α-TCP	柠檬酸+有机酸溶液	上海第二医科大学研制

(一) HAC材料的基本性能

1. HAC的固化时间及反应机制

HAC的粉、液两相按一定比例混合后,先形成一种可任意塑形的糊状物,然后通过水和反应和结晶反应,形成羟磷灰石或磷酸钙盐而固化。磷酸钙盐具有水和凝结并逐渐向羟磷灰石晶相转化的特性,在凝结过程中,羟磷灰石微晶体会在粉粒表面不断析出生长,从而使磷酸钙盐颗粒互相紧密连接,微晶和微晶之间彼此缠绕结合构成固化体。有报道此凝结过程是等温的,固化时间为5~30 min;而结晶反应的最终完成则需3~4 h或更长时间。影响HAC固化时间的因素较多。Lacout等发现,其固化时间随着粉剂中MCPM含量的增加及液/粉比的升高而延长,随着反应温度的升高及磷酸在液相中的容积比增高而缩短。另外,粉剂颗粒的大小及形态在一定程度上也影响着固化时间。Chow 还发现,粉剂中加入一定量的 HAp 可促进固化反应,加快固化速度。

2. HAC 的机械强度及影响强度的因素

Constantz 等发现将产品 Norian SRS 混合 10 min 后可获得约 10 MPa 的初始压缩强度,12 h 后其强度最强,压缩强度约 55 MPa(大于骨松质),抗张强度约 2.1 MPa(约等于骨松质)。Costantino 等报道产品 Bone Source 在调和后 4 h 可完成固化反应,获得 37～60 MPa 的压缩强度。Chow 的研究亦发现 HAC 固化后的压缩强度介于 34～51 MPa 之间,而抗张强度可达 12 MPa。

Lacout 等认为 HAC 的强度取决于以下 3 个因素:粉剂组成,液剂中的磷酸含量和液/粉比。通过正交实验,他们得出为获得理想强度的适宜条件为:MCPM 的化学计量系数为 0.475～0.57,磷酸 0.3%～2%,液/粉比 0.4 ml/g～0.45 ml/g。Chow 还发现 HAC 的强度受孔隙率、粉剂颗粒大小及 HAp 结晶度的影响:孔隙率越高,强度越低,孔隙率的高低与液/粉比密切相关;含有高结晶度 HAp 的 HAC 所形成的固化体强度较低;含有大的 TTCP 颗粒及小的 DCPA 颗粒的 HAC 强度高;反之则强度低。陈德敏等通过改良固化液配方的途径来提高自行研制的以羟磷灰石和 α-磷酸三钙两晶相为粉剂组成的 HAC 的压缩强度。研究结果显示:采用单一柠檬酸水溶液作为固化液能够起到固化作用,当柠檬酸浓度在 30% 时固化体的压缩强度可达 24.96 MPa;在柠檬酸水溶液中加入适量的柠檬酸钾可有效提高强度,且柠檬酸/柠檬酸钾的量以 5/1 配合较为明显,最高值在 35.60 MPa 范围;当柠檬酸/柠檬酸钾水溶液与丙烯酸/衣康酸共聚液两者约以 1:2 之比配伍时,固化体的压缩强度可得到大幅度提高,最大值可达到 116.98 MPa。丙烯酸/衣康酸共聚液是一种有机酸,它是目前齿科临床用玻璃离子体水门汀的常用固化液,其结构式中的羧基对牙体表面具有化学黏结作用。其黏结机制主要是羧基与牙体组织中的羟磷灰石的钙形成络合键。据此认为,由于 HAC 粉剂中的钙离子与丙烯酸/衣康酸共聚液中的羧基发生络合交联,使固化反应加速完成,并使固化体强度得到显著提高。

3. HAC 的微观结构

有研究表明,HAC 固化后具有微孔结构,微孔直径平均为 2～5 nm,能允许离子及染剂(如亚甲蓝)通透。扫描电镜观察显示,TTCP 与 DCPA 混合后 1 h 开始形成花瓣样的小结晶,完全固化后,则形成棒状结晶和少量扁平的结晶,晶体很小(长约 1 000 nm,宽约 50 nm),在低倍镜下观察,似无定形物质。Constantz 对 Norian SRS 的研究发现,固化后形成的磷碳酸钙结晶在晶体形态学上与自然骨非常相似,晶体大小约 20 nm,孔隙直径约 30 nm。

(二) HAC 的生物相容性和生物降解性

大量实验证明,HAC 材料具有良好的生物相容性。将其植入动物体内,能与周围组织良好相容,未见正常生理过程出现明显改变,未见明显炎性反应,无异物巨细胞及排斥反应出现,无荚膜和包囊形成,未发现有致畸形及毒性。HAC 材料的细胞毒性、热原、急性全身毒性和溶血试验结果均符合生物材料的生物学性能要求。Liu 等对 HAC 的生物安全性作了全面系统的研究,他采用 HAC 浸提液对大鼠进行腹腔注射及与大鼠骨髓细胞共同培养的方式,进行了急性毒性试验、细胞毒性试验、基因突变试验、染色体和核酸损害试验等一系列生物安全性检测,结果显示:注射大鼠(按 5 g/kg 剂量)无一例死亡,且体重无下降;与培养液接触的骨髓细胞正常生长且 4 d 后生长速度快于对照组;骨髓细胞诱导突变试验阴性;骨髓细胞微核频率诱导试验阴性,这一结果表明了 HAC 的无毒性,无致畸性及无潜在致癌性,生物安全性良好。

目前对 HAC 的基础研究已进入到更深的领域。由于 HAC 在降解过程中会产生一些颗粒,这些颗粒是否会对机体产生影响已引起人们的注意。因此许多研究者已把 HAC 降解颗粒对机体的影响作为评价 HAC 生物相容性的一个新的内容。Oreffo 就不同类型的 HAC 颗粒对人骨髓细胞的生长和分化进行了研究,他将人骨髓细胞与单纯磷酸盐基 HAC 颗粒和羟磷灰石/磷酸三钙复合体 HAC 颗粒共同培养,观察细胞在两种 HAC 颗粒表面的生长分化、细胞内碱性磷酸酶(ALP)的活性及细胞外基质中胶原的生长情况,结果表明:在单纯磷酸盐基 HAC 颗粒的表面,细胞的黏附出现障碍,生长和增生均受到抑制,细胞内 ALP 的活性无显著提高,细胞外基质中的胶原含量无明显变化,显示了单纯磷酸盐基 HAC 颗粒的毒性作用;而在与人骨骼成分相似的羟磷灰石/磷酸三钙复合体 HAC 表面,细胞黏附性较好,生长分化迅速,细胞中 ALP 活性明显提高,显示了成骨细胞的正常分化,细胞外基质中的胶原含量也明显升高,但他对颗粒大小与影响程度的相关性未作进一步的探讨。Pioletti 则对 HAC 颗粒体积大小与成骨细胞功能作了深入研究,他对两种大小的 HAC 颗粒,即直径为 $1\sim10~\mu m$ 和直径大于 $10~\mu m$ 的颗粒分别对成骨细胞的增生分化,细胞内 ALP 的活性及细胞外基质的生成进行了观察,并进一步研究了颗粒数量与成骨细胞功能的关系,结果表明:所有的 HAC 颗粒,尤其是直径为 $1\sim10~\mu m$ 的颗粒均对成骨细胞的增生分化造成不利影响,对细胞外 I 型胶原和纤维素的 mRNA 表达产生了抑制作用,其机制可能是颗粒影响了成骨细胞的黏附过程,进而定量研究了 50 个 HAC 颗粒与 1 个成骨细胞是成骨细胞所能支持的最大比率,超过这一比率将对成骨细胞的功能产生不良影响,因而提出应尽量减少直径为 $1\sim10~\mu m$ 小颗粒 HAC 的含量。Ingham 研究了不同体积的 HAC 颗粒与不同数量巨噬细胞的骨吸收能力和产生细胞因子的相关性。他选择的 HAC 颗粒大小定在 $0.1\sim0.5~\mu m$,将 HAC 颗粒与巨噬细胞共同培养 24 h 后观察,当 HAC 颗粒体积与巨噬细胞数量的比率在 10:1 时,巨噬细胞的功能未受明显影响,而当这一比率增加到 100:1 时,可使巨噬细胞产生肿瘤坏死因子(TNF-α)和白细胞介素(IL-1,IL-6);且在 HAC 中加入 X 线阻射的金属离子添加剂(如钡离子、铬离子)时可以提高巨噬细胞的融骨能力。

在成骨效应方面,HAC 主要是通过骨传导作用成骨,一般不认为它具有诱导成骨作用。Costantino 等将 HAC 制成的盘状物植入猫的皮下或肌肉内,未发现成骨作用;而将 HAC 植入颅骨骨膜下,则可见有明显的成骨作用,植入物逐渐被骨组织所替代。Constantz 等在对 Norian SRS 的实验研究中发现,新生骨对 HAC 的替代类似于骨的再塑形,将 Norian SRS 植入兔股骨干 2 周后可见破骨细胞、成骨细胞出现于界面,表明植入物开始被新生骨替代;将 Norian SRS 植入狗胫骨干骺端的缺损区,16 周后可见位于皮质骨区的部分,新生骨的替代基本完成,而位于骨松质区的部分,却很少有骨替代发生。Fujikawa 等将 HAC 植入狗颌骨的缺损中,术后 1 个月,见 HAC 周围出现轻微的炎性反应;术后 3 个月,见 HAC 被骨外膜及骨组织覆盖并部分被新骨取代。Ohura 等在兔股骨髁部缺损的实验研究中,亦发现类似的结果。陈德敏等将直径 4 mm 长 12 mm 两端呈球型的 HAC 柱状体植入狗双侧股骨中,术后 26 周 X 线影像显示,材料周围的骨皮质和骨外膜明显增厚,且骨外膜沿骨外端材料表面呈爬行、包覆的生长之势,骨与材料间无透射区间隔,形成材料和骨的直接结合;组织学结果显示,粗细不等的条状纤维组织长入、分隔材料,骨基质形成明显,呈同心圆结构并伴有毛细血管连接和生长,管腔内可见血细胞和管壁内衬细胞;SEM 结果显示,新骨组织呈推进式长入材料表层,深度约 530 μm,骨组织周围的材料呈疏松的细颗粒状。术后 52 周,骨外端材料在 X 线影像上显示明显吸收,骨皮质呈连续修复;组织学发现大块的新骨基质贯穿材料,且环状同心圆结构的哈弗管明显伴生;SEM 显示新骨组织呈多方位纵横交错长入材料,显现材料吸收的疏松颗粒状更为明显。经四环素示踪荧光观察发现，材料表层或内部有大面积致密荧光分布区及富荧光密度的细胞和新骨组织，这表明材料在引导细胞和新骨组织长入的同时，吸附、聚集了来自体液中的钙，从而促进了骨的形成和矿化。该实验结果还证实了 HAC 具有一定的生物降解活性：材料在植入动物体内后，与骨接触的材料陆续发生溶解和碎裂，并逐渐为新骨组织分隔包围和蚕食。在充填猫额窦的实验研究中亦发现，HAC 在动物体内的降解与其成骨作用相协调，植入体被新骨逐渐取代的同时，不伴有容积丢失。Friedmam 用 HAC 材料充填猫的额窦，术后 18 个月测定：置换了材料的骨和类质骨占体积 63%，纤维组织占 10%，残余占 27%。在颅骨成形的动物实验中，也发现它能被骨组织逐渐取代，且不引起容积丢失或外形改变。HAC 在降解过程中会产生一些颗粒，有文献报道，这些颗粒对成骨细胞的活性，对成纤维细胞和成骨细胞的增生有抑制作用，尤其是直径小于 10 μm 的降解颗粒还可降低胶原和纤维素基因的 mRNA 表达，其作用机制可能是阻碍了成骨细胞的黏附过程。Liu 等将 HAC 块分别植入到兔的胫骨和肌肉中，1 月后组织学上见 HAC 与外周骨组织紧密结合，HAC 边缘已有新骨生成，新骨与 HAC 之间无结缔组织层，周围软组织中可见少量淋巴细胞和浆细胞浸润，未见到外源性肥大细胞和巨噬细胞浸润。植入肌肉中的 HAC 周围有一结缔组织囊，并有少量浆细胞和淋巴细胞浸润，HAC 表面未见新生骨样组织，这一结果显示了 HAC 良好的生物相容性和骨传导性，但未能显示其骨诱导性，这一观察结果与 Yuan 有所不同。他将 HAC 糊剂和硬固前的 HAC 植入到狗的胫骨和肌肉中，3 个月和 6 个月后从组织学观察机体的反应，结果显示，HAC 与骨组织结合紧密，中间无纤维组织层，在 HAC 与骨组织之间的界面上可见成骨细胞活动，同时见到破骨细胞陷窝，内有破骨样细胞，这说明新骨的形成和 HAC 的吸收均发生在这一界面上，体现了 HAC 良好的骨传导性能。肌肉中的 HAC 周围可见有一结缔组织层，表面可见巨噬细胞附着，HAC 的孔隙中和凹凸不平的表面可见新生骨样组织，并有成骨样细胞活动，表明了 HAC 的骨诱导性。有关 HAC 是否具有骨诱导性的问题一直存有争议，不同的观察有不同的结果，因而还有待于今后进一步证实。

（三）HAC 材料的改性研究

自 20 世纪 80 年代中期 HAC 被发明以来以其良好的生物相容性和骨传导性，不断应用于临床骨缺损修复，临床价值已得到充分肯定。但由于 HAC 依据不同的配方、不同的工艺显示不同的性能，如有的 HAC 存在固化时间长，黏结性能差，机械性能不足，降解缓慢等缺点，使其应用受到一定程度的限制，因而许多学者都在各自研究的基础上，通过掺杂无机离子，复合有机物或生物活性物质等手段及对 HAC 不断进行改性和完善。

1. 在 HAC 中添加无机离子

（1）碳酸盐的添加

骨组织的无机成分中含有少量的碳酸盐，在 HAC 中掺入一定量的碳酸盐，使其与自然骨的组成相近，无疑对提高其性能有利。通过体外细胞培养已经证实，碳酸盐基 HAC 比单纯 HAC 具有更好的生物相容性。此外，碳酸盐的加入还可提高 HAC 的机械性能并改善其临床操作性能。Khairoun 在 HAC 中加入 5% 碳酸钙，24 h 后对其黏附时间、初始固化时间、最终固化时间及压缩强度的测定表明：碳酸钙的加入可使初始固化时间和黏附时间的差值保持在 2~3 min，最终固化时间控制在 15 min 以内，这一时间正适合于临床操作；5 d 后测得的最大压缩强度为 30 MPa。碳酸盐的加入还影响着 HAC 的孔隙结构。Otsuka 在载 2% 吲哚美辛的 HAC 中加入 0~10% 的碳酸钠后观察药物的释放规律，结果显示吲哚美辛的平均释放时间和 50% 药量的释放时间均缩短，通过扫描电镜观察发现碳酸钠的加入使 HAC 中的孔隙量增加，进而影响到吲哚美辛的分布，使药物释放加快。利用这一特征可控制碳酸钠的加入量来调节药物的释放速度,使之更好地满足临床需要。

(2) 氟离子的添加

氟是人体必需微量元素,可促进骨细胞的增殖分化,促进 HAp 晶体的形成和生长,从而有利于硬组织的矿化,在骨和牙齿的生长发育中发挥着重要作用。实验已经证实,FAP(氟磷灰石)比 HAp 溶解度更低,在酸性环境中能抵抗更高强度的酸,因而可起到防龋作用。目前通过在 FAP 加工过程中对加氟时机的控制(如前半程加氟或后半程加氟)可合成出两种同分异构体的 FAP,他们在溶解度和晶体形态方面均有差异,以适应内环境的复杂性。Overgaard 用 FAP 和 HAp 对金属种植体表面涂层后行体内植入试验,3 个月后取出作组织学检查发现:FAP 的骨整合作用低于 HAp,且吸收更缓慢,也说明了 FAP 的稳定性好于 HAp,但骨诱导性不如 HAp。HAC 掺氟后机械性能稍有下降,但若掺入氟化物的同时再加入某些有机物,则反而可提高其机械性能。由于 HAC 本身存在生物降解缓慢,而氟的加入似乎更加剧了这一过程,故从 HAC 作为人工骨替代材料-新骨的改建来看,在 HAC 中掺氟还值得探讨。

总之,通过添加碳酸盐、氟等无机离子,调整 HAP 中的晶格结构,对 HAC 的物理机械性能及整体生物学活性进行改进,从而可以获得理想的骨修复材料。

2. 与有机物或生物活性物质复合

骨骼中除了无机成分外,还含有少量的有机成分,其中 23% 是胶原,还含有一些生物活性物质。将这些有机物或生物活性物质复合到 HAC 中在一定程度上无疑会提高其性能。

(1) 与胶原复合

胶原是骨骼中的主要有机成分,它具有特定的引导骨组织修复再生的生物学特性,可促进成骨细胞的黏附增殖和分化,提高成骨细胞内碱性磷酸酶(ALP)的活性和细胞外基质的蛋白质表达,加速骨组织的再生和传导;同时对破骨细胞的吸收功能也有一定的引导作用,因而可以调节骨的改建。Miyamoto 将 1% 的胶原掺入 HAC 后对其性能进行了测试,结果发现掺入胶原的常规 HAC,其晶体颗粒间连接更紧密,且提高了其柔顺性,因而改善了其临床操作性能,但缺点是降低了机械性能,并延长了固化时间(如加入 1% 的胶原使其固化时间延长达 100 min 以上)。而在快速固化型 HAC(FSHAC)中加入胶原,其机械性能(截面抗拉伸强度维持在 6~8 MPa)及固化时间(维持在 9~34 min)均未受影响并改善了其操作性能,提示 FSHAC 可能成为今后的一个发展方向。

(2) 与生长因子(GF)复合

骨形成蛋白(BMP)是一种低分子的酸性多肽,属于一种特殊类型的骨生长因子,可诱导未分化的间叶细胞和骨母细胞使之分化成为成骨细胞及成软骨细胞,从而诱导骨和软骨的形成,进而影响到骨骼的代谢,其诱骨机制可能是:①BMP 复合后被吸附在材料表面,短时间内不易被吸收,而是被缓慢释放得以发挥作用。②BMP 在材料的表面及孔隙内分布成一定的空间构型,这种构型有利于未分化细胞的趋动附着和分化。但这仅是推测,还有待于论证。现已证实,BMP 的骨诱导能力比胶原还要高。Kamegai 将载有 BMP 的 HAC 植入大鼠股部肌肉及股骨缺损中,术后 14 d,于肌肉植入部位见软骨样组织形成;术后 21 d 出现软骨内骨化作用,HAC 颗粒变小与新生骨共存于中心区,在骨缺损部位见 HAC 颗粒被吸收并由新骨替代,显示了 BMP 很强的骨诱导效应。徐靖宏在研究中以 HAC 为载体并通过 rhBMP-2 的良好骨诱导性来提高植入材料与宿主骨的骨整合能力。其首先将 rhBMP-2/HAC 复合体在兔骨骼肌异位成骨后,连同复合材料表面形成的新骨一起再植入兔自体下颌骨缺损部位。实验结果表明:rhBMP-2/HAC 复合载体 4 周内即可在兔背阔肌肌袋中诱导形成新生骨组织,成骨方式为软骨成骨和部分直接成骨相结合,薄层新骨包绕附着于材料,并与之紧密结合。将这种外附新骨组织的复合材料填入兔下颌骨后,其形成的骨界面无论从新骨的数量还是结合强度均优于以材料直接填充于骨缺损所形成的骨界面。产生这种结果的原因是由于骨骼肌良好的成骨环境,使rhBMP-2/HAC复合材料能发挥良好的骨诱导性和骨传导性。

为研究GF在种植体周围骨组织再生修复中的应用价值,Meraw将狗的双侧第2、3、4磨牙拔除后,即刻植入种植体,并在种植体周围形成统一约1.5 mm的环形骨缺损,分别植入含GF(β-TGF、bFGF、PDGF)的HAC,不含GF的HAC及未植入组。3个月后通过组织学观察,结果显示:含GF组的种植体周围已形成约1 mm的新骨量;同时种植体与HAC的结合紧密度明显好于未含GF组,而未含GF组与空白组无显著差异,显示了GF良好的骨整合效应。Blom通过实验也得到相似的结果,他将掺入10 ng rhTGF的HAC植入到兔的胫骨中,10 d后通过检测HAC附近成骨细胞及成骨前细胞中的ALP的活性来分析骨细胞的分化程度,结果显示:掺入10 ng rhTGF的HAC附近成骨前细胞中ALP的活性提高了3倍,掺入20 ng rhTGF的HAC附近成骨前细胞中ALP的活性提高了5倍,但对成骨细胞中的ALP活性无影响,显示了rhTGF良好的生物学效应。

(3) 有机物复合

有机物的加入既可改善HAC的黏结性能,提高其临床操作的柔顺性,同时利用有机物本身的生物学特性又可提高HAC的表面活性。Miyazaki将聚乙烯酸(PCA)和聚丙烯酸-衣康酸复合物(PAIA)分别掺入HAC,24 h后测定其机械强度显示,HAC截面抗拉伸强度均保持在10 MPa以上,最大压缩强度达81.0 MPa。同时提高了其黏稠性,测得其黏附时间与初始固化时间差值大于1 min,保证了临床应用时的操作时间。但通过X线衍射对其产物进行分析发现HAP含量明显减少。这一结果说明有机酸的加入影响了HAC的固化反应,提高了其柔顺性和机械强度。聚乳酸(PLLA)是一种高分子有机聚合物,其化学成分与人骨骼中的胶原成分相似,具有良好的生物相容性和可降解性。在HAC中加入一定量的PLLA可提高其性能。Ignjatovic将15% PLLA掺入HAp后提高了复合体的柔顺性;并测得其密度随PLLA量的增加而减小,提高了HAP的降解性能;同时测得其最大压缩强度为25 MPa。Lewandrowski将含聚合物丙烯乙二醇-反丁二酸酯(PPF)的HAC植入到大鼠大腿骨中,4周后组织学观察发现,HAC与骨组织界面上成骨细胞活性增强,HAC边缘有空穴出现,这些空穴是新生脉管和新骨长入的部位,通过定量组织形态学也证实了这一点,说明含PPF的HAC有促进成骨功能。

(四) HAC材料的应用进展

HAC的临床应用研究主要涉及以下几个方面:①作为人工骨替代材料充填骨缺损。②用于骨折治疗中的辅助加固作用。③担当缓释药物和细胞等活性物质的载体。④其他领域的应用。

1. 作为人工骨替代材料充填骨缺损的应用研究

骨缺损的修复重建是骨科的一个重要研究课题。虽然新鲜自体骨是修复重建的一种有效材料,但毕竟供骨来源有限,且增加了第二次手术创伤,其临床应用受到很大限制,寻求合适的骨替代材料是其出路所在。与其他骨充填材料相比,HAC良好的生物学特性使其在这一方面的应用具有明显的优越性。

Frayssinet等将HAC块充填到兔的股骨缺损模型中,术后2、6、18周通过组织学观察发现,骨缺损区未见明显的炎症反应,HAC块与骨组织连接紧密;随着观察时间的延长,可见HAC的降解自外周向中央逐渐增加,与新生骨向HAC中央生长一致;新生骨并没有在HAC表面直接形成,而是从植入区边缘爬向中央,但其过程又不完全等同于骨化过程的爬行替代;未吸收的HAC残片被巨噬细胞所吞噬。Fujikawa等将HAC糊剂充填到狗的颌骨缺损区,1个月后观察到有轻度炎症反应,3个月后缺损区已部分被新生骨和骨膜覆盖,

HAC被新生骨部分替换,6个月后HAC大部分被替换,新生骨生长速度与HAC的吸收速度一致,两者间无结缔组织长入。Flautre等将HAC充填到绵羊的骨松质缺损区内,用未充填组作对照,比较新骨生成速度、数量及成熟程度,结果表明:未充填组新骨生成量从12周时的5.9%上升到24周时的11.0%;而HAC组12周时新生骨量即为28.3%,且新生骨的矿化及成熟程度也以HAC组明显。这些研究均显示了HAC良好的生物相容性和骨传导性。为评价HAC充填骨缺损后的生物力学性能,Ikenaga等将长度10 mm,直径4.7 mm的圆柱体HAC块充填到兔股骨远端的骨松质缺损中,12周后测得其压缩强度和韧性分别为10 MPa和1.0 MPa,两者均高于正常骨组织的5.0~8.5 MPa和0.30~0.55 MPa($P<0.05$);同时测得其弹性模量为70 MPa,位于正常骨组织的50~105 MPa范围内。Lu等将HAC糊剂充填到兔胫骨髁和股骨髁部位预先形成的直径为6 mm,深度为12 mm的圆柱形骨缺损中,第4周时测得其压缩强度由充填前的13 MPa下降到最低值2.0 MPa,随后又缓慢回升,但最大值只有3 MPa,相当于骨松质的压缩强度。同时测得其弹性模量由充填前的1.3 GPa下降到0.5 GPa。HAC固化后早期获得的机械性能可满足临床骨缺损修复需要。

Ryuichi Kon采用α-TCF和壳聚糖调制的骨水泥充填大鼠股骨中段直径2.0 mm圆柱状孔洞,同时在植入材料表面涂覆一层藻酸钠凝胶液,以空白组(孔洞中不充填骨水泥)为对照,通过病理组织学和骨形态计量学方法观测。结果发现植入后2周,空白组除可看到新骨形成外,还伴有纤维性组织长入和炎症反应;实验组则无炎症现象,且新骨形成量高于空白组。此外,在植入材料表面涂覆藻酸钠凝胶的可有效防止α-TCP颗粒的逸出,提高新骨形成率,其4周后的新骨形成率与空白组比较存在明显差异($P<0.05$)。

应用HAC对骨缺损修复的临床研究多见于随访报道:Kveton用HAC修复7例因肿瘤手术造成的颅骨下颌骨缺损患者,经过术后2年随访,5例缺损获得满意重建。Weissmar将HAC用于颅底缺损的修复,效果令人满意。Costantino等将HAC用于颅面部重建及颅骨缺损的修复,共计45例病例随访13个月,未见毒性反应,血钙未见升高,未出现结构性失败;用于修复7例脑脊液漏患者,均获成功。

2. 在骨折固定术中辅助加固的应用研究

HAC在骨折治疗中的应用目前多见于对骨松质骨折内固定的加强。Constantz等将HAC经皮注射到骨折部位,发现在骨折愈合过程中HAC能提供内在的稳定性。在腕部骨折的治疗中其疗效优于目前所用的骨折固定方法。目前HAC已用于胫骨平台骨折、股骨头骨折的修复及髋臼、脊柱重建的临床试验中。Stankewich等在16具新鲜人尸上形成双侧股骨颈完全骨折模型,每对骨折随机取一侧复位后用3枚骨松质螺钉固定作为对照组,另一侧用同样方法复位固定后并将HAC注入钉道中以加强固定,24 h后通过生物力学测试发现:实验组再移位负荷的平均值为4 573 N,明显高于对照组的3 092 N($P<0.05$),负荷增加率达69.6%。Mermelstein等将15枚骨松质螺钉拧入狗的股骨远端,测得其拔出负荷为678 ± 297 N,然后将HAC注入螺孔后再用同样的方法拧入螺钉,测得其拔出负荷上升为1159 ± 278 N,两组差异明显($P<0.05$)。Van Landuyt等在与骨松质密度相似的聚亚胺酯上形成直径约4 mm的孔洞后,分两组分别注入和不注入HAC,再拧入骨松质螺钉,测得其拔出负荷分别为1.9 KN和0.9 KN,与Mermelstein的实验结果一致,均证实了HAC对骨松质螺钉的加固作用。Kopylov等对40例桡骨骨折的患者采用复位加HAC注入和复位加外固定两种治疗方法,通过测定抓力、手腕的活动范围及前臂旋转运动对两组骨折的愈合情况进行比较,结果表明:术后第7周,HAC组比外固定组具有较好的手腕恢复功能,两组的抓力分别为108 N和65 N,为健侧的38%和29%($P=0.002$);外展运

动范围分别为 43°和 27°（$P=0.009$）；内旋运动范围分别为 69°和 53°（$P=0.001$）。随着时间的推移，手腕的运动功能逐渐恢复，至 3 个月时两者间已无明显差异。Sanchez Sotelo 等对 110 例桡骨远端骨折的患者采用 HAC 注入保守治疗和开放复位固定两种治疗方法，术后 1 年随访，通过对抓力，手腕的弯曲和伸展度检查发现：两组的抓力分别为 92.3 N 和 80.3 N（$P<0.001$），弯曲度分别为 86.2°和 77.8°（$P<0.01$）；伸展度分别为 95.7°和 90.1°（$P<0.01$）；总体满意率分别为 81.54% 和 55.55%；X 线检查发现骨不连接率分别为 18.2% 和 41.8%，显示了 HAC 良好的治疗效果。Mermelstein 等在 6 具新鲜人尸椎体突发骨折模型上还证实 HAC 具有加固椎弓根螺钉的固定作用，使椎弓根螺钉的弯曲力矩和外展力矩分别减少 59% 和 38%，使椎体初期的抗弯曲强度和抗外展强度升高 40%。Ikeuchi 等在因骨质疏松导致的椎体骨折治疗中也证实了 HAC 对椎体的加固作用。但由于 HAC 本身存在强度不足和缓慢降解的特点，还不能单独用于骨折的治疗，因而其在骨折治疗中的地位还没有受到足够重视，对这一领域的研究还有待深入。

3. 担当药物缓释载体的研究

因炎症、外伤、肿瘤及骨关节病等原因均可造成一定程度的骨缺损。在修复骨缺损的同时，保持局部组织中高水平的药物浓度是确保组织正常修复的必要条件。寻找一种既可充填骨缺损又可将药物载入其中，使之在局部缓慢释放药物的生物材料载体，是许多学者和临床医生追求的目标。传统型骨水泥 PMMA 曾被应用于这一方面，但由于 PMMA 与骨组织不能形成骨性连接，材料不产生降解，新骨不能长入，且存在单体致敏性和热积聚等众多缺陷，使其应用受到明显限制。而 HAC 的出现，使这一目标有望变成现实。

研究 HAC 中所载药物的种类较多，主要归纳为 3 类：①抗肿瘤药（硫嘌呤，甲氨蝶呤，顺铂，等）。②抗生素（硫酸庆大霉素、吲哚美辛、头孢拉定、阿司匹林等）。③生物活性物质（骨形成蛋白 BMP，胰岛素，生长激素 GH，等）。通过对载药 HAC 的研究，掌握其药物缓释规律及其影响因素，使之达到既可充填骨缺损，又能有效地保持局部高水平的药物浓度，对防止骨肿瘤术后复发、加速骨感染的愈合、促进新骨的再生，具有很好的临床意义。

（1）载药后 HAC 的特征变化

通过 X 线衍射（XRD）实验显示载药 HAC 固化后出现典型的 HAp 图谱，但其衍射峰宽度宽于人工合成的 HAp，说明相对稳定的 HAC 固化后转变成 HAp，且这种 HAp 属于低结晶化的磷灰石，它与硬组织的亲和性要高于高结晶化的磷灰石；而药物则以无定形形式进入 HAC 的微孔中，这一结果同样从红外线光谱（IR）分析和特异性扫描测热（DSC）曲线中得到证实。但同时 HAC 的固化反应也受到药物的轻微影响：Takechi 将抗生素 flomoxef sodium（FS）载入抗水化型快速固化 HAC（aw-FSHAC）中，发现其固化时间随着药物浓度的升高（0～10%）而从 5.7 min 延长到 6.3 min，HAC 的稠度从 40 mm² 上升到 113 mm²，HAC 的孔隙率从 34.8% 上升到 39.0%。同时还发现，当加入 10% 的 FS 时，材料中未转化成 HAp 的 TTCP 和 DCPD 的含量明显多于未加药物的 HAC。通过扫描电镜还发现，未载入 FS 的 HAC 其晶体细小，孔隙小；而载入 FS 的 HAC 晶体大且孔隙大。但 Guicheux 研究结果却否认了这一影响，他将 GH 载入 HAC 后，用 XRD 和 IR 分析法对矿物的结构观察，发现材料未受影响。Guicheux 还将载有 GH 的 HAC 与人外周血中分离出的巨噬细胞共同培养 8 d 后，通过扫描电镜观察发现，GH 可明显减少 HAC 表面巨噬细胞产生的陷窝数目（减少率为 25%），但同时又明显促进巨噬细胞产生大面积陷窝的能力，从而提高陷窝的总面积（提高率达 90%），进而促进了 HAC 的降解。此外，他将含有 10 μg 的 GH 载入 HAC，3 W 后测得新骨的生成量及 HAC 的生物降解性均优于未载药组，这说明在 HAC 中载入生物活性物质后，对提高 HAC 的生物相容性也起到很好的促进作用。

Otsuka 通过扫描电镜(SCM)观察,新固化的载 CEX 的 HAC 其表面光滑,但释放 CEX 后表面变得粗糙并出现了侵袭性颗粒,这种颗粒可能与晶体的沉积有关。药物释放后 HAC 的结构变化还受到所在介质的影响:在模拟体液(SBF)中药物释放后表面出现一薄层,这是 HAp 在 HAC 表面的重结晶,且 HAC 表面孔隙较少,与新骨间无界面层;而在磷酸缓冲液(PBS)中,HAC 表面孔隙较大,无此薄层,这是 HAC 在 PBS 中脱矿的结果,且 HAC 与新骨之间出现一界面层。

Hamanishi 等在 HAC 作为万古霉素载体的研究中发现,含有 1% 万古霉素的 HAC 在 PBS 缓冲液中,万古霉素的有效释放持续 2 周,当万古霉素含量为 5% 时,则可持续 9 周以上;含有 5% 万古霉素的 HAC 植入骨组织 3 周后,骨髓中的平均浓度仍 20 倍于万古霉素的最低抑菌浓度。

杨莽等采用去甲万古霉素(Norvancomycin, NVCM)作为模型药物,以自行研制的 HAC 作为载体,制成 NVCM/HAC 复合体,观察该复合体的物理特性改变。结果表明:①NVCM 载入后可以明显降低 HAC 的抗压强度,且随着载药量的增加,抗压强度下降越明显,说明药物载入后夹杂在 HAC 反应产物中,可影响 HAC 粉液间的黏结反应。②NVCM 载入后可以明显缩短 HAC 的凝固时间,但这种缩短仍可满足临床医生的手术操作(约 10 min 左右),但凝固时间受载药量影响不明显。③X 线衍射图谱显示,NVCM 载入后并未明显影响 HAC 的衍射峰,说明 NVCM 并未参与 HAC 的固化反应,而是以无定形形式存在于 HAC 的孔隙中。④当药物载入后,HAC 孔隙被药物充填,因而可见孔隙量有所减少;当浸泡 1 周后,随着药物的释放,HAC 表面的孔隙重新出现;当浸泡 1 个月后,由于孔隙表面 HAC 晶体的重结晶,反使其表面孔隙有所减少。⑤NVCM 载入 HAC 后对其抑菌活性无明显影响。实验组第 1 d 的抑菌圈为 23 mm,超过阳性对照组 NVCM 标准滤纸片的抑菌圈 19 mm,第 4 周和第 6 周均为 15 mm,而且还存在继续缓慢作用的趋势,符合慢性骨感染抗炎治疗的 4～6 周用药时间。此外,通过对 HAC/NVCM 复合体动物骨内植入试验,考察其成骨效应的变化。结果表明:①从组织学观察和扫描电镜照片均显示了两侧材料与骨组织紧密结合的特征,说明药物载入后并不影响 HAC 良好的骨结合性。②随着时间的推移(如 3 M,6 M),两侧材料与骨组织骨界面上可见新生骨组织向材料内部长入并与材料形成纵横交错的网状,说明药物载入后并不影响 HAC 良好的骨传导性。③在新生骨不断向材料内部推进并与材料融为一体的同时,材料表面出现了程度不等、凹凸不平的降解吸收现象,说明药物载入后并不影响 HAC 缓慢的生物降解行为。尽管上述研究显示了 HAC 材料在载入 NVCM 后仍具有良好的骨结合性、骨传导性和生物降解性等生物效应,但如何调节 HAC 的降解速度使之能与新骨生成速度更好地匹配以及如何研制具备良好骨诱导性的 HAC 材料等仍然是当前 HAC 研究领域尚待解决的问题。在杨莽的实验中只观察了载药浓度为 2 mg/60 mg 的 NVCM/HAC 复合体的成骨效应,但随着载药量增加是否会对其成骨效应产生影响尚不得而知。Miclau 等曾在体外通过妥布霉素对成骨细胞的毒性研究后发现,当妥布霉素浓度低于 200 $\mu g/ml$ 时对成骨细胞的增生分化几乎没有影响,而浓度超过 400 $\mu g/ml$ 时可出现显著抑制作用,当浓度超过 10 000 $\mu g/ml$ 时即可导致成骨细胞的死亡,这一结果提示局部药物浓度过高可能对局部组织的成骨效应不利。此外还有报道,HAC 在降解过程中会产生一些大小不等的颗粒,这些颗粒对成骨细胞的活性、对成纤维细胞的增生分化均有抑制作用,尤其是那些直径小于 10 μm 的降解颗粒可明显降低胶原纤维和纤维素基因 mRNA 的表达,其机制可能是阻碍了成骨细胞的黏附过程。

Yu 等用 HAC 与抗生素(头孢氨苄、诺氟沙星)混合制成小丸,体外观察药物的释放行为,发现这两种药物与 HAC 的混合不影响 HAC 固化过程,药物在 PBS 缓冲液的释放遵循 Higuchi 方程式,提示药物是通过扩散的方式从 HAC 中释放出来的。Bohner将GS载入含有少量硫酸钙的HAC中并对其药物活性进行测定,结果显示:载入HAC的GS抑菌敏感性在载入前后未发生明显变化。Guicheux通过研究也得到相同的结果,测得载入HAC的GH在释放前后其活性也无明显改变。

Otsuka等在将HAC作为牛胰岛素、白蛋白等多肽类药物载体的研究中亦发现了类似的结果。在作为阿司匹林载体的研究中发现药物的释放遵循改良的Fick's定律,与HAC固化后的孔隙率密切相关;在作为吲哚美辛的载体研究中,发现药物的释放受骨组织中蛋白质的影响,在模拟体液中的释放行为与PBS缓冲液中不同。以上这一系列的研究均提示HAC有望成为一种应用于骨骼系统的理想药物载体。

载药HAC固化后其机械性能的变化表现为:①维氏硬度先降低后升高。Otsuka等将吲哚美辛载入HAC中,测定其表面维氏硬度为$263\pm23\ kg/cm^2$,比不载药的HAC低10.8%。但随着药物的释放,其维氏硬度又升高到$427\pm28\ kg/cm^2$。载胰岛素和蛋白的HAC硬度值为$191\ kg/cm^2$和$178\ kg/cm^2$,分别低于载药前21%和27%,但40 d后,载蛋白的HAC硬度升高到$347\ kg/cm^2$,而载胰岛素的HAC硬度未发生明显变化。这一结果说明随着载药HAC中药物的释放,HAC中微孔发生调整,使晶体发生重结晶而改变其性能,且不同药物对其性能影响不同。②压缩强度下降。Otsuka对载入CEX的HAC前后压缩强度的测定显示:载入前的HAC压缩强度为180 MPa,载入1%、2%、5%CEX后的HAC压缩强度分别下降为142 MPa、138 MPa、127 MPa。这说明药物载入HAC后可降低其压缩强度,但这种强度的降低并不影响其行使正常功能(如载入5%CEX的HAC其压缩强度仍2倍于载药PMMA的63 MPa)。③拉伸强度下降。Takechi将FS(0~10%)载入HAC后发现其拉伸强度由11.5 MPa下降到4.0 MPa,其原因是加入FS后改变了HAC的粉液比并提高了HAC的孔隙率。

(2) 载药HAC的药物释放及影响因素

A. 药物释放量与时间的关系:对HAC载体药物释放动力学研究主要集中在体外(in vitro)试验。通过在SBF或PBS溶液中浸泡后由液相色谱分析法(HPLC)进行检测和分析。最初的药物释放速度都很快,大约100 h后速度明显减慢并可延续较长一段时间,最长可持续4个月之久。不同的药物类型、载药量及不同组分的HAC,其释放曲线均相似,但其早期释放速度,持续时间和50%药量的释放时间均不同。5% 6-MP(25 mg)在50 h和570 h的释放量分别为7 mg和17 mg;5% Asp(50 mg)的50%药量的释放时间为45 h;将1 mg GH分别载入0.1 g和0.15 g的AP中,测得其50%药量的释放时间分别为30 h和72 h,95%药量的释放时间分别为5 d和13 d。药物释放到总量的50%时一般遵守Higuchi方程,即$M_t = AM_0[C_s(D_t\rho/\tau)(2C_d - \rho C_s)t]^{1/2}$,其中$M_t$为药物在t时间的释放量;A为复合体面积;$M_0$为最初载药量;$C_s$为药物溶解度;$D_t$为药物扩散系数;$\rho$为复合体的孔隙率;$\tau$为复合体中孔隙的弯曲程度;$C_d$为药物在单位体积复合体中的含量。对一个特定的缓释系统来说,$AM_0[C_s(D_t\rho/\tau)(2C_d-\rho C_s)]$是恒定的,故药物释放量$M_t$与时间的平方根$t^{1/2}$成线性关系。当药物的释放量超过50%时即偏离了Higuchi方程的线性关系,其原因是可能由于骨水泥中微孔的结构发生变化所致。药物释放后所留下的空间被浸泡液充填,此时在骨水泥孔隙的表面发生溶解沉积的再水化过程,使孔隙体积缩小,结构变得更致密,从而使药物缓释速度下降。

对药物释放动力学的体内(in vivo)研究,由于检测方法的限制报道较少。Miura曾将载有10 mg/kg顺铂(CDDP)的HAC植入到大鼠肢体骨肉瘤模型的瘤体中,4 W后检测瘤体体积变化和肺转移的结节数目,发现载CDDP的HAC显示出良好的抑瘤效果;同时将载有10 mg/kg CDDP的HAC局部植入与5 mg/kg静脉给药、2.5 mg/kg动脉给药进行比较,结果发现抑瘤效果无显著差异

($P>0.05$)，进而从药物释放动力学和抑瘤效果双重作用分析认为HAC是一种良好的药物载体，可作为动静脉化疗的辅助手段。Hamanishi对载有9.7 mg/kg万古霉素(VCM)的HAC植入大鼠背部皮下组织，2 h后测得血药浓度上升到最大值（1.11 ± 0.01 μg/ml），4 d后即下降为0.17 ± 0.08 μg/ml；同时测得4 d后植入区软组织药物浓度为0.55 ± 0.39 μg/ml。再将载有13.6 mg/kg的VCM植入兔股骨的髓腔中，3 W后测得髓腔中的药物浓度为22.2 ± 8.2 μg/ml，远远高于VCM最小抑菌浓度0.4～1.6 μg/ml。总之对载药HAC的体内释放研究目前还处于探索阶段，还缺乏全面而完整的数据，很多问题还有待于进一步研究。

B. 药物释放量与药物剂量的关系：药物释放与载药量有明显的关系，Radin等研究发现，载药量越多，相同时间内释放药量越多，持续时间相应延长，但早期释放量占释放总量的比例反而下降。Otsuka等对载有2%和5%吲哚美辛和头孢拉定的HAC药物释放研究中发现，50%药量的释放时间分别为50 h和100 h，95%药量的释放时间分别为170 h和390 h。在杨莽的研究中发现载去甲万古霉素0.75%组和1.5%组的释放持续时间相当，后者在相同时间释放的药量多，但释放量占释放总量的比例反而下降，这一结果与上述观点相符。

C. 影响药物释放的因素：①HAC粉液调和比的影响：影响HAC药物释放的内在因素是HAC内部的孔隙率和孔隙弯曲程度。不同的粉液调和比正是通过改变HAC的这一结构特点来达到影响药物释放的目的。粉液调和比越小，HAC在水化时留下的空间距离越大，当固化液随着蒸发等作用减少时，它所占据的空间仍然存在，就会相应提高HAC的孔隙率。因此增加液相体积可以提高HAC基质中的孔隙量及孔隙的弯曲性，加大药物在HAC孔隙中的扩散程度，从而加速药物的释放。此外增加固化液的体积还可增加Higuchi方程中药物释放系数D_1，缩短50%药量释放所需要的时间。抗肿瘤药巯嘌呤(6-MP)的缓释试验证实了这一点。载6-MP的HAC在0.65 ml/g和0.25 ml/g液相体积中的释放量分别为57%和15%，且0.2～0.01 μm大小的孔隙量也以前者为高。②载体缓释面积的影响：HAC复合体缓释面积是影响药物释放的一个重要因素。对均质型HAC(即药物与HAC均匀调和)，当载药量一定时，其释放速度和释放量只与缓释面积有关。面积越大，HAC中可供药物通过的孔隙量越多，从而越有利于药物释放。③HAC复合体厚度的影响：对均质载药HAC，药物释放与HAC的厚度无关。将5%吲哚美辛载入重量分别为0.5 g、1.0 g、1.5 g的HAC中，其90%药量的释放曲线相同。而对非均质载药HAC(即药物被HAC覆盖，药物要穿过其阻挡后才能释放)，HAC的厚度影响着药物的释放。HAC的厚度越大，药物要通行的距离和花费的时间越长。载6-MP厚度分别为1 mm、2 mm、3 mm的HAC在570 h的释放量分别为16 mg、8 mg、1 mg，且放置在骨缺损区的释放量要高于髓腔和溶解支架。Otsuka在其研究中发现的一个70 h的药物停滞期也说明了这一点。④缓释介质的影响：药物的释放还与缓释介质中的某些离子浓度有关。Otsuka曾对HAC所处环境中的Ca^{2+}浓度与药物释放速度之间的关系作了调查，发现两者呈负相关关系。即当介质中Ca^{2+}浓度增加时，可减慢药物的释放。Otsuka以载雌二醇的HAC在体外分别含有0、5 mg/100 ml、10 mg/100 ml 3种不同Ca^{2+}浓度的SBF介质中测得其药物24 d释放量分别为410 μg、346 μg、241 μg，很显然雌二醇的释放量随体外介质中Ca^{2+}的浓度的升高而降低。Otsuka又以病鼠(血清Ca^{2+}为1.25 mmol/L)和健康鼠(血清Ca^{2+}为2.5 mmol/L)为实验对象，结果表明雌二醇在病鼠中的释放规律表现为开始速度较快，很快达最大值(2.23 ng/ml)，随后缓缓下降，但5 d后仍高于健康组。而健康鼠的释放速度却一直低于病鼠(最大值只有1.43 ng/ml)，在体外实验中也得到相似的结论。此外药物在PBS介质中的释放速度和释放总量均超过SBF介质，这可能就是因为SBF中的Ca^{2+}含量较多，在

HAC孔隙中容易产生重结晶而使孔隙缩小或堵塞,从而影响了药物的释放。

4. 其他领域的应用

(1) 在牙体牙周疾患中的应用

A. 直接盖髓:Chaung等对5只猴子60颗牙齿形成直接露髓模型后,随机分两组,分别用$Ca(OH)_2$和HAC进行直接盖髓治疗,并从组织学上对两组进行比较。结果显示:HAC与$Ca(OH)_2$均具有良好的生物相容性及对硬组织再生修复的引导性。术后12周可见牙髓血管扩张,慢性炎症细胞侵润的表现;20周时可见到原始的修复性牙本质桥;24周时可见牙本质小管形成,已修复的硬组织更成熟,矿化更明显。Yoshimine等用HAC直接放置在鼠的牙露髓处,并以氢氧化钙糊剂为对照,通过1、3、7、10 d的观察发现:氢氧化钙材料下可见到坏死组织,而HAC组未见明显炎症和坏死组织,并且显示有新的牙本质桥形成。

B. 根管充填及封塞作用:Hong等将HAC用于猴子切牙的根管充填并有意超充到根尖周组织内,术后1个月根尖周组织仅有轻微刺激反应,而后的5个月观察均未见不良反应,并可见新骨形成。而对照组用Sargenti N2根充剂超充后在整个观察过程中均显示严重的不良尖周组织刺激反应。Coodell等用42颗离体人牙根管预备后分成两组,实验组用HAC做根尖屏障及牙胶尖侧方加压法充填,对照组只用牙胶尖侧方加压法充填,然后进行线性染料渗透实验观察染料渗入根管内的量。结果显示:实验组与对照组相比明显减少。Miyamoto等将40颗离体中切牙经根管预备后用HAC填塞,再放入牛血清或磷酸缓冲液(PBS)中发现HAC均可固化,然后再经脱钙,染料浸泡48 h,用扫描电镜观察发现:染料的渗透量很少,说明了HAC良好的封塞功能。Yoshikawa和Sugawara等也分别对HAC与氧化锌丁香油封闭剂和牙胶尖水门汀根充剂的密封性的进行过测试比较,均证明HAC具有良好的密封性。Chau用HAC对根分叉处穿孔的修复及Goodell用HAC对牙冠缺损的修复也显示了类似的封塞效果。

C. 牙周骨缺损修复:Brown等对患有严重牙周病伴骨缺损的患者,采用HAC移植充填,翻瓣+刮治(F/C)及刮治+骨移植(DFDBA)治疗,结果显示:HAC充填后,有些患者牙龈表面上皮发生脱落破溃,HAC自龈沟处外露,而F/C组和DFDBA组正常愈合。一年后,HAC组牙周袋深度平均减少1.6 mm,临床龈附着增加1.3 mm;而F/C组和DFDBA组牙周袋深度分别减少2.4 mm和3.1 mm,临床龈附着增加1.4 mm和2.9 mm。这一结果似乎未能显示出HAC对充填牙周骨缺损的满意效果,但对这一结果还需进行论证。由于HAC在口腔科许多领域尚未受到足够重视,相关研究还未广泛开展,还缺乏足够的相关数据,但有理由相信,HAC有较好的牙体牙周修复的应用潜力。

(2) 在口腔种植中的应用

Meraw等将狗双侧第2、3、4前磨牙拔除后,植入种植体并在其外周形成统一的约1.5 mm环形的骨缺损,缺损中分别植入含生长因子(GF)的HAC和不含GF的HAC组及空白组,从组织学上对其骨整合作用进行比较,结果显示含GF的HAC组种植体周围已形成约1.0 mm的新骨生成量且种植体与新生骨的接触紧密程度高于后两组,而后两组未见明显差异。这一结果说明在HAC中掺入一定量的GF对种植修复有一定应用价值。Blom等在对种植体骨整合作用的研究中也得到相同的结果,他将含10 ng GF(rhTGF)的HAC 60 mg植入兔的胫骨中,10 d后测得成骨前细胞中的碱性磷酸酶(ALT)的活性提高了3倍,当掺入20 ng rhTGF后,ALT的活性提高了5倍,但对成骨细胞无此作用。由于HAC存在缓慢降解,充填到种植体周围的HAC降解后是否会引起种植体的松动,还有待于证实。

(五) 新型HAC的研制

常规HAC(c-HAC)的固化时间约10~

30 min，在其固化前如与液体（蒸馏水或血清等）接触可使其很快发生崩解，使 HAC 丧失功能，因此在临床操作时生产商一般都强调要采取隔湿措施并要等其初步固化后方可使用，从而给临床应用带来限制。为此人们又开展了对新型快速固化 HAC(FSHAC)和抗水化型快速固化 HAC(aw-FSHAC)的研制。FSHAC 和 aw-FSHAC，除了具有良好的生物相容性和骨传导性外，还因固化时间短（只有 5~7 min），早期机械性能好，水环境中更稳定，所以是一种比 c-HAC 性能更优越更有发展前景的人工骨替代材料。Miyamoto 将固化后的 FSHAC 和 c-HAC 分别植入兔胫骨中，6 h 后发现前者转变成 HAP 的速度明显快于后者，至 8 周时 FSHAC 已 100% 转变成与骨骼成分相同的 B 型碳酸盐基 HAP。组织学上两者生物相容性和骨传导性未见显著差异。Miyamoto 在软组织植入试验中也得到相同的结论。但若将两者调和后立即放入蒸馏水中，1 min 内均发生了崩解。若在 FSHAC 中加入一定量的藻酸钠，即产生 aw-FSHAC，它具有明显的抗水解能力。

Ishikawa 将 0~2% 的藻酸钠加入到 FSHAC 中，发现其固化时间仍为 5~6 min，反应产物仍然是 HAP，将其调和后立即放入蒸馏水中，未发现其破碎崩解，且藻酸钠含量在 0~0.8% 的范围内，其机械性能随藻酸钠量的增加而升高，24 h 后的最大抗拉伸强度达 12 MPa。Takechi 研究还发现，藻酸钠的加入可提高 FSHAC 的孔隙率，提高其韧性，但可导致其截面抗拉伸强度下降。现在有一种新型 FSHAC，即可注射型 FSHAC(injectable FSHAC)已经产生，这种 FSHAC 可直接放入注射器通过 CT 或 X 光引导注入患部并快速固化。可注射型 FSHAC 已在骨折固定中得到初步应用，可有效医治老年人颈、腰椎由于骨质疏松引起的骨折，且创伤微小，但远期效果还有待进一步观察。

总之，HAC 以其良好的生物相容性和骨传导性在骨缺损修复领域占据着重要地位，随着对 HAC 改性研究的不断进行，HAC 的性能也将不断完善，有理由相信 HAC 作为一种理想的人工骨替代材料必将有其广阔的发展前景。

第五节　生物陶瓷的化学组成、结构与界面关系

生物陶瓷一般都具有良好的生物学性能，特别是生物活性类陶瓷，由于其组成与人体牙、骨组织的无机成分相近，能在机体的生理环境中释放出钙、磷等离子，在与骨组织交界处形成磷灰石结晶富集界面，使材料与骨直接接触，构成牢固的化学性结合。而生物惰性类陶瓷，则因组成与人体组织相异，在植入机体组织后，往往会产生纤维性接触界面。此外种植体材料的生物活性除了与材料本身的化学组成有关之外，还往往与材料的结构因素有很大的关系。种植体表面的形态因素，如凹凸粗糙程度或颗粒尺寸、孔径尺寸及孔隙大小等都会有很大的影响，与材料的生物降解速率、与成骨细胞的成骨活性以及骨引导性、骨诱导性、骨整合能力乃至降解机制之间都可能存在密切的关系和一定的影响作用。根据生物特性要求，理想的骨替代置换料应具有细胞载体框架结构、可控制的非均质多微孔连通结构以及具有结构梯度和材料分布梯度的功能梯度要求。多微孔结构在与骨组织结合上有着重要的作用，多孔结构增大了材料与组织液间的接触面积，加速了溶解过程，气孔形成的凹陷区有利于局部 Ca^{2+}、PO_4^{3-} 离子过饱和，从而加速了磷灰石的沉积，有利于骨性结合。此外，多孔结构为纤维细胞、骨细胞向材料中生长提供了通道和空间，增加了新骨与材料的结合面积，使骨和材料接触紧密，这不但可增加材料的骨传导性还提高了材料在骨内的稳定性。许多研究表明多孔材料的成

骨效果明显高于致密材料。孔隙的大小也影响材料的成骨作用，有研究证实，至少 100 μm 的孔隙才有可能使新骨长入。Kuhne 等将不同孔隙的珊瑚 HAp 植入兔股骨髁，12 周和 26 周发现 200 μm 孔隙的材料无新骨长入，500 μm 孔隙的材料则有新骨长入，说明孔隙的大小可影响材料的成骨作用。对于可降解材料，多孔形态可以增加材料的总面积，促进材料的降解。植入材料中血管长入的速度是影响骨长入和植入材料成功与否的关键因素，多孔材料还为血管长入提供了基础。血管长入带来了成骨所需的各种因子、间充质细胞及其他骨生长所需的营养。因此，研究多孔型生物陶瓷材料具有重要意义。图 23-11 和表 23-14 是 Bobyn 等人根据实验结果列出的种植体表面形态对新骨侵入程度的作用关系。在表面颗粒尺寸过小的情况下，骨组织侵入的程度仅仅局限于种植体表层；而在颗粒尺寸合适的情况下，则到了植入后期，底层空隙也全部为骨组织所占位。因此对于颗粒型和多孔型植入材料，必要的粒径和孔径也是生物陶瓷的一个重要技术参数。

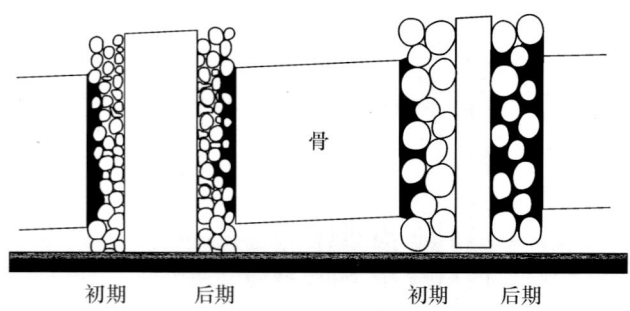

图 23-11 种植体表面不同颗粒大小形态对新骨（涂黑部分）侵入程度的影响关系

表 23-14 种植体表面颗粒大小对骨传导的影响

颗粒大小 (μm)	空间大小 (μm)	纤维形成		骨形成	
		初期	后期	初期	后期
25～45	20～50	+	+	+	+
45～150	50～200	+	−	+	++
150～300	200～400	+	+	+	++
300～840	400～800	+	+	+	+

1971 年 Klawitter 曾对钙铝系多孔体植入动物体后对其骨引导能力作了比较，他认为：对连通型气孔，形成钙化骨的最低孔径为 100 μm，类质骨为 40～100 μm，纤维组织为 5～15 μm。对三组不同孔径的种植体（75～100 μm、100～150 μm、150～200 μm）骨侵入量的计测结果表明：孔大骨侵入速度快。以后许多研究学者的结果支持了 Klawitter 的结论，都认为对于惰性材料，新骨侵入的孔径须在 100 μm 以上。有的还认为，在种植后 4 周，骨侵入孔隙的深度可达 500～1 500 μm 范围。

1989 年堀正身对羟磷灰石生物活性陶瓷颗粒和多孔体，不同粒径和孔径与种植效果的关系进行了研究。根据实验结果，该作者认为：生物活性材料的骨传导方式与惰性材料不同，具有平均孔径 90 μm 的多孔体显示最好的骨形成状态，且骨形成是由孔壁逐渐向孔中心呈同心圆状方式长入。他认为：新骨长入 90 μm 孔径材料的过程非常类似于生理状态性的骨形成。对于平均孔径 280 μm 的材料组，由孔壁向孔中心形成的骨数量极少，大多是呈新骨由孔外向孔内延伸长入之状态。对孔径为 410 μm 和 550 μm 实验组，也呈同样的倾向，并且显示随着孔径的增大，新生骨的量变少。但 Osborn 在他的实验中发现：孔径 330 μm 的羟磷灰石多孔体植入狗颌骨 12 周后可观察到哈弗管伴生，并认为与 90 μm 孔径的材料有大致相同的骨形成量。另外还有人在实验中发现：尺寸为 40～80 μm 大小的羟磷灰石材料孔隙处，也有良好的新生骨生成。归纳这些实验结果，可以认为：具生物活性的材料其新生骨的引导方式与生物惰性材料存在差异。对于惰性材料，允许骨长入的最小孔径至少 100 μm，而对于活性材料，即使孔径稍小于 100 μm，也适合新生骨的大量长入。

在考察不同粒径与种植效果相互关系的实验中，堀正身分别将三组不同粒径的羟磷灰石颗粒（1.0～2.4 mm、0.15～0.3 mm、0.15～1.0 mm）注入家兔大腿骨髓腔，2 周后发现 0.15～0.3 mm 粒径组的颗粒周围新生骨形成量较多，且互相联接，在髓腔里形成海绵状骨，而 1.0～2.4 mm 组和

0.15~1.0mm组,新骨连续性则略逊色。由此推断这可能是与材料和体液接触面积的大小有关;在一定范围内,尺寸小的颗粒和体液接触面积较大,有可能增强了反应过程和骨引导能力。

Wang 在对不同气孔径的 HAp 陶瓷的骨形成能研究中也证实:含大孔径(300~600 μm)的材料相对于含小孔径(50~250 μm)的材料而言,气孔内的骨形成要明显快,新骨数量也较多。而无气孔的材料和宿主骨之间往往会存在纤维性组织,阻碍骨整合形成。

还有研究者 Mahmood J 将两种不同的几何结构(球状和束状)的多孔生物玻璃/BMP复合体植入小鼠皮下,组织学观察术后第2、4周时的骨形成状况。发现第2周,球状结构的植入体的碱性磷酸酶活性要比束状的高10倍;第4周,球状的比束状的显示了5倍高的骨钙素含量。同时通过对 Flt-1、KDR 的 mRNA 表达(血管内皮生长因子的两个受体)评价种植体内血管的长入程度,也发现在球状结构的植入体中,两种受体都显示了高活性,而在束状植入体内都不明显。因此得出结论,BMP诱导骨形成和诱导血管生长的能力很大程度上取决于植入体多孔的几何结构。

第六节 生物陶瓷材料展望

近20年是开展医用无机材料研究和临床应用的一个活跃时期,大量的新型生物陶瓷得到开发,生物惰性陶瓷到生物活性陶瓷的陆续登场,不断提高了材料与机体组织之间的亲和性和结合性。然而历年来的临床应用表明,各种医用无机材料在应用上都存在一定的局限,在某些性能方面如机械性能、临床操作性能、骨诱导结合性能等还难于达到一个理想状态。因此材料研究人员还在不断进行探索、创新,以图开发出性能更优越的新材料。就目前而言,通过材料复合方式来改善材料性能是人们常用的手段。如生物陶瓷与高分子聚合物的复合,可减小陶瓷材料的脆性,提高材料的可加工性和临床可操作性;有些聚合物具有生物可降解特性,用这种复合材料制成的接骨固定器,在植入患者体内后,不用通过二次手术取出,随着聚合物的降解和生物活性陶瓷的骨引导作用,可加快骨愈合过程,提高临床治疗效果。生物陶瓷和金属的复合,也是改善材料机械性能,增强材料与骨结合能力的一条途径,陶瓷涂附工艺除传统的等离子喷涂法、高温烧附法之外,人们正在研究的电泳沉积法有望在常温下,使金属表面形成一层生物活性功能呈梯度变化的无机薄膜,从而使种植体性能更趋完善。此外,生物陶瓷与骨胶原、骨形成蛋白的复合,以及对陶瓷体通过粒子加速器、等离子束等先进技术进行表面修饰或生物化处理,都可在不同程度上提高医用无机材料的生物活性和力学匹配性,使材料与机体之间生物性结合因子得到增强。人们最终目标是生物材料与人体组织不仅仅生物相容,而且还能参与人体的新陈代谢并长期发挥相应的生理功能;人工材料成为真正意义上的仿生材料,成为参与生命活动的机体一部分。

(陈德敏)

参 考 文 献

1 陈德敏,刘义荣,薛 森. 羟磷灰石生物陶瓷的合成及其生物学性能评价. 中华口腔医学杂志,1991,26(5):1959-1962

2 陈德敏.磷灰石骨水泥材料研究初探.口腔材料器械杂志,1995,4(3):109-111

3 穆雄铮,董佳生,王玮.可塑性医用树脂和羟基磷灰石复合材料在眼眶复杂畸形中的应用.中华眼科杂志,1995,31(6):447-449

4 陈德敏,施琥,薛森.磷灰石骨水泥材料的生物学性能评价.中国口腔种植学杂志,1997,2(2):72-74

5 宁丽,薛森,叶莉明.种植体与骨组界活体生物力学实验研究.中国口腔种植学杂志,1997,2(1):12-14

6 励永明,陈德敏,钱云芳.羟磷灰石材料动物体内植入实验研究.口腔材料器械杂志,1999,8(4):181-182

7 陈德敏.羟磷灰石骨水泥固化液组成变化对压缩强度的影响.口腔材料器械杂志,1999,8(3):118-119

8 陈德敏.羟磷灰石骨水泥材料物性研究.生物医学工程学杂志,2000,17(1):13-15

9 傅远飞,陈德敏.羟磷灰石类生物材料研究进展.口腔材料器械杂志,2000,9(1):35-37

10 刘光华.现代材料化学.上海:上海科学技术出版社,2000,498-512

11 顾云峰,廖大鹏,周正炎.锶磷灰石修复颌骨缺损的实验研究.中华口腔医学杂志,2001,36(4):262-265

12 傅远飞,陈德敏,张建中.流式细胞仪法评价锶磷灰石细胞毒性.口腔材料器械杂志,2001,10(3):122-123

13 傅远飞,陈德敏,张建中.MTT比色法评价掺锶羟磷灰石固溶体细胞毒性.生物医学工程学杂志,2001,18(3):389-390

14 杨荞,张彩霞,陈德敏.磷酸钙骨水泥的生物学研究进展.国外医学生物医学工程分册,2001,24(5):222-225

15 陈德敏,傅远飞,顾国珍.掺锶羟磷灰石固溶体的制备及解离度测定.中国生物医学工程学报,2001,20(3):278-280

16 傅远飞,陈德敏,张建中.锶磷灰石体外细胞毒性研究.上海口腔医学,2002,11(3):229-232

17 陈德敏,傅远飞,顾国珍.不同含锶量的掺锶羟磷灰石固溶体组织学评价.生物医学工程学杂志,2002,19(2—S):1-2

18 杨荞,张彩霞,陈德敏.磷酸钙骨水泥药物缓释载体研究进展.国外医学生物医学工程分册,2002,25(1):8-11

19 廖大鹏,周正炎,顾云峰.锶磷灰石生物特性的初步研究.华西口腔医学杂志,2002,20(3):172-174

20 高碧娅,聂志勤.氧化锆——性能卓越,难以加工的新型全瓷材料.世界牙科技术,2002,5:22-23

21 杨荞,张彩霞,陈德敏.羟磷灰石骨水泥的应用研究及展望.口腔材料器械杂志,2002,11(1):32-34

22 杨荞,张彩霞,陈德敏.磷酸钙骨水泥的改性研究进展.国外医学生物医学工程分册,2002,25(6):271-274

23 杨荞,张彩霞,陈德敏.磷酸钙骨水泥的生物学研究进展.国外医学生物医学工程分册,2002,24(5):222-225

24 杨荞,张彩霞,陈德敏.羟磷灰石骨水泥/去甲万古霉素缓释系统的物理特性研究.口腔材料器械杂志,2003,12(1):5-8

25 徐启文,黄岳山,吴效明.羟基磷灰石复合材料的研究进展.上海生物医学工程杂志,2003,24(1):39-42

26 牧島亮男,青木秀西.バイオヤラミックス,日本技報堂出版株式會社,1984

27 大西正俊.各種人工骨の特徵と現狀.歯科ジーヤナル,1987,25(2):201-208

28 昆隆一,荒木吉馬.α-型リン酸カルシウムーキトサン系骨補填材の骨傳導性.歯科材料・器械,2000,19(5):478-483

29 Bobyn JD. The optimum pore size for the fixation of porous-surfaced metal implants by the ingrowth of bone. Clinical Orthop Related Res, 1980,150:236-270

30 Hironobu OS, Hideki AK, Kazuhiko SW. Bioceramics, Proceeding of 1st International Bioceramic Symposium(Kyoto Japan), 1989,205-210

31 Wang FR. Experimental study of osteogenic activity of sintered hydroxyapatite. J Jpn Orthop Assoc, 1990,64:847-859

32 Fukse Y, Eanes ED, Takagi S, et al. Setting reactions and compressive strengths of calcium phosphate cements. J Dent Res, 1990,69(12):1 852-1 861

33 Mirtchi A, Lemaitre J, Munting E. Calcium phosphate cement: effect offluorides on the setting and hardening of beta-tricalcium phosphate-dicalcium phosphate-calcite cements. Biomaterials, 1991,12(5):505-508

34 Chen D M, Hidaiki A. Polishing property of Synthetic Hydroxyapatite. Jpn J Dent Mat, 1991,10(S-18):202-203

35 Tomohiko Iijma. Properties of apatite cement composed of α—tricalcium phosphate and tetracalcium phosphate. Gypsum & Lime, 1992,238:158-163

36 Yu D, Wong J, Matsuda Y, et al. Self-setting hydroxyapatite cement: A novel skeletal drug-delivery system for antibiotics. Journal of Pharmaceutical Sciences, 1992,81(6):529-561

37 Shindo ML, Costantino PD, Friedman CD, et al. Facial skeletalaugmentation using hydroxyapatite cement. Arch Otolaryngol Head Neck Surg, 1993,119(2):185-190

38 Miyazaki K, Horibe T, Antonucci JM, et al. Polymeric calcium phosphate cements: setting reaction modifiers. Dent Mater, 1993,9(1):46-50

39 Hideki Monme. Influence of octacalcium phosphate addition on hydraulic properties of apatitic cement. Gypsum & Lime, 1993,243:3-8

40 Miyazaki K, Horibe T, Antonucci JM, et al. Polymeric calcium phosphate cements: analysis of reaction products and properties.. Dent Mater, 1993,9(1):41-45

41 Costantino PD, Friedman CD, Lane A. Synthetic biomaterials in facial plastic and reconstructive surgery. Facial Plastic Surg, 1993,9(1):1-15

42 Miyazaki K, Horibe T, Antonucci JM, et al. Polymeric calcium phosphate cements: analysis of reaction products and propertites. Dent Mater, 1993,9:41-50

43 Bermudez O, Boltong MG, Driessens FCM. Development of an octocalcium phosphate cement. J Mater Sci: materials in medicine, 1994,5:144-147

44 Otsuka M, Matsuda Y, Suwa Y, et al. A novel skeletal drug delivery system using self-setting calcium phosphate cement. 5. Drug release behavior from a heterogeneous drug-loaded cement containing an

45 Otsuka M, matsuda Y, Suwa Y, et al. A novel skeletal drug delivery system using self-setting calcium phosphate cement. 4. Effects of the mixing solution volume on the drug-release rate of heterogeneous aspirin-loaded cement. Journal of pharmaceutical sciences, 1994,83(2):259-263

46 Kamegai A, Shimamura N, Naitou K, et al. Bone formation under the influence of bone morphogenetic protein/self-setting apatite cement composite as a delvery system. Biomed Mater Eng,1994,4(4):291-307

47 Gilles JA, Carnes DL, Windeler AS. Development of an in vitro culture system for the study of osteoclast activity and function. J Endod, 1994, 20:327-331

48 Bruijn JD, Bovell YP, Davies JE, et al. Osteoclastic resorption of calcium phosphates is potentiated in post-osteogenic culture conditions. J Biomed Mater Res,1994,28:105-112

49 Sabine H. Dickens-Venz, Shozo Takagi, Lawrence Chow, et al, Physical and chemical properties of resin-reinforced calcium phosphate cements. Dent Mater, 1994,10:100-105

50 F. C. M. Driessens, et al, Effective formulations for the preparation of calcium phosphate bone cements. J. Mater. Sci.: materials in medicine, 1994,5:164-169

51 Otsuka M, Matsuda Y, Suwa Y, et al. A novel skeletal drug delivery system using self-setting calcium phosphate cement. 2. Physicochemical properties and drug release rate of the cement-containing indomethacin. Journal of pharmaceutical sciences, 1994,83(5):611-615

52 Otsuka M, Matsuda Y, Suwa Y, et al. A novel skeletal drug delivery system using self-setting calcium phosphate cement. 3. Physicochemical properties and drug release rate of bovine insulin and bovine albumin. Journal of pharmaceutical sciences, 1994,83(2):255-258

53 Otsuka M, Nakahigashi Y, Matsuda Y, et al. A novel skeletal drug delivery system using self-setting calcium phosphate cement. 7. Effect of biological factors on indomethacin release from the cement loaded on bovine bone. Journal of pharmaceutical sciences, 1994, 83 (11): 1569-1573

54 Otsuka M, Matsuda Y, Fox JL, et al. A novel skeletal drug delivery system using self-setting calcium phosphate cement. 9. Effects of the mixing solution volume on anticancer drug release from homogeneous drug-loaded cement. Journal of Pharmaceutical Sciences, 1995,84(6): 733-736

55 Bohner M, Lemaitre J, Landuyt PV, et al. Gentamicin-loaded hydraulic calcium phosphate bone cement as antibiotic delivery system. Journal of pharmaceutical sciences, 1995,86(5):565-572

56 Miyamoto Y, Ishikawa K, Fukao H, et al. In vivo setting behaviour of fast-setting calcium phosphate cement. Biomaterials, 1995, 16 (11): 855-860

57 Fujikawa K, Sugawara A, Murai S, et al. Histopathological reaction of calcium phosphate cement in periodontal bone defect. Dent Mater J, 1995,14 (1):45-57

58 Ishikawa K, Miyamoto Y, Kon M, et al. Non-decay type fast-setting calcium phosphate cement: composite with sodium alginate. Biomaterials, 1995,16(7):527-532

59 Kveton JF, Friedman CD, Constantino PD, et al. Reconstruction of suboccipital craniectomy defects with hydroxyapatite cement: A preliminary report. Larynogscope, 1995, 105(2) 156-159

60 Miura S, Mii Y, Miyauchi Y, et al. Efficacy of slow-releasing anticancer drug delivery systems on transplantable osteosarcomas in rats. Jpn J Clin Oncol, 1995,25(3):61-71

61 Hamanishi C, Kitamiti K, Tanaka S, et al. A self-setting TTCP-DCPD apatite cement for release of vancomycin. J Biomed Mater Res, 1996,33 (3):139-143

62 Stankewich CJ, Swiontkowski MF, Tencer AF, et al. Augmentation of femoral neck fracture fixation with an injectable calcium-phosphate bone mineral cement. J Orthop Res, 1996,14(5):786-793

63 Mermelstein LE, Chow LC, Friedman C, et al The reinforcement of cancellous bone screws with calcium phosphate cement. J Orthop Trauma, 1996,10(1):15-20

64 Weissman JL, Snyderman CH, Hirsch BE. Hydroxyapatite cement to repair skull base defects. Radiologic appearance. J Neuroradiol, 1996,17(8):1569-1574

65 Yoko Matsuya, et al, polymeric calcium phosphate cements derived from poly (methyl vinyl ether-maleic acid). Dent Mater, 1996,12:2-4

66 Hamanishi C, Kitamoto K, Ohura K, et al, Selfsetting, bioactive, and biodegradable TTCP-DCPD apatite cement. J Biomed Mater Res, 1996, 32(3):383-388

67 Yoshikawa M, Inamoto T, Hakata T, et al. Apical canal sealing ability of calcium phosphate based cements. J Osaka Dent Univ, 1996,30(1-2):1-6

68 Chaung HM, Hong CH, Chiang CP, et al. Comparison of calcium phosphate cement mixture and pure calcium hydroxide as direct pulp-capping agents. J Formos Med Assoc, 1996,95(7):545-550

69 Otsuka M, Sawada Y, Matsuda T, et al. Antibiotic delivery system using bioactive bone cement consisting of bis-GMA/TEGDMA resin and bioactive glass ceramics. Biomaterials, 1997,18(23):1559-1564

70 Chau JY, Hutter JW, Mork TO, et al. An in vitro study of furcation perforation repair using calcium phosphate cement. J Endod, 1997,23 (9):588-592

71 Goodell GG, Mork TD, Hutter JW, et al. Linear dye penetration of a calcium phosphate cement apical barrier. J Endod, 1997,23(3):174-177

72 Chen DM. Bending strength change of hydroxyapatite ceramics in vitro, 1st Chinese & international conference on dental research, Shanghai, 1997,2

73 Samuel B. Low, Caleb J. King, Jared Kreger, Periodontics & Restorative Dentistry, 1997,17:359-367

74 Overgaard S, Sqballe K, Lind M, et al. Resorption of hydroxyapatite and fluorapatite coatings in man. J Bone Joint Surg[Br], 1997,79-B:654-659

75 Christoffersen J, Christoffersen MR, Kolthoff N, et al. Effects of strontium ions on growth and dissolution of hydroxyapatite and on bone mineral detection. Bone, 1997,20(1):47-54

76 Miyamoto Y, Ishikawa K, Takechi M, et al. Tissue response to fast-setting calcium phosphate cement in bone. J Biomed Mater Res, 1997,37(4):364-457

77 Khairoun I, Boltong MG, Driessens F, et al. Effect of calcium carbonate on the compliance of an apatitic calcium phosphate bone cement. Biomaterials, 1997,18(23):1 535-1 539

78 Asahina I, Watanabe, Mskurai N, et al. Repair of bone defect in rimate mandible using a bone morphogenitic protein-hydroxyapatite-collagen composite. J Med Dent Sci, 1997,44(3):63-70

79 Otsuka M, Matsuda Y, Wang Z, et al. Effect of sodium bicarbonate amount on in vitro indomethacin release from self-setting carbonated-apatite cement. Pharm Res, 1997,14(4):444-449

80 Liu CS, Wang W, Shen W, et al. Evaluation of the biocompatibility of a nonceramic hydroxyapatite. J Endod, 1997,23(8):490-493

81 Guicheux J, Grimandi G, Trecant M, et al. Apatite as carrieer for growth hormone: in vitro characterization of loading and release. J Biomed Mater Res, 1997,34(2):165-170

82 Radin S, Campbell JT, Ducheyne P, et al. Calcium phosphate ceramic coatings as carriers of vancomycin. Biomaterials, 1997,18:777-782

83 Otsuka M, Yoneoka K, Matsuda Y, et al. Oestradiol release from self-setting apatitic bone cement responsive to plasma-calcium level in ovariectomized rats and its physicochemical mechanism. J Pharm Pharmacol, 1997,49:1 182-1 188

84 Gautier H, Guicheux J, Grimandi G, et al. In vitro influence of apatite-granule-specific area on human growth hormone loading and release. J Biomed Mater Res, 1998,40(4):606-613

85 Guicheux J, Gauthier O, Laguado E, et al. Growth hormone-loaded macroporous calcium phosphate ceramic: in vitro biopharmaceutical characterization and preliminary in vivo study. J Biomed Mater Res, 1998,40(4):560-566

86 Guicheux J, Kimakhe S, Heymann D, et al. Growth hormone stimulates the degradation of calcium phosphate biomaterial by human monocytes nacrophages in vitro. J Biomed Mater Res, 1998,40(1):79-85

87 Masri BA, Duncan CP, Beauchamp CP, et al. Long term elution of antibiotics from bone-cement. J Arthroplasty, 1998,13(3):331-338

88 Frayssinet P, Gineste L, Conte P, et al. Short-term implantation effects of a DCPD-based calcium phosphate cement. Biomaterials, 1998,9(11-12):971-977

89 Miyamoto Y, Ishikawa K, Takechi M, et al. Basic properties of calcium phosphate cement containing atelocollagen in its liquid or powder phases. Biomaterials, 1998,19(7-9):707-715

90 Brown Gd, Mealey BL, Nummikoski PV. Hydroxyapatite cement implant fo regeneration of periodontal osseous defects in humans. J Periodontol, 1998,69(2):146-157

91 Oreffo RO, Driessens FC, Planell JA, et al. Growth and differentiation of human bone marrow osteoprogenitors on novel calcium phosphate cements. Biomaterials, 1998,19(20):1 845-1 854

92 Ikenaga M, Hardouin P, Lemaitre J. Biomechanical characterization of a biodegradable calcium phosphate hydraulic cement: a comparison with porous biphasic calcium phosphate ceramics. J Biomed Mater Res, 1998,40(1):139-144

93 Mermelstein LE, McLain RF, Yerby SA. Reinforcement of thoracolumbar burst fractures with calcium phosphate cement. A biomechanical study. Spine, 1998,23(6):664-670

94 Takechi M, Miyamoto Y, Ishikawa K, et al. Effects of added antibiotics on the basic properties of anti-washout-type fast-setting cacium phosphate cement. J Biomed Mater Res, 1998,39(2):308-316

95 Lu JX, About I, Stephan C, et al. Histological and biomechanical studies of two bone colonizable cements in rabbits. Bone, 1999,25(2):41-45

96 Leroux L, Hatim Z, Freche M, et al. Effects of various adjuvants (lactic acid, glycerol, and chitosan) on the injectability of a calcium phosphate cement. Bone, 1999,25(2):31-34

97 Flautre B, Delecourt C, Blary MC, et al. Volume effect on biological properties of a calcium phosphate hydraulic cement: experimental study in sheep. Bone, 1999,25(2):35-39

98 Okazaki M, Miake Y, Tohda H, et al. Functionally graded fluoridated apatites. Biomaterials, 1999,20(15):1 421-1 426

99 Okazaki M, Miake Y, Tohda H, et al. Fluoridated apatite synthesized using a multi-step fluoride supply system. Biomaterials, 1999,20(14):1 303-1 307

100 Ignjatovic N, Tomic S, Dakic M, et al. Synthesis and properties of hydroxyapatite/poly-L-Lactide composite biomaterials. Biomaterials, 1999,20(2):809-816

101 Van Landuyt P, Peter B, Beluze L, et al. Reinforcement of osteosynthesis screws with brushite cement. Bone, 1999,25(2):95-98

102 Kopylov P, Runnqvist K, Jonsson K, et al. Norian SRS versus external fixation in redisplaced distal radial fractures. A randomized study in 40 patients. Acta Orthop Scand, 1999,70(1):1-5

103 Sanchez Sotelo J, Munuera L, Madero R. Treatment of fractures of the distal radius with a remodellable bone cement: a prospective, randomised study using Norian SRS. J Bone Joint Surg Br, 2000,82(6):856-863

104 Lewandrowski KU, Gresser JD, Wise DL, et al. Osteoconductivity of an injectable and bioresorbable poly (propylene glycol-co-fumaric acid) bone cement. Biomaterials, 2000,21(3):293-298

105 Meraw SJ, Reeve CM, Lohse CM, et al. Treatment of peri-implant defects with combination growth factor cement. J Periodontol, 2000,71(1):8-13

106 Lewandrowski KU, Gresser JD, Wise DL, et al. Osteoconductivity of an injectable and bioresorbable poly (propylene glycol-co-fumaric acid) bone cement. Biomaterials, 2000,21(3):293-298

107 Pioletti DP, Takei H, Lin T, et al. The effects of calcium phosphate

cement particles on osteoblast functions. Biomaterials, 2000, 21: 1 103-1 114

108 Blom EJ, Klein NJ, Klein CP, et al. Transforming growth factor-beta1 incorporated during setting in calcium phosphate cement stimulates bone cell differentiation in vitro. J Biomed Mater Res, 2000,50(1):67-74

109 Ikeuchi M, Yamamoto H, Shibata T, et al. Mechanical augmentation of the vertebral body by calcium phosphate cement injection. J Orthop Sci, 2001,6(1):39-45

110 Chen DM, Fu YF. Study on evaluation methods and the cytotoxicity of the solid solution of strontium substituted hydroxyapatite. Chinese Journal of Biomedical Engineering, 2002,11(1):34-36

第二十四章 组织工程支架材料
（tissue engineering scaffold）

组织工程（tissue engineering，TE）是20世纪80年代出现的一门新兴的交叉学科,它是由工程科学与生命科学的交叉与融合而产生的,其含义是利用细胞生物学和工程学的原理,在体外或体内构建组织、器官或其生物性替代物,以维持、修复、再生或改善损伤组织和器官功能的一门科学。"组织工程"一词最早是由美国国家科学基金会于1987年正式提出和确定的。

组织工程的核心就是建立细胞与生物材料的三维空间复合体,即具有生命力的活体组织,以对缺损组织进行形态、结构和功能的重建并达到永久性替代。其基本原理和方法是将体外培养扩增的正常组织细胞,吸附于一种生物相容性良好、具有生物降解性的生物材料上形成复合物,再将此细胞-生物材料复合物植入机体组织或器官的缺损部分,复合物中的细胞随着生物材料被机体逐渐吸收而生长形成新的、在形态和功能上与原始器官或组织相一致的组织,从而达到修复创伤和重建功能的目的。

虽然目前组织工程研究绝大部分还处于临床前的实验阶段,但不可否认的是:它是生命科学发展史上的一个新的里程碑,它标志着医学有望走出器官移植的范畴,步入制造组织和器官的新时代。组织工程的概念一提出,其潜在的巨大社会与经济价值就受到各国学者的广泛关注,美国在1988年就以基金和资助的形式建立了一系列实验室。美国已有相当数量的研究机构（包括 NASA、DOE、NIH 等）和许多大学（包括 MIT、HMS、GIT、UCSD、UMASTFFU）都参与了组织工程的研究。我国近年来在组织工程的研究方面也取得了大量前瞻性的科学成果,目前已在再造软骨、骨、肌腱、血管、皮肤、角膜等领域取得了可喜的进展。组织工程在口腔科领域同样有着广阔的应用前景,组织工程再造的各种器官组织可以应用在颌面部组织缺损修复、颌面部神经损伤修复、牙体组织修复再生等方面。

组织工程是一门跨学科的学科,涉及高分子化学、材料科学、化学工程学、细胞和分子生物学以及生物发育学等各学科领域,目前其研究重点可以大致归纳为以下四个方面:①种子细胞的分离和培养,其目的是可望获得具有特定功能的组织生成用细胞。②组织的体外诱导形成,其中包括生长因子的使用;转基因技术以及其他可以诱导组织形成和器官发育的方法。③支架（scaffold）的制备及其与细胞的结合,其中包括使用人工合成或天然的材料制成供组织形成的支架,如何确保细胞可以在材料三维结构上进行生长,形成所需的组织形状,以及在支架上添加诱导组织形成的信号分子和转基因载体的技术等。④组织工程制品的临床应用,这是组织工程研究的最终目标。

组织工程研究具有3大要素,即种子细胞、支架材料和组织构建,其中支架材料作为人工的细胞外基质（extracelluar matrix，ECM）,为细胞的停泊、生长、繁殖、新陈代谢、形成新组织提供支持以及生存空间,支架有两种主要使用形式,一是将体外培养的高浓度组织细胞吸附在可生物降解的三维支架上,然后再将细胞-支架复合物植入体内,在细胞的增殖、分化和分泌细胞外基质的过程中,支架逐步降解吸收,最终被新生组织代替;二是将聚合物支架直接植入人体,使周边组织的细胞沿支架表面迁移,进入支架内部,从而形成新的组织。

制备支架所用生物材料的性质直接决定了支架的性能,在某种程度上也决定了组织工程应用的成败,因此合成和制备出适合不同应用需要的支架材料是组织工程领域中不可忽视的重要方面,对支架材料的研究与开发也是生物材料领域中的前沿和热点。

第一节 概述(general introduction)

一、分 类

组织工程用支架材料的种类繁多、用途广泛,且具有复合化的发展趋势,根据材料最终应用部位,可分为硬组织用支架材料和软组织用支架材料两类;根据材料的来源可分为天然的和人工合成的两类;根据材料性质可分为3大类,即高分子材料(包括人工合成类和天然类)、无机材料(主要是各类生物陶瓷)和复合材料(包括同一类材料的复合物,如胶原-PGA等天然高分子同合成高分子的复合物;不同类材料的复合物,如羟基磷灰石-甲壳素、羟基磷灰石-PLA等有机材料同无机材料的复合物等)。

二、性能要求

为了满足组织工程的应用要求,理想支架材料的性能应符合以下标准。

(一)有易于设计和修饰的基本单元

由于天然和单一组成的材料很难完全满足支架材料的性能要求,因此就要求支架材料分子具有易于设计和修饰的基本单元,使人们可以根据实际情况对材料分子进行改性和基团修饰,例如PLA聚合物具有可供修饰的末端基区,在其上加入氨基酸等功能基团分子可以对聚合物的生物性能进行调节。

(二)材料的机械性能和生物降解速度可调控

支架的机械性能和降解速率保证了种子细胞形成组织形态和功能的稳定。而不同组织的机械性能和生长速度各不相同,例如用于硬组织的支架材料往往需要具有较高的抗压和抗拉强度,一般要求材料降解周期大于3个月;而心血管系统组织工程用支架材料则需要良好的弹性,材料降解周期一般小于3个月。这就要求对材料的机械性能和生物降解速度能进行调控,以满足不同应用领域的需要。

(三)良好的生物相容性

生物相容性是指用于某种特定的目的、在机体特定的部位材料与宿主同处于动静态变化环境中发生相互反应的能力和作用,保持相对稳定而不被排斥的性质。种子细胞种植在支架材料上后需进一步增殖、分化最终形成相应器官、组织,支架材料不能对细胞的生长和发育有负面抑制作用,即无细胞毒性。支架材料最终要植入生物体内,只有具备良好的生物相容性才能保证材料在体内的安全性和有效性。

(四)具有能特异促进或抑制细胞-材料相互作用的特性

种子细胞与材料结合后,支架材料实际上起着细胞外基质的作用,要对细胞的黏附、生长、繁殖、分化起诱导调节作用,直接影响所新形成组织的形态和功能,因此细胞-材料相互作用必需具有可调节的特性,使人们可以针对实际情况特异性地促进或抑制材料与细胞的相互作用。

(五)良好的化学特性

材料的表面化学特性和表面微结构要利于细胞的黏附和生长,材料要具有可塑性,可塑为任意的三维结构,植入后在体内仍可保持特定形状。

(六)良好的生物力学特性

特别对用于骨组织工程的支架材料,支架的力学性能应与植入部位的力学性质相匹配,支架的力学强度应足以抵抗生理应力,不能在组织细胞生长期间发生塌陷。支架的力学强度还会影响细胞内骨架产生的张力,这种张力对控制细胞的形态和功能起着重要的作用,支架强韧的表面有利于张力纤维的排布、细胞的扩展和分化。

(七)良好的孔隙结构

一定的孔隙率以及孔径大小是细胞生长所必需的环境。比如对骨组织工程支架,要求孔隙率达到60%~80%以上,陶瓷材料孔径小于100 μm时骨长入受限,孔径大于200 μm时会降低材料强度,故一般认为孔径以90~200 μm为最好,在此条件下骨形成量多而不影响其力学强度。

(八)材料的生产、纯化和处理方便

在临床实践中,器官组织的缺损类型是无法预料和不规则的,临床上要求根据所修复器官组织的实际情况决定组织工程支架的形态与结构。按目前的技术水平,要做到对每个病例所用支架材料实施个性化加工就无法实现大规模的预生产。因此就要求材料的生产、纯化和处理相对容易,这样才能将材料加工时间和成本控制在可接受的范围内。同时材料的加工工艺应能不断满足组织工程日新月异发展的需要。

(九)具有与水溶液和生理条件的化学相容性

由于种子细胞附着在支架材料上以后,材料将处于水溶液的生理环境中,材料与水溶液和生理条件的化学相容性将保障材料性能的稳定和持续的发挥其功能。

以上这些性能要求是支架材料能安全有效应用于组织工程的基本保证。尽管目前尚无完全能满足上述要求的"完美"支架材料,但是伴随着材料科学的发展,将会出现更多具有更良好性能的支架材料。

三、材料的加工

固态的组织工程支架材料需要经过一系列的加工过程以形成可供种子细胞生长的多孔状结构。选择相应的造孔剂可以在很大范围内对支架材料的孔隙率进行调节。溶剂铸成法(solvent casting)是目前较为常用的材料造孔技术,制作步骤是先使造孔剂颗粒均匀分布在材料中,再除去材料中的造孔剂,从而得到多孔状的结构。现以PLGA为例介绍溶剂铸成法的一般操作步骤,首先将PLGA溶解在其相应溶剂(氯仿、六氟异丙醇)中,随后在材料溶液中加入一些不溶解在其中的造孔剂颗粒(如各种糖、盐、明胶颗粒)并使之分布均匀,再将聚合物/造孔剂溶液倒入模具中,让溶剂挥发,使造孔剂均匀分布于其中的固体材料,最后应用可以溶解造孔剂但不溶解聚合物的溶剂(如水)除去造孔剂,得到多孔状的材料。造孔剂的大小和形状决定了材料孔状结构的大小和形状,有人将糖熔融成纳米尺寸的纤维状和薄片状造孔剂,在此基础上再应用溶剂铸成法得到了具有纳米纤维状结构的PLA

支架。

支架材料除了需具备多孔状结构，还应能根据患者的实际情况被加工成各种形状。熔制法（melt process）和膜迭层贴合法（membrane lamination）是两种常用的支架材料形状加工技术。熔制法（melt process）是将材料液化后浇铸成希望的形状，Niklason 使用此方法得到了血管组织工程所需的管状 PGA 支架；膜迭层贴合法（membrane lamination）是将成形好的材料薄膜按一定方法迭合成层，用黏结剂胶合在一起形成所需的形状，黏结剂一般是相应材料的溶液。

随着 3-D 成像和一些其他电脑辅助技术的发展，材料的形状加工工艺水平发生了质的提高，人们可以在纳米尺寸上将材料加工成各种复杂的形状，这些形状可以模拟细胞间质或毛细血管床的结构，目前 3-D 成像技术已应用于制取复杂的肝组织工程支架，应用糖类基团对这些三维网状结构进行修饰就可以实现细胞的选择性黏附；在骨组织工程领域，计算机技术配合 MRI 和 CT 等影像学技术可以制成符合患者实际修复要求的特殊形状支架材料；硅微加工技术、激光技术和光聚合技术在电脑的操控下可以将材料精细加工成预设的各种复杂形状。

细胞、组织对支架材料的反应受材料表面理化性质和生物活性修饰基团的影响，所以对材料的加工还包括对材料表面的改性。水凝胶的结构可以因化学组成和孔隙大小的改变而改变，有人通过改变琼脂糖凝胶的平均孔隙率，合成了琼脂糖/壳聚糖和琼脂糖/藻酸盐多聚物来研究支架材料结构对神经元细胞生长的影响。体外实验结果表明：聚阳离子琼脂糖/壳聚糖材料对神经元的生长最具促进作用，而聚阴离子的琼脂糖/壳聚糖材料有抑制作用。这表明材料的表面理化性能和基团修饰对于任何一种特定的种子细胞会有不同的影响。

四、材料性能的评价

为了合理和有效的利用支架材料，首先必须对支架材料的理化性能和生物学性能进行评价。

（一）化学性能

磁共振技术（NMR）、红外分光光度计（IR）和 X 线衍射技术是目前常用的几种测定材料化学结构的方法。天然材料一般比人工合成材料具有更复杂的结构，对其性质的定性也相对比较困难，例如 Matrigel 是一种从鼠肿瘤细胞基质中提取的可以促进细胞分化的凝胶，虽然已知 Matrigel 在昆布氨酸等基底膜蛋白中含量丰富，但其具体组成和结构目前仍属未知。就人工合成的聚合物而言，分子量、熔点和玻璃化转变温度等材料的特性将直接影响材料在组织工程中的应用。

支架材料可采用一系列的方法进行加工，而最终所得支架的结构、孔隙率、表面性能和拓扑学性质可以用电子显微镜、化学电镜分析（ESCA）和扫描探针显微技术进行研究。水银孔隙率计是目前常用的测定材料孔径和孔径分布的方法；原子力显微镜（AFM）作为一种较为成熟的扫描探针显微技术，可以在纳米尺寸上研究材料界面与细胞和生物大分子的相互作用。例如，目前已可运用 AFM 研究 PLA/聚癸二酸（PSA）混合物在降解过程中材料表面性质的变化，AFM 图像表明在共聚物的表面 PLA 岛均匀分散在球状的 PSA 中，这种共聚物的表面结构会影响材料与细胞间的相互作用而显得非常重要。

（二）机械性能

组织工程支架材料的机械性能直接影响到应用的价值，特别在硬组织重建和血管外科应用时，保证材料机械性能的完整尤为关键。对材料的应力-应变情况的研究可有助于了解材料的机械损坏和疲劳情况。由于支架材料在应用过程中会发生降解，所以不仅要了解材料本体的机械性能，还要对降解过程中材料机械性能的变化情况进行研究，通过测量抗压强度、抗拉强度、剪切强度、弹性模量

(静态和动态)和挠曲强度等几方面数据,可以分析材料的机械性能。目前可以对材料的抗压、抗拉强度进行直接的测定,并依此绘制材料的应力-应变曲线。值得注意的是由于组织工程支架材料的种类繁多、性质各异,因此要结合材料的特性选择合适的方法测量其机械性能。

当细胞种植在支架材料上后,需要运用一些特殊的测定方法对材料-细胞复合体的机械性能进行测定,例如 Bushmann 运用侧限抗压强度(confined compressive strength)测试方法,对琼脂凝胶支架制得的软骨样组织的机械性能进行评价,结果表明新生软骨组织的强度与细胞间质的生化组成直接相关;Niklson 在血管壁上施加静压力,通过分析数字图像上血管的形变测量了血管组织的机械强度,结果表明血管的强度与组织中胶原的含量成正比。由于新形成的组织的机械强度除受支架材料性质影响外,还受新形成的细胞间基质的生化组成的影响,所以测定结果既可以评判新生组织是否已达到植入体内所需的机械强度,还可用于对新生细胞间质的性质进行研究,具有巨大的临床应用价值。

(三)生物降解性能

生物降解性能是组织工程支架材料所具有的重要生物学性能,支架材料在应用过程中始终起着人工细胞外基质的作用,它仅仅是为细胞的停泊和生长提供生存空间,随着组织的形成,支架应逐渐被机体吸收和消失。因此,支架材料的生物降解性对组织工程化组织或器官的形成速度、质量和生物学行为等都具有重要的影响作用。目前,生物降解性的检测主要有体内和体外两种试验方法,体外试验是将材料在 37℃ 环境下浸入模拟体液中,或者浸入极性溶液中(如陶瓷材料),经不同浸泡时间后,通过测定材料质量、分子量、外形和机械性能等的变化,以及分析降解产物的性质,对材料的降解性进行评价。体内试验是以动物为实验对象,将材料植入动物体内,通过植入后不同期取出材料进行称重、测定分子量变化以及局部组织学观察手段,以评价材料的生物降解性。或者运用核素标记技术,来示踪材料在活体中的降解情况。

材料的降解性能及其降解产物对生物体的影响程度关系到细胞能否经过长期增殖而重新恢复正常生理功能状态的问题。有些高分子可降解支架材料通过水解或酶解反应降解为小分子物质,这些物质是呈酸性,如聚乳酸的降解产物是乳酸,它们能迅速降低局部的pH,造成组织和细胞损伤,并引发感染甚至组织死亡。

(四)生物学性能

支架材料的生物相容性评价是生物材料应用前所必须进行的工作,探讨如何对支架材料进行全面而准确的生物相容性评价尤为重要。尽管目前还未见针对组织工程产品特点的支架材料生物学评价标准,但有些通用性原则可以参照国际标准化组织(ISO)颁布的医疗器械生物学性能的评价标准,ISO. 1997. "Biological Evaluation of Medical Device-Part Ⅰ:Evaluation and Testing."按照此原则的规定,结合支架材料的特点,对组织工程支架材料的生物学评价应考虑可能对生物相容性产生影响的所有因素,包括:①制成支架的主体材料。②材料加工过程中所使用各种添加剂(例如聚合物的引发剂)。③可溶出物质(尤其是聚合物中未反应的单体)。④材料的终产物,主要是降解产物。在评价时除了要对降解产物定性和定量,还需进行代谢动力学的研究。

以下就简要介绍一下材料生物学评价的方法。

1. 体外评价

体外评价主要是将细胞与材料表面直接接触、间接接触或与材料的浸出物接触,通过观察细胞的活力、增殖和功能的变化对材料的生物相容性作出判断。细胞的活力可以通过中性红和台盼蓝染色进行研究,活细胞吸收中性红而排出台盼蓝,这样活细胞就被染成红色而死细胞被染成蓝色。MTT

[溴化-3-(4,5二甲基噻唑-2-)2,5二苯基四唑]法和Alamar blue法是目前常用的两种检测细胞毒性和增殖的方法。MTT是一种能接受氢原子的四唑盐染料,其化合物与活细胞接触后,活细胞线粒体上的琥珀酸脱氢酶能使外源性的MTT还原成难溶性的蓝紫色结晶物、并汇积在细胞内,在一定范围内,MTT结晶的生成量与活细胞数成正比,因而可通过测定MTT形成量来反映细胞的活力与增殖情况;Alamar blue作为一种氧化-还原染料最近被用作反映细胞代谢情况的敏感指示剂,与MTT相似Alamar blue可以对活细胞染色,从而反映细胞的活性与增殖情况。除此以外,通过对细胞的增殖率检测,在一定程度上也反应了材料的细胞毒性作用。

2. 体内评价

体内评价是最接近应用状态的一种评价,尽管动物与人体之间还存在差异,但试验毕竟是在具有免疫功能的生物体内进行,能反映动态和体内环境下支架材料的生物学作用。根据上述ISO标准,材料对机体的影响包括:长期和短期的作用;全身和局部植入区的反应。具体的评价内容包括:毒性、致敏性、刺激性、血液相容性、遗传毒性、组织反应性等。其中,对于组织工程支架材料,植入试验是比较直接模拟应用状况的一项试验,通过显微镜下观察炎症细胞的种类、数量;纤维包囊组成与厚度等组织形态学的变化来评判材料对植入局部区域的影响。同时分析植入动物的血液与尿液样本,来研究材料降解产物进入系统循环、代谢过程后对全身器官、组织的影响。参照实际应用情况,合理使用各种体内评价方法,就可以较为全面和准确的判断支架材料的生物相容性。

3. 材料诱导细胞分化能力的评价

细胞分化在维持、形成组织形态和功能方面发挥着重要的作用,细胞在各种支架材料上不但要可以生长、增殖,还必须可以被诱导分化。这就要求组织工程支架材料不仅要对机体组织无毒、无害,还必须具有诱导细胞分化的能力。虽然在现有ISO医疗器械生物学性能的评价标准中没有对材料诱导细胞分化的能力提出检测要求和标准,但对于支架材料,进行这一方面的评价还是有其价值和意义的。

目前可以通过检测一些细胞分化标记物(如一些细胞基质)来研究材料诱导细胞分化的能力。Calvert在聚乙交酯-丙交酯(PLGA)和聚己内酰胺(PCL)及其混合物等材料表面种植骨髓细胞并研究上述材料诱导细胞分化能力的强弱,结果表明在不同材料上细胞的增殖速率大致相同,但是在PLGA/PCL混合物上碱性磷酸酶的表达和骨基质矿化程度均超过了单纯PLGA或PCL材料,材料诱导细胞分化能力的评价结果表明,相比单纯PLGA或PCL材料,PLGA/PCL混合物在骨组织工程领域具有更大的应用价值。

第二节　聚合物支架材料(polymer scaffold)

一、合成聚合物支架材料

人工合成生物材料在组织工程和其他领域中发展迅速,伴随着聚合化学和加工技术的发展,人们可以通过改变聚合物的主链和侧支基团的化学结构和聚合物的分子量或水凝胶的孔径对聚合物的降解机制和速率、亲水性/疏水性、膨胀率和机械强度进行调控。聚合物可以是固态(不含水)支架或可溶性的(因含有可吸水的交联网状结构)水凝胶。固态聚合物可以经由各种加工技术制成包括膜状、多孔海绵状、管状和纤维状等多种组织工程支架，可以对组织的三维生长形态和细胞功能进行有效的控制。水凝胶类支架材料的优点在于容易在生物体内定位成型并能较为简易的包裹种子细胞。

在很多情况下，单一的聚合物很难满足所需的所有生物和物理性能，因而人们将具有不同化学性能的单体聚合在一起形成共聚物或在一个支架中混合使用了一种以上的聚合物或共聚物，这些共聚物和聚合物混合材料可以满足组织工程的各种需要。表24-1列举了各种人工合成聚合物及其潜在的临床应用。

表24-1 各种人工合成聚合物及其潜在的临床应用

聚合物种类	物理形态	应用
聚酯类（PGA/PLA/PCL）	多孔支架、纤维、管状等	软骨、骨、皮肤、血管、腺体、神经、肝组织工程和药物载体等
聚酐（Poly(anhydride)）	网状交联结构	骨组织工程和药物载体
聚丙烯延胡索酸（PPF）	固态、水凝胶共聚物	骨心血管组织工程
聚乙烯醇（PVA）	多孔支架、水凝胶	软骨、神经组织工程
聚乙二醇（PEG）	固态、水凝胶	软骨组织工程

（一）线性α聚酯

线性α聚酯（linear aliphatic polyester）是一类广泛应用于医学和组织工程学领域的人工合成生物可降解聚合物。线性α聚酯包括聚乙醇酸（PGA），聚乳酸（PLA），聚己内酰胺（PCL），聚羟基丁酸以及它们的共聚物（例如聚乙交酯-丙交酯）。图24-1显示了一些聚酯化合物的化学结构式。聚酯类化合物（例如PGA），可以通过缩合反应直接制取（生成聚合物的分子量小于10 000）而更多的是将环状二聚物开环聚合制得。目前PGA和PLA已广泛应用于创口缝合（例如Dixon和Vicryl公司的产品）。这些聚合物在组织工程领域也蕴含着巨大的价值，已有资料证实它们具有支持多种细胞和组织增殖和分化的能力。

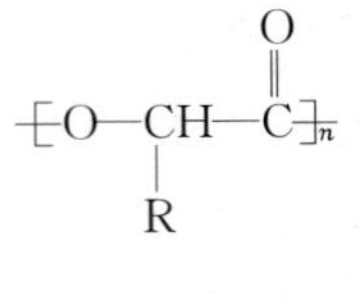

图24-1 线性α聚酯分子通式

PGA和PLA的降解过程已被广泛的研究，降解的发生依赖于主动的水解和体积损耗（bulk degradative）机制，材料在降解开始时往往出现外形不变但分子量下降的现象，这种能保持外形不变的特性，保证了材料在应用于组织工程时可以在一定时间内维持其具有特定功能的形状，例如在整形外科中修复颌面附属器官。但是材料分子量的降低意味着材料体积损耗，由此会引起材料机械性能的显著下降。因此，虽然聚脂类聚合物可以具有优良的机械性能，但在组织工程应用中，其降解时的体积损耗所引起的强度急剧下降是否会造成支架的塌陷而影响细胞或组织的生长，这是个值得重视的问题。通常这类材料的降解受溶液性质，环境pH，材料晶体结构，原子排列的位阻作用，分子量，热加工过程以及孔隙率的影响。共聚物可通过改变其单体组成比例而调节降解周期（从几周至几年）。PLA和PGA的最终降解产物是乳酸和乙醇酸，这些酸性产物在局部组织的蓄积可能会引起炎症反应和影响组织的正常发育。

聚酯类PGA和PLA分子上具有可供修饰的末端基团，在此位点上可以通过添加功能基团改变生物材料的理化性能，在聚酯类化合物上添加功能基团可以通过在合成共聚物时加入氨基酸等功能基团分子得以实现。乳酸-赖氨酸-天冬氨酸聚合物就是在甲基丙烯酸盐基团的作用下合成的可降解，具有可进一步被修饰的天冬氨酸侧链的PLA交联网络。PLA-PEO聚合物具有PLA的降解和机械性能同时可利用PEO和其上的功能基团调节共聚物的生物性能，另外PLA的疏水性和PEO的亲水性使得聚合物具有相位分离（phase separation）等独特的性能。

（二）聚酐

聚酐（poly anhydride）是另一类应用于组织工程和药物载体领域的聚合物。这一类聚合物可以通过双酸的缩聚反应形成带有醋酸基的预聚物。高分子量的聚酐可以通过聚酐预聚物的缩聚制得。酰亚胺是一种聚酐的共聚物，在提高了材料机械强度的同时由于酐键的存在保持了降解性能。在组织工程领域常使用带有芳香基团的具有优良机械性能的酰亚胺和酐共聚物作为再造硬组织时的支架材料。Anseth和他的合作者在聚酐上添加了甲基丙烯酸盐基团形成了交联网状结构，大幅提高材料机械性能的同时可以对材料的降解性能进行调控。图24-2是聚酐和聚酰亚胺的化学通式。

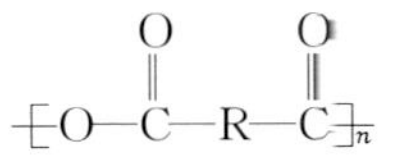

$$\left[\text{O} - \overset{\text{O}}{\underset{\|}{\text{C}}} - \text{R} - \overset{\text{O}}{\underset{\|}{\text{C}}} \right]_n$$

图24-2 聚酐分子通式

聚酐通过表面腐蚀产生降解，人们可以对这一降解过程施以精确的调节和预测，使该类聚合物在药物载体领域非常有价值。表面腐蚀引起聚酐的降解过程相比聚酯类由体积损耗引起的降解过程，其质量损耗和机械性能的下降更为平均和持续。可以通过改变聚合物骨架的化学性质和单体比例调节聚酐类共聚物的降解。

（三）聚叠氮磷

聚叠氮磷（poly phosphazene）是一类主链上含有氮和磷原子的聚合物。聚叠氮磷所具有的不同侧支基团可以形成星型高聚物和嵌段共聚物。在聚合物上添加一些生物活性侧支基团可以对材料的理化性质进行调控。例如可以通过添加亲水性的水凝胶或疏水性的橡胶基团调控材料的降解性能。已对应用于骨组织工程中的聚叠氮磷做过细胞毒性研究，在超过一周的实验中种植在海绵状聚叠氮磷上的成骨细胞增殖正常。

（四）聚氨基酸类聚合物

这是一类新型的聚合物，具有其他一般聚合材料所不具备的一些特性：支链可以与小肽、药物或交联剂等连接，以制成各种不同性能的产物，特别是降解产物为氨基酸，毒性很低（即蛋白降解的最终产物），对机体无毒无害。聚氨基酸在体内主要以酶解为主，酶对氨基酸的酶解有特异性，因此，可以通过调解聚氨基酸中不同氨基酸的比例，来调控材料的酶解速率。另外，氨基酸本身具有多个活性基团位点，这些基团为材料的功能化准备了条件。然而，由于目前尚缺乏理想的生成高分子量聚氨基酸的聚合方法，且成本较高，故使其应用受到一定限制。

（五）合成聚合物支架材料的应用

聚合物支架材料在组织工程领域中应用广泛。PGA和PLGA共聚物已应用于脉管系统的组织再生，Niklason将内皮和平滑肌细胞植入PGA管状支架材料上以制取小直径的血管，这些由组织工程方法制取的血管具有足够的物理强度并能在体外对血管活性因子的刺激产生反应，目前这些血管已成功地应用在猪的身上。Shum-Tim应用PGA和聚羟基链烷酸酯的新型共聚物作为支架材料成功制得了大动脉和大直径的脉管组织。这些经由组织工程制得的血管组织与单纯用生物材料制成人工血管相比，在植入体内超过5个月以后仍然保持畅通。Ratcliffe回顾总结了各种再造机体脉管系统的组织工程技术，除上述研究成果外，还包括用聚羟基链烷酯作支架制得心脏瓣膜,用胶原凝胶作支架制得微血管,用PGA膜作支架制得心血管组织。

目前在组织工程制取神经组织时,聚酯类和一些其他的聚合物开始取代原用于神经再生的硅管和自体脉管组织成为支架材料。Hadlock应用PLGA作为支架,通过组织工程技术实现了神经细胞轴突的再生。Schmidt在聚吡咯支架上应用电刺激在体外引导了神经突的生长。另外,2-N-丙羟基-甲基丙烯酸氨[N-(2-hydroxypropyl) methacrylamide]和胶原-黏多糖作为基质可以刺激其上植入的神经元和神经胶质细胞的轴突再生。

聚合物支架材料广泛应用于组织工程重建肌腱、骨骼、肌肉等领域。PGA网膜已在体外模拟试验和兔的体内试验中获得了组织工程化的肌腱组织,PGA网膜配合Ⅰ、Ⅱ型胶原基质已成功制得了组织工程化半月板。

聚合物材料在泌尿生殖系统的组织工程中也具有一定的应用价值。Overpenning使用膀胱状的PGA作为支架,在其上种植膀胱上皮和肌细胞,在狗身上成功实现膀胱再生。通过组织工程再造的膀胱使狗的尿储存量达到膀胱切除前的95%,而替换单纯用聚合物制成的人工膀胱只能是狗的尿储存量达到膀胱切除前的46%,不做器官移植狗的尿储存量只剩下20%。

聚乙醇酸可以用作软组织的替代物和口腔组织工程。目前已成功地用PGA纤维,Ⅰ型胶原和藻酸盐基质作为支架得到组织工程化牙髓。用尸体的皮肤现已成功合成口腔黏膜,得到的黏膜具有良好的未角化层(prekeratinized)。由于具有和自体天然组织相似的组织和生化特性,移植组织的细胞增生良好并且获得了从周围自身组织扩散而来的脂肪酸合成物。单纯PLGA共聚物可用于气管的重建,不用种子细胞也可以达到较好的重建效果。小肠和角膜也可以应用组织工程技术重建,再造的小肠对自身组织产生的酶有反应,人类的角膜上皮细胞和成纤维细胞经过3d在胶原基质上的培养就可以形成基底膜。随着种子细胞和支架材料的发展,组织工程的潜在应用价值将愈加广泛,相信组织工程会彻底改变器官和组织移植医学的面貌。

二、天然聚合物支架材料

天然聚合物是人类最早使用的生物材料之一。常用的天然聚合物主要有多糖类和蛋白质材料两大类,前者包括纤维素、甲壳素、硫酸软骨素、透明质酸等,后者应用在生物材料上的主要是结构蛋白如胶原和纤维蛋白。这类材料的优点在于它们本身包含着许多生物信息,能够使细胞产生或维持各种功能。由于组织工程中支架发挥的作用是相当于细胞外基质的作用,而天然的细胞外基质是一类非常复杂的物质,它可以对细胞的增殖、移动和分化进行调控,最终指导器官的发育和形成。在许多情况下,人工合成材料却难以模拟天然细胞外基质所具有的一些特性,因此,人们从天然的细胞外基质中直接提取某些聚合物成分,再将其加工成符合组织工程要求的支架材料,这样一类材料称之为天然聚合物支架材料。这些材料的特点在于可以与细胞和各类生长因子相互作用而调节细胞功能、维持组织的完整性;易于和一些生物活性分子结合实现材料表面改性;相比人工合成材料具有更为优良的生物相容性。但是,这类材料也存在缺点:即大规模生产过程中容易出现质量难以控制、性能变化与结构变化不成比例等,而且材料来源有限、价格较昂贵。表24-2列举了部分天然聚合物支架材料及其在组织工程领域中的应用。

表24-2 部分天然聚合物支架材料及其在组织工程领域中的应用

聚合物种类	物理形态	应用领域
胶原蛋白	固态多孔支架、基质	软骨、皮肤、血管、神经、角膜、肾等组织工程等
纤维蛋白	水凝胶	软骨、血管组织工程
多聚糖	水凝胶	软骨、肌肉、牙髓等组织工程

（一）胶原蛋白

胶原(collagen)蛋白是动物体内含量最丰富的蛋白质,约占人体蛋白质总量的30%以上。人体内至少有22种胶原蛋白,Ⅰ型、Ⅱ型和Ⅲ型胶原是体内3种含量最高的胶原蛋白,三股胶原蛋白链相互缠绕成一股螺旋状的微纤维,Ⅰ型胶原主要存在于皮肤、肌腱、角膜、牙本质和筋膜组织中,而关节软骨重量的10%是Ⅱ型胶原,在关节软骨中,Ⅱ型胶原组装成纤维,并与少量Ⅸ型和Ⅺ型胶原蛋白形成交联网状支架结构,这种结构保证了关节软骨具有足够的抗压强度。胶原蛋白可以促进细胞黏附,比如Ⅰ型胶原上就具有Asp-Gly-Glu-Ala肽段的细胞连接位点。

利用胶原的这种天然网状结构,可以将其加工成多孔状的固态和凝胶态支架,胶原具有较大的比表面积易于细胞黏附并且人们可以对胶原多孔支架的孔隙率进行调节。Spector成功制取了Ⅰ型、Ⅱ型胶原以及其与黏多糖(GAG)共聚物的多孔支架,在合成过程中采用冷冻干燥技术以及紫外光照形成交联的方法增加了材料的强度、减缓了降解速率,将狗的软骨细胞种植在这种多孔支架上,经体外培养再植入到狗的体内,15周后在缺损部位形成了透明的关节纤维软骨,新生组织的组织学形态和化学组成和天然组织相似,但问题是新生软骨和原有的软骨层没有形成良好的连接。Bulter和Chamberlain应用胶原和其他组胞间质来源的材料形成支架,也成功获得了组织工程化皮肤和神经。

胶原蛋白还可以被加工成凝胶,胶原凝胶被广泛地应用于肾脏的组织工程以及细胞移动、分化和伤口愈合等领域的研究。目前胶原和聚L-谷氨酸共聚物被尝试用于创口黏合,这项技术可以在黏结创口的同时形成胶原支架促进组织愈合减少创面瘢痕的形成。但是胶原作为支架材料在某些应用部位显示机械强度不足,同时存在降解太快的缺点。

（二）纤维蛋白

纤维蛋白(fibrin)是一类可由机体合成的生物聚合物,在体内纤维蛋白可以成为止血屏障并在伤口愈合过程中作为成纤维细胞生长的支架。在凝血过程中,纤维蛋白原可以在凝血酶的作用下转变为纤维蛋白单体,再进一步聚合成纤维蛋白。由纤维蛋白制成的支架主要应用于组织工程再造软骨,目前可以在纤维蛋白支架上种植软骨细胞而得到耳郭状软骨组织,获得的软骨组织与天然组织相比具有相似的生化和机械性能。新出现的纤维蛋白凝胶可以作为心血管组织工程的支架材料,且具有毒性小、能引导细胞均一生长等优点。Schense通过在纤维蛋白凝胶上添加生物活性肽,成功地在体外刺激了神经突的生长。

（三）藻酸盐

藻酸盐(Alginate)是从褐藻中提取的一种多糖类化合物,是甘露糖醛酸(Mannuronic,后简称M单元)和古罗糖酸(Guluronic acid,后简称G单元)两种单糖以不同组成形成的共聚物,不同藻酸盐分子中的G单元可以通过二价阳离子(比如Ca^{2+})相互连接而形成凝胶。细胞可以被包裹在藻酸盐中并维持其正常生理活动,并且使用EDTA等螯合剂可以使藻酸盐去凝胶化而使细胞复原。通过对凝胶化过程的调控可以控制藻酸盐凝胶的结构,Adelotte合成了与关节盘中软骨细胞排列结构一致的带有条索状管道的圆盘状藻酸盐。但是,这种藻酸盐管道的加工过程需要在凝胶中添加二价阳离子,使得材料的机械和降解性能不再稳定,降低了材料的生物相容性,其后Rowley使用共价连接形成藻酸盐凝胶的交联网状结构,从而提高了凝胶的稳定性和安全性。由于藻酸盐等天然材料可以通过不同的过程进行加工,并具有可调节的化学、生物学性能,其在组织工程领域有着极其广阔的应用前景。

藻酸盐作为软骨细胞等贴壁依赖细胞(anchorage-dependent cells)的支架材料已有较长的历史,体外培养的软骨细胞会粘附在支架材料上并分化为成纤维状细胞,而由于藻酸盐凝胶具有不与细胞和蛋白发生黏附的性质,在其上培养的软骨细胞可以维持其分化状态,保持圆形的细胞外形、并分泌软骨组织的特有标志分子Ⅱ型胶原和聚合素(aggrecan),并且和体内分化完全的软骨细胞一样可对白介素-1B等细胞因子发生反应。其后Buschmann在藻酸盐和琼脂糖上成功地培养了软骨细胞,并在细胞间质形成以后观察到基质机械强度的上升,20世纪90年代Rowley在藻酸盐凝胶上连接了Arg-Gly-Asp多肽,并在支架材料上成功种植了肌细胞等贴壁依赖细胞。目前关节盘软骨细胞、胎软骨细胞和间叶干细胞都已成功地在藻酸盐支架材料上实现了体外培养。

藻酸盐支架材料上生长的软骨细胞具有分化的显型,会分泌细胞间质并维持软骨细胞的特有外形,Paige采用藻酸盐基质注射植入体内形成支架的方法在动物体内成功实现了应用组织工程化软骨替换缺损组织,在此研究中,藻酸盐注射入体内后可以形成不同的形状,而生成与相应缺损软骨组织相一致的形状。Masuda首先在藻酸盐上体外培养软骨细胞,当细胞分泌了一定量的细胞间质后去除藻酸盐,将新生的软骨直接植入体内,实现了在不将支架植入体内的情况下完成缺损软骨的修复,由于这一技术可以使支架材料不与机体直接接触,为解决材料的生物相容性问题提供了一种新的思路。

(四)透明质酸

透明质酸(Hyaluronic acid,HA)是一种结构最简单的氨基聚糖,存在于脊椎动物的连接组织、关节的滑液和软骨中。HA在水溶液中分子表面有大量亲水性基团,可结合大量的水分子,它的结构疏松,含水及多孔性,具有免疫惰性,特别适合细胞的迁移和增殖,使它在组织工程中得到广泛应用。如HA可作为植入物的三维支架使纤维细胞、软骨细胞和间充质干细胞在支架上有效地增殖。透明质酸分子上的羧基基团可通过在其上添加交联剂得到透明质酸凝胶,或在其上添加生物活性大分子以实现材料的表面改性。

(五)壳聚糖

壳聚糖兼具高等动物组织中胶原和高等植物中纤维素二者的生物功能,其中的氨基带有正电荷,利用它的带电性可以调节和控制产品的物理和化学性质,将胶原与壳聚糖混合构建支架,发现嗜铬细胞在胶原-壳聚糖表面能更快的黏附,与培养基结合更好,植入体内最少能存活2周的时间,提高了牛肾上腺延髓嗜铬细胞的黏附特性。可望用于神经组织工程。

第三节 水凝胶支架材料(hydrogel scaffold)

水凝胶(hydrogel)是由相互交联的水溶性聚合链形成的、呈网状结构的不溶性聚合物,其网状结构可以吸收大量的水。水凝胶作为一种特殊的聚合物材料在组织工程和细胞固定方面的应用具有许多优势,水凝胶可以通过注射植入体内将植入损伤降至最低;同时有与机体组织相似的高含水量和弹性,生物相容性良好,水凝胶所具有的独特性能使其在组织工程中非常有用,Donald将细胞分散包裹在藻酸盐凝胶和环氧乙烷聚合物中,在凝胶基质中细胞分散得更为均匀,更符合组织工程的要求。正因为水凝胶具有这些独特的结构和性能，虽然其在广义上属于聚合物材料，在此仍将其单独列出介绍。

图 24-3 显示了单一的聚合物链通过交链形成的凝胶网状结构，交联是由物理键(范德华力)、离子键和共价键而形成，通过温度变化、溶液中离子的改变、化学交联剂(苯乙醛等)的添加和放射线的照射引发聚合物链交联的形成，例如有人通过放射线照射引发交联得到了包含软骨细胞的水凝胶。随着局部凝胶化和光照射技术的发展可以在体内和体外对凝胶的形成进行控制，目前可以通过光引发注射入皮下的液态聚合物形成水凝胶实现支架材料的微创植入。实现光聚合需要在聚合物中添加光引发剂，这些光引发剂必须具有良好的生物相容性，这样才能保证细胞在光引发形成的凝胶支架材料中正常的生长。

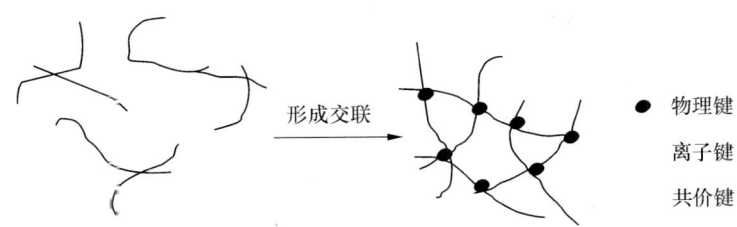

图 24-3　聚合物链交链形成凝胶网状结构

一般通过各种加工工艺，可以对水凝胶的结构、物理、机械性能和孔隙率进行调控，其中对孔隙率的调节是非常重要的，孔隙率决定了细胞营养和代谢物质的转运以及凝胶的机械性能。凝胶的孔隙率和交联点之间的平均分子量可以通过测量凝胶的机械性能和膨胀率进行测定。

(一) 聚丙二醇

聚丙二醇(Poly(Ethylene Glycol)，PEG)在生物医药领域应用历史悠久，由于在其上难以形成蛋白和细胞的黏附，不具免疫原性和抗原性，目前常作为医疗器械的表面涂层材料以避免细胞和蛋白的黏附。例如 PEG 和聚乙烯醇膜可用于黏膜和组织的修补，减少手术后创口瘘的发生。图 24-4 是 PEG 的分子式，由图可知，分子中的乙二醇末端基团可根据需要进行化学修饰。PEG 的优良生物相容性和细胞与蛋白黏附惰性保证了其在组织工程中的应用，Drumeheller 和 Hubbell 曾在 PEG 上连接生物活性肽形成 Arg-Gly-Asp 结构，以此来诱导成纤维细胞的扩散。

$$HO\left[OCH_2CH_2\right]_nOH$$

图 24-4　聚丙二醇分子通式

PEG 本身不降解，但可以通过修饰形成可降解的 PEG 凝胶，比如，Sawheny 就通过加入 PLA 和 PGA 等可降解单位，在分子链末端加上聚甲基丙烯酸基团形成可水解的 PEG 水凝胶；West 也制得了对裂解酶敏感、可进行生物学调控的可降解 PEG 凝胶。

聚丙二醇在软骨的组织工程领域应用广泛，应用高分子量的 PEG 得到的组织工程化软骨已成功植入动物体内，随着光引发交链化技术的进步，可将未分化软骨细胞直接混合在平均分子量在 10 万左右的光引发 PEG 凝胶液中，再一起注射入裸鼠皮下，光照形成凝胶支架，2 周后新软骨形成，随着时间的推移，软骨的机械和生物学性能不断增强，这种软骨中蛋白多糖的含量与天然软骨相近，但胶原较低。将 PEG 和聚环氧乙烷(PPO)合成聚丙二醇与环氧乙烷的加聚物(Pluronics)，这是一种热敏凝胶，目前这种凝胶已用于制取组织工程化外耳，在猪的皮下注射形成复杂的螺旋状结构支架，并且形成了相应的软骨结构。

(二) 聚乙烯醇

为了解决 PEG 凝胶缺乏可利用功能基团的问

题,人们合成了聚乙烯醇[Poly(Vinyl Alcohol), PVA]作为新一代的支架材料,聚乙烯醇含有的乙醇基团可与生物大分子连接,并且可在交联剂的作用下合成凝胶。PVA可以与不同数量的丙烯酸脂基团结合,获得不同的溶胀和机械性能,另外通过调整凝胶中的交联率可以改变凝胶的机械性能和降解性能。未分化软骨细胞可以在PVA凝胶中生长分化并且分泌形成蛋白多糖和胶原。PVA除了可以加工成凝胶形式还可以制成多孔支架材料,有人成功地将PC12细胞植于支架上,并观察到了细胞正常分化和分泌儿茶酚胺。

第四节 无机支架材料(inorganic scaffold)

组织工程支架材料除了以碳链为骨架的有机聚合物外,还包括许多无机材料,其中主要包括各类生物陶瓷(羟基磷灰石、磷酸三钙等)和天然无机材料(珊瑚、冻干骨、煅烧骨)。由于钙、磷是人骨中的主要无机成分,所以以钙、磷为主要组成元素的无机材料支架可以为骨细胞提供一个更接近人体骨组织的生存环境,这就使得无机材料支架在应用于骨组织工程时,相比其他材料具备了以下优良的特性:① 生物相容性好:可与植入部位骨组织直接进行化学结合,不阻止骨细胞在其表面的正常活性或干扰自体骨细胞的自然替代过程,即无免疫排斥反应或很小。② 生物可降解性:植入后一定时间内被自体骨替代,不影响骨组织的修复,无毒副作用。③ 诱导再生性:通过自身或添加骨诱导成分,刺激或诱导骨骼生长,所以无机类支架材料在骨组织工程领域中有着巨大的应用价值。

从Kazuhito等(1993)将软骨细胞种植于羟基磷灰石人工骨上培养,然后植入体内桥接骨缺损获得成功,开创了体外成骨的时代;到Crane GM(1995)全面提出了骨组织工程研究的概念,引起了广大学者的关注;直至骨组织工程成为骨科研究领域热点的今天,人们一直在寻找理想的骨组织工程支架材料,提高无机支架材料的各项性能,特别是如何增强材料的机械强度、骨诱导性和骨传导性;如何将材料与骨形成蛋白(BMP)、转化生长因子-β(TGF-β)或碱性成纤维细胞生长因子(bFGF)等活性因子复合正成为无机支架材料的研究热点。

一、生物活性陶瓷

陶瓷是通过烧结和熔铸自然无机物制得的多晶、多相(晶相、玻璃相、气相)的聚集体,其显微结构由晶相即结晶相、玻璃相(即玻璃基质)及气相(气孔)组成的,生物陶瓷是一类具有生物活性,在体内可以和周围组织结合的陶瓷材料。生物活性陶瓷的研究起源于20世纪70年代,以Hench教授发明含有钙、磷等氧化物组成的生物活性玻璃为起点。生物活性陶瓷按性能可分为三类:① 以HA为代表的表面活性陶瓷。② 以β-TCP为代表的生物降解性陶瓷。③ 珊瑚羟基磷灰石。生物活性陶瓷具有足够的强度能满足人体硬组织功能所需要的力学性能要求,且能长期在体内保持其原有性质不变。但缺点是脆性大、塑形困难。生物活性陶瓷植入机体后其表面的钙磷离子可以向周围扩散形成羟基磷灰石结晶体,形成化学性的材料,与骨直接结合,加速骨矿化过程,故有骨引导作用,其降解产物主要是钙和磷,对机体无危害。

近年来,随着陶瓷生产和加工工艺的发展,以钙磷为主的人工合成的无机支架材料已成为骨组织工程的主体,其中磷酸三钙(TCP)、羟基磷灰石(HA)、双相钙磷陶瓷(HA和TCP的复合物、BCP)等是几类主要被选用的材料。羟基磷灰石在体内具有生物活性但生物可降解性较差,而磷酸三钙生物降解性好,但是缺乏生物活性,双相钙磷陶瓷可以集各自的特点,使支架材料既有生物活性、又具有生物降解性。这些生物活性陶瓷生物相容性好,将它们植入机体组织后,不产生局部和全身性的毒性反应,亦无局部炎症和排斥反应,而且植入物可与周围骨组织结合,两者间不形成纤维组织。

生物活性陶瓷可分为致密型和多孔型两种,致密型内仅有微孔,多孔型内除有微孔外还有许多大孔,研究表明,材料必须为多孔结构且孔径至少大于 100 μm,才能有效促进骨细胞向孔内生长,并且多孔结构还可增加材料与宿主的接触面积,加强骨引导性,因此,组织工程所用无机支架材料均为多孔型,孔径一般须在 100～500 μm 之间,目前材料的造孔技术主要有添加造孔剂法、发泡法、有机泡沫浸渍法、sol-gel 法、固态颗粒烧结法等多种方法。但这种多孔结构已会降低材料的机械性能,使得支架的抗压及抗弯强度等生物力学性能下降。通常通过细晶强化、晶界强化、相变强化、复合强化及表面强化等加工技术或材料复合的方式可以加强陶瓷材料的机械性能。

珊瑚是一种海生无脊椎动物的骨骼,其化学成分 99% 为碳酸钙,还有少量其他元素和有机成分,类似无机骨,具有多孔性和高孔隙率、可生物降解、良好的生物相容性和骨诱导作用,无明显免疫原性,符合作为组织工程支架材料的主要性能,并且在新骨形成过程中,其降解产物及残留的碳酸钙成分可以为新骨组织提供原料而被利用,因此,特别适用于骨组织工程的构建。但是,它最大的缺点是降解过快,4～8 周降解作用明显,12 周时已完全降解,造成支架降解与骨生成不协调。另外,滨珊瑚质地脆弱,容易折断,机械强度差。再者,由于它是天然材料,其孔洞大小不均,直径不一致,一般为 200～250 μm。直径过小者,不利于细胞的长入,故需预作酸蚀处理,以扩大其孔径。国外产品 Interpore 200 和 Interpore 500 即珊瑚-羟基磷灰石(CHA),它是将珊瑚经水热交换反应,使其由碳酸钙转变为羟基磷灰石,而保留了它的具有多孔性和高孔隙率的特点。该材料的机械强度增加,但变成了不可降解,或每年只降解 1% 左右,不适用于作一般组织工程的支架材料。然而也有人认为:对于骨组织工程来说,只要成骨细胞能播种其间,并能在其上黏附、生长、繁殖,形成部分新骨,即使材料不被吸收,仍有临床使用价值。

二、生物衍生骨支架材料

生物衍生骨支架材料主要是指通过各种加工工艺去除骨组织中的细胞成分,基本消除抗原性,但仍完全或部分保存原来组织的结构和部分生理活性。目前这类支架材料主要包括冻干骨、煅烧骨、脱钙骨、脱蛋白骨或脱细胞外基质(AECM)等。它们具有适于成骨细胞生长的天然孔隙、良好的组织相容性和必要的生物力学强度,是一类较为理想的组织工程支架材料。

天然骨主要由有机质和无机质组成,有机质主要是骨胶原纤维束和黏多糖蛋白等,作为骨的支架,赋予骨以弹性和韧性;无机质主要是碱性磷酸钙,使骨坚硬挺实。脱钙骨是去掉骨组织中的无机质,其仍具原骨形状,但柔软有弹性,抗压强度小,不能单独用于承重部位骨缺损修复的支架;煅烧骨是去掉有机质,其虽形状不变,但结构脆弱,且难以被降解吸收,只能起单纯支架作用;冻干骨是经低温脱水,使用前需再水化,其压缩强度无明显影响,但易出现显微骨折使力学性能发生不同程度的改变,并且脆性增加;脱蛋白骨是去除蛋白质成分,降低抗原性,最大程度上保留了骨松质的生物力学强度,在体内易降解,较适合于骨组织工程的支架;AECM 在 1998 年由沙镝等人制得,它是在仅脱去细胞的基础上,保留骨组织无机质和有机质的生物衍生骨支架材料。

三、复合支架材料

生物体内的细胞外基质(ECM)结构复杂、功能繁多,由单一结构和组成的合成材料要模拟 ECM 的各项性能,来完全满足组织工程的要求似乎是十分困难的，除了研制新材料和对现有材料进行改性，将具有不同性能特点和优势的材料制成复合材料，以达到"取长补短"的效果，这可能是组织工程支架材料今后的一个发展方向。复合材料，包括同一类材料的复合和不同类材料之间的复合，对于前一种复合物，在前面的内容中已作阐述，在此主要介绍不同类材料组成的复合物，目前此类组织工程支架材料主要是聚合物-陶瓷复合材料。聚合物-陶瓷复合材料是在聚合物中添加陶瓷颗粒以增加材料的机械性能，它相比单一的聚合物或陶瓷材料具有更高的弹性模量和抗疲劳性，并且可以在一定程度上提高聚合物的生物相容性。该类材料主要应用在需要承受较大负荷的硬组织修复中。

将PLA、聚羟基丁酸等可降解聚合物与HA进行复合形成复合材料，材料植入骨组织中后会发生降解，同时引导缺损骨组织的再生，最终材料会被新生骨组织完全替代，在这一过程中，原有材料承受的力学负荷会逐渐转移到新生组织上。在可降解聚合物中添加陶瓷颗粒可以对材料的降解速率进行调控，Meer和Jones在1996年分别观察到在L-聚乳酸和DL-聚乳酸中添加陶瓷颗粒能改变材料的降解方式和速率。

近年来，接近骨盐晶体尺寸的纳米陶瓷颗粒与聚合物组成的复合材料因其具有良好骨结合性，正成为支架材料研究领域的一个热点。利用纳米技术制得的纳米骨组织工程支架材料具有优良的降解性能和力学性能，崔福斋等人采用仿生法制备的纳米羟基磷灰石/胶原复合材料，其力学性能表现为各向同性，其显微硬度可达到骨皮质的下限，将其植入骨髓腔3个月，发现其表面和内部有巨噬细胞通过吞噬和胞外降解方式吸收植入物，同时伴有新骨的沉积。由于纳米技术是在原子尺度水平进行操作，因此，纳米复合骨组织工程支架材料独特的降解和力学特性，将显示出十分美好的应用前景。

第五节 支架材料的表面修饰
（surface modified scaffold）

从材料学角度，支架材料的表面修饰是为材料赋予动态整合性，使其更适应与细胞和组织的长入，从组织工程临床应用角度，这种表面修饰是为了更严格地按照体内ECM环境要求，设计适合于细胞生长、分化、增殖等需要的表面结构。通常在体内环境中，细胞和材料的相互作用实际上是细胞膜表面的受体与支架材料所能提供的相互配体之间的分子识别。如何调控材料表面与细胞之间的相互作用，是支架材料临床应用的关键。

一、细胞-支架材料表面的相互作用

细胞与支架材料表面的接触及相互作用贯穿于细胞粘连、迁移、复合体的培养、移植体内后支架的生物降解以及降解产物的排除等全过程。细胞-支架材料间的相互作用可用细胞膜与材料表面结合位点间的相互作用进行描述。

细胞粘连过程受ECM表面蛋白质特异识别的控制，这种控制的机制目前尚未真正阐明。但是支架表面性质对细胞的影响问题可以借助吸附过程来介导，该过程涉及不同来源的许多化合物间的竞争。介导粘连可以通过整联蛋白或蛋白质的吸附，在正常生物体内，细胞粘连现象是源于ECM的结构蛋白，如纤连蛋白、胶原、层黏连蛋白等，这些黏连蛋白质中的特定肽序列可以与细胞整联蛋白受体相互作用。由于组织工程中的支架材料充当着ECM的角色，因此如何对支架材料的表面进行设计和修饰，来调控细胞与材料的粘连作用，这是促进支架材料与组织整合及组织重建的基础。已有文献报道利用糖胺聚糖组成的硫酸软骨素、硫酸皮肤素和透明质酸等吸附修饰 HA 和 TiO_2 等植入物以促进骨整合。

二、支架材料表面状况对细胞黏附的影响

作为人工 ECM 的支架材料，其表面组成、表面能、电荷状态、拓扑结构以及表面的生物特异性识别等因素都会对细胞的黏附和增殖发挥一定的作用。

（一）材料表面的拓扑结构

人工 ECM 的拓扑结构直接会改变其表面的应力分布，从而改变细胞的形态。研究表明：不同细胞在不同粗糙度的材料表面的黏附行为有很大差异，运用扫描电镜观察成骨细胞在不同粗糙度生物表面的形态证实，细胞在光滑、平整的材料表面比粗糙表面上更容易伸展成连续的细胞层。

（二）材料表面的亲/疏水平衡

对于不同种类的细胞，亲/疏水平衡值存在着较大的差异，材料表面的亲/疏水平衡是调节蛋白质吸附、影响细胞黏附的一个重要因素。通常亲水性的支架材料表面更有利于细胞的黏附，而疏水性表面对蛋白质的吸附能力却比较强。只有达到适宜的亲/疏水平衡，才适合细胞的生长。

（三）材料表面化学

聚合物支架材料表面的化学结构也是影响细胞黏附和生长的重要因素。有资料表明：某些化学基团如羧基、胺基、磺酸基、亚胺基及酰胺基等可促进细胞的黏附和增殖，而芳香聚醚类的刚性结构可能不利于细胞的黏附。另外，有报道认为含氮基团的存在可作为促进细胞黏附的一种材料表面修饰途径，因为它能调节材料表面的亲/疏水性，并可与蛋白质肽链发生功能团之间的相互作用。

（四）材料的表面能

材料的表面能与细胞的黏附和增殖直接有关，一般认为，能量高比能量低的表面更易促进细胞在支架上的黏附，其原因是表面能会影响血清中蛋白质在材料表面的吸附，进而介导细胞的粘连。

（五）材料表面的电荷状况

在正电荷的材料表面，细胞在材料表面的黏附呈连续性；而在负电荷的材料表面，细胞在材料表面的黏附则呈不连续性。一般情况下，蛋白质在材料表面的正电荷区和负电荷区的吸附行为差异很大。

三、聚合物支架材料表面修饰的途径

聚合物支架材料表面修饰是提高细胞相容性的一个有效途径，目前常用的表面修饰有等离子改性、接枝改性、聚合物表面的基团转化以及生物活性分子固定化等 4 条途径。等离子改性一般仅要求局限在表层几个纳米的厚度，该技术具有对材料本体的物理性能影响极小、改性条件容易改变和控制等优点，但可能会出现支架材料表面刻蚀使表面形貌发生变化的现象；接枝改性是将一些能促进细胞黏附和生长的功能基团接枝在支架材料的表面，改善材料表面的亲水性，提高材料的细胞亲和力；基团转化是利用聚合物本身的基团或原子反应，使表面产生小分子功能基团；生物活性分子固定化是将生物活性分子中的某些基团与支架材料表面的反应性基团进行化学键合，达到牢固结合、发挥长效的目的。目前尽管上述几种表面修饰的方法在一定程度上为组织工程支架材料的细胞黏附提供了有利的条件，然

而,生物材料的表面修饰本身就是一个复杂的系统工程,需要兼顾材料科学和生命科学各自的特点和需要,来实现优化的目的,因此,有关聚合物支架材料表面修饰的问题将是今后组织工程研究中的一个重要的研究方向。

(孙 皎 华 楠)

参 考 文 献

1 薛淼. 口腔应用材料学. 天津:天津科技翻译出版公司,1997,79-92
2 蔡开勇,姚康德. 组织工程生物材料的表面修饰. 中国康复理论与实践,2002,8(5):263-266
3 时东陆. 生物材料与组织工程. 北京:清华大学出版社,2004,195-209
4 Wang FR. Experimental study of osteogenic activity of sintered hydroxyapatite. J Jpn Orthop Assoc, 1990,64:847-859
5 Langer R, Vacanti J. Tissue engineer. Science, 1993,260:920-926
6 Semtana K. Cell biology of hydrogels. Biomaterials, 1993,14(14):1 046-1 050
7 Freed L, Vunjak-Novakovic G, Biron R, et al. Biodegradable polymer scaffolds for tissue engineering. Bio technology, 1994,12(7):689-693
8 Gilles JA, Carnes DL, Windeler AS. Development of an in vitro culture system for the study of osteoclast activity and function. J Endod, 1994, 20:327-331
9 Helmus M. N, K Tweden. Encyclopedic Handbook of Biomaterials and Bioengineering. 1st ed. New York:Marcel Dekker, 1995,27-59
10 Woely S, Pant GW, Harvey AR, et al. Neural tissue engineer:from polymer to biohybrid organs. Biomaterial, 1996,17(3):301-310
11 Asahina I, Watanabe, Mskurai N, et al. Repair of bone defect in rimate mandible using a bone morphogenitic protein-hydroxyapatite-collagen composite. J Med Dent Sci, 1997,44(3):63-70
12 Suggs LJ, Kao EY, Palombo L, et al. Preparation and characterization of poly(propylene fumarate-co-ethylene glycol) hydrogels. J Biomater Sci Polym Ed, 1998,9(7):653-666
13 Kim SS, Utsunomiya H, Koski JA, et al. Survival and function of hepatocytes on a noval three-dimensional synthetic biodegradable polymer scaffold with an intrinsic network of channel. Ann Surg, 1998,228(1):8-13
14 Li RH, White M, Williams S, et al. Poly(vinyl alcohol) synthetic polymer foams as scaffolds for cell encapsulation. J Biomater Sci Polym Ed, 1998,9(3):239-258
15 Aydelotte MB, Thonar EJ, Mollenhauer J, et al. Culture of chondrocytes in alginate gel:variations in conditions of gelation influence the structure of the alginate gel, and the arrangement and morphology of proliferating chondrocytes. In Vitro Cell Dev Biol Anim, 1998,34(2):123-130
16 Ikenaga M, Hardouin P, Lemaitre J. Biomechanical characterization of a biodegradable calcium phosphate hydraulic cement:a comparison with porous biphasic calcium phosphate ceramics. J Biomed Mater Res, 1998, 40(1):139-144
17 Muggli DS, Burkoth AK, Anseth KS. Crosslinked polyanhydrides for use in orthopedic applications:degradation behavior and mechanics. J Biomed Mater Res, 1999,46(2):271-278
18 John G, Morita M. Synthesis and characterization of photo-cross-linked networks based on L-lactide/serin copolymers. Macromolecules, 1999,32(6):1 853-1 858
19 West J, Hubbell J. Polymeric biomaterial with degradation sites for proteases involved in cell migration. Macromolecules, 1999,32(1):241-244
20 Rowley JA, Madlambayan G, Mooney DJ. Alignate hydrogels as synthetic extracellular matrix materials. Biomaterials, 1999, 20 (1):45-53
21 Bryant SJ, Nuttelman CR, Anseth KS. The effects of crosslinking density on cartilage formation in photocrosslinkable hydrogels. Biomed Sci Instrum, 1999,35:309-314
22 Temenoff JS, Mikos AG. Review:tissue engineering for regeneration of articular cartilage. Biomaterials, 2000,21(5):431-440
23 Lewandrowski KU, Gresser JD, Wise DL, et al. Osteoconductivity of an injectable and bioresorbable poly(propylene glycol-co-fumaric acid) bone cement. Biomaterials, 2000,21(3):293-298
24 Burkoth AK, Burdick J, Anseth KS. Surface and bulk modifications to photocrosslinked polyanhydrides to controlled degradation behavior. J Biomed Mater Res, 2000,51(3):352-359
25 Lee CR, Breinan HA, Ramappa A, et al. Articular cartilage chondrocytes in type Ⅰ and type Ⅱ collagen-GAG matrices exhibit contractile behavior in vitro. Tissue Eng, 2000,6(5):555-565
26 Aframian DJ, Cukierman E, Nikolovski J, et al. The growth and morphological behavior of salivary epithelial cells on matrix protein-coated biodegradable substrata. Tissue Eng, 2000,6(3):209-216
27 Collier JH, Camp JP, Hudson TW, et al. Synthesis and characterization of polypyrrole-hyaluronic acid composite biomaterials for tissue engineering application. J Biomed Mater Res, 2000,50(4):574-584
28 Calvert JW, Marra KG, Cook L, et al. Characterization of osteoblast-like behavior of cultured bone marrow stromal cells on various polymer surfaces. J Biomed Mater Res, 2000,52(2):279-284
29 Pioletti DP, Takei H, Lin T, et al. The effects of calcium phosphate cement particles on osteoblast functions. Biomaterials, 2000,21:1 103-1 114
30 Smeds KA, Grinstaff MW. Photocrosslinkable polysaccharides for in situ hydrogel formation. J Biomed Mater Res, 2001,54(1):115-121
31 Webster TJ, Ergun O, Donahue RH, et al. Enhanced osteoclast-like cell

functions on nanophase ceramics. Biomaterials, 2001, 22 (11): 1 327 - 1 333

32 Papadaki M, Mahamood T, Gupta P, et al. The different behaviors of skeletal muscle cells and chondrocytes on PEGT/PBT block copolymers are related to the surface properties of the substrate. J Biomed Mater Res, 2001, 54(1): 47 - 58

33 Ikeuchi M, Yamamoto H, Shibata T, et al. Mechanical augmentation of the vertebral body by calcium phosphate cement injection. J Orthop Sci, 2001, 6(1): 39 - 45

34 Kai-Uwe Lewandrowski. Tissue Engineering and Biodegradable Equivalents: Scientific and Clinical Applications. 1st ed. New York, USA: Marcel Dekker Inc, 2002, 2 - 13: 80 - 82